BÖTTCHER / FORBERG

# TECHNISCHES ZEICHNEN

Herausgegeben
vom Ausschuß Zeichnungen im Deutschen Normenausschuß

16., überarbeitete und erweiterte Auflage · 1972
Mit 970 Bildern, weiteren 440 Bildern in Tafeln und 154 Übungsaufgaben

Bearbeitet von Oberingenieur Paul BÖTTCHER, Berlin

B. G. TEUBNER STUTTGART

ISBN 3-519-16700-X



Printed in Germany
Satz und Druck: Passavia Druckerei AG Passau
Umschlaggestaltung: W. Koch, Stuttgart

## GELEITWORT DES HERAUSGEBERS

Die „Technische Zeichnung" ist die Sprache des Technikers. Die Regeln für die Gestaltung dieser Sprache geben die DIN-Normen, insbesondere die DIN-Zeichnungsnormen, die zudem stets den Niederschlag aus zahllosen betrieblichen und konstruktiven Erfahrungen enthalten. Die in Industrie und Handwerk Arbeitenden müssen technische Zeichnungen lesen können; sie sollten fähig sein, diese weitgehend auch selbst herzustellen.

Was dazu an Kenntnissen und Fertigkeiten gehört, vermittelt dieses Buch, für dessen Bearbeitung also auch pädagogische Gesichtspunkte eine wesentliche Rolle spielten.

Die Gestaltung dieses Buches fußt auf langjährigen Erfahrungen in der Normungsarbeit einerseits und in der technischen Berufsausbildung andererseits, die sich in förderlichster Weise ergänzen. Sie bürgen dafür, daß das Buch seine Aufgabe erfüllen wird.

Der Leser möge sich bewußt sein, daß die Technik und damit auch die DIN-Normen in ständiger Entwicklung begriffen sind; er muß sich stets bemühen, Neuerungen und Änderungen kennenzulernen und bei seiner Arbeit zu berücksichtigen.

AUSSCHUSS ZEICHNUNGEN
IM DEUTSCHEN NORMENAUSSCHUSS

## VORWORT ZUR 16. AUFLAGE

Geschickte Hände und gediegenes Fachwissen sind Voraussetzungen für das Anfertigen technischer Zeichnungen. Durch richtigen Gebrauch der Zeichenwerkzeuge und fleißiges Üben muß die Handfertigkeit erworben werden. Das Wissen über die Darstellungsverfahren und die zahlreichen Regeln des technischen Zeichnens aber will dieses Buch vermitteln.

Der Auswahl und dem Zuschnitt des Stoffes lag die Absicht zugrunde, nicht nur für Anfänger, Lernende und Studierende ein Lehrbuch für die künftige Berufsarbeit zu schaffen, sondern auch strebsamen Facharbeitern und Meistern zu ermöglichen, sich im Zeichnungslesen und im Zeichnen zu vervollkommnen. Darüber hinaus soll technischen Zeichnern und Konstrukteuren ein Nachschlagewerk in die Hand gegeben werden.

Wie immer wurden auch in dieser Auflage die Änderungen und Neuerungen der einschlägigen DIN-Normen, die Entwicklung in der Ausbildung technischer Zeichner und die Fortschritte auf dem Gebiete der Zeichentechnik und Zeichengeräte berücksichtigt.

Mit Freude und Dank wird die außerordentlich lebhafte und ständig wachsende Anteilnahme der Fachwelt an diesem Buch vermerkt, die sich auch in wertvollen Anregungen für dessen Weiterentwicklung äußerte.

Berlin, im Sommer 1972

P. BÖTTCHER

# INHALT

## 7 Toleranzen



## 8 Bauelemente



## 9 Geometrische Übungen

Hinweise auf DIN-Normen in diesem Werk entsprechen dem Stande der Normung bei Abschluß des Manuskriptes. Maßgebend sind die jeweils neuesten Ausgaben der Normblätter des DNA, die durch den Beuth-Vertrieb GmbH, Berlin, Frankfurt und Köln, zu beziehen sind. – Sinngemäß gilt das gleiche für alle in diesem Buche angezogenen amtlichen Richtlinien, Bestimmungen, Verordnungen usw.

# 1 Einleitung

Zeichnen ist eine Kunst, Formen und Gedanken bildhaft darzustellen. Die Zeichnung wird entweder freihändig entworfen oder mit besonderen Werkzeugen und Geräten unter Einhaltung gewisser Vorschriften angefertigt. Daher wird zwischen dem freien *künstlerischen* Zeichnen und dem gebundenen *technischen* Zeichnen unterschieden.

## 1.1 Geschichtliches

Technisches Zeichnen reicht mit den Anfängen weit in die Vorzeit zurück. Den großen Bauten des Altertums lagen bereits sorgfältig ausgearbeitete Pläne zugrunde. Im Mittelalter waren die Klosterschulen Pflegestätten des technischen Zeichnens. Auch in den Zünften und in den Bauhütten in der Nähe größerer Vorhaben wurde mit Zeichnungen umgegangen.

Lange Zeit hindurch war allerdings technisches Zeichnen eine nur von wenigen Menschen ausgeübte Tätigkeit und oft sogar ein sorgsam behütetes Geheimnis, wenn es z.B. dem Bau militärischer Anlagen und Geräte diente. Erst die Industrialisierung in der jüngeren Vergangenheit gab dem technischen Zeichnen einen starken Auftrieb. Der Anwendungsbereich

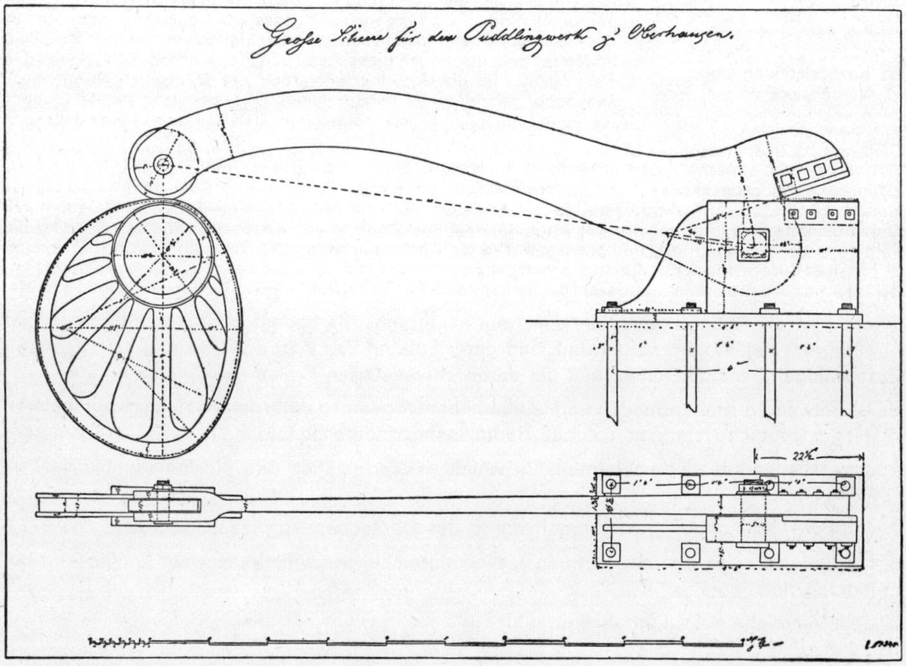

1.1 Zeichnung aus dem Jahre 1835 (aus dem Archiv der Gutehoffnungshütte)

wurde größer und vielgestaltiger. Zeichengeräte aller Art wurden entwickelt, feste Arbeitsregeln kamen auf, und bald wurde Technisches Zeichnen in die Ausbildung für technische Berufe und als Lehrfach aufgenommen. Einen Schritt in dieser Entwicklung zeigt die in Bild **1.1** wiedergegebene, mehr als 130 Jahre alte Zeichnung.

Heute ist die technische Zeichnung eine wichtige Unterlage für industrielle und handwerkliche Arbeiten, für das Fertigen der Teile, Bereitstellen der Werkstoffe, Werkzeuge und Vorrichtungen, Aufstellen von Arbeitsgängen, Berechnen der Kosten usw. Es werden einzelne Werkstücke sowie Gesamtdarstellungen von Maschinen, Apparaten, Geräten usw. gezeichnet. Auch der Stahlbau, der Behälter- und Rohrleitungsbau, der Bau elektrischer Anlagen und andere Zweige bedürfen des technischen Zeichnens als Ausdrucks- und Verständigungsmittel, als Bindeglied zwischen Entwurf und Ausführung.

## 1.2 Normung

Normung bedeutet Aufstellen von Regeln und Empfehlungen zur sinnvollen Ordnung des Arbeitsablaufs, Gestaltung einheitlicher Gegenstände, Steigerung der Leistung und Senkung der Kosten.

Leitende und organisierende Stelle für die gesamte Normungsarbeit ist der Deutsche Normen-Ausschuß (DNA), bei dem für die ständige Bearbeitung der Normen Fachausschüsse bestehen. Die Ergebnisse aller Normungsarbeit werden auf besonderen Blättern, den Normblättern, herausgegeben. Sie tragen im oberen rechten Feld das Verbandszeichen DIN und darunter eine Ordnungsnummer (**2.1**).

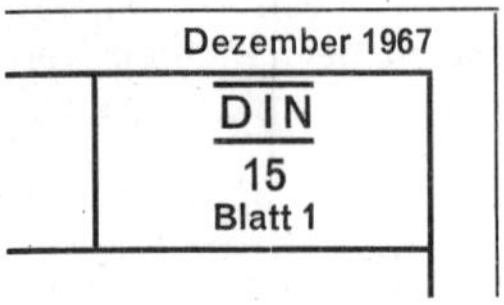


**2.1** Kennzeichnung eines Normblattes

DIN war seit 1917 die Abkürzung für „Deutsche Industrie-Normen". Nach der Umbildung des „Normenausschusses der Deutschen Industrie" in den „Deutschen Normenausschuß" im Jahre 1926 wurde DIN als „Das ist Norm" gedeutet. Auch diese Auslegung ist überholt. DIN ist jetzt das Kennzeichen für die Gemeinschaftsarbeit des Deutschen Normenausschusses. Mit dem Verbandszeichen DIN gekennzeichnete Erzeugnisse sind nach den für sie festgelegten DIN-Normen hergestellt.

Die Normung in den einzelnen Ländern der Welt kann aber nicht unabhängig sein. So wurde sie denn seit 1926 von der ISA (International Federation of the National Standardizing Assoziations), einer Dachorganisation der Normenausschüsse vieler Länder, beeinflußt, die ISA-Empfehlungen zur Gestaltung gemeinsamer Normen herausgab. Als Nachfolgerin der ISA entstand 1947 mit dem Sitz in Genf die ISO (International Organization for Standardization), was etwa „Internationale Normengemeinschaft" bedeutet. Sie führt die Förderung der Normung fort. Infolgedessen wird die Kurzbezeichnung ISA nunmehr durch ISO ersetzt. Stimmen DIN-Normen mit ISO-Empfehlungen ganz oder teilweise überein, so befindet sich ein entsprechender Hinweis auf den Normblättern. Liste der für das Zeichnungsgebiet wichtigen ISO-Empfehlungen s.S. 244.

Wichtig ist die Beherrschung der Zeichnungsnormen. Sie bedeuten Vereinheitlichung und Ordnung im Zeichnungswesen und sind unter Leitung des Ausschusses Zeichnungen in freiwilliger Gemeinschaftsarbeit der daran interessierten Kreise entstanden.

Es ist notwendig, sich gründlich und laufend über Normen zu unterrichten. Gelegenheit hierzu bietet der Deutsche Normenausschuß, Berlin, insbesondere mit folgenden Veröffentlichungen:

1. dem DIN-Normblatt-Verzeichnis[1]), in welchem Normblätter und Normblattentwürfe vermerkt sind
2. den DIN-Mitteilungen[1]), der Monatsschrift des Deutschen Normenausschusses
3. der Einführung in die DIN-Normen[2]), die zahlreiche, wesentliche Normen umfassend behandelt, und
4. dem Verzeichnis der Luftfahrtnormen[1]).

[1]) Beuth-Vertrieb GmbH, Berlin und Köln
[2]) Klein, M.: Einführung in die DIN-Normen. B. G. Teubner, Stuttgart

# 2 Handhabung und Behandlung der Zeichengeräte

## 2.1 Zeichenbretter, Zeichenschienen, Zeichendreiecke

**Zeichenbretter** bestehen aus ast- und fugenfreiem Pappel- oder Lindenholz oder aus Holzfaserplatten, sollen zumindest an der linken Seite eine völlig ebene Kante zum Anlegen der Zeichenschiene haben, fest auf dem Tisch liegen und eine flüssige Arbeit in unverkrampfter Körperhaltung ermöglichen.

Die Größen der Bretter sind genormt (DIN 3100) und betragen für

| Blattgröße DIN | A 4 | A 3 | A 2 | A 1 | A 0 | > A 0 | |
|---|---|---|---|---|---|---|---|
| Höhe × Breite in mm | 250 × 350 | 350 × 500 | 500 × 700 | 700 × 1000 | 1000 × 1500 | 1250 × 1750 | 1250 × 2000 |

Wird ein Bogen Zeichenkarton oder eine Folie aus mattem Kunststoff auf dem Brett befestigt, drückt der Zeichenstift nicht ein, und die Linien werden kräftiger.

**Zeichenschienen** sind vorwiegend aus durchsichtigem oder undurchsichtigem Kunststoff gefertigt und müssen über die ganze Breite des Zeichenbrettes reichen. Zeichenstift, Tuschefüllhalter und Reißfeder gleiten nur an der oberen Kante der Zunge entlang.

Auch Zeichenschienen sind genormt (DIN 3101). Die Zungenlängen (ohne Kopf) betragen 350, 500, 650, 700, 920, 1000 usf. bis 2000 mm.

Einwandfreie Arbeit ist nicht möglich, wenn die Zunge wackelt, weil sie locker geworden oder die Anlegekante am Zeichenbrett oder am Schienenkopf uneben ist (3.1). Zeichenschienen sollen nicht längere Zeit gegen eine Wand gelehnt werden, sondern sind im Loch der Zunge aufzuhängen, weil sie sich sonst durchbiegen. Das Messer zum Abtrennen des Zeichenbogens darf an der Ziehkante der Zeichenschiene wegen der Gefahr des Einschneidens nicht entlanggeführt werden.

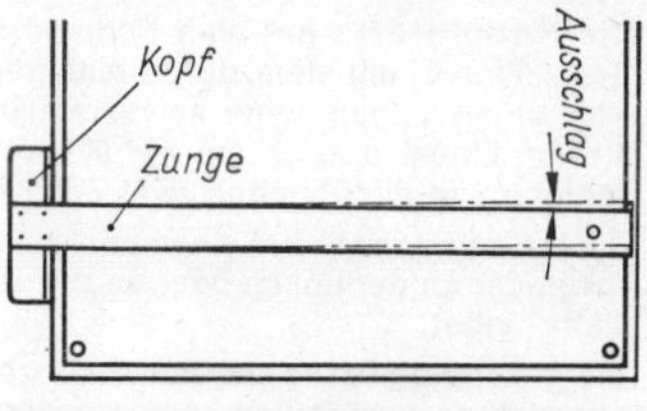


3.1 Wackelnde Zeichenschiene

**Zeichendreiecke** aus Kunststoff sind unempfindlich gegen Luftfeuchtigkeit und verziehen sich nicht, müssen aber oft gereinigt werden. Meist genügen ein 45°/90°- und ein 30°/60°/90°-Dreieck.

Zeichendreiecke sind ebenfalls genormt (DIN 3102). Die Hypotenusen der 45°/90°-Dreiecke und die großen Katheten der 30°/60°/90°-Dreiecke sind 160, 200, 250, 320 usf. bis 630 mm lang.

Zum Ziehen waagerechter Linien drückt die linke Hand den Kopf der Zeichenschiene an die linke Kante des Zeichenbretts, gleitet nach rechts über die Zunge und hält sie dann in der gewünschten Lage in der Nähe der zu ziehenden Linie fest. Der Zeichenstift wird von links nach rechts an der Zunge entlanggeführt (4.1). Zum Zeichnen senkrechter Linien steht das Dreieck auf der Schiene. Beide werden mit den Fingern der linken Hand zugleich festgehalten (4.2). Die Linie ist von unten nach oben zu ziehen, und zwar links am Dreieck, weil das Licht von dieser Seite einfällt.

Mit der Zeichenschiene und den beiden Zeichendreiecken lassen sich Winkel von 90° und 45°, 30° und 60°, 75° und 15°, mithin Winkel in Abständen von 15° zu 15°, zeichnen (4.3).

**4.1** Ziehen waagerechter Linien

**4.2** Ziehen senkrechter Linien

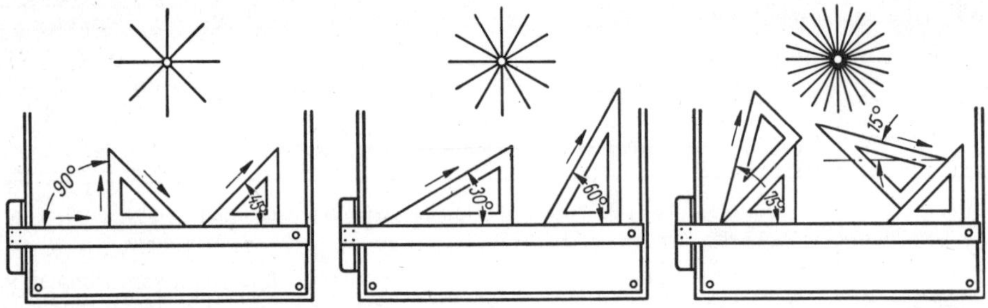


**4.3** Aufzeichnen von Winkeln

**Zeichenplatten** sind nur für kleinere Formate, DIN A 4 bis DIN A 2, geeignet (**4.4**).

Die Hebelplatte hat eine Schiene zum Festklemmen des Zeichenbogens an der linken Kante und ein Speziallineal, mit dem durch Anlegen an die Klemmschiene waagerechte Linien und durch Anlegen an eine unten angebrachte Leiste senkrechte Linien gezogen werden können. Außerdem lassen sich mit diesem Lineal und einem 45°/90°-Zeichendreieck alle Winkel zeichnen, zu welchen sonst eine Zeichenschiene und die üblichen zwei Zeichendreiecke nötig wären (**4.3**).

Die Hansaplatte hat einen um 180° drehbaren Zeichenkopf mit Winkelskalen und feststellbarem Zeichenlineal, der an der linken oder an der unteren Kante entlanggeführt wird und magnetisch auf der Zeichenplatte haftet.

Die Marabuplatte ist eine Flachzeichenplatte mit eingebetteter Klemmleiste und einem Spezialwinkel, der auch an zwei Seiten angelegt werden kann. Zeichendreiecke, Kurvenlineale u. a. lassen sich überall auf der Zeichenfläche ungehindert benutzen.

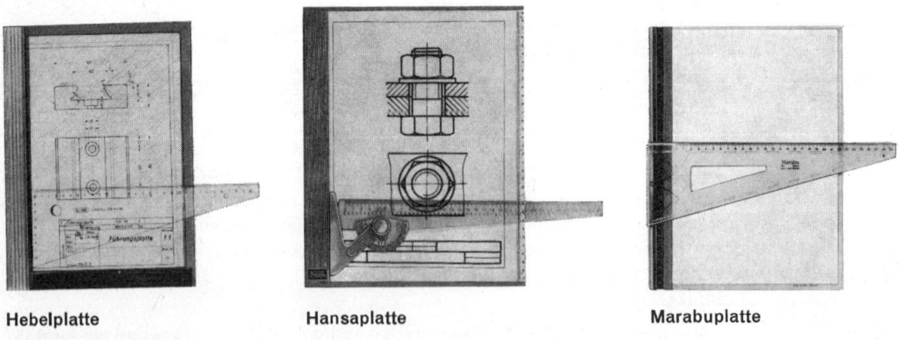

Hebelplatte Hansaplatte Marabuplatte

**4.4** Zeichenplatten

## 2.2 Zeichentische und Zeichenmaschinen

**Zeichentische** sind größere Zeichenbretter auf Gestellen (**5.1** und **2**). Höhenlage und Neigung des Brettes lassen sich verstellen und mit Klemmvorrichtungen, die durch Fuß und Hand betätigt werden, festhalten. Zu einem Zeichentisch gehört eine Zeichenmaschine, meist mit Parallelogrammführung (**5.1**).

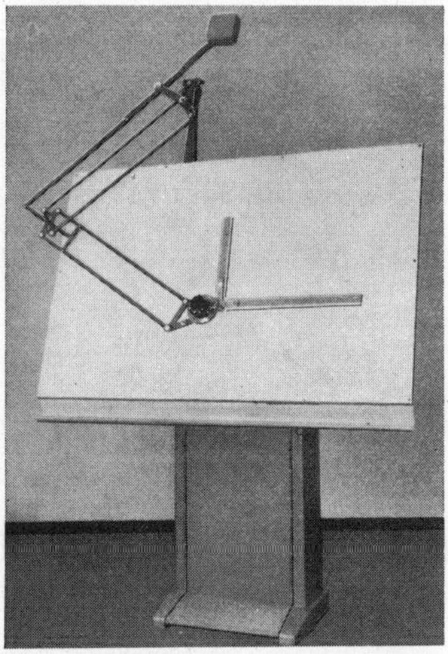

**5.1** Zeichentisch mit Zeichenmaschine

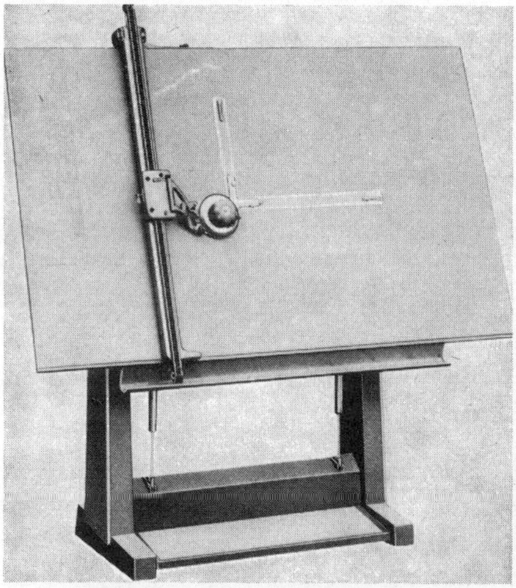

**5.2** Zeichentisch mit Laufwagenzeichenmaschine

Das obere der beiden hintereinandergeschalteten Parallelogrammgestänge ist in dem am Zeichenbrett befestigten Bock beweglich gelagert, das andere trägt den Zeichenkopf (**5.3**), der mit den stets rechtwinklig zueinanderstehenden Stabmaßen über die ganze Zeichenfläche geführt werden kann. Nach dem Loslassen bleibt er an jeder beliebigen Stelle des Bogens stehen.

**5.3** Zeichenkopf

Die linke Hand betätigt den Zeichenkopf (**5.4**). Eine Drehbewegung nach dem Eindrücken des Daumenhebels stellt die Stabmaße, auch Maßstäbe genannt, auf jeden beliebigen Winkel in beiden Richtungen ein, eine Gradteilung mit Nonius (**92.1**) ermöglicht die Ablesung.

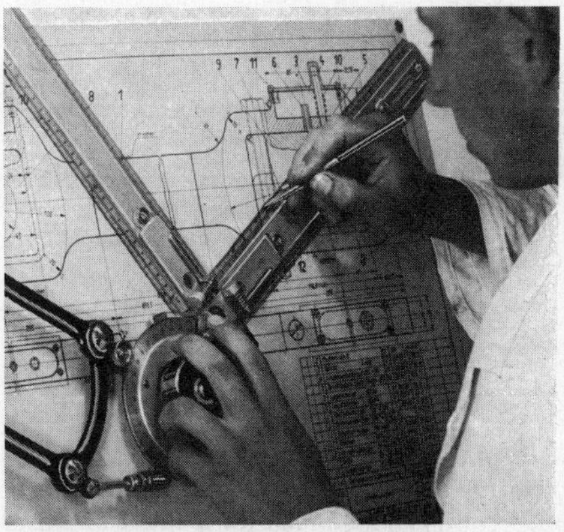

**5.4** Betätigung des Zeichenkopfes

Bei den häufiger vorkommenden Stellungen von 0° 15° 30° 45° 60° 75° und 90° werden die Stabmaße durch Einrasten selbsttätig festgehalten.

Laufwagenzeichenmaschinen haben einen waagerecht und einen senkrecht beweglichen Laufwagen (5.2).

Sie sind von Vorteil in Räumen mit niedrigen Geschoßhöhen und für besonders breite Zeichentische, weil sich lange Linien genau ziehen lassen. Aber der an der linken Brettkante liegende Teil des Bogens kann zum Zeichnen nicht benutzt werden, da der Zeichenkopf dort nicht hinreicht.

6.1 Gebrauch der Außenkante

6.2 Gebrauch der Innenkante

Senkrechte Linien werden gewöhnlich an der linken Kante des senkrechten Stabmaßes von unten nach oben gezogen (6.1). Lichteinfall von rechts und Gewöhnung lassen aber auch den Gebrauch der anderen Ziehkante von oben nach unten zu (6.2), die aber dann eine Millimeterskala in der gleichen Richtung haben müßte. Es ist nicht ratsam, abwechselnd an der Außen- und an der Innenkante zu zeichnen, da beide nicht immer ganz genau parallel sind.

Die Ziehkanten beider Stabmaße müssen rechtwinklig zueinander eingestellt sein. Es soll sich mithin eine an dem waagerechten Stabmaß gezogene Linie mit einer nach dem Umschwenken um 90° am anderen Stabmaß gezogenen Linie decken.

Zeichenköpfe haben oft eine Einrichtung zum Einstellen und Einhalten gleicher Schraffurabstände.

Zu einer Zeichenmaschine gehören meist mehrere auswechselbare Stabmaße mit den üblichen Teilungen 1:1 1:2,5 1:5 (21.2) usw. und zum Ausziehen der Linien in Tusche zwei längere Lineale mit eingelegter Kunststoffleiste ohne Teilung.

## 2.3 Zeichenstifte

**Zeichenstifte** sind meist sechskantig, liegen daher gut in der Hand und rollen nicht fort. Druckfallstifte haben nachschiebbare, auswechselbare Minen und werden mehr und mehr bevorzugt. Sie klemmen die Mine so fest, daß sie bei stärkerem Druck auf das Papier nicht zurückrutscht.

Minen bestehen aus Graphit, feingemahlenem Ton und einem Bindemittel. Die Härtegrade sind auf verschiedene Mischungsverhältnisse zurückzuführen; sie weichen trotz gleicher Bezeichnungen seitens der Herstellerfirmen oft ein wenig voneinander ab. Gute Minen haben eine hohe Festigkeit gegen Abbrechen und geben einen gleichmäßigen, radierfähigen Strich. Eine Mine soll $\approx$ 12 mm aus der Spannhülse oder aus der Holzfassung herausragen. Durch Wetzen auf einer Schlichtfeile, auf Schmirgelpapier, auf einem Minenschärfer (7.1), in einem Minenspitzer, der zugleich den Minenstaub sammelt, in einem Minenspitzgerät oder in einer Spitzmaschine wird sie angeschärft.

Härtere Minen eignen sich zum Vorzeichnen und für rauhes Papier. Zum Nachziehen und für geglättetes Papier werden weichere Minen gewählt. Eine geübte Hand kommt aber häufig mit einer Mine mittlerer Härte, etwa 2H, für feine Linien mit 3H oder 4H und zum Skizzieren mit einer weicheren Mine, etwa 2B oder HB, aus.

Die Buchstaben in den Bezeichnungen der Härtegrade bedeuten:

B = black, d.h. schwarz (weich)
H = hard, d.h. hart
HB = hard black, d.h. hart, schwarz (mittelhart)
F = firm, d.h. fest

Die Ziffern vor den Buchstaben verweisen auf feinere Abstufungen innerhalb der Härtegrade.

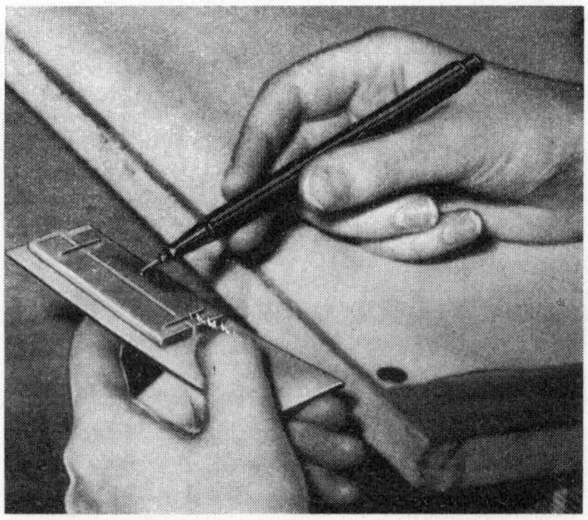

7.1 Wetzen der Mine

Zum Vorzeichnen ist eine schlanke kegelige Spitze nötig (7.2). Der Zeichenstift wird kurz gefaßt und sowohl in der Ziehrichtung als auch seitlich leicht geneigt (7.3). Die Spitze liegt dann einwandfrei an der Anlegekante. Er wird beim Ziehen langsam um seine Achse gedreht, so daß ein gleichmäßiger Strich entsteht.

Zum Nachziehen wird die Mine an zwei (7.4) oder an vier Seiten (7.5) angeflacht. Der Stift wird hin- und herbewegt, aber hierbei nur in der üblichen Ziehrichtung geneigt. Die Dicke der Mine nach der Anschärfung ist ausschlaggebend für die Linienbreite. Für schmalere Linien muß daher mehr abgewetzt werden.

Es sind auch Stifte mit rechtkantigen Minen und Füllstifte mit 0,5 mm dünnen Minen im Gebrauch.

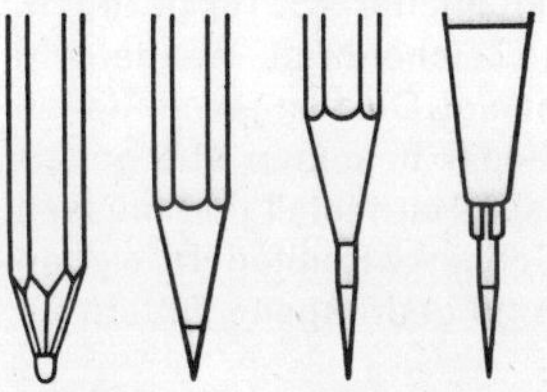


7.2 Kegelig angewetzte Minen

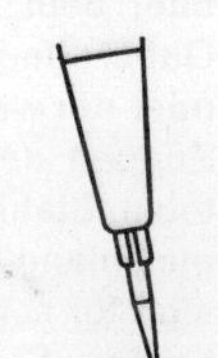

7.3 Seitliche Neigung

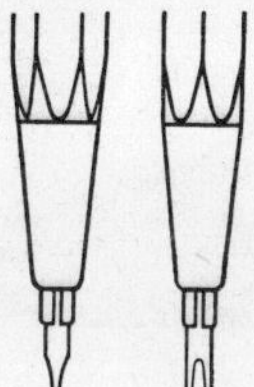

7.4 Zweiseitig angeflacht

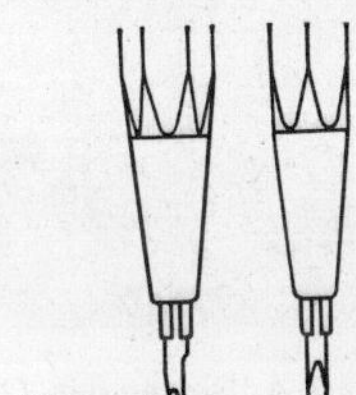


7.5 Vierseitig angeflacht

## 2.4 Reißzeug

Es soll zumindest enthalten: Stechzirkel, Teilzirkel, Einsatzzirkel mit Bleieinsatz und Reißfedereinsatz mit Verlängerungsstange, ferner Nullenzirkel mit Blei- und Reißfedereinsatz, Reißfeder, Schraubendreher und eine Büchse für Zirkelspitzen und Minen (8.1).

Der Stechzirkel dient zum Übertragen der Längen vom Stabmaß auf den Zeichenbogen (**8**.2).

Er wird auch Handzirkel genannt. Die Schenkel tragen gehärtete, auswechselbare Stahlspitzen und laufen oben im Zirkelkopf zusammen. Er hat eine Geradführung, damit sich der geriffelte Griff bei jeder Zirkelöffnung selbsttätig auf Mitte der Schenkel einstellt. Ist der Gang des Zirkels nicht gleichmäßig weich oder zu leicht, dann wird die Stellschraube am Kopf mit dem Schraubendreher nachgestellt.

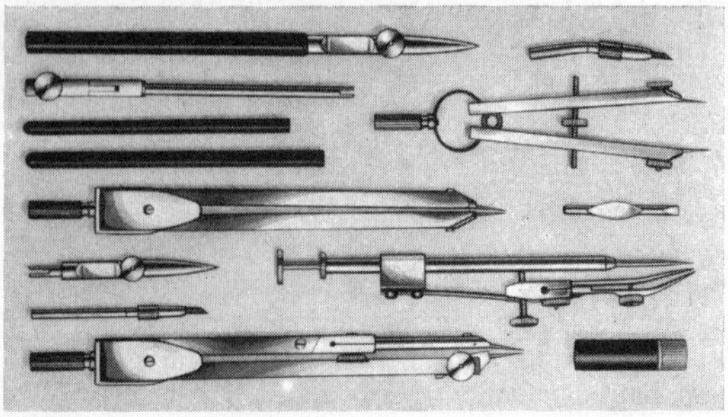

**8.1** Teile eines Reißzeugs

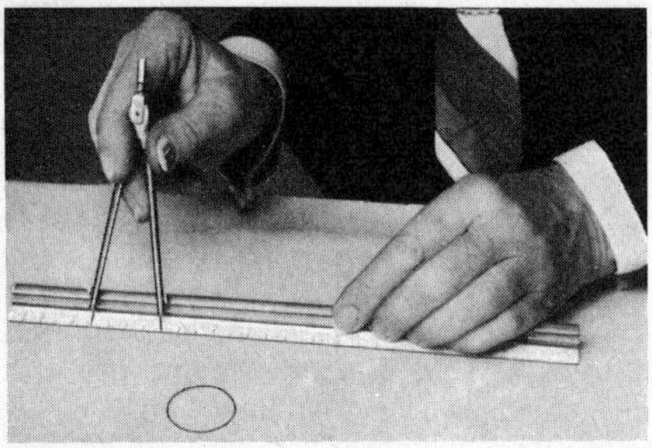

**8.2** Einstellen der Zirkelöffnung

Mit den Fingern der rechten Hand wird der Zirkel geöffnet und geschlossen. Zum Abtragen der Abmessungen wird ein Schenkel des Zirkels kurzgefaßt, im Einsatzpunkt aufgesetzt, senkrecht aufgerichtet und die Spitze in das Zeichenpapier sanft eingedrückt. Dann wird die andere Zirkelspitze aufgesetzt und ebenso in das Papier eingestochen. Zum besseren Wiederfinden werden die Einstiche durch freihändig gezogene Kreise eingefaßt.

Die Einsatz- und Spitzen-Teilzirkel dienen zum Übertragen kleinerer Strecken (**8**.3) und haben meist auswechselbare Stahlspitzen. Es gibt außerdem Blei-, Reißfeder- und Wende-Teilzirkel.

Die Zirkelöffnung wird durch eine mit Rechts- und mit Linksgewinde versehene Schraubspindel eingestellt und bleibt auch beim Abtragen einer größeren Anzahl gleicher Strecken unverändert. Das ist ein erheblicher Vorteil gegenüber dem üblichen Stechzirkel.

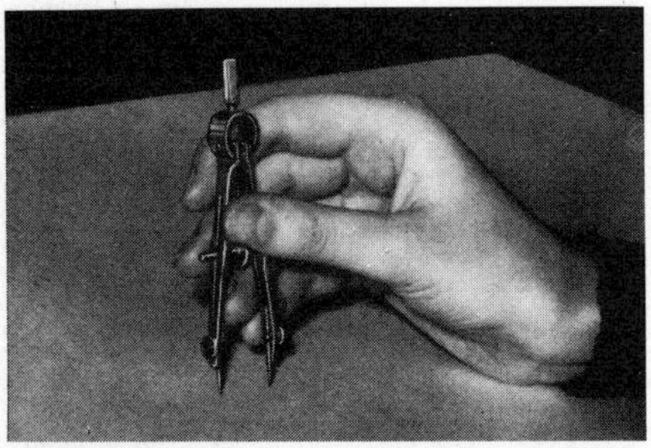

**8.3** Aufsetzen des Teilzirkels

Tuschelinien werden mit der Reißfeder (**9**.1) oder dem Tuschefüllhalter (S. 10) gezogen. Dabei liegt das Zeichenbrett waagerecht oder nur wenig geneigt. Die feingeschliffenen Zungen der Reißfeder bestehen aus gehärtetem Stahl oder aus Hartmetall und müssen gleichlang sein. Schlanke Reißfedern eignen sich für schmale und gedrungene Federn für breitere Striche.

Die Tusche wird in die Spitze tropfenweise eingefüllt, ohne die Außenseiten der Zungen zu benetzen (**13**.2). Zu sehr gefüllte Federn ziehen zu breite Linien oder klecksen. Eine Probelinie auf dem später abzutrennenden Blattrand soll zeigen, daß die Feder einwandfrei zieht.

Löschpapier oder Leinenlappen nehmen den Tuscheüberschuß aus der Feder auf. Mit zu knapp gefüllten Federn lassen sich längere Linien ohne Absetzen nicht ziehen. Verölte oder mit schweißigen Händen berührte Zungen werden mit einem Benzinlappen entfettet. Haarfussel, Gummireste und andere Fremdkörper an der Federspitze oder auf dem Zeichenbrett verderben die Arbeit und sind zu entfernen. Mit einem kleinen Haarbesen werden sie vom Zeichenbogen abgekehrt.

Die Tusche haftet auch auf glänzenden und ölhaltigen Papieren gut, wenn die Zeichenfläche durch Verreiben feingekörnten Kreidepulvers mit einem weichen Lappen aufnahmefähig gemacht und dann entstaubt worden ist.

Mit drei Fingern wird die Reißfeder kurzgefaßt und mit dem Rücken an der auf dem Zeichenbogen gut aufliegenden Ziehkante entlanggeführt (**9**.1). Waagerechte und wenig geneigte Linien werden von links nach rechts, alle anderen meist von unten nach oben (**4**.2), seltener von oben nach unten (**6**.2) gezogen. Die Feder wird in der Ziehrichtung um etwa 20° geneigt; beide Zungen müssen zugleich die Zeichenfläche berühren. Der Druck der Feder auf das Papier darf nur gering sein, sonst reißt der Zeichenbogen auf.

Reißfedern mit breiteren Zungen, auch S c h w e d e n - f e d e r n genannt (**9**.2), nehmen mehr Tusche auf als gewöhnliche Federn und werden daher für längere und breitere Linien verwendet.

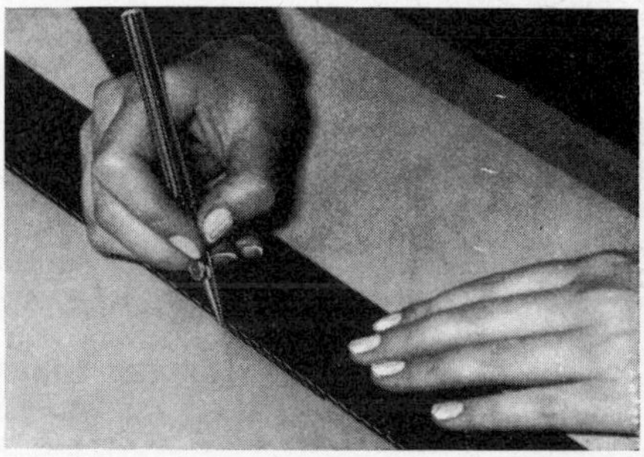

**9**.1 Haltung der Reißfeder

Die Mitte der Tuschelinie soll mit der Mitte der zuvor gezogenen Bleistiftlinie zusammenfallen. Muß die Feder für eine längere Linie nachgefüllt werden, so wird schon vor dem vollständigen Verbrauch der Tusche angehalten und nicht übermäßig, aber mindestens so viel nachgefüllt, wie für den Rest der Linie noch erforderlich ist. Zur Fortsetzung der Linie wird die Feder ein Stück vor dem Ende der unterbrochenen Linie allmählich aufgesetzt, wobei sich die Hand bereits in der Ziehrichtung bewegt. Beim Ausziehen längerer senkrechter Linien auf einer steilen Zeichenfläche läuft die Tusche im Strich herunter und bildet eine häßliche Verdickung. Das wird vermieden, wenn in diesem Falle von oben nach unten ausgezogen wird. Die Feder wird hierbei ausnahmsweise entgegengesetzt der Ziehrichtung geneigt. Fehler beim Ausziehen zeigen die Bilder **9**.3 bis 5.

**9**.2 Reißfeder, schwedische Form (verkleinert)

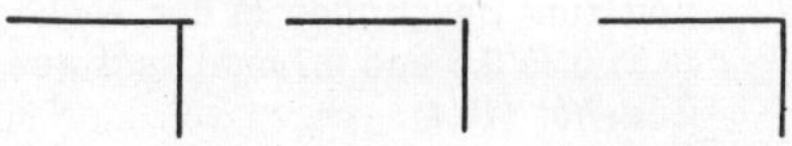


**9**.3 Ausziehen der Ecken

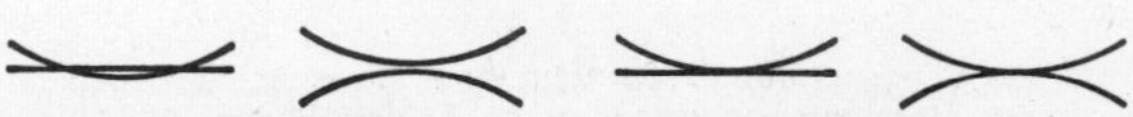


**9**.4 Ausziehen der Kreise

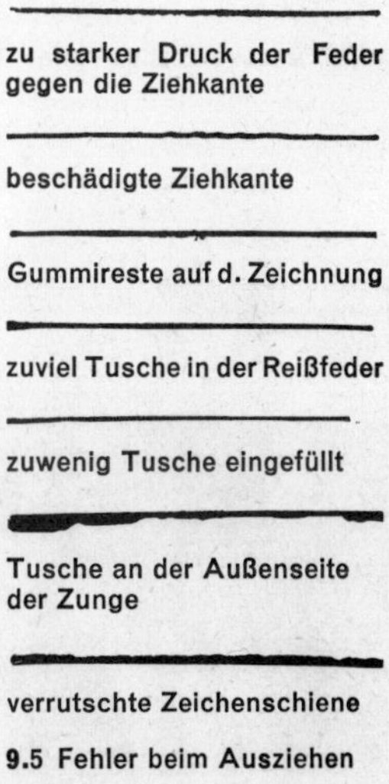


**9**.5 Fehler beim Ausziehen

Nach jedem Gebrauch wird der Tuscherest aus der Feder gewischt. Eingetrocknete Tusche ist mit einem feuchten Lappen abzureiben und nicht mit Sandpapier, dem Messer oder einem anderen harten Gegenstand zu entfernen. Reißfedern mit Kreuzscharnieren lassen sich zur Reinigung sehr weit öffnen (**9**.6).

Auf rauhen Papieren nutzt sich die Reißfeder merklich ab; sie wird dann auf einem Abziehstein nachgeschliffen.

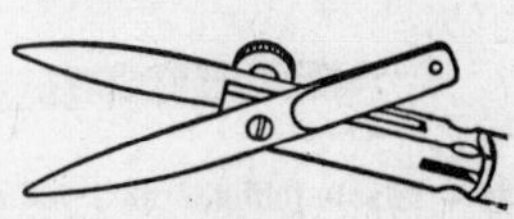

**9**.6 Kreuzscharnier

In zu spitz geschliffenen Zungen (10.1 a) bleibt die Tusche hängen; aus zu plump geschliffenen (10.1 b) läuft sie zu leicht heraus und kleckst, besonders bei langsamer Bewegung der Feder. Die richtig geformte Spitze ist wie der Scheitel einer sehr flachen Ellipse schlank gerundet (10.1 c).

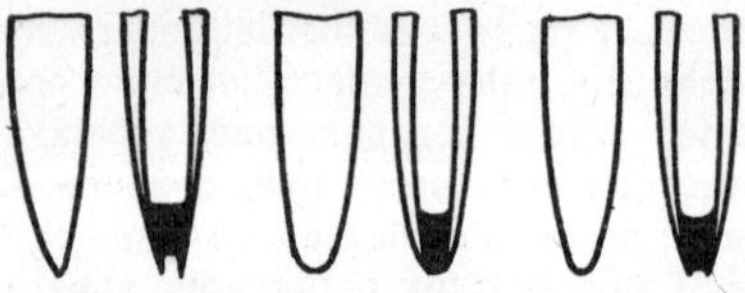


10.1 Falsch und richtig angeschliffene Reißfedern

Tuschefüllhalter mit auswechselbaren Düsen für Linien üblicher Breiten und für Schrift aller vorkommenden Größen gestatten ununterbrochenes Arbeiten und haben sich sehr bewährt (10.2).

Ohne absetzen zu müssen, lassen sich besonders lange Linien in unveränderter Breite einwandfrei ziehen. Da nur wenig Tusche herausläuft, trocknet sie sehr schnell.

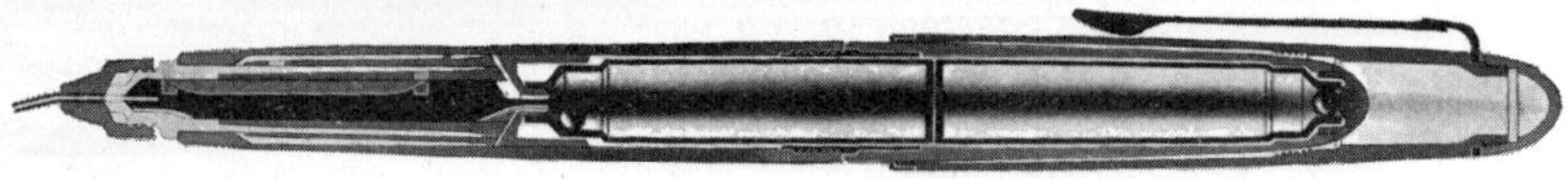

10.2 Graphoshalter mit aufgeschraubter Düse (verkleinert)

Es gibt auch Füllhalter, bei denen Tuschetank und Federn für jeweils bestimmte Linienbreiten austauschbar sind (10.3), und zwar kegeliges Vorderteil und Sichttank als Ganzes.

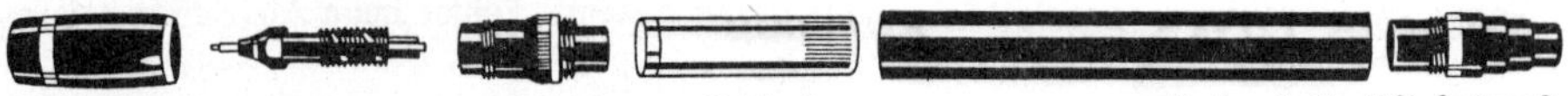


10.3 Tuschefüllhalter Variant und Einzelteile (verkleinert)

10.4 Tuschefüllhaltersatz 700 m (verkleinert)

Vorteilhaft ist die Verwendung eines Satzes im Etui, bestehend aus vier kompletten Füllhaltern zum Ausziehen und zum Beschriften in den wichtigsten Linienbreiten (0,25 0,35 0,5 und 0,7 mm) und aus dem notwendigen Zubehör (10.4).

Der Einsatzzirkel dient zum Zeichnen der Kreise (11.1).

Ein Schenkel des Zirkels trägt einen beweglichen Nadelschuh mit einer auswechselbaren, an beiden Enden angespitzten Stahlnadel. Gewöhnlich ist eine Spitze abgesetzt, damit sie beim Schlagen mehrerer Kreise mit gleichem Mittelpunkt nicht unerwünscht tief eindringt. Sonst wird die meist dem Reißzeug beigegebene Zentrierzwecke in das Zeichenbrett zum Aufsetzen der Zirkelspitze eingedrückt.

Die Mine muß eine geeignete Härte haben und zum Anschärfen weit genug aus der Klemmhülse herausragen. Es genügt, die Mine nur an der Außenseite zu wetzen (11.1 c).

Die Spitzen aller Einsätze werden auf gleiche Länge eingestellt. Dabei wird zuerst der Reißfedereinsatz aufgesteckt und hiernach die Länge der Nadelspitze am anderen Schenkel eingestellt. Dann werden Bleieinsatz und schließlich die Nadelspitze des dritten Einsatzes auf diese Länge gebracht.

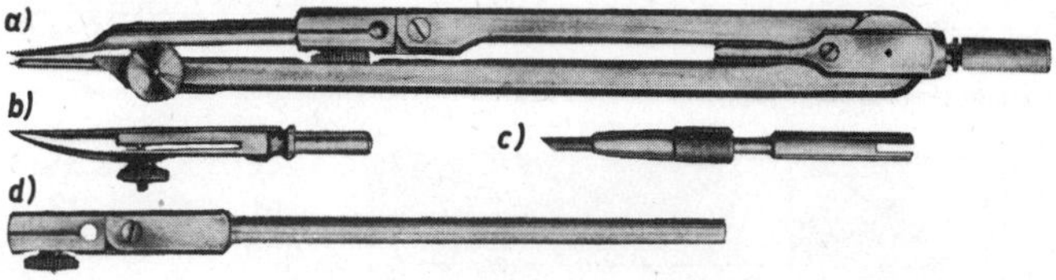


**11.1**
Einsatzzirkel mit Zubehör (verkleinert)
a) Zirkel mit Stahlnadeln
b) Reißfedereinsatz
c) Bleieinsatz
d) Verlängerungsstange

Für mit der Mine zu ziehende Kreise wird der Halbmesser vom Stabmaß abgegriffen oder mit dem Stechzirkel auf dem Zeichenbrett abgetragen und der Zirkel hiernach eingestellt.

Zum Ziehen der Kreise mit Tuschefüllhaltern wird ein besonderer Tuscheeinsatz verwendet.

**Daumen und Zeigefinger der rechten Hand (11.2)** drehen den Griff am Kopf des leicht geneigten Zirkels im Sinne der Uhrzeigerbewegung. Zirkelöffnungen für Kreise in Tusche werden nach dem zuvor gezogenen Bogen eingestellt. Die Feder zieht aber nur dann, wenn beide Zungen den Zeichenbogen berühren. Mehrmaliges Umfahren eines Kreises oder Drehen des Zirkels in verschiedenen Richtungen ergibt meist zu breite Linien.

Alle Schrauben des Zirkels müssen fest angezogen sein, damit die Zirkelspitzen bei der Arbeit nicht wackeln. Der Reißfedereinsatz kann auf ein dem Reißzeug beigegebenem Einsatzhalter aufgesteckt und dann als Handreißfeder mit unverstellter Linienbreite benutzt werden.

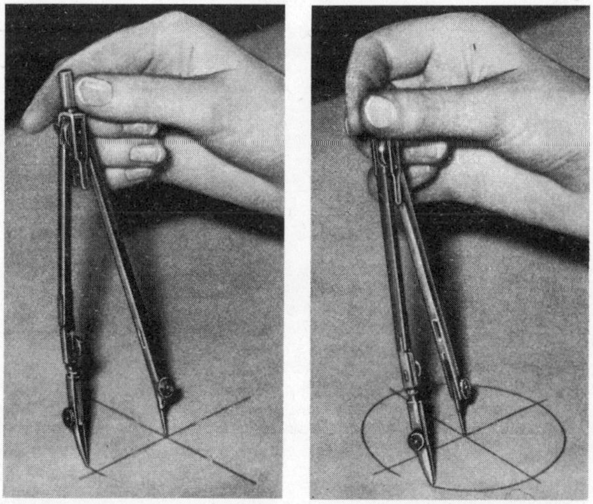

**11.2**
Fingerhaltung (links) bei Beginn und (rechts) am Ende des Zirkelschlages

Zum Ziehen größerer Kreise wird eine Verlängerungsstange vor dem Einsetzen des Zirkeleinsatzes aufgesteckt (**11.3**) oder aus einem Zirkelschenkel herausgezogen (**11.4**).

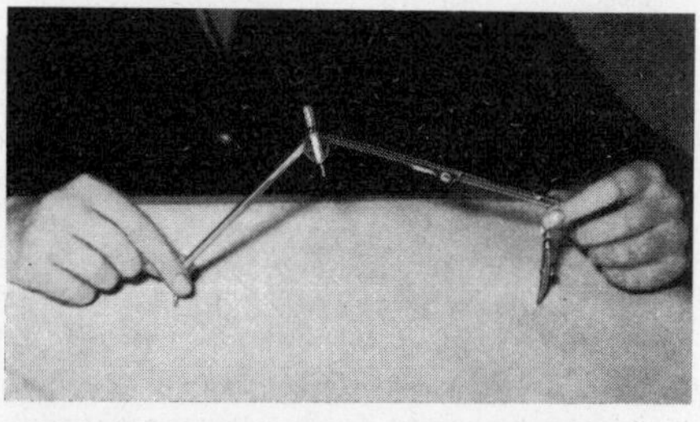

**11.3** Einsatzzirkel mit Verlängerungsstange

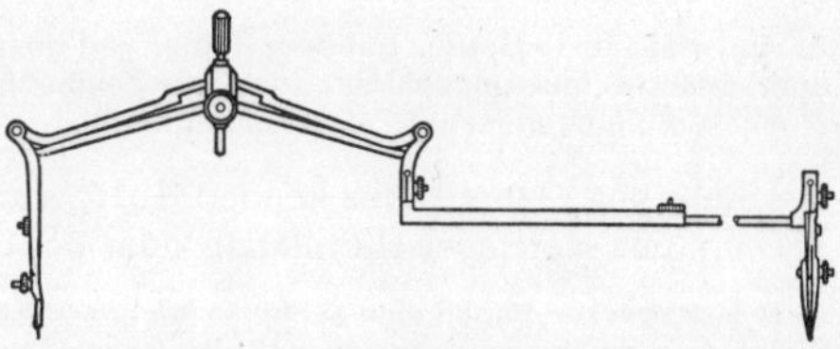

**11.4** Herausgezogene Verlängerungsstange

Die Spitzen des Zirkels sollen senkrecht zur Zeichenebene stehen. Das geschieht durch Einstellen des Kniegelenks am Zirkeleinsatz und am Nadelschuh von Hand oder selbsttätig durch eine besondere Konstruktion am Zirkel (**11**.4).

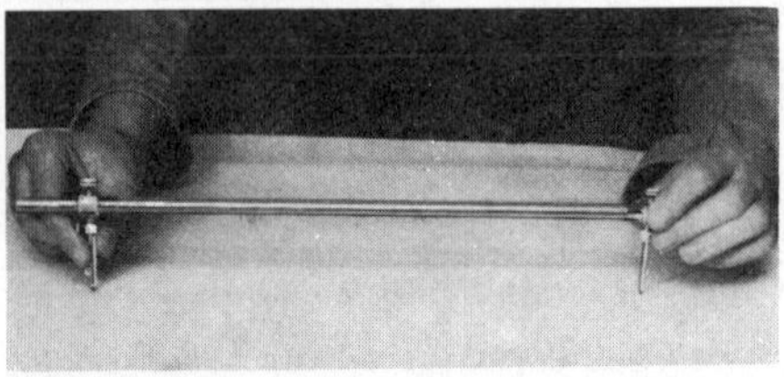

**12**.1 Betätigung des Stangenzirkels

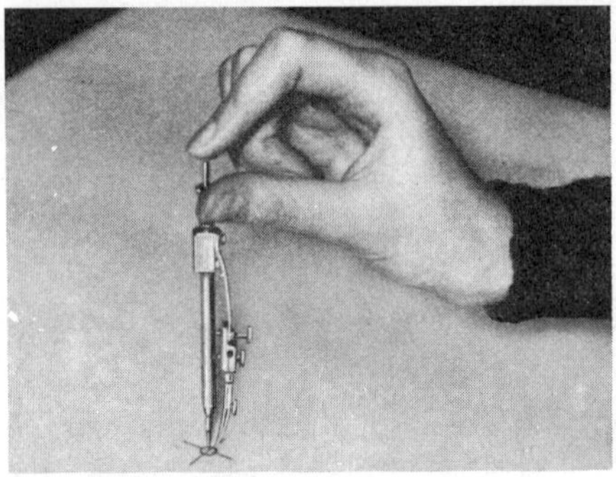

**12**.2 Betätigung des Fallnullenzirkels

Große Kreise werden mit dem Stangenzirkel gezogen (**12**.1). Er hat mehrere Einsätze und soll mit leichtem Druck und ohne zu federn über das Papier gleiten.

Der Nullenzirkel (**12**.2) dient zum Zeichnen kleinster Kreise und hat einen Blei- und einen Reißfedereinsatz. Die Mine muß besonders schlank und spitz angeschärft werden (**7**.5). Der Zirkel ist gewöhnlich ein Fallnullenzirkel und wird mit nur einer Hand betätigt. Die Einsatzstange wird mit dem Zeigefinger bis zum Anschlag aus dem drehbaren Zirkelkörper herausgeschoben, die Stahlspitze im Einsatzpunkt senkrecht aufgesetzt und der Drehteil vorsichtig losgelassen, so daß die andere Spitze den Bogen berührt. Mit einer kurzen Daumenbewegung am geriffelten Bund wird schließlich der Drehteil gegen den Uhrzeigersinn einige Male herumgeschleudert. Danach wird der Drehteil gehoben und der Zirkel abgenommen.

Lebensdauer des Reißzeugs und Güte der Arbeit hängen von der Handhabung und Pflege der Teile ab. Die einzelnen Geräte müssen sehr behutsam behandelt werden und dürfen nur für solche Arbeiten dienen, für die sie geschaffen sind. Sie dürfen nicht wahllos durcheinanderliegen und nicht herunterfallen, denn Zirkel und Reißfedern mit verbogenen oder abgebrochenen Spitzen sind nicht mehr brauchbar. Von Zeit zu Zeit sollen die Gleitflächen der Geräte mit Knochenöl leicht eingefettet und alle anderen Stellen mit einem weichen, trockenen Lappen abgerieben werden. Radiergummireste sind sofort aus dem Behälter herauszubürsten, weil der im Gummi enthaltene Schwefel die metallenen Teile im Laufe der Zeit unansehnlich macht. Nach beendeter Arbeit werden alle Teile in die vorgesehenen Vertiefungen des Behälters gelegt; dann wird auf Vollständigkeit geprüft und der Deckel behutsam geschlossen.

## 2.5 Zeichenzubehör

Es ist zweckmäßig, unter das Zeichenblatt einen Bogen Zeichenkarton oder eine Unterlage aus mattem Kunststoff (Astralon, Circolon o. a.) zu spannen. Zeichenbretter mit aufgeklebter Kunststoffolie bewähren sich gut und sind bereits im Handel zu haben.

Klebeband (Kreppband) dient zum Befestigen des Zeichenblattes.

Es hinterläßt keine Spuren auf dem Papier und dem Zeichenbrett. Außerdem lassen sich Zeichenschiene und -dreiecke fast ungehindert über die Zeichenfläche bewegen. Durchsichtiges Klebeband wird zum Ausbessern eingerissener Zeichnungen benutzt.

An Stelle des Klebebandes können Heftzwecken verwendet werden, nicht aber bei Zeichenbrettern aus Holzfaser-Hartplatten oder bei Unterlagen aus Kunststoffolien.

Gute Heftzwecken haben eine schlanke kegelige Stahlspitze und einen sehr flach gewölbten, großen Kopf. Sie werden so tief eingedrückt, daß der Bogen durch den unteren Rand des Kopfes festgeklemmt wird. Zum bequemen Lösen kann ein Zweckenheber verwendet werden.

Stabmaße bestehen aus Holz und haben maßstäbliche Teilungen (**21**.2) auf Zelluloid- oder Kunststoffbelägen. Bruchteile eines Millimeters werden nach Schätzung abgenommen. Stabmaße aus Metall sind nicht geeignet, da die Zirkelspitzen bei häufigem Abgreifen bald stumpf werden würden.

Schwarze Tusche dient zum Ausziehen und Beschriften. Für Sonderfälle gibt es farbige Tuschen, die zum Erzielen neuer Farbtöne auch untereinander vermischt werden können. Tusche muß dünnflüssig sein, aber dennoch eine starke Deckkraft haben und sich nach völligem Trocknen weder verwischen noch abwaschen lassen. Platzt die Tusche vom Papier ab, dann ist sie minderwertig, war zu dickflüssig, oder die Zeichenfläche war nicht genügend entfettet. Eingedickte Tusche wird mit destilliertem Wasser verdünnt.

Sehr bewährt haben sich Tuschepatronen (**13**.1). Das sind nachfüllbare und mit einem Gummipfropfen am Boden verschlossene Behälter. Am anderen Ende befindet sich ein Düsenrohr, das durch einen Stift in einer aufsetzbaren Kappe verschließbar ist. Durch leichten Druck gegen den balligen Gummipfropfen fließt ein Tropfen Tusche aus der nach unten geneigten Patrone unmittelbar in das entgegengehaltene Arbeitsgerät (**13**.2).

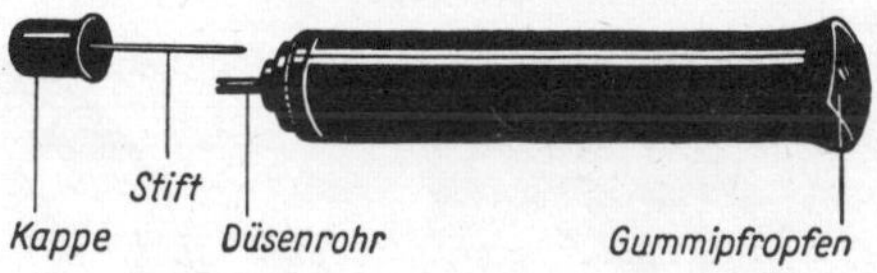


**13**.1 Tuschepatrone (etwa 1:2 verkleinert)

Platten-, Schreib- und Zeichenfedern (**13**.3) dienen zum Beschriften der Zeichnungen und zum Eintragen der Maßzahlen und Maßpfeile.

Federn, die für Tinte gebraucht wurden, sind nicht ohne weiteres für Tusche verwendbar. Stehen neue Federn nicht zur Verfügung, dann sind Tintenreste mit einer kleinen Flamme abzubrennen und gut abzuwischen, da sonst die eingefüllte Tusche sofort verkrustet.

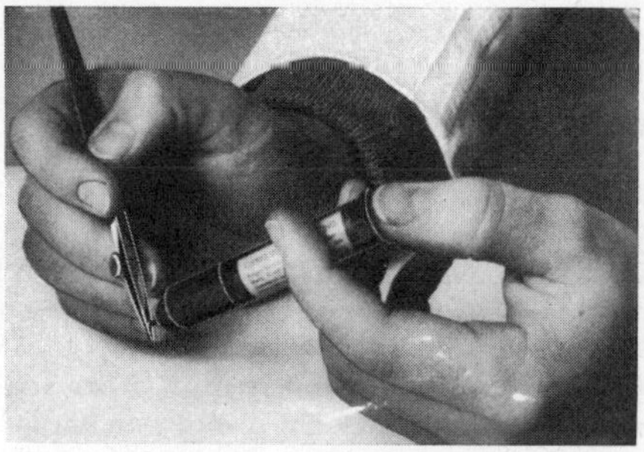

**13**.2 Füllen der Reißfeder aus der Tuschepatrone

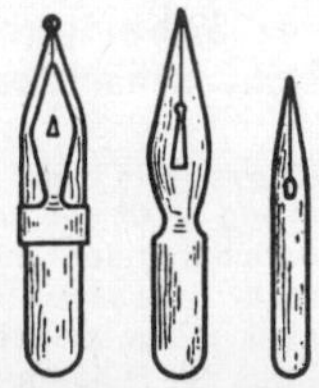

**13**.3 Platten-, Schreib- und Zeichenfeder

Schriftschablonen haben für die einzelnen Buchstaben und Zahlen Schlitze, in denen Tuscheschreibgeräte entlanggeführt werden (**13**.4).

Schablonenschrift s. S. 18.

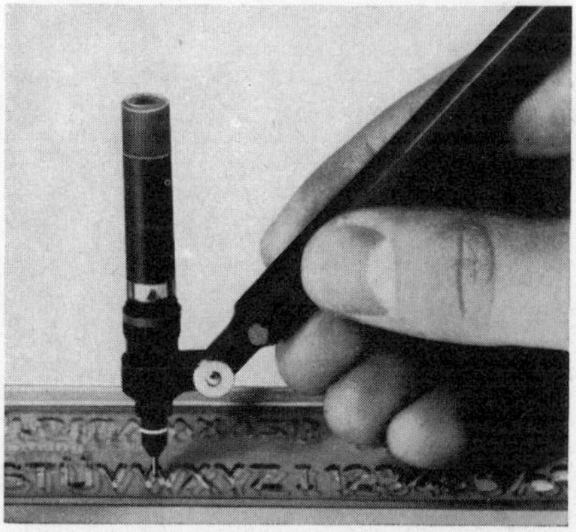

**13**.4 Schablone und Tuschefüllhalter Varioskript

Kurvenlineale sind zum Zeichnen von Krümmungen nötig. Von den überaus zahlreichen Formen sind die drei abgebildeten für den normalen Bedarf ausreichend (**14**.1).

Eine Kurve wird unter Berücksichtigung der festgelegten Punkte zunächst freihändig entworfen und Stück um Stück an sorgfältig ausgesuchten Krümmungen eines geeigneten Kurvenlineals mit dem Zeichenstift sauber gezeichnet und erst dann in Tusche ausgezogen (**14**.2).

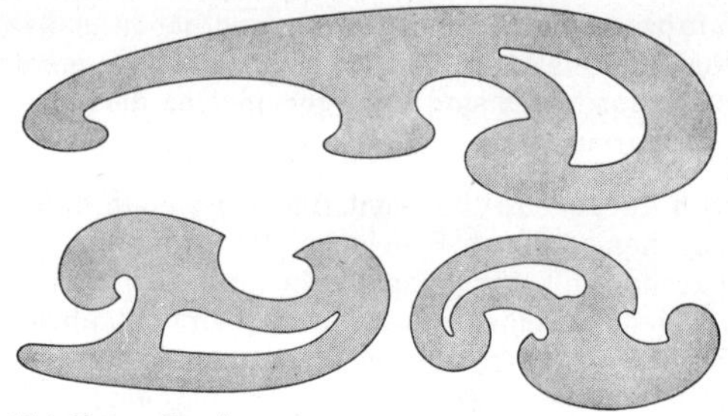

**14**.1 Kurvenlineale (nach Prof. Burmester)

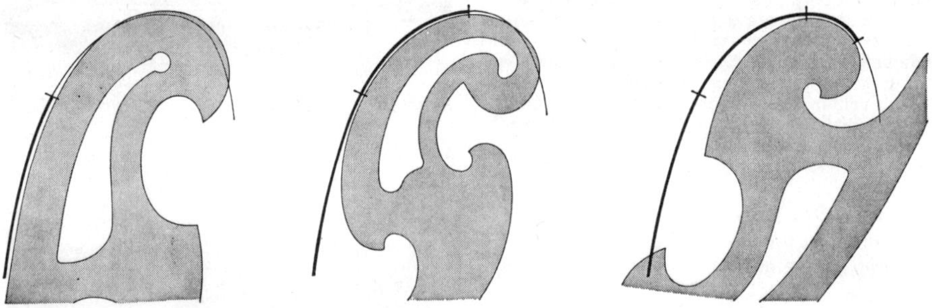

**14**.2 Gebrauch der Kurvenlineale

Radiermittel sind Gummi, Radiermesser, Glashaarpinsel und gebrauchte Rasierklingen. Mit weicher Mine gezogene Linien werden mit einem weichen Gummi entfernt. Für Linien von einer härteren Mine kommt ein härterer Gummi in Betracht.

Guter Gummi radiert auf den ersten Schub, schmiert nicht, färbt nicht ab und behält die Radiereigenschaften jahrelang. Schmutziger Gummi ist an einer sauberen Stelle am Rande des Zeichenbogens abzureiben.

Radiermesser, Rasierklinge, Glashaarpinsel oder harter Scharfgummi nehmen die Tuschelinien weg. Dazu wird eine harte ebene Platte, z. B. Zeichenschiene oder Taschenspiegel, unter das Papier gelegt.

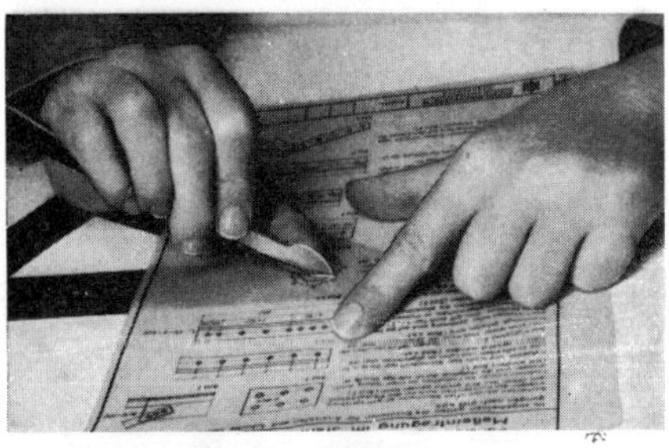

**14**.3 Gebrauch des Radiermessers

Die Klinge des Radiermessers bildet mit der Papierfläche einen Winkel von ≈ 90° und schabt bei leichtem Druck in Längsrichtung der fehlerhaften Linie. Rasierklingen werden dabei etwas durchgebogen. Glashaarpinsel haben feingesponnenes Glashaar. Es darf nur wenig aus der Hülse herausragen und arbeitet sehr mild.

Beim Radieren spannen zwei Finger der linken Hand die zu verbessernde Stelle des Bogens glatt (**14**.3). Zum Radieren größerer Stellen wird der Bogen mit der linken Hand festgehalten und mit der anderen, und zwar von der haltenden Hand fortweisend, vorsichtig radiert.

Die Radierstellen werden gewöhnlich mit einem härteren Bleigummi nachgerieben und dann mit Daumennagel oder Falzbein geglättet. Vor dem Nachziehen der Linien in Tusche kann die radierte Stelle mit einem weichen Bleistift reichlich und gleichmäßig geschwärzt werden. Auf der Graphitschicht läuft die Tusche selbst auf weniger guten Papieren nicht aus. Mehrmaliges Nachziehen mit einer enger gestellten Reißfeder ist sehr zweckmäßig.

Radiermesser müssen von Zeit zu Zeit auf einem Abziehstein haarscharf gemacht werden. Die Schneide wird von beiden Seiten angeschärft und dann entgratet.

Wasserfarben dienen zum Anlegen der Tuschezeichnungen (**15.1**). Sind größere Flächen zu färben, dann muß der Bogen aufgezogen werden, damit er sich nicht wellt.

Er wird auf der ganzen Rückseite mit einem Schwamm leicht und gleichmäßig angefeuchtet. Dabei dehnt er sich. Dann werden die später abfallenden Ränder rückseitig mit einem gut haftenden Klebemittel bestrichen. Nun wird der Bogen auf ein möglichst altes Zeichenbrett geklebt und auch die Vorderseite mit dem Schwamm angefeuchtet. Der Bogen dehnt sich dadurch noch mehr aus und wird durch fortwährendes Ziehen an den Rändern straffgezogen. Während des Trocknens und Zusammenziehens trocknet auch der Klebstoff, so daß am Ende ein straffgespannter glatter Bogen zur Verfügung steht.

Der schräggestellte Bogen wird nun mit dünnflüssiger Farbe von oben nach unten angelegt.

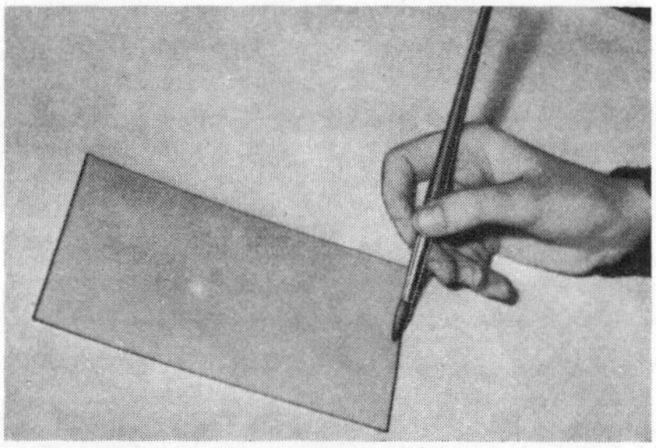

**15.1** Anlegen einer Fläche

Es ist so viel Farbe aufzutragen, daß sie nirgends eintrocknen kann. Bereits getrocknete Stellen dürfen zur Vermeidung von Wolken nicht nochmals bestrichen werden, es sei denn, daß die gesamte Fläche abermals angelegt werden soll. Überflüssige Farbe sammelt sich an den tiefsten Stellen an und wird mit dem ausgedrückten Pinsel aufgesaugt. Ist das Anlegen mißlungen, dann muß die ganze Farbe mit einem Schwamm abgewaschen und nach dem Trocknen von neuem begonnen werden. Erst wenn die Farbe überall gut getrocknet ist, wird der Bogen abgeschnitten.

Klarpapiere sind zum Anlegen größerer Flächen ungeeignet, weil sie sich durch Feuchtigkeit stark verziehen.

Farbstifte. Linien und Beschriftung einer Zeichnung sind grundsätzlich schwarz. Teile, die sich hervorheben oder unterscheiden sollen, können farbig gezogen werden. Die Minen der Farbstifte sollen bruchfest sein und scharf umrissene und unverwischbare Linien geben. Mit manchen Minen können sogar wasserfeste, lichtpausbare und sehr feine Linien gezogen werden.

Schablonen für allgemeine und besondere Zwecke sind sehr häufig im Gebrauch. Am bekanntesten ist die Rundungsschablone (**15.2**), an der nach Anlegen des erforderlichen Kreisbogens die Rundung gezogen werden kann, und die Schablone für Oberflächenzeichen (**15.3**). Andere Schablonen wieder dienen zum Zeichnen von Muttern, Nietköpfen, Ellipsen, Sinnbildern u.a.

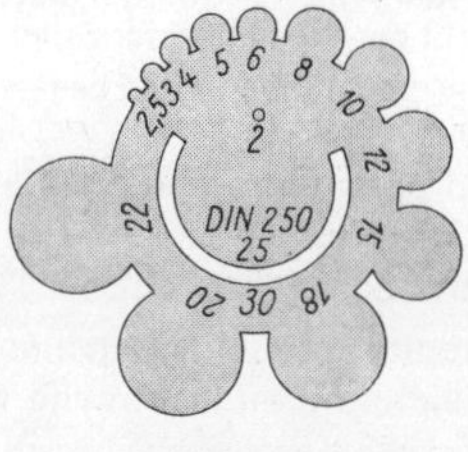


**15.2** Rundungsschablone

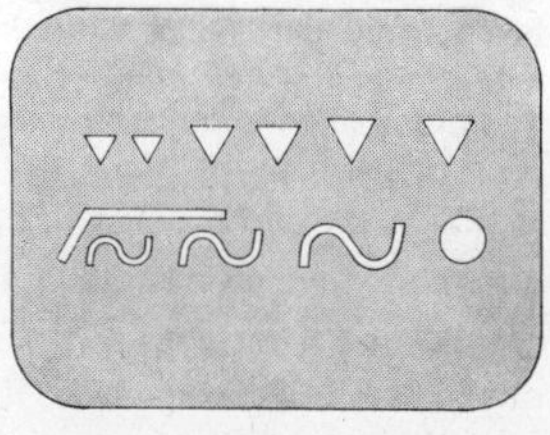

**15.3** Schablone für Oberflächenzeichen

Gutes Licht ist halbe Arbeit. Die Zeichenräume müssen hell sein. Reicht Tageslicht nicht aus, ist elektrisches Licht einzuschalten. Die Leuchten sollen das Licht nach allen Seiten werfen, damit durch Rückstrahlung von Decke und Wänden Streulicht entsteht, das keine störenden dunklen, sondern helle und weiche Schatten gibt. Zeichenmaschinen haben bisweilen verstellbare Leuchten, die der Bewegung des Zeichenkopfes folgen. Das Licht soll von links vorn bzw. von links oben einfallen, damit die Linien an belichteten und nicht an beschatteten Kanten gezogen werden können. Ferner ist der Arbeitsplatz so einzurichten, daß eine Blendung der Augen vermieden wird. Zur Schonung der Sehkraft ist außerdem ein ausreichender Abstand zwischen Augen und Zeichenbrett einzuhalten.

# 3 Der Zeichenbogen

## 3.1 Zeichenpapier

Das Zeichenpapier kommt in verschieden breiten und langen Rollen und in bereits zugeschnittenen Bogen in den Handel. Die Dicke des Papiers ist von der Gewichtsstufe abhängig. Sie wird in Gramm je Quadratmeter (g/m²) angegeben.

Die Oberfläche ist entweder rauh und matt (naturglatt) oder glatt und leicht glänzend (satiniert). Glattes Papier wird vorwiegend für Tuschezeichnungen verwendet, da sich die Reißfeder dabei nicht so sehr abnutzt. Auf rauherem Papier hingegen entsteht ein schwärzerer Bleistiftstrich. Für Bleistiftzeichnungen wird daher rauhes Papier vorgezogen. Papier mit einer glatten und einer rauhen Oberfläche kann sehr vorteilhaft sein.

Es gibt mehrere Sorten:

**Zeichenkarton,** gewöhnlich Zeichenpapier genannt, ist weiß, bisweilen auch farbig getönt und dient zur Herstellung nichtlichtpausbarer Zeichnungen.

Geringwertigere Sorten bestehen aus Zellstoff mit Holzschliffzusatz, Mittelsorten nur aus Zellstoff, hochwertigere Papiere aus Zellstoff mit Zusatz von Hadern (Leinen, Hanf, Baumwolle, Nessel) oder aus Reinhadern. Mit Hadern verarbeitete Papiere sind härter und gegen Einreißen fester als die anderen.

Für hohe Beanspruchung stehen Zeichenpapiere mit hinterklebtem Gewebe und undehnbarer Zeichenkarton mit Aluminiumeinlage zur Verfügung.

Auf guten Papieren dürfen Tuschelinien bis zu 2 mm Breite während des Trocknens an der Luft nicht auslaufen und müssen sich, ohne daß das Papier dabei aufreißt, abradieren und wieder einwandfrei ziehen lassen. Wasserfarben sollen nicht abgestoßen werden. Gute Papiere müssen unbedingt holzfrei, tuschefest, zäh, radierfest, lichtbeständig und abwaschbar sein. Luftfeuchtigkeit darf sie nur wenig verändern.

**Lichtdurchlässige Papiere.** Hierzu gehören Klarpapier, Klargewebe, Transparentfolien u.a.

Klarpapier, früher Transparentpapier genannt, ist fett- und ölfrei und von meist hellgrauer Farbe. Es wird aus besonders kurz und schleimig gemahlenen Grundstoffen hergestellt und hauptsächlich zur Herstellung lichtpausbarer Stammzeichnungen gebraucht. Klarpapier muß tusche- und radierfest und gut lichtdurchlässig sein.

Die Lichtdurchlässigkeit (Transparenz) wird durch Lichtpausproben geprüft. Je heller der Untergrund der Lichtpause bei gleicher Belichtungsdauer ist, je größer ist die Lichtdurchlässigkeit. Es können auch mehrere Bogen auf eine mit Schrift versehene Zeichnung gelegt werden. Je größer die Anzahl der Bogen bis zur Unleserlichkeit ist, um so lichtdurchlässiger ist das Papier.

Durch warme und trockene Luft wird Klarpapier spröde, höherer Feuchtigkeitsgehalt und sehr breite Tuschelinien machen es wellig, Nässe verdirbt es. Wegen seiner Brüchigkeit soll es nicht geknifft werden.

Dickere Papiere sind zwar fester, schwerer, haltbarer und besser zu radieren, aber auch weniger lichtdurchlässig und teurer als dünnere Sorten.

Pergamin und Pergazell sind besonders stark geglättete, mit Kunstharzen getränkte Klarpapiere von außerordentlicher Lichtdurchlässigkeit. Sie verziehen sich kaum und werden fast ausschließlich für Tuschezeichnungen gebraucht.

Ölklarpapier, früher Ölpauspapier genannt, hat bläuliche, grünliche, gelbliche, bisweilen auch weiße Färbung, wird für Zeichnungen in Tusche verwendet, in Deutschland aber kaum noch hergestellt.

Klargewebe, auch Pausgewebe oder Pausleinen genannt, von bläulicher oder weißer Färbung, besteht aus textilen Rohstoffen und ist infolge besonderer Behandlung sehr lichtdurchlässig. Es kommt für Bleistift- und für Tuschezeichnungen in Betracht, die auch bei häufiger Benutzung sehr lange haltbar sind. Klargewebe ist nicht gefettet, sehr reiß- und radierfest, hat gewöhnlich eine matte oder leicht glänzende Oberfläche und verzieht sich kaum.

Transparentfolien sind fast glasklare, aus Zellstoff, aus Kunststoff oder aus Kunststoff und Zellstoff hergestellte, beiderseits geglättete oder einseitig mattierte filmartige Zeichenhäute von gewöhnlich bläulicher Färbung. Sie sind beständig gegen Wärme, Nässe, Öle und

Fette, von höchster Durchsicht und Radierfestigkeit, liegen völlig plan auf und werden häufig für Vermessungspläne und für die eilige Herstellung von Diapositiven gebraucht. Hierzu gehören mit Arcasol, Astralon, Hostaphan, Klarzell, Pokalon, Ultraphan und anders benannte Zeichenfolien.

**Millimeterpapier** ist undurchsichtiges Zeichenpapier oder Klarpapier mit blauer, brauner oder andersfarbiger Teilung. Es wird für grafische Darstellungen, oft auch für Skizzen benutzt. Soll die Millimeterteilung nicht auf der Lichtpause erscheinen, muß Papier mit blauem Aufdruck gewählt werden. Für Sonderzwecke gibt es Papiere mit geeigneten Teilungen.

## 3.2 Blattgrößen

Die Blattgrößen sind nach DIN 823 genormt. Das **Ausgangsformat** ist ein Rechteck von 1 m² Flächeninhalt, dessen Seiten sich wie $1:\sqrt{2}$ verhalten.

Aus den Gleichungen $x \cdot y = 1000000\ \text{mm}^2$ und $x:y = 1:\sqrt{2}$ ergeben sich die Seitenlängen des Ausgangsformates A0 zu $x = 841$ mm und $y = 1189$ mm (**17.1**). Durch fortgesetztes Halbieren der langen Seiten entsteht die Formatreihe A. Sie enthält die Fertigformate für Zeichnungen (beschnittene Lichtpausen, Schneidlinien auf der Stammzeichnung), für Formulare, Geschäftsbriefe usw. (Tafel **17.2**).

Durch das Seitenverhältnis $1:\sqrt{2}$ werden alle Blattgrößen untereinander ähnlich (**17.3**).

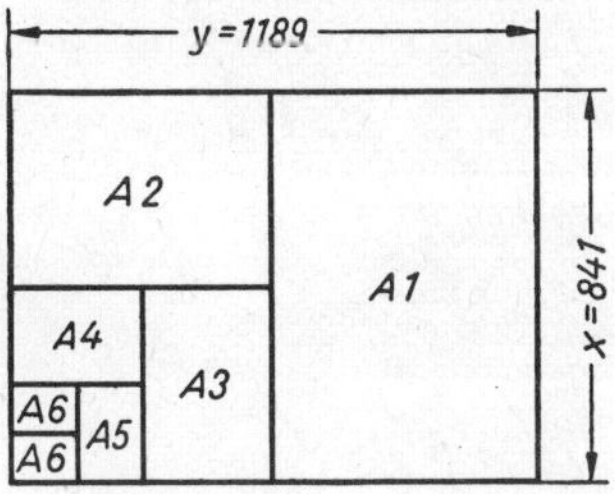


**17.1** Aufgeteiltes Ausgangsformat DIN A 0

Tafel **17.2** Blattgrößen (Fertigformate, Maße in mm)

| Reihe A | | Zusatzreihe B | | Zusatzreihe C | |
|---|---|---|---|---|---|
| Kurzzeichen | Seitenlängen | Kurzzeichen | Seitenlängen | Kurzzeichen | Seitenlängen |
| **A 0** | **841 × 1189** | B 0 | 1000 × 1414 | C 0 | 917 × 1297 |
| **A 1** | **594 × 841** | B 1 | 707 × 1000 | C 1 | 648 × 917 |
| **A 2** | **420 × 594** | B 2 | 500 × 707 | C 2 | 458 × 648 |
| **A 3** | **297 × 420** | B 3 | 353 × 500 | C 3 | 324 × 458 |
| **A 4** | **210 × 297** | B 4 | 250 × 353 | C 4 | 229 × 324 |
| **A 5** | **148 × 210** | B 5 | 176 × 250 | C 5 | 162 × 229 |
| **A 6** | **105 × 148** | B 6 | 125 × 176 | C 6 | 114 × 162 |

Alle Blätter können sowohl in der Hoch- als auch in der Breitlage verwendet werden. Schriftfeld und Stückliste stehen in der unteren, rechten Ecke in 5 mm Abstand von den Kanten des Bogens (**17.4** und S. 58). Format und Blattlage sind beim Aufzeichnen aller Teile, die zu einem Ganzen gehören, nach Möglichkeit beizubehalten.

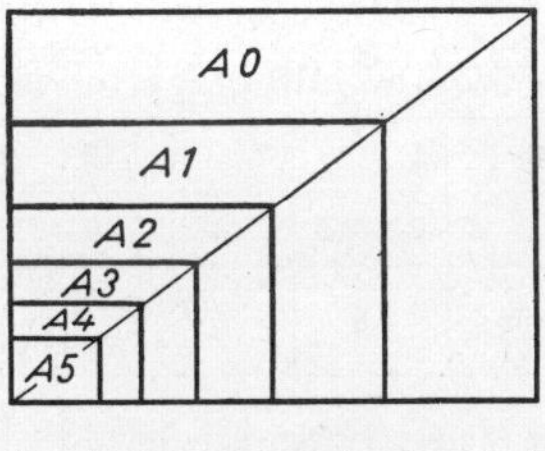


**17.3** Ähnlichkeit besteht bei Deckung der Diagonalen

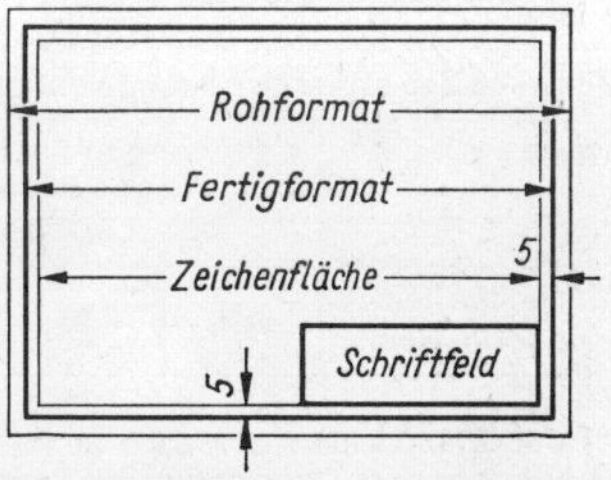


**17.4** Zeichenbogen mit Schriftfeld

Bei kleineren Formaten, besonders bei DIN A 4, wird die Hochlage bevorzugt, weil die im Hefter aufbewahrten Zeichnungen dadurch bequem eingesehen werden können. Ein Heftrand ist zulässig, um den sich die Nutzfläche des fertigen Blattes verkleinert (**25.1**). Ausnahmsweise schmale Formate können als Längsstreifen durch Halbieren, Vierteln und Achteln der Hauptformate oder durch Aneinanderreihen gleicher und benachbarter Blattgrößen gebildet werden (**18.1**).

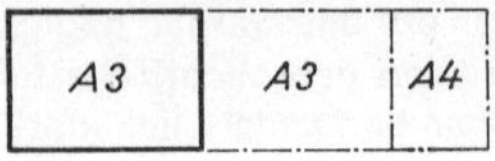


**18.1** Schmales Format

Für abhängige Papiergrößen, wie Briefumschläge, Aktendeckel, Mappen u.a., bestehen die Zusatzreihen B und C (DIN 476). Die Abmessungen der Zusatzreihe B sind geometrische Mittelwerte aus den Seitenlängen zweier benachbarter Blattgrößen der Reihe A. Die geometrischen Mittelwerte aus den Seitenlängen der Reihen A und B ergeben die Seitenlängen der Reihe C (Taf. **17.2**).

## 3.3 Beschriftung

### 3.3.1 Schräge Normschrift (DIN 16)

Sie hat gleichmäßige Linienbreite, eine zum Schreiben bequeme Schräglage unter 75° zur Zeile, sieht gut aus und dient zum Beschriften der Zeichnungen (**18.2**). Auf tadellose Ausführung, passende Abstufung verschiedener Schriftgrößen auf dem gleichen Bogen und gute Anordnung der Schrift ist großer Wert zu legen.

**18.2** Schräge Normschrift DIN 16 Bl. 2 Mittelschrift. (Der Buchstabe I kann alleinstehend und in Wörtern wie Jllumination als J geschrieben werden.)

Tafel **18.3** Schrifthöhen (Nenngrößen) *h* und Linienbreiten in mm

| **Reihe 1** | 1,8 | **2,5** | **3,5** | **5** | **7** | 10 | 14 | 20 |
|---|---|---|---|---|---|---|---|---|
| Reihe 2 | 2 | 2,5 3 | 4 | 5 6 | 8 | 10 12 | 16 | 20 |
| Linienbreiten für beide Reihen | 0,18 | 0,25 | 0,35 | 0,5 | 0,7 | 1,0 | 1,4 | 2,0 |

Zu bevorzugen sind die Werte der Reihe 1, besonders die fettgedruckten.

Tafel **18.4** Abmessungen in mm für Mittelschriften der Reihe 1

| Schrifthöhen (Nenngrößen) *h* | | **2,5** | **3,5** | **5** | **7** |
|---|---|---|---|---|---|
| Höhen der Kleinbuchstaben | 7/10 *h* | 1,8 | 2,5 | 3,5 | 5,0 |
| Linienbreiten | 1/10 *h**) | 0,25 | 0,35 | 0,5 | 0,7 |
| kleinste Buchstabenabstände | 2/10 *h**) | 0,5 | 0,7 | 1,0 | 1,4 |
| kleinste Zeilenabstände | 16/10 *h**) | 4,0 | 5,45 | 8,0 | 11,2 |

Linienbreiten der Schrift und Linienbreiten in den Zeichnungen stimmen überein (s. S. 57).

*) Für Engschriften (**19.3**) gelten kleinere Werte (s. DIN 16 Bl. 3).

Die Schrift wird mit Plattenfedern (**13.3**), kleinere Schrift mit Schreibfedern und Schablonenschrift mit Tuschefüllhaltern oder Röhrchenfedern geschrieben.

Plattenfedern mit Über- oder mit Unterfedern erlauben eine etwas größere Füllung mit Tusche und geben sie gleichmäßig wieder ab. Die Feder muß mit der ganzen Plattenfläche aufliegen, sonst entstehen ausgefranste Linien. Federn mit gespreizten Zungen sind nicht mehr brauchbar. Bisweilen wird zum Schreiben kleinerer Schrift die Reißfeder benutzt, aber darunter leidet deren Spitze.

Erstrebenswert ist freihändig geschriebene Normschrift (**19**.1). Je nach dem Schreiber fällt sie jedoch verschieden aus. Diesen Nachteil vermeidet die wesentlich gleichmäßigere Schablonenschrift (**13**.4). Sie ist vorzuziehen, wenn mehrere Personen an dem gleichen Schriftwerk arbeiten, ferner für Zeichnungen, die für Mikroverfilmung vorgesehen sind, weil hierfür besondere Anforderungen gestellt werden (s. S. 236).

**19**.1 Freihändige Übung

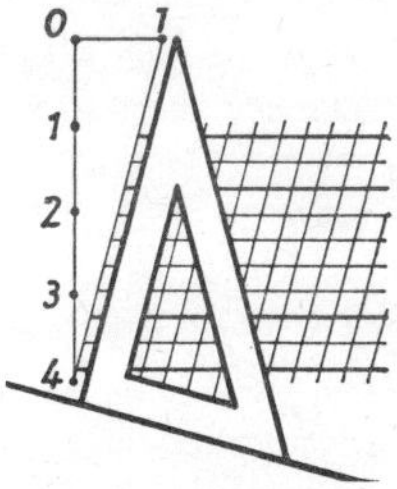


Der 75°-Winkel entsteht durch Aneinanderlegen der beiden Zeichendreiecke (4.3). Er kann aber auch ausreichend genau durch die Hypotenuse eines rechtwinkligen Dreiecks gebildet werden, dessen senkrechte Kathete viermal so lang ist wie die waagerechte (**19**.2).

Für jede Schrifthöhe befindet sich auf der Rückseite der Norm ein Liniennetz. Es wird unter das lichtdurchlässige Zeichenpapier geschoben und erspart das Aufzeichnen einer Lineatur.

**19**.2 Entstehen eines Winkels von ≈ 75°

Mit dem gleichen Liniennetz können auch Engschrift (**19**.3) und Breitschrift (**19**.4) geschrieben werden. Der Platzbedarf der Schrift ist notfalls vor Beginn der Arbeit an Hand des Liniennetzes festzustellen.

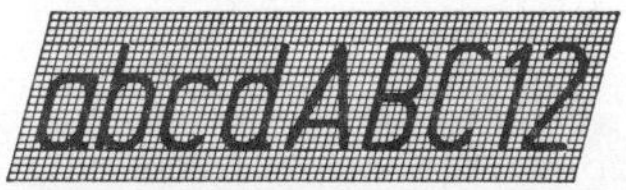


**19**.3 Engschrift DIN 16 Bl. 3

**19**.4 Breitschrift

### 3.3.2 Senkrechte Normschrift (DIN 17)

Senkrechte Normschrift (**19**.5) hat die gleichen Abmessungen wie die schräge Normschrift.

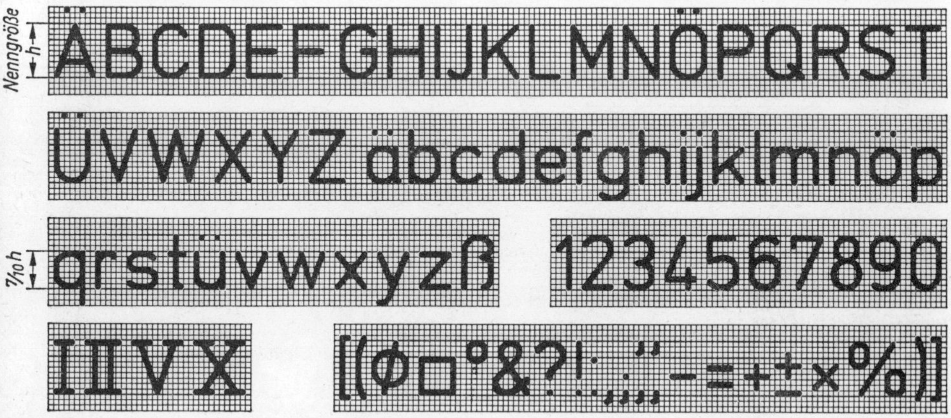


**19**.5 Senkrechte Normschrift DIN 17 Bl. 2 Mittelschrift (Engschrift s. DIN 17 Bl. 3)

### 3.3.3 Schräge griechische Schrift (DIN 1453)

Griechische Buchstaben werden vielfach als Formelzeichen verwendet. In Bild **20.1** sind auch ihre Namen angegeben und deshalb Groß- und Kleinbuchstabe jeweils paarweise nebeneinander gestellt.

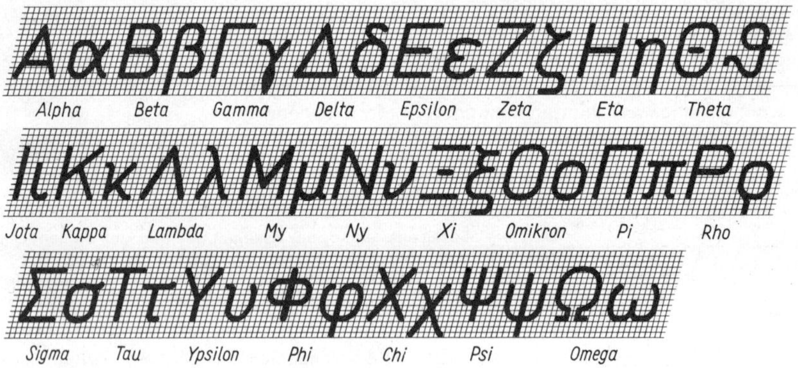


**20.1** Griechische Schrift DIN 1453 Bl. 1 Mittelschrift

### 3.3.4 Deutsche Handschrift (DIN 1455)

Ihre Buchstaben werden häufig als Formelzeichen für vektorielle (gerichtete) Größen benutzt (**20.2**).

**20.2** Deutsche Handschrift DIN 1455

Zur Einsparung von Zeichenarbeit werden in neuerer Zeit für die Beschriftung von Zeichnungen Beschriftungsmaschinen eingesetzt.

**Es sind ferner genormt: Russische Schrift in DIN 1451 Bbl. 1, bulgarische Schrift in DIN 1451 Bbl. 2 und Handschrift in DIN 1455.**

**Jede Schrift ist nur bis auf eine gewisse Entfernung lesbar. Angaben über Sichtweiten, abhängig von den Schrifthöhen, und Näheres über Normschriften enthält DIN 1451.**

# 4 Darstellung und Bemaßung einfacher Werkstücke

## 4.1 Zeichnungsmaßstäbe (DIN 823)

**Natürliche Größe.** Sind die Abmessungen eines Werkstücks in der Zeichnung ebenso groß wie in Wirklichkeit, dann ist der Zeichnungsmaßstab 1:1.

**Verkleinerungen.** Größere Werkstücke werden verkleinert dargestellt (**21**.1), und zwar in den Maßstäben 1:2,5 1:5 1:10 1:20 1:50 1:100 1:200 1:500 1:1000. Als Sondermaßstäbe bestehen 1:15 für den Stahlbau, 1:25 für Planungs-Zeichnungen und 1:40 für Gesamtzeichnungen von Schienenfahrzeugen.

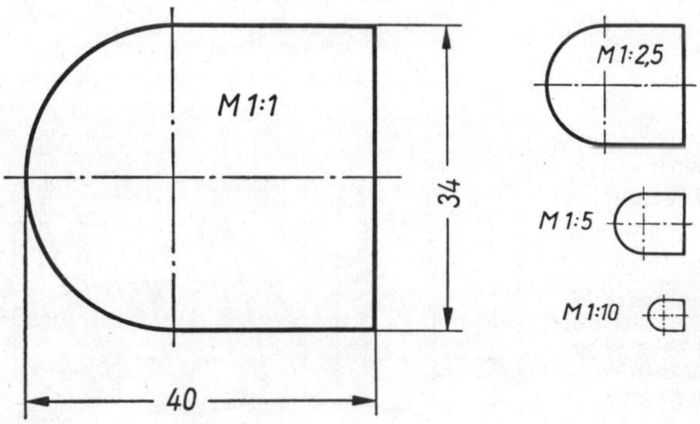


**21**.1 Natürliche Größe und Verkleinerungen

Beim Maßstab 1:2,5 bedeutet ein Millimeter in der Zeichnung 2,5 mm am Werkstück. Zum Aufzeichnen in diesem Maßstab wird jede Abmessung des Gegenstandes durch 2,5 geteilt oder der zehnte Teil mit 4 malgenommen, also statt 350:2,5 einfacher 35 · 4 = 140. Beim Maßstab 1:5 wird die wirkliche Länge entweder durch 5 geteilt oder der zehnte Teil mit 2 malgenommen.

**Vergrößerungen.** Kleine Werkstücke werden vergrößert gezeichnet. Für Vergrößerungen gelten die Maßstäbe 2:1 5:1 und 10:1.

Beim Maßstab 2:1 ist jede Kante in doppelter, beim Maßstab 5:1 in fünffacher und beim Maßstab 10:1 in zehnfacher Länge zu zeichnen.

Stabmaße mit maßstäblichen Teilungen (**21**.2) ersparen Umrechnungen, weil die Abmessungen einfach abgegriffen werden können.

Der Zeichnungsmaßstab ist so zu wählen, daß ein nicht zu großes, aber auch nicht ein zu kleines Bild entsteht, auf das dann Größe und Hoch- oder Querlage des Zeichenbogens abzustimmen sind (**58**.1).

Die den einzelnen Darstellungen auf einem Zeichenbogen zugrunde liegenden Maßstäbe werden im Schriftfeld angegeben (s. S. 59). Dabei ist der Hauptmaßstab durch größere Schrift hervorzuheben; die anderen müssen neben jeder einzelnen Darstellung wiederholt werden (**210**.1, lfd. Nr 3, 6 und 7).

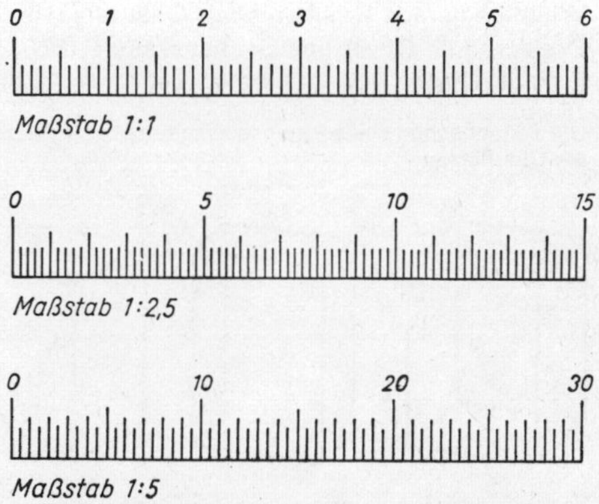


**21**.2 Maßstabteilungen

Bei vergrößert dargestellten Teilen kann eine unbemaßte Ansicht oder ein Umrißbild in natürlicher Größe mit Angabe des Maßstabes zum Vergleich neben die Vergrößerung gesetzt werden.

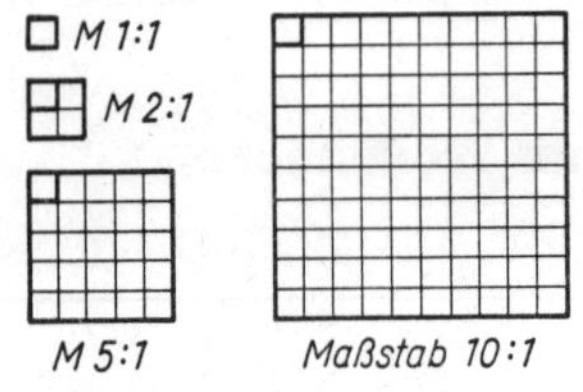


**22.1** Natürliche Größe und Vergrößerungen

Die Maßzahlen beziehen sich stets auf die Abmessungen des fertigen Werkstücks und nicht etwa auf die in der Zeichnung verkleinert oder vergrößert dargestellten Längen.

Zeichnungsmaßstäbe sind lineare Maßstäbe. Beim Maßstab 2:1 ist also jede Kante in doppelter Länge aufgezeichnet (**22.1**); die ursprüngliche Fläche ist aber 4 mal enthalten. Beim Maßstab 5:1 ist die Fläche 25 mal, beim Maßstab 10:1 ist sie 100 mal vergrößert. Die Maßstäbe für Verkleinerungen und Vergrößerungen beziehen sich mithin nur auf Längen und nicht etwa auf Flächen.

Ebenso werden Winkel von den Zeichnungsmaßstäben nicht beeinflußt. So ist ein Winkel von z. B. 30° am Werkstück auch in verkleinerten oder vergrößerten Darstellungen 30° groß.

**Übungen**

1. Die beiden Seiten eines Rechtecks sind 380 mm und 490 mm lang. Wie groß sind sie im Maßstab 1:2,5, und wie oft ist die verkleinerte Fläche in der natürlichen Größe enthalten?
2. Eine Zeichnung im Maßstab 1:2,5 auf DIN A 3 wird fotografisch auf DIN A 5 verkleinert. Wie lang und in welchem Maßstab ist in dieser Verkleinerung eine Kante dargestellt, die am Werkstück 480 mm mißt?

## 4.2 Grundkörper

**Prismen** haben geradlinig begrenzte, deckungsgleiche Grund- und Deckflächen in parallelem Abstande. Es gibt gerade und schiefe Prismen (**22.2**).

Beim geraden Prisma steht die Körperachse rechtwinklig zur Grundfläche, und alle Seitenflächen sind rechteckig. Das schiefe Prisma hat eine zur Grundfläche geneigte Körperachse. Als Höhe $h$ gilt der kürzeste Abstand zwischen der Grund- und der Deckfläche.

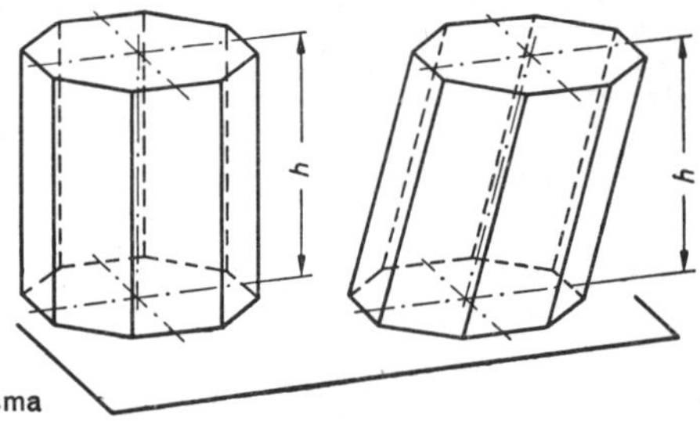


**22.2** Gerades und schiefes Prisma

Die Anzahl der Seitenflächen ist gleich der Zahl der Kanten der Grund- oder Deckfläche. Wichtige gerade Prismen sind: Quadratsäule (**22.3**), Rechtecksäule (**22.4**), Trapezsäule (**22.5**), Dreiecksäule (**22.6**) und Sechsecksäule (**22.7**). Eine besondere Quadratsäule ist der Würfel. Er wird allseitig von Quadraten begrenzt (**22.8**).

Die Seitenflächen eines Prismas zusammen ergeben den Mantel. Grundfläche, Deckfläche und Mantel bilden die Oberfläche.

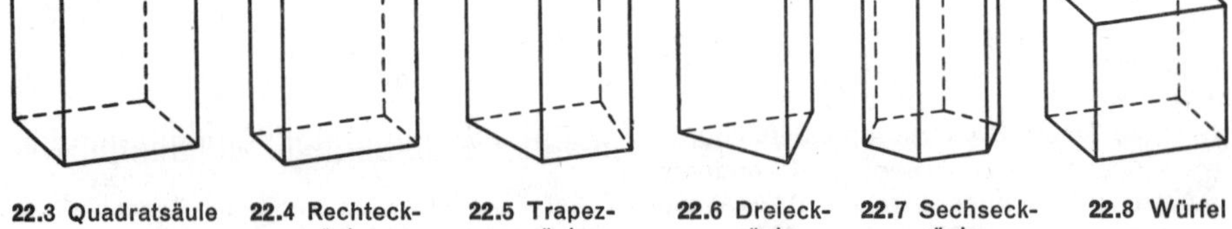

**22.3** Quadratsäule **22.4** Rechtecksäule **22.5** Trapezsäule **22.6** Dreiecksäule **22.7** Sechsecksäule **22.8** Würfel

**Pyramiden** haben dreieckige Seitenflächen, die auf den Seiten einer ebenen Grundfläche stehen und mit ihren oberen Ecken, in einem Punkte zusammenlaufend, die Spitze der Pyramide bilden.

Regelmäßige Pyramiden (23.1) haben eine gleichseitige Grundfläche mit beliebig vielen, auf einem Kreise liegenden Ecken und eine Körperachse senkrecht zur Grundfläche. Demnach sind alle Seitenflächen deckungsgleiche gleichschenklige Dreiecke. Eine Sonderform ist das von vier gleichseitigen Dreiecken begrenzte Tetraeder. Bei der schiefen Pyramide steht die Körperachse geneigt.

Durch Abschneiden der Spitze entsteht ein Pyramidenstumpf (23.2). Liegt der Schnitt parallel zur Grundfläche, so sind Deckfläche und Grundfläche ähnlich. Der kürzeste Abstand beider ist die Höhe. Von Bedeutung sind Pyramidenstümpfe, deren Grund- und Deckflächen quadratisch (23.3) oder rechteckig (23.4) sind.

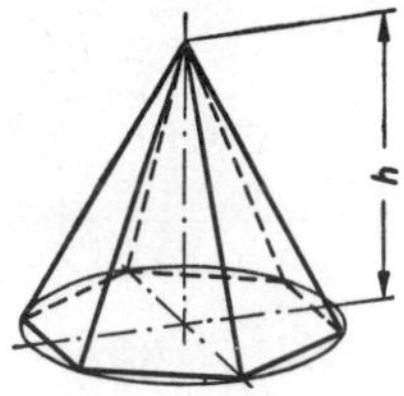


23.1 Regelmäßige Pyramide

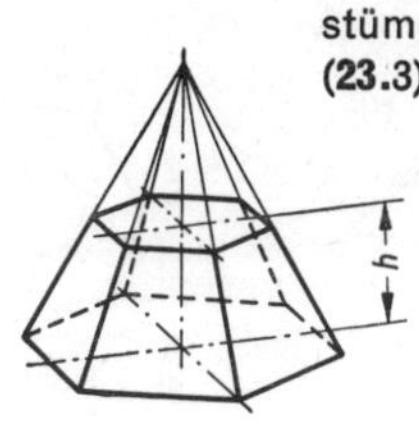


23.2 Pyramidenstumpf

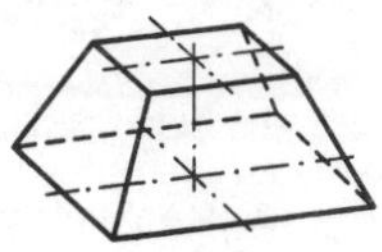

23.3 Pyramidenstumpf mit quadratischer Grundfläche

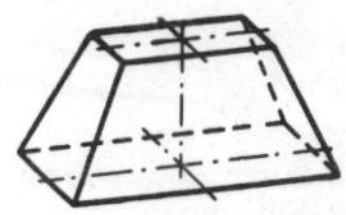

23.4 Pyramidenstumpf mit rechteckiger Grundfläche

**Zylinder und Kegel** haben gewölbte Mantelflächen. Grund- und Deckfläche eines Zylinders sind ebene, von gekrümmten Linien begrenzte, deckungsgleiche Flächen in parallelem Abstande. Sind sie kreisförmig, dann heißt der Körper Kreiszylinder. Beim geraden Kreiszylinder (23.5), einfach Zylinder oder Rundsäule genannt, steht die Körperachse rechtwinklig zur Grundfläche im Gegensatz zum schiefen Kreiszylinder (23.6). Gerade und schiefe elliptische Zylinder haben Ellipsen als Grund- und Deckflächen.

Aus einem geraden Kreiszylinder entsteht durch zwei parallele Schnitte schräg zur Achse ein schiefer elliptischer Zylinder. Umgekehrt ist ein schiefer Kreiszylinder Bestandteil eines geraden elliptischen Zylinders.

Der Kegel läuft in einer Spitze aus. Liegt sie senkrecht über dem Mittelpunkt einer kreisförmigen Grundfläche, dann steht die Körperachse senkrecht, und der Körper heißt gerader Kreiskegel (23.7) oder häufig nur Kegel. Der schiefe Kreiskegel (23.8) hat eine geneigte Körperachse. Durch Abschneiden der Spitze eines Kreiskegels parallel zur Grundfläche entsteht ein Kegelstumpf (23.9). Seine Deckfläche ist ebenfalls ein Kreis.

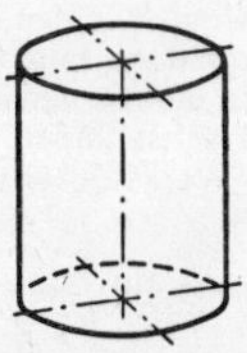

23.5 Gerader Kreiszylinder

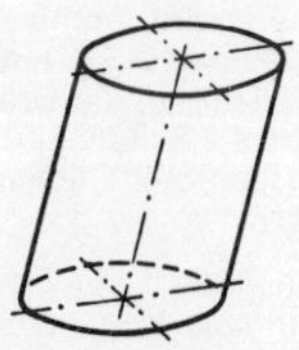

23.6 Schiefer Kreiszylinder

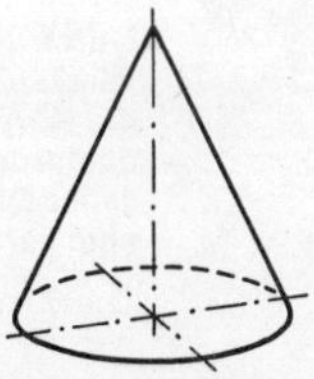

23.7 Gerader Kreiskegel

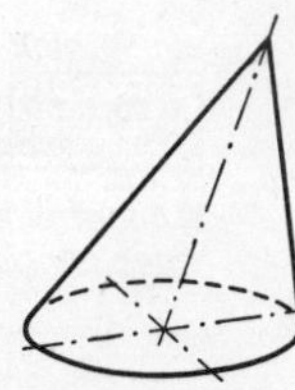

23.8 Schiefer Kreiskegel

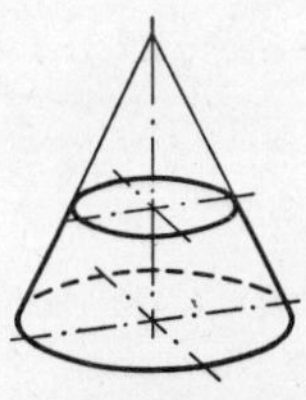

23.9 Kegelstumpf

Die **Kugel** hat eine gleichförmig gewölbte Oberfläche (24.1) mit überall gleichweitem Abstand vom Kugelmittelpunkt. Der durch einen ebenen Schnitt abgetrennte Teil heißt Kugelabschnitt oder Kalotte (24.2). Die Grundfläche ist stets ein Kreis.

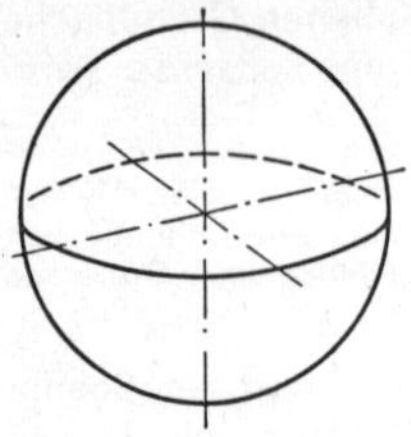

**24.1** Kugel

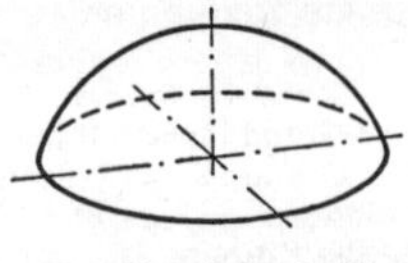

**24.2** Kugelabschnitt

Die Gestalt der Werkstücke geht auf die Formen der Grundkörper zurück. So ist beispielsweise ein Stück Flachstahl eine Rechtecksäule und ein Stück Rundstahl eine Rundsäule. Die Grundkörperformen treten an den Werkstücken auch als Ausschnitte und Hohlräume auf. Die Schwalbenschwanzführung (**24.3**) z.B. ist eine Rechtecksäule, aus der eine Trapezsäule ausgespart ist.

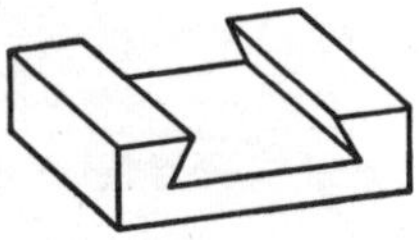

**24.3** Schwalbenschwanz-führung

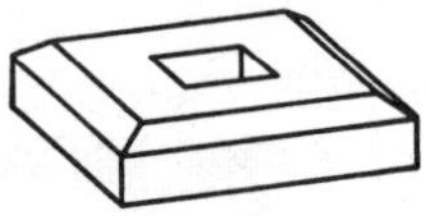

**24.4** Ankerplatte

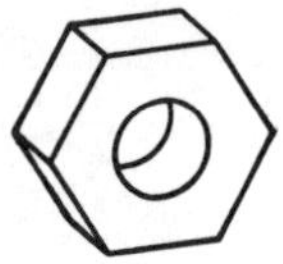

**24.5** Rohling für Mutter

**24.6** Stopfen

**Übung:** Bestimme die Grundkörperformen der Werkstücke **24.4** bis 6.

## 4.3 Rechtkantige Werkstücke

Ein Werkstück wird gewöhnlich in drei Ansichten gezeichnet. Hierzu wird es von vorn, von oben und von der linken Seite betrachtet (**24.**7a). Der Blick von vorn gegen eine Rechtecksäule zeigt die vordere Rechteckfläche. Das sich hieraus ergebende Zeichnungsbild heißt **Vorderansicht.** Der Blick von oben gegen die Deckfläche ergibt die **Draufsicht.** Die von links betrachtete Ansicht wird **Seitenansicht** genannt. Diese drei Ansichten werden nach einer festen Regel angeordnet (DIN 6):

Die Draufsicht wird senkrecht unter die Vorderansicht und die linke Seitenansicht waagerecht rechts neben die Vorderansicht gesetzt (**24.**7b).

Die Abstände zwischen den Ansichten sollen weder zu groß noch zu klein und möglichst gleichmäßig sein.

Durch Flächen wird mithin die Gestalt eines Werkstücks festgelegt. Die Vorderansicht zeigt die Körperfläche *abcd*, die Draufsicht die Körperfläche *aefb* und die Seitenansicht die Körperfläche *adhe*. Die übrigen drei Flächen des Werkstückes sind verdeckt.

Die Zeichnung erhält ein Schriftfeld zur Aufnahme schriftlicher Vermerke (s. S. 58).

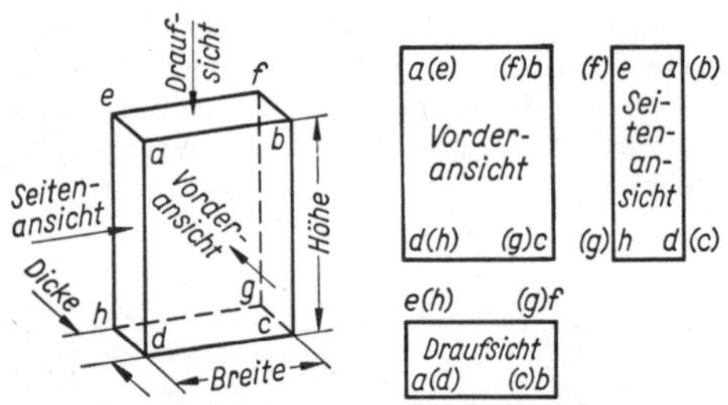


*a) Schaubild* *b) Anordnung der 3 Ansichten*

**24.**7 Rechtecksäule

Der Zeichenraum wird zweckmäßig aufgeteilt. Für die Darstellung eines Flachstahles, 60 mm breit, 40 mm dick und 100 mm hoch, wird ein Bogen DIN A 4 in der Hochlage gewählt.

Unter Berücksichtigung eines Heftrandes von 15 mm Breite und eines Randes von 5 mm an den übrigen Seiten ist über dem Schriftfeld ein Zeichenraum von 232 mm Höhe und 190 mm Breite verfügbar (**25.1**).

In der Breite des Bogens sind unterzubringen: Breite der Vorderansicht = 60 mm, Breite der Seitenansicht = 40 mm und ein angenommener Abstand zwischen beiden = 30 mm, zusammen 130 mm. Für die Überstände rechts und links verbleiben mithin je (190 mm — 130 mm) : 2 = 30 mm. Die Höhe setzt sich zusammen aus den Bildhöhen 100 mm + 40 mm + 30 mm Abstand = 170 mm. Somit betragen die Überstände über der Vorderansicht und unter der Draufsicht je (232 mm — 170 mm): 2 = 31 mm.

Zeichnungen komplizierter Werkstücke mit einseitig Platz beanspruchenden Maßanhäufungen außerhalb einer Ansicht werden auf dem Zeichenbogen entsprechend verschoben.

Das Werkstück wird zunächst in schmalen Linien gezeichnet. Ist nichts auszusetzen, wird nachgezogen. Dann wird bemaßt und schließlich das Schriftfeld in schräger Normschrift ausgefüllt.

**Sichtbare Körperkanten** werden als breite Vollinien gezogen. Die Breiten sind abhängig von der Größe der jeweiligen Darstellung und von 0,25 bis 1,4 mm abgestuft (Taf. **57**.2). Innerhalb der Darstellung eines Werkstückes darf die Breite einer Linienart nicht verschieden sein.

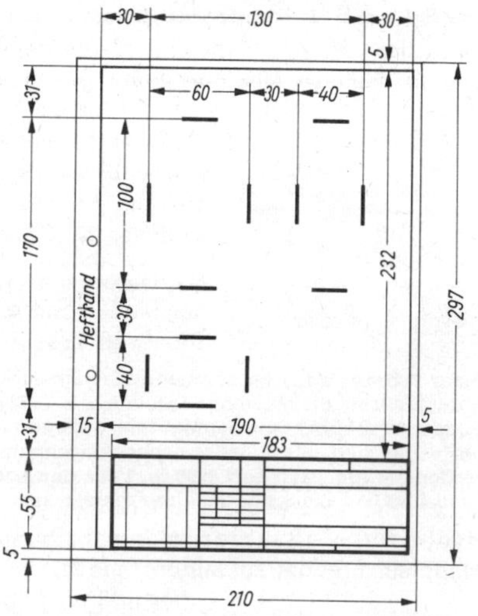


**25**.1 Aufteilung der Zeichenfläche auf DIN A 4

Die Zeichnung muß jeden Irrtum ausschließen. Der Facharbeiter soll sich ein Bild von der Form des Werkstücks machen. Die Darstellung muß daher vollständig, richtig und klar sein, damit nur die gewünschte Gestalt herausgelesen wird.

Draufsicht und Seitenansicht können auch durch Umklappen des Werkstücks entstehen. Die Sehrichtung bleibt dabei gleich. Für die Draufsicht (**25**.2) muß es um 90° nach vorn umgelegt und für die Seitenansicht (**25**.3) um 90° aus der Ausgangsstellung nach rechts gedreht werden.

**25**.2 Kippen des Körpers nach vorn

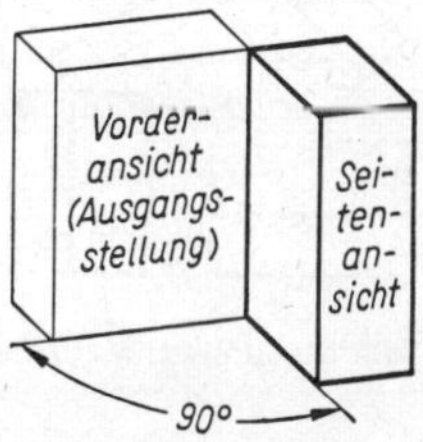


**25**.3 Drehen des Körpers nach rechts

Die Abmessungen eines Werkstücks gehen aus der Bemaßung hervor (**25**.4). Hierzu gehören Maßlinien, Maßhilfslinien, Maßpfeile und Maßzahlen ohne oder mit Zeichen und Zusätzen (DIN 406). Die Maßzahlen gelten für den Endzustand des dargestellten Teils. Normmaße s. Tafel **81**.2.

Eine Rechtecksäule hat drei Abmessungen: Breite, Dicke und Höhe. Jede Abmessung wird in der Zeichnung nur einmal bemaßt (**25**.5), es darf aber auch kein Maß fehlen.

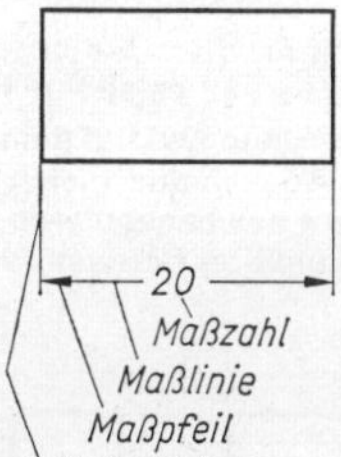


**25**.4 Bemaßungselemente

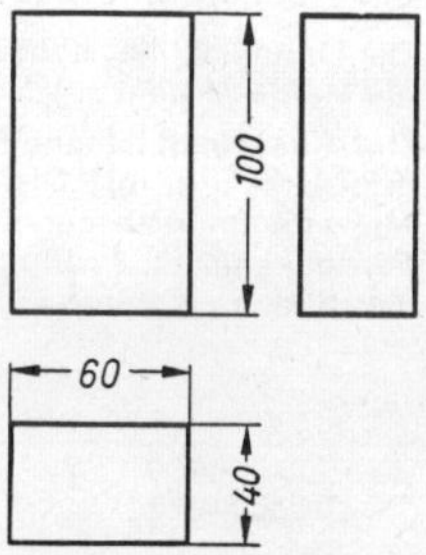


**25**.5 Bemaßung der Rechtecksäule

Maßlinien und Maßhilfslinien sind schmale Vollinien und etwa halb so breit wie die Vollinien für Körperkanten (s. S. 58).

Der Abstand der Maßlinien hängt von der Größe der Darstellung ab. Zwischen Maßlinie und Körperkante soll er mindestens 8 mm, zwischen Maßlinie und Maßlinie mindestens 5 mm betragen und einheitlich sein. Auf großen Zeichnungen ist er also größer zu wählen. Zur Aufnahme der Maßzahl wird die Maßlinie möglichst in der Mitte und nicht breiter als nötig unterbrochen. **Durchgezogene Maßlinien mit in der Regel darübergeschriebenen Maßzahlen sind aber auch statthaft.**

Maßhilfslinien werden ohne Zwischenraum an den zu bemaßenden Kanten angesetzt und dürfen weder von einer Ansicht in eine andere durchgezogen noch aus verschiedenen Ansichten für dieselbe Maßlinie herausgezogen werden. Sie ragen etwa 2 mm über die Maßpfeile hinaus.

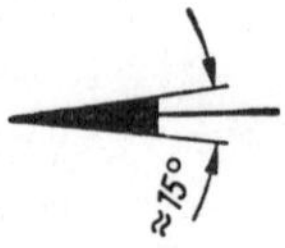


26.1 Maßpfeil (vergrößert)

Maßpfeile werden voll geschwärzt und schließen einen Winkel von ≈15° ein (26.1). Die Länge der Pfeile ist innerhalb einer Darstellung gleich und beträgt ungefähr das Fünffache der Breite der Vollinien für Körperkanten.

Maßzahlen werden grundsätzlich in Millimetern ohne Angabe der Maßeinheit eingetragen. Teile eines Millimeters sind als Dezimalwert auszudrücken, z.B. 20,5.

Größere Abmessungen können in Zentimetern oder in Metern angegeben werden, doch muß dann hinter der Maßzahl die Maßeinheit stehen, z.B. 3,20 m. In Zoll (inch) angegebene Maße erhalten das Zollzeichen, und zwar erhöht hinter der Maßzahl. Teile eines Zolls werden als gewöhnlicher Bruch geschrieben, z.B. 2½″. In englischen und amerikanischen Zeichnungen jedoch entfällt das Zollzeichen. Für Werkstücke und Meßgeräte gilt nach DIN 4890 Bl. 1 für den engl. und den amerik. Zoll: 1″ = 25,4 mm. In DIN 4890 Bl. 2 bis 4 und 4892 Bl. 1 bis 3 sind Zoll in Millimeter und in DIN 4893 Millimeter in Zoll umgerechnet.

Die Höhe der Maßzahlen ist innerhalb einer Zeichnung einheitlich, etwa gleich der Länge der Maßpfeile und beträgt mindestens 3,5 mm. Die Maßzahlen in der Lücke stehen je zur Hälfte über und unter der Maßlinie. Sie werden so eingeschrieben, daß sie in Richtung ihrer Maßlinie zu lesen sind. Zudem müssen die Füße der Zahlen bei waagerechten und schrägen Maßlinien, bezogen auf die Hauptlage des Zeichenbogens, nach unten und bei senkrechten Maßlinien nach rechts zeigen (26.2). Als Hauptlage gilt diejenige Lage des Bogens, die beim Lesen der Zeichnung den Gegenstand in der Gebrauchs- oder in der Fertigungslage zeigt. Sie steht nicht immer mit der Anordnung des Schriftfeldes im Einklang (58.1).

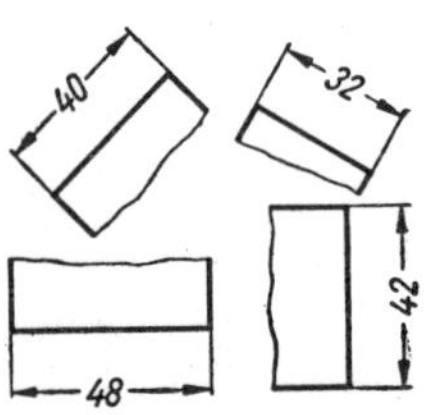


26.2 Stellung der Maßzahlen

Die Zahlen 6, 9, 66, 99 und ähnliche erhalten bei ungünstiger Stellung einen Fußpunkt, weil sie sonst verkehrt herum, also falsch gelesen werden können (34.9).

Ausschnitte an Körpern erzeugen neue Flächen. Durch einen Ausschnitt aus der Rechtecksäule entstehen die Flächen *a* und *b* (26.3). Das linke Rechteck in der Draufsicht stellt die Fläche *b* und das obere in der Seitenansicht die Fläche *a* dar.

Die Draufsicht hat nunmehr zwei Flächen. Sie liegen am Werkstück jedoch in verschiedenen Ebenen, wie die Vorderansicht zeigt. Ebenso verhält es sich mit den beiden Rechteckflächen der Seitenansicht.

Der Ausschnitt ist eine Rechtecksäule und hat demgemäß drei Abmessungen. Es sind aber nur zwei Maße erforderlich, da die Dicke des Ausschnitts gleich der des Werkstücks ist. Meist werden aber nicht die Maße für den Ausschnitt, sondern des bequemeren Messens wegen die Absatzmaße eingeschrieben (26.4). Fertigungsgang, Prüfung und Funktion (Verwendungszweck) eines Werkstücks können auch eine andere Bemaßung erfordern.

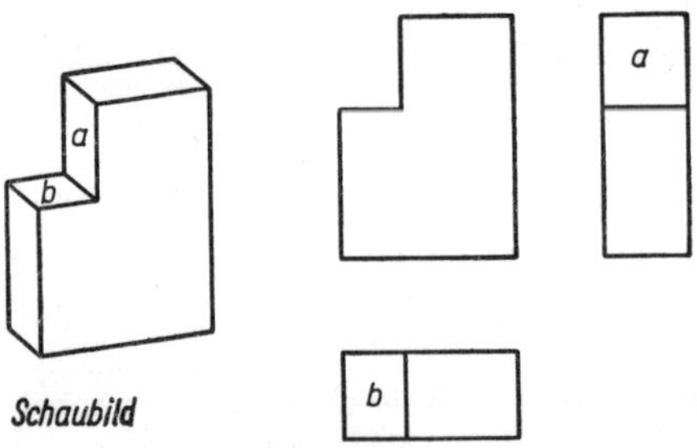


26.3 Ausschnitt aus der Rechtecksäule

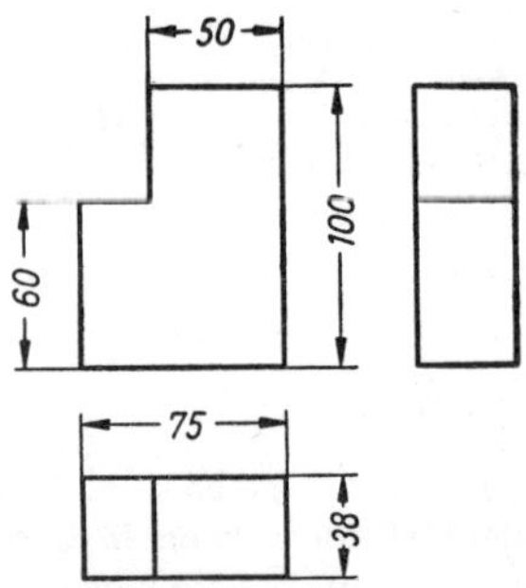


26.4 Bemaßung des Werkstücks

**Verdeckte Körperkanten** werden durch Strichlinien gekennzeichnet (DIN 15, s. S. 57). Die Nut im oberen Teil des Werkstücks (**27.1**) ist in der Seitenansicht verdeckt. Ebenso verdeckt liegt in der Draufsicht der Ausschnitt im unteren Teil des Werkstücks. Fallen in einer Zeichnung Strichlinien mit Vollinien zusammen, dann haben die Vollinien den Vorrang, und die Strichlinien können nicht gezogen werden.

Strichlinien sind sieben Zehntel so breit wie die Vollinien für Körperkanten (s. S. 57). Die Länge der Striche untereinander ist gleich, von der Länge der Strichlinien abhängig und liegt etwa zwischen zwei und zehn Millimetern. Innerhalb einer Darstellung sind aber möglichst einheitliche Strichlinien zu ziehen. Zu kurze Striche erfordern unnötigen Zeitaufwand und wirken unruhig. Die Lücken sind regelmäßig und sehr klein zu halten. Strichlinien sollen mit Strichen beginnen und enden (**27.1**), in Verlängerung von Vollinien (**27.2**) und beim Austritt aus geschwärzten Flächen (**27.3**) jedoch sind Lücken vorteilhafter.

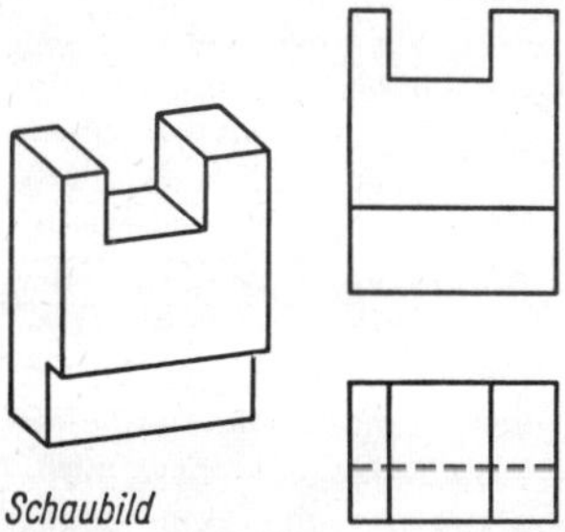


**27.1** Andeuten verdeckter Kanten durch Strichlinien

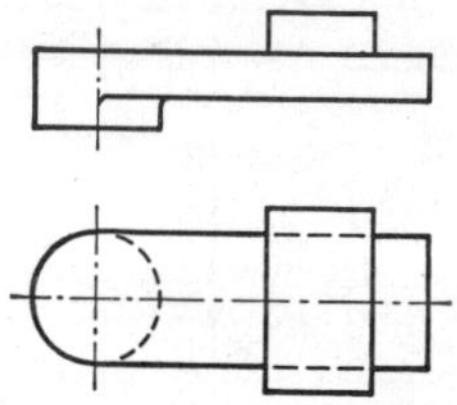

**27.2** Strichlinien in Verlängerung von Körperkanten

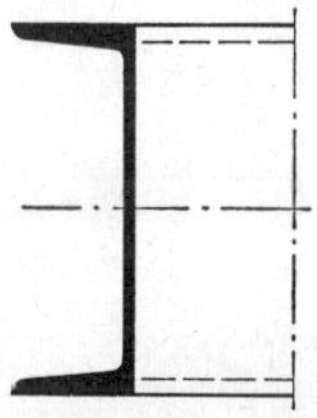

**27.3** Austritt der Strichlinien aus geschwärzten Flächen

Aneinanderstoßende Strichlinien bilden stets volle Ecken (**27.4**). In Strichlinien, die sich aus mehreren Bogen oder aus Bogen und Geraden zusammensetzen, sollen Übergangs- bzw. Tangentenpunkte nicht innerhalb einer Lücke, sondern am Anfang oder am Ende eines Striches liegen (**27.5**). Dicht benachbarte Strichlinien erhalten gegenseitig versetzte Striche (**27.6**).

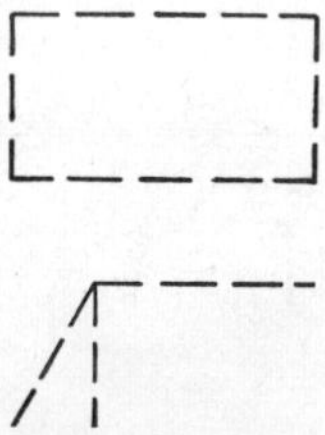

**27.4** Volle Ecken

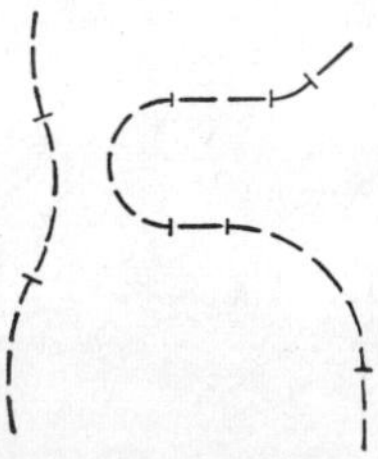

**27.5** Bogenanschlüsse

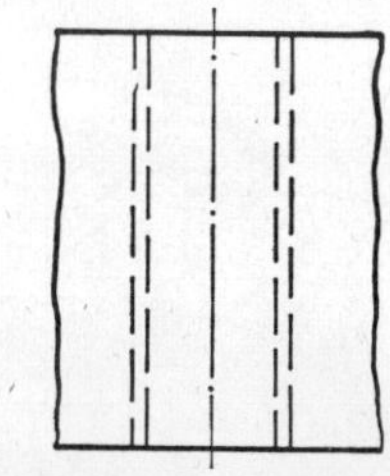

**27.6** Versetzte Striche

Strichlinien werden nur ausnahmsweise gezeichnet, und zwar nur die, die für die eindeutige Darstellung des Werkstücks und Klarheit der Zeichnung unentbehrlich sind (s. S. 74).

Anfängern ist aber zur Schulung der räumlichen Vorstellungskraft zu empfehlen, alle verdeckten Kanten in einfachen Darstellungen eine Zeitlang mitzuzeichnen.

Maßlinien werden von außen angesetzt, sofern der Platz zur Unterbringung der Pfeile und der Maßzahl nicht ausreicht (**28.1**). Hat die Zahl aber nicht genügend Platz zwischen den Pfeilspitzen, dann wird sie möglichst rechts über die Maßlinie gesetzt (Maß 2,5), oder die Maßlinie wird ohne Lücke gezogen und die Maßzahl darübergeschrieben (**28.2**). Ist auch das nicht möglich, wird sie in nächste Nähe geschrieben (**28.3**), und zwar in der gleichen Lage, die sie in der Maßlücke hätte.

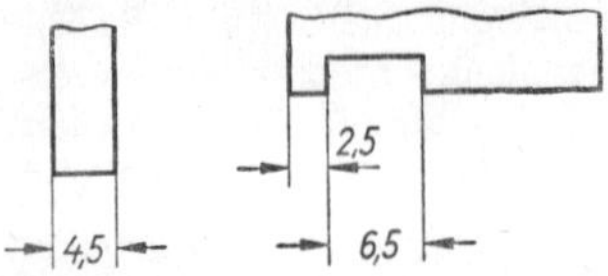


**28.1**
Von außen angesetzte Maßlinien

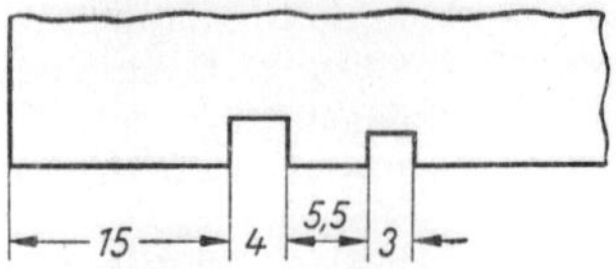


**28.2**
Durchgezogene Maßlinie für Maß 5,5

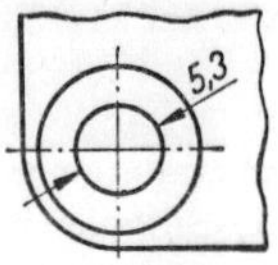


**28.3** Herausgezogene Maßzahl

Maße müssen übersichtlich angeordnet sein. Ohne langes Suchen und Rechnen soll der Facharbeiter alle für die Herstellung, die Prüfung, den Zusammenbau und die Funktion der Teile nötigen Maße aus der Zeichnung entnehmen können. Alle Maße müssen am Werkstück meßbar sein und dort stehen, wo die Gestalt des Teils am deutlichsten zum Ausdruck kommt. Der guten Übersicht wegen werden die Maße gern aus der Darstellung herausgezogen (**28.4**).

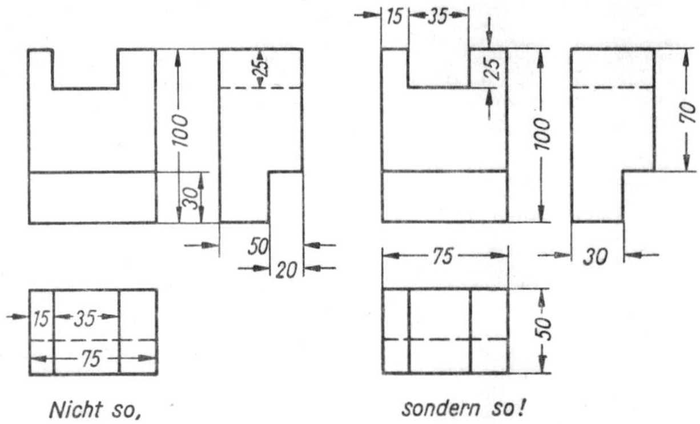


**28.4** Schlechte und gute Bemaßung

Linienkreuzungen stören. Maßlinien und Maßhilfslinien sollen sich gegenseitig und andere Linien möglichst nicht schneiden (**28.4**). In Verlängerung von Körperkanten werden Maßlinien nicht gezogen. Benachbarte Maßlinien haben voneinander gleichmäßige Abstände von nicht weniger als 5 mm und gegenseitig versetzte Maßzahlen.

Maß- und Maßhilfslinien werden an Strichlinien nur gesetzt, wenn eine anderweitige Anordnung ungünstiger oder nicht möglich ist.

**Übungen:** Zeichne die rechtkantigen Werkstücke (**28.5**) in drei Ansichten und trage die Maße ein.

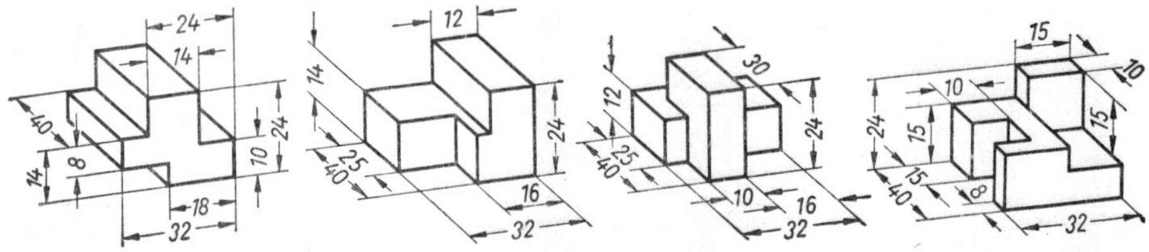

**28.5** Kloben

Werkstücke mit quadratischem Querschnitt (**29.1**a) haben als Seitenflächen deckungsgleiche Rechtecke. Vorderansicht und Seitenansicht des Körpers sind demzufolge gleich (**29.1**b), die Seitenansicht kann daher fortfallen (**29.1**c). Unter Umständen kann aber auch die Draufsicht weggelassen werden (**29.1**d). Dann sind das Quadratzeichen und ein Diagonalkreuz erforderlich (DIN 406 Bl. 2). Die Darstellung in nur einer Ansicht sollte aber möglichst vermieden werden.

Quadratische Flächen tragen das gleiche Maß an zwei aneinanderstoßenden Seiten (**29.2**). Muß aber in der Ansicht bemaßt werden, in der die quadratische Fläche als Linie erscheint, dann ist das Quadratzeichen zu setzen. Es ist ein vor der Maßzahl auf der Zeile stehendes Quadrat (**29.3**).

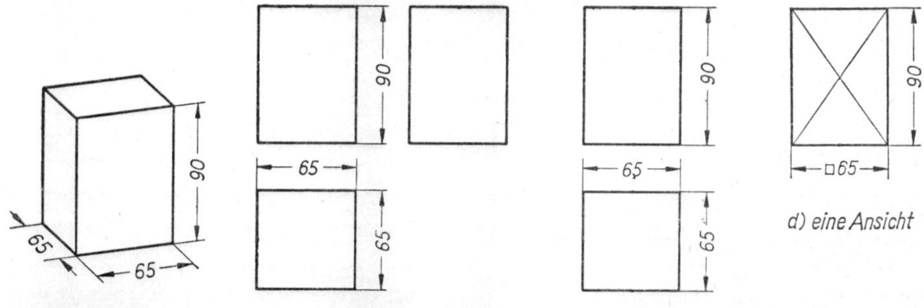


a) Schaubild b) drei Ansichten c) zwei Ansichten

**29.1** Quadratische Säule

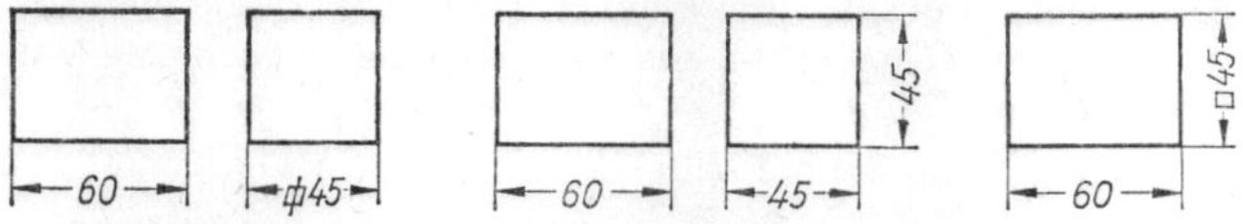


Nicht so, sondern so oder so !

**29.2** Bemaßung quadratischer Flächen

**29.3** Maßzahl mit Quadratzeichen

Ebene vierseitige Mantelflächen müssen durch Diagonalkreuze gekennzeichnet werden, sofern das zugehörige Profil in einer anderen Ansicht nicht dargestellt ist (**29.1** d); sonst sind sie zulässig. Diagonalkreuze sind so breit wie Maßlinien zu ziehen (s. S.58).

Symmetrische Ansichten erhalten strichpunktierte Mittellinien. Eine Fläche ist symmetrisch, wenn sie durch eine Linie in gleiche Hälften zerlegt werden kann. Mittellinien, auch Symmetrieachsen genannt, sind in regelmäßigen Grund- und Deckflächen und als Achsen der Grundkörper zu ziehen.

Nur bei einfachen Körpern, deren Symmetrie nicht betont zu werden braucht, können Mittellinien fortfallen. Sie werden auch nicht quer zur Längsachse der Körper gezogen und sind deshalb in Bild **25**.5 und in ähnlichen nicht notwendig.

Mittellinien sind so breit wie Maßlinien und beim Aufzeichnen zuerst zu ziehen, weil die Abmessungen von hier aus nach beiden Seiten abgetragen werden. Sie ragen etwas über die Darstellung hinaus, werden aber nicht von einer Ansicht in eine andere durchgezogen. Die Länge der Striche ist gleich und von der Länge der Mittellinie abhängig (**29.4**). Die Punkte liegen in sehr kleinen Lücken und werden nicht betont, können aber als ganz kurze, unauffällige Striche gezogen werden. Mittellinien sind nur in den Strichen zu kreuzen und, wenn sie kurz sind, als schmale Vollinien zu zeichnen (**29.5**).

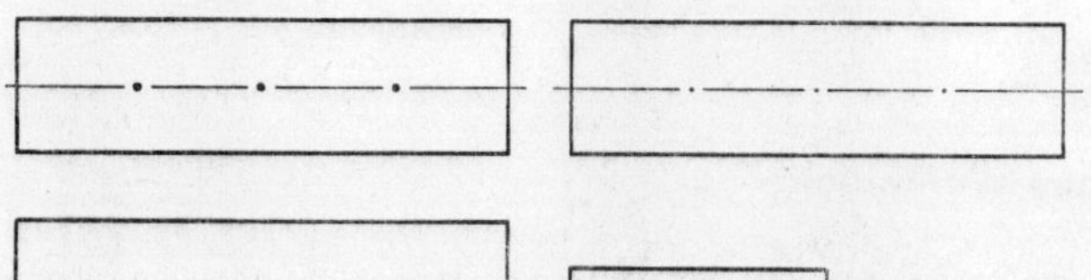

Nicht so, sondern so !

**29.4** Falsche und richtige Mittellinien

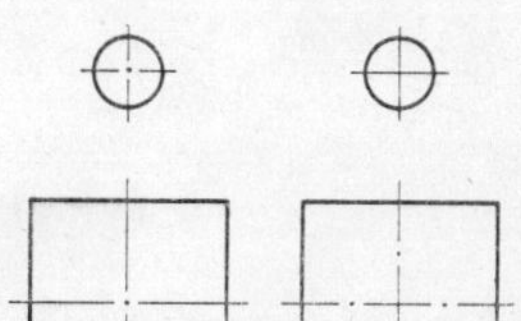

Nicht so, sondern so !

**29.5** Mittellinienkreuzungen

Beziehen sich Mittellinien nur auf gewisse Formen eines Werkstücks, so werden sie darauf beschränkt (**30.1**). Ein Maß zur Bestimmung der Lage einer Hauptmittellinie ist gewöhnlich überflüssig (**30.2**).

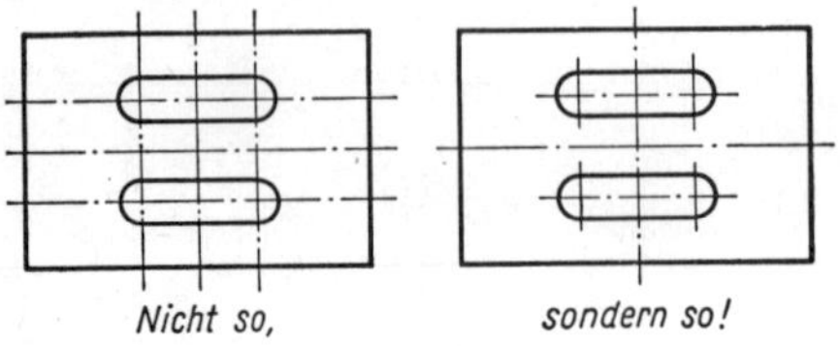


**30.1** Beschränkung der Mittellinien

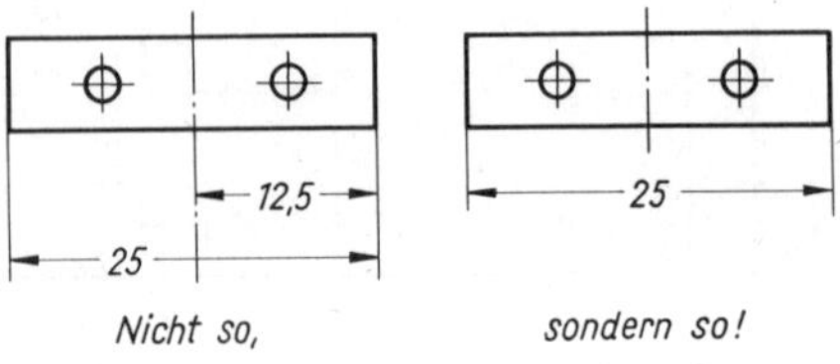


**30.2** Die Symmetrie braucht nicht bemaßt zu werden

Mittellinien dürfen als Maßhilfslinien benutzt werden; die etwa erforderliche Verlängerung ist als schmale Vollinie zu ziehen (**30.3**).

Maßzahlen werden neben die Mittellinien gesetzt. Bei Platzmangel jedoch ist die Mittellinie zum Einschreiben der Maßzahl zu unterbrechen (**30.4**), aus gleichem Grunde auch eine Maßhilfslinie und, wenn nötig, auch eine Vollinie.

Strichlinien ist der Vorrang zu geben, wenn sie mit Mittellinien zusammenfallen (**30.5**).

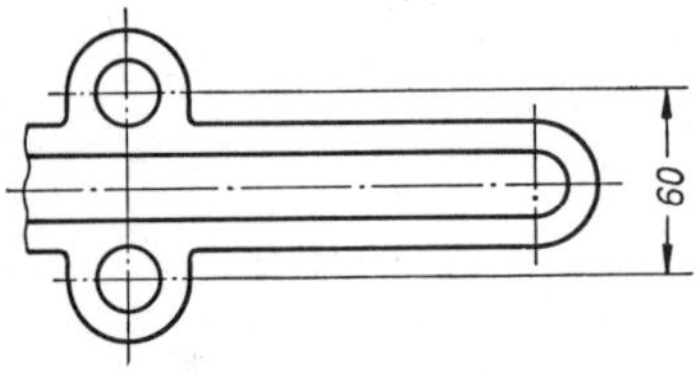


**30.3** Mittellinien als Maßhilfslinien

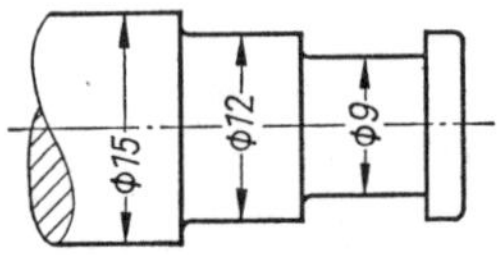


**30.4** Maßzahlen dürfen nicht beeinträchtigt werden

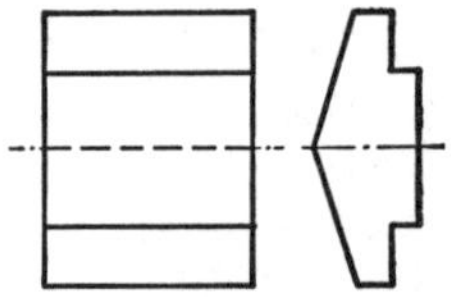

**30.5** Strichlinie und Mittellinie decken sich

**Übungen:** Zeichne die symmetrischen Werkstücke **30.6** bis **30.8** in je drei Ansichten und trage die Maße ein.

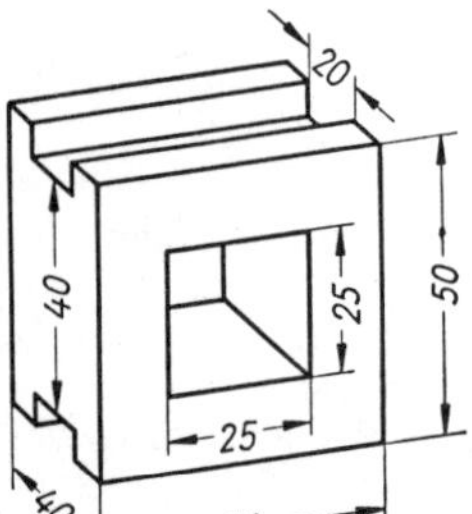


**30.6** Führung

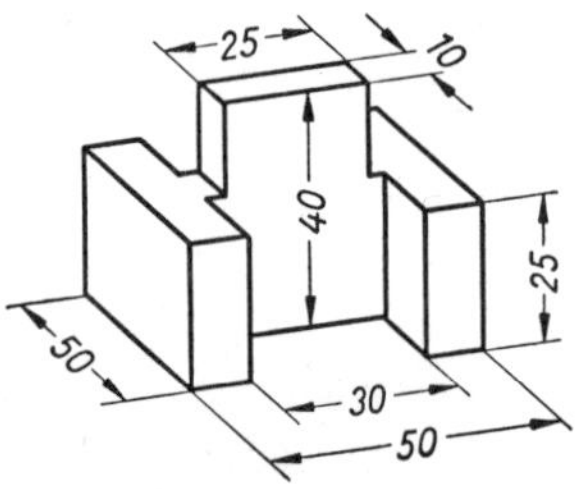


**30.7** Bock

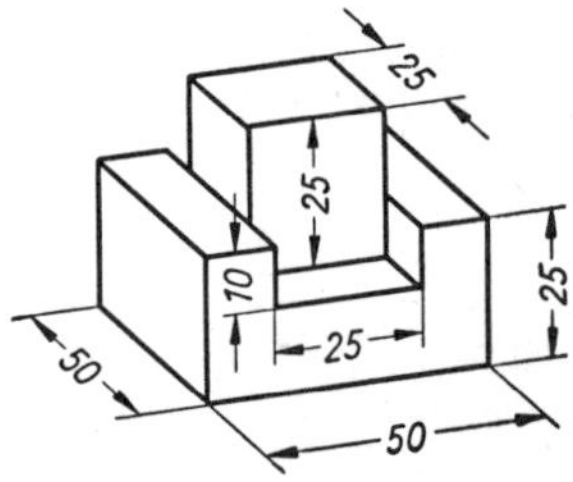


**30.8** Sockel

## 4.4 Zylindrische Werkstücke

Für eine stehende Rundsäule (**31.1** a) sind Vorderansicht und Seitenansicht deckungsgleiche Rechtecke (**31.1** b). Die Seitenansicht ist mithin überflüssig (**31.1** c). Sofern die Vorderansicht beide Maße des Körpers, Durchmesser und Höhe, erhält (**31.1** d), kann auch die Draufsicht fehlen. Der Maßzahl für den Durchmesser ist dann ein Durchmesserzeichen voranzustellen. Es besteht aus einem Kreise in der Größe der Kleinbuchstaben und einer in der

**31.1 Rundsäule**

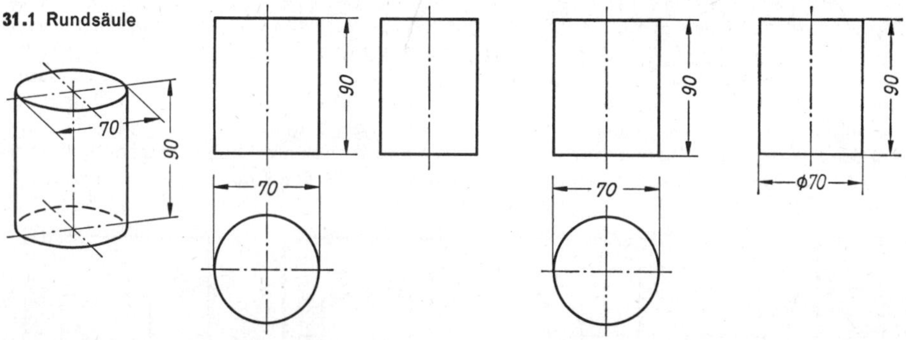


*a) Schaubild* *b) drei Ansichten* *c) zwei Ansichten* *d) eine Ansicht*

Mitte unter 75° zur Zeile liegenden geraden Linie und besagt, daß der Körper kreisrund ist (**31**.2). Durchmesserzeichen haben die gleiche Linienbreite wie Maßzahlen.

Das Durchmesserzeichen muß gesetzt werden, wenn das Durchmessermaß nicht mit zwei Pfeilen am Kreise steht. Es ist also erforderlich, wenn die Maßlinie mit zwei Pfeilen in der Ansicht steht, in der der Kreis als Gerade erscheint (**31**.1 d), auch wenn die Draufsicht vorhanden wäre, nur einen Maßpfeil trägt (**31**.3) oder durch eine Bezugslinie ersetzt ist (Maß ⌀ 2 in **31**.3).

In allen anderen Fällen wird das Durchmesserzeichen nicht eingetragen.

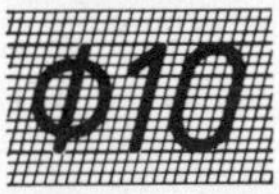


**31.2 Maßzahl mit Durchmesserzeichen**

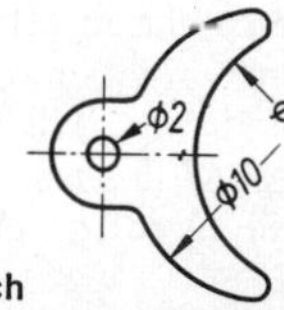


**31.3 Durchmesserzeichen sind hier erforderlich**

Längen und zugehörige Durchmesser werden möglichst in derselben Ansicht bemaßt (**31**.4) und dabei Linienkreuzungen tunlichst vermieden. Die Maßlinien beginnen häufig an einer Bezugsebene. Das ist die gemäß der Bearbeitungsfolge zuerst fertiggestellte Fläche am Werkstück, für Längen an Drehteilen gewöhnlich die plangedrehte Fläche am dünnen Ende. Auch für Guß-, Schmiede- und Preßteile ist die Festlegung einer Maßbezugsebene von Bedeutung.

Maßlinien können auch von Mittellinien ausgehen (**98**.1).

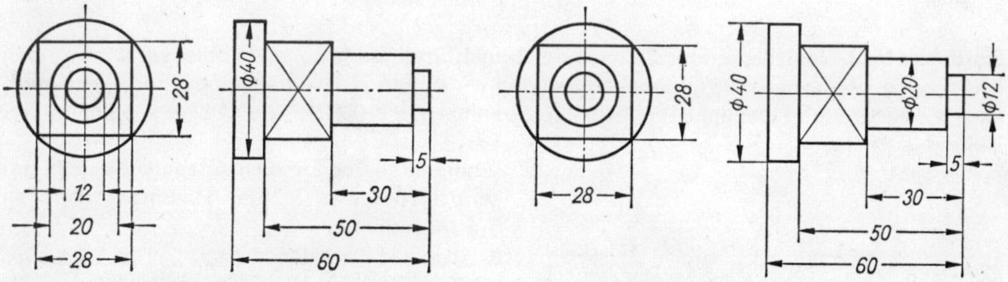


*Nicht so,* *sondern so!*

**31.4 Anordnung der Maße**

Hintereinanderliegende Maße erhalten wechselseitig versetzte Maßzahlen (**32**.1). Ziffern und Zusätze zu den Maßzahlen dürfen durch irgendwelche Linien nicht voneinander getrennt werden.

Maßketten entstehen durch Aneinanderreihen mehrerer Maße und sind möglichst zu vermeiden; es gibt aber Ausnahmen. Ist eine Maßkette unumgänglich, so wird zur Aufnahme der bei der Fertigung insgesamt entstehenden Maßabweichungen eine geeignete Abmessung nicht bemaßt oder diese Maßzahl in Klammern gesetzt (**32.2**). Das Gesamtmaß soll unmittelbar unter oder hinter den Teilmaßen und nicht etwa auf der entgegengesetzten Seite angeordnet werden. Aneinandergereihte Maße werden gewöhnlich nicht abgesetzt, sondern in die gleiche Flucht gelegt, damit sie in einem Zuge gezogen werden können (Maß 12 und Maß 5).

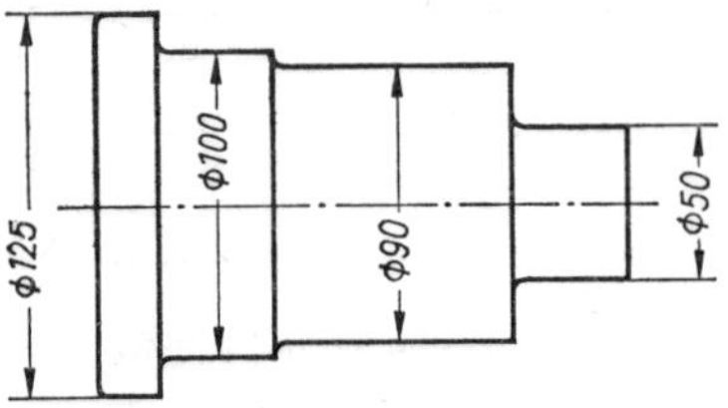


**32.1** Gegeneinander versetzte Maßzahlen

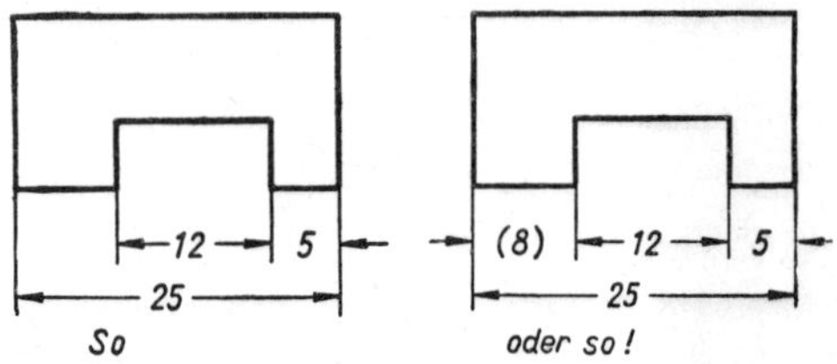


**32.2** Teilmaße und Gesamtmaß

**Rundungen** werden mit **Halbmessermaßen** versehen.

Jedes Halbmessermaß trägt nur einen Pfeil, und zwar am Kreisbogen. Als Kreuzung zweier Mittellinien ist der Zirkeleinsatzpunkt eindeutig gekennzeichnet (**32.3**). Liegt er auf nur einer Mittellinie, so wird er durch einen kurzen Querstrich angegeben (**32.4**). Ein freiliegender Mittelpunkt erhält in der Breite der Maßlinien einen kleinen Einfassungskreis (**32.5**), oder, besonders bei kleinen Halbmessern, einen Punkt. Der Maßpfeil wird bei Platzmangel von außen angesetzt (**32.6** links). Bleibt hierbei eine Lücke nicht übrig, dann ist die Maßzahl über den Außenpfeil zu setzen (**32.6** rechts).

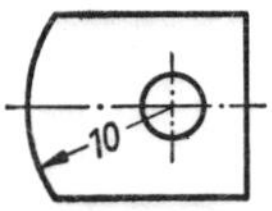


**32.3**
Der Zirkeleinsatzpunkt ist angegeben

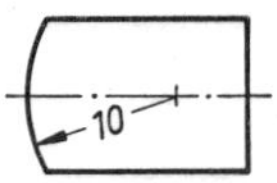


**32.4**
Kennzeichnung des Zirkeleinsatzpunktes

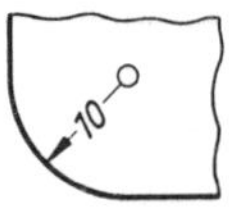


**32.5**
Einfassung des Zirkeleinsatzpunktes

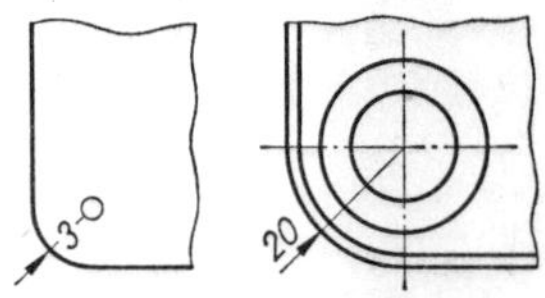


**32.6**
Von außen angesetzte Halbmessermaße

Ein durch Maße festzulegender Zirkeleinsatzpunkt für einen großen Halbmesser wird an den Kreisbogen „herangezogen", wobei die auf den wirklichen Zirkeleinsatzpunkt gerichtete Maßlinie zu kürzen und zweimal rechtwinklig zu knicken ist (**32.7**). Die Maßzahl steht in der Nähe des Pfeils.

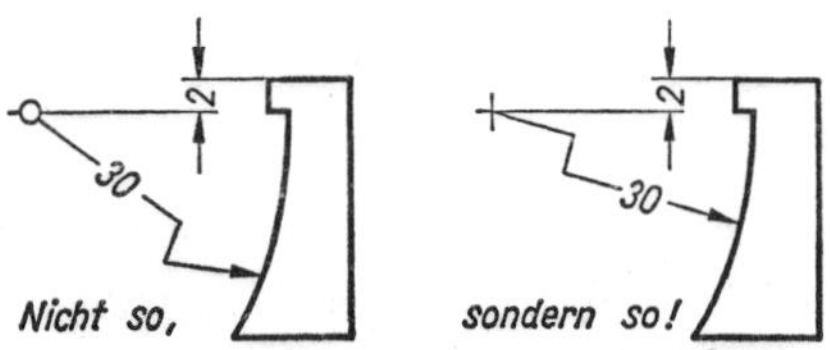


**32.7** Gebrochenes Halbmessermaß

Ist die Lage des Zirkeleinsatzpunktes nicht gekennzeichnet, so ist das Halbmesserzeichen *R* erforderlich.

Es steht vor der Maßzahl (**33.1**) und ist bei großen Halbmessermaßen einzutragen, wenn die Maßlinie aus Platzgründen gekürzt ist (**33.2**), und bei kleinen Halbmessermaßen, wenn die Kennzeichnung des Zirkeleinsatzpunktes nicht möglich ist (**33.3**). Hier genügt eine kurze, mit Pfeil von außen oder von innen gegen den Bogen gesetzte Maßlinie. Die Maßzahl steht dann in der gleichen Richtung, und zwar meist auf, auch vor oder hinter der Maßlinie.

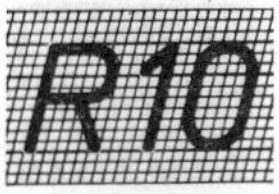


**33.1** Maßzahl mit Halbmesserzeichen

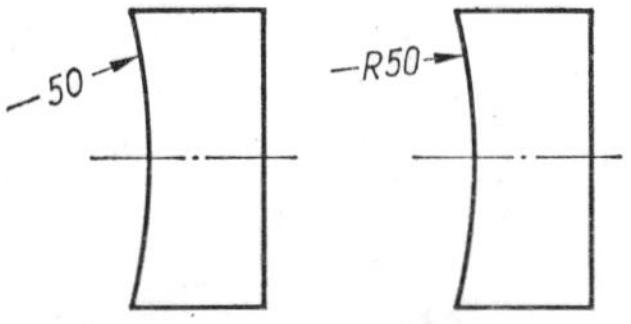


*Nicht so,* *sondern so!*

**33.2** Großer Halbmesser

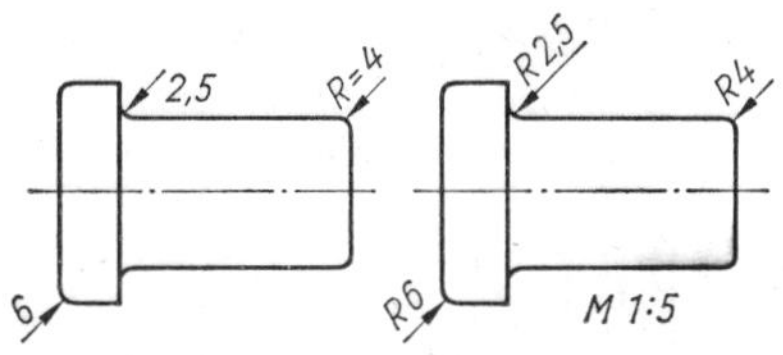


*Nicht so,* *sondern so!*

**33.3** Kleine Halbmesser

Haben mehrere Rundungen den gleichen Halbmesser, dann brauchen sie einzeln nicht bemaßt zu werden, wenn neben die Darstellung ein Vermerk geschrieben wird, etwa:

Für alle nicht bemaßten Rundungen beträgt $r=4$.

**Die Rundungshalbmesser sind genormt.**

Rundungshalbmesser in mm (Auszug aus DIN 250)

| **1** | 1,2 | **1,6** | 2 | **2,5** | 3 | **4** | 5 | **6** | 8 | **10** | 12 | **16** | 18 | **20** | 22 |
|---|---|---|---|---|---|---|---|---|---|---|---|---|---|---|---|

Die fettgedruckten Größen sollen bevorzugt werden.

Wird ein Vierkant aus rundem Werkstoff hergestellt, so ist auch ein Maß für den Durchmesser erforderlich (**33.4**), wenn die Abmessungen des Ausgangswerkstoffs anderswo, z.B. im Schriftfeld, nicht angegeben sind.

Für quadratische Vierkante mit vollen Ecken ist der Durchmesser $d$ des Werkstoffs mindestens so groß wie die Diagonale. Er errechnet sich aus der Quadratseite $a$ zu

$$d=\sqrt{2}\cdot a \approx 1{,}414\cdot a$$

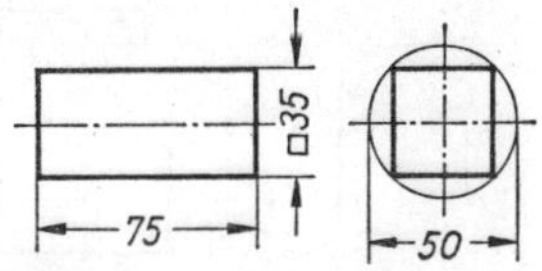


**33.4** Erforderliches Durchmessermaß

**Beispiel:** Der Mindestdurchmesser für einen Vierkant mit 35 mm Seitenlänge ist

$$d \approx 1{,}414\cdot a \approx 1{,}414\cdot 35 \approx 49{,}49 \text{ mm} \approx 50 \text{ mm}$$

Die Länge einer Vierkantseite $a$ ergibt sich aus der Diagonalen $d$ zu

$$a=0{,}5\cdot\sqrt{2}\cdot d \approx 0{,}707\cdot d$$

**Beispiel:** Die Seite eines Vierkantes mit 85 mm Eckenmaß ist

$$a \approx 0{,}707\cdot d \approx 0{,}707\cdot 85 \approx 60{,}095 \text{ mm} \approx 60{,}1 \text{ mm}$$

Vierkante und Vierkantlöcher für Spindeln und Bedienteile s. DIN 79.

**Übungen:** Zeichne in geeignetem Maßstab die Werkstücke **33.5** und **33.7** bis **34.3**, die zum Teil nur mit einigen Hauptmaßen versehen sind, in drei Ansichten und **33.6** und **34.4** in zwei Ansichten und trage die zur Fertigung nötigen Maße ein.

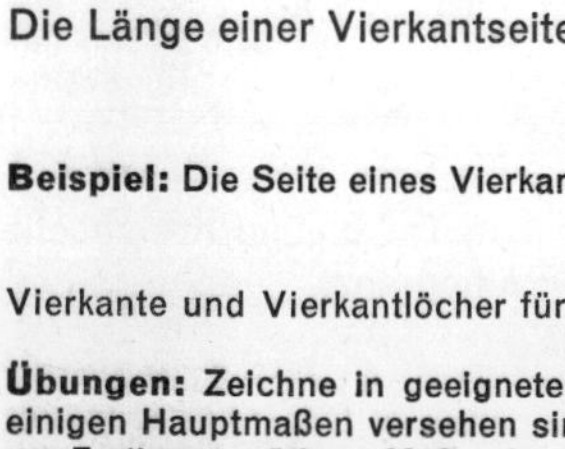


**33.5** Barren

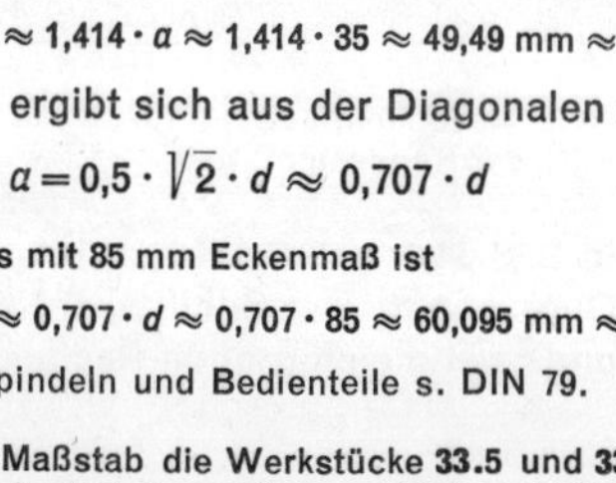


**33.6** Seitenlager

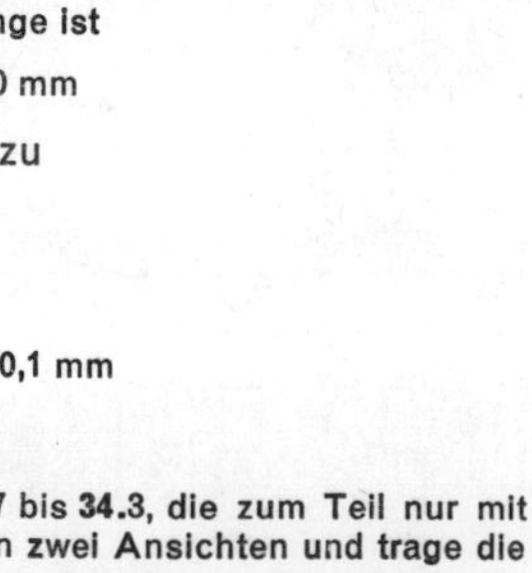


**33.7** Bock

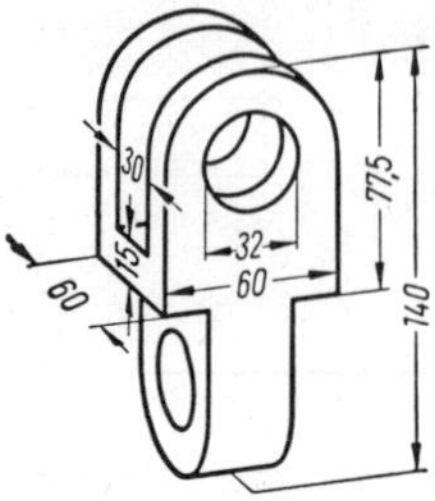


**34.1** Gelenk

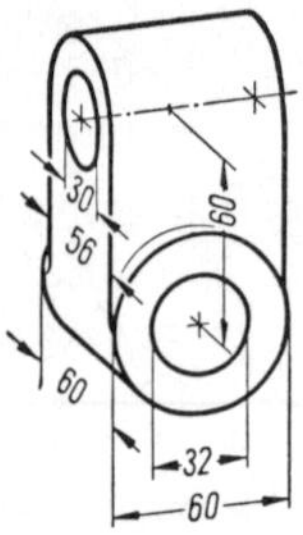


**34.2** Gelenk

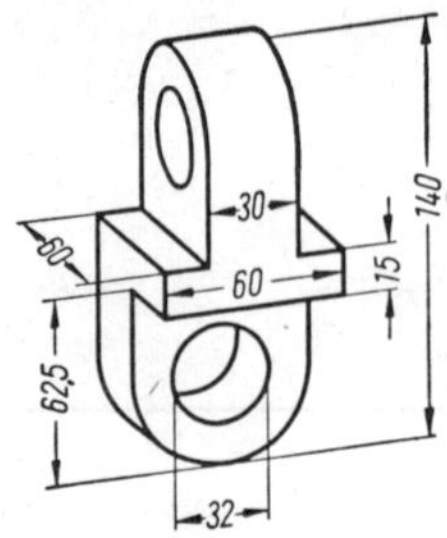


**34.3** Gelenk

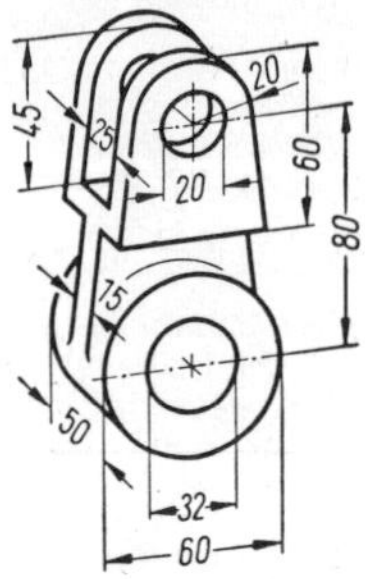


**34.4** Gabel

Ausschnitte aus der Rundsäule. Durch einen Schnitt senkrecht und einen Schnitt parallel zur Körperachse fällt ein Stück heraus, und es entstehen Rechteck *a* und Kreisabschnitt *b* (**34.5**). Das Rechteck erscheint in der Draufsicht als Linie; sie wird als Breite der Rechteckfläche in die Seitenansicht übertragen.

Außer dem Durchmesser und der Körperhöhe sind zwei Absatzmaße notwendig. Die Breite des Rechtecks wird aber nicht bemaßt, weil sie bei der Bearbeitung zwangsläufig entsteht.

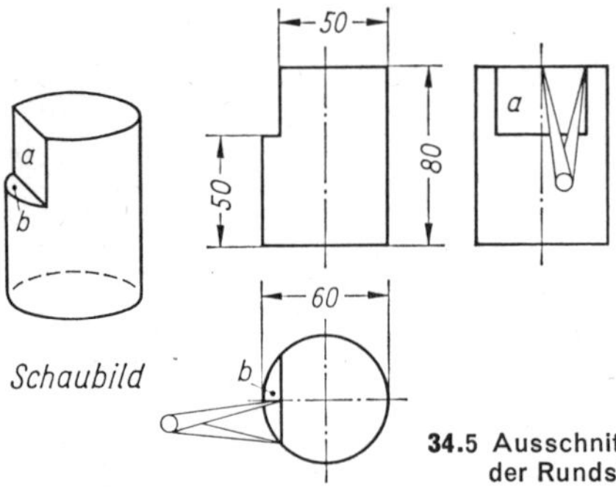


**34.5** Ausschnitt aus der Rundsäule

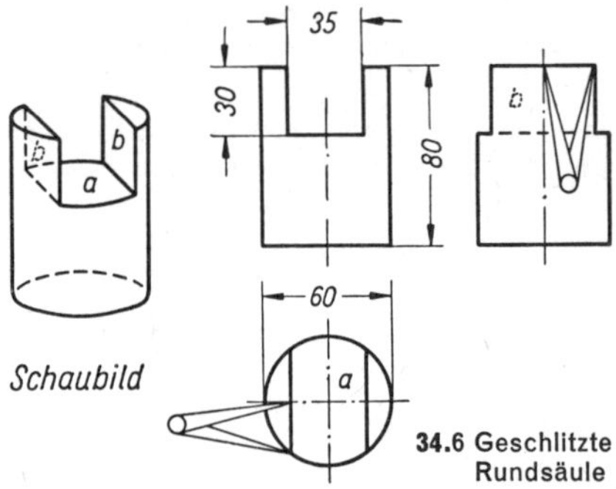


**34.6** Geschlitzte Rundsäule

In Bild **34.6** hat die Rundsäule einen Schlitz von rechteckigem Querschnitt. Der Schlitz wird von dem Teil *a* einer Kreisfläche und zwei gleich großen Rechtecken *b* begrenzt.

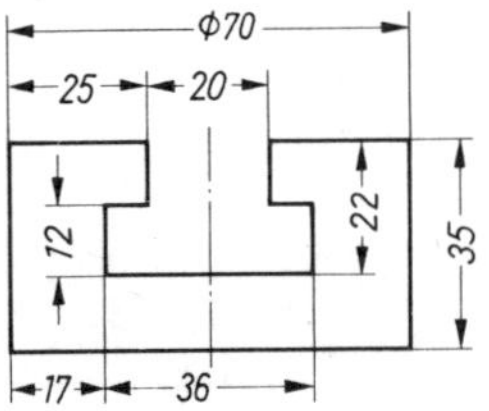


**34.7** Genutete Scheibe

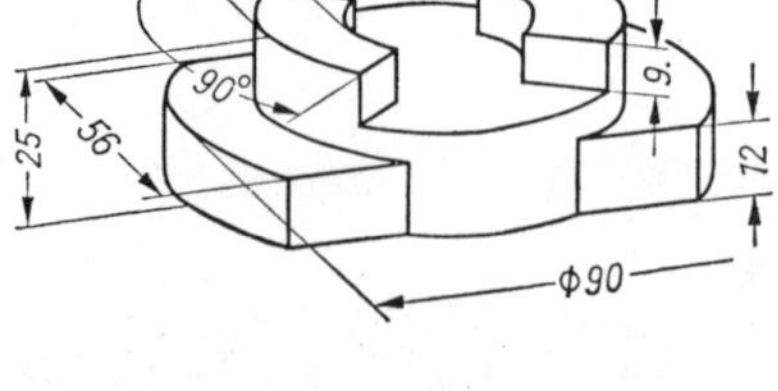


**34.8** Klaue

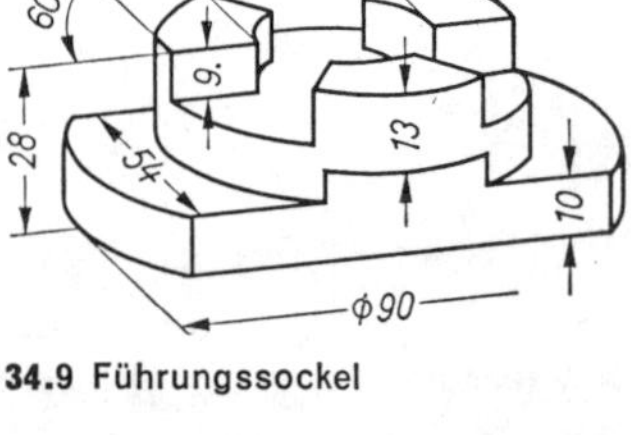


**34.9** Führungssockel

Je breiter der Schlitz ist, desto schmaler sind die Rechtecke und umgekehrt (34.6). Die Breite der Rechtecke wird aus der Draufsicht übernommen. Die senkrechten Umrißlinien der Rundsäule in der Seitenansicht sind abgesetzt, weil im Schlitz Werkstoff fortgefallen ist. Zu bemaßen sind Durchmesser und Höhe des Werkstücks sowie Breite und Tiefe des Schlitzes.

**Übungen:** Zeichne die Werkstücke 34.7 bis 9 in drei Ansichten und trage die Maße ein.

## 4.5 Trapez-, sechs- und dreikantige Werkstücke

Trapezkantige Werkstücke (35.1). Von einer stehenden Trapezsäule ist die Trapezfläche in der Draufsicht zu sehen. Vorderansicht und Seitenansicht sind Rechtecke. In der Vorderansicht sind außerdem zwei weitere senkrechte Körperkanten zu ziehen (35.1 b).

Ist die Trapezfläche gleichschenklig (35.1 b) oder hat sie einen rechten Winkel (35.1 c), dann genügen vier Maße: große und kleine Grundlinie, Trapezhöhe und Körperhöhe. Beim ungleichschenkligen Trapez ist ein fünftes Maß (35.1 d) zur Angabe der seitlichen Verschiebung der Grundlinien zueinander erforderlich. In allen drei Darstellungen ist die Seitenansicht meist entbehrlich.

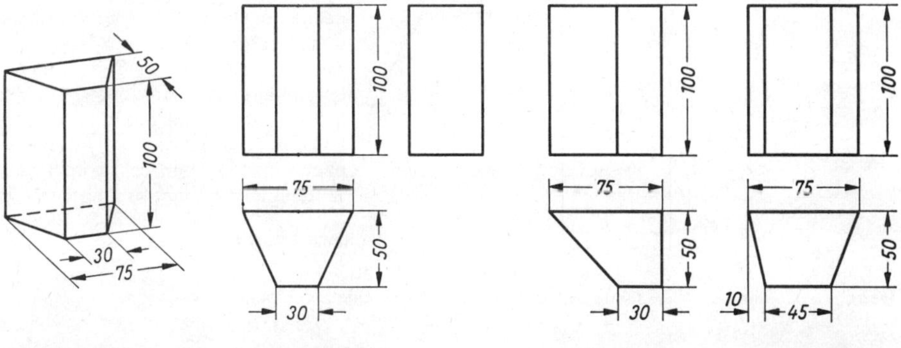


35.1 Trapezsäule

Die Breite der nichtparallelen Seitenflächen erscheint in der Vorderansicht und in der Seitenansicht verkürzt (35.1 b).

Eine Linie ist in wahrer Größe zu sehen, wenn die Endpunkte gleichen Abstand vom Auge haben.

Ist das nicht der Fall (35.2), so erscheint sie verkürzt, und zwar um so mehr, je größer der Unterschied der Entfernungen der Endpunkte vom Auge ist. Im Grenzfall liegt die Linie in Richtung des Sehstrahles und erscheint als Punkt. In Bild 35.3 ist die Kante *y* in wahrer Größe nur in der Vorderansicht zu sehen. In der Seitenansicht und der Draufsicht ist die Kante und somit die dazugehörige Fläche *a* verkürzt dargestellt.

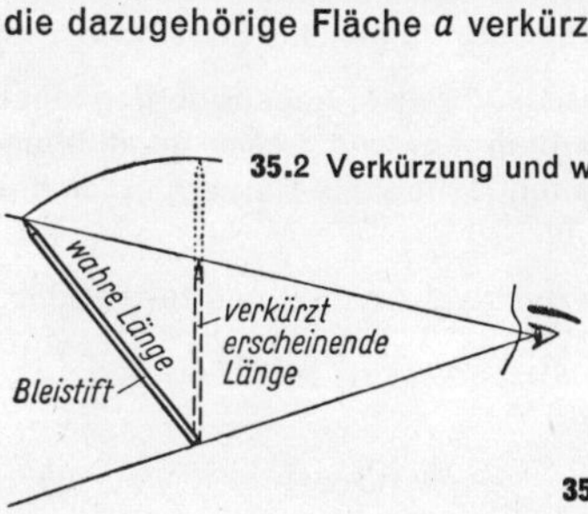


35.2 Verkürzung und wahre Länge

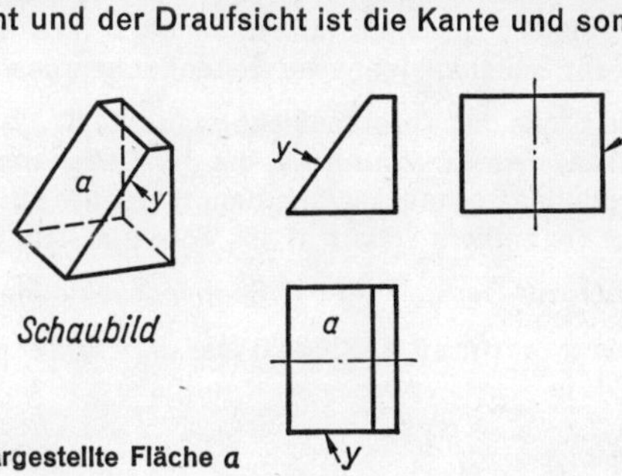


35.3 Verkürzt dargestellte Fläche *a*

**Übungen:** Zeichne die Werkstücke **36.**1 bis 3 in geeigneten Ansichten und trage die Maße ein.

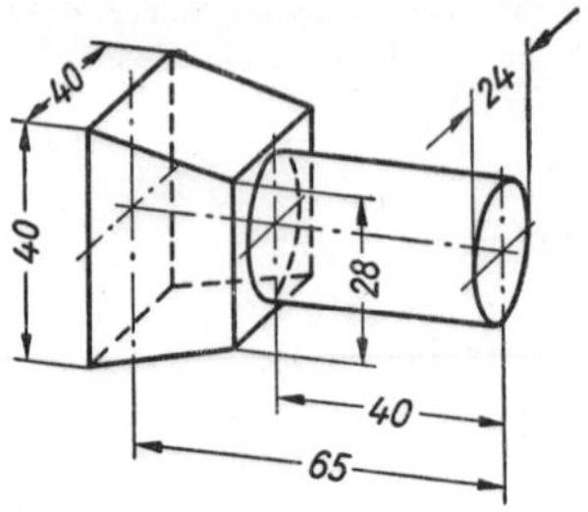


**36.**1 Ankerbolzen

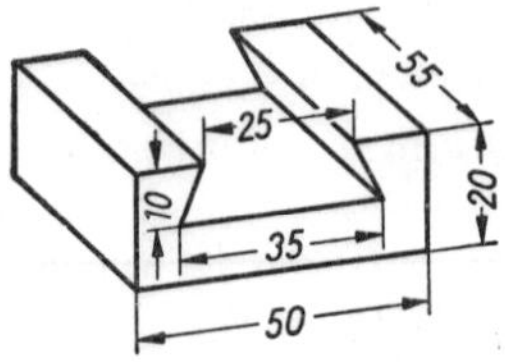


**36.**2 Schwalbenschwanzführung

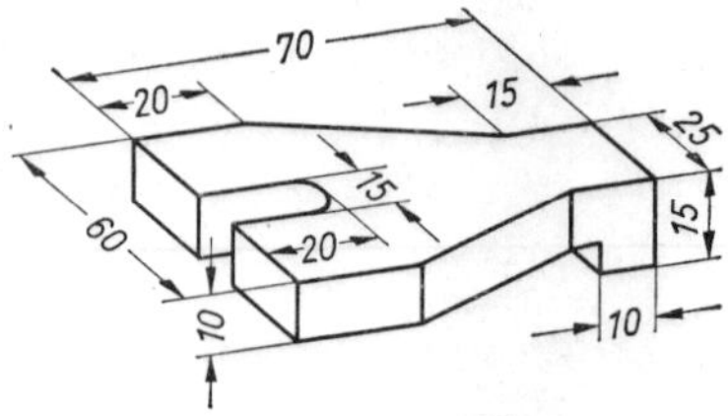


**36.**3 Spannklaue

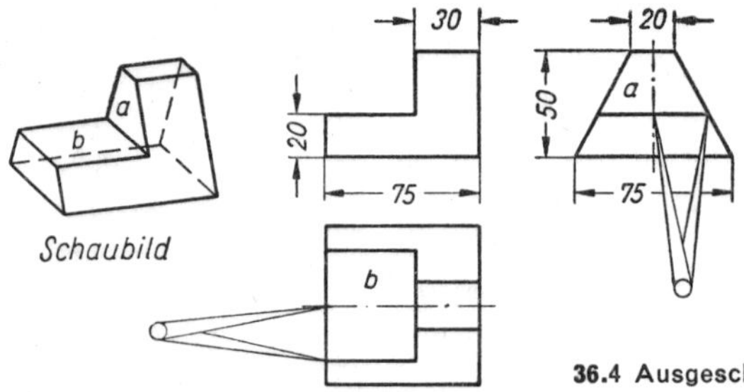


Durch einen Ausschnitt aus der Trapezsäule entstehen Trapezfläche *a* und Rechteckfläche *b* (**36.**4). Die Trapezfläche *a* in der Seitenansicht entsteht durch Herüberholen der großen Grundlinie aus der Vorderansicht. Die Höhe der Rechteckfläche in der Draufsicht wird in der Seitenansicht abgegriffen.

**36.**4 Ausgeschnittene Trapezsäule

**Übungen:** Zeichne die Werkstücke **36.**5 und 6 in je drei Ansichten und trage die Maße ein.

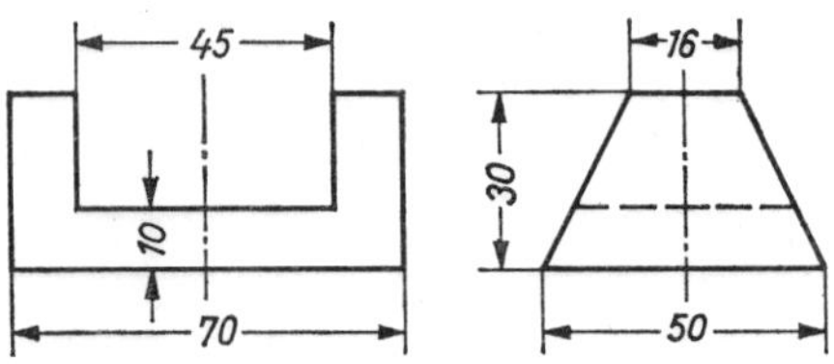


**36.**5 Bock

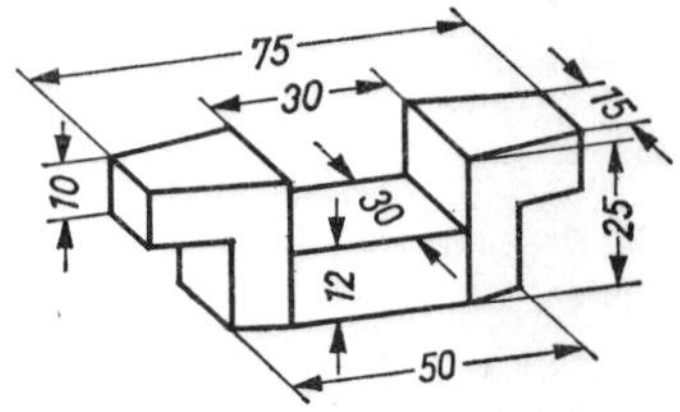


**36.**6 Spanneisen

S e c h s k a n t i g e  W e r k s t ü c k e. Die Deckfläche einer aufgerichteten Sechsecksäule ist in der Draufsicht zu sehen (**37.**1). Je nach ihrer Lage erscheinen in der Vorderansicht drei und in der Seitenansicht zwei Seitenflächen des Körpers (**37.**1 b) oder umgekehrt (**37.**1 c).

Die Breite der Vorderansicht ist in Bild **37.**1 b gleich dem Abstand zweier gegenüberliegender Ecken, dem E c k e n m a ß *e*, die der Seitenansicht ist gleich dem Abstand zweier gegenüberliegender Sechseckseiten, dem S e i t e n m a ß *s*. Von den Seitenflächen des Körpers erscheint nur die mittlere Fläche in der Vorderansicht in wahrer Breite.

Auch zur Darstellung der Sechsecksäule sind gewöhnlich nur zwei Ansichten erforderlich.

Das E c k e n m a ß *e* läßt sich aus dem Seitenmaß *s* errechnen:

$$e = \frac{2}{\sqrt{3}} \cdot s \approx 1{,}155 \cdot s$$

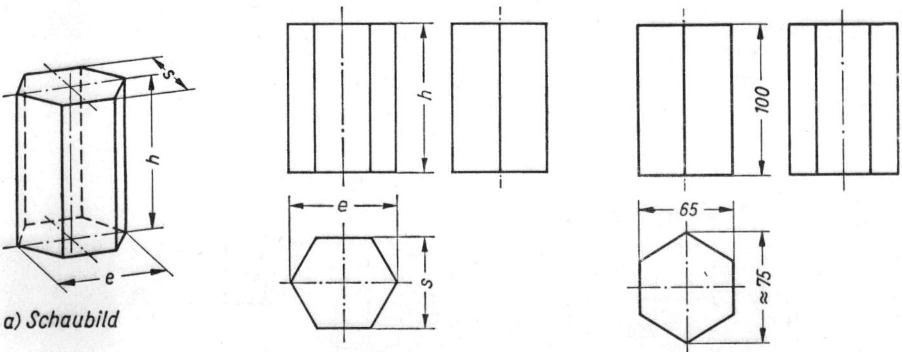


a) Schaubild

b) Sechseckfläche auf einer Seite aufliegend

c) Sechseckfläche auf einer Ecke stehend

**37.1** Sechsecksäule

**Beispiel:** Bei einem Seitenmaß $s = 32$ mm beträgt das Eckenmaß

$$e \approx 1{,}155 \cdot s \approx 1{,}155 \cdot 32 \approx 36{,}96 \text{ mm} \approx 37 \text{ mm}$$

Das Seitenmaß $s$ läßt sich aus dem Eckenmaß $e$ bestimmen

$$s = 0{,}5 \cdot \sqrt{3} \cdot e \approx 0{,}866 \cdot e$$

**Beispiel:** Bei einem Eckenmaß $e = 75$ mm ist das Seitenmaß

$$s \approx 0{,}866 \cdot e \approx 0{,}866 \cdot 75 \approx 65 \text{ mm}$$

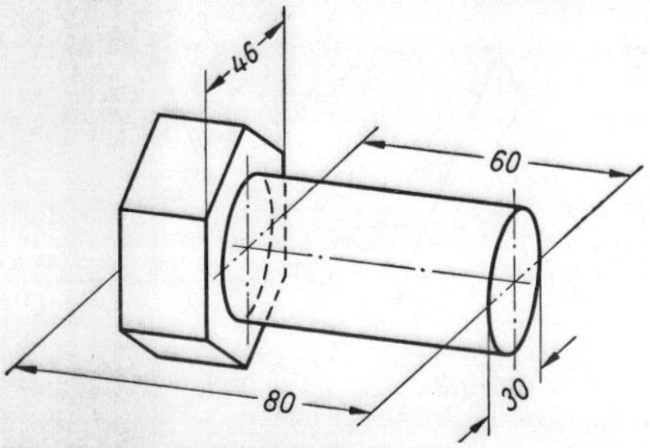


**37.2** Rohling für Sechskantschraube

Zur Bemaßung der Sechsecksäule genügt außer der Körperhöhe entweder das Seitenmaß oder das Eckenmaß. Es können jedoch auch alle drei Maße nötig sein.

Da gewöhnlich das Eckenmaß das errechnete abgerundete Maß ist, wird vor die Maßzahl das Zeichen ≈ gesetzt (**37**.1c).

**Übungen**

1. Zeichne ein Stück Sechskantstahl und trage die Maße ein. Das Seitenmaß $s$ beträgt 50 und die Höhe 25.
2. Zeichne den Schraubenrohling (**37**.2) in drei Ansichten mit Bemaßung.

Dreikantige Werkstücke. In der Darstellung einer Dreiecksäule nach Bild **37**.3 sind in der Vorderansicht zwei und in der Seitenansicht eine Seitenfläche des Körpers verkürzt zu sehen. Die Umrißlinien der Vorderansicht zeigen die wahre Größe der hinteren Seitenfläche. Die Breite der Seitenansicht ist gleich der Höhe $h$ des Dreiecks in der Draufsicht.

Höhe $h$ und Seitenlänge $s$ im gleichseitigen Dreieck sind voneinander abhängig. Eine Größe läßt sich aus der anderen berechnen:

$$h \approx 0{,}866 \cdot s \quad \text{und} \quad s \approx 1{,}155 \cdot h$$

Die Anzahl der Maße richtet sich nach der Gestalt des Dreiecks. Ist es gleichseitig,

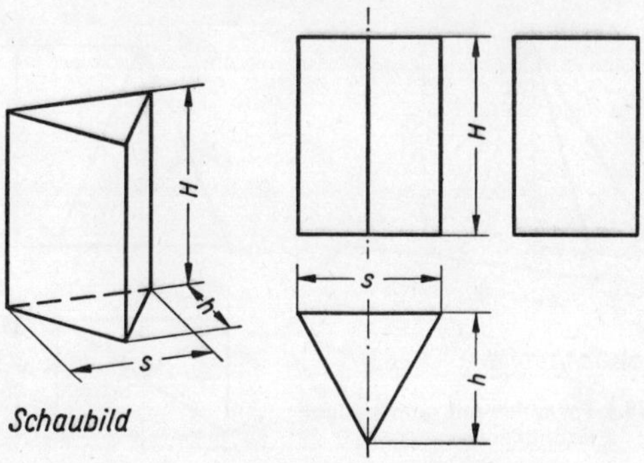


Schaubild

**37.3** Dreiecksäule

gleichschenkelig oder rechtwinklig, dann genügen drei Maße für den Körper. Für jede andere Dreieckfläche ist ein weiteres Maß zur Festlegung der Dreieckspitze erforderlich (**38.1**).

Ein Ausschnitt aus der Dreiecksäule erzeugt eine Dreieckfläche *a* und eine Rechteckfläche *b* (**38.2**). Sie werden wie die Flächen *a* und *b* in Bild **36.4** in die Seitenansicht und die Draufsicht eingezeichnet.

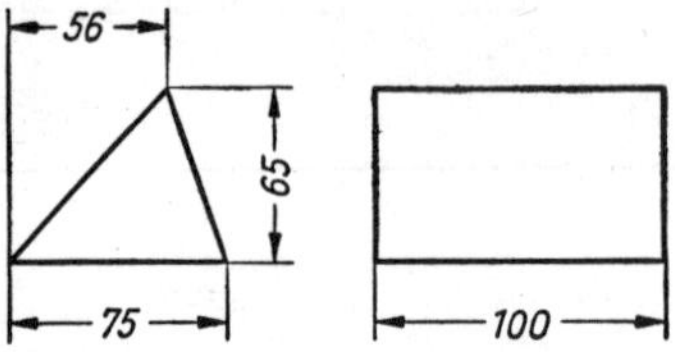


**38.1** Dreiecksäule (4 Maße)

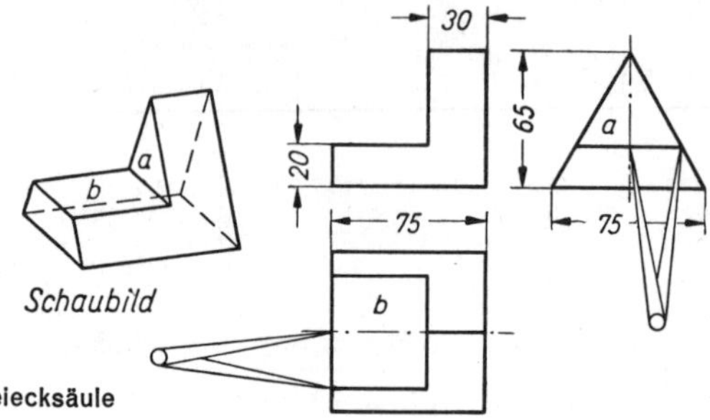


**38.2** Ausgeschnittene Dreiecksäule

## 4.6 Pyramidische Werkstücke

Gerade Pyramiden mit quadratischer Grundfläche (**38.3**) haben deckungsgleiche Seitenflächen, bei rechteckiger Grundfläche sind sie nur paarweise deckungsgleich (**38.4**).

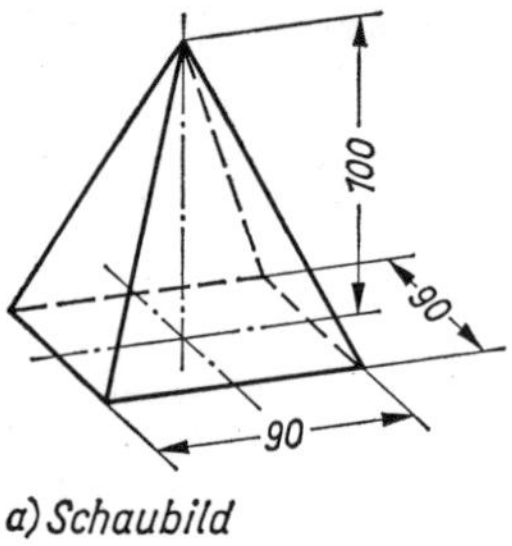


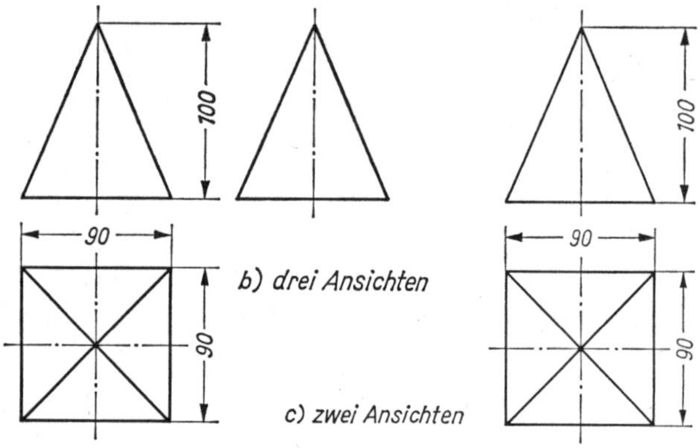


**38.3** Pyramide mit quadratischer Grundfläche

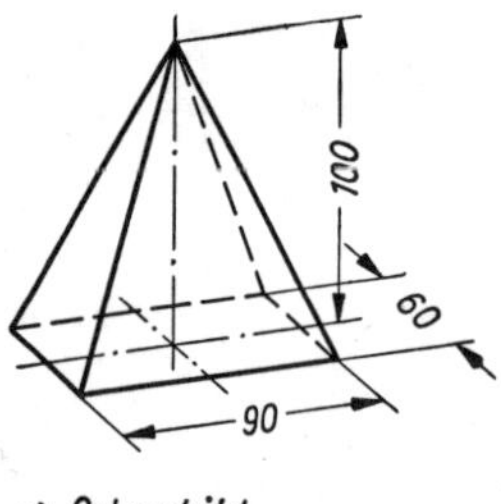


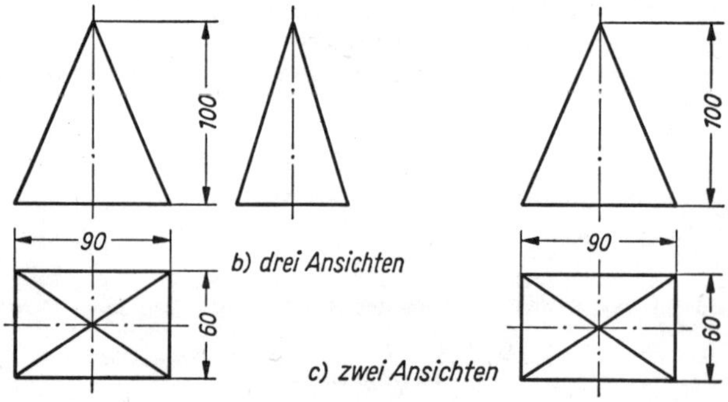


**38.4** Pyramide mit rechteckiger Grundfläche

Die Grundfläche ist in der Draufsicht zu sehen, in der die Seitenkanten der Pyramide als Diagonalen erscheinen (**38**.3b). Vorderansicht und Seitenansicht sind deckungsgleiche gleichschenklige Dreiecke und zeigen die Seitenflächen verkürzt.

Bei rechteckiger Grundfläche sind Vorderansicht und Seitenansicht verschieden breit (**38**.4b). Die Seitenansichten können wiederum fortfallen (**38**.3c und **38**.4c).

Zu jeder der beiden Pyramiden gehören drei Maße. Die beiden Maße an der quadratischen Grundfläche können bei Bedarf zu einem Maß in der Vorderansicht vereinigt werden (**38**.3c), das aber dann mit dem Quadratzeichen (**29**.3) versehen werden muß.

Pyramidenstümpfe mit quadratischen Grund- und Deckflächen haben deckungsgleiche Trapeze als Seitenflächen (**39**.1). Bei Pyramiden mit rechteckigen Grund- und Deckflächen sind die Seiten paarweise deckungsgleich (**39**.2). Der Pyramidenstumpf hat fünf Maße. Bei beiden Körpern kann ebenfalls die Seitenansicht fortfallen.

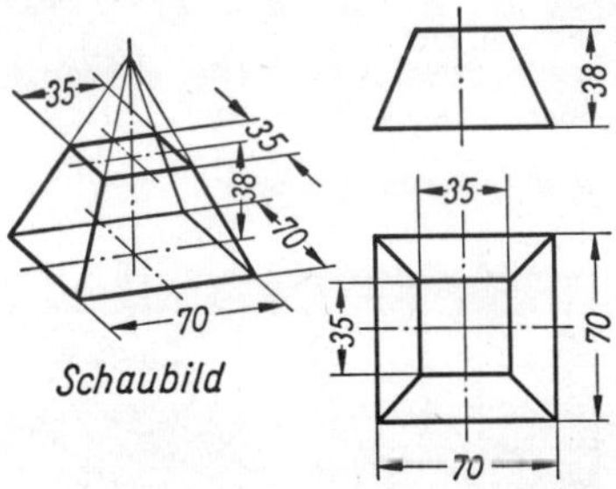


**39**.1 Pyramidenstumpf mit quadratischer Grundfläche

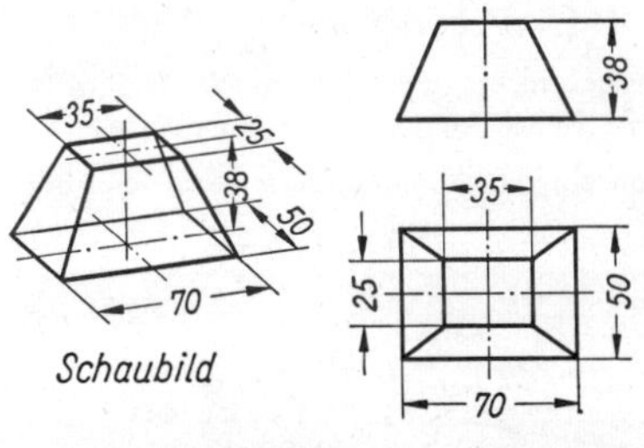


**39**.2 Pyramidenstumpf mit rechteckiger Grundfläche

Über Verjüngung, Spitzenwinkel und Neigung s. S. 90.

**Übungen**

1. Zeichne die Werkstücke **39**.3 und **39**.4 in den erforderlichen Ansichten und trage die Maße ein.
2. Die Werkstücke **39**.5 bis 7 sind in drei Ansichten zu zeichnen und zu bemaßen. Fehlende Körperkanten sind zuvor zu ergänzen. Das Loch 30 × 15 in Bild **39**.7 ist ein Durchgangsloch.

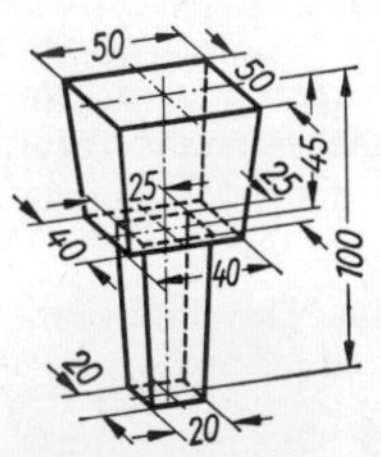

**39**.3 Amboßeinsatz

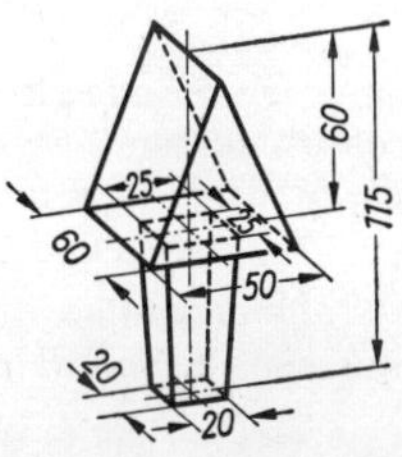

**39**.4 Abschroter

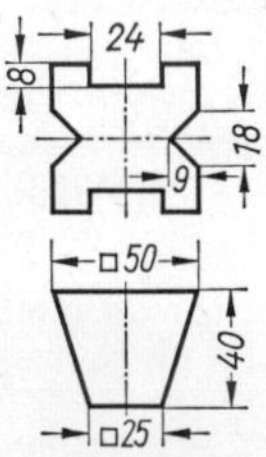

**39**.5 Genuteter Klotz

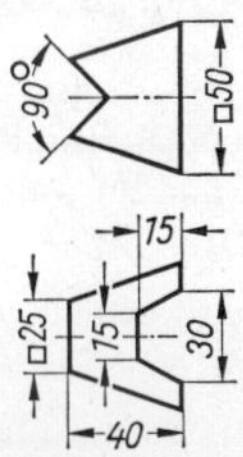

**39**.6 Genuteter Klotz

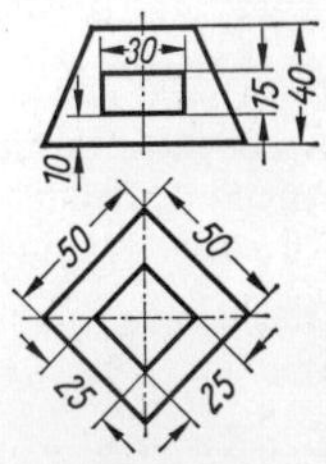

**39**.7 Klotz mit Durchbruch

## 4.7 Kegelige Werkstücke

Die üblichen Ansichten eines geraden Kegels (**40**.1) bestehen aus einem Kreis und zwei gleichgroßen gleichschenkligen Dreiecken. Es sind aber nur zwei Ansichten erforderlich (**40**.1b). Die Vorderansicht allein kann ausnahmsweise genügen (**40**.1c), wenn Zweifel darüber, daß es sich um einen geraden Kegel handelt, nicht bestehen.

Mit zwei Maßen, dem Durchmesser *d* der Grundfläche und der Körperhöhe *h*, sind die Abmessungen des Kegels festgelegt.

Der Kegelstumpf (**40.2**) wird durch zwei Kreise und ein Trapez oder, wenn die Eindeutigkeit der Zeichnung nicht fragwürdig wird, durch ein Trapez allein dargestellt.

Der Kegelstumpf hat drei Maße, und zwar die Durchmesser *D* und *d* und die Körperhöhe *h*.

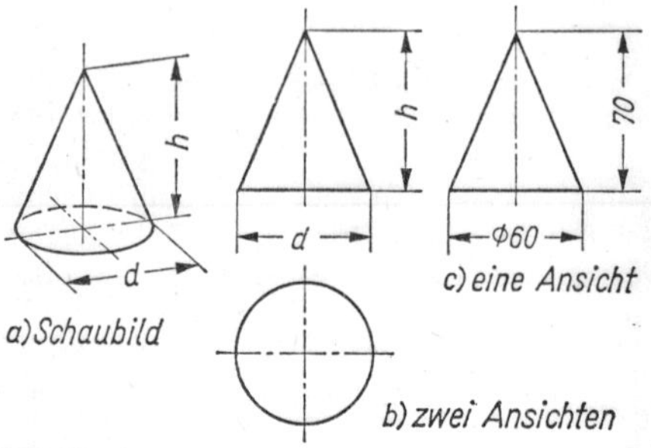


**40.1** Kegel

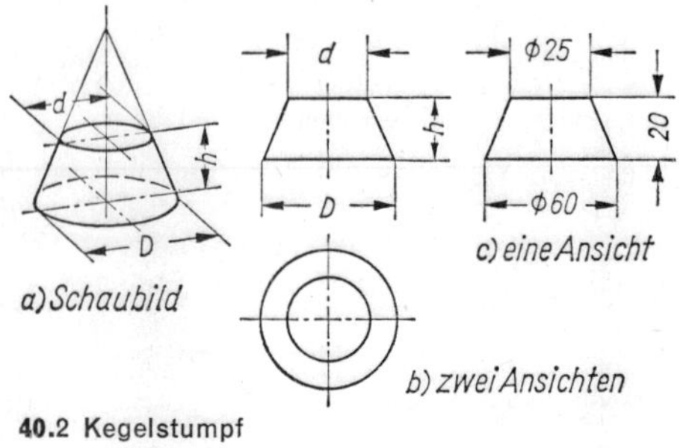


**40.2** Kegelstumpf

Ein Werkstück mit kegeliger Form zeigt Bild **40.3**. Kegel, Kegelwinkel und Neigung s. S. 86.

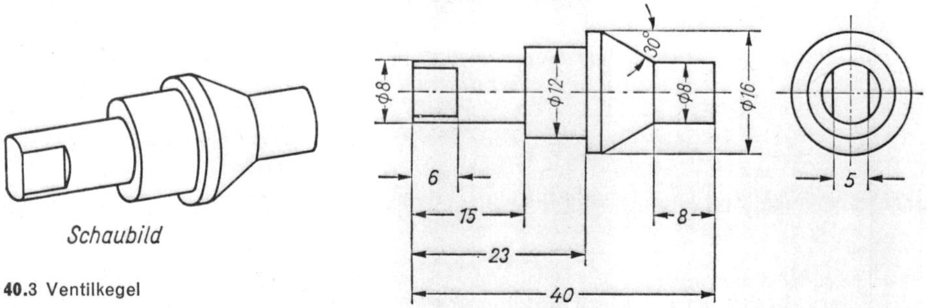


**40.3** Ventilkegel

## 4.8 Kugelige Werkstücke

Der Umriß einer Kugel ist ein Kreis, gleichgültig, von welcher Seite sie betrachtet wird. Die Größe wird durch den Durchmesser bestimmt. Für die Kugel sind, strenggenommen, drei Ansichten nötig. Es genügt jedoch eine Ansicht; die Maßzahl muß aber dann den Zusatz Kugel erhalten (**40.4**).

Das Wort „Kugel" wird vor die Maßzahl in gleicher Größe geschrieben. Das Durchmesserzeichen ist notwendig, wenn das Durchmessermaß nur einen Pfeil trägt (**40.5**).

Der Kugelabschnitt wird meist in zwei Ansichten gezeichnet (**40.6**) und hat drei Abmessungen: Kugeldurchmesser bzw. -halbmesser *r*, Durchmesser *d* der Grundfläche und Höhe *h*. Je nach den Umständen kann die Maßzahl für *d* oder die für *h* eingeklammert (**32.2**) oder eins der beiden Maße fortgelassen werden.

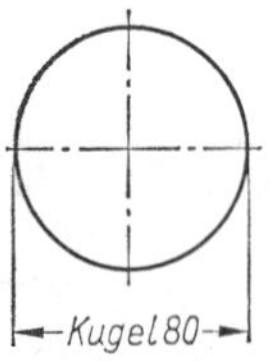


**40.4** Kugel

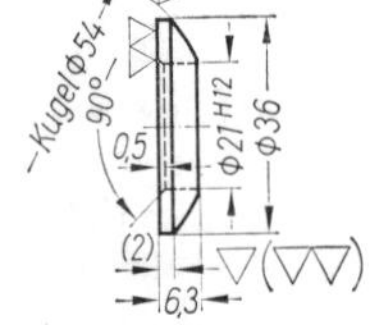


**40.5** Kugelscheibe

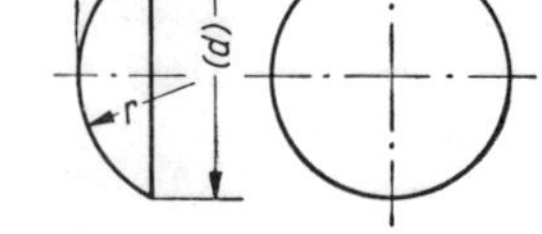


**40.6** Kugelabschnitt

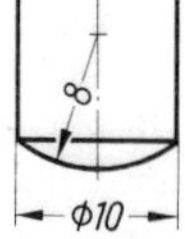


**40.7** Bolzenende

Wird der Kugelhalbmesser bemaßt, dann wird das Halbmesserzeichen *R* gesetzt, wenn der Zirkeleinsatzpunkt nicht gekennzeichnet ist (S. 32).

Bei Linsenkuppen an Bolzen- und Schraubenenden usw. entfällt das Wort „Kugel" (**40**.7).

Ein Werkstück mit kugeliger Form zeigt Bild **41**.1.

Ein gerundeter Übergang mit kleinem Halbmesser, wie er zwischen dem kugeligen und dem zylindrischen Teil des Klobens auftritt, wird mit einer schmalen, nicht ganz durchgezogenen Vollinie angegeben, wenn das Bild dadurch anschaulicher ist.

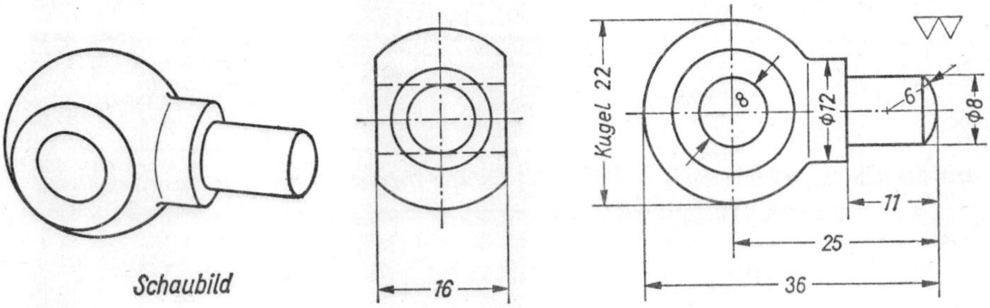


**41**.1 Kloben

**Übung:** Lagerschale. Zeichne eine hohle Rundsäule ⌀ 78/⌀ 36, 155 lang, in Vorderansicht (liegend) und Seitenansicht! Die Säule ist an beiden Enden kegelig auf ⌀ 55/⌀ 50 und 50 lang nach den Stirnflächen verjüngt. Der in der Mitte verbleibende Teil wird kugelig ≈ ⌀ 77,8 geformt. Er ist vorn und hinten geflacht. Die beiden Flächen sind parallel und haben einen Abstand von 55. Fertige die Zeichnung mit Bemaßung an.

## 4.9 Arbeitsfolge beim Aufzeichnen

Es ist für Anfänger sehr nützlich, eine geregelte Arbeitsfolge beim Aufbau einer Darstellung einzuhalten. Es gibt zwei Möglichkeiten:

1. Die Arbeitsfolge kann sich nach den Grundformen des Werkstücks richten.

Dieses Verfahren soll an dem Halter (**41**.2) gezeigt werden. Er wird hierzu gedanklich zergliedert, und zwar in Nabe, Bohrung, Grundplatte, Steg, Leiste und Schraubenlöcher (**41**.3). Diese Formen werden einzeln der Reihe nach gezeichnet (**41**.4 bis **42**.5) und zur Darstellung vereinigt.

Erst dann, wenn eine Grundform in allen drei Ansichten gezeichnet ist, folgt die nächste. So kommt System in die Zeichenarbeit.

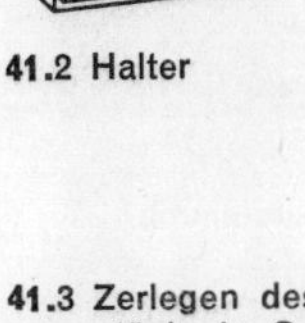

**41**.2 Halter

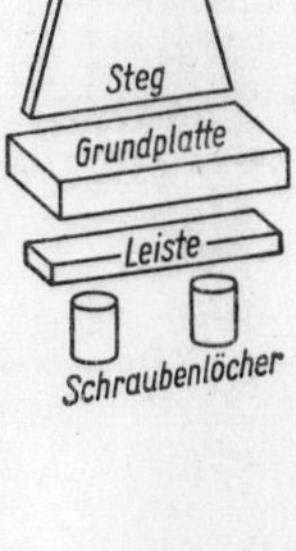


**41**.3 Zerlegen des Werkstücks in Grundkörperformen

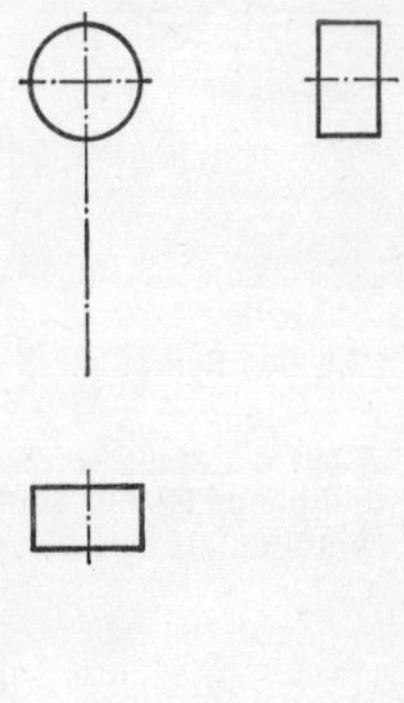

**41**.4 Die Bohrung ist eine Rundsäule

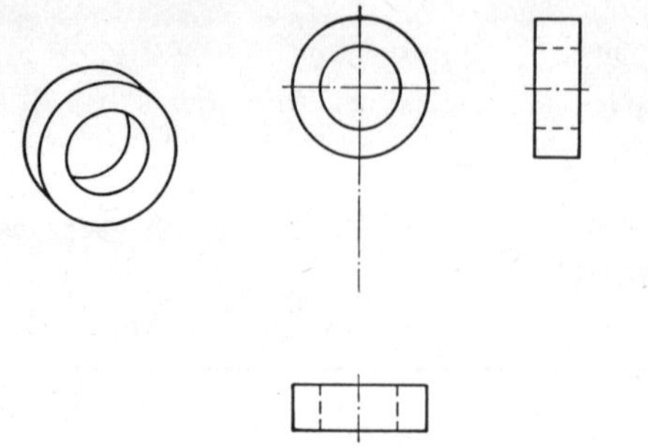

**42.1** Die Nabe ist eine Rundsäule

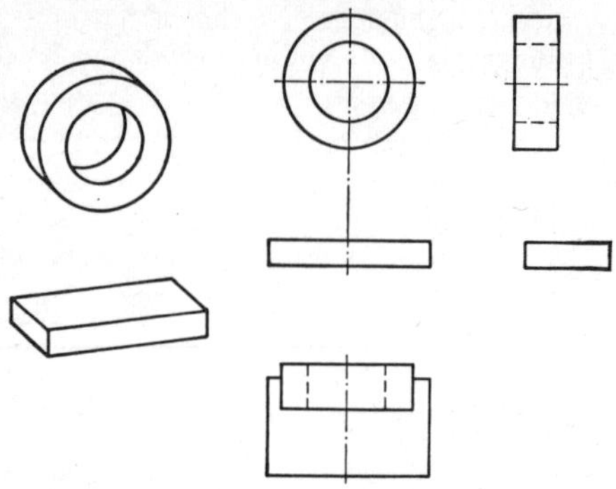

**42.2** Die Grundplatte ist eine Rechtecksäule

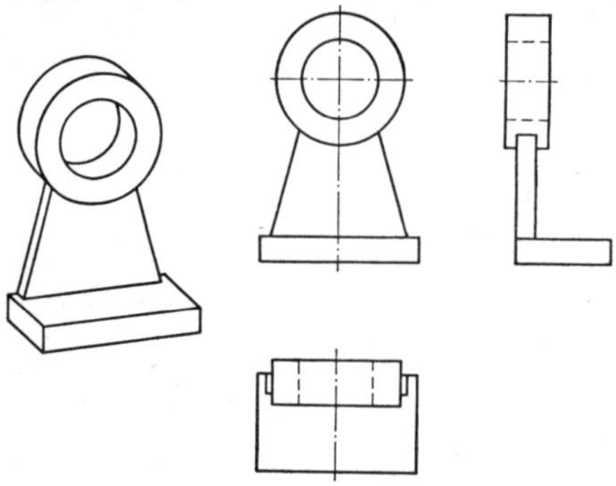

**42.3** Die Grundform des Steges ist eine Trapezsäule

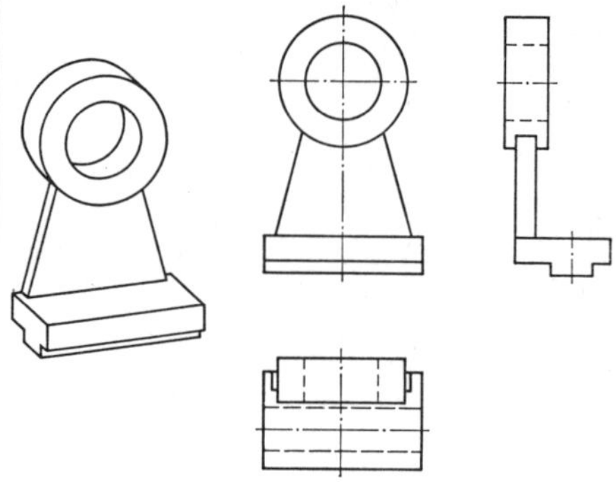

**42.4** Die Leiste ist eine Rechtecksäule

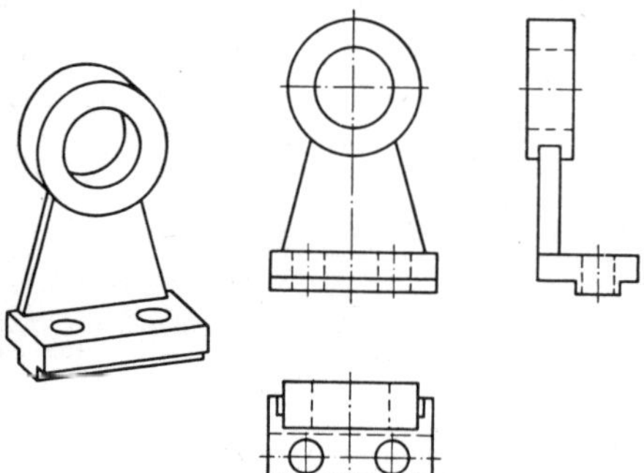

**42.5** Die Schraubenlöcher sind Rundsäulen

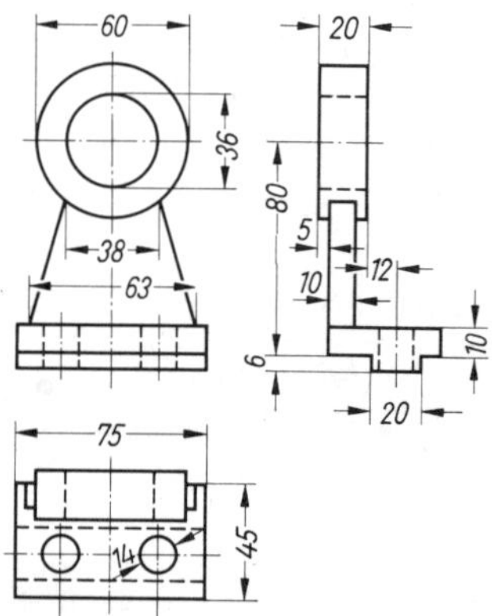


**42.6** Bemaßte Darstellung

Auch die Maße werden planmäßig eingetragen (**42.6**). Die Bohrung erhält zwei Maße: Durchmesser 36 und Länge 20. Für die Nabe wären ebenfalls zwei Maße notwendig. Da aber die Länge gleich der Länge der Bohrung ist, wird nur der Nabendurchmesser 60 eingetragen.

Von Bedeutung ist die Bauhöhe. Darunter ist der Abstand 80 von der Bohrungsmitte bis zur Unterfläche der Grundplatte, der Auflagefläche des Halters, zu verstehen.
Die Grundplatte erhält die Maße: Länge 75, Breite 45 und Dicke 10. Außerdem muß angegeben sein, daß sie gegenüber der hinteren Nabenstirnfläche um 5 versetzt ist.
Für die Höhe des Stegs ist ein Maß nicht erforderlich, weil sie durch die Bauhöhe festliegt. Ebenso erübrigt sich die Bemaßung der Stegausrundung, die durch die Nabe schon bestimmt ist. Es werden daher nur die untere und die obere Breite 63 und 38 und die Stegdicke 10 bemaßt.
Die Führungsleiste ist so lang wie die Grundplatte, so daß nur Breite 20, Dicke 6 und die Lage der Leiste einzutragen sind. Mit dem Maß 12 ist nicht nur die Mitte der Leiste festgelegt, sondern auch die Entfernung der Schraubenlochmitte von der vorderen Nabenstirnfläche.
Der Abstand von Mitte zu Mitte Schraubenloch wird mit 38 und der Durchmesser mit 14 angegeben.
Folgerichtige Bemaßung gibt Gewähr, daß kein Maß vergessen oder doppelt eingetragen wird.

2. Die Arbeitsfolge kann dem Fertigungsablauf angeglichen werden.

Das ist besonders bei Teilen möglich, die durch Spanabnahme aus vollem Werkstoff gefertigt werden.

Ein Beispiel ist der Gabelkopf (**43.1**). Das Ausgangshalbzeug hat quadratischen Querschnitt 60 und ist 110 lang (**43.2**). Jeder Fertigungsgang wird in allen Ansichten ohne Eintragen der Maße gezeichnet.

Unten entsteht durch Drehen ein Zapfen $\phi$ 50, 25 lang (**43.3**). In dessen Stirnfläche wird eine Nut, 25 breit und 10 tief, gefräst (**43.4**). Vorder- und Rückenfläche erhalten durch Fräsen einen Absatz, 70 lang und 5 tief (**43.5**).

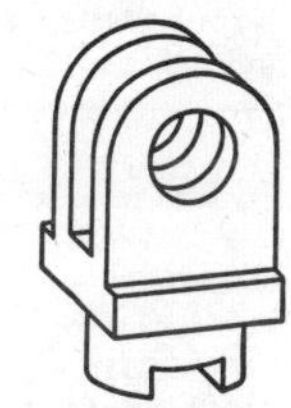

**43.1** Gabelkopf

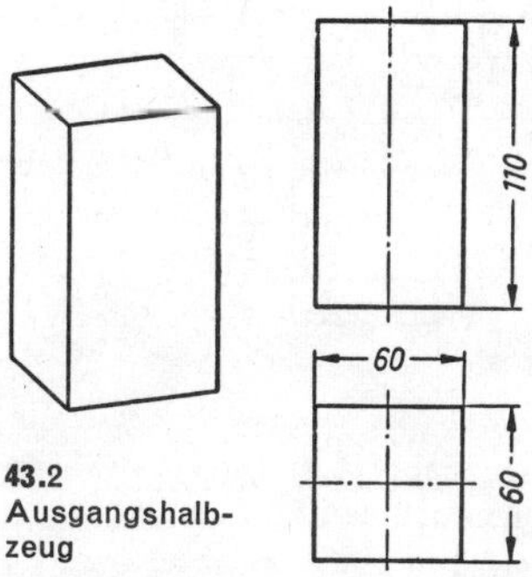


**43.2** Ausgangshalbzeug

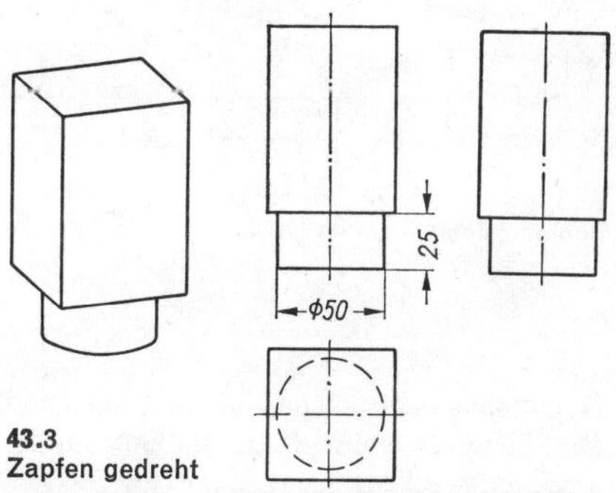


**43.3** Zapfen gedreht

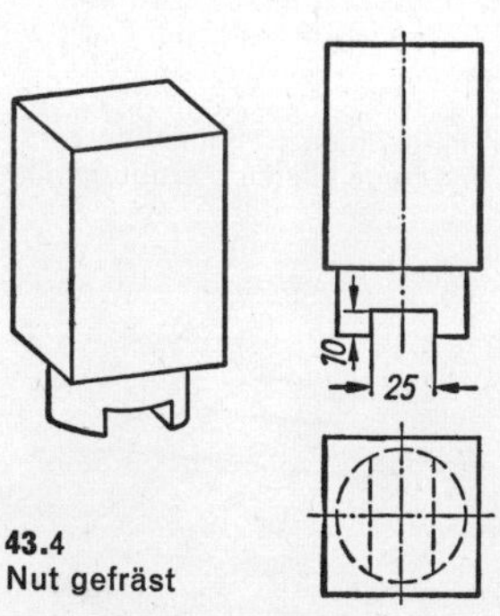


**43.4** Nut gefräst

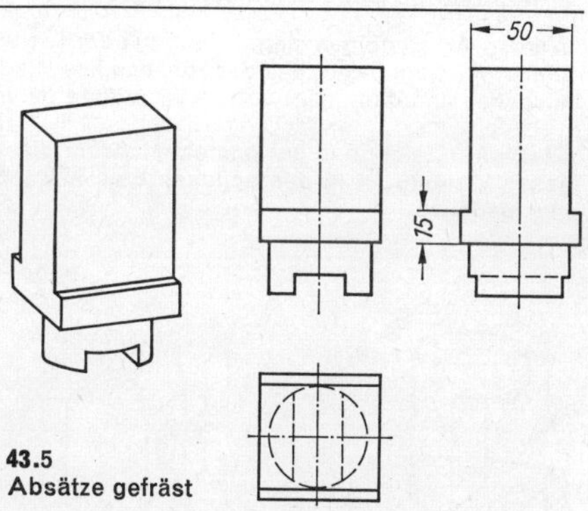


**43.5** Absätze gefräst

Die Dicke des Kopfes beträgt somit 50 und die Höhe der beiden Vorsprünge 15. Nun wird der Kopf halbkreisförmig gerundet (**44.1**). Dazu ist auch eine waagerechte Mittellinie zu ziehen. Der Mittelpunkt des Bogens liegt 55 vom Zapfenansatz entfernt. Dann erhält der Kopf eine durchgehende Bohrung $\phi$ 30 (**44.2**) und schließlich einen Schlitz, 25 breit und 62 tief (**44.3**).

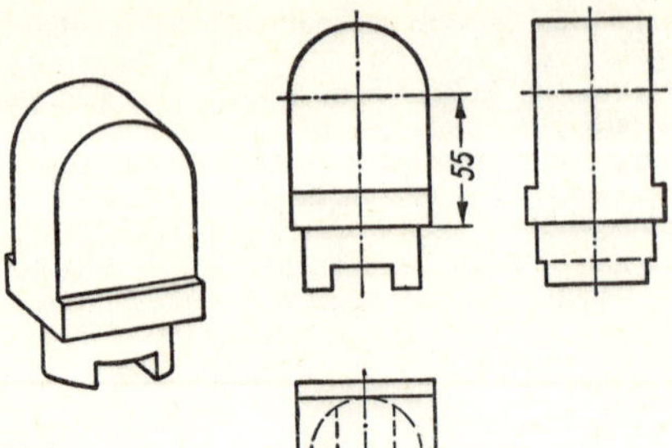


**44.1**
Kopf halbrund gefräst

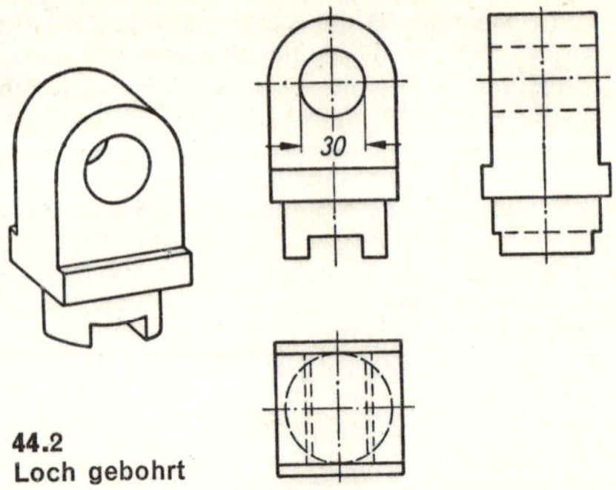


**44.2**
Loch gebohrt

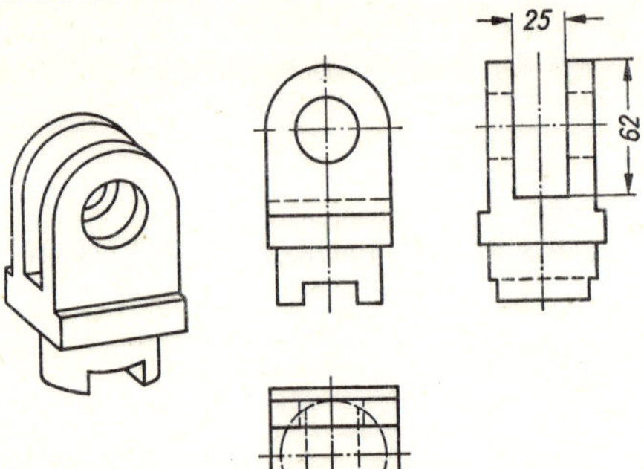


**44.3**
Schlitz gefräst

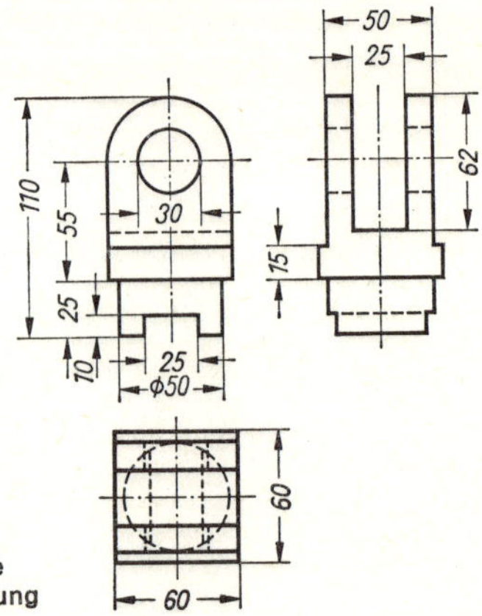


**44.4**
Bemaßte Darstellung

Nachdem alle Linien geprüft sind, wird nachgezogen und dann bemaßt (**44.4**). Die Auswahl der Maße und die Reihenfolge der Eintragung richten sich ebenfalls nach den Fertigungsgängen.

Arbeitsgänge bei der Herstellung einer Schnittzeichnung s. S. 48.

Werden Arbeitsfolgen eingehalten, hat der Lernende erheblichen Nutzen. Der Konstrukteur wird aber zunächst von dem Zweck und der Funktion des Werkstücks unter Berücksichtigung wirtschaftlicher Fertigung ausgehen und dann ganz von selbst auf die geometrischen Formen kommen.

**Übungen:** Zeichne in geeignetem Maßstab die folgenden, zum Teil nur mit einigen Hauptmaßen versehenen Werkstücke in den üblichen drei, **46.2** jedoch in zwei Ansichten, und trage alle zur Fertigung nötigen Maße ein.

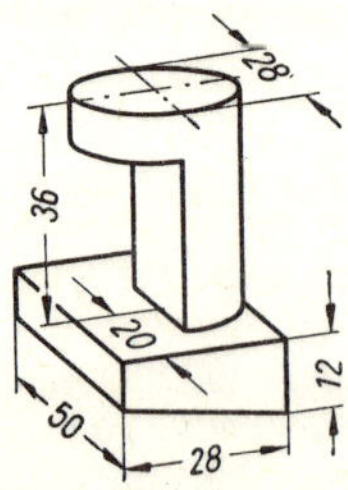


**44.5** Formstück

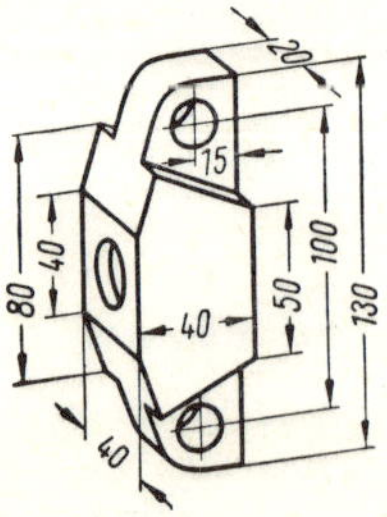


**44.6** Querbalken

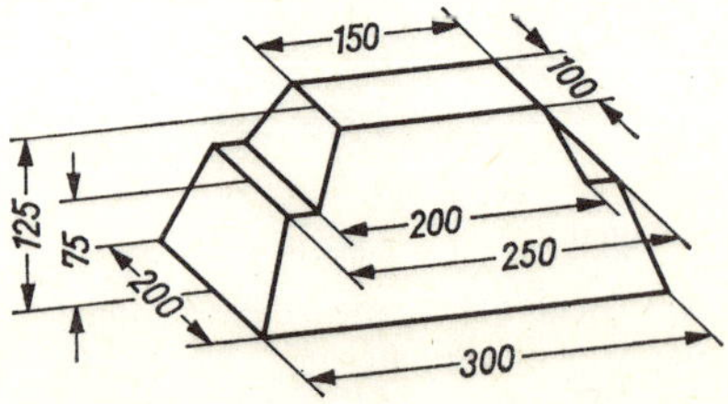


**44.7** Massel

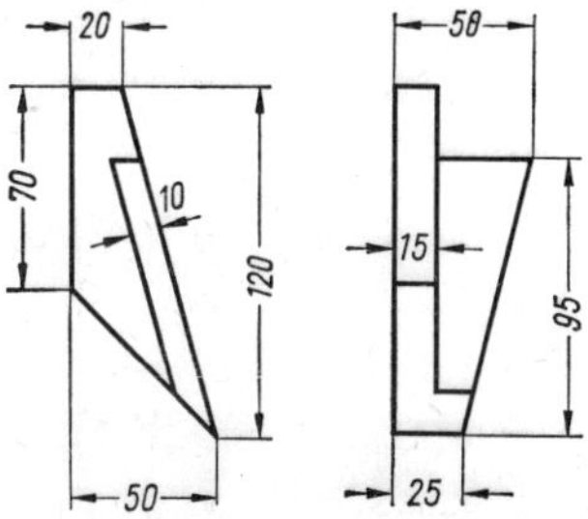


45.1 Winkel

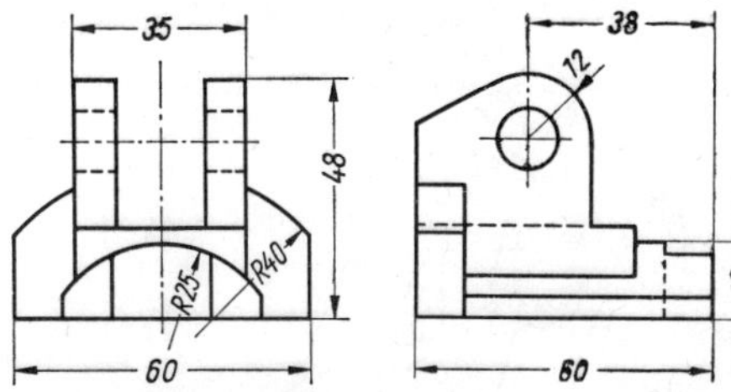


45.2 Gleiter

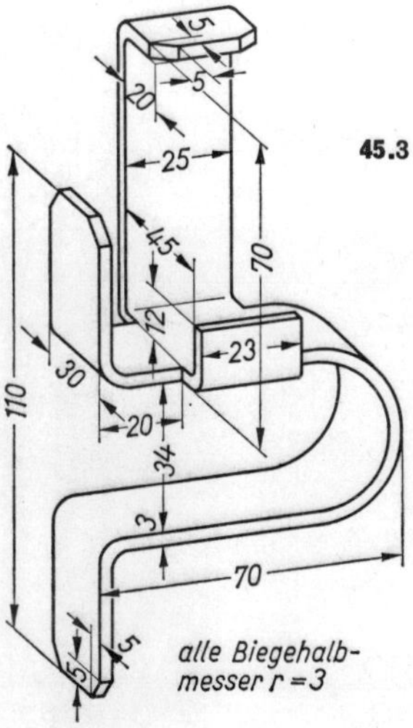


45.3 Ständer

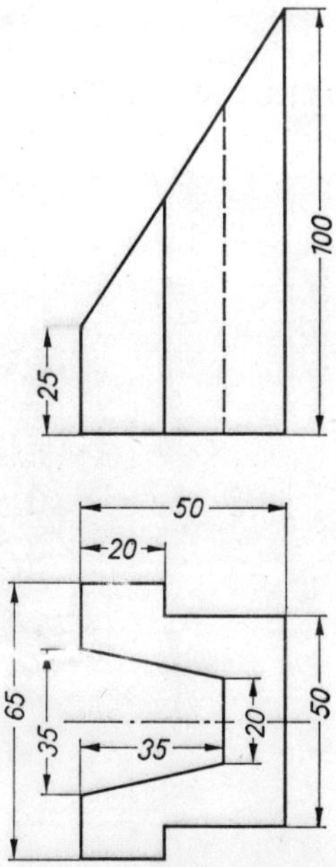


45.4 Schiene

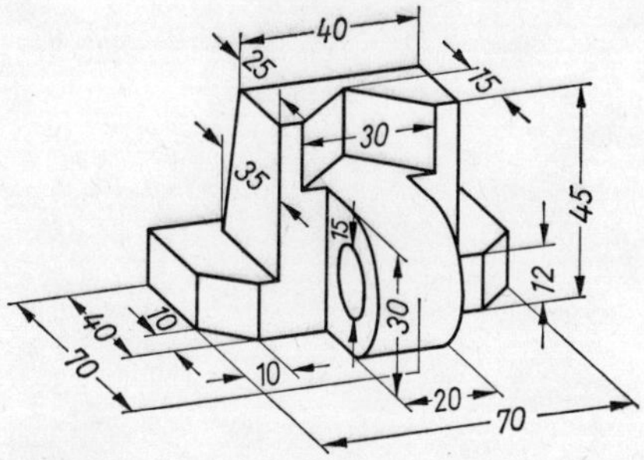


45.5 Bock

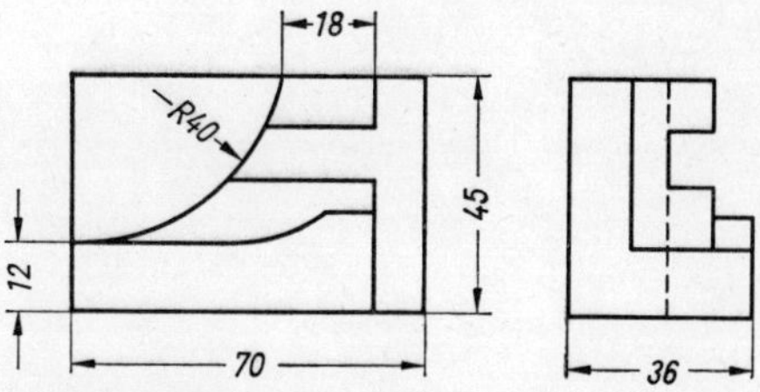


45.6 Auflagebock

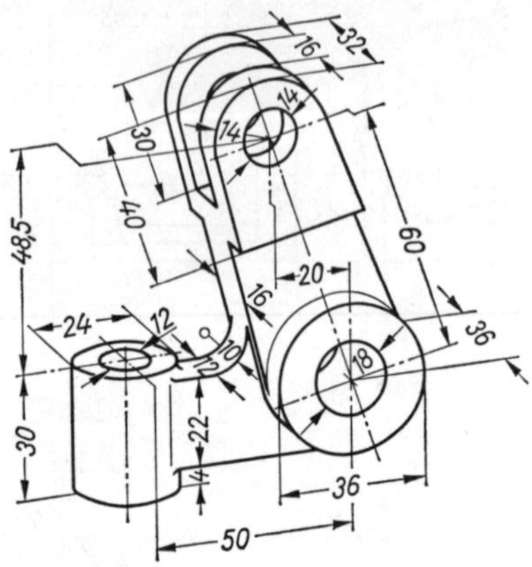

**46.1** Winkelgelenk

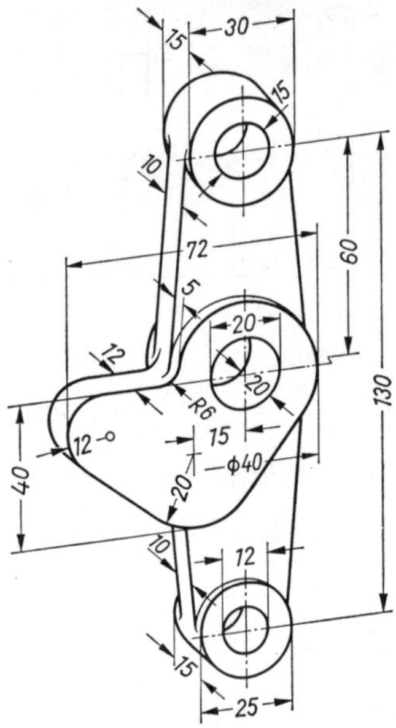

**46.2** Schalthebel

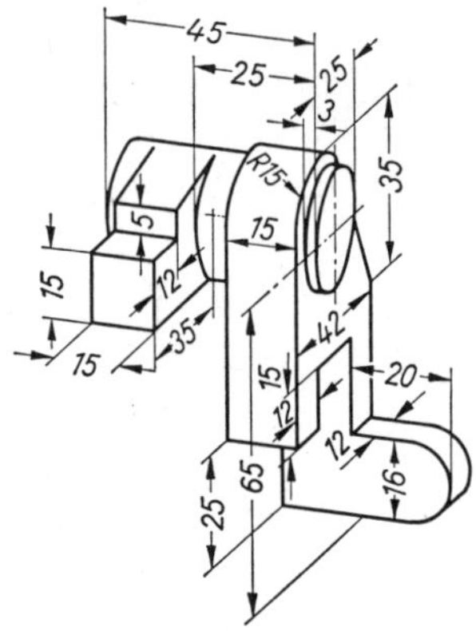

**46.3** Hebel

# 5 Darstellung hohler und abgebrochener Werkstücke

## 5.1 Schnittzeichnungen (DIN 6)

Hohle Werkstücke werden im Schnitt dargestellt. Hierbei wird angenommen, das Werkstück sei in Längsrichtung der Körperachse in Hälften zerlegt, und die vordere Hälfte sei fortgenommen (**47.**1), so daß das Innere des Werkstücks zu sehen ist (**47.**2). Der Hohlraum wird nun nicht mehr durch Strichlinien (**47.**3), sondern durch Vollinien dargestellt (**47.**4). Schnittflächen werden in der Zeichnung schraffiert. Ein solcher Schnitt heißt Vollschnitt. Beim Halbschnitt ist nur die Hälfte eines Zeichnungsbildes geschnitten dargestellt (S. 74).

Die Schnittzeichnung zeigt den Hohlraum des Werkstücks klarer als eine Ansichtszeichnung, erfordert aber etwas mehr Arbeit.

Schraffurlinien haben die Breite der Maßlinien und liegen meist unter 45°. Richtung und Abstand der Schraffurlinien desselben Werkstücks sind einheitlich. Der Abstand richtet sich nach der Größe der Schnittfläche und darf weder zu groß noch zu klein sein (**47.**5).

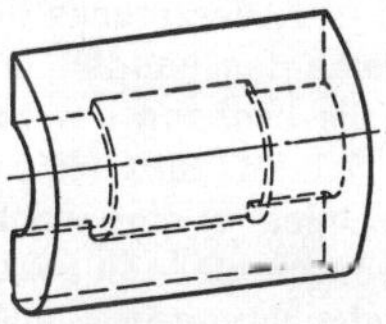

**47.**1 Vordere Körperhälfte

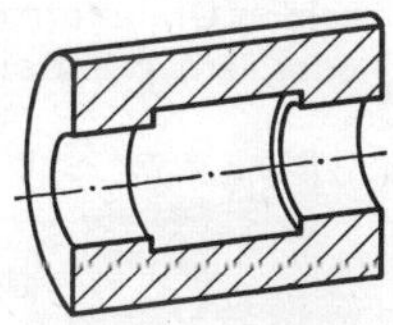

**47.**2 Hintere Körperhälfte

Schnittflächen verschiedener Werkstücke erhalten unterschiedliche Schraffuren durch entgegengesetzte Richtungen oder verschiedene Abstände. Bei nebeneinanderliegenden Schnittflächen können auch beide Möglichkeiten angewendet werden (**47.**6).

Von der üblichen Richtung der Schraffurlinien wird bei schrägliegenden Schnittflächen abgewichen und eine der Lage der Fläche angepaßte Richtung gewählt (**47.**7).

In großen Schnittflächen kann die Schraffur auf die Randzonen beschränkt werden (**47.**8).

Strichlinien für verdeckte Körperkanten fallen in Schnittzeichnungen fort (**47.**9), es sei denn, daß sie zur eindeutigen Darstellung des Werkstücks unentbehrlich sind.

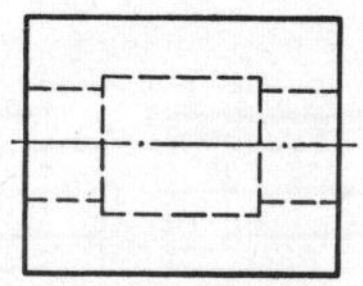

**47.**3 Ungeschnitten dargestelltes Werkstück

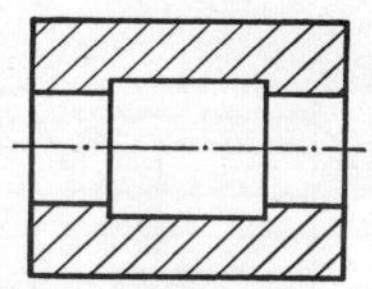

**47.**4 Schnittdarstellung

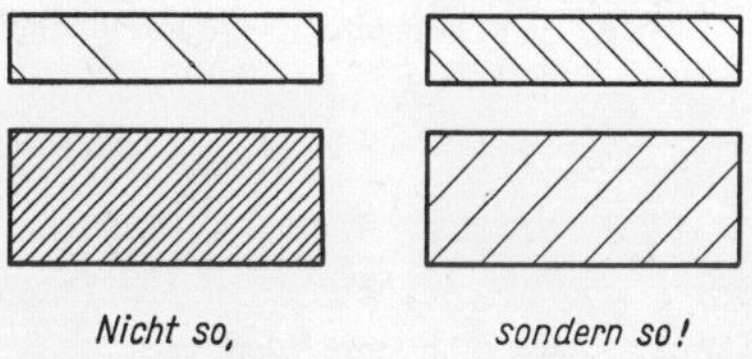


**47.**5 Schraffurweiten

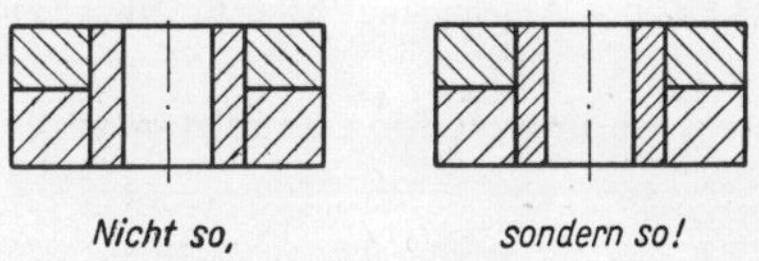


**47.**6 Verschiedene Schraffuren

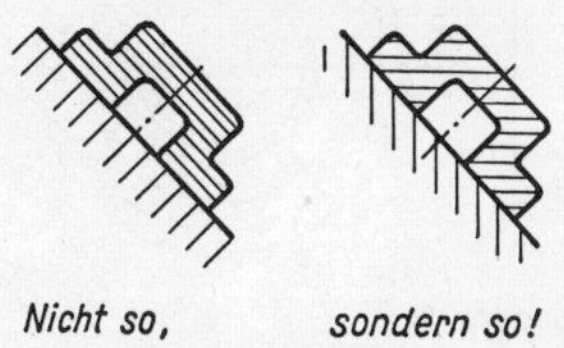


**47.**7 Angepaßte Schraffurrichtung

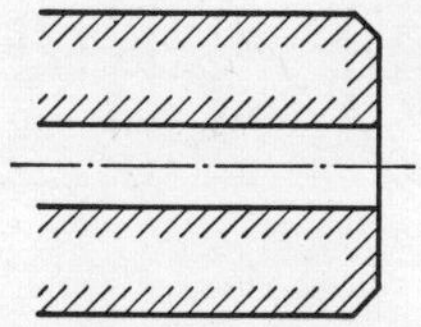

**47.**8 Randschraffur

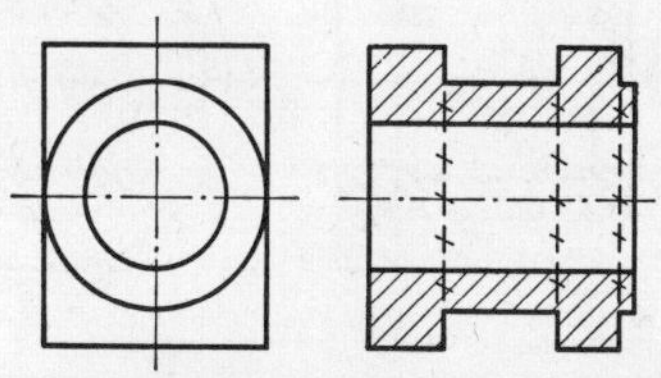

**47.**9 Strichlinien sind hier überflüssig

Maßangaben sind in schraffierten Flächen tunlichst zu vermeiden. Ist das nicht möglich, dann muß die Schraffur zum Einsetzen der Maßzahl unterbrochen werden (**48.1**).

Tritt die Schraffur in schmalen Schnittflächen nicht deutlich hervor, dann sind sie zu schwärzen (**48.2**) und Innenfugen vorzusehen, wenn geschwärzte Schnittflächen aneinanderstoßen (**48.3**).

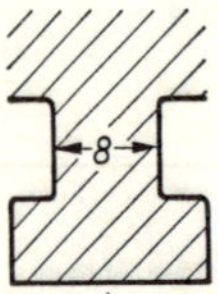


**48.1** Unterbrochene Schraffur

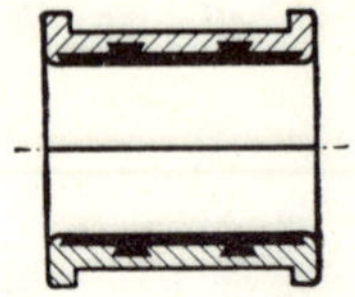

**48.2** Schwärzung schmaler Schnittflächen

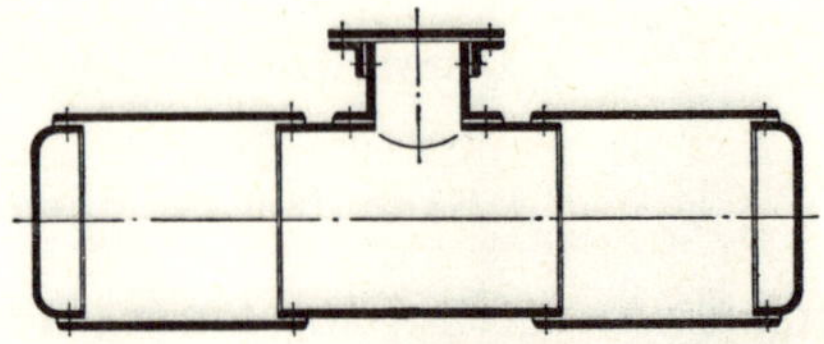

**48.3** Kessel

Die Arbeitsgänge bei der Herstellung einer Schnittzeichnung, wie sie anfangs zu empfehlen sind, sollen an dem Beispiel einer Buchse gezeigt werden (**48.4**). Zuerst sind die einzelnen Grundformen des Werkstücks der Reihe nach, gleichgültig, ob es sich um sichtbare oder verdeckte Körperkanten handelt, in schmalen Linien zu zeichnen (**48.5**a). Dann werden die Umrisse der Schnittflächen (**48.5**b) und die restlichen des ganzen Schnittbildes (**48.5**c) nachgezogen. Die rechte der noch verbleibenden Linien ist eine sichtbare Kante des umlaufenden Absatzes im Hohlraum und muß breit gezogen werden (**48.5**d). Die letzte Linie dagegen stellt den verdeckten, außen umlaufenden Absatz dar. Sie wird aber nicht gestrichelt, sondern entfernt, da der Absatz aus den später einzuschreibenden Maßen $\phi$35 und $\phi$25 hervorgeht. Dann werden die Maße eingetragen und die Schnittflächen schraffiert (**48.5**e).

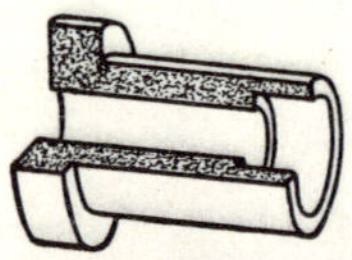

**48.4** Werkstück (Buchse)

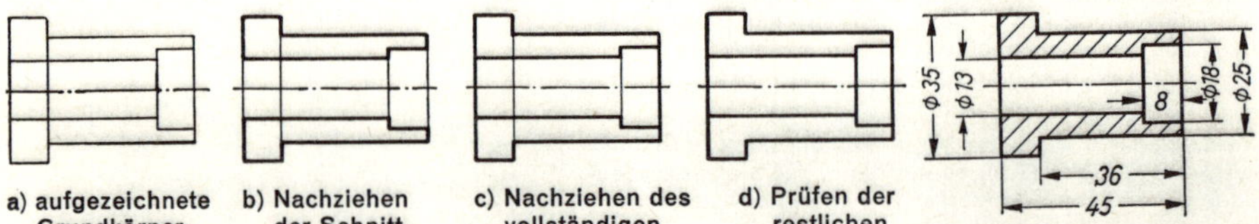


a) aufgezeichnete Grundkörperformen
b) Nachziehen der Schnittflächen
c) Nachziehen des vollständigen Umrisses
d) Prüfen der restlichen Linien
e) bemaßte Schnittdarstellung

**48.5a bis e** Arbeitsgänge beim Anfertigen einer Schnittzeichnung

Falsche und richtige Schnittdarstellung zeigt Bild **48.6**.

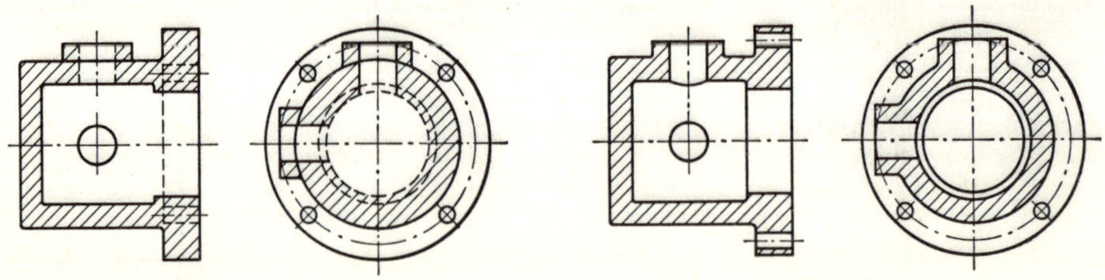

*Nicht so,* *sondern so!*

**48.6** Falsche und richtige Schnittdarstellung

Liegen die Schraubenlöcher des Flansches nicht in der Schnittebene, dann werden sie nicht eingestrichelt, wie in der falschen Darstellung der Vorderansicht zu sehen ist (**48**.6). Die Löcher werden in Gedanken in der Seitenansicht in die Achse (hier um 45°) gedreht, demnach mitgeschnitten und durch Vollinien dargestellt.

Es ist nicht möglich, daß eine Vollinie durch eine Schnittfläche läuft oder daß eine Schnittfläche von einer Strichlinie begrenzt wird.

Der Schnittverlauf wird kenntlich gemacht, wenn er aus der Darstellung nicht eindeutig hervorgeht. Das geschieht durch Schnittlinien.

Es sind Strichpunktlinien in der Breite der Vollinien, haben kürzere Striche als Mittellinien (s. S. 58) und sollen das Zeichnungsbild anschneiden (**49**.1). Vor den Enden der Schnittlinien werden mit den Spitzen dagegen Pfeile angesetzt. Sie kennzeichnen die Sehrichtung und sind etwa 1,5 mal so lang wie die Pfeile der Maßlinien. Bei mehreren Schnitten durch ein Werkstück oder bei nicht übersichtlichem Schnittverlauf werden die Schnittlinien mit hervortretenden Großbuchstaben in alphabetischer Reihenfolge versehen.

Sie stehen in Verlängerung der Strichpunktlinien und in Leserichtung in bezug auf die Hauptlage des Zeichenbogens. Außerdem wird möglichst über die Schnittdarstellung ein entsprechender Vermerk, z.B. „Schnitt A-B", gesetzt (**49**.1). Die Bezeichnung eines Schnitts durch gleiche Großbuchstaben z.B. „A-A", ist zulässig. Liegt der Schnitt in mehreren Ebenen, so werden die Schnittlinien geknickt (**73**.1) und möglichst nach den Beispielen in Bild **49**.2 ausgeführt.

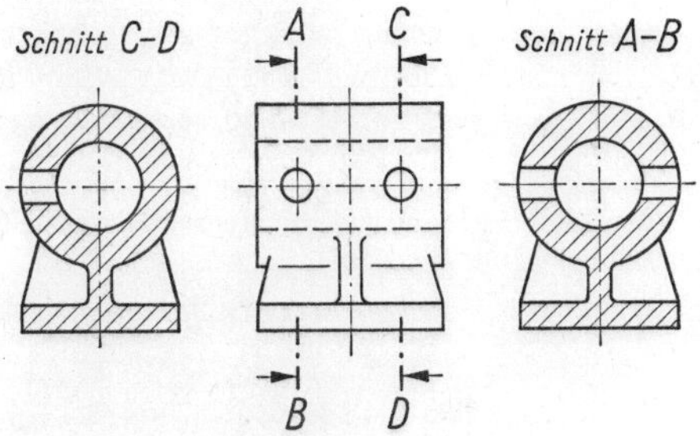


**49**.1 Kennzeichnung von Schnitten

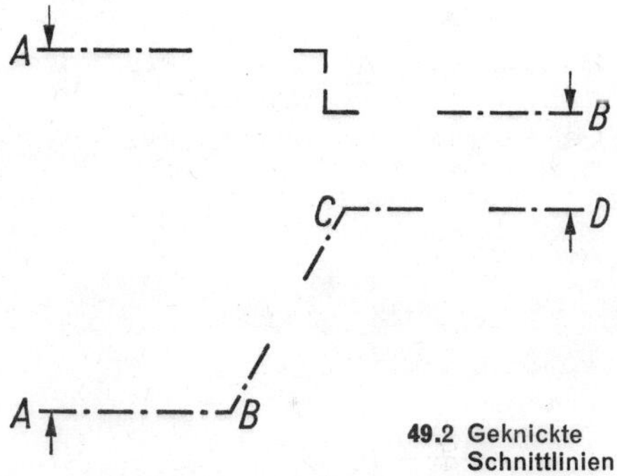


**49**.2 Geknickte Schnittlinien

Schnittlinien sind jedoch nicht erforderlich, wenn Zweifel über Lage und Verlauf des Schnittes nicht möglich sind (**49**.3, **49**.4, **50**.6 und **50**.8 bis **52**.1).

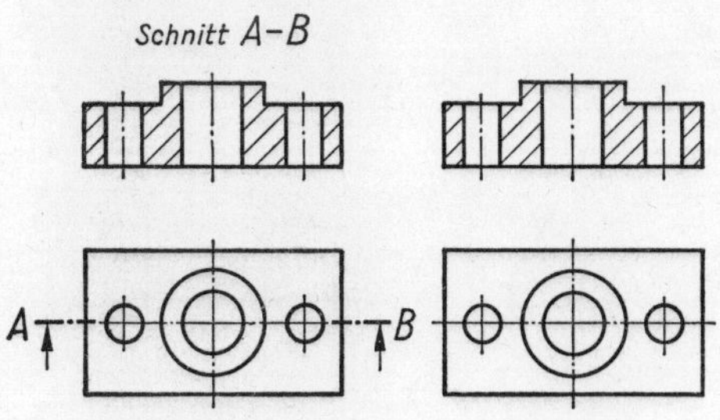


**49**.3 Der Schnitt durch die Mitte des Werkstücks wird nicht gekennzeichnet

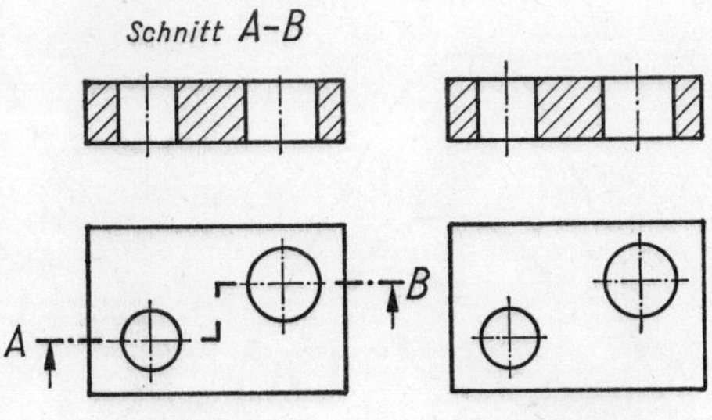


**49**.4 Die Kennzeichnung des Schnittverlaufs ist hier nicht erforderlich

**Volle Werkstücke werden nicht im Schnitt dargestellt,** z.B. Griffe, Stangen, Bolzen usw. (**50**.1). Verstärkende Rippen (**50**.2) und Stege an Lagerböcken u.ä. werden nicht im Längsschnitt dargestellt (**50**.3), ebenso auch nicht Kugeln in der Schnittzeichnung eines Lagers (**50**.4) und Zapfen an irgendwelchen Werkstücken (**50**.5).

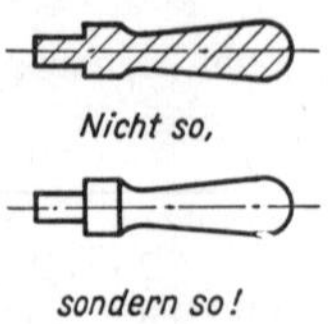


**50**.1 Kegelgriff

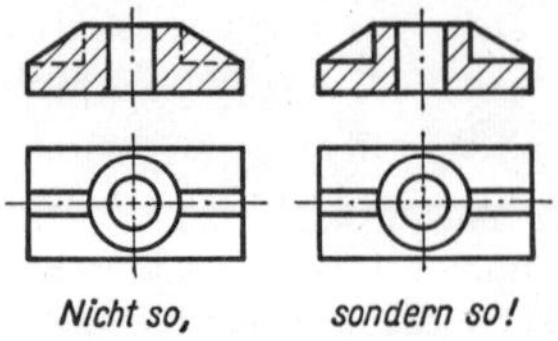


**50**.2 Lager

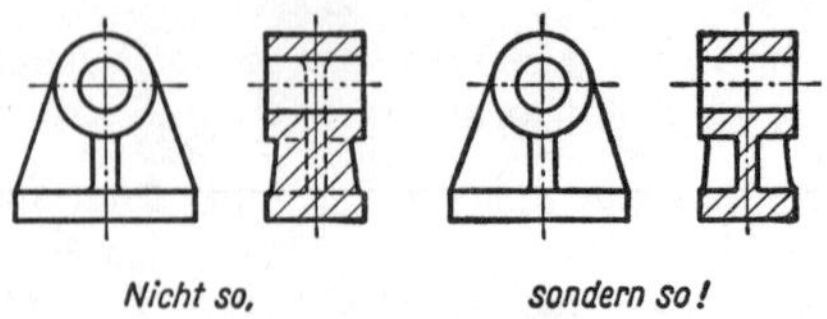


**50**.3 Lagerbock

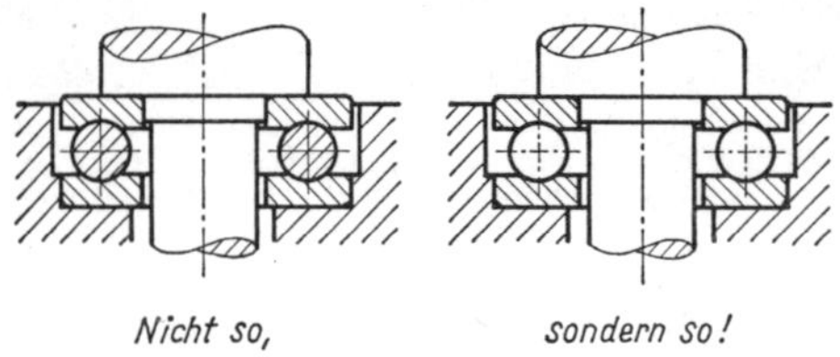


**50**.4 Kugellager

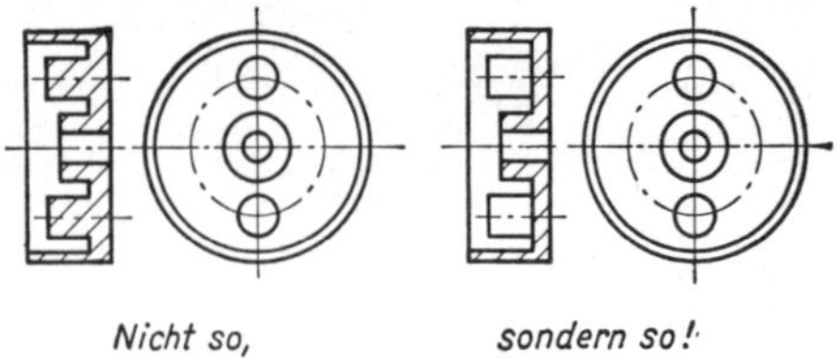


**50**.5 Kupplungshälfte

Liegen Oberflächen eines Werkstückes in der Schnittebene, dann wird am besten so gezeichnet, daß möglichst viel von dem Hohlraum sichtbar ist (**50.6**).

Die Schraffur zweier in verschiedenen Ebenen getrennt liegenden Schnitte am gleichen Werkstück wird versetzt gezeichnet (**50**.7), wenn die Schnittflächen der Einfachheit halber einander angrenzend dargestellt sind.

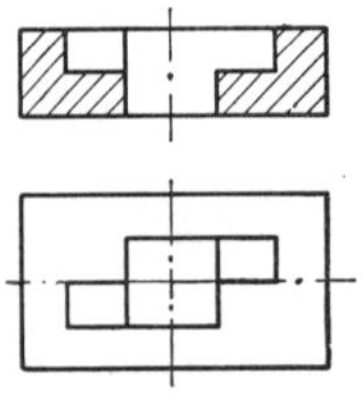

**50**.6 Platte

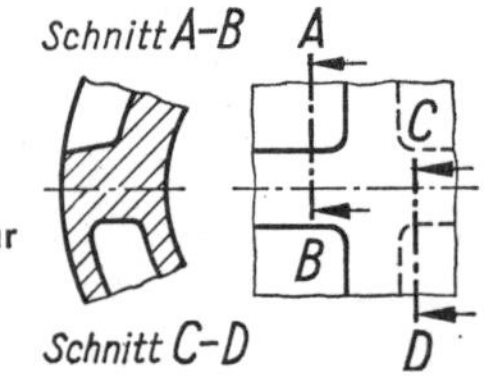


**50**.7 Versetzte Schraffur

Beispiele im Schnitt dargestellter Werkstücke bringen Bild **50**.8, **51**.1 und 2, **52**.1.

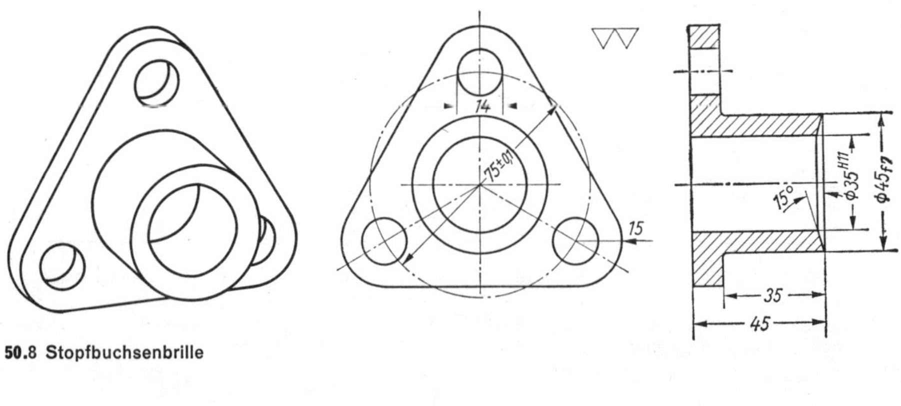


**50**.8 Stopfbuchsenbrille

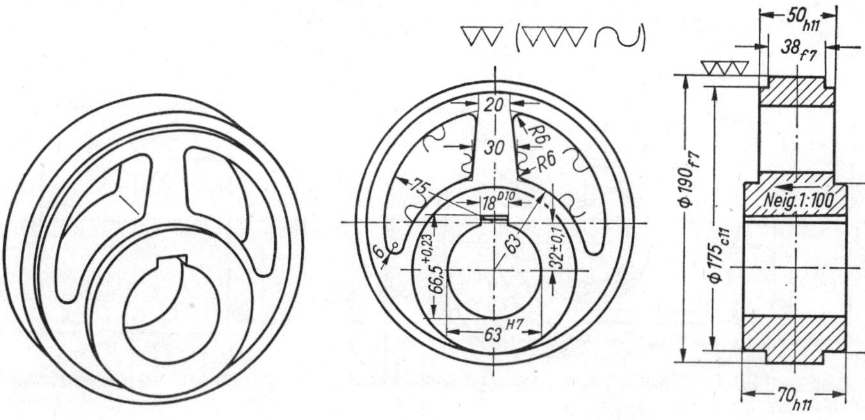

**51.1** Exzenter

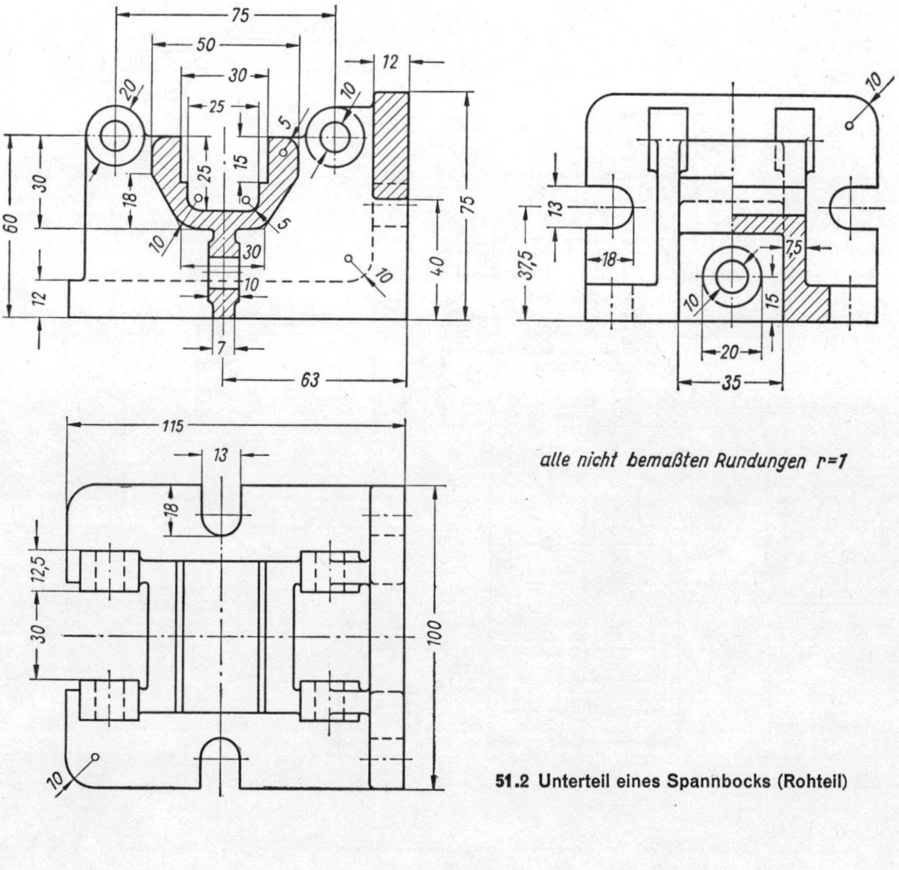


**51.2** Unterteil eines Spannbocks (Rohteil)

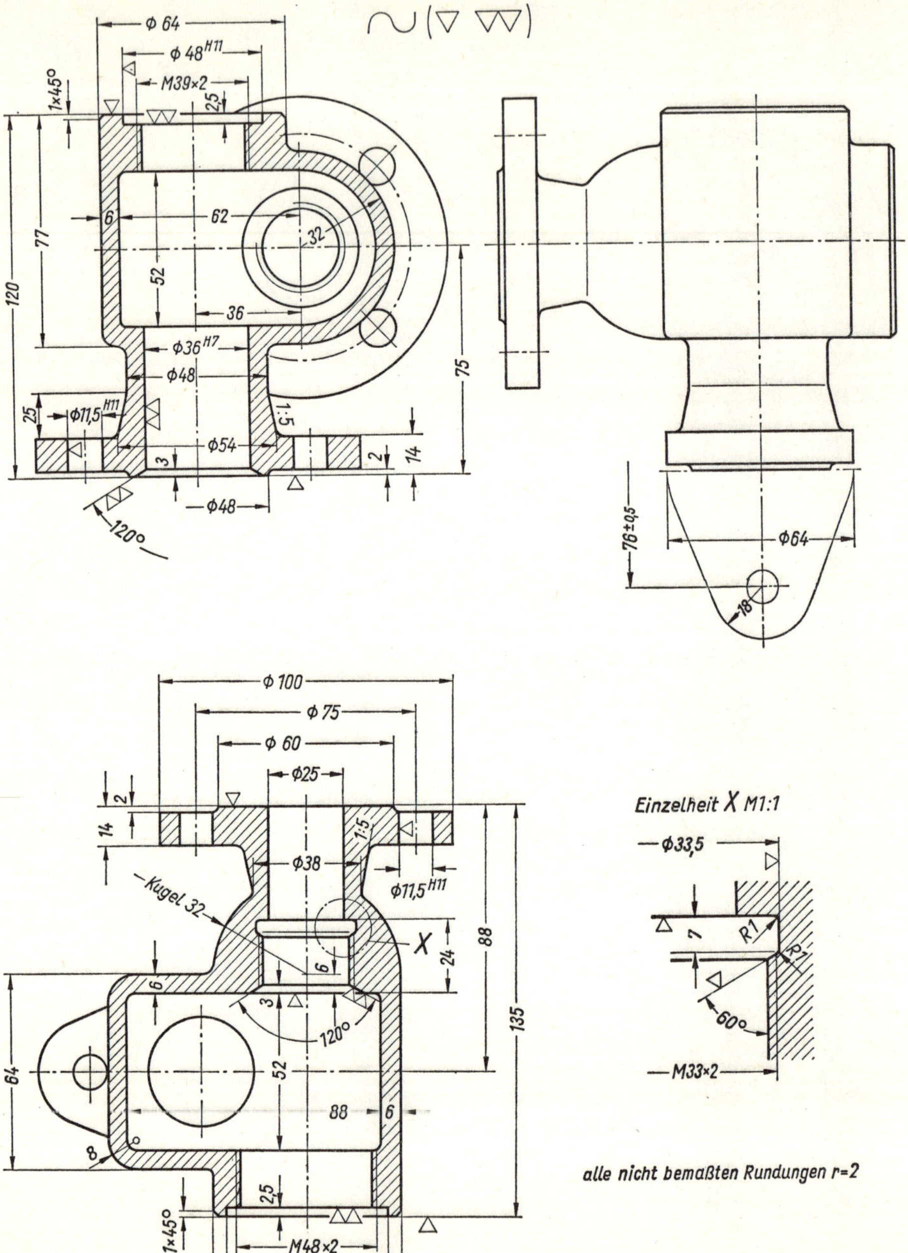


**52.1** Ventilgehäuse (M 1:2,5)

**Anmerkung:** Über die Darstellung der Einzelheit s. S. 84.

**Übungen**

1. Ergänze die Seitenansicht des Mitnehmers als Schnittdarstellung (53.1).
2. Die Draufsicht der Platte (53.2) ist als Vorderansicht zu wählen! Zeichne dazu die beiden anderen Ansichten im Schnitt.
3. Verwandle die Vorderansicht des Sockels (53.3) in eine Schnittdarstellung, zeichne dazu die Draufsicht und die Seitenansicht im Schnitt und trage die Maße ein.

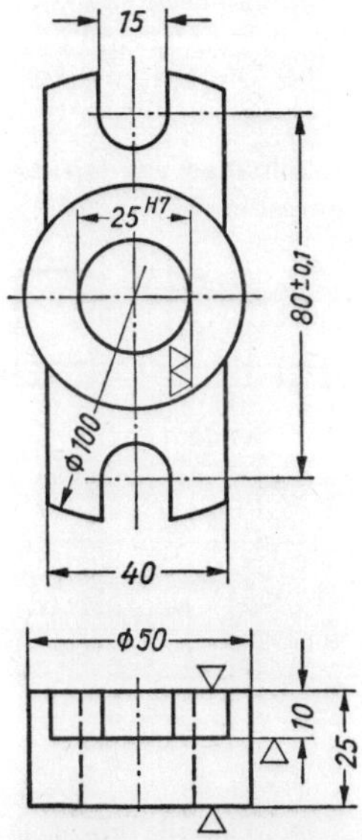


53.1 Mitnehmer

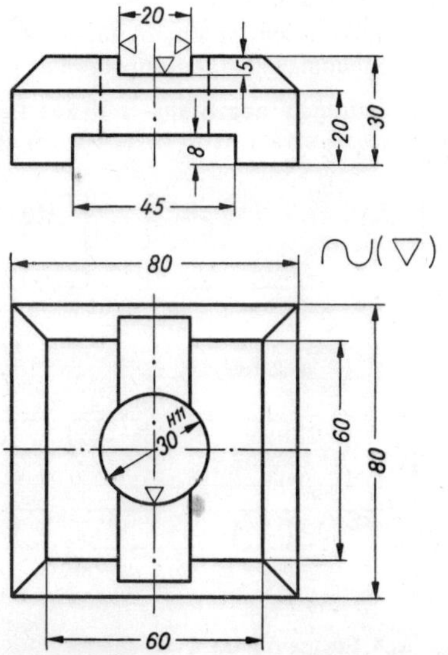


53.2 Platte

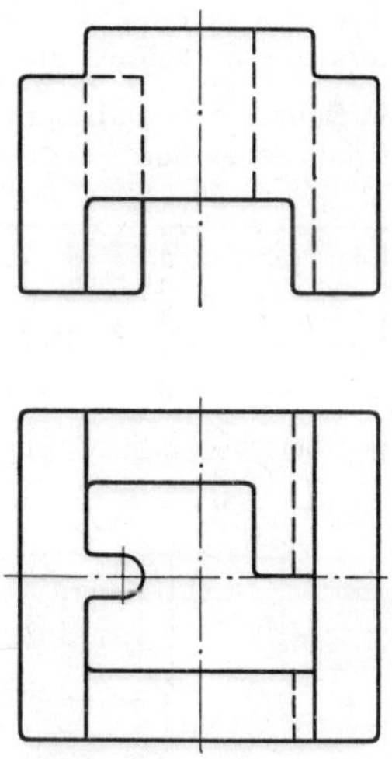

53.3 Sockel

4. Zeichne das Seitenlager (53.4) und den Untersatz (53.5) in je drei Ansichten, die Seitenansichten im Schnitt, und trage die Maße ein. Löcher und Nut in Bild 53.5 sind durchgehend.

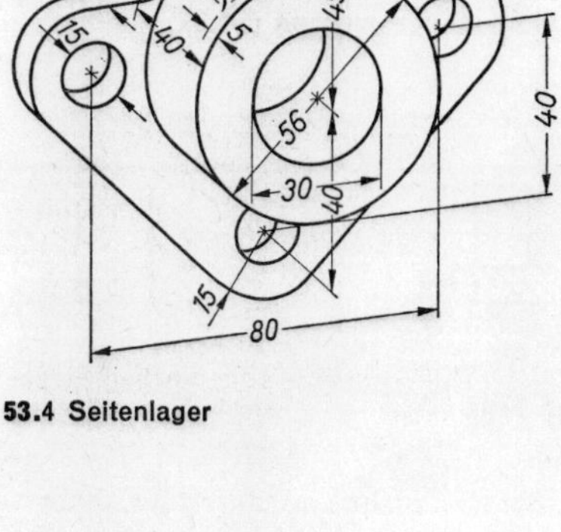


53.4 Seitenlager

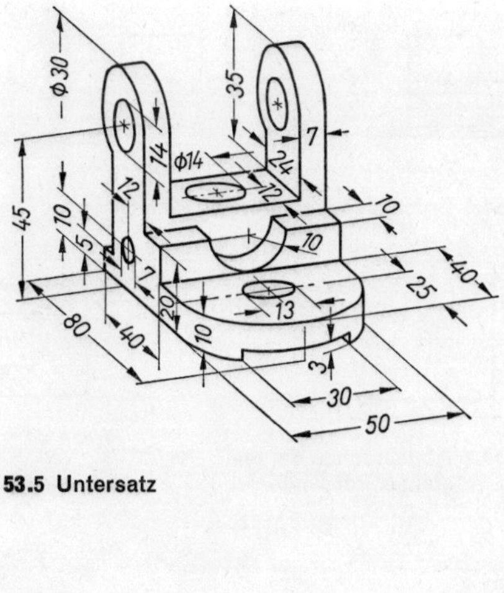


53.5 Untersatz

## 5.2 Bruchdarstellungen (DIN 6)

Gleichförmig schlanke Werkstücke werden abgebrochen dargestellt und Bruchstellen durch Bruchlinien gekennzeichnet. Bruchlinien für Metalle, Steine, Isolierstoffe usw. sind freihändig, nicht übertrieben unregelmäßig in Breite der Maßlinien (s. S. 57) zu ziehen. Der Bruch prismatischer (**54**.1), keilförmiger (**54**.2) und pyramidischer Werkstücke (**54**.3) wird durch einfache Freihandlinien angegeben, an runden Teilen sind Bruchlinien gewöhnlich Freihandlinien in Schleifenform (**54**.4). Ist die runde Form aber durch ein Durchmesserzeichen (**54**.5) oder aus einer weiteren Ansicht erkennbar, genügt eine einfache Freihandlinie. Die Neigung keilförmiger Werkstücke bleibt in Bruchdarstellungen unverändert (**54**.2).

In Bauzeichnungen und in Zeichnungen des Stahl- und des Leichtmetallbaues werden die Bruchstellen durch schmale Strichpunktlinien (s. S. 58) kenntlich gemacht (**64**.2 u. **208**.1).

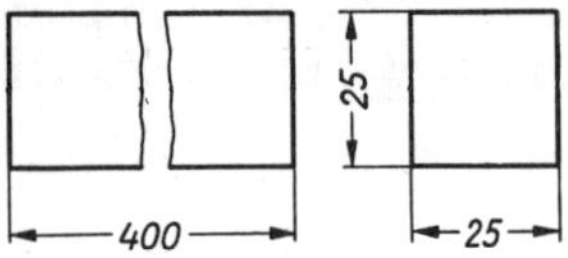


**54**.1 Stange

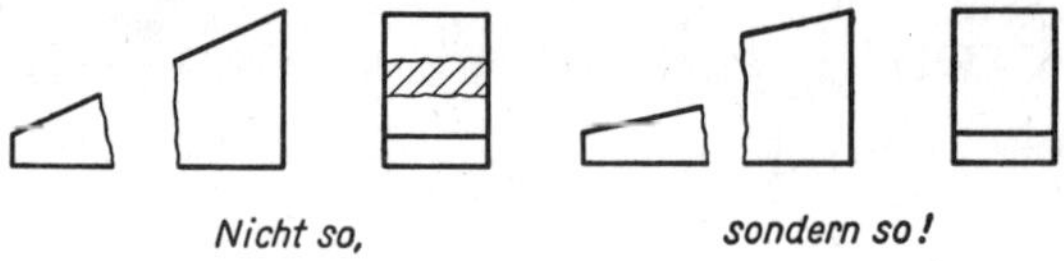


**54**.2 Keil

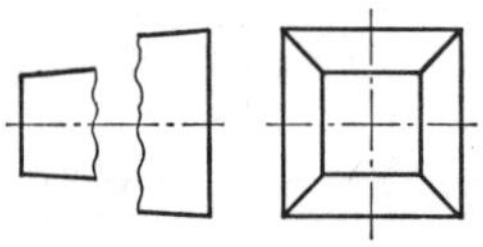

**54**.3 Pyramidisches Werkstück

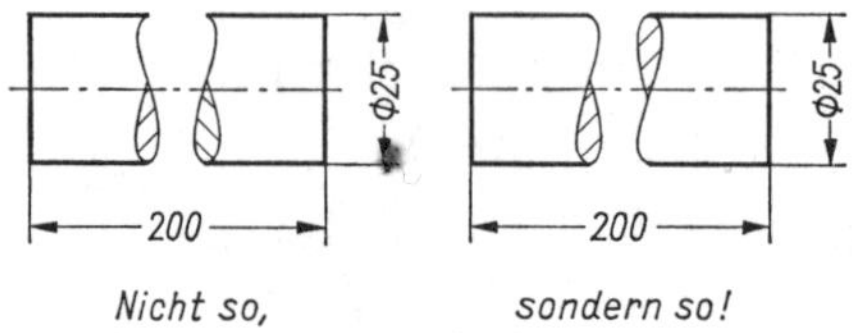


**54**.4 Stange runden Querschnitts

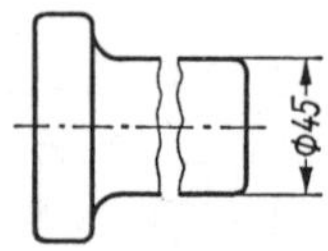


**54**.5 Einfache Bruchlinie

**Die Bruchflächen runder Teile liegen auf entgegengesetzten Seiten der Mittellinie und erhalten gleiche Schraffur (54.4). Schleifenlinien in zwei Ansichten stehen auf verschiedenen Seiten der Mittellinien (54.6). Die in der Seitenansicht unverdeckte Bruchfläche erhält Schraffur.**

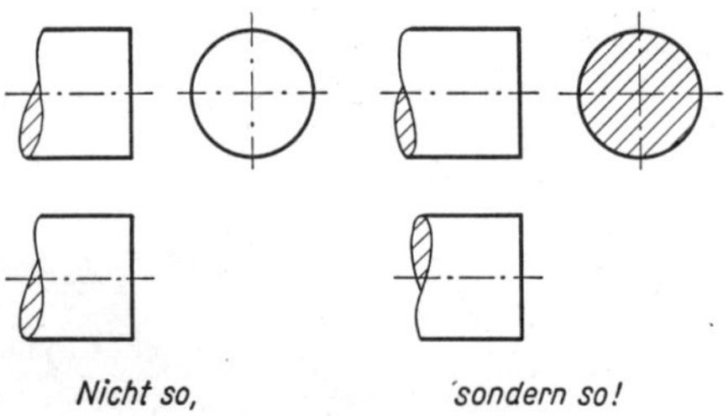


**54**.6 Bruchfläche in mehreren Ansichten

Bei einem hohlen Werkstück mit rundem Querschnitt wird die Bruchfläche gewöhnlich durch zwei ineinander übergehende Schleifenlinien (**54**.7) gekennzeichnet. Ein Ausbruch zur Freilegung eines Hohlraumes muß durch eine Bruchlinie begrenzt werden (**54**.8), die aber mit einer benachbarten Körperkante nicht zusammenfallen soll. An unvollständig dargestellten Schnittflächen können Bruchlinien fortgelassen werden (**54**.9).

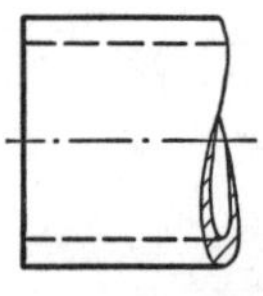

**54**.7 Abgebrochen dargestelltes Rohrende

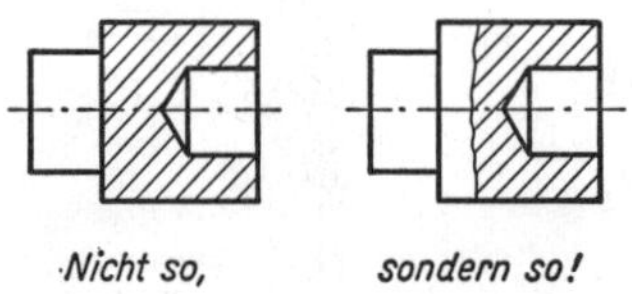


**54**.8 Ausbruch eines hohlen Teils

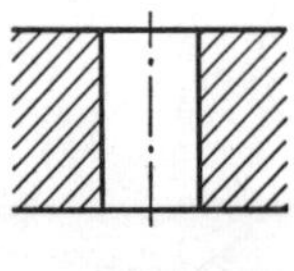

**54**.9 Abgebrochen dargestellte Schnittfläche

**Verläuft aber ein Bruch sowohl durch eine schraffierte als auch durch eine unschraffierte Fläche, dann ist eine beiden gemeinsame Bruchlinie erforderlich (55.1). Der Bruch zusammengehörig gezeichneter Teile wird nach Bild 55.2 dargestellt. Holz kann eine freihändig gezogene Zickzacklinie in Maßlinienbreite erhalten (55.3).**

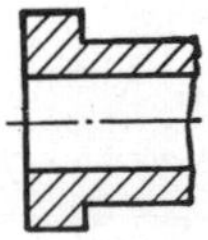

**55.1** Bruchbegrenzung

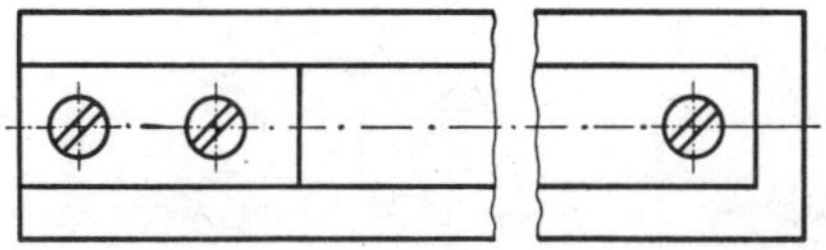

**55.2** Bruch an zusammengesetzten Werkstücken

**55.3** Bruchdarstellung für Holz (DIN 919)

## Übungen

1. Zeichne das Spindellager (55.4), die Kupplungsklaue (55.5) und den Schauglashalter (55.6) wie abgebildet, außerdem die Seitenansichten im Schnitt und trage die Maße ein. Fehlende Maße sind selbst zu wählen. Die Teile sind im Maßstab 1:2,5 dargestellt.

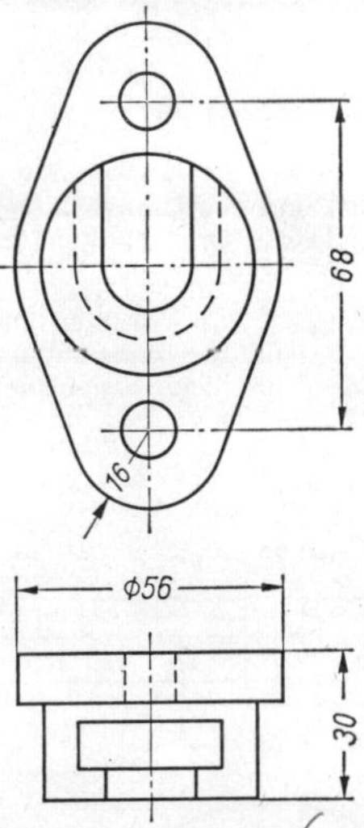


**55.4** Spindellager

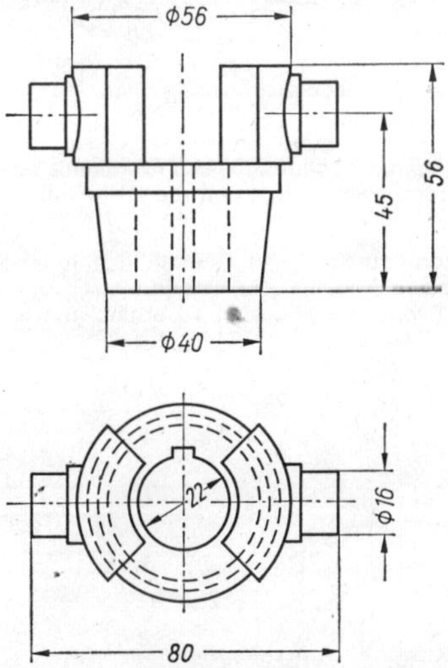


**55.5** Kupplungsklaue

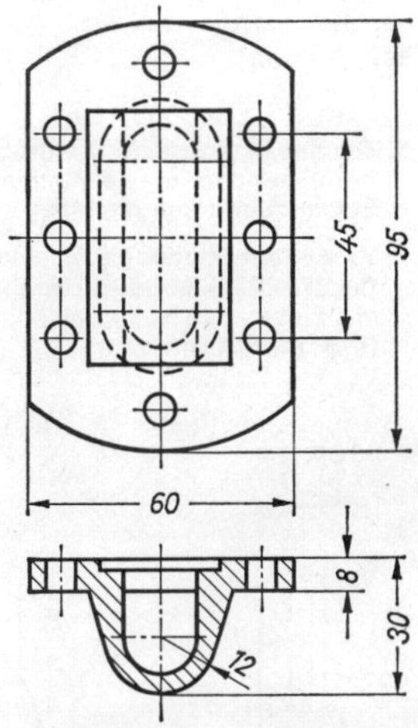


**55.6** Schauglashalter

2. Zeichne den Untersatz (55.7) in Vorderansicht (Schnitt), Draufsicht und Seitenansicht und trage die Maße ein.
3. Der Führungssockel (55.8) ist in drei Ansichten (Vorderansicht, Seitenansicht und im Schnitt) zu zeichnen und zu bemaßen.

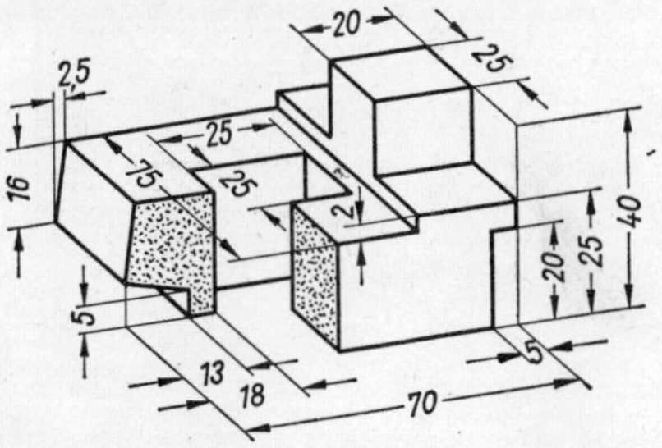


**55.7** Untersatz

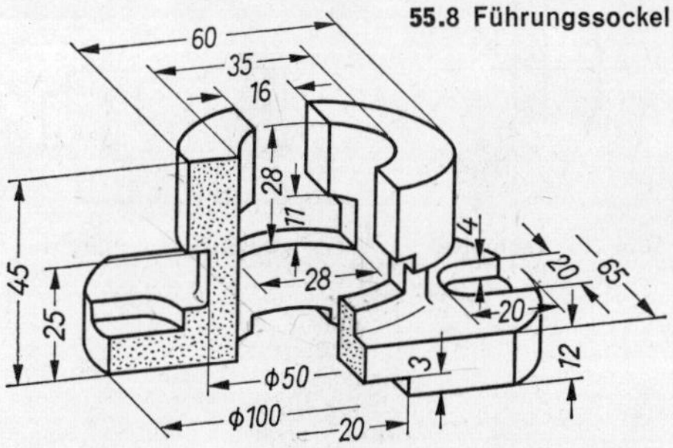


**55.8** Führungssockel

4. Zeichne den Stützbock (**56.1**), das Gehäuse (**56.2**) und die Steuerhülse (**56.3**) in je drei Ansichten bzw. Schnitten und trage die Maße ein. Die Nuten im Stützbock und das Loch im Gehäuse sind durchgehend.

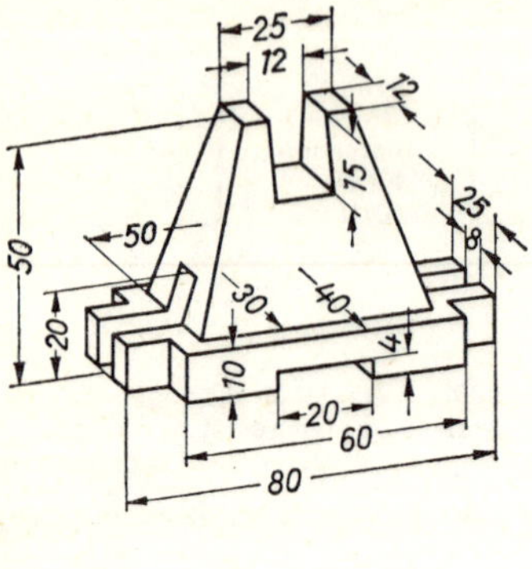


**56.1** Stützbock

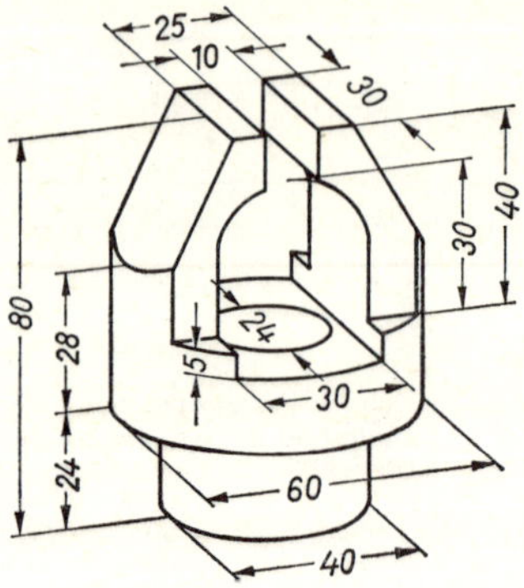


**56.2** Gehäuse

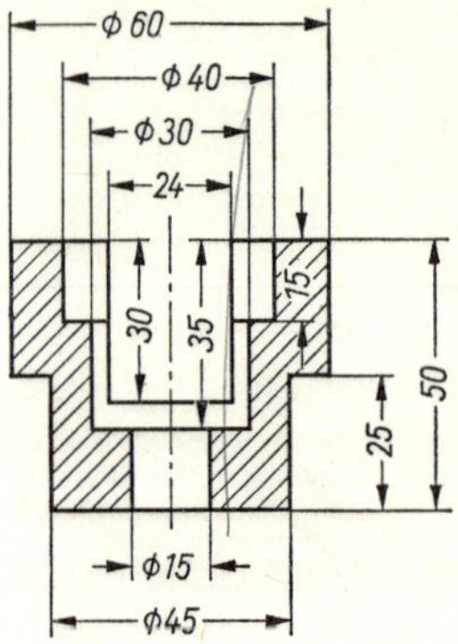


**56.3** Steuerhülse

5. Zeichne in geeigneter Vergrößerung die Abbildungen des Rundschiebers (**56.4**) und des Drehschlittens (**56.5**) bei dem einige Kanten nachzutragen sind, und die Seitenansichten, die des Drehschlittens im Schnitt, und trage die Maße ein.

6. Vom Gegenhalter (**56.6**) sind Vorderansicht und Untersicht dargestellt (s. S. 72). Die Vorderansicht (unteres Bild) ist um 90° im Sinne des Uhrzeigers zu drehen, und dazu sind im Schnitt die Draufsicht und die Seitenansicht zu zeichnen. Fehlende Maße sind zu ergänzen und nicht erforderliche Strichlinien (s. S. 74) fortzulassen.

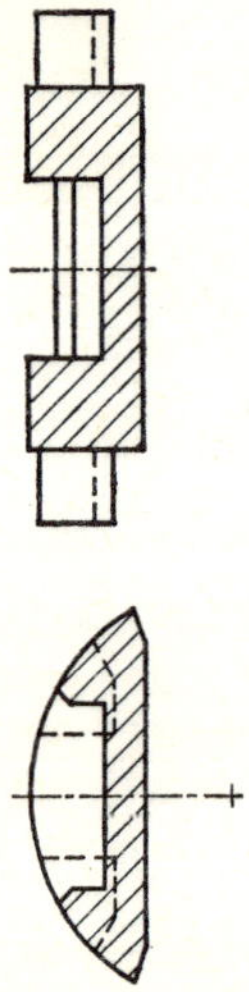

**56.4** Rundschieber

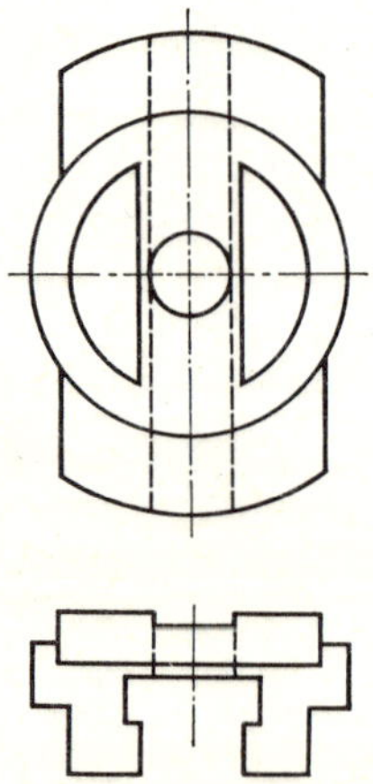

**56.5** Drehschlitten

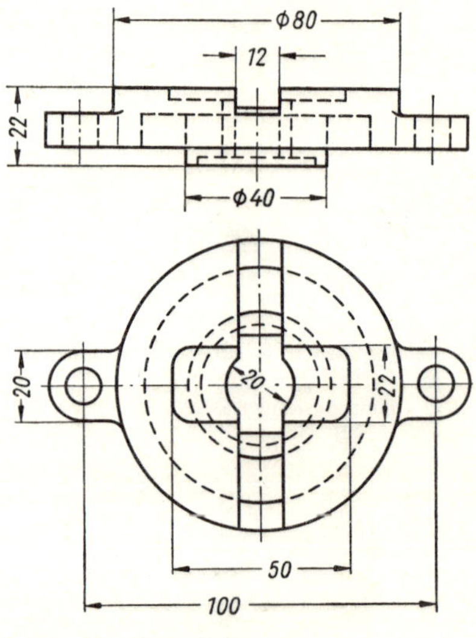


**56.6** Gegenhalter

# 6 Weitere Zeichenregeln

## 6.1 Liniengruppen und Linienarten (DIN 15)

In der folgenden Übersicht sind die bereits erwähnten Beispiele über die Verwendung der Linien zusammengefaßt und durch weitere Angaben ergänzt. Es gibt vier Linienarten:

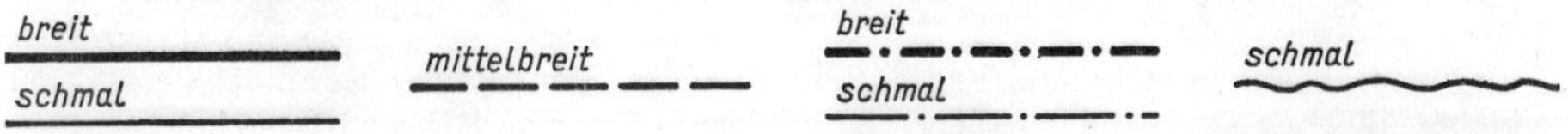


Vollinie | Strichlinie | Strichpunktlinie | Freihandlinie

Die Linien sind verschieden breit, zu Liniengruppen zusammengestellt und darin mit den Buchstaben a bis f bezeichnet. Zu den bisher üblichen Liniengruppen, die als Reihe 2 benannt werden (Taf. **57**.1), ist die zu bevorzugende Reihe 1 hinzugekommen (Taf. **57**.2). Die Abstufung der Linienbreiten in der Reihe 1, auch die der Reihe 1 der Normschrift (s. S. 18), unterliegt dem Stufensprung $\sqrt{2}$; d. h., die nächste Linie ist rund 1,4 mal so breit wie die vorherige.

Tafel **57**.1 Liniengruppen und Linienbreiten der Reihe 2

| Linien-gruppen | Linienbreiten in mm für die Anwendungsbeispiele (s. S. 58) *a* und *d* | *c* | *b*, *e* und *f* |
|---|---|---|---|
| 0,3 | 0,3 | 0,1 | 0,2 |
| 0,5 | 0,5 | 0,2 | 0,3 |
| 0,8 | 0,8 | 0,3 | 0,4 |
| 1,2 | 1,2 | 0,4 | 0,6 |

Bild **57**.3 veranschaulicht die vorrangig zu verwendenden Liniengruppen.

Tafel **57**.2 Liniengruppen und Linienbreiten der Reihe 1

| Linien-gruppen | Linienbreiten in mm für die Anwendungsbeispiele (s. S. 58) *a* und *d* | *c* | *b*, *e* und *f* |
|---|---|---|---|
| 0,25 | 0,25 | 0,18 | 0,13 |
| 0,35 | 0,35 | 0,25 | 0,18 |
| **0,5** | **0,5** | **0,35** | **0,25** |
| **0,7** | **0,7** | **0,5** | **0,35** |
| 1,0 | 1,0 | 0,7 | 0,5 |
| 1,4 | 1,4 | 1,0 | 0,7 |

Fettgedruckte Größen haben den Vorzug. Weitere Werte sind über den Stufensprung $\sqrt{2}$ zu bilden.

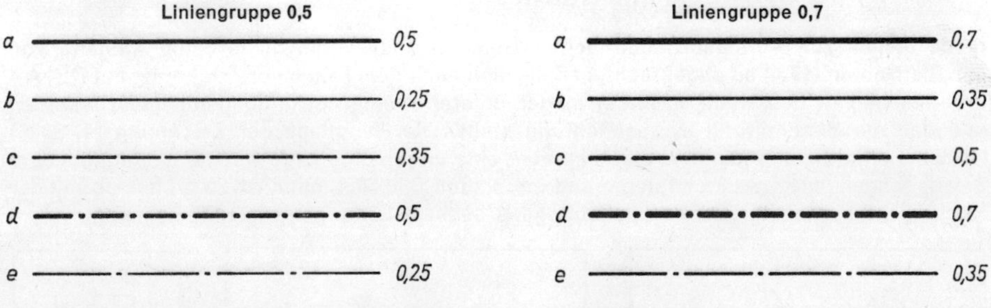


**57**.3 Beispiele für Liniengruppen der Reihe 1

Anzustreben ist die Anwendung der Gruppe mit den breitesten Linien, die nach Größe und Kompliziertheit einer Zeichnung, aber ohne Rücksicht auf den darin angewandten Zeichnungsmaßstab noch möglich ist.

Einfache und größere Darstellungen erfordern also breitere Linien als kleinere und komplizierte. Breite Linien in Tusche trocknen jedoch langsamer als schmale.

Es werden verwendet:

a) breite Vollinien
für sichtbare (unverdeckte) Körperkanten, Umrisse z. B. bei Kugeln, Lageplänen u.a., Schweißnähte und Schweißzeichen (S. 140 u.f.) und Gewindebegrenzung gemäß Empfehlung der ISO (S. 114)

b) schmale Vollinien
für Maß- und Maßhilfslinien (**25**.4), Schraffuren (S. 47 u. 65), Oberflächenkennzeichnung ohne und mit Wortangabe (S. 65 ff.), Gewindelinien nach ISO (S. 114), Gewindebegrenzung in der bisher üblichen Darstellung (S. 114), Bezugslinien (**207**.1), Diagonalkreuze (S. 29), Rändel (S. 123), Umrisse benachbarter Teile (**78**.8), Werkstücke in Vorrichtungszeichnungen (**207**.1), Biegelinien (S. 79), Ausrundungen (**41**.1), Querschnitte, die in die Zeichenebene eingedreht sind (**77**.1) und Umrisse von wahlweisen Ausführungen (**78**.7)

c) Strichlinien
für verdeckte (nicht sichtbare) Kanten und verdeckte Umrisse, für Gewindelinien in der bisher üblichen Darstellung (S. 114), für verdeckte Gewinde (**115**.4 a und b) und, soweit erforderlich, für die Angabe von Fußkreisen bei Zahnrädern, Zahnstangen u.a.

d) breite Strichpunktlinien
mit kürzeren Strichen als unter e) für Schnittlinien zur Angabe von Schnittebenen (S. 49) für begrenzte Oberflächen- und begrenzte Wärmebehandlung (**86**.4 und **71**.3)

e) schmale Strichpunktlinien
für Mittellinien (S. 29), Lochkreise (**48**.6), Teilkreise von Zahnrädern (**151**.3), Werkstoffzugaben auf einer Fertigteilzeichnung (**78**.4) und sinngemäß zur Kennzeichnung des Fertigteils innerhalb einer Rohteilzeichnung, für Teile, die vor dem gezeichneten Schnitt liegen (**78**.6), Grenzstellungen von Hebeln, Griffen, Kolben usw. (**78**.2), gestreckte Längen (**78**.3), zur Umgrenzung herausgezeichneter Einzelheiten (**84**.5), zur Begrenzung abgebrochener (**65**.2) und unterbrochener Darstellungen im Bauwesen, zur Andeutung des Werkzeugs bei der Bemaßung (**78**.5), Andeutung von Ketten (**155**.2), Seilen, Begrenzung des Härteverlaufs (**72**.2), Umgrenzung des Feldes für Firmenschilder an Motoren (**78**.7) u.a.

f) schmale Freihandvollinien
für Bruchlinien bei Metallen, Isolierstoffen, Steinen usw. (S. 54) und Holz (**55**.3) und zur Kennzeichnung von Holz gemäß DIN 201 (S. 65)

## 6.2 Schriftfeld und Stückliste

Beide dienen zur Aufnahme schriftlicher Angaben und werden in je 5 mm Abstand von den Blattkanten (**17**.4) so angebracht, daß sie sich nach dem Falten der Zeichnung auf DIN A 4 und Einlegen in den Hefter (**242**.1 e) in der unteren rechten Ecke obenaufliegend befinden und daß die Beschriftung in Leserichtung steht. Die Hauptlage der Zeichnung (s. S. 26) ist dabei ohne Belang (**58**.1). Ergibt sich aber eine ungünstige Lage der Darstellung auf dem Zeichenbogen, wie etwa im mittleren und im rechten Bild **58**.1, dann ist zu prüfen, ob mit der Hochlage des nächstgrößeren Zeichenbogens bessere Lösungen zustande kommen.

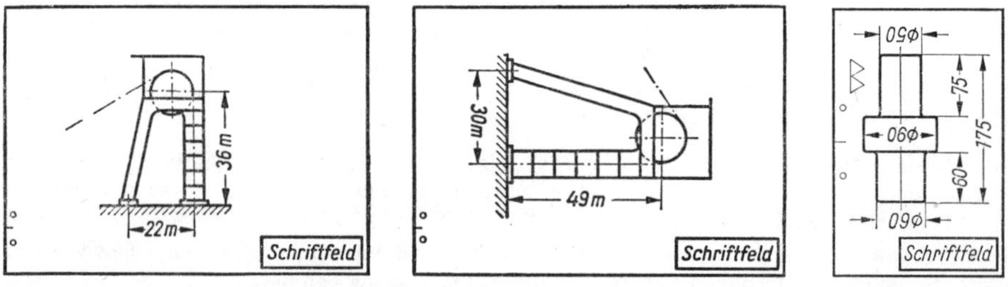


**58**.1 Anordnungen des Schriftfeldes

## Schriftfelder für Zeichnungen nach DIN 6771 Bl. 1

Das Schriftfeld für Zeichnungen besteht aus einem Grundschriftfeld (**59.**1) und Zusatzfeldern, in denen im Bedarfsfalle Eintragungen für Auftraggeber, Auftragsausführende und weitere Benutzer untergebracht werden können (**59.**2 und 3).

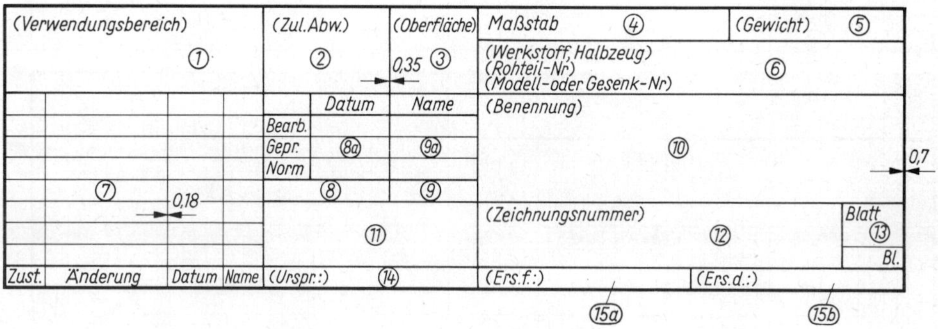


**59.**1 Grundschriftfeld für Zeichnungen (Die in Klammern stehenden Hinweise dienen zur Erläuterung; sie dürfen bei Bedarf in die Vordrucke aufgenommen werden)

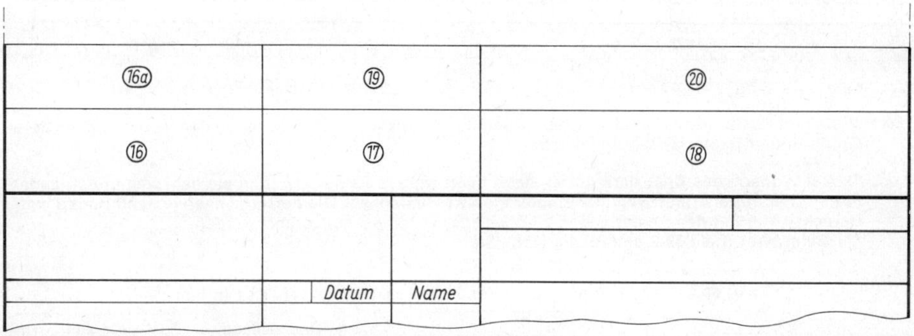


**59.**2 Schriftfeld für Zeichnungen (Grundschriftfeld mit Zusatzfeldern)

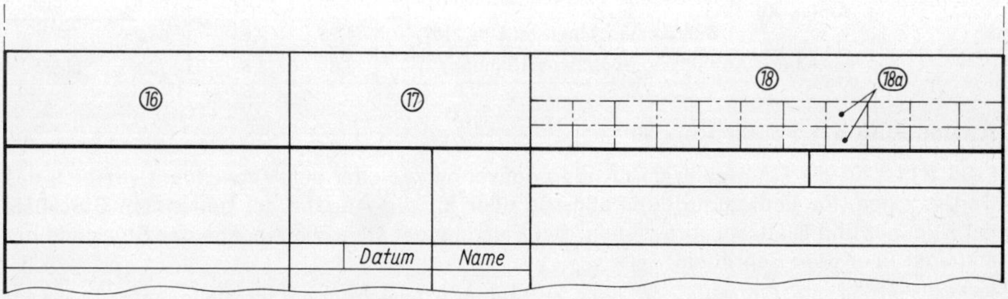


**59.**3 Erweitertes Grundschriftfeld für Zeichnungen mit Angaben des Auftraggebers und der zugehörigen Prüfvermerke

Mit Rücksicht auf die Mikroverfilmung von technischen Unterlagen ist für die Formate A1 und A0 die wahlweise Verwendung größerer Schriftfelder vorgesehen. Die einzelnen Felder des

Schriftfeldes sind so bemessen, daß ein maschinelles Beschriften möglich ist. Die durch die verschiedenen Zeilenhöhen und Schreibschritte der Schreibmaschinen, Schnelldrucker (bei der elektronischen Datenverarbeitung) usw. erforderlichen Abmessungen sind aus Bild **60.1** und Tafel **60.2** zu ersehen.

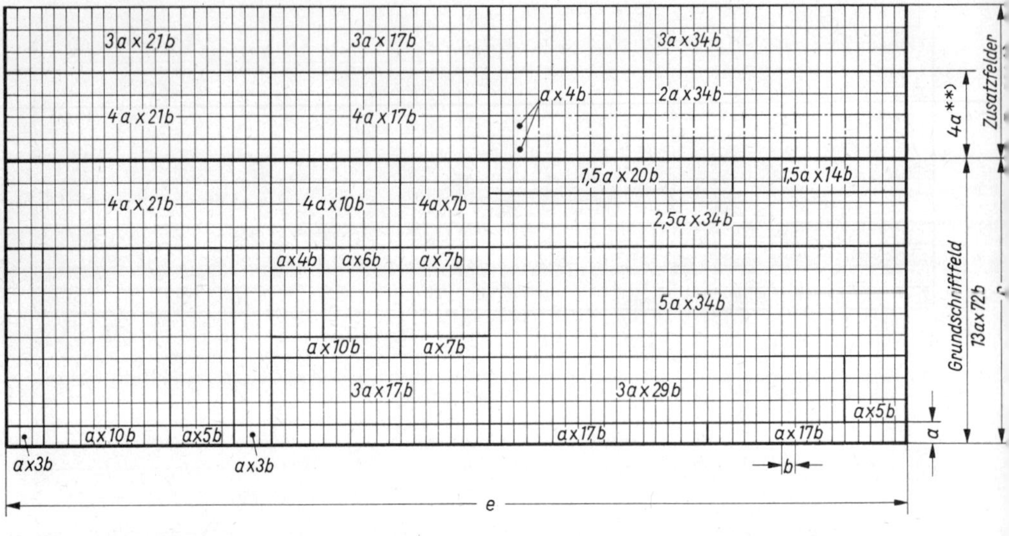


**60.1** Maße und Raster des Grundschriftfeldes und der Zusatzfelder. Die Zahlen in den Feldern geben deren Größe in den Rastermaßen *a* und *b* an

*) Auf Wunsch des Bestellers dürfen nach oben weitere Felder angefügt werden, wenn noch andere Firmen mit zugehöriger Nummer eingetragen werden sollen. Die Felder können je nach Bedarf unter Berücksichtigung des Rastermaßes *a* höher oder niedriger ausgeführt werden.
**) Beim Schriftfeld **59.2** beträgt die Höhe 3*a*.

Tafel **60.2** Rastermaße und Größe der Schriftfelder in mm

| Format | | Rastermaße | | Größe des Schriftfeldes | |
|---|---|---|---|---|---|
| | | *a* | *b* | *c* | *e* |
| A4 bis A0 | für Beschriftung mit Schnelldrucker | 4,23 | 2,54 | 54,99 | 182,88 |
| | Schreibmaschinen (s. DIN 2107) | 4,25 | 2,6 | 55,25 | 187,2 |
| für A1 und A0 zulässig (für Mikroverfilmung) | | 5,6 | 3,6 | 72,8 | 259,2 |

## Anwendung der Felder 1 bis 20

Feld 1[1]) ist für die Eintragung des Änderungsvermerkes oder den Verwendungsbereich des Dargestellten, für Eintragung der Paßmaße oder für die Angabe der getrennten Stückliste mit Nummer und Blattzahl vorgesehen. Bei Platzmangel steht die Angabe der Stückliste unmittelbar über dem Schriftfeld.

Feld 2[1]) erhält die Eintragungen über zulässige Abweichungen für Maße ohne Toleranzangaben, z.B. „zul. Abw. mittel DIN 7168" (s. S. 111 und Bild **211.1**).

Feld 3[1]) dient zur Eintragung der Oberflächenangaben des Dargestellten, z.B. „Oberfl. Reihe 3 DIN 3141".

[1]) Werden die Felder für den vorgesehenen Verwendungszweck nicht benötigt, so ist ihre anderweitige Verwendung freigestellt.

Feld 4 trägt die Eintragung des Zeichnungsmaßstabes (s. S. 21).

Feld 5[1]) ist für die Eintragung des Gewichtes vorgesehen.

Feld 6; hier werden Werkstoff, Halbzeug, Rohteil-, Modell- und Gesenk-Nr. eingetragen.

Feld 7 ist vorgesehen für die Eintragung der Änderungsvermerke. Aus diesen Angaben geht der Änderungszustand der Zeichnung hervor, wenn zusätzlich zur Zeichnungsnummer der „Änderungszustand" angegeben wird. Soll eine Spalte „Norm" hinzugefügt werden, so können die übrigen Spalten etwas kleiner ausgeführt werden. Für eine Änderung dürfen auch mehrere Zeilen benutzt werden. Bei Formaten A3 und größer kann das Feld nach links fortgesetzt werden.

Felder 8 und 9 sind für Sondervermerke des Zeichnungserstellers, z.B. Konstruktions-Abteilung und Sichtvermerke, vorgesehen.

Felder 8a und 9a nehmen die Namen der Ersteller und Prüfer der Zeichnung (Bearb., gepr. und Norm) auf. Die Angaben müssen gut lesbar eingetragen werden.

Feld 10 erhält eine allgemeingültige, möglichst nach der Bauform (z.B. Blattfeder) und nicht nach der Zweckbestimmung (z.B. Andruckfeder) gebildete oder die genormte Bezeichnung des Gegenstandes (s. auch DIN 2330 und DIN 6789).

Feld 11 ist für die Kennzeichnung der Firma oder Behörde, die die Zeichnung erstellt hat, vorgesehen.

Feld 12 dient zur Eintragung der Zeichnungs-Nr. der in Feld 11 vermerkten Firma oder Behörde.

Feld 13 wird für die Eintragung der Blatt-Nr. und die Anzahl der Blätter benutzt, wenn von einer Zeichnungsnummer mehrere Blätter erforderlich sind.

Feld 14[1]) erhält die Nummer der Ursprungszeichnung, wenn die vorliegende Zeichnung aus einer anderen entstanden ist.

Feld 15a[1]); hier wird die Nummer der durch diese Zeichnung ungültig gewordenen Zeichnung eingetragen.

Feld 15b[1]); hier kann die Nummer der Zeichnung eingetragen werden, die die vorliegende Zeichnung ersetzt.

Die Felder 16, 16a, 17, 18, 19 und 20 sind Zusatz- oder Erweiterungsfelder; sie werden im Bedarfsfall wie folgt benutzt:

Die Felder 16 und 16a sind Erweiterungsmöglichkeiten für die Felder 1 und 7, wenn diese für die vorgesehenen Eintragungen nicht ausreichen. Feld 16 kann aber auch für die Eintragungen in Feld 17 und Feld 16a für die Eintragung in Feld 19 mit herangezogen werden.

Feld 17. Hier kann die Firma eines Auftraggebers und gegebenenfalls sein Prüfvermerk eingetragen werden, wenn dieser die Zeichnung mit einer eigenen Nummer versehen will.

Feld 18 nimmt die Zeichnungsnummer des in Feld 17 genannten Auftraggebers auf.

Feld 18a wird nur in besonderen Fällen (z.B. im Schienenfahrzeugbau) benötigt, wenn außer der Angabe des Änderungszustandes auch noch die „Ausgabe" ersichtlich sein soll.

Feld 19 dient zur Eintragung des Kennzeichens einer Nachbaufirma.

Feld 20 ist für die Zeichnungsnummer der in Feld 19 eingetragenen Nachbaufirma vorgesehen.

**Schriftfelder für Pläne und Listen nach DIN 6771 Bl. 1** bestehen, ebenso wie das Schriftfeld für Zeichnungen, aus einem Grundschriftfeld und erforderlichenfalls angefügten Zusatzfeldern (**62.1**).

**Stücklisten nach DIN 6783.** Zeichnungen, auf denen mehrere Einzelteile untergebracht sind, erhalten eine auf das Schriftfeld gesetzte Stückliste (**62.2**).

In der Stückliste werden alle zu einer Baueinheit gehörenden Werkstücke nach Fertigungsgruppen geordnet aufgeführt. Reicht sie zur Unterbringung nicht aus, wird sie auf einem oder mehreren besonderen Bogen mit oben angeordneter Kopfleiste untergebracht. Die Eintragung beginnt bei aufgesetzten Stücklisten in der untersten und bei besonderen Stücklisten in der obersten Spalte. Die Höhe der aufgesetzten Stückliste ist vom Zeilenbedarf abhängig.

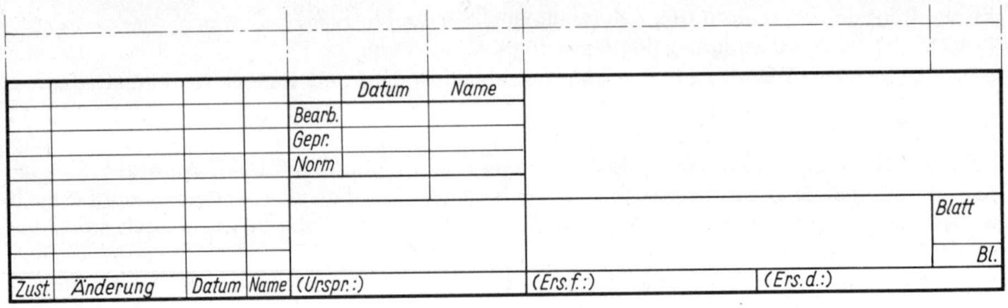


**62.1** Grundschriftfeld für Pläne und Listen (mit Zusatzfeldern)

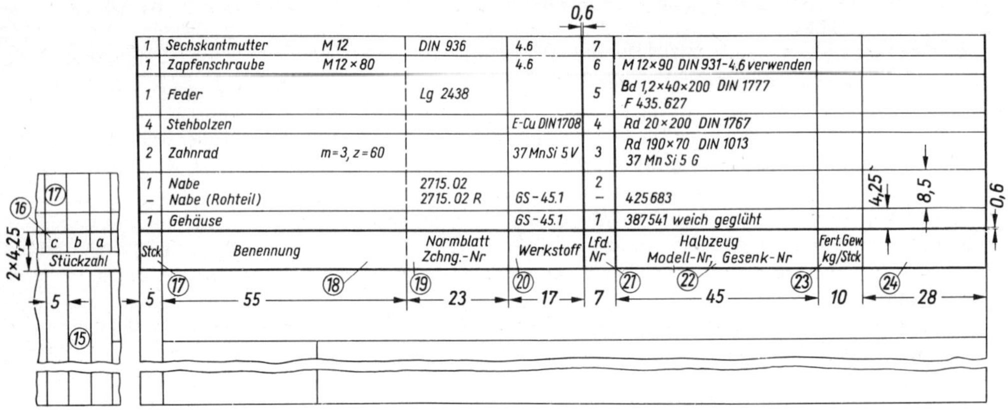


**62.2** Stückliste S 1

Erläuterungen zur Stückliste S 1

**Feld 15.** Die Spalten nehmen Angaben über Bauart (Typ) des Erzeugnisses auf.

**Feld 16** ist für die Kennzeichnung der Stückzahlspalten mit Buchstaben oder Zahlen vorgesehen.

**Feld 17** trägt die Stückzahlen für jedes Teil einer Einheit.

**Feld 18.** Die Benennungen werden sinngemäß wie die für Feld 10 (s. S. 59) gewählt und immer in der Einzahl ausgeschrieben, eventuell mit dahinterstehenden Fertigmaßen. Dazu gehören im Stahlbau die Abmessungen des Halbzeugs, aus dem sich eine Konstruktion zusammensetzt und auf deren Angabe dann im Feld 21 verzichtet wird.

**Feld 19** erhält die Normblattnummern der Normteile, nicht aber die der Werkstoffe und Halbzeuge, und gegebenenfalls darunter die Zeichnungsnummern der gesondert dargestellten Teile.

**Feld 20** nimmt die genormten bzw. die handelsüblichen Werkstoffbezeichnungen auf.

**Feld 21.** Rohteile erhalten keine laufenden Nummern, sofern sie im Anschluß an ihre Fertigteile aufgeführt sind (Lfd. Nr 2).

**Feld 22.** Der Werkstoff wird nur dann eingeschrieben, wenn sich sein Zustand der Anlieferung von dem in Feld 20 angegebenen Funktionszustand unterscheidet (Lfd. Nr 3). Feld 21 nimmt auch Vermerke über Ausgangsteile auf (Lfd. Nr 6). Sind zwei verschiedene Zeichnungsnummern für dasselbe Teil nötig, dann trägt die des Ausstellers Feld 19 und die andere Feld 22 (Lfd. Nr 5).

**Feld 23** ist für die Angabe des Fertiggewichts in kg für 1 Stück vorgesehen.

**Feld 24** kann zugunsten des Heftrandes 5 mm schmaler sein und beliebige Eintragungen erhalten.

**Stücklisten nach DIN 6771** werden auf das Schriftfeld **59.1** oder **62.1** aufgesetzt oder auf einem oder mehreren Bogen DIN A4 untergebracht. Das zweite Verfahren, „lose Stückliste" benannt, hat sich wegen der Datenverarbeitbarkeit von Stücklisten in den letzten Jahren immer mehr durchgesetzt. Die Muster und Erläuterungen sind in DIN 6771 Bl. 2 enthalten.

## 6.3 Zeichnungsvordrucke und Kantenschutz

**Zeichnungsvordrucke** (DIN 6781) ersparen das Aufzeichnen des Schriftfeldes, der Stückliste, der Randlinien und andere zeitraubende Nebenarbeiten und sind für alle Blattgrößen zulässig. Die genormten Formate, Schriftfelder und Stücklisten, die Schrift und die Umrandung geben den Vordrucken ein einheitliches Aussehen.

Der Aufdruck wird meist als Spiegelbild auf der Rückseite des lichtdurchlässigen Zeichenbogens angebracht. Er liegt daher beim Pausen (s. S. 236) unmittelbar auf der lichtempfindlichen Schicht und wird somit auf der Lichtpause in scharfen Umrissen wiedergegeben. Gewöhnlich werden in die Vordrucke auch Firmennamen und andere feststehende Angaben aufgenommen.

Tafel **63.1** Feldeinteilungen (Planquadrate) nach DIN 6781

| Teilung | Blattgrößen | | A0 | A1 | A2 | A3 | A4 |
|---|---|---|---|---|---|---|---|
| Zahl der unter sich gleichen Felder | *a* | waagerecht | 16 | 12 | 8 | 8 | 4 |
| | *b* | senkrecht | 12 | 8 | 6 | 6 | 4 |

Die Vordrucke nach DIN 6781 (**63**.2) haben ein Schriftfeld ohne oder mit aufgesetzter Stückliste und unterschiedliche Feldeinteilungen (**63**.1).

Die waagerechten Teilungen erhalten arabische Zahlen, die senkrechten dagegen Großbuchstaben. Eine bestimmte Stelle der Blattfläche wird mithin durch einen Buchstaben und dahinterstehende Zahl gekennzeichnet, z. B. „D5".

Die Feldeinteilungen nach DIN 6781 werden von rechts nach links mit 1 und von unten nach oben mit A beginnend gekennzeichnet und sind für die einzelnen Blattgrößen in der Tafel **63**.1 zusammengefaßt.

Um Verstößen gegen das Urheberrecht vorzubeugen, kann die Zeichnung mit einem Vermerk (DIN 34) versehen werden, in Kurzform etwa:

„Für diese Zeichnung behalten wir uns alle Rechte vor."

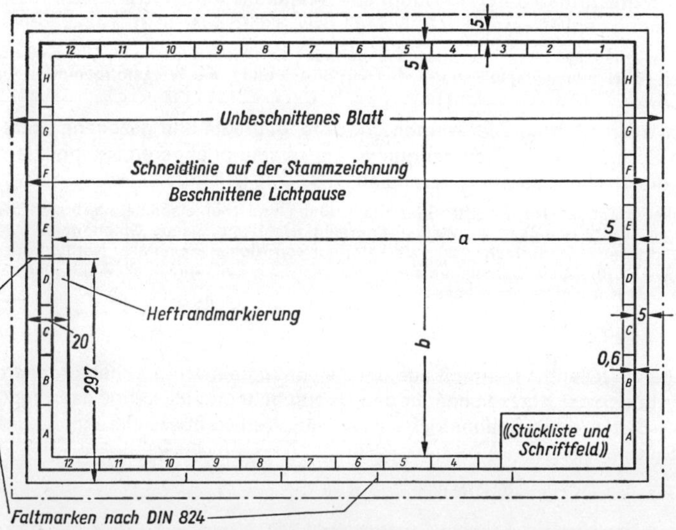


*Blattgröße A2 und größer. Das Bild stellt die Blattgröße A1 dar.*

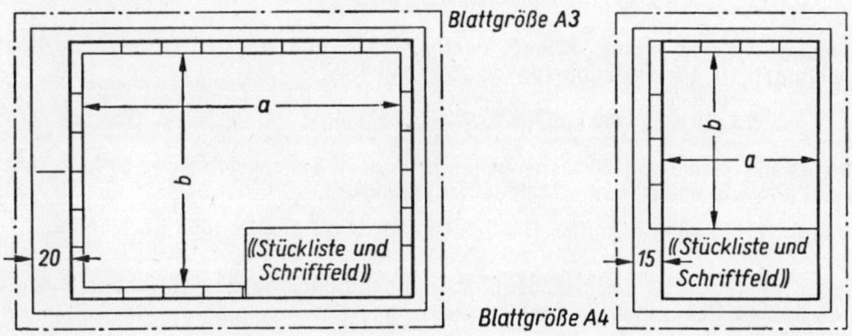


**63**.2 Zeichnungsvordrucke nach DIN 6781

Ein unbeschnittener Zeichnungsvordruck nach DIN 6781 aus Klarpapier 85 g/m² in der Blattgröße A 2 mit Schriftfeld K 2, Stückliste S 1 (**62**.2) und Feldeinteilung wird benannt

Zeichnungsvordruck A 2 K 2 S 1 DIN 6781 Klarpapier 85 g/m²

Auf dem Format DIN A 5 soll ein Schriftfeld mit Stückliste vermieden werden.

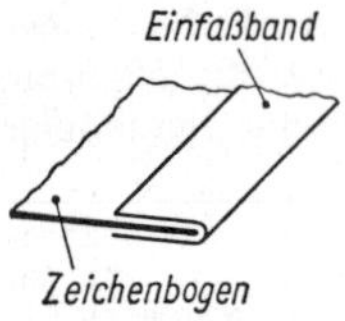


**64**.1 Kantenschutz

**Kantenschutz** gegen Einreißen lichtdurchlässiger Stammzeichnungen (**64**.1) besteht aus gummiertem Papier- oder Gewebestreifen, der geknifft beiderseits der Blattkanten maschinell festgeklebt wird. Häufig wird hierzu auch ein farbloser, durchsichtiger oder ein farbiger Klebestreifen aus Kunststoff verwendet.

Um die Schneidlinie für die Lichtpause durch den Kantenschutz nicht zu verdecken, hält man die Stammzeichnungen an allen vier Bogenseiten größer. Das gilt auch für Zeichnungen ohne Einfassung, weil sonst die Schneidlinie mit der Blattkante zusammenfällt. Bei kleineren Formaten wird auf den Kantenschutz meist verzichtet.

## 6.4 Werkstoffangaben

**Stoffnormen.** Die meisten Werkstoffe sind genormt, aber auch ihre Bezeichnungen. Die Normblätter hierüber enthalten Angaben über Zusammensetzung, Festigkeitseigenschaften, äußere Beschaffenheit, Vorschriften über Prüfung und Abnahme und Kurzzeichen bzw. Nummern zur Kennzeichnung der Werkstoffe, z. B. Al Mg 1 bzw. 3.3515 oder St 37-1 bzw. 1.0120.

Es behandeln im besonderen DIN 17006 die systematische Benennung von Eisen und Stahl, DIN 1700 die Systematik der Kurzzeichen für Nichteisenmetalle und DIN 17007 Bl. 1, 2 und 4 die Werkstoffnummern für beide Werkstoffgruppen.

**Formnormen.** Zur Weiterverarbeitung aber werden gewalzte, gepreßte und gezogene Werkstoffe in verschiedenen Formen und Größen gebraucht. Diese sind in anderen Normblättern niedergelegt, ebenfalls die hierfür gültigen Kurzzeichen, z. B. ⌀ 10 DIN 1013.

Eine Zusammenfassung aller wichtigen Normblätter über Stahl, Eisen und Nichteisenmetalle bieten die vom DNA herausgegebenen Taschenbücher 4 „Werkstoffnormen Stahl und Eisen; Gütenormen", 28 „Werkstoffnormen Stahl und Eisen; Maßnormen", 26 „Werkstoffnormen Nichteisenmetalle; Normen über Schwermetalle" und 27 „Werkstoffnormen Nichteisenmetalle; Normen über Leichtmetalle". Auch hier sei auf die „Einführung in die DIN-Normen" hingewiesen.

### Kennzeichnung

Der Werkstoff für das herzustellende Teil muß aus der Zeichnung einwandfrei hervorgehen. Das geschieht durch Eintragen der Kurzzeichen für den Querschnitt und die Länge des Werkstücks, der Nr des DIN-Blatts, eines Trennstrichs und der Werkstoffbezeichnung in das Schriftfeld oder in die Stückliste, z. B.

⌀ 10 × 30 DIN 668 — 15 S 20 K

Diese Bezeichnung besagt, daß kaltverformter (gezogener) Rundstahl ⌀ 10, 30 lang, nach DIN 668 aus Automatenstahl 15 S 20 mit ≈ 0,15% Kohlenstoff- und ≈ 0,20% Schwefelgehalt nötig ist.

▭ 10 × 4 × 90 DIN 1769 — Al Mg 5 F 25

bedeutet: Gezogene Flachstange 10 breit, 4 dick, 90 lang, nach DIN 1769 aus Al Mg 5 (Aluminium-Knetlegierung mit ≈ 5% Magnesiumgehalt), Mindestzugfestigkeit 25 kp/mm²

2 L 80 × 10 × 60 Lg DIN 1028 — St 37[1])

bedeutet: 2 gleichschenklige Winkelstähle mit 80 Schenkellänge und 10 Schenkeldicke, je 60 lang, nach DIN 1028 aus warmgewalztem Flußstahl mit 37 kp/mm² Mindestzugfestigkeit.

Abkürzungen von Benennungen (für Profile, Stangen, Bleche, Bänder u. a.) s. DIN 1353 Bl. 1 und 2.

---

[1]) Lg kann der Längenangabe hinzugesetzt werden, muß aber erscheinen, wenn nicht schon aus der Größe der Zahl erkennbar ist, daß es sich um eine Länge handelt.

## 6.5 Schraffuren und Farben zur Kennzeichnung der Werkstoffe

Metallische Werkstoffe sind durch die in die Zeichnung eingeschriebenen Werkstoffangaben eindeutig bestimmt und bedürfen im allgemeinen keiner weiteren Kennzeichnung. Sonst stehen nach DIN 201 folgende Schraffuren und Farben zur Verfügung:

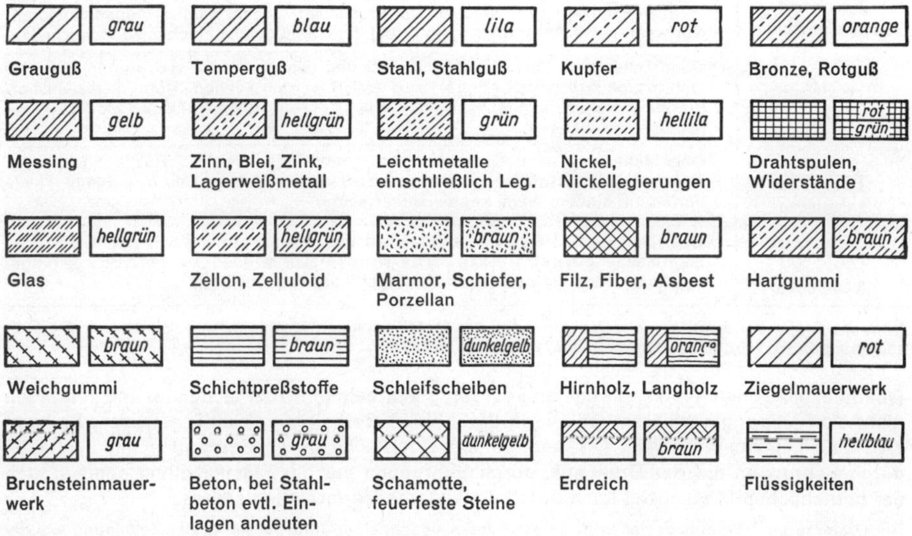


Die Abstände der Schraffurlinien, Punkte, Kreise, Kreuze usw. sind der Größe der zu kennzeichnenden Fläche anzupassen.

Beispiele für Kennzeichnungen der Werkstoffe im Baugewerbe nach DIN 1356 zeigen die Bilder **65.1** bis 3.

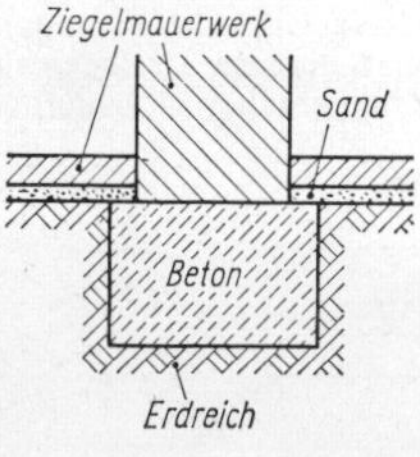


**65.1** Grundmauerwerk

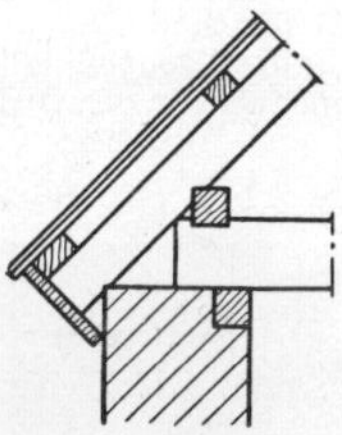

**65.2** Dachtraufe

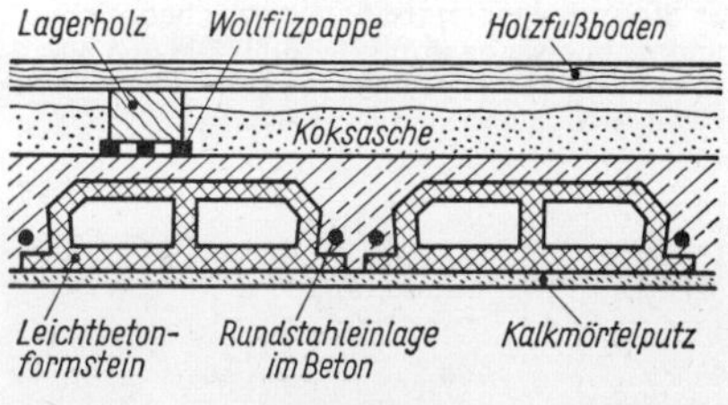


**64.3** Stahlbeton-Rippendecke

### 6.6 Oberflächenangaben

Aus der Zeichnung eines Werkstücks muß auch die Beschaffenheit der Werkstückoberflächen hervorgehen. Hierfür bestehen folgende Möglichkeiten:

#### 6.6.1 Kennzeichnung der Oberflächen nach DIN 140

Oberflächenzeichen dienen zur Kennzeichnung der Oberflächen, die durch spanlose oder spanende Bearbeitung entstehen (Taf. **66.1**).

Tafel **66.**1 Bedeutung der Oberflächenzeichen

| | |
|---|---|
| kein Oberflächenzeichen | Oberflächen, an deren Gleichförmigkeit und Glätte Ansprüche gestellt werden, wie sie durch die üblichen spanlosen Herstellungsverfahren erfüllt werden können (Walzen, Schmieden, Ziehen, Pressen, Brennschneiden, Gießen usw.). |
| Ungefährzeichen | Oberflächen, an deren Gleichförmigkeit und Glätte Ansprüche gestellt werden, wie sie durch sorgfältigere spanlose Herstellungsverfahren erreicht werden können (sauber schmieden, im Gesenk glätten, sauber gießen, sauber brennschneiden). Nur wenn diese Ansprüche nicht erfüllt sind, sind solche Flächen zu überarbeiten. |
| 1 Dreieck | Oberflächen von einer Gleichförmigkeit und Glätte, wie sie z.B. durch ein- oder mehrmalige Schruppbearbeitung erzielt werden können. Vom Werkzeug herrührende Merkmale (Riefen, Rattermarken) dürfen fühlbar und mit bloßem Auge deutlich sichtbar sein. |
| 2 Dreiecke | Oberflächen von einer Gleichförmigkeit und Glätte, wie sie z.B. durch ein- oder mehrmalige Schlichtbearbeitung erzielt werden können. Bearbeitungsmerkmale dürfen mit bloßem Auge noch sichtbar sein. |
| 3 Dreiecke | Oberflächen von einer Gleichförmigkeit und Glätte, wie sie z.B. durch ein- oder mehrmalige Feinschlichtbearbeitung erzielt werden können. Bearbeitungsmerkmale dürfen mit bloßem Auge nicht mehr sichtbar sein. |

Über die Größe der Bearbeitungszugaben sagen die Oberflächenzeichen nichts aus. Sie kann in Rohteilzeichnungen (S. 205), in Werknormen o.a. festgelegt werden.

Oberflächenzeichen geben den Zustand der fertig bearbeiteten Oberflächen an und schreiben nicht die Fertigungsverfahren vor. Deren Wahl bleibt stets dem Betrieb überlassen. So kann z.B. eine mit einem Dreieck gekennzeichnete Oberfläche durch Schruppen mit der Feile, durch Schruppen auf der Drehbank, durch Schruppen auf der Fräsmaschine oder je nach der betrieblichen Möglichkeit auch durch ein anderes Verfahren entstehen.

Die Dreiecke sind Sinnbilder der keilförmigen Werkzeugschneiden und werden in der Zeichnung wie die Werkzeuge bei der Bearbeitung von außen an die Flächen gesetzt. Sie sind gleichseitig, so hoch wie die Maßzahlen und in der Breite der Maßlinien zu zeichnen (**66.**2). Bei Platzmangel werden die Oberflächenzeichen auf eine Hilfslinie gesetzt, die zugleich Maßhilfslinie sein kann (**66.**3).

Mehrere, in einer Ebene liegende Flächen gleicher Oberflächenbeschaffenheit können durch eine Hilfslinie verbunden werden, damit das Oberflächenzeichen nur einmal nötig ist (**66.**4).

Sind Oberflächenzeichen innerhalb einer schraffierten Fläche unterzubringen, so fallen die Schraffurlinien an dieser Stelle fort (**66.**5). Oberflächenzeichen an Strichlinien sind Ausnahmen, werden wie üblich gezogen und nicht etwa gestrichelt (**66.**6). Die den aufsitzenden Spitzen gegenüberliegenden Seiten der Dreiecke an Kreislinien bilden eine gerade Linie (**66.**7). Geringe Unterschiede in den Dreieckshöhen ergeben sich hierbei zwangsläufig und sind ohne Belang.

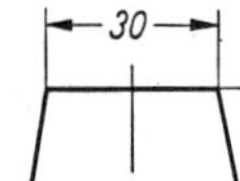


**66.**2 Höhe der Oberflächenzeichen

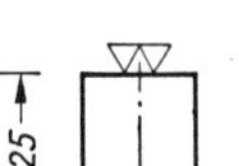

**66.**3 Oberflächenzeichen auf Hilfslinie

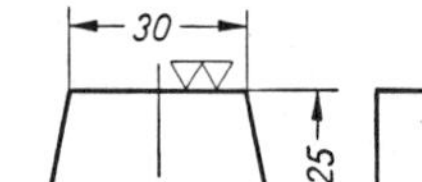

**66.**4 Gemeinsames Oberflächenzeichen

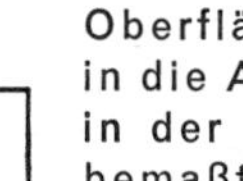

**66.**5 Unterbrochene Schraffur

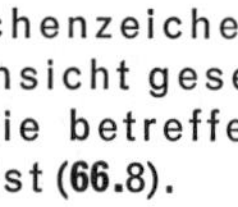

**66.**6 Oberflächenzeichen nicht stricheln

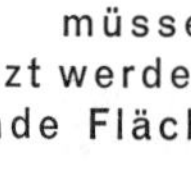

**66.**7 Oberflächenzeichen an Kreislinien

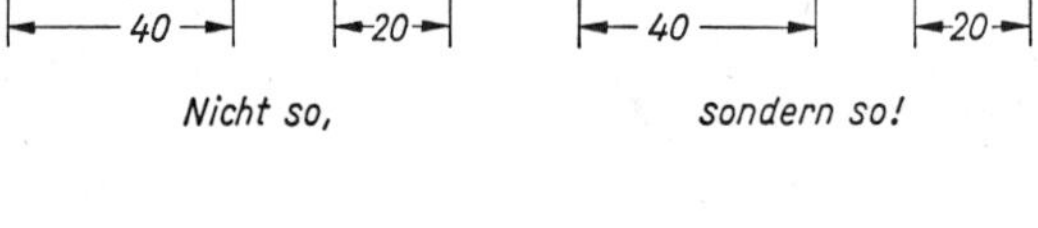


Oberflächenzeichen müssen in die Ansicht gesetzt werden, in der die betreffende Fläche bemaßt ist (**66.**8).

**66.**8 Oberflächenzeichen und Maße gehören zusammen

Jede der in den Hälften symmetrischer Darstellungen gleichliegenden Flächen trägt auch bei gleicher Oberflächenbeschaffenheit ein Oberflächenzeichen (**67.1**).

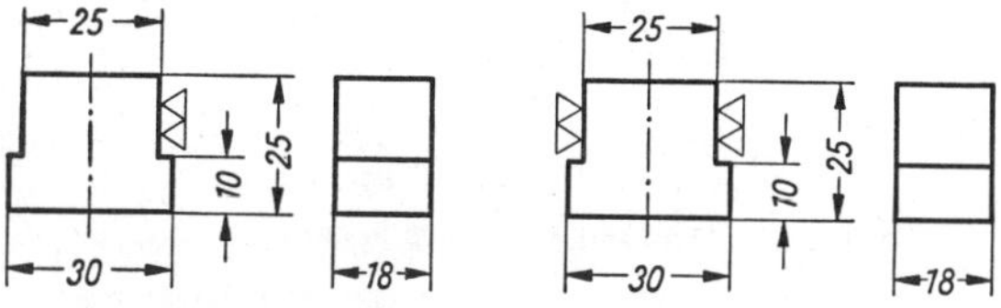


**67.1** Oberflächenzeichen für symmetrisch liegende Flächen gleicher Beschaffenheit

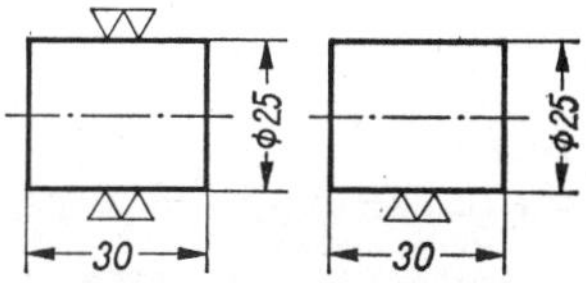


**67.2** Oberflächenzeichen für eine Mantelfläche

An die Mantelfläche eines Drehkörpers wird das Oberflächenzeichen aber nur einmal gesetzt (**67.2**).

Zusammengehörende Paß- und Gleitflächen mit gleicher Oberflächengüte erhalten in Gesamtzeichnungen das Oberflächenzeichen ebenfalls nur einmal (**67.3**).

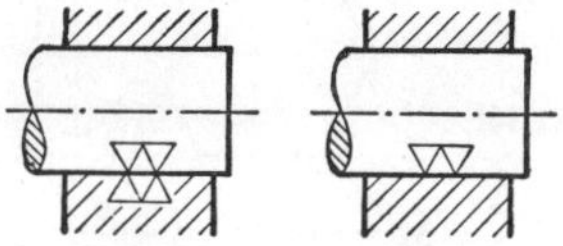


**67.3** Oberflächenzeichen für zusammengesetzt gezeichnete Werkstücke

Bei gleicher Beschaffenheit aller Oberflächen eines Werkstücks ist das Oberflächenzeichen neben das Zeichnungsbild zu setzen (**67.4**). Tritt aber eine gewisse Oberflächenbeschaffenheit überwiegend auf, eine andere dagegen seltener, so wird das Hauptoberflächenzeichen neben die Darstellung gesetzt und das ausnahmsweise vorkommende dahinter in eine Klammer und außerdem an die betreffende Fläche (**67.5**).

Die herausgezogenen Oberflächenzeichen sind etwas größer und stehen mit einer etwa vorhandenen laufenden Nummer auf gleicher Zeile (**211.1**). Bezieht sich eine bestimmte Oberflächenbeschaffenheit nur auf einen Teil einer Oberfläche, so wird der Geltungsbereich des Oberflächenzeichens durch ein Maß festgelegt (**67.6**).

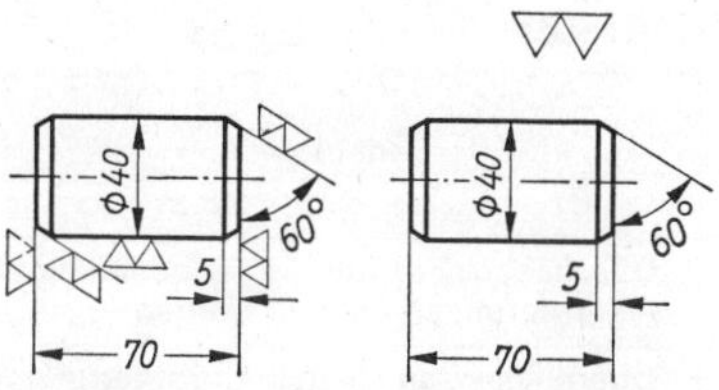


**67.4** Allseitig gleiche Oberflächengüte

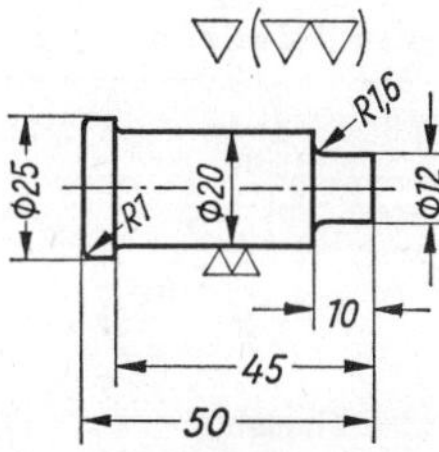


**67.5** Verschiedene Oberflächengüte

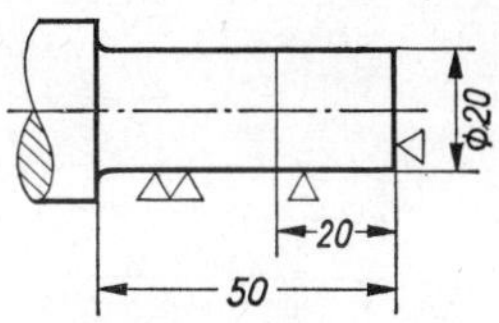


**67.6** Bemaßter Bereich für eine Oberflächengüte

Wortangaben ohne oder in Verbindung mit Oberflächenzeichen dienen zur Kennzeichnung sonderbearbeiteter und sonderbehandelter Oberflächen.

Sonderbearbeitungen sind Schaben, Polieren, Einschleifen, Läppen, Honen u.a. Sonderbehandlungen erfolgen zur Änderung der Werkstoffeigenschaften durch Glühen, Härten usw. und zum Schutze und Verschönern der Oberflächen durch Vernickeln, Verkadmen, Anstreichen, Ätzen usw.

Es wird stets der Zustand der fertigen Oberfläche durch das Mittelwort der Vergangenheit ausgedrückt. Es heißt also beispielsweise „gehärtet" und nicht „härten" (**68.1**). Für Rändel gelten Ausnahmen (s. S. 123).

Die Wortangaben stehen im Hinblick auf die Hauptlage des Zeichenbogens stets in Leserichtung und auf einem Bezugsstrich (**68.2**). Er wird in der Breite der Maßlinien gezogen und mit einem Haken versehen oder an etwa vorhandene Oberflächenzeichen angesetzt.

Sonderbehandlungen und -bearbeitungen, die mit der Herstellung des durch die Wortangabe gewünschten Endzustandes einer Oberfläche zwangsläufig zusammenhängen, werden nicht angegeben, z.B. das Säubern einer Fläche vor und das Abwaschen nach dem Vernickeln. Gehen aber erforderliche Nebenarbeiten nicht ohne weiteres aus der Wortangabe hervor, so sind diese mit aufzunehmen, z.B. „gespachtelt und grau gestrichen".

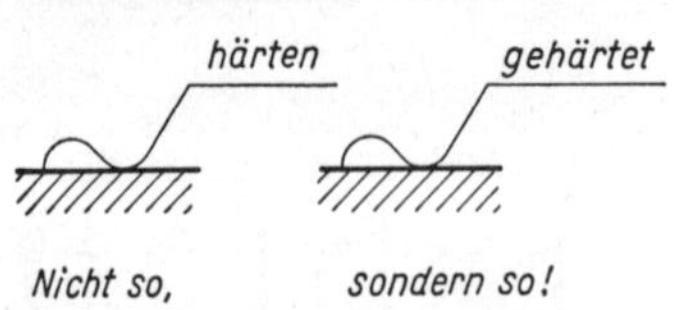


**68.1** Gewählt wird das Mittelwort der Vergangenheit

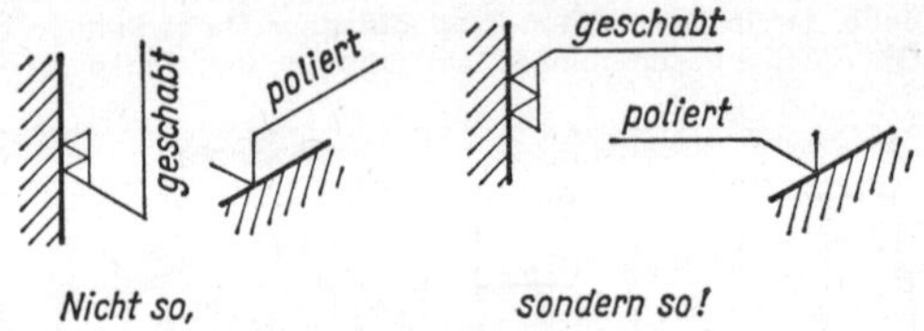


**68.2** Das Kennwort steht stets in der Leserichtung

Bezugshaken mit Wortgaben können auch angewendet werden zur Angabe von Erläuterungen, wie: weich gelötet, verstemmt, mit lfd. Nr 4 auf ⌀1.5 vorgebohrt, mit lfd. Nr 3 versenkt vernietet (**210.1**, lfd. Nr 4), zur Vereinfachung der Oberflächenangabe (**68.3**) usw.

Oberflächenangaben für keramische Werkstücke s. DIN 140 Bl. 7.

Oberflächenangaben für Gewinde, Schrauben und Muttern s. S. 120 und für Zahnräder Bild **151**.3.

Kurzzeichen für galvanische Überzüge s. S. 86.

Oberflächenkennzeichnung für Optikteile s. DIN 3140 Bl. 1 bis 9.

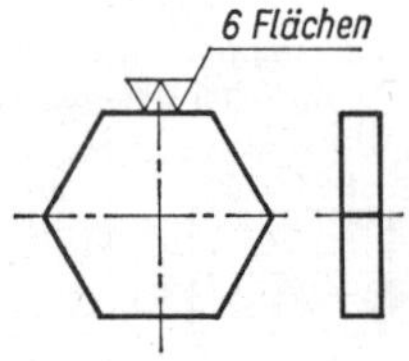


**68.3** Sechs geschlichtete Mantelflächen

## 6.6.2 Kennzeichnung durch Zuordnung von Rauhtiefen (DIN 3141 Vornorm)

Für genauere Fertigung reichen Oberflächenangaben nach DIN 140 nicht aus. Neben einem weiteren Oberflächenzeichen, bestehend aus 4 Dreiecken, sind daher Rauhtiefen, und zwar 4 Reihen, festgelegt und den Oberflächenzeichen zugeordnet worden. Über Rauhtiefe s. S. 69. Sie wird in $\mu$m gemessen; 1 $\mu$m = 1 Mikrometer = 0,000001 m = 0,001 mm.

Tafel **68.4** Oberflächenzeichen und Zuordnung der Rauhtiefen

| Oberflächenzeichen | zulässige größte Rauhtiefe $R_t$ in $\mu$m Reihe 1 | 2 | 3 | 4 | Bedeutung |
|---|---|---|---|---|---|
|  | beliebig | | | | Oberflächen, an die keine bestimmten Anforderungen gestellt werden |
|  | beliebig | | | | Oberflächen, an die nur die Forderungen größerer Gleichmäßigkeit und besseren Aussehens gestellt werden |
| 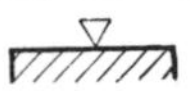 | 160[1]) | 100 | 63 | 25 | Oberflächen mit einer Rauheit, die die größte zulässige Rauhtiefe nicht überschreiten darf |
| 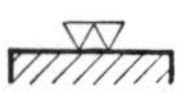 | 40 | 25 | 16 | 10 | |
| 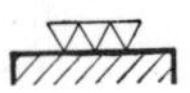 | 16 | 6,3 | 4 | 2,5 | |
| 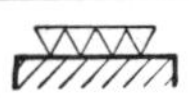 | - | 1 | 1 | 0,4 | 1) In Ausnahmefällen darf die Rauhtiefe bis 250 $\mu$m betragen. |

Sind bei der Fertigung Rauhtiefen einzuhalten, dann muß die jeweils zugrunde gelegte Reihe im Schriftfeld oder darüber angegeben werden, z. B.

Oberflächen Reihe 2 DIN 3141

Rauhtiefen am Werkstück werden meist durch Vergleichen mit besonderen Musteroberflächen, die Oberflächen-Vergleichsmuster genannt werden, geprüft.

### 6.6.3 Kennzeichnung durch Rauheitsmaße (DIN 3142)

Die Oberflächengüte kann durch Rauheitsmaße noch genauer vorgeschrieben werden. Dazu gehören Rauhtiefe, Glättungstiefe, Mittenrauhwert, Profiltraganteil und Flächentraganteil. Diese Begriffe gehen auf Oberflächenprofile zurück, die in Bild **69.1** erklärt werden. Näheres über diese Begriffe s. DIN 4762.

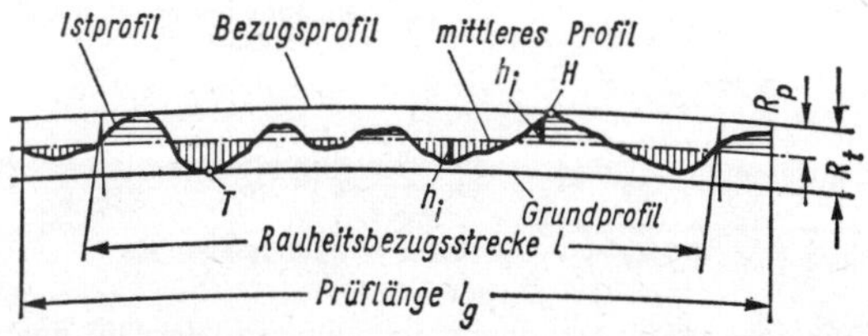


**69.1** Lage der Profile

Istprofil ist die Gestalt der meßtechnisch erfaßbaren Oberfläche. Es hängt vom Meßverfahren ab und entspricht annähernd dem wirklichen Profil.

Bezugsprofil ist eine dem Istprofil angepaßte, gerade oder krumme Linie, die das Istprofil im höchsten Punkte $H$ berührt. Die durch den tiefsten Punkt $T$ laufende Parallele zum Bezugsprofil heißt Grundprofil. Das mittlere Profil liegt parallel und so zwischen Grundprofil und Bezugsprofil, daß die Summe der darüberliegenden Werkstoffflächen gleich der Summe der darunterliegenden ist, wie die waagrechten und senkrechten Schraffuren zeigen.

Rauhtiefe $R_t$ ist der in µm ausgedrückte Abstand des Grundprofils vom Bezugsprofil (**69.1**).

Mittenrauhwert $R_a$ (in µm) ist der mittlere Wert der absoluten Größen der Abstände $h_i$ des Istprofils vom mittleren Profil.

Glättungstiefe $R_p$ (in µm) ist der Abstand des mittleren Profils vom Bezugsprofil.

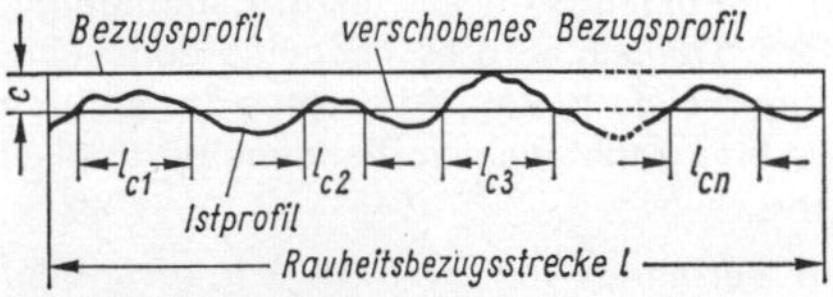


**69.2** Tragende Längen

Tragende Länge $l_t$ (in mm) ist die Summe der durch Verschiebung des Bezugsprofils um den Wert $c$ (in µm) aus dem Istprofil herausgeschnittenen Strecken $l_{c1}$, $l_{c2}$ usw. (**69.2**).

Rauheitsbezugsstrecke $l$ (in mm) ist die Länge des Profilausschnitts, also der Teil der Prüflänge $l_g$ (**69.1**), auf den sich der Profiltraganteil $t_p$ bezieht.

Der Profiltraganteil $t_p$ wird in Prozenten der tragenden Länge $l_t$ zur Rauheitsbezugsstrecke $l$ ausgedrückt.

**Beispiel:** Bei $l_t = 20$ mm und $l = 50$ mm ist der Profiltraganteil $t_p = \frac{100 \cdot l_t}{l} = \frac{100 \cdot 20\ \text{mm}}{50\ \text{mm}} = 40\ \%$.

Der Wert $c$ (in µm) wird hinter das Kennzeichen $t_p$ gesetzt um anzugeben, in welchem Abstand der Profiltraganteil $t_p$ ermittelt wurde, z.B. $t_{p\,0,25} = 40$.

In DIN 4761 sind Benennungen für den Oberflächencharakter und ihre zu den Rauheitsmaßen gehörenden Kurzzeichen bis ins einzelne genormt.

So bedeuten z.B.: A1 muldiger Oberflächencharakter, B1 gerade, parallele Rillen, B9 krumme, unregelmäßige Rillen, P1 gleichmäßig dreieckige Rillen

Eintragung. Die Rauheitswerte, jedoch nur die unbedingt notwendigen, werden jeweils an die mit 1 bis 3 bezeichneten Stellen eines ausreichend großen Bezugshakens gesetzt (**69.3** und **70.1**), und zwar an die Stelle

1 der arithmetische Mittenrauhwert $R_a$ nach DIN 4762, ausnahmsweise mit Maßeinheit

2 das Kurzzeichen für den Oberflächencharakter nach DIN 4761 und, wenn nötig, das Fertigungsverfahren

3 die Rauhtiefe $R_t$, die Glättungstiefe $R_p$, der Mindestwert des Profiltraganteils $t_p$ und der Mindestwert des Flächentraganteils $t_f$ nach DIN 4762

**69.3** Anordnung der Rauheitswerte

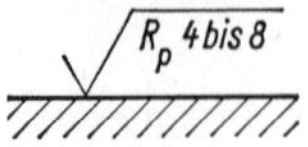


Glättungstiefe $R_p$ zwischen 4 und 8 µm

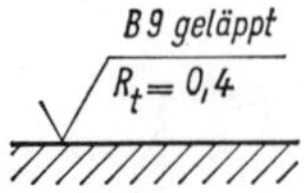


Oberfläche B 9 nach DIN 4761 (krumme, unregelmäßige Rillen), durch Läppen entstanden, mit einer größten zulässigen Rauhtiefe $R_t = 0{,}4$ µm

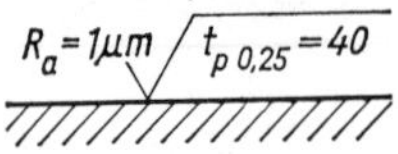


Mittenrauhwert $R_a$ von 1 µm mit einem Profiltraganteil $t_p$ von = 40 % im Abstand $c = 0{,}25$ µm

**70.1** Eintragungsbeispiele

Zahlenwerte für Rauhheitsmaße sind in DIN 4763 gestuft und dort zu entnehmen.

Die in der Zeichnung angegebenen Rauheitsmaße müssen am Werkstück durch Messen nachgeprüft werden.

## 6.7 Härteangaben

Härte ist der Widerstand, den ein Körper dem Eindringen eines anderen Körpers entgegensetzt. Die in gewissen Stahlsorten vorhandene Härte kann je nach dem Verwendungszweck erhöht werden.

Durchhärten ist eine Härtesteigerung bis in das Innere durch plötzliches Abkühlen des glühenden Werkstücks. Meist wird das Werkstück nachfolgend angelassen, d.h. geringfügig wiedererwärmt, um eine übergroße Härte zu mildern. Danach wird es endgültig abgekühlt. Beim Einhärten wird nur die Randschicht in geringer Tiefe härter. Wird diese Zone durch Glühen in kohlenstoffreichen Stoffen aufgekohlt, um eine sonst nicht vorhandene Härtbarkeit zu erzielen, dann handelt es sich um Einsatzhärten.

Zur Prüfung der Härte dienen gewöhnlich die Verfahren von Brinell, Vickers oder Rockwell, und zwar nach festliegenden Vorschriften und mit besonderen Geräten.

Brinellhärte *HB* (DIN 50351)

Eine gehärtete Stahlkugel wird in den Werkstoff gedrückt (**70.2**). Man erhält

$$HB = \frac{\text{Prüflast}}{\text{Oberfläche des Eindrucks}} = \frac{F}{A}$$

Für z.B. $F = 3000$ kp und $A = 20$ mm² ist die **H**ärte nach **B**rinell

$$HB = \frac{F}{A} = \frac{3000\,\text{kp}}{20\,\text{mm}^2} = 150\,\frac{\text{kp}}{\text{mm}^2}$$

Sie wird mit HB 150 bezeichnet.

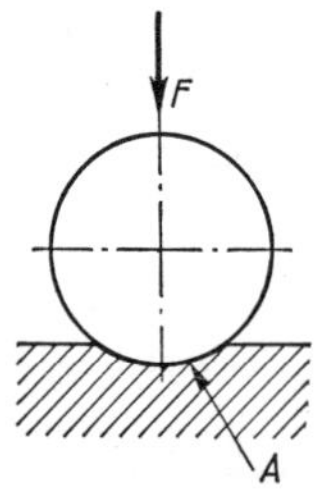


**70.2** Prüfung der Brinellhärte

Vickershärte *HV* (DIN 50133)

Sie eignet sich auch für härtere Werkstoffe. Die Prüflast $F$ wird über eine vierseitige Pyramide aus Diamant mit 136° Spitzenwinkel aufgebracht (**70.3**). Man erhält auch $HV = F/A$. Z.B. bedeutet $HV\,10 = 620 \pm 70$, daß bei $F = 10$ kp Prüflast eine Vickershärte von $690 \cdots 550\ \frac{\text{kp}}{\text{mm}^2}$ gegeben ist.

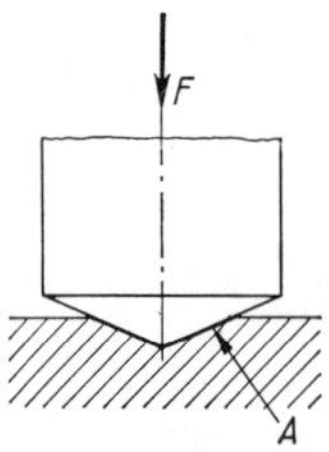


**70.3** Prüfung der Vickershärte

### Rockwellhärte *HRC* und *HRB* (DIN 50103)

Es gibt zwei voneinander unabhängige Verfahren *B* und *C*. Bei *C* wird die Spitze (120°) eines Diamantkegels und bei *B*, für weichere Werkstoffe, eine harte Stahlkugel ($\phi$ 1/16″) zunächst mit Vorlast von je 10 kp eingedrückt. Anschließend werden Zusatzlasten von 140 kp bei *C* bzw. 90 kp bei *B* aufgebracht. Der durch die Zusatzlast hervorgerufene Teil der Eindrucktiefe wird bei *C* von einer 200 μm und bei *B* von einer 260 μm langen Tiefenskala abgezogen (71.1). Die Differenz ist dann durch 2 μm, der Maßeinheit für Rockwellhärten, zu teilen. Dadurch ergibt sich die Anzahl der Härteeinheiten. Sie beträgt z. B. bei 76 μm Eindrucktiefe durch die Zusatzlast 140 kp im Versuch *C*

$$(200\ \mu m - 76\ \mu m) : 2\ \mu m = 62$$

Sie wird mit *HRC* 62 bezeichnet und an der Meßuhr abgelesen.

Für die Kennzeichnung gehärteter Werkstücke aus legiertem und aus unlegiertem Baustahl gilt DIN 6773.

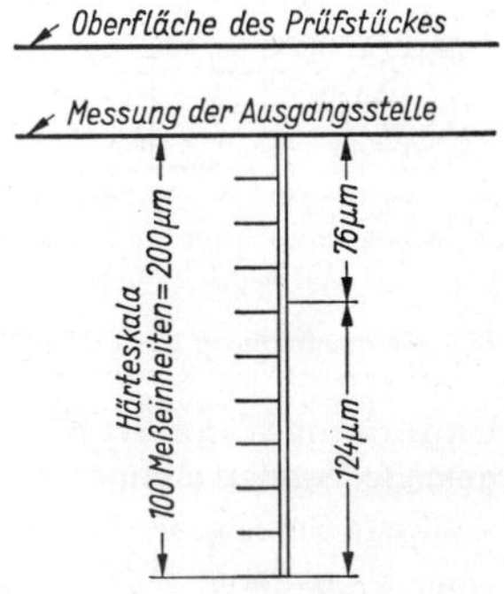

**71.1** Meßskala nach Rockwell *C*

Die Härtungsangaben in den Beispielen sind Mindestangaben, werden unmittelbar neben die Darstellung geschrieben (71.2) gegebenenfalls erweitert und durch andere Härtewerte ersetzt. Die Stelle, an der die Prüfung erfolgen soll, kann näher bezeichnet werden, und zwar durch ein mit breiten Vollinien (s. S. 58) unter 45° gezeichnetes Kreuz und durch einen mit hinweisendem Pfeil versehenen Bezugsstrich sowie, wenn nötig, noch durch Maße.

Teilweise Härtung wird durch breite Strichpunktlinien außerhalb des Bildumrisses festgelegt (71.3). Teile, die unbedingt weich bleiben oder anders gehärtet werden sollen, sind durch Text und Maß zu kennzeichnen. Die Wiederholung der Härtungsangaben an anderen Stellen der Zeichnung unterbleibt.

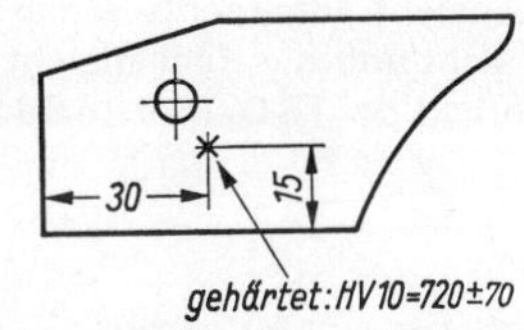

**71.2** Totale Durchhärtung

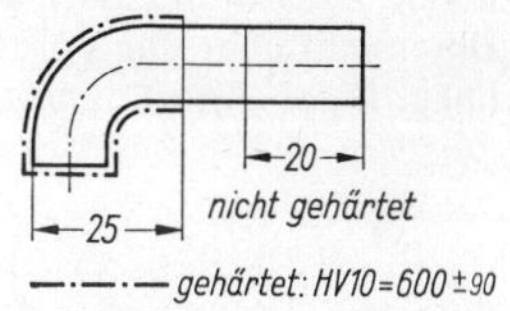

**71.3** Stellenweise Durchhärtung

Kann die Härtungsstelle am Werkstück jedoch nicht oder nicht übersichtlich genug angegeben werden, wird ein Härtungsbild unter Fortfall der Nebensächlichkeiten oder als Umrißbild in verkleinertem Maßstab neben die Darstellung gesetzt und mit Überschrift und den für die Härtung erforderlichen Erläuterungen versehen (71.4).

Sind genaue Begrenzungen eines Härtebereichs und Härtewerte überflüssig, so genügt ein einfacher Härtungsvermerk mit Bezugslinie und Hinweispfeil (71.5).

Für Einhärtung und Einsatzhärtung wird in der Regel die Vickershärte *HV* 10 gewählt.

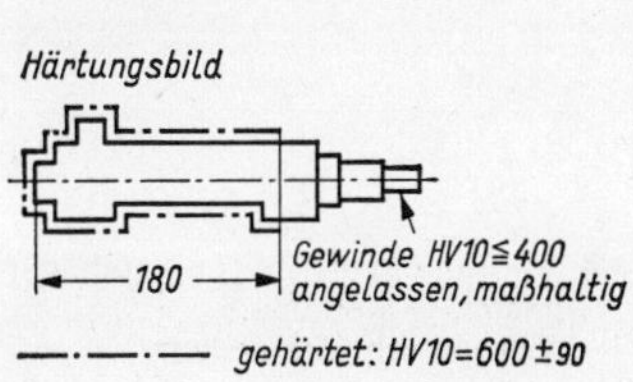

**71.4** Härtungsbild

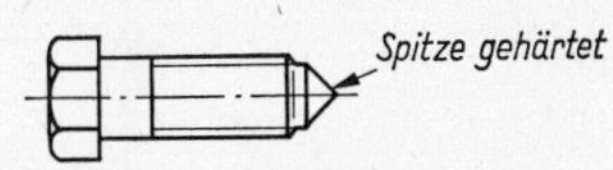

**71.5** Einfache Härteangabe

Die Einhärtungstiefe ist mit *Eht* zu bezeichnen. Ihr Maß einschließlich der Abmaße und der für die Prüfung der Tiefe festgelegte Grenzhärtewert sind einzutragen (72.1).

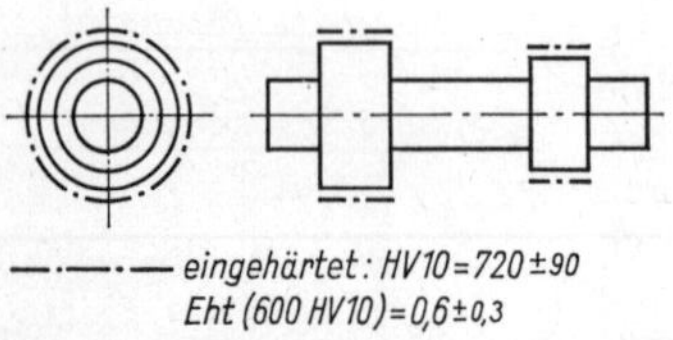


72.1 Kennzeichnung der Einhärtungstiefe

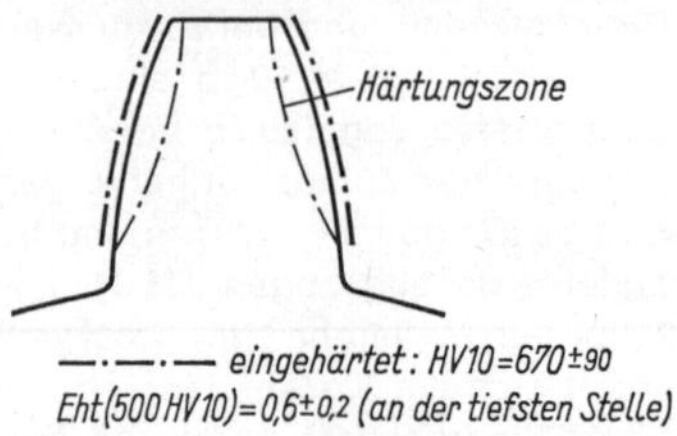


72.2 Ungleichmäßige Einhärtungstiefe

Ungleichmäßige Einhärtungstiefen werden durch schmale Strichpunktlinien und sinngemäße Vermerke angegeben (72.2).

Bedürfen Härtewerte gemäß Anweisung oder Vereinbarung einer besonderen Kontrolle, dann werden sie mit schmaler Vollinie eingefaßt (72.3). Neben das Schriftfeld oder darüber ist dann zu setzen:

Die ⬭ Angaben werden besonders geprüft.

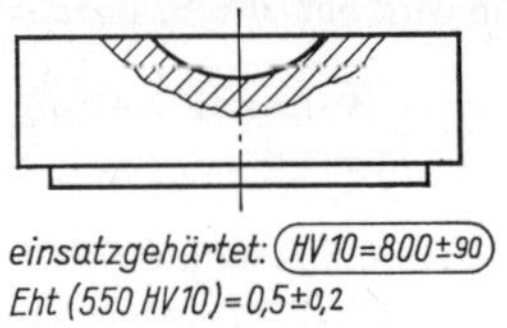


72.3 Allseitige Einsatzhärtung

## 6.8 Besonderheiten der Darstellung und Bemaßung

**Darstellung.** Komplizierte Werkstücke erfordern oft mehr als drei Ansichten (DIN 6). Für deren Anordnung gilt: Die Ansicht von rechts steht links neben der Vorderansicht, die Untersicht über der Vorderansicht und die Rückansicht rechts neben der Seitenansicht von links. Diese Anordnung entspricht der ISO-Methode E (72.4) (s. ISO/R 128).

Es sind soviel und diejenigen Ansichten zu wählen, die zum eindeutigen Festlegen der Werkstücksgestalt notwendig sind, nicht aber mehr.

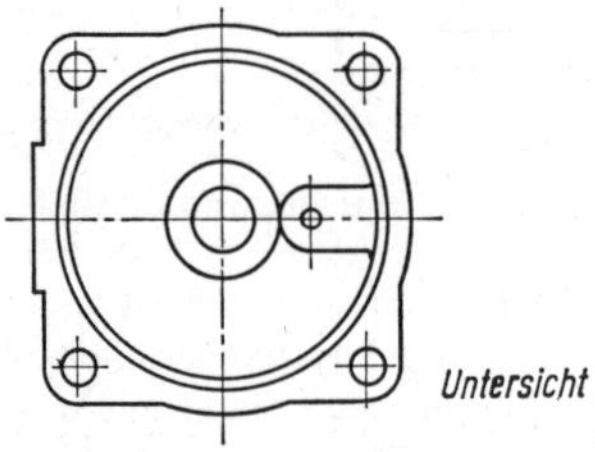


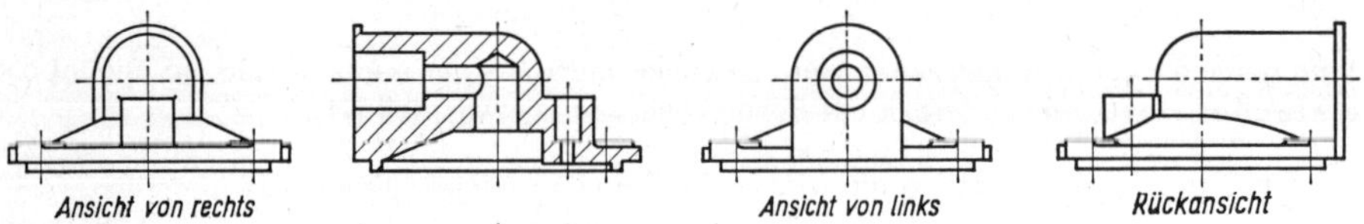


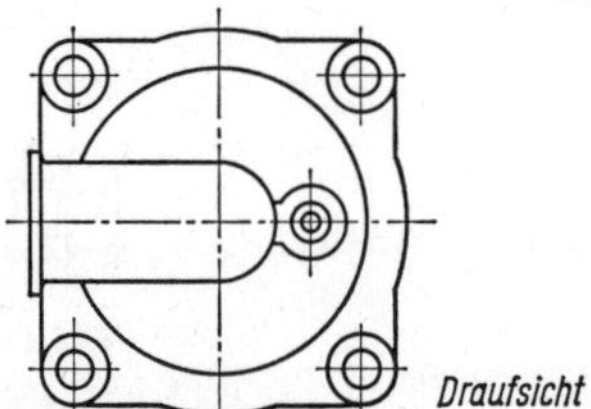


72.4 Anordnung der Zeichnungsbilder nach ISO-Methode E (Europäische Darstellung)

Die andere, die ISO-Methode A, erläutert Bild **73.1**.

Soll das in einer Zeichnung angewandte Darstellungsverfahren erklärt werden, so ist das jeweilige Kennzeichen (**73.2**) in die Nähe des Schriftfeldes zu setzen.

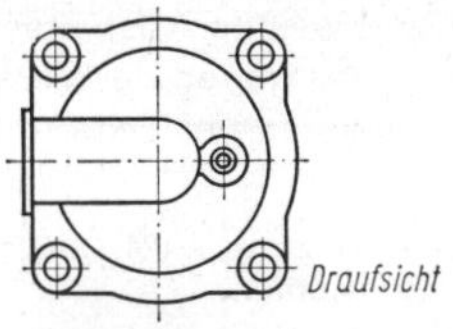


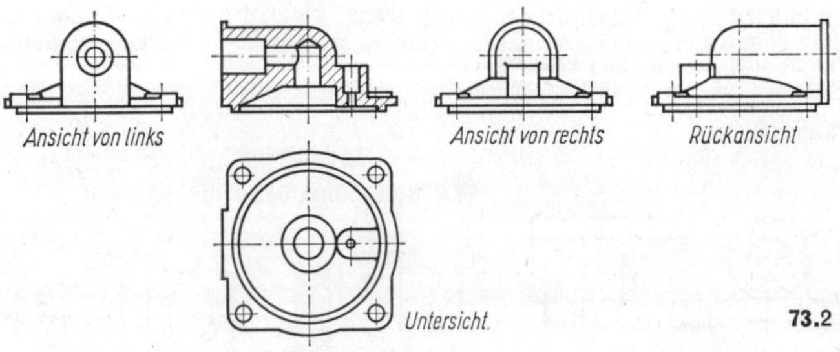


**73.1** Anordnung nach ISO-Methode A (**A**merikanische Darstellung)

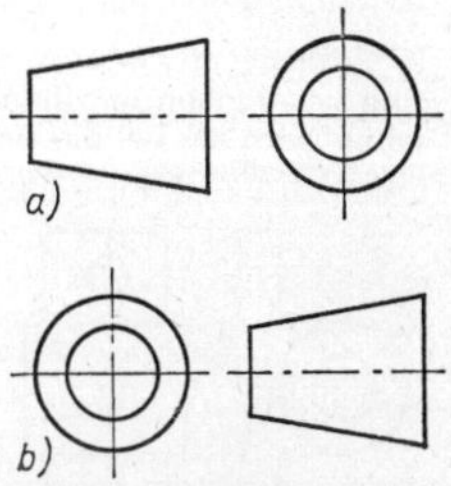


**73.2** Kennzeichen der Darstellung
a) ISO-Methode E
b) ISO-Methode A

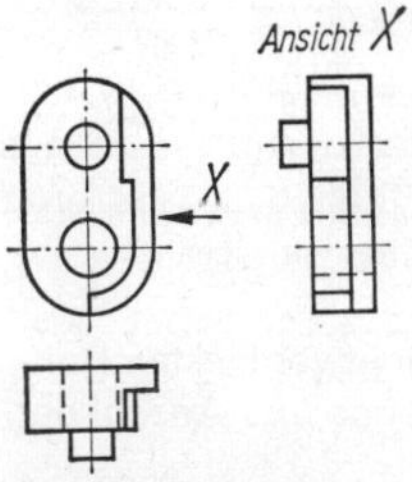


**73.3** Abweichende Anordnung einer Ansicht

Bild **41.1** zeigt einen Kloben in zwei Bildern; das rechte kann als Vorderansicht und das linke als Ansicht von rechts angesehen werden. Auch in **212.1** steht statt der Ansicht von links die Ansicht von rechts.

Bild **73.4** ist ein Beispiel für eine Werkzeichnung mit richtiger und mit fehlerhafter Darstellung.

Von der in Bild **72.4** festgelegten Anordnung darf nur in Ausnahmefällen abgewichen werden, z. B. bei nachträglichem Hinzufügen einer Ansicht, die wegen Platzmangels an eine andere als die übliche Stelle gesetzt wird. Es muß aber dann die B l i c k r i c h t u n g durch einen Pfeil, der die Blickrichtung angibt, und eine Wortangabe ü b e r der Darstellung erläutert werden, z. B. „Ansicht X" (**73.3**).

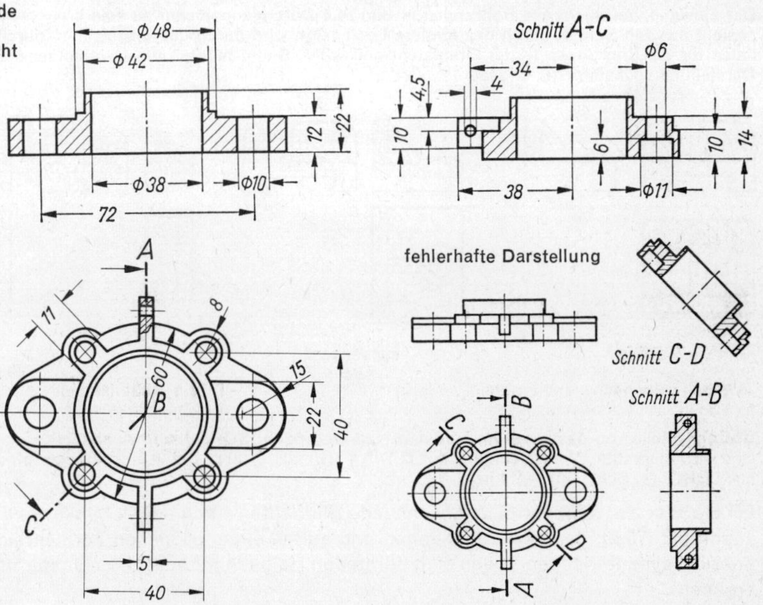


**73.4** Flansch

Wie das Werkstück in der Zeichnung anzuordnen ist und welche Ansichten und Schnitte in Betracht kommen, regeln mehrere Grundsätze, die sich aber wegen der Verschiedenartigkeit der Verwendungszwecke, der Herstellung und des Aussehens der Teile nicht schematisch, sondern nur von Fall zu Fall anwenden lassen:

1. Die Zeichnung soll das Werkstück in der Gebrauchslage zeigen (**74.1**). Stehende Werkstücke dürfen mithin nicht liegend und liegende nicht stehend dargestellt werden.

2. Gewisse Werkstücke werden in der Fertigungslage gezeichnet (**74.2**). So sind Drehteile waagerecht und gewöhnlich mit dem dünnen Ende nach rechts darzustellen. Hat ein Werkstück mehrere Fertigungslagen, wird die bei der Fertigung überwiegende Lage gewählt.

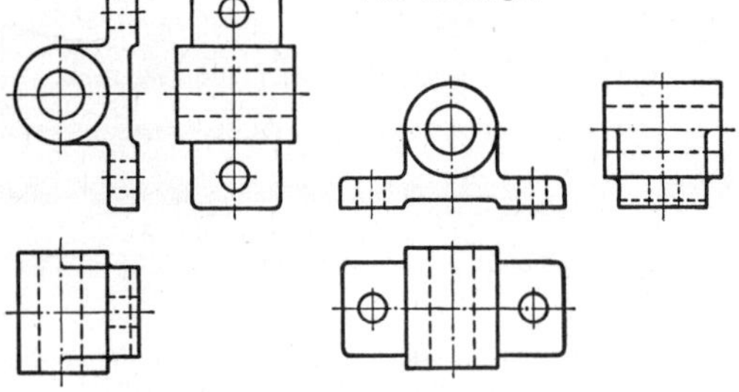

*Nicht so,* *sondern so!*

**74.1** Stehlager

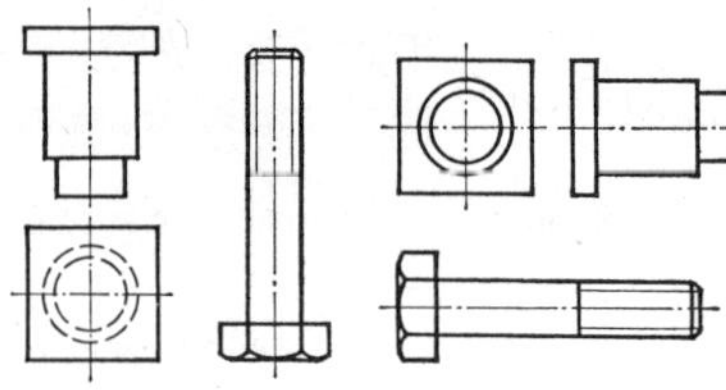

*Nicht so,* *sondern so!*

**74.2** Bolzen und Schraube

3. Die Vorderansicht soll möglichst das Wesentliche der Werkstücksgestalt erkennen lassen, also Hauptansicht sein. Dabei ist das Werkstück so zu legen, daß verdeckte Kanten nicht oder nur in geringem Umfange auftreten (**74.3**).

Überflüssige Strichlinien fallen fort. So werden die in der Draufsicht verdeckten Bohrungen des Spannklobens (**74.4**) nicht eingestrichelt, da Durchmesser, Länge und Anzahl der Löcher in der Vorderansicht und Seitenansicht bereits festliegen.

Der Einwand, daß nicht alle Bohrungen in Bild **74.4** Durchgangslöcher zu sein brauchen, weil die Vorderansicht nur den Schnitt durch das mittlere Loch zeigt, wird durch das Einzeichnen durchgehender Mittellinien für die Bohrungen in der Draufsicht entkräftet. Sonst müßten etwa vorhandene Sacklöcher in der Darstellung vollkommener angedeutet werden.

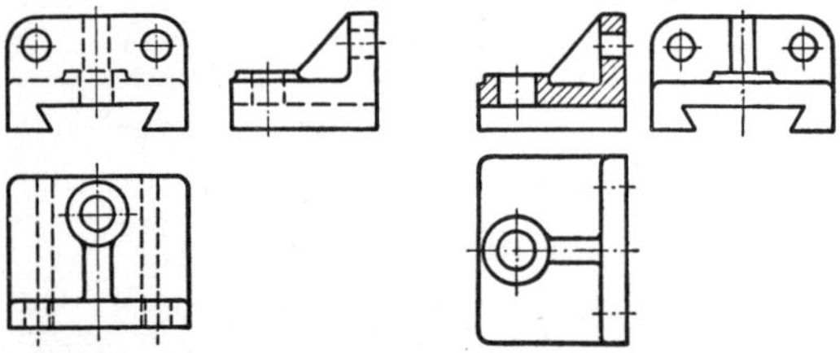

*Nicht so,* *sondern so!*

**74.3** Schwalbenschwanzführung

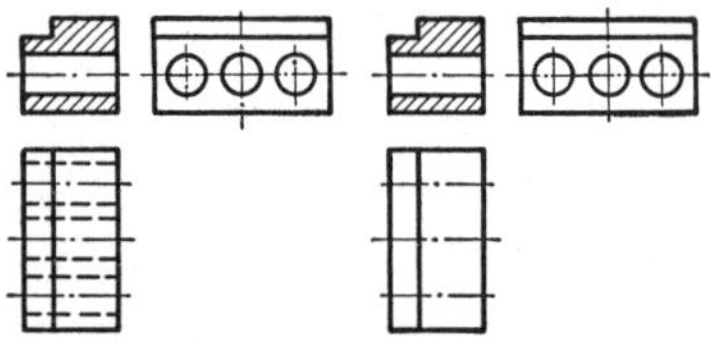

*Nicht so,* *sondern so!*

**74.4** Spannkloben

**Übung:** Stelle von dem etwa im Maßstab 1:2,5 und nach ISO-Methode A abgebildeten Haltebock (**75.1**) eine normgerechte Werkzeichnung auf DIN A4 (Breitlage) her. Die Abmessungen sind auf Normmaße nach DIN 3 (s. S. 81) abzustimmen.

Ein Halbschnitt ist vorteilhaft, wenn jede Bildhälfte verschiedene Merkmale des Werkstücks ausdrückt (**75.2**), das Werkstück innen und außen einen gewissen Formenreichtum aufweist oder bei symmetrischen Teilen sich durch den Halbschnitt merkliche Einsparungen an Arbeit ergeben.

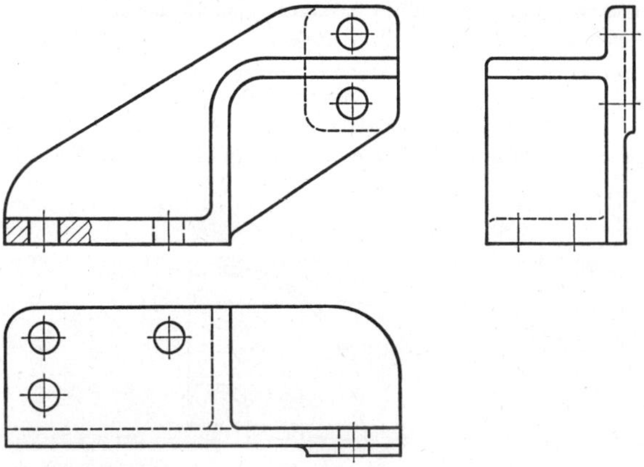

**75.1** Haltebock
(nach ISO-Methode A dargestellt)

Ohne diese Vereinfachung hätten von dem Vergaserkörper (**75.2**) fünf Bilder gezeichnet werden müssen. Statt dessen sind in der Seitenansicht und in der Draufsicht je zwei Bilder zu einem vereinigt worden. Zwischen der geschnittenen und der ungeschnittenen Bildhälfte wird eine besondere Trennlinie nicht gezogen.

**Stehen zwingende Gründe nicht entgegen, dann werden bei waagerechter Mittellinie die untere Hälfte und bei senkrechter Mittellinie die rechte Hälfte geschnitten.**

Bei Platzmangel kann die in der Zeichnung innenliegende Hälfte einer Ansicht oder eines Schnittes, ausgenommen in der Vorderansicht, fortfallen (**75.3**) und die Symmetrieachse durch zwei Paar parallele Striche gekennzeichnet werden.

Eine andere Möglichkeit, Ansichten einzusparen, zeigt Bild **75.4**.

**Damit der Blick in das Innere der Lagerbohrung frei wird, ist die linke Hälfte der Draufsicht ohne Deckel gezeichnet, während ein Teilschnitt (Ausbruch) in der Vorderansicht Schraubenloch, Schmierloch und Schmiernut freilegt.**

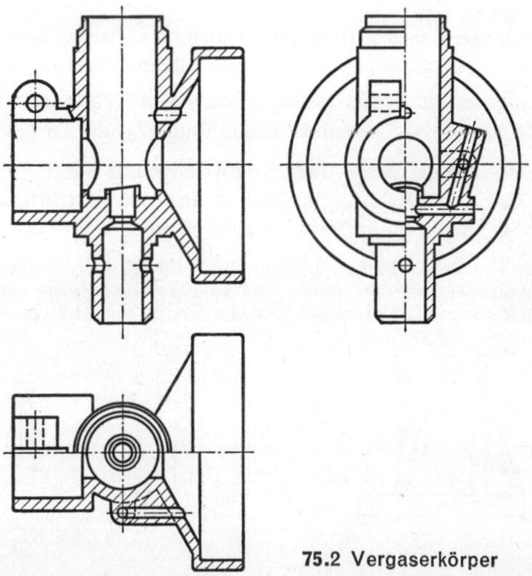

**75.2** Vergaserkörper

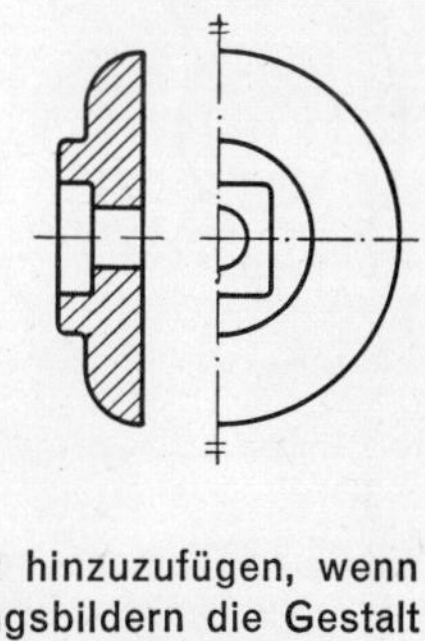

**75.3** Ankerplatte

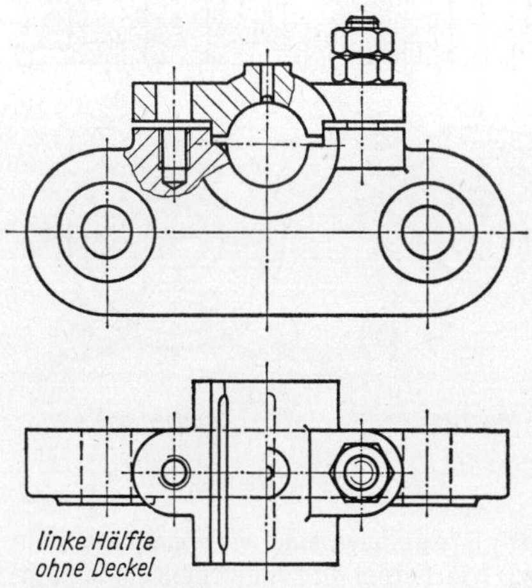


**75.4** Augenlager

T e i l d a r s t e l l u n g e n sind hinzuzufügen, wenn in den üblichen Zeichnungsbildern die Gestalt des Werkstücks nicht ganz erfaßt ist (**76.1**).

Statt der ganzen Seitenansicht braucht nur der Querschnitt des zur Mitte führenden Kanals gezeichnet zu werden. Die Form des Vorsprungs am äußeren Umfange wird als „Ansicht X" im Ausbruch dargestellt.

Für Rohrkrümmer ist nur eine Ansicht nötig. Diese muß aber das Fehlende der Körperform aus anderen Ansichten aufnehmen (**76.2**).

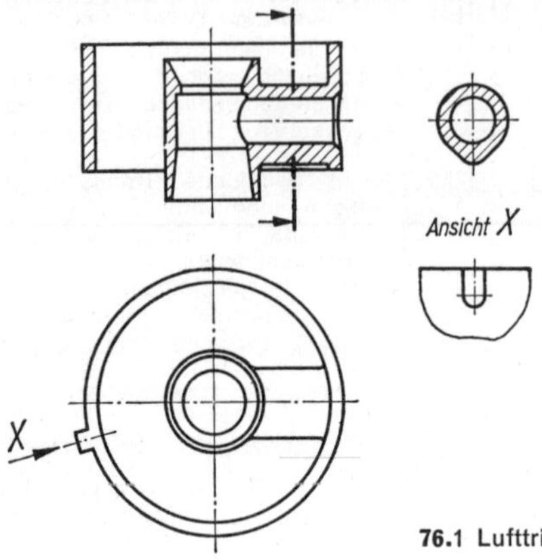


**76.1** Lufttrichter

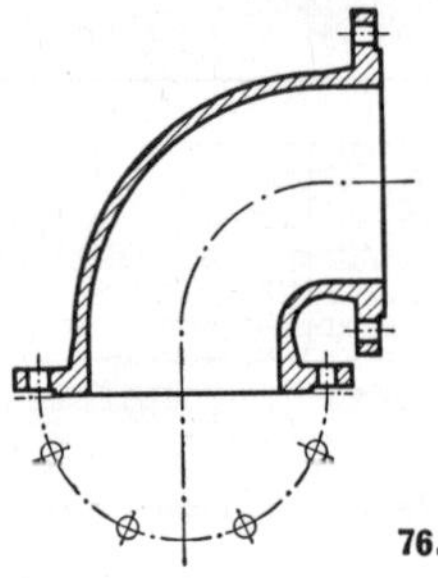

**76.2** Rohrkrümmer

Das geschieht mit Durchmessermaßen. Außerdem werden die Löcher auf einem halben, strichpunktierten Lochkreis mit schmalen Vollinien eingetragen.

Gegenstände aus durchsichtigen Werkstoffen, z.B. Glasgeräte für Laboratorien, werden so dargestellt wie undurchsichtige.

Ungünstige Verkürzungen ergeben sich durch schiefliegende Werkstückoberflächen (**76.3** und **76.4**). Es ist dann besser, die betreffenden Formen des Werkstücks in die Zeichen- oder in die Schnittebene zu drehen.

So sind in Bild **76.3** eine Rippe und in Bild **76.4** ein Steg und eine Befestigungslasche in die Vorderansichten eingedreht worden. Außerdem könnte in der linken Hälfte der Vorderansicht der sichtbare Teil der Befestigungslasche fortgelassen werden, da er nichts Wesentliches besagt.

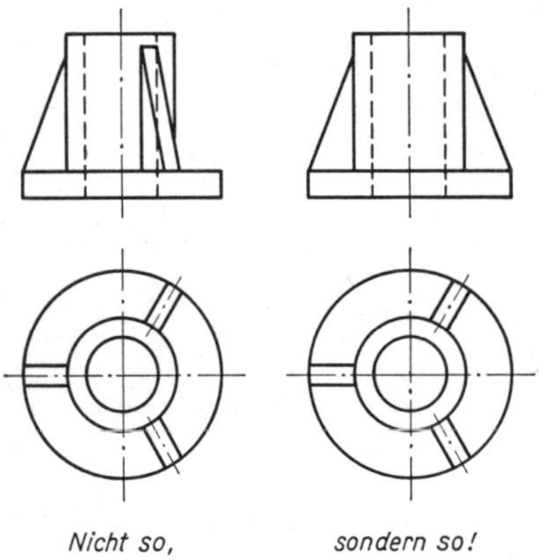


**76.3** Halter

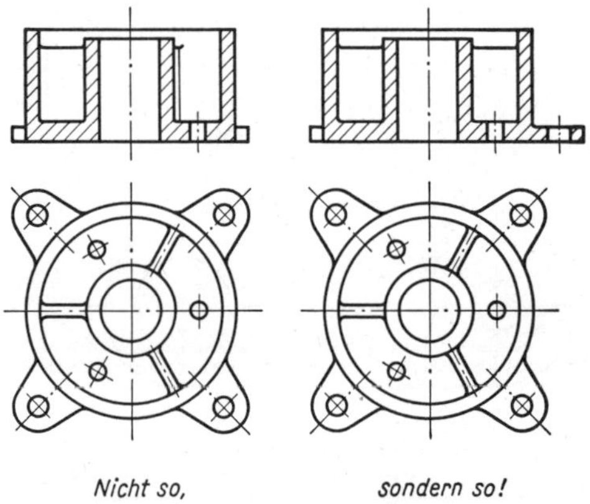


**76.4** Gehäuse

Arme an Riemenscheiben und Zahnrädern, Rippen, Stege usw. sind wie volle Teile nicht im Längsschnitt, sondern ungeschnitten zu zeichnen (**77.1**). Ferner wird der nicht in der Schnittebene liegende Arm eingedreht dargestellt, wie die Seitenansicht zeigt.

Armquerschnitte sind mit schmalen Vollinien in eine Ansicht (77.1) oder in normaler Linienbreite danebenzusetzen (77.2). Ändert sich der Armquerschnitt mit der Länge, so sind mehrere Querschnitte notwendig, deren Formen und Lage durch Maße festzulegen sind.

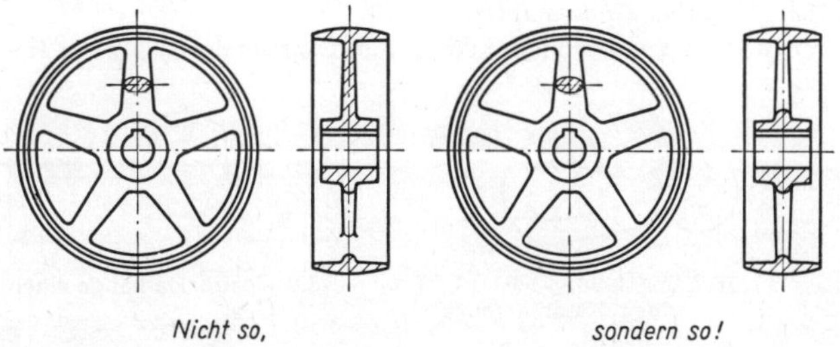


77.1 Riemenscheibe

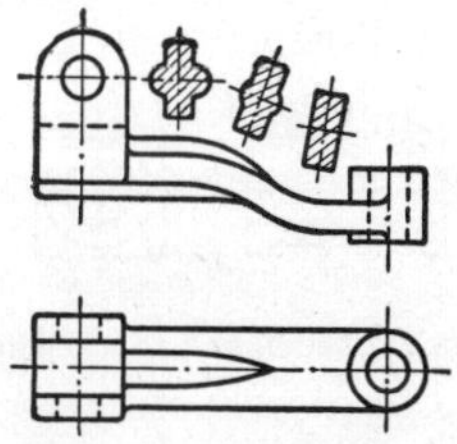

77.2 Hebel

In abweichender Lage werden Ansichten gezeichnet, wenn sich infolge der Eigentümlichkeit des Werkstücks bei der normalen Darstellung unangenehme Verkürzungen ergeben. Entgegen der üblichen Regel liegt die neue Ansicht schief, als wäre das Werkstück um eine schräglaufende Kante gekippt worden (77.3). Unter Umständen ist der betreffende Teil des Werkstücks abgebrochen darzustellen.

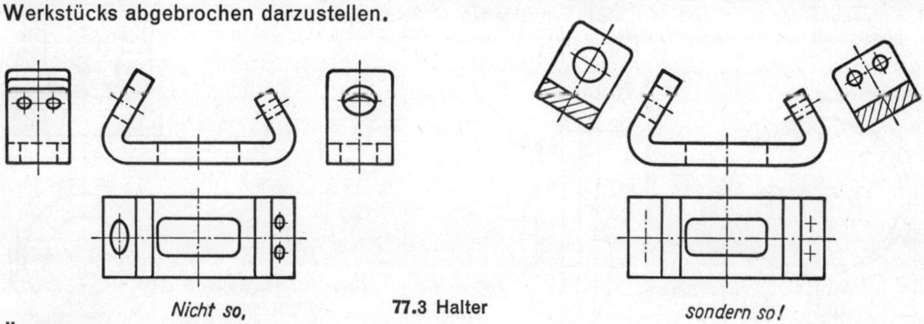


77.3 Halter

**Übungen**

1. Zeichne den Stützbock (77.4) in den erforderlichen Ansichten und trage die Maße ein. Grundplatte: Länge 100, Breite 60, Dicke 10, Rundungshalbmesser 12, Durchmesser der vier Durchgangslöcher 12. Neigung der Vorderfläche zur Grundplatte 30°, Neigung der Hauptbohrung zur Grundplatte 60°. Die Achse der Hauptbohrung tritt 20 über der Grundplattendicke aus. Durchmesser der Hauptbohrung 24, Bohrungstiefe 20 (flacher Grund), Wanddicke 8, Bunddurchmesser 50, Bundhöhe 8, Abstand von Mitte Hauptbohrung bis Mitte Laschenloch 35, Durchmesser des durchgehenden Laschenlochs 10, Laschenbreite 20, Halbmesser der Übergangsrundung am Bund 4, Stegdicke 10.

77.4 Stützbock

2. Von dem Deckel (77.5) ist eine Zeichnung mit erforderlicher Bemaßung anzufertigen.

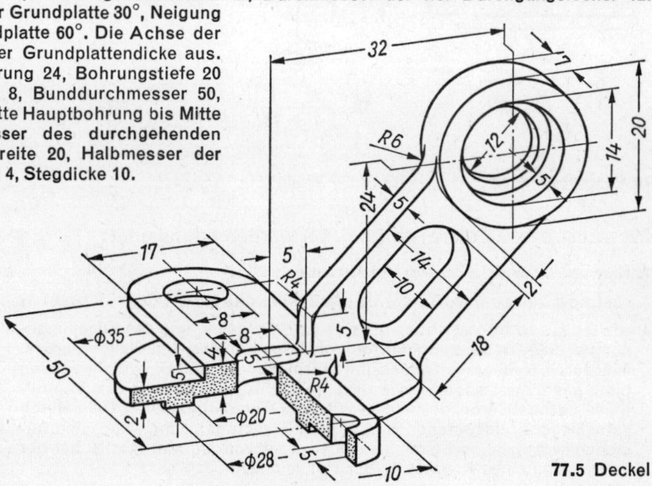


77.5 Deckel

Mehrteilige Werkstücke erhalten eine Trennlinie und in Schnittzeichnungen zur Hervorhebung der Teile verschieden gerichtete Schraffuren (**78**.1).

Mit schmalen Strichpunktlinien (s. S. 58) werden angedeutet:

1. Endstellungen beweglicher Teile, wie Hebel, Griffe u.a. (**78**.2)
2. die Gestalt der Schmiedestücke u. dgl. vor dem Biegen (**78**.3). Damit werden Bemaßung und Herstellung erleichtert.

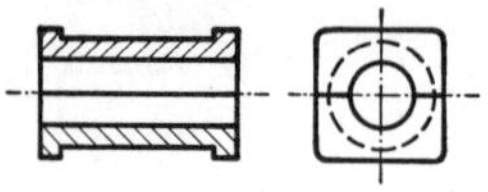

**78**.1 Zweiteilige Lagerschale

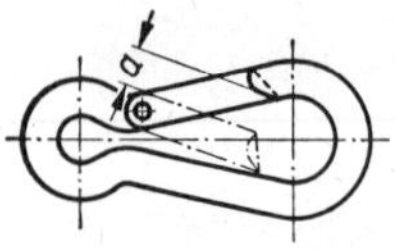


**78**.2 Endstellung bei einem Karabinerhaken

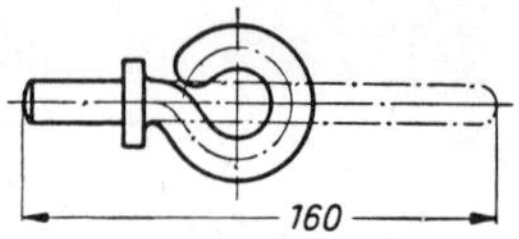


**78**.3 Gestreckte Länge einer Öse

3. Bearbeitungszugaben für Rohteile in der Fertigteilzeichnung (**78**.4). Strichpunktlinien werden aber auch sinngemäß zur Andeutung des Fertigteils in einer Rohteilzeichnung verwendet.
4. Werkzeuge am Werkstück zur Erleichterung der Bemaßung und Angabe der Arbeitsgänge (**78**.5)
5. Teile und Formen des dargestellten Gegenstandes, sofern sie vor der Schnittdarstellung liegen, wie die Gestalt des unteren Auges mit Durchgangsloch in Bild **78**.6
6. Firmenschilder an Maschinen (**78**.7)
7. Einfassung der Einzelheiten, die in vergrößertem Maßstab herausgezeichnet und neben die Darstellung gesetzt werden (**84**.5)

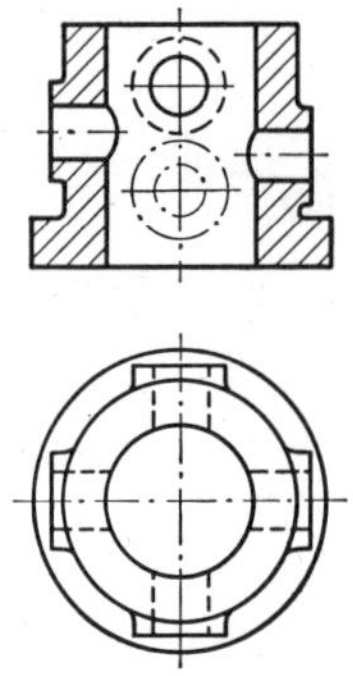

**78**.6 Vor der Schnittebene liegende Werkstücksform

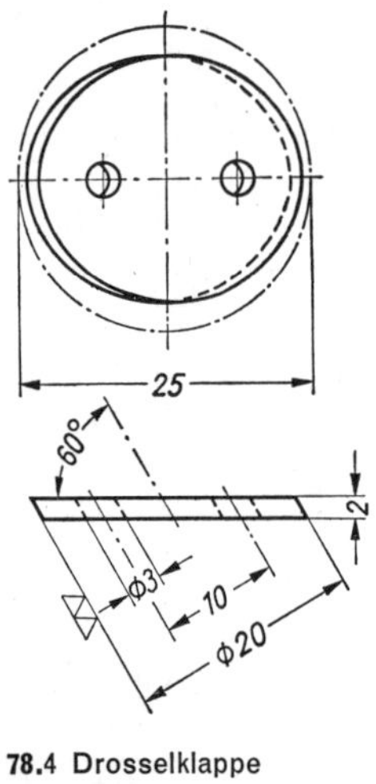


**78**.4 Drosselklappe

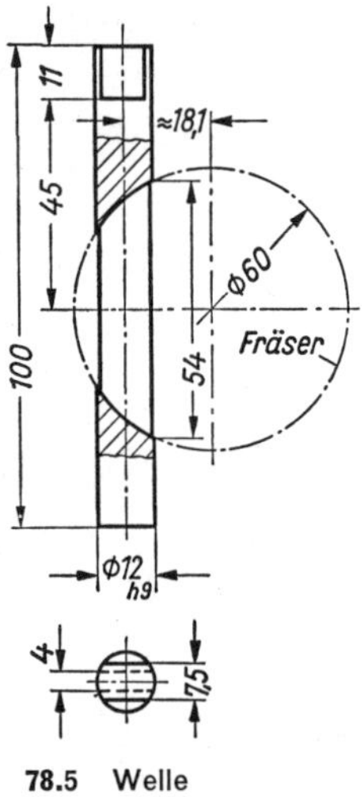


**78**.5 Welle

**78**.7 Motor

Mit schmalen Vollinien (s. S. 58) werden angedeutet:

1. Umrisse für wahlweise Ausführungen (**78**.7)
2. die Lage der zu bearbeitenden Werkstücke in Vorrichtungen (**207**.1)
3. die Umrisse benachbarter Teile zur Kennzeichnung des Zusammenhangs (**78**.8). Dadurch treten Nebenteile gegenüber Hauptteilen zurück. Die durch Nebenteile verdeckten Körperkanten der Hauptteile werden nicht gestrichelt, sondern wie unverdeckte Körperkanten in breiten Volllinien gezogen. Von der Unterscheidung der dargestellten Teile durch verschiedene Linienbreiten wird gern Gebrauch gemacht, wenn eine bestehende Anlage von einer neuen abzugrenzen ist, wie es z.B. bei der Erweiterung eines Rohrnetzes der Fall sein kann.

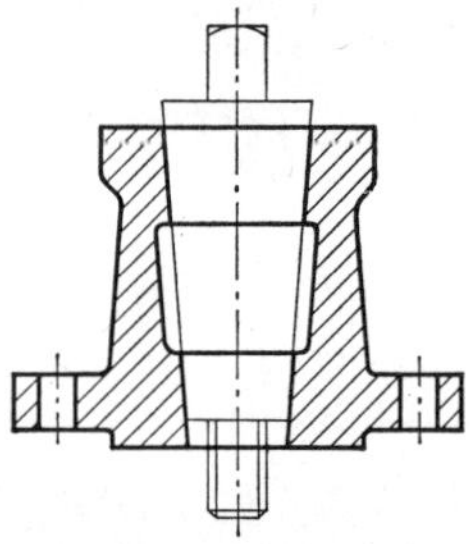

**78**.8 Hauptteil und benachbartes Teil

Zur Fertigung von **spiegelbildgleichen** Teilen genügt oft eine Zeichnung (**79.1**). In die Nähe des Schriftfeldes wird dann eine unter Umständen verkleinerte Darstellung der anderen Ausführung mit erläuterndem Text gesetzt.

**Abwicklungen** gebogener Blechstücke lassen Form und Abmessungen des Blechzuschnittes eindeutig erkennen (**79.2**). Dadurch werden Ausschneiden, Herstellung der Schnitt- und Biegewerkzeuge, Berechnung des Blechbedarfs u.a. sehr erleichtert.

**79.1** Rechts- und Linksausführung

Abwicklungen werden gewöhnlich neben die Darstellung des Werkstücks gesetzt. Für Kaltabkanten und Kaltbiegen von flach gewalztem Stahl ist DIN 6935 zur Errechnung der gestreckten Länge heranzuziehen.

Die **Biegehalbmesser** reichen bis zum inneren Rundungsbogen, sind abhängig von der Dicke und der Zugfestigkeit des Werkstoffes, nach DIN 250 (s.S. 33) auszuwählen und dürfen die in DIN 6935 festgelegten Mindestgrößen nicht unterschreiten.

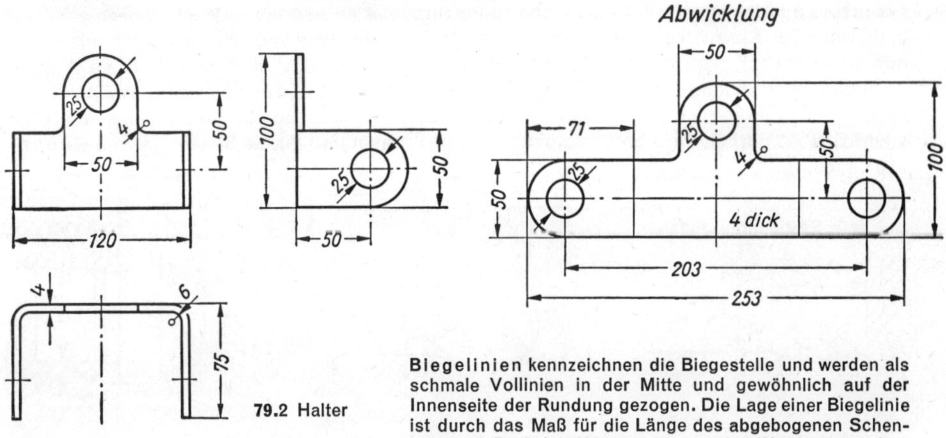


**79.2** Halter

**Biegelinien** kennzeichnen die Biegestelle und werden als schmale Vollinien in der Mitte und gewöhnlich auf der Innenseite der Rundung gezogen. Die Lage einer Biegelinie ist durch das Maß für die Länge des abgebogenen Schenkels unter Berücksichtigung eines nach DIN 6935 ermittelten Ausgleichswertes zu bestimmen (Maß 71). Dieser dient auch zur Errechnung der gestreckten Länge (Maß 253). Falls erforderlich, können an geeigneter Stelle die Vermerke „In Walzrichtung abgekantet", „Gratseite unten" oder „Gratseite oben" eingetragen werden.

**Zentrierbohrungen** nach DIN 332 Bl. 1 haben Senkwinkel von 60° (**79.3**) und bestehen in den Formen A, B, C und R.

Die Formen B und C haben keglige Schutzsenkungen. Bei der Form R, die immer mehr Anklang findet, ist die Lauffläche gewölbt. Die Übergänge zwischen den zylindrischen Bohrungen und den geraden Laufflächen bei den Formen A, B und C sind gerundet.

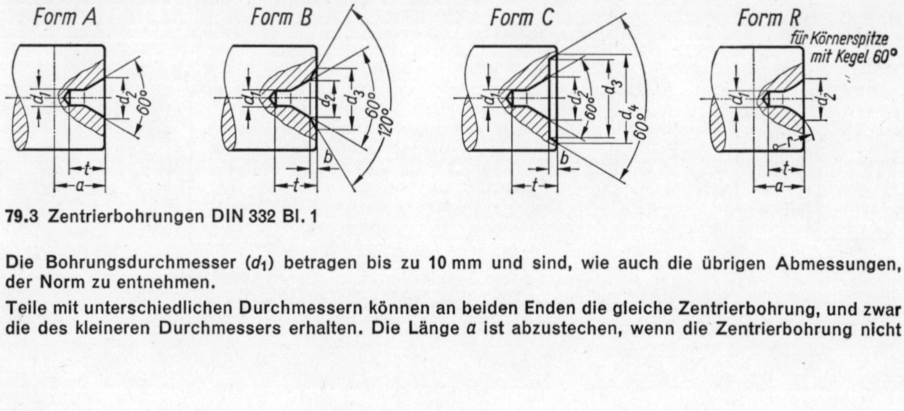


**79.3** Zentrierbohrungen DIN 332 Bl. 1

Die Bohrungsdurchmesser ($d_1$) betragen bis zu 10 mm und sind, wie auch die übrigen Abmessungen, der Norm zu entnehmen.

Teile mit unterschiedlichen Durchmessern können an beiden Enden die gleiche Zentrierbohrung, und zwar die des kleineren Durchmessers erhalten. Die Länge *a* ist abzustechen, wenn die Zentrierbohrung nicht stehenbleiben darf (79.3, Form A). Soll sie jedoch am Werkstück bleiben, wird zweckmäßigerweise Form B oder C gewählt. Zentrierbohrungen müssen z. B. an Werkstücken stehenbleiben, die nach dem Härten zum Schleifen zwischen Spitzen gespannt werden.

Zentrierbohrungen haben genormte Bezeichnungen. Eine solche für Form R mit $d_1 = 4$ mm Bohrungsdurchmesser lautet:

Zentrierung R 4 DIN 332

Für die Angaben in Zeichnungen gelten die Beispiele in Bild **80.1**.

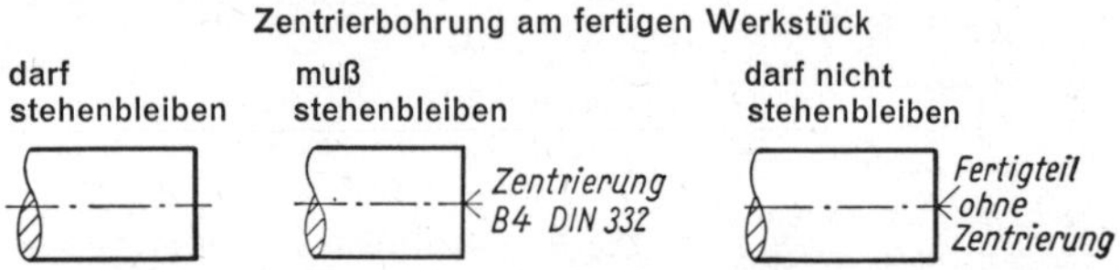


**80.1** Kennzeichnung

Zentrierbohrungen mit Gewinde s. DIN 332 Bl. 2, für Achswellen von Schienenfahrzeugen DIN 332 Bl. 4.

Freistiche (DIN 509) sind Außen- und Inneneinstiche an gedrehten Werkstücken zur Verhinderung der Kerbwirkung in sonst scharfkantigen Absätzen. Für Neukonstruktionen sind nur die Formen E (**80.2**) und F (**80.3**) zu verwenden. Beide sind als Innen- und als Außeneinstiche vorgesehen, und zwar Form E für Werkstücke mit einer bearbeiteten Fläche und Form F für Teile mit zwei rechtwinklig zueinanderstehenden Bearbeitungsflächen am Freistich. DIN 509 enthält die Abmessungen für beide Formen und für die Senkungen am Gegenstück (**80.4**).

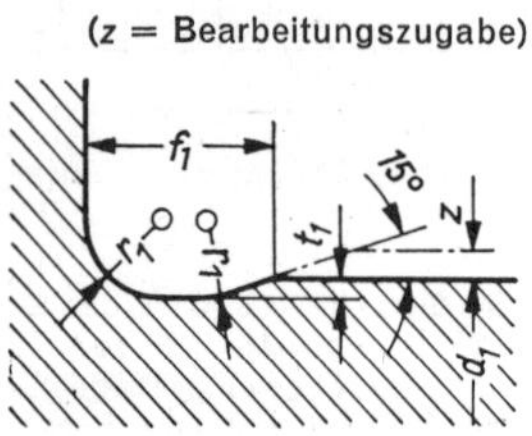


**80.2** Freistich Form E

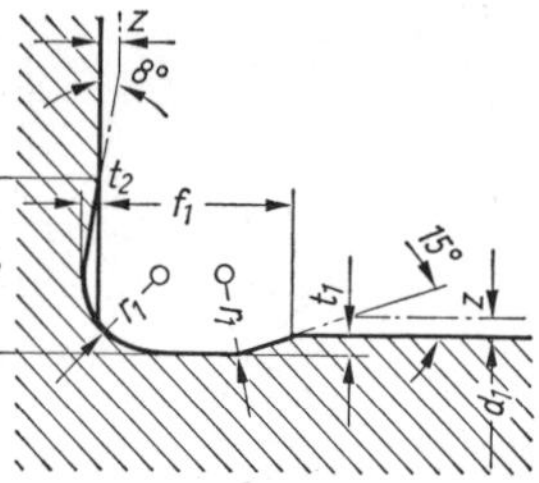


**80.3** Freistich Form F

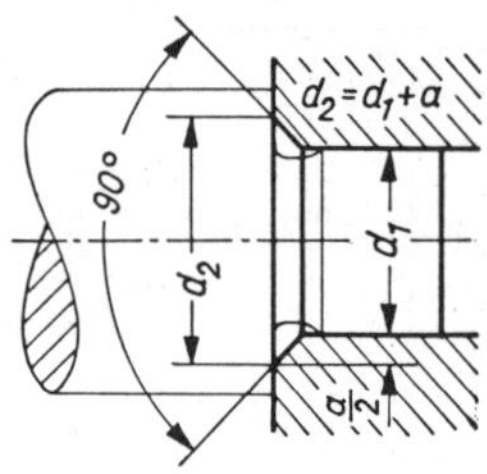


**80.4** Senkung am Gegenstück

Die bisherigen Freistiche A bis D gelten noch für eine Übergangszeit, um vorhandene Zeichnungen nicht ändern zu müssen.

Freistiche haben genormte Bezeichnungen und gewöhnlich geschlichtete Oberflächen. Eine andere Oberflächenbeschaffenheit muß gekennzeichnet werden. So wird ein Freistich der Form F mit dem Halbmesser $r_1 = 1$ mm, einer Tiefe $t_1 = 0{,}2^{+0{,}1}$ mm und feingeschlichteter Oberfläche benannt:

Freistich F 1 × 0,2 DIN 509 – ▽▽▽

Freistiche werden entweder ausführlich (**80.5** a und **81.1** a) oder vereinfacht gezeichnet (**80.5** b und **81.1** b).

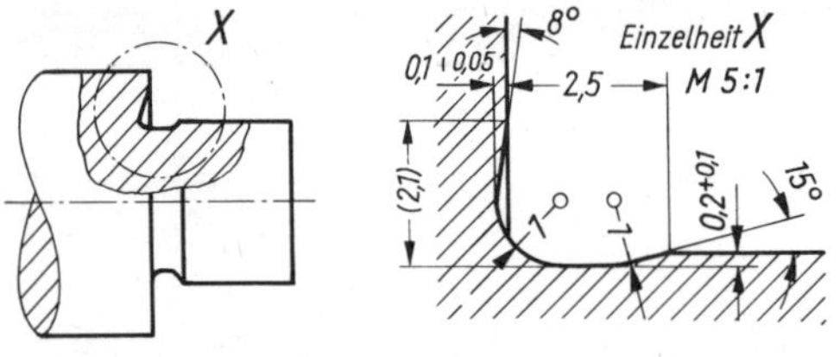


a) ausführlich gezeichnet

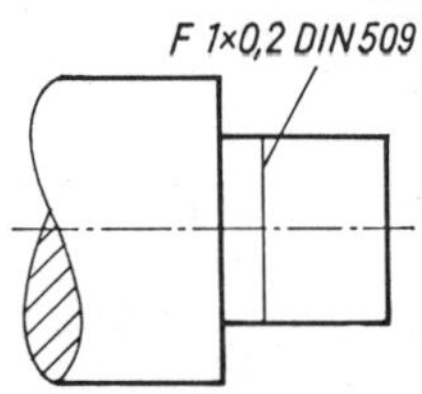


b) vereinfacht

**80.5** Außenfreistich Form F (Über die Darstellung einer „Einzelheit" s. S. 84.)
Bedeutung der eingeklammerten Maßzahl 2,1 s. S. 85.

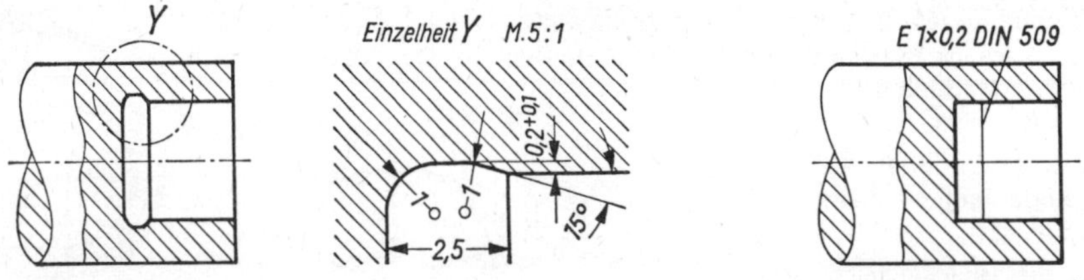


a) ausführlich gezeichnet b) vereinfacht

**81.1** Innenfreistich Form E

**Besonderheiten der Bemaßung.** Die Abmessungen an Werkstücken sollen den Normreihen nach DIN 3 entsprechen (Taf. **81**.2).

Mit der Normung für Maßzahlen sollen die Kosten für Beschaffung und Lagerhaltung der Werkstoffe, z.B. Flachstahl, Rundstahl, Bleche, Rohre, der Bearbeitungswerkzeuge, wie Bohrer, Senker, Reibahlen, und der Meßgeräte, wie Grenzrachenlehren, Grenzlehrdorne u.a., auf ein tragbares Ausmaß beschränkt bleiben.

Tafel **81**.2 Normmaße in mm (Vorzugsmaße sind fettgedruckt)

| **0,1** | **1** | **10** | **100** |
|---|---|---|---|
| | | | 105 |
| | **1,1** | **11** | **110** |
| | | | 115 |
| **0,12** | **1,2** | **12** | 120 |
| | | | **125** |
| | | 13 | 130 |
| | | | 135 |
| | **1,4** | **14** | **140** |
| | | | 145 |
| | 1,5 | 15 | 150 |
| | | | 155 |
| **0,16** | **1,6** | **16** | **160** |
| | | | 165 |
| | | 17 | 170 |
| | | | 175 |
| | **1,8** | **18** | **180** |
| | | | 185 |
| | | 19 | 190 |
| | | | 195 |

| **0,2** | **2** | **20** | **200** |
|---|---|---|---|
| | | 21 | 210 |
| | **2,2** | **22** | **220** |
| | | 23 | 230 |
| | | 24 | 240 |
| **0,25** | **2,5** | **25** | **250** |
| | | 26 | 260 |
| | | | 270 |
| | **2,8** | **28** | **280** |
| | | | 290 |
| **0,3** | 3 | 30 | 300 |
| | | | 310 |
| | | | 315 |
| | **3,2** | **32** | **320** |
| | | | 330 |
| | | 34 | 340 |
| | **3,5** | 35 | 350 |
| | | | 355 |
| | | **36** | **360** |
| | | | 370 |
| | | | 375 |
| | | 38 | 380 |
| | | | 390 |

| **0,4** | **4** | **40** | **400** |
|---|---|---|---|
| | | | 410 |
| | | 42 | 420 |
| | | | 430 |
| | | 44 | 440 |
| | **4,5** | **45** | **450** |
| | | 46 | 460 |
| | | | 470 |
| | | 48 | 480 |
| | | | 490 |
| **0,5** | **5** | **50** | **500** |
| | | 52 | 520 |
| | | 53 | 530 |
| | **5,5** | 55 | 550 |
| | | **56** | **560** |
| | | 58 | 580 |

| **0,6** | **6** | 60 | 600 |
|---|---|---|---|
| | | 62 | |
| | | **63** | **630** |
| | | 65 | 650 |
| | | 67 | 670 |
| | | 68 | |
| | **7** | 70 | 700 |
| | | **71** | **710** |
| | | 72 | |
| | | 75 | 750 |
| | | 78 | |
| **0,8** | **8** | **80** | **800** |
| | | 82 | |
| | | 85 | 850 |
| | | 88 | |
| | **9** | **90** | **900** |
| | | 92 | |
| | | 95 | 950 |
| | | 98 | |

Es kann aber von den genormten Abmessungen abgewichen werden, wenn wichtige Gründe vorliegen.

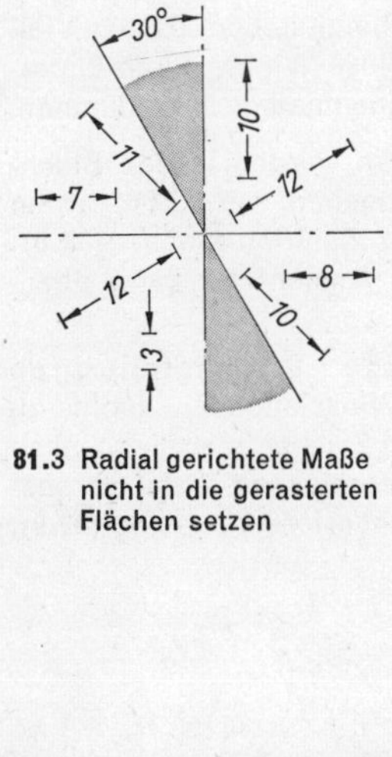


**81.3** Radial gerichtete Maße nicht in die gerasterten Flächen setzen

**81.4** Ausnahme der Maßanordnung

Für einzelne Fachgebiete, z.B. Feinmechanik, Wälzlagerbau, Werkzeugbau, Lokomotiv- und Wagenbau, sind einige Sonderabmessungen vorgesehen.

M a ß a n o r d n u n g. In den innerhalb der 30°-Winkel durch Raster gekennzeichneten Flächen sollen Maßlinien in Richtung auf den Scheitelpunkt vermieden werden (**81**.3). Unumgängliche Ausnahmen sind jedoch statthaft (**81**.4). Die Maßzahlen müssen aber dann von links her lesbar sein.

Bei Sehnenlängen (**82.**1) und, sofern der Zentriwinkel gleich oder kleiner als 90° ist, auch bei Kreisbogenlängen (**82.**2) laufen die Maßhilfslinien parallel. Die Maßlinien für Sehnen sind gerade Linien.

Bei Zentriwinkeln über 90° werden Bogenlängen nach Bild **82.**3 bemaßt.

Die Maßzahlen erhalten stets einen Bogenstrich. Die Maßlinien für Bogen werden vom Zirkeleinsatzpunkt aus geschlagen.

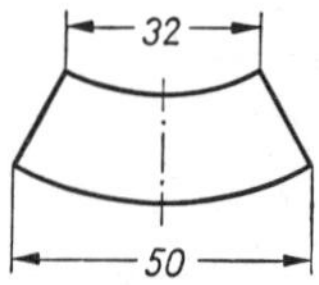


**82.**1 Sehnenlängen

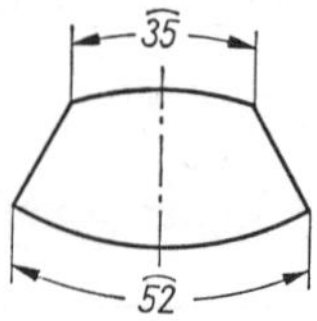


**82.**2 Bogenlängen

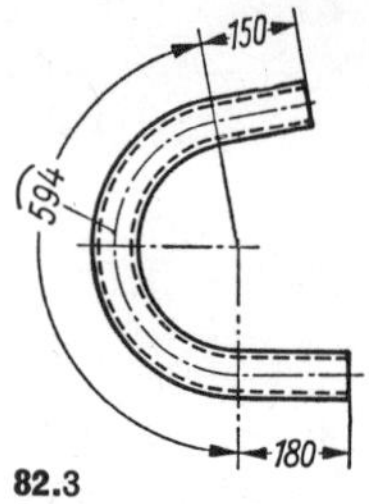


**82.**3 Große Bogenlänge

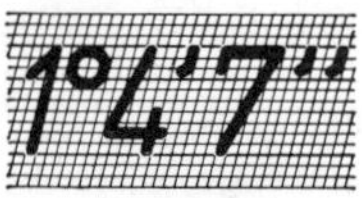


**82.**4 Maßeinheiten für Winkel

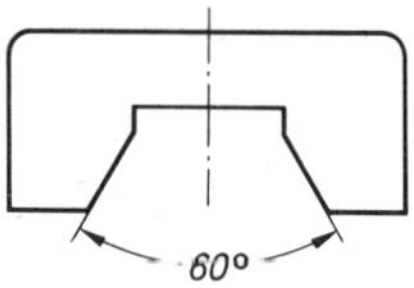


**82.**5 Bemaßter Winkel

Winkelabmessungen werden in Graden, Minuten und Sekunden oder in Dezimalwerten, z.B. 30,4°, angegeben. Die Maßeinheiten stehen hinter der Maßzahl; sie sind so hoch zu setzen, daß sie mit der oberen Linie enden (**82.**4).

Für Winkel sind die Maßlinien Kreisbögen; die Maßhilfslinien laufen in Verlängerung der Winkelschenkel (**82.**5).

Der Zirkeleinsatzpunkt für die Maßlinien liegt stets im Scheitel des Winkels, wird aber nicht besonders gekennzeichnet.

Die Maßlücken sind so anzuordnen, daß die Zahlen von unten und von rechts her lesbar sind (**82.**6). Sind Winkelmaße in den gerasterten Flächen innerhalb der 30°-Winkel nicht vermeidbar, dann sind die Zahlen von links lesbar einzuschreiben. Winkelangaben, die wegen Platzmangels herausgezogen werden müssen, haben die gleiche Lage wie in der Maßzahllücke.

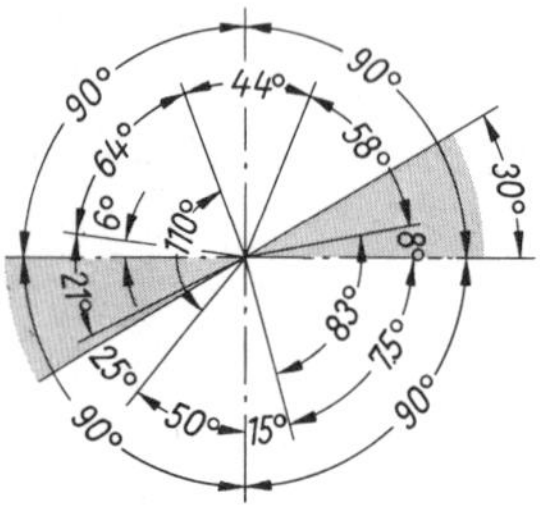


**82.**6 Anordnung der Winkelmaße

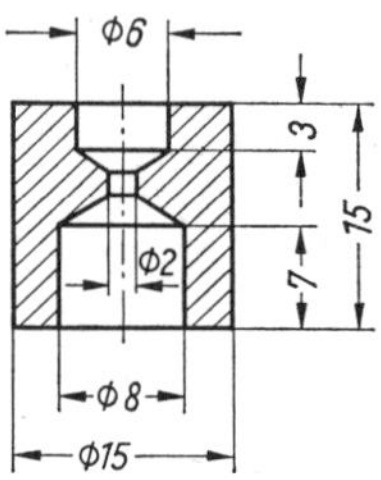


**82.**7 Unbemaßte Winkel

Genormte Bohrkegelwinkel werden nicht bemaßt (**82.**7).

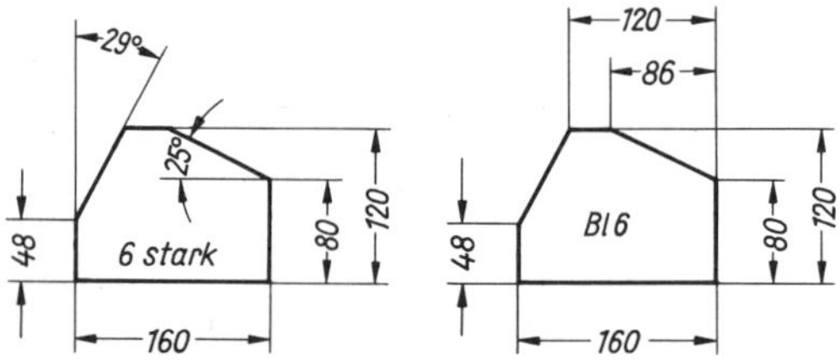


*Nicht so,* *sondern so!*

**82.**8 Knotenblech

Winkel in Zeichnungen für Bleche, Flachstahl, Formstahl usw. sollen nicht in Graden angegeben werden, wenn zum Anreißen des Werkstücks nur Lineal, Stabmaß, Anschlagwinkel und Zirkel bereitstehen (**82.**8). Vielmehr sind diese Winkel durch Eintragen von Längenmaßen zu bestimmen.

Blechdicken werden in den Blechflächen angegeben, z.B. „Bl 6", wenn nötig, mit Bezugsstrich daneben (**82.**8). Eine zweite Ansicht ist dann überflüssig.

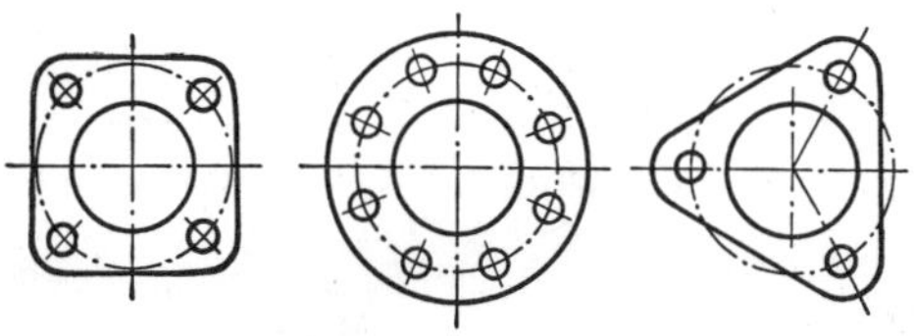

**82.**9 Unbemaßte Kreisteilungen

Regelmäßige Kreisteilungen brauchen Winkelangaben nicht zu haben, wenn Zweifel über die Winkelgröße ausgeschlossen und Toleranzangaben nicht erforderlich sind (**82.**9).

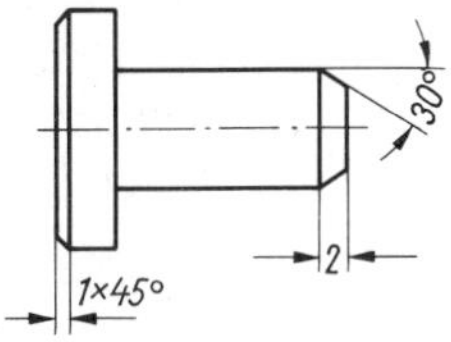

**83.**1 Bemaßung der Fasen

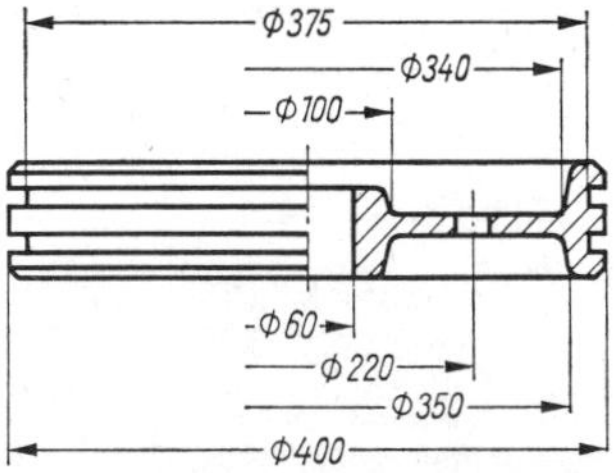

**83.**2 Unvollständige Durchmessermaße

Bei Fasen von 45° können Fasenlänge und Winkelmaß in einem Maß zusammengefaßt werden (**83.**1).

Großdarstellungen sind übersichtlicher, wenn gekürzte Maßlinien verwendet werden (**83.**2).

Sie sollen etwas über die Mitte des Maßbereichs hinausragen. Die Maßzahl soll möglichst in der Nähe des Pfeiles stehen.

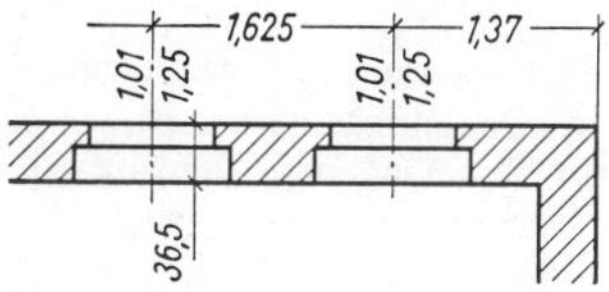

**83.**3 Schrägstriche statt der Maßpfeile

In Bau-, in Stahlbau- und in Leichtmetallbau-Zeichnungen sind statt der Maßpfeile kurze Schrägstriche unter 45° zugelassen, sollten aber möglichst vermieden werden (**83.**3), ferner auch Kreise und Punkte (DIN 1356 und 1034).

Unregelmäßige Körperformen werden nach Bild **83.**4 dargestellt und bemaßt.

Bezugslinien sind sparsam anzuwenden, sollen so kurz wie möglich sein und sind schräg herauszuziehen (**80.**5b, **82.**3). Sie werden zur Verdeutlichung mit einem Punkt versehen, wenn sie in Flächen (**84.**4), und mit einem Pfeil, wenn sie an sichtbaren Körperkanten (**83.**4) enden.

Eine größere Anzahl von einer Bezugslinie ausgehende Maße kann zusammengefaßt werden, sofern sie, einzeln angeordnet, unübersichtlich sind oder es an Platz mangelt (**83.**5).

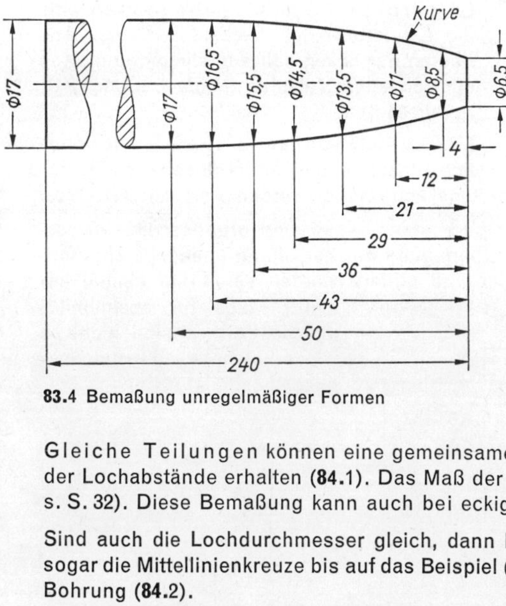

**83.**4 Bemaßung unregelmäßiger Formen

Der allen Maßen gemeinsame Anfang an der Bezugsebene erhält an Stelle des Pfeils einen geschwärzten Kreis. Die Maßzahlen geben die Abmessungen von diesem Kreis bis zum zugehörigen Maßpfeil an; sie stehen in der Flucht der Maßhilfslinien.

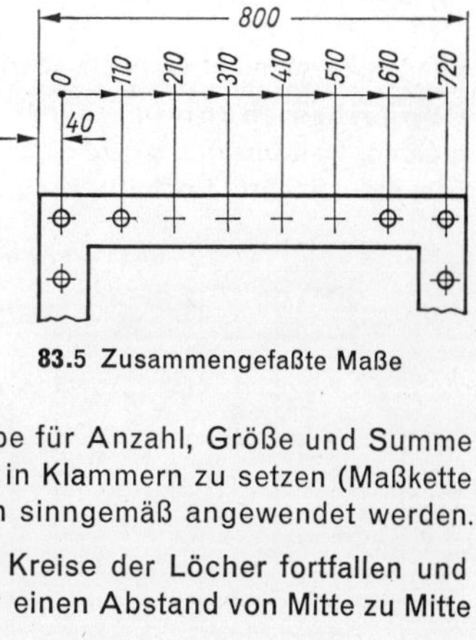

**83.**5 Zusammengefaßte Maße

Gleiche Teilungen können eine gemeinsame Maßangabe für Anzahl, Größe und Summe der Lochabstände erhalten (**84.**1). Das Maß der Summe ist in Klammern zu setzen (Maßkette s. S. 32). Diese Bemaßung kann auch bei eckigen Löchern sinngemäß angewendet werden.

Sind auch die Lochdurchmesser gleich, dann können die Kreise der Löcher fortfallen und sogar die Mittellinienkreuze bis auf das Beispiel (Maß 26) für einen Abstand von Mitte zu Mitte Bohrung (**84.**2).

Der Querschnitt der Stab- und der Profilstähle kann in schmalen Vollinien in die Darstellung eingezeichne und dort mit Maßen versehen werden. Um ihn hervorzuheben, wird er schraffiert (**84.**2).

Profilmaße werden in Stabrichtung in oder neben die Darstellung geschrieben (**84.**3).

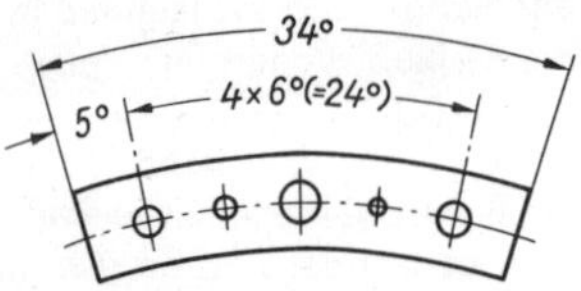


**84.1** Maß für 4 gleiche Winkelteilungen

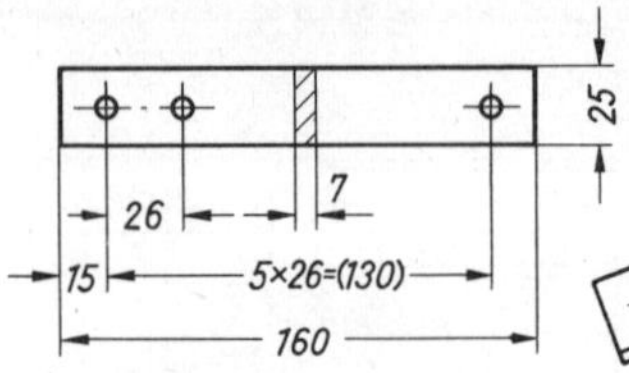


**84.2** Längenmaß 130 für 5 gleiche Lochteilungen

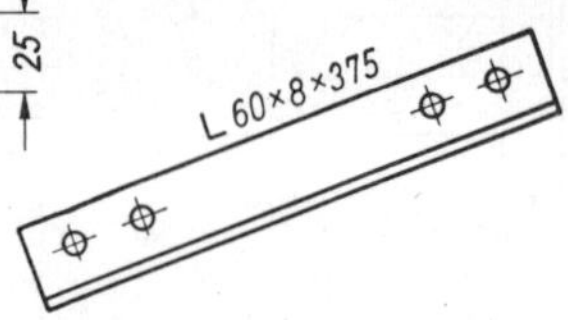


**84.3** Angabe eines Profils

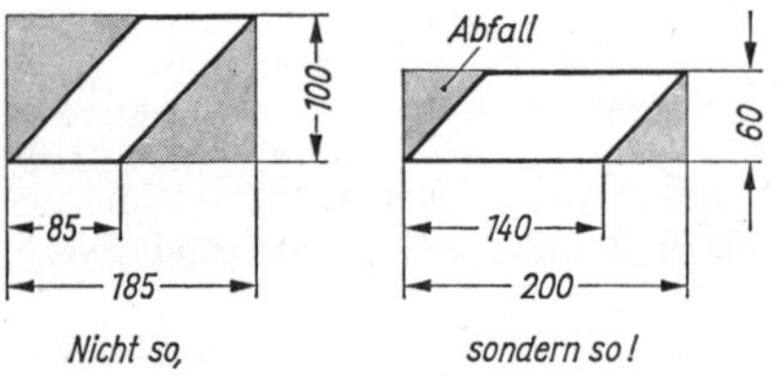


**84.4** Zweckmäßige Bemaßung erspart Werkstoff

Bei **Blechteilen** müssen die Maße nach wirtschaftlichen Gesichtspunkten eingetragen werden; d.h., das Teil ist so anzuordnen, daß der Abfall am geringsten ist (**84.4**).

**Teile** einer Werkstücksgestalt werden **vergrößert** herausgezeichnet, wenn die Maße bei dem gewählten Maßstab nicht unterzubringen sind (**84.5**).

Um die Stelle des Ausbruchs wird ein strichpunktierter Kreis in der Breite der Maßlinien gezogen und mit einem Großbuchstaben in ≈ 1½facher Höhe der Maßzahlen versehen. Die Vergrößerung erhält einen sinngemäßen Hinweis, z. B. „Einzelheit X", und die Angabe des Zeichnungsmaßstabes.

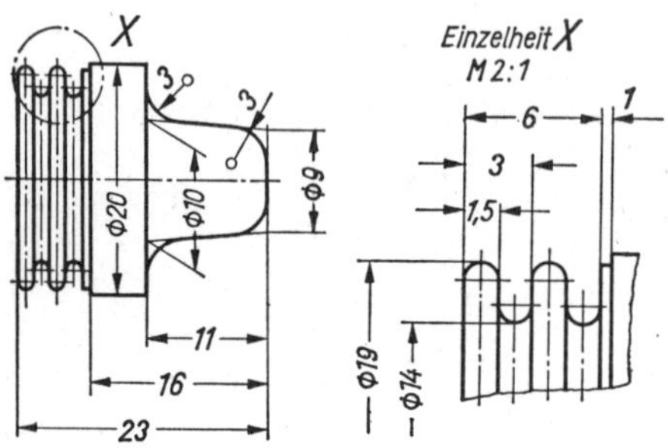


**84.5** Ausbruch, gerundete Form, Maß- und Maßhilfslinien unter 60°/120°

Bei **gerundeten Kehlen und Kanten** wird die Grundform der Werkstücke durch Andeuten der Ecken näher bestimmt, und zwar mit schmalen Vollinien (Maße ⌀9 und ⌀10 in Bild **84.5**).

**Maß- und Maßhilfslinien** stehen gewöhnlich senkrecht zueinander. Ist aber die Bemaßung dadurch nicht deutlich, so muß von dieser Regel abgewichen werden (Beispiel: Maß ⌀10).

**Doppelbemaßung** und andere maßliche Überbestimmungen sind grundsätzlich zu vermeiden, weil überflüssige Zeichenarbeit und Überladung der Zeichnung unangebracht sind. Gleiche Längen, Lochabstände, Durchmesser und andere werden somit nur einmal bemaßt; Maße für spiegelbildgleiche Formen sind nicht zu wiederholen, da ein Irrtum ausgeschlossen ist (**84.6**).

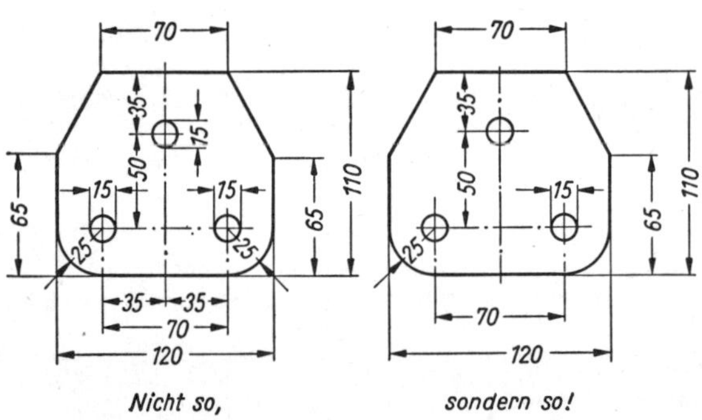


**84.6** Symmetrisch liegende Abmessungen werden nur einmal bemaßt

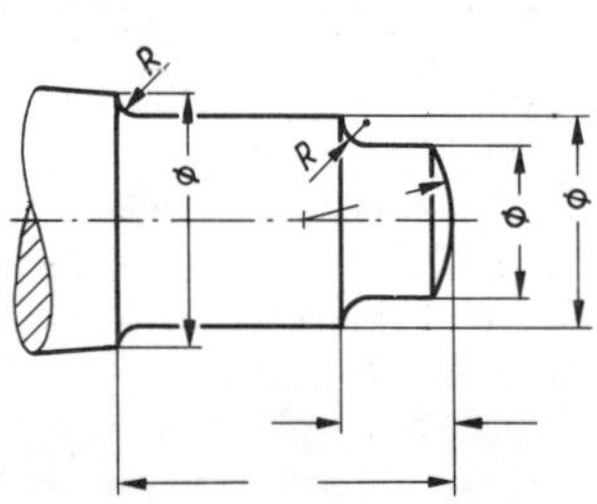

**84.7** Unterbrochene Vollinien

Kreuzungen der Maßpfeile mit Vollinien sind unerwünscht und besonders störend, wenn die Pfeilspitzen verdeckt werden. Dieser Nachteil kann durch Ansetzen der Pfeile von außen oder, wenn das nicht ratsam ist, durch Unterbrechen der Körperkanten vermieden werden (**84**.7).

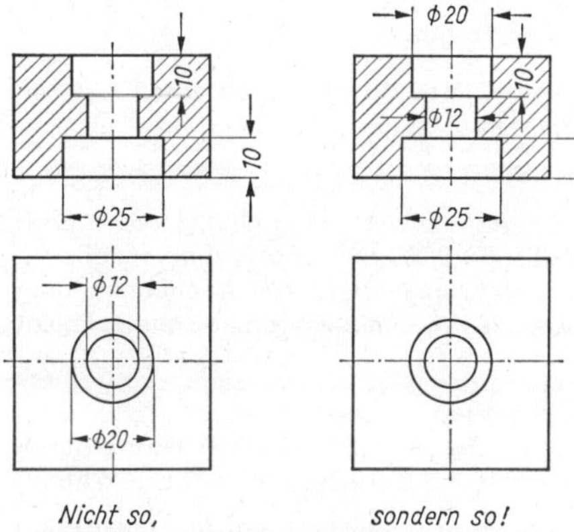


**85**.1 Zusammengehörige Maße

Zusammengehörige Maße, wie Lochdurchmesser und Lochtiefe, Nutenbreite und Nutentiefe usw., werden, um zeitraubendes Suchen zu vermeiden, möglichst in die gleiche Ansicht gesetzt (**85**.1).

Maße, die vom Besteller (Empfänger) gemäß besonderer Abmachung geprüft werden, erhalten eine Einrahmung in Maßlinienbreite (**85**.2). Außerdem wird ein geeigneter Vermerk über dem Schriftfeld eingetragen, z. B.: „Die ⬭ Maße werden vom Besteller (Empfänger) besonders geprüft."

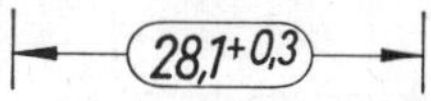


**85**.2 Kontrollmaß

Die Mittigkeitslage kann bei grob tolerierten Breiten (z. B. Walzstahl) durch Maßlinien mit Gleichheitszeichen (**85**.3) gesichert werden. Für größere Genauigkeit wird eine Symmetrietoleranz eingetragen (s. S. 104).

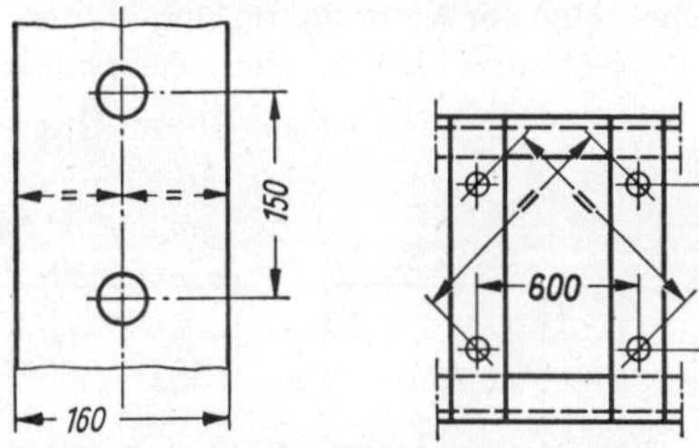


**85**.3 Gleichheitszeichen bei symmetrischen Körpern

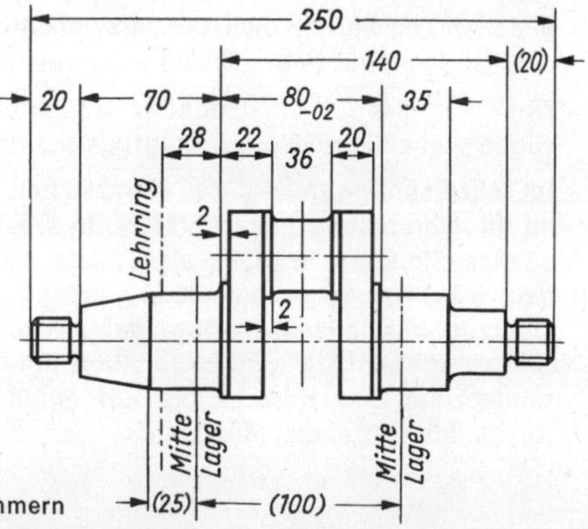


**85**.4 Maßzahlen in Klammern

Maßzahlen für Hilfsmaße, das sind Maße, die für die geometrische Bestimmung nicht erforderlich sind, müssen, damit sie nicht zu einer Überbestimmung führen, in Klammern gesetzt werden. Man unterscheidet (DIN 406 Bl. 1) Hilfsmaße für die Konstruktion (z.B. Abstände von Lagermitten, **85**.4) und Hilfsmaße für die Fertigung (z.B. Koordinatenmaße eines Achsabstandes, halber Kegelwinkel s. S. 90).

Über das Schriftfeld ist dann zu setzen: „Maßzahlen in ( ) gelten nicht für die Abnahme (Bearbeitung)."

Maßbuchstaben in Verbindung mit einer Zahlentafel werden für Teile mit einer geringen Anzahl veränderlicher Abmessungen verwendet (**85**.5).

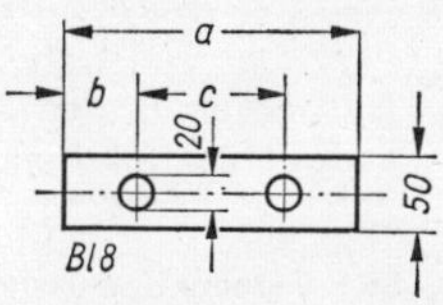


| Lfd. Nr | a | b | c |
|---|---|---|---|
| 1 | 100 | 25 | 50 |
| 2 | 200 | 50 | 100 |
| 3 | 300 | 75 | 150 |
| 4 | 400 | 100 | 200 |

**85**.5 Verwendung von Maßbuchstaben

An die Stelle des Maßstabs wird dann ein waagerechter Strich ins Schriftfeld gesetzt. Dasselbe gilt für vorgedruckte Zeichnungen, in die mit den Abmessungen nicht übereinstimmende Maßzahlen eingeschrieben werden. Solche Maßzahlen werden nicht unterstrichen (s. S. 93).

Löcher, Zapfen u.a., die sich in der Zeichnung voneinander nur unwesentlich unterscheiden, werden nach Bild **86.1** a bemaßt. Wird bei einer Vielzahl von Bezugslinien das Bild durch die Pfeile überladen, so kann die Eintragung nach Bild **86.1** b gewählt werden.

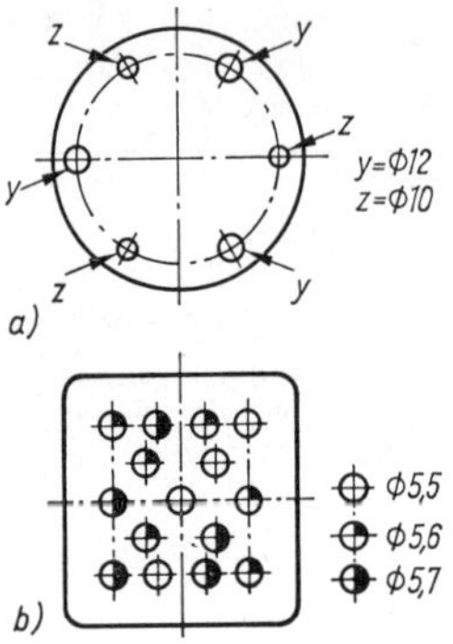


**86.1** Unterscheidung von Lochdurchmessern

G a l v a n i s c h e Ü b e r z ü g e (DIN 50960 ff.) werden durch Kurzzeichen gekennzeichnet, z.B.

gal Cd 5 mt c

Hierin bedeuten: gal = galvanische Behandlung, Cd = Cadmium (Überzugswerkstoff), 5 = 0,005 mm (Schichtmindestdicke), mt = matt (Glanzgrad), c = chromatiert (durch Nachbehandlung aus Cadmium entstandene Cadmiumchromat-Schutzschicht gegen Korrosion).

Weitere Kennbuchstaben sind für

den Ü b e r z u g s w e r k s t o f f: Zn (Zink), Ni (Nickel), NiCr (Nickel-Chrom), CuNi (Kupfer-Nickel) und CuNiCr (Kupfer-Nickel-Chrom)

den G l a n z g r a d: bk (blank), gl (glänzend), hgl (hochglänzend) und sgl (spiegelglänzend)

die N a c h b e h a n d l u n g: phr (phosphatiert)

Nicht erforderliche Teile des Kurzzeichens werden fortgelassen. Wird ein Glanzgrad nicht angegeben, dann ist das Aussehen dem Hersteller überlassen. Bei mehreren Überzügen auf dem gleichen Teil werden die Überzugswerkstoffe in der Reihenfolge der Aufbringung eingetragen, z.B. Überzug mit 12 μm Nickel + 0,3 μm Chrom: gal Ni 12 Cr (1 μm = 1 Mikrometer = 0,001 mm).

Die Dicke der Chromschicht wird nicht angegeben, weil sie bei allen Nickel-Chrom-Überzügen einheitlich 0,3 μm beträgt; es sei denn, sie soll dicker sein.

In Teilzeichnungen wird das Kurzzeichen an die Darstellung gesetzt (**86.2**). In Gesamtzeichnungen wird es als Zusatz zu den lfd. Nr angegeben (**86.3**). Ist der Überzug nur teilweise nötig, dann wird die betreffende Stelle strichpunktiert umrandet und das Kurzzeichen auf einen Bezugsstrich gesetzt (**86.4**).

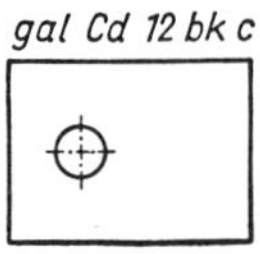


**86.2** Teil mit allseitigem Überzug

**86.3** 2 allseitig überzogene Teile

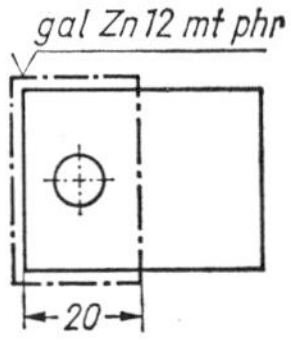


**86.4** Teilweiser Überzug

## 6.9 Kegel, Kegelwinkel und Neigung (DIN 406 Bl. 2)

Zur Anfertigung kegeliger Werkstücke sind außer den Körpermaßen häufig weitere Angaben in der Zeichnung notwendig, und zwar je nach den Erfordernissen der Kegel, der halbe Kegelwinkel und die Neigung.

**Kegel.** Der Kegel am geraden Kreiskegel ist das Verhältnis vom Durchmesser $D$ der Grundfläche zur Länge $k$ (**86.5**):

$$\text{Kegel} = \frac{\text{Durchmesser}}{\text{Länge}}$$

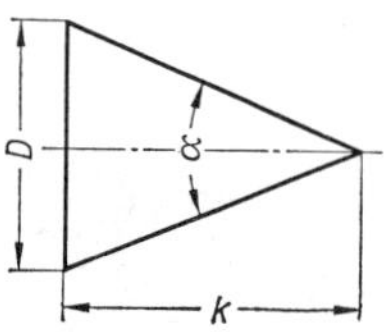


Das Ergebnis der Ausrechnung wird als Bruch mit dem Zähler 1 ausgedrückt und mit $1/x$ bezeichnet. Es ist demnach:

$$\frac{1}{x} = \frac{D}{k}$$

**86.5** Gerader Kreiskegel

Das Verhältnis gibt an, bei welcher Länge der Durchmesser um 1 mm kleiner wird. Es wird auch Verjüngung genannt und ist nur abhängig vom Kegelwinkel $\alpha$.

**Beispiel:** Das Verhältnis für einen geraden Kreiskegel von $D = 25$ mm Durchmesser und $k = 250$ mm Länge ist

$$\frac{1}{x} = \frac{D}{k} = \frac{25\ \text{mm}}{250\ \text{mm}} = \frac{1}{10} = 1:10$$

Auf 10 mm Länge nimmt der Durchmesser mithin um 1 mm ab oder zu.

Der Kegel beim Stumpf des geraden Kreiskegels ist das Verhältnis vom Unterschied der Durchmesser $D$ und $d$ zur Länge $l$ (**87.1**):

$$\frac{1}{x} = \frac{D-d}{l}$$

Zur Erläuterung wird ein Streifen in der Breite des Durchmessers $d$ aus der Zeichnung herausgeschnitten (**87.2**). Die übrigbleibenden Dreiecke werden zusammengeschoben, so daß ein gleichschenkliges Dreieck, ähnlich dem Zeichnungsbilde des geraden Kreiskegels, entsteht (**87.3**). An Stelle des Durchmessers steht jetzt der Unterschied beider Durchmesser $D - d$.

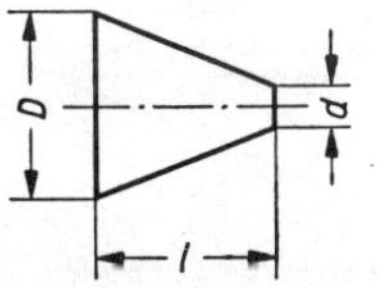

**87.1** Kegelstumpf

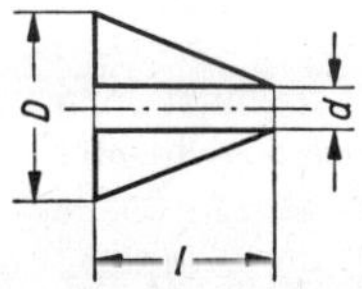

**87.2** Herausgeschnittener Streifen

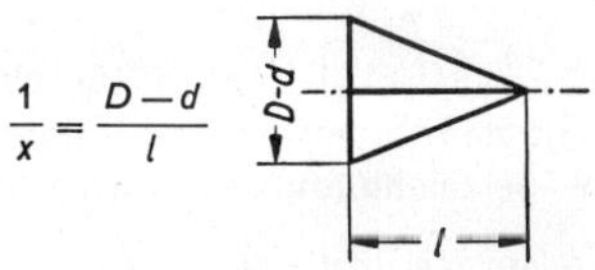

**87.3** Bezugsdreieck

**Beispiel:** Für einen 90 mm langen Kegelstumpf mit den Durchmessern $D = 70$ mm und $d = 55$ mm ist der Kegel

$$\frac{1}{x} = \frac{D-d}{l} = \frac{70\ \text{mm} - 55\ \text{mm}}{90\ \text{mm}} = \frac{15}{90} = \frac{1}{6} = 1:6$$

**Kegelwinkel.** Kegelige Teile können auf der Drehbank hergestellt werden, indem am Mantel des sich in Richtung $v$ um die Längsachse drehenden Werkstücks ein Schneidstahl in Richtung $s$ entlanggeführt wird (**87.4**). Dabei bilden die Achse des Werkstücks und die von der Spitze des Stahls einzuhaltende Richtung den Winkel $\alpha/2$. Um diesen Winkel ist der auf dem Werkzeugschlitten eingespannte Schneidstahl mit Hilfe einer darunterliegenden Drehscheibe, die eine Gradteilung trägt, aus seiner ursprünglichen, zur Längsachse des Werkstücks rechtwinkligen Stellung heraus verstellt worden.

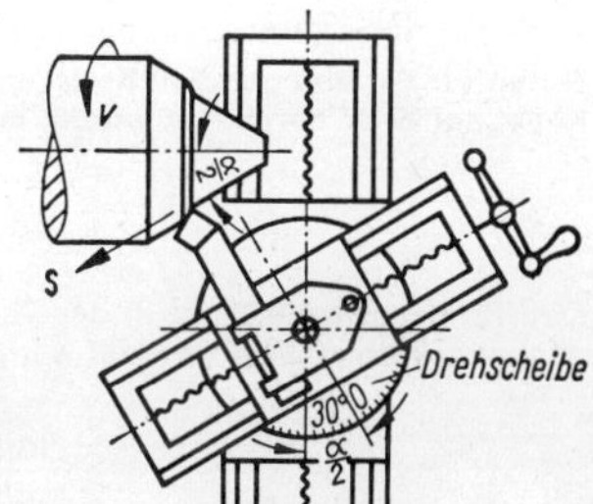


**87.4** Kegeldrehen

Der Einstellwinkel ist so groß wie der halbe Winkel an der Kegelspitze (**87.5**) und für den Dreher in der Zeichnung anzugeben.

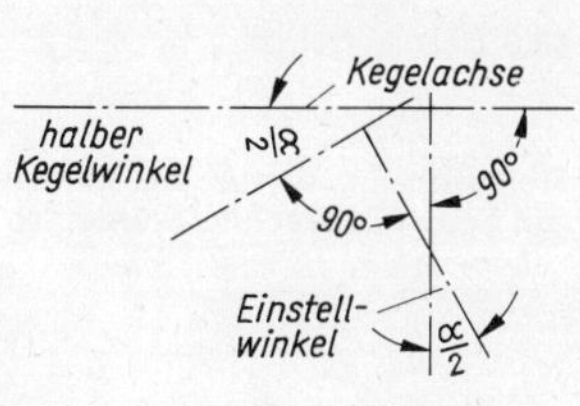


**87.5** Einstellwinkel = halber Kegelwinkel

Der Einstellwinkel wird mit Hilfe des Tangens berechnet. Zur Erklärung des Begriffes „Tangens", abgekürzt „tan", ist eine Betrachtung am rechtwinkligen Dreieck erforderlich (88.1).

Die dem rechten Winkel gegenüberliegende Seite $c$, die längste im Dreieck, ist die Hypotenuse. Die beiden anderen heißen Katheten und schließen den rechten Winkel ein. Vom Winkel $\alpha$ aus gesehen ist $a$ die gegenüberliegende oder Gegenkathete und die Seite $b$ die anliegende oder Ankathete. Der Tangens ist nun das Verhältnis der Gegenkathete zur Ankathete:

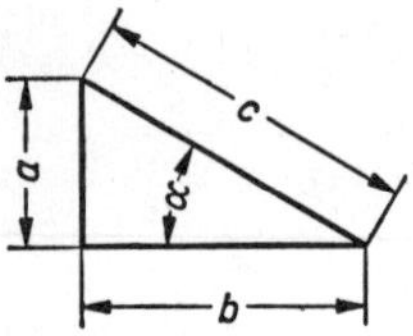


88.1 $\tan\alpha = \frac{a}{b}$

$$\tan\alpha = \frac{a}{b}$$

Er wird als Dezimalzahl ausgedrückt und hat für jede Winkelgröße einen bestimmten Wert. Für die Winkel von 0° bis 90° sind diese Werte in sogenannten Tangenstafeln zusammengestellt, aus denen die Größe der zugehörigen Winkel abgelesen werden kann.

**Beispiel:** Die Gegenkathete eines Winkels $\alpha$ ist $a = 55{,}5$ mm, die Ankathete $b = 75$ mm lang. Dann ist

$$\tan\alpha = \frac{a}{b} = \frac{55{,}5\,\text{mm}}{75\,\text{mm}} = 0{,}74$$

Der Winkel beträgt nach der Tangenstafel 36° 30′ = 36,5°.

Den Einstellwinkel für einen Kegel berechnet man mit dem rechtwinkligen Dreieck, das von der Hälfte der Kegelzeichnung dargestellt wird (88.2).

Allerdings trägt der zu berechnende Winkel im Gegensatz zum Winkel im rechtwinkligen Dreieck hier die Bezeichnung $\alpha/2$, weil am Kegel mit $\alpha$ allgemein der ganze Winkel an der Spitze bezeichnet wird.

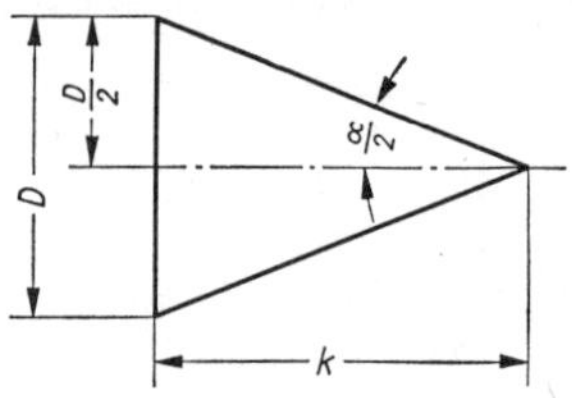


88.2 Kegel

Die Gegenkathete des Winkels $\alpha/2$ wird durch den halben Kegeldurchmesser $D/2$ und die Ankathete von der Kegellänge $k$ gebildet. Man erhält

$$\tan\frac{\alpha}{2} = \frac{D}{2k}$$

**Beispiel:** Für den geraden Kreiskegel mit dem Durchmesser $D = 25$ mm und der Länge $k = 250$ mm, dessen Kegel auf S. 87 berechnet wurde, ist

$$\tan\frac{\alpha}{2} = \frac{D}{2k} = \frac{25\,\text{mm}}{2\cdot 250\,\text{mm}} = \frac{1}{20} = 0{,}05$$

Der Tangenswert 0,05 ist in der Zahlentafel aber nicht enthalten. Als meist ausreichend genau kann der nächste Wert = 0,0495 gewählt werden. Dazu gehört der Winkel 2° 50′.

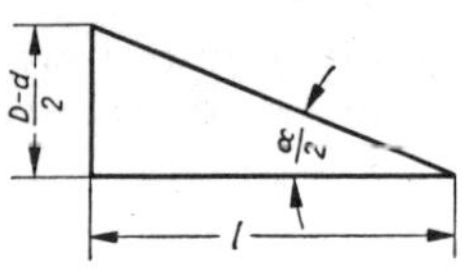


88.3 Bezugsdreieck

Beim Einstellwinkel für einen Kegelstumpf wird die Gegenkathete des Winkels $\alpha/2$ von dem halben Unterschied der beiden Durchmesser und die Ankathete von der Länge des Kegelstumpfes gebildet (88.3):

$$\tan\frac{\alpha}{2} = \frac{D-d}{2l}$$

**Beispiel:** Für den 90 mm langen Kegelstumpf mit den Durchmessern 70 mm und 55 mm, dessen Kegel auf Seite 87 berechnet wurde, ist

$$\tan\frac{\alpha}{2} = \frac{D-d}{2l} = \frac{70\,\text{mm} - 55\,\text{mm}}{2\cdot 90\,\text{mm}} = \frac{15}{180} = \frac{1}{12} \approx 0{,}0833$$

Auch dieser Tangenswert befindet sich nicht in der Zahlentafel. Kann ein benachbarter Wert, 0,0846 oder 0,0816, als zu ungenau nicht gewählt werden, dann wird der zum Tangenswert 0,0833 gehörige Winkel durch Interpolation berechnet.

Interpolieren heißt, einen zwischen zwei bekannten Größen liegenden Wert ermitteln. Die dem errechneten Tangenswert 0,0833 benachbarten Größen sind nach der Tangenstafel

| | | |
|---|---|---|
| | 0,0846 für 4° 50′ (oberer Wert) | |
| | 0,0816 für 4° 40′ (unterer Wert) | |
| Unterschied | 0,0030 für | 10′ oder 600″ |

| | | |
|---|---|---|
| Der Unterschied zwischen dem oberen Tangenswert | | = 0,0846 |
| und | dem errechneten Tangenswert | = 0,0833 |
| beträgt | | 0,0013 |

Der Unterschied 0,003 gilt für 600″
der Unterschied 0,0013 gilt für ? mithin $\frac{600 \cdot 0{,}0013}{0{,}003} = 260'' = 4'\,20''$

| | |
|---|---|
| Von dem oberen Werte des Winkels | 4° 50′ |
| werden abgezogen | 4′ 20″ |
| so daß der gesuchte Winkel beträgt | 4° 45′ 40″ |

Zum errechneten Tangenswert 0,0833 gehört demnach der Winkel 4° 45′ 40″.

**Neigung.** Die Neigung gibt das Gefälle der Mantellinie zur Mittelachse an, hat den gleichen Wert wie der Tangens des halben Kegelwinkels und wird mit $1/2x$ bezeichnet.

Für den Kegel ist die Neigung $\frac{1}{2x} = \frac{D}{2k}$ und für den Kegelstumpf $\frac{1}{2x} = \frac{D-d}{2l}$

**Beispiel:** Für den 90 mm langen Kegelstumpf, dessen Durchmesser $D = 70$ mm und $d = 55$ mm betragen (s. S. 87), ist

$$\frac{1}{2x} = \frac{D-d}{2l} = \frac{70\text{ mm} - 55\text{ mm}}{2 \cdot 90\text{ mm}} = \frac{15}{180} = \frac{1}{12} = 1:12$$

Die Neigung 1:12 besagt, daß die Mantellinie auf 12 mm Länge sich der Mittellinie um 1 mm nähert oder von ihr entfernt; sie ist am Kegel 1:6 zu finden.

Die Neigung ist also stets halb so groß wie der Kegel. Sie kann auch in Prozenten ausgedrückt werden.

**Beispiel:** Für den 250 mm langen Kegel von 25 mm Durchmesser ist $\frac{1}{2x} = \frac{D}{2k} = \frac{25\text{ mm}}{2 \cdot 250\text{ mm}} = 1:20$

Für die Umrechnung in Prozente muß die Neigung auf 100 mm Länge ermittelt werden.

Auf 20 mm Länge entfällt 1 mm Neigung
Auf 100 mm Länge entfallen ? mm Neigung

$$\frac{1\text{ mm} \cdot 100}{20} = 5\text{ mm}$$

Die Neigung beträgt mithin 5%.

Kegel sind in DIN 254 genormt.

In der Zeichnung wird die Neigung über die Seitenlinie und der Kegel über die Mittelachse geschrieben (**89.1**).

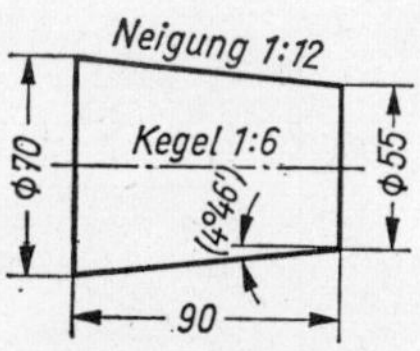


**89.1** Eintragen des Kegels, der Neigung und des Einstellwinkels

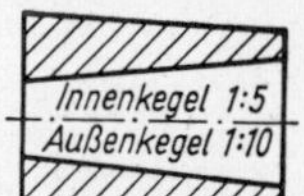


**89.2** Doppelkegel

Bei Doppelkegeln wird der Innenkegel über und der Außenkegel unter der Mittellinie angegeben (**89.2**).

Welche Angaben eingetragen werden, ist von Fall zu Fall zu entscheiden:

Der halbe Kegelwinkel bzw. der Neigungswinkel ist anzugeben, wenn er zur Erleichterung des Einstellens an der Werkzeugmaschine erforderlich ist (**90.1**), und zwar stets in einer Klammer (S. 85).

Einstellwinkel werden statt in Graden und Minuten als Dezimalzahlen, z.B. 5,7°, angegeben, wenn die Maschinen mit einer Dezimalteilung ausgerüstet sind. Kegelige Senkungen an Bohrungen, Kegel an Körnerspitzen, an Senkschrauben und an Senknieten usw. sind mit dem ganzen Kegelwinkel zu kennzeichnen.

Der Kegel wird z.B. eingeschrieben, wenn ein Hohlkegel (**90.2**) mit der Reibahle gerieben oder ein Werkstück mit der Kegellehre geprüft wird, weil das Verhältnis meist auf den Werkzeugen und Meßgeräten angegeben ist.

Er wird fortgelassen, wenn er bei der Herstellung des Werkstücks nicht gebraucht wird, z.B. bei den Spitzen der Reißnadeln, bei Durchschlägen usw.

Statt des Kegels kann bei genormten Werkzeugen (DIN 228) auch „Metrischer Kegel 50" bzw. „Morsekegel 2" oder kurz „Morse 2" eingeschrieben werden.

Die Neigung ist bei kegeligen Werkstücken nur selten einzutragen.

Ist das zur Herstellung eines Kegels notwendige Prüfverfahren anzudeuten, so wird der Größtdurchmesser des Lehrrings strichpunktiert und sein Abstand von einer geeigneten Bezugsebene mit einem tolerierten Maß angegeben (Maß $20_{-0,2}$ in Bild **90.1**). Bei Hohlkegeln wird sinngemäß verfahren (Maß $5_{-0,2}$ in **90.2**).

Fällt der Nenndurchmesser eines Kegels nicht mit einer Kante am Werkstück zusammen, dann wird er als Lehrendurchmesser strichpunktiert eingetragen, sein Maß angegeben und der Abstand von der Bezugsebene festgelegt (Maß $2_{-0,2}$ in Bild **90.3**).

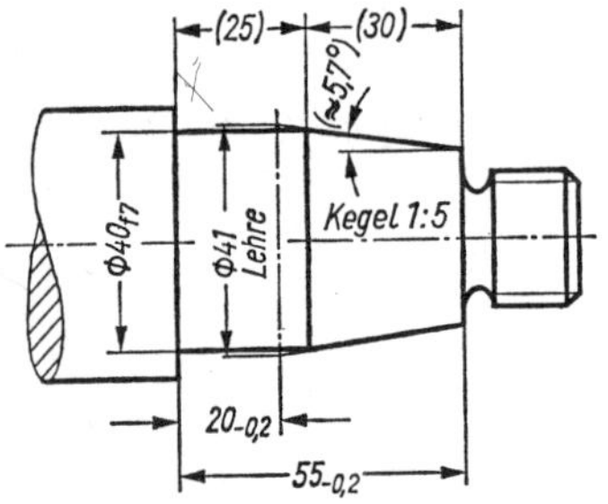


**90.1** Außenkegel

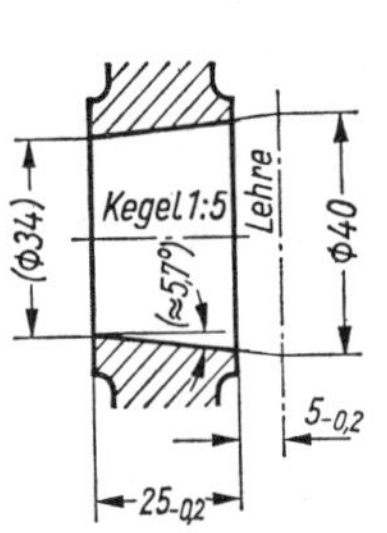


**90.2** Innenkegel

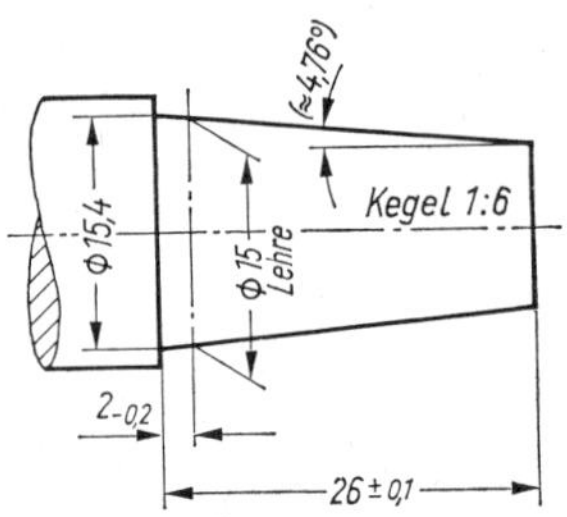


**90.3** Angabe für Kegellehrring

## 6.10 Verjüngung, Spitzenwinkel und Neigung (DIN 406 Bl. 2)

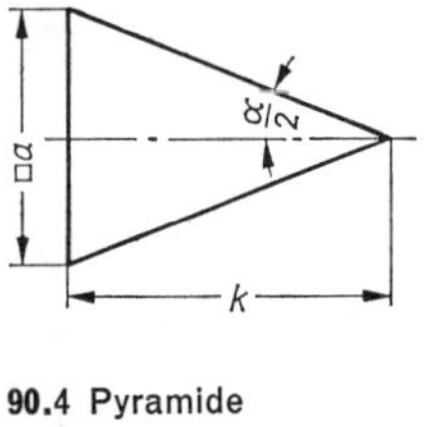


**90.4** Pyramide

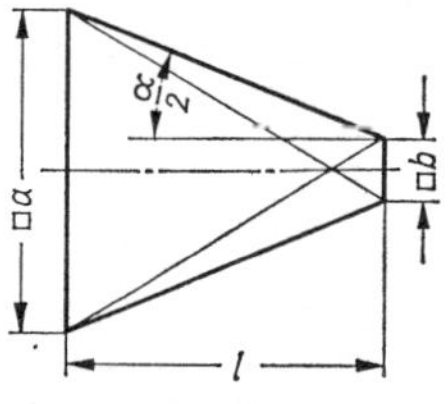


**90.5** Pyramidenstumpf

Die **Verjüngung** pyramidischer Werkstücke wird berechnet für

Pyramiden (**90.4**) $\frac{1}{x} = \frac{a}{k}$

Pyramidenstümpfe (**90.5**) $\frac{1}{x} = \frac{a-b}{l}$

Der halbe Spitzenwinkel $\alpha/2$ wird bestimmt für Pyramiden $\tan\frac{\alpha}{2} = \frac{a}{2k}$ und für Pyramidenstümpfe $\tan\frac{\alpha}{2} = \frac{a-b}{2l}$

An Hand des errechneten Tangenswertes wird der Winkel $\alpha/2$ aus der Tangenstafel abgelesen.

Die **Neigung** beträgt die Hälfte der Verjüngung und wird nach den gleichen Regeln berechnet wie der Tangens. Sie ist für

$$\text{Pyramiden} \quad \frac{1}{2x} = \frac{a}{2k} \qquad \text{Pyramidenstümpfe} \quad \frac{1}{2x} = \frac{a-b}{2l}$$

**Beispiel:** Für einen 70 langen Pyramidenstumpf mit dem Grundflächen □50 und □30 betragen die Verjüngung

$$\frac{1}{x} = \frac{a-b}{l} = \frac{50\text{ mm} - 30\text{ mm}}{70\text{ mm}} = \frac{20}{70} = \frac{1}{3{,}5} = 1:3{,}5$$

und die Neigung = die Hälfte der Verjüngung = 1:7 oder ≈ 14,3%

$$\tan\frac{\alpha}{2} \text{ ist } 1:7 \approx 0{,}1429, \text{ mithin } \frac{\alpha}{2} \approx 8^\circ\,10'$$

In der Zeichnung werden die Verjüngung über die Mittellinie und die Neigung über die Seitenlinie gesetzt (**91**.1).

Auch bei pyramidischen Werkstücken ist die Neigung nur selten anzugeben. Häufiger ist dies erforderlich für schräge Flächen anderer Werkstücke, wie für die Flanschen der Formstähle (**91**.2), Auflageflächen an Vierkantunterlegscheiben (**91**.3), Keilen (**133**.8), Keilnuten (**134**.1) usw. Ist aber zur Herstellung einer geneigten Fläche der Neigungswinkel an der Werkzeugmaschine einzustellen, dann muß dieser auch in der Zeichnung enthalten sein (**91**.1).

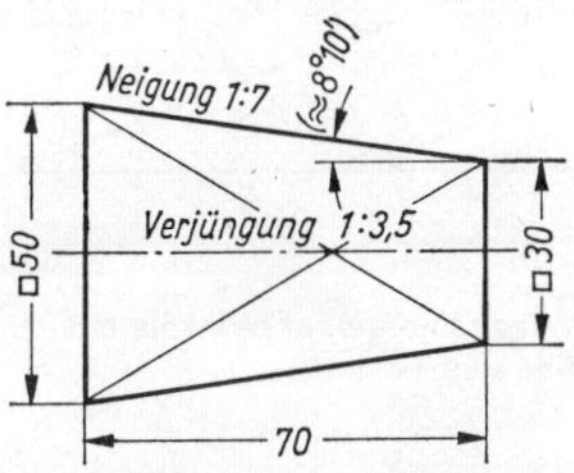


**91**.1 Eintragung der Verjüngung, der Neigung und des Neigungswinkels

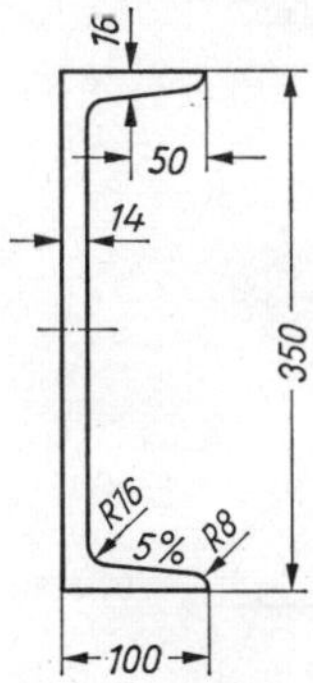


**91**.2 ⊏-Stahl 350 DIN 1026

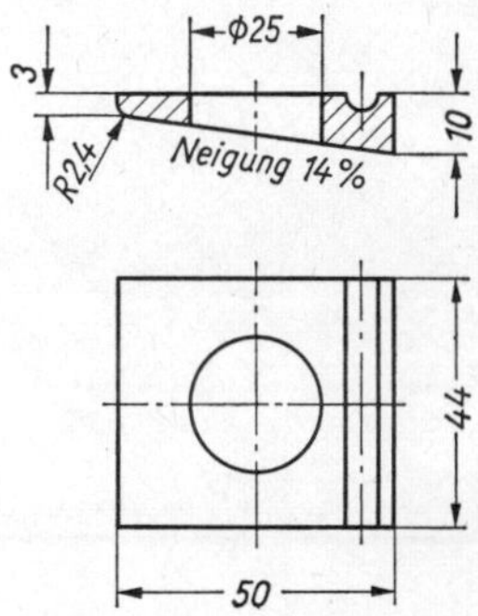


**91**.3 I-Scheibe 25 DIN 435

## 6.11 Aufzeichnen von Winkeln und Neigungen

**Winkel.** Mit der Zeichenschiene und den üblichen Zeichendreiecken lassen sich Winkel zwischen 0° und 90° und darüber hinaus in den Abstufungen von 15° zu 15° zeichnen (**4.3**).

Mit der Zeichenmaschine können Winkel zwischen diesen Größen und auch Bruchteile eines Winkelgrades gezeichnet werden. Das ermöglicht der über der drehbaren Gradteilung am Kopf der Zeichenmaschine befindliche Nonius (**92**.1).

Sind 3° in vier Noniusteile unterteilt (**92**.1 a), dann ist ein Noniusteil $^3/_4$° groß. Der Unterschied zwischen einem Noniusteil und 1° beträgt demnach $^1/_4$°. Zwischen zwei Noniusteilen und 2° besteht ein Unterschied von $^2/_4$° und zwischen drei Noniusteilen und 3° ein Unterschied von $^3/_4$°. Werden nun Nonius und Gradteilung gegeneinander um diese Differenz gedreht, dann ist ein Winkel von $^3/_4° = 45'$ zurückgelegt worden (**92**.1 b). Mit einem solchen Nonius lassen sich also Winkel von $^1/_4$° zu $^1/_4$° abstufen.

Sind aber 5° in 6 Noniusteile unterteilt, dann lassen sich Winkel von $^1/_6$° zu $^1/_6$°, also Winkel von 10′ zu 10′ einstellen. Da Zeichenköpfe in beiden Richtungen drehbar sind, haben sie einen Doppelnonius (**92.1** c).

Der Tangens (s. S. 88) kann auch zum Aufzeichnen von Winkeln herangezogen werden (**92.2**). Es wird zunächst eine Gerade von 100 mm Länge gezeichnet und in einem Endpunkte eine Senkrechte errichtet. In der Zahlentafel wird der Tangenswert für den gewünschten Winkel aufgesucht (tan 20° = 0,364), mit 100 malgenommen und das Ergebnis in mm (= 36,4) auf der Senkrechten abgetragen. Die Schlußlinie (Hypotenuse) des entstandenen Dreiecks und die 100 mm lange Kathete schließen den 20°-Winkel ein.

Mit dem TZ-Dreieck, dem Dreieck für technisches Zeichnen (**92.3**), in dem Gradskala, 45/90°-Zeichendreieck, Millimeterteilung, Schraffurlineal u. a. vereint sind, lassen sich vorteilhaft Winkel und Strecken antragen und ablesen (**92.4**), Lote errichten und fällen, Parallelen und symmetrische Formen zeichnen (**92.5**) und anderes mehr.

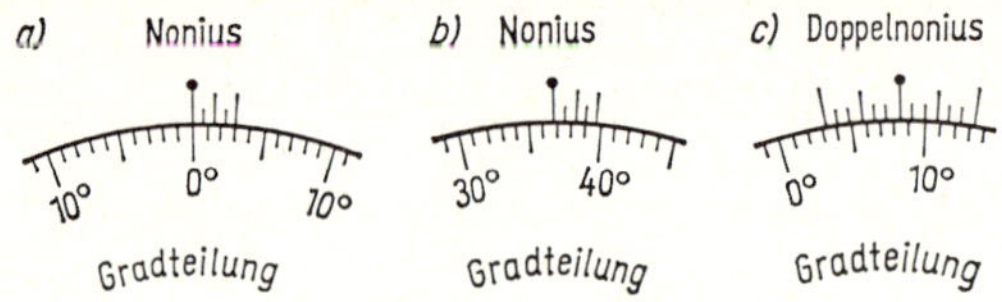


**92.1** Nonius
a) 3° sind 4 Noniusteile
b) Einstellung 36°45′
c) Einstellung 8°20′

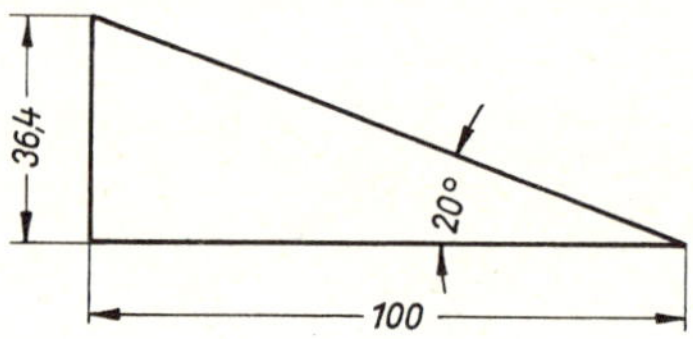


**92.2** Aufzeichnen eines Winkels mit Hilfe des Tangens

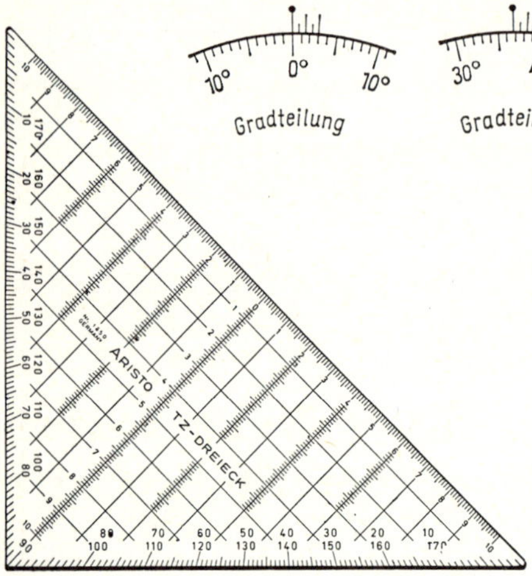


**92.3** TZ-Dreieck (Aristo)

Auch mit Sehnenlängen können Winkel aufgezeichnet werden. Sie sind für 1 ··· 90° und 100 mm Kreishalbmesser in Tafeln zusammengestellt und in technischen Tabellenbüchern enthalten.

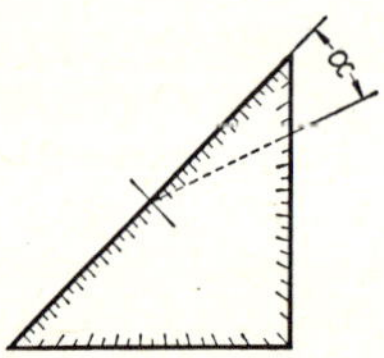


**92.4** Winkel α zeichnen

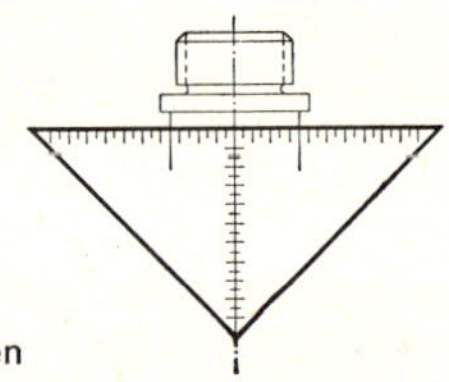

**92.5** Symmetrische Formen zeichnen

Ein Winkel von z.B. $\alpha = 33°$ entsteht, indem auf einem Kreisbogen mit dem Halbmesser 100 die aus der Tabelle entnommene Sehnenlänge $s = 56{,}8$ angetragen und von den Endpunkten der Sehne Gerade nach dem Zirkeleinsatzpunkt gezogen werden (**93.1**). Wird an Stelle eines Kreises von 100 einer von 50 Halbmesser gewählt, dann sind die halben Sehnenlängen anzutragen.

Sind Zeichenmaschine, Winkelmesser und Zahlentafeln zum Zeichnen der Winkel nicht zur Hand, kann ein Kreis mit einem Umfang $U = 360$ mm aushelfen. Dann gehört zu 1 mm Bogenlänge ein Winkel von 1°. Der Halbmesser dieses Kreises ist $U : 2\pi = 360 \text{ mm} : 6{,}28 \approx 57{,}3$ mm.

Soll z.B. ein Winkel von 55° aufgezeichnet werden, so wird die Zirkelöffnung auf 57,3 mm eingestellt und, nachdem ein Schenkel des Winkels gezogen ist, ein Kreisbogen um den Scheitelpunkt geschlagen (93.2). Dann wird mit dem Dreieck ein 60°-Winkel gezeichnet und auf dem Bogen des Hilfskreises in rückläufiger Richtung eine 5 mm lange Strecke (≈ 5°) mit dem Teilzirkel abgetragen. Durch Ziehen des zweiten Schenkels von diesem Punkte aus entsteht der 55°-Winkel. Das Verfahren liefert nur annähernd genaue Winkel.

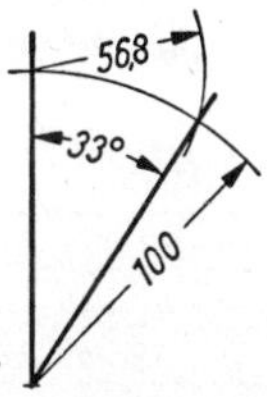


**93.1** Mit Hilfe des Sehnenmaßes gezeichneter Winkel

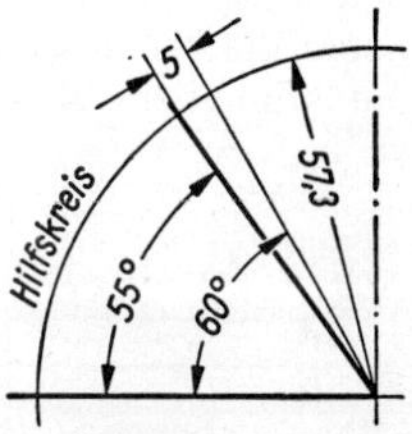


**93.2** Mit Hilfe eines Hilfskreises gezeichneter Winkel

**Neigungen.** Zum Aufzeichnen einer Neigung 1:5 wird am Ende einer 50 mm langen Geraden eine Senkrechte von 10 mm Länge errichtet. Die das Dreieck schließende Linie hat dann die gewünschte Neigung. Soll eine Neigung von 8% gezeichnet werden, dann wird im Endpunkt einer 100 (50) mm langen Geraden eine Senkrechte von 8 (4) mm errichtet.

Anmerkung: Neigung und Steigung sind identisch, d.h., eine Neigung 1:10 ist auch eine Steigung 1:10. Die Steigung von 100% liegt unter 45°. Steigung 1:∞ (∞ bedeutet unendlich) ist eine Waagerechte.

## 6.12 Zeichnungsänderungen

Die Änderung eines Werkstücks hat auch die Änderung der Zeichnung zur Folge. Ist die Zeichnung noch nicht ausgegeben und die Herstellung des Teiles noch nicht begonnen worden, dann besteht keine andere Notwendigkeit als die Zeichnungsänderung selbst; andernfalls müssen weitergehende Maßnahmen getroffen werden. Befindet sich z.B. die Zeichnung bereits in der Werkstatt, dann hängen die zu treffenden Maßnahmen von der betrieblichen Organisation ab; sie lassen sich daher nicht normen. Eine Form der Zeichnungsänderung ist nachfolgend wiedergegeben.

Erhebliche Änderungen erfordern eine neue Zeichnung. In diesem Falle erhält das Schriftfeld der bisherigen Zeichnung einen Vermerk, z.B. „Ersetzt durch 20081/1", wobei die Zahl die Nummer der neuen Zeichnung bedeutet. Außerdem wird in das Schriftfeld der neuen Zeichnung eingetragen: „Ersatz für 20081" und die Nummer der Ursprungszeichnung (**59.1**, Feld 14, 15a und 15b). Auch die Stückliste muß berichtigt werden, da zu der Baugruppe nicht mehr das auf der Zeichnung 20081, sondern das auf 20081/1 dargestellte Werkstück gehört.

Kleinere Änderungen werden unmittelbar auf der Zeichnung vorgenommen. Bei Berichtigung einer Maßzahl wird die bisher gültige durchgestrichen oder abradiert und die neue eingeschrieben. In der Nähe der Berichtigung wird dann ein Kleinbuchstabe in einen Kreis gesetzt (**94.1**). Der Buchstabe wird mit dem Änderungsvermerk in die hierfür vorgesehene Spalte des Schriftfeldes geschrieben. Der Änderungsvermerk soll den Zustand vor und nach der Änderung erkennen lassen.

Es heißt also beispielsweise „25 statt 35" und nicht etwa: „Neues Maß 25". Die neue Maßzahl ist außerdem zu unterstreichen, wenn die Darstellung selbst nicht geändert wurde.

**Unterstrichene Maßzahlen geben mithin an, daß die dazugehörigen Abmessungen ausnahmsweise nicht maßstäblich dargestellt sind.**

Bei Zeichenbogen mit Feldeinteilung (s. S. 63) werden in die Spalte „Änderung" die Nummer der Änderungsmitteilung und die Bezeichnung des Feldes eingesetzt, in dem die Änderung erfolgte (**94**.2). In die Spalte „Ausgabe" sind laufende Nummern einzutragen. Sie geben die Reihenfolge der Änderungszustände an. Bei Bedarf können mehrere Zeilen für eine Änderung benutzt werden.

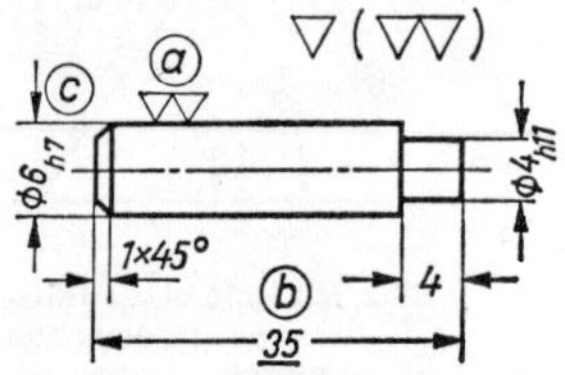


Angaben in der Zeichnung

| Zustand | Änderung | Datum | Name |
|---|---|---|---|
| | | | |
| c | h7 statt h11 | 7.8.68 | [illegible] |
| b | 35 statt 25 | 7.8.68 | [illegible] |
| a | ▽▽ statt ▽ | 3.7.68 | [illegible] |

Angaben im Schriftfeld

**94.1** Zeichnungsänderungen

| Zustand | Änderung | Datum | Name |
|---|---|---|---|
| | | | |
| | | | |
| 2 | 98/59 E5 | 8.7.68 | [illegible] |
| 1 | 298/58 B7 | 9.9.68 | [illegible] |

**94.2** Änderungsvermerke bei Verwendung eines Zeichenbogens mit Feldeinteilung

Organisatorische Maßnahmen. Die verbesserten Zeichnungen werden meist mit besonderen Änderungsmitteilungen ausgegeben. Diese enthalten auch nähere Angaben über die Änderungen, z.B. wann, weshalb und von wem sie angeordnet wurden, und Anweisungen, welche Maßnahmen in ihrem Verfolg zu treffen sind. Durch solche Anordnungen können z.B. bereits ausgegebene Lichtpausen eingezogen und die Fertigung der betreffenden Teile unterbrochen werden.

Voraussetzung für die Rückgabe der Lichtpausen ist eine Übersicht über die Stellen, die sie einst erhielten. Zu diesem Zwecke wird vorteilhaft eine Kartei geführt, in der sich für jede Zeichnung eine Karte befindet. Auf der Karte sind eingetragen: Nummer der Zeichnung und der Lichtpausen, Ausgabedatum, Empfänger und ein Quittungsvermerk.

Weitere Anordnungen können je nach Lage des Falles auf Änderung des Gießmodells, auf Aussonderung oder anderweitige Verwendung bereits fertiger, teilweise fertiger oder eingebauter Teile, auf Abänderung von Aufträgen für Unterlieferanten, auf Preis- und Katalogberichtigungen usw. lauten.

Zeichnungsänderungen in Verbindung mit Vervielfältigungsverfahren s. S. 239.

# 7 Toleranzen

## 7.1 Abmaße in Zahlen

### 7.1.1 Grundbegriffe (DIN 7182)

Ein in der Zeichnung vorgeschriebenes Maß, z.B. 50 mm, kann bei der Herstellung nicht genau eingehalten werden. Stets wird die Abmessung am Werkstück, das Istmaß $J$, kleiner oder größer sein. Zum Begrenzen der Abweichung werden, wenn nötig, zwei Maße festgelegt, zwischen denen, beide einbegriffen, das Istmaß beliebig liegen darf. Sie heißen Grenzmaße. Das größere ist das Größtmaß und das kleinere das Kleinstmaß (95.1). Bei Durchmessern werden sie mit $D_g$ (= Durchmessergrößtmaß) und $D_k$ (= Durchmesserkleinstmaß) und bei Längen sinngemäß mit $L_g$ und $L_k$ bezeichnet. Der Unterschied zwischen dem Größtmaß und dem Kleinstmaß heißt Maßtoleranz $T_m$ oder kurz Toleranz T, wenn Irrtümer nicht möglich sind.

**Beispiel**

| | |
|---|---|
| Durchmessergrößtmaß | $D_g = 50{,}05$ mm |
| Durchmesserkleinstmaß | $D_k = 49{,}98$ mm |
| Maßtoleranz | $T_m = 0{,}07$ mm |

Die kreuzschraffierten Flächen in der Zeichnung (95.1) zwischen dem Größt- und dem Kleinstmaß heißen Toleranzfelder.

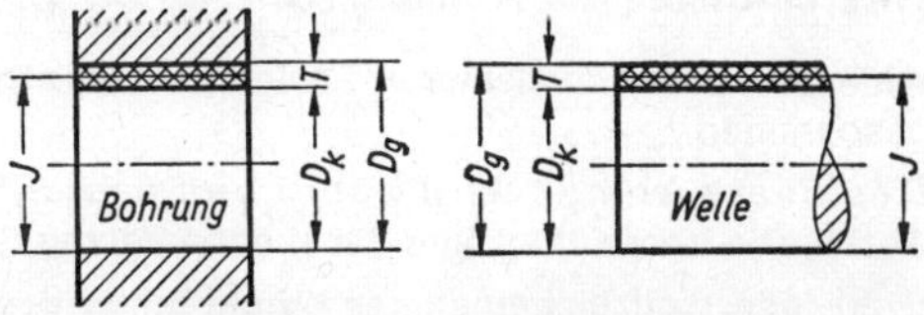


95.1 Istmaß, Größtmaß, Kleinstmaß, Maßtoleranz

Die Größe einer Toleranz wird durch die Feldhöhe ausgedrückt und richtet sich nach dem Verwendungszweck des Werkstücks. Sie soll nicht unnötig klein sein, damit sich die Herstellung durch übertriebene Maßgenauigkeit nicht verteuert.

Die Grenzmaße dürfen an keiner Stelle des Werkstücks über- bzw. unterschritten werden, doch sind Abweichungen von der geometrischen Form zwischen dem Größt- und dem Kleinstmaß zulässig. Eine vorgeschriebene zylindrische Form kann daher im Rahmen der Toleranz krumm, ballig, kegelig usw. sein (s. S. 98).

Beide Grenzmaße werden in der Zeichnung durch ein Paßmaß festgelegt (95.2). Es enthält Nennmaß und Abmaße.

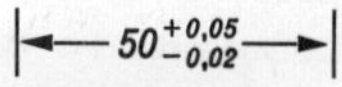


95.2 Paßmaß

Das Nennmaß $N$ ist das Hauptmaß, auf welches die Abmaße bezogen werden. Oberes Abmaß $A_o$ ist der Unterschied zwischen dem Größtmaß $D_g$ und dem Nennmaß $N$, unteres Abmaß $A_u$ der zwischen dem Kleinstmaß $D_k$ und dem Nennmaß $N$. Hieraus ergibt sich, daß die Abmaße Vorzeichen (+ oder −) haben.

**Beispiel**

Nennmaß $N = 50$ mm
Größtmaß $D_g = 50{,}05$ mm
Kleinstmaß $D_k = 49{,}98$ mm

Dann ist das obere Abmaß $A_o = D_g - N = 50{,}05\ \text{mm} - 50\ \text{mm} = +\,0{,}05$ mm
und das untere Abmaß $A_u = D_k - N = 49{,}98\ \text{mm} - 50\ \text{mm} = -\,0{,}02$ mm

Alle Abmaße werden von einer Linie, der Nullinie, aus aufgebaut. Sie wird durch das Nennmaß $N$ festgelegt (96.1). Abmaße mit dem Vorzeichen + liegen über und Abmaße mit dem Vorzeichen − unter der Nullinie. Die Vorzeichen geben also die Lage der Toleranz zur Nullinie und die Zahlen die Größe der Toleranz an. Der Unterschied zwischen Istmaß $J$ und Nennmaß $N$ heißt Istabmaß $A_I$.

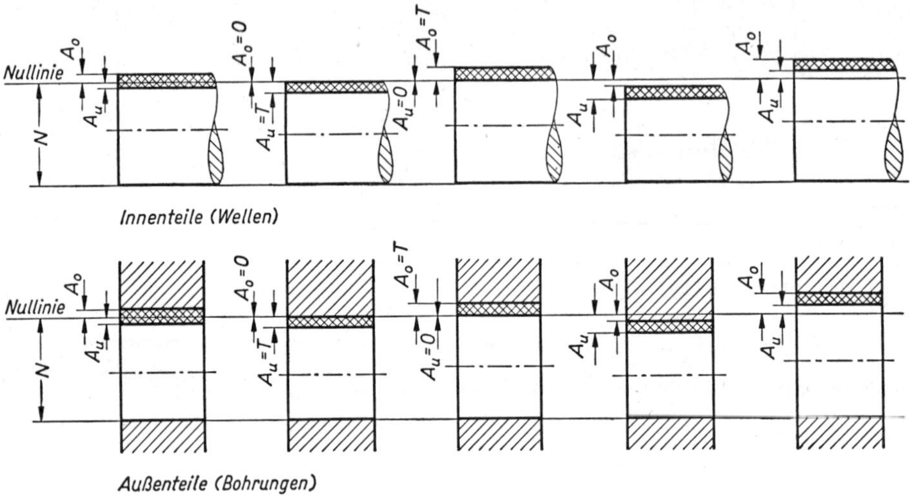


96.1 Aufbau der Abmaße

## 7.1.2 Eintragen der Abmaße (DIN 406 Bl. 2)

Abmaße werden in kleineren Zahlen, jedoch nicht unter 2,5 mm Höhe, hinter das Nennmaß geschrieben.

Das obere Abmaß wird höher und das untere Abmaß tiefer als die Maßlinie gesetzt. Die Vorzeichen sind dabei ohne Belang (96.2).

Grad- oder Zollzeichen stehen erhöht hinter dem Nennmaß; sie ragen jedoch nicht über die Maßzahlen hinaus.

96.2 Das obere Abmaß steht über dem unteren

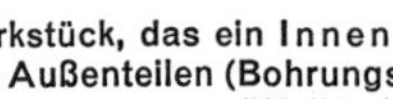


96.3 Gleich große Abmaße

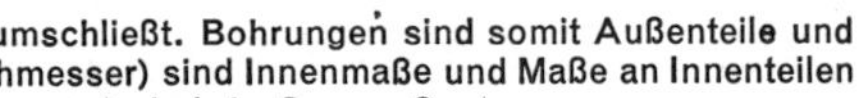


96.4 Das Abmaß 0 entfällt in der Regel nicht

Gleichgroße Abmaße sind zu einer Zahl mit beiden Vorzeichen zusammenzufassen (96.3).

Das Abmaß 0 (Null) wird eingetragen (96.4). Es kann jedoch fortfallen, wenn ein Irrtum ausgeschlossen ist.

Ein Außenteil ist ein Werkstück, das ein Innenteil umschließt. Bohrungen sind somit Außenteile und Wellen Innenteile. Maße an Außenteilen (Bohrungsdurchmesser) sind Innenmaße und Maße an Innenteilen (Wellendurchmesser) sind Außenmaße.

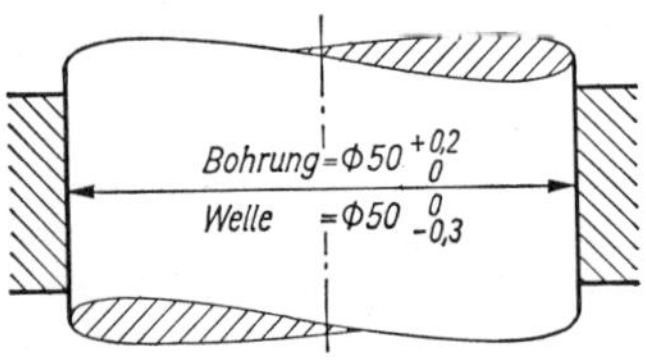


Bei ineinandergesteckt gezeichneten Werkstücken steht das Maß für das Außenteil über dem Maß für das Innenteil (96.5).

Die Zuordnung der Maße wird durch Wortangaben, z. B. Bohrung, Welle, Gabel, Kloben, lfd. Nr 10., lfd. Nr 11, gekennzeichnet.

96.5 Zusammenfassung der Maße für Außenteil und Innenteil

Gutmaß ist das bei der Fertigung zuerst erreichte Grenzmaß. Es läßt die Wegnahme von Werkstoff innerhalb der Toleranz noch zu und ist bei Außenteilen (Bohrungen) das Kleinstmaß und bei Innenteilen (Wellen) das Größtmaß. Es kann als Nennmaß gewählt werden und hat demgemäß das Abmaß 0 (**97**.1). Mithin ist für das Außenteil und für das Innenteil 20 das Gutmaß. Das jeweils andere Grenzmaß, für das Außenteil = 20 + 0,05 = 20,05 und für das Innenteil 20 − 0,03 = 19,97, wird als Ausschußmaß bezeichnet, weil bei seiner Überschreitung am Außenteil oder Unterschreitung am Innenteil der Toleranzbereich verlassen wird und Ausschuß entsteht.

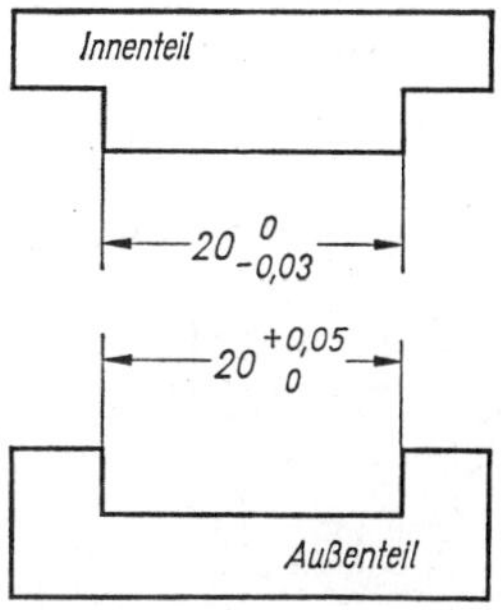


**97.1 Ausschußmaße sind 20,05 und 19,97**

**Wird das Gutmaß als Nennmaß eingesetzt, dann gehört zu einem Außenteil das obere Abmaß mit dem Vorzeichen + und zu einem Innenteil das untere Abmaß mit dem Vorzeichen −. Diese Eintragung ist vorteilhaft, weil das Gutmaß sofort erkennbar, nur ein Abmaß nötig und dies zugleich die Größe der Toleranz ist.**

Absatzmaße gehen gewöhnlich von einer Maßbezugsebene aus und können als Innen- oder als Außenmaße je nach Wahl der Maßbezugsebene aufgefaßt werden (**97**.2). Die Maßbezugsebene ist in den Bildern **97**.2 mit „A" gekennzeichnet; sie wird in Zeichnungen nur angegeben, wenn sie für die Fertigung von Bedeutung ist (z.B. bei Koordinatenbemaßung).

**Liegt die Maßbezugsebene der Bearbeitung gemäß in der Stirnfläche, dann haben die Absatzmaße die Bedeutung von Innenmaßen, die (oberen) Abmaße erhalten mithin das Vorzeichen +. Im rechten Beispiel sind die Absatzmaße gleichbedeutend mit Außenmaßen, die (unteren) Abmaße haben somit das Vorzeichen −.**

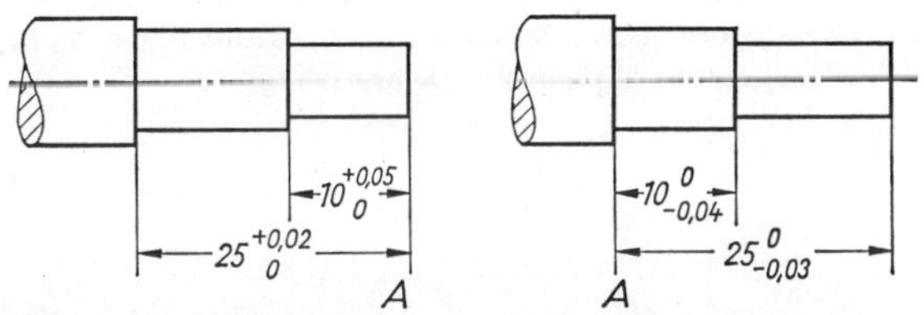


**97**.2 Die Vorzeichen richten sich nach Lage der Maßbezugsebene

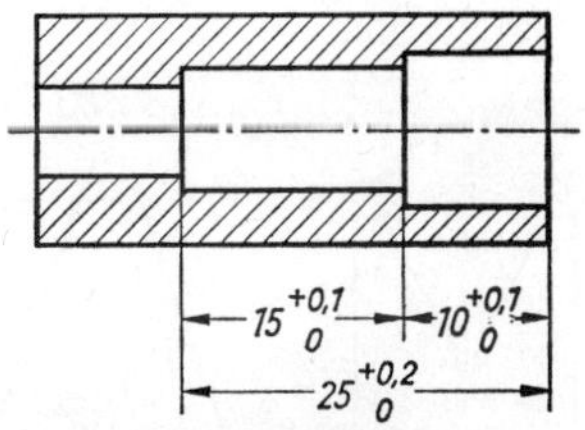


**97.3 Falsche Bemaßung**

Maßketten. Aneinandergereihte Maße bilden eine Maßkette. Die einzelnen Maße der Maßkette und das Gesamtmaß dürfen nicht toleriert werden, wenn dadurch die Gefahr des Ausschusses bei der Fertigung entsteht (**97**.3).

**Würde z.B. zuerst das Maß $25^{+0,2}$ mit der Summentoleranz +0,2 auf das Kleinstmaß = 25 und eines der Kettenmaße, z.B. $10^{+0,1}$, auf das Größtmaß = 10,1 gebracht, dann ist für das andere Maß nur 25 − 10,1 = 14,9 übrig. Die risikolose Herstellung des Teils ist also ausgeschlossen.**

Mittenentfernungen werden gleichmäßig nach + und nach − toleriert (**97**.4).

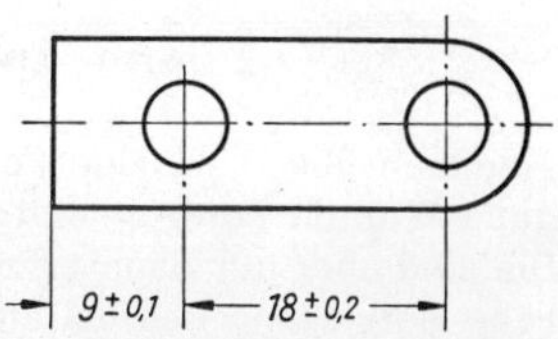


**97.4 Tolerierte Lochabstände**

**Auch für den Abstand einer Lochmitte von einer zuvor bearbeiteten Kante ist die Maßtoleranz gewöhnlich nach beiden Seiten gleich groß (97.4).**

Wird aber der Abstand einer Fläche von der Lochmitte aus bestimmt, so ist die Lochmitte die Maßbezugsebene (**97**.5) Bei beiden Maßen ist mithin das bei der Bearbeitung zuerst erreichte Maß, das Gutmaß, als Nennmaß einzutragen und das Ausschußmaß durch ein Abmaß mit richtigem Vorzeichen festzulegen.

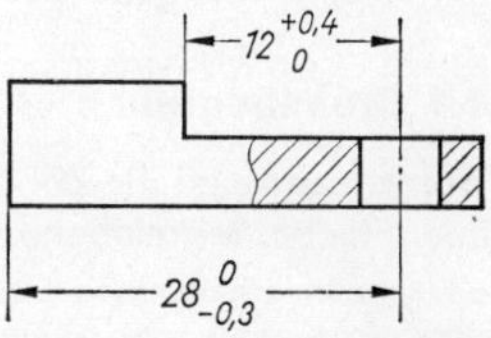


**97.5 Lochmitte als Maßbezug**

Tolerierte Abstände einzelner Löcher voneinander können von einer Lochmitte aus bemaßt werden (**98**.1). Bei gleichen Abmaßen ist dann die zulässige Abweichung des ersten Lochmittenabstandes jedoch nur halb so groß (= 0,2) wie die jeder anderen Teilung (= 0,4).

Wird die Maßbezugsebene aber an eine geeignete Kante des Werkstücks gelegt (**98.2**) oder wird nach Bild **98.3** verfahren, dann sind die Toleranzen aller Teilungen untereinander gleich.

Teilungen für eckige Löcher und Nuten werden von Kante zu Kante bemaßt (**98.4**). Bei Anordnung der Maße gemäß **98.2** oder **98.3** sind die zulässigen Abweichungen der Abmessungen zwischen gleichliegenden Lochkanten wiederum gleich groß.

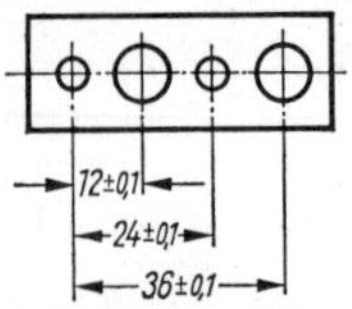


**98.1** Von einer Lochmitte aus bemaßte Teilungen

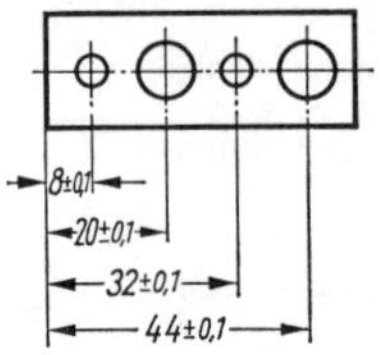


**98.2** Werkstückskante als Maßbezugsebene

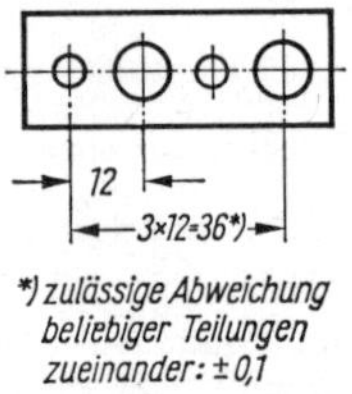


**98.3** Vereinfachte Bemaßung

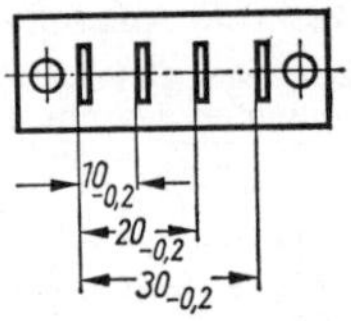


**98.4** Abstände rechteckiger Löcher

Winkeltoleranzen werden nach Bild **98.5** eingetragen. Damit ihre Auswirkung zwischen den Winkelschenkeln erkennbar wird, ist die Überprüfung in Längstoleranzen zu empfehlen.

Bei einseitigen Schwankungen des Istmaßes werden das betreffende Grenzmaß und der Zusatz Größtmaß oder max bzw. Kleinstmaß oder min etwas kleiner als die Maßzahl eingetragen, aber nicht kleiner als 2,5 mm (**98.6**).

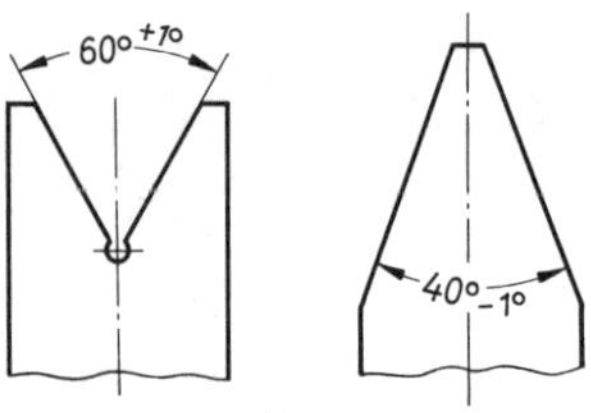


**98.5** Eintragung der Winkeltoleranzen

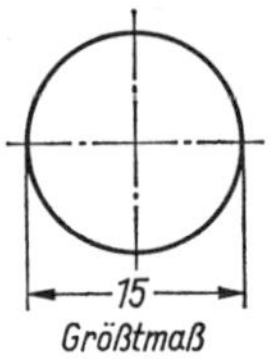


**98.6** Einseitige Toleranzbegrenzung

## 7.2 Form- und Lagetoleranzen (DIN 7184)

Angaben über zulässige Form- und Lagetoleranzen dienen mit dazu, einwandfreie Bedingungen für die Funktion und Austauschbarkeit von Werkstücken und Baugruppen zu sichern. Sie sind aber nur dann erforderlich, wenn von ihnen die Funktion und/oder die wirtschaftliche Herstellung des betreffenden Teiles abhängen. Andernfalls werden sie durch die festgelegten Maßtoleranzen zwangsläufig mit begrenzt. Eine Ausnahme bilden lediglich Symmetrie-, Koaxialitäts- und Laufabweichungen.

### 7.2.1 Grundbegriffe

**Toleranzzone** ist die Zone, innerhalb der alle Punkte eines geometrischen Elementes (Punkt, Linie, Fläche, Mittelebene, Raum) liegen müssen, z.B.

die Fläche innerhalb eines Kreises oder zwischen zwei konzentrischen Kreisen (Kreisen mit gemeinsamem Mittelpunkt)

die Fläche zwischen zwei äquidistanten[1]) (gleichabständigen) Linien oder zwei parallelen Geraden

der Raum innerhalb einer Kugel

[1]) „äquidistant“= gleichabständig ist ein Oberbegriff, der auch die Sonderfälle „parallel“ bei Geraden und Ebenen, „konzentrisch“ bei Kreisen und „koaxial“ bei Zylindern mit umfaßt.

der Raum innerhalb eines Zylinders oder zwischen zwei koaxial liegenden Zylindern (Zylindern mit gemeinsamer Achse)
der Raum zwischen zwei äquidistanten (gleichabständigen) Flächen oder zwei parallelen Ebenen
der Raum innerhalb eines Quaders.

**Formtoleranzen** grenzen die zulässigen Abweichungen eines Elementes von seiner geometrisch idealen Form ein. Sie bestimmen die Toleranzzone, innerhalb der das Element beliebige Form haben darf.

**Lagetoleranzen.** Hierzu gehören Richtungs-, Orts- und Lauftoleranzen. Sie begrenzen die zulässigen Abweichungen von der idealen Lage zweier oder mehrerer Elemente zueinander. Ein Element, erforderlichenfalls auch zwei, werden als Bezugselement festgelegt. Die Lagetoleranzen bestimmen die Toleranzzone. Ist keine Formtoleranz angegeben, so darf das Element innerhalb dieser Toleranzzone beliebige Form haben.

**Bezugselement.** Es dient bei der Lagetoleranz als Ausgangsbasis und sollte dies möglichst auch bei der Funktion des Werkstückes sein. Das Bezugselement muß genügend formgenau sein. Erforderlichenfalls sind Formtoleranzen vorzuschreiben.

**Maximal-Material-Bedingung.** Sie gestattet, eine eingetragene Toleranz um die Differenz zwischen Paarungsmaß und Maximum-Material-Maß zu überschreiten. Das Maximum-Material-Maß ist dasjenige Grenzmaß, welches das „Maximum an Stoff" des Werkstückes ergibt (s. DIN 7182 Bl. 1). Es ist z.B. das Größtmaß der Welle bzw. das Kleinstmaß der Bohrung.

**Minimum-Bedingung.** Beim Messen von Formabweichungen sind die Begrenzungslinien bzw. die Begrenzungsflächen so an die Ist-Form anzulegen, daß sich die geringste Formabweichung ergibt (s. $h_1$ und $\Delta r_1$ in Bild **99.1** a und b). Wird diese Minimum-Bedingung nicht beachtet, dann ergeben sich größere Abweichungen (s. $h_2$ und $\Delta r_2$ in Bild **99.1** a und b), die zu falschen Meßergebnissen führen.

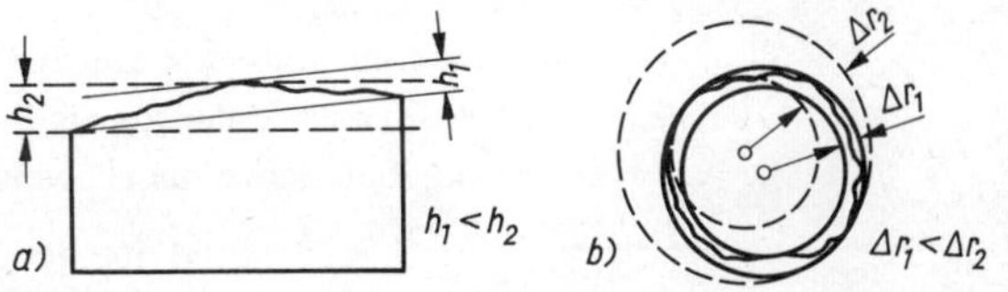


**99.1** Minimum-Bedingung

## 7.2.2 Wechselbeziehung zwischen Maß-, Form- und Lagetoleranzen

Allgemein sind die eingetragenen Form- und Lagetoleranzen kleiner als die Maßtoleranzen. Dabei gilt für Form- und Richtungsabweichungen die geometrisch ideale Form mit dem Maximum-Material-Maß als Begrenzung des Werkstückes. Dieses Maß darf nicht überschritten werden, um bei Passungen die Paarung der Werkstücke zu gewährleisten.

Sind die Form- und Richtungstoleranzen größer als die Maßtoleranzen (z.B. Geradheitstoleranzen bei Stabmaterial, Ebenheitstoleranzen bei Blechen), so dürfen sie unabhängig von den Istmaßen auftreten, also auch dann, wenn überall Maximum-Material-Maß vorliegt.

Koaxialitäts- und Symmetrietoleranzen gelten für Achsen bzw. Mittelebenen. Sie sind daher von den Istmaßen der betroffenen Elemente unabhängig und dürfen also auch dann auftreten, wenn überall Maximum-Material-Maß vorliegt.

Die Rundlauftoleranz ist eine Summentoleranz aus Rundheits- und Koaxialitätstoleranz. Dabei hängt die zulässige Koaxialitätsabweichung von der eingetragenen Rundlauftoleranz und der vorhandenen Rundheitsabweichung ab. Rundlauftoleranzen sind also von den Istmaßen unabhängig.

Aus dem Vorstehenden folgt, daß die Prüfung der Istmaße sowie die der Koaxialitäts-, Symmetrie- und/oder Laufabweichung unabhängig voneinander vorgenommen werden. Dies gilt auch für Form- und Richtungsabweichungen, die größer sind als die Maßtoleranzen.

### 7.2.3 Eintragen der Form- und Lagetoleranzen

Es werden verwendet:

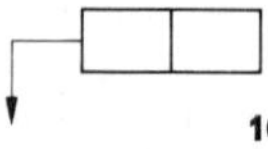

**100.1**

Toleranzrahmen mit Bezugspfeil, auf das tolerierte Element weisend (**100.1**)

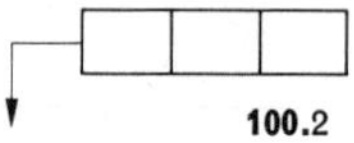

**100.2**

Toleranzrahmen wie oben mit zusätzlichem Feld für Hinweis auf das Bezugselement (**100.2**)

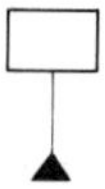

**100.3**

Bezugsdreieck mit Rahmen für den Bezugsbuchstaben zum Kennzeichnen des Bezugselementes (**100.3**)

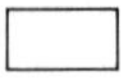

**100.4**

rechteckiger Rahmen zum Kennzeichnen von theoretischen Maßen für die Angabe der geometrisch idealen (theoretisch genauen) Lage der Toleranzzone (**100.4**)

**100.5**

Symbol für Maximum-Material-Bedingung (**100.5**)

Das Symbol für die tolerierte Eigenschaft, der Toleranzwert und gegebenenfalls der Hinweis auf das Bezugselement werden im Toleranzrahmen mit Bezugspfeil wie in Bild **100.6** angegeben.

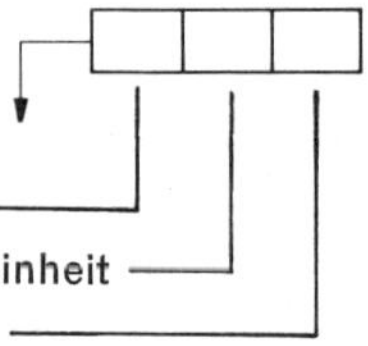

**100.6**

Symbol für tolerierte Eigenschaft

Toleranzwert in der für die Zeichnung geltenden Maßeinheit

Bezugsbuchstabe als Hinweis auf das Bezugselement

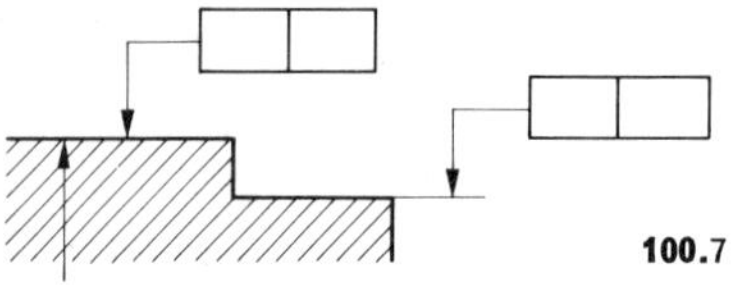

**100.7**

Ist das tolerierte Element eine Fläche oder Linie (z.B. Mantellinie), aber keine Achse, so wird der Bezugspfeil wie in Bild **100.7** eingetragen. Um Verwechslungen zu vermeiden, müssen Maßlinien in $\geqq$ 4 mm Abstand vom Bezugspfeil angeordnet sein.

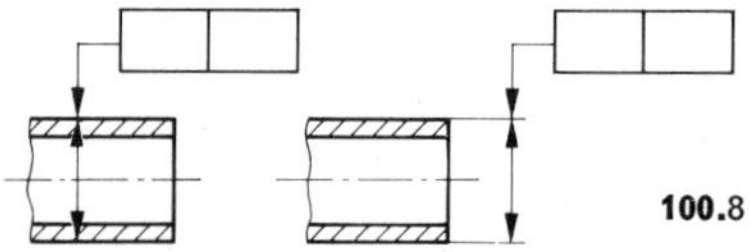

**100.8**

Ist das tolerierte Element eine Achse oder Mittellinie, dann wird der Bezugspfeil in Richtung der Maßlinie wie in Bild **100.8** gesetzt.

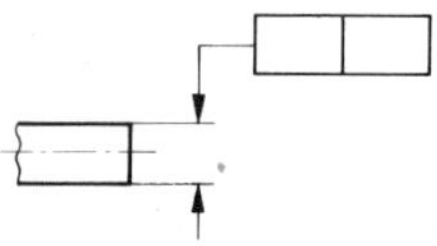

**100.9**

Bezieht sich die Toleranzangabe auf alle durch die Mittellinie dargestellten Achsen oder Mittelebenen, so steht der Bezugspfeil senkrecht auf dieser Mittellinie (**100.10**).

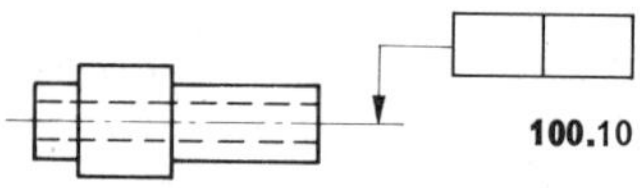

**100.10**

Bei Platzmangel darf ein Maßpfeil als Bezugspfeil verwendet werden (**100.9**).

Ist die Toleranzzone des tolerierten Elementes ein Kreis oder ein Zylinder, so wird vor den Toleranzwert das Durchmesserzeichen (z.B. ∅ 0,1) gesetzt. Andernfalls liegt die Breite der Toleranzzone am tolerierten Element in Richtung des Bezugspfeiles.

Gilt der Toleranzwert für ein toleriertes Element nur für eine bestimmte Teillänge, die jedoch beliebig innerhalb der Gesamtlänge liegt, dann ist diese Länge in der für die Zeichnung geltenden Maßeinheit durch einen Schrägstrich getrennt rechts neben den Toleranzwert zu setzen (**101**.1). Das gilt auch für Flächen.

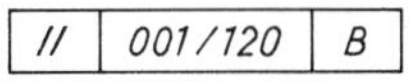


**101**.1

Gilt die Toleranzangabe nur für einen vorgeschriebenen Bereich, so ist dieser mit einer breiten Strichpunktlinie zu kennzeichnen und zu bemaßen (**101**.2).

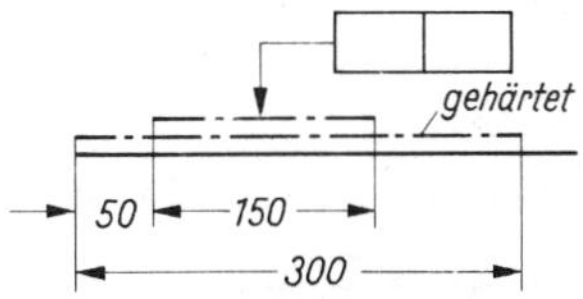


**101**.2

Gilt neben der Toleranz im Gesamten eine weitere gleichartige Toleranz für eine Teillänge beliebiger Lage, so wird diese im unteren Teilfeld des waagerecht halbierten Feldes im Toleranzrahmen angegeben (**101**.3).

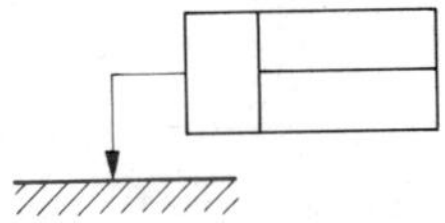

**101**.3

Sind zu einem tolerierten Element Toleranzen für zwei tolerierte Eigenschaften notwendig, dann werden beide Toleranzangaben in besonderen Toleranzrahmen untereinander und mit nur einem Bezugspfeil an das tolerierte Element gesetzt (**101**.4).

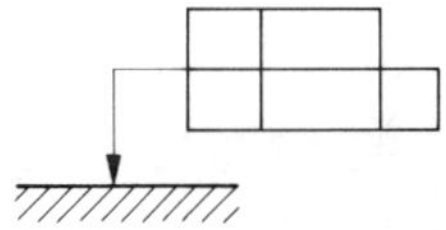

**101**.4

Ein Bezugselement wird durch ein Bezugsdreieck gekennzeichnet, das entweder direkt mit dem Toleranzrahmen verbunden (**101**.5a) oder mit einem Bezugsbuchstaben gekennzeichnet ist (**101**.5b). Der Bezugsbuchstabe muß im Toleranzrahmen wiederholt werden (**101**.5c).

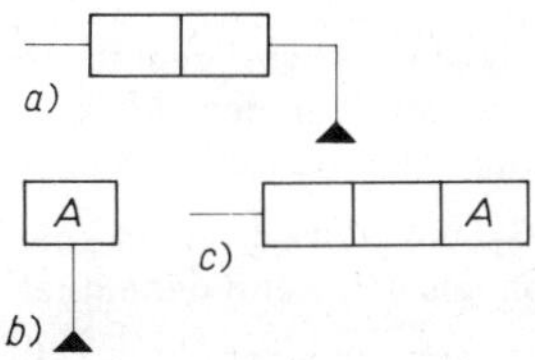


**101**.5

Das Bezugsdreieck steht entweder direkt auf dem Bezugselement (**101**.6a) oder auf dessen Verlängerung bzw. Maßhilfslinie (**101**.6b).

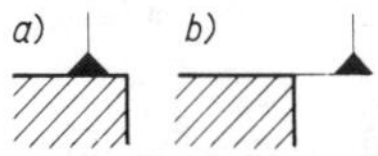


**101**.6

Um Verwechslungen bei Angaben mit Bezugsdreiecken zu vermeiden, müssen Maßlinien mindestens 4 mm Abstand von innen haben.

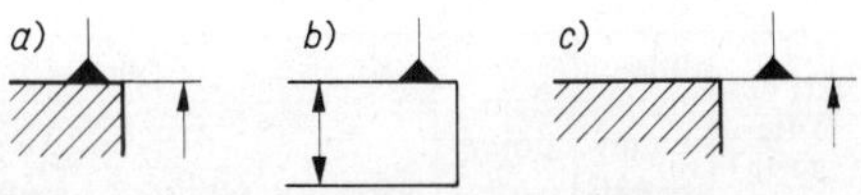


**101**.7

Beispiele für eine ebene Fläche oder gerade Linie als Bezugselement s. Bild **101**.7a bis c, für eine Achse oder eine Mittelebene als Bezugselement s. Bild **101**.8a und b.

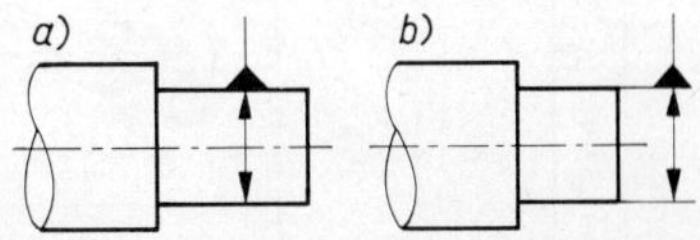


**101**.8

Bei Platzmangel darf das Bezugsdreieck anstelle eines der beiden Maßpfeile eingetragen werden (**101**.9 a und b).

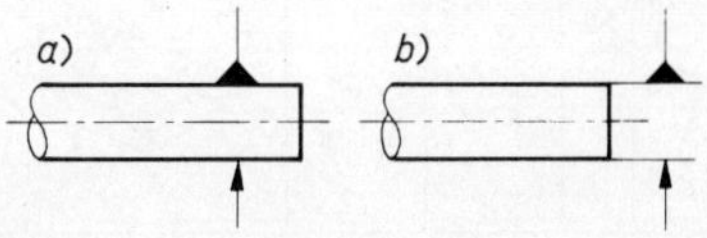


**101**.9

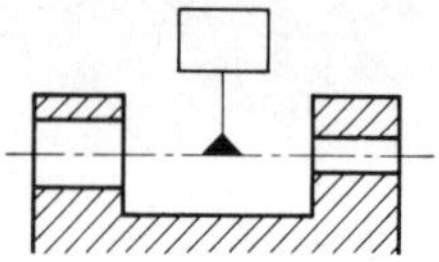

102.1

Hat das Bezugselement eine mehreren Formelementen gemeinsame Achse oder Mittelebene, so wird das Bezugsdreieck wie in Bild **102.1** eingetragen.

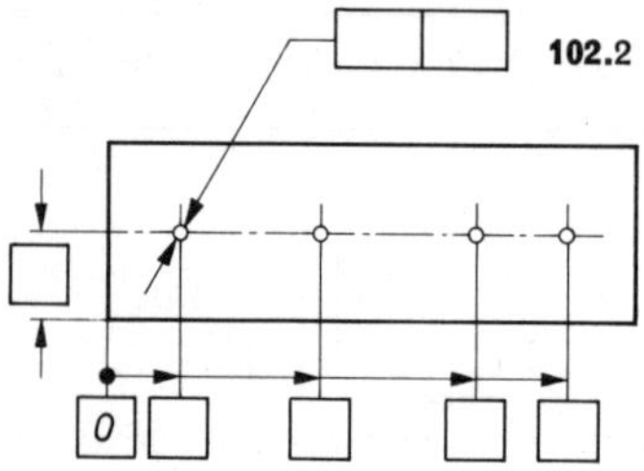


102.2

Theoretische Maße, die zur Angabe der geometrisch idealen (theoretisch genauen) Lage der Toleranzzone bei Neigungstoleranzen, Positionstoleranzen und oft auch bei Flächenform- und Linienformtoleranzen erforderlich sind, werden in rechteckige Rahmen eingetragen. Für diese Maße gelten die zulässigen Abweichungen für Maße ohne Toleranzangabe nicht. Die zulässigen Abweichungen am Werkstück werden durch die eingetragene Form- bzw. Lagetoleranz begrenzt (**102.2**).

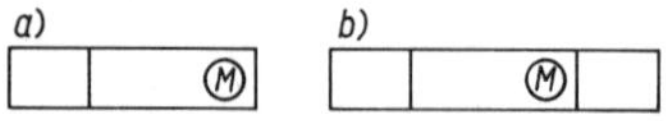


102.3

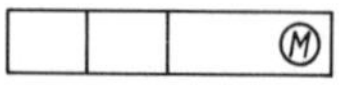


102.4

Das Symbol M für die Maximum-Material-Bedingung wird rechts neben den Toleranzwert gesetzt, wenn dieser um den Absolutwert der Differenz zwischen Paarungsmaß und Maximum-Material-Maß des tolerierten Elementes überschritten werden darf (**102.3** a und b).

Das Symbol M wird rechts neben den Bezugsbuchstaben gesetzt, wenn der eingetragene Toleranzwert um den Absolutwert der Differenz zwischen Paarungsmaß und Maximum-Material-Maß des Bezugselementes überschritten werden darf (**102.4**).

Das Symbol M wird rechts sowohl neben den Toleranzwert als auch neben den Bezugsbuchstaben gesetzt, wenn der eingetragene Toleranzwert um die Summe aus dem Absolutwert der Differenz zwischen Paarungsmaß und Maximum-Material-Maß des Bezugselementes überschritten werden darf (**102.5**).

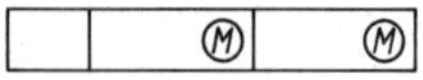


102.5

## 7.2.4 Übersicht über die Arten der Form- und Lagetoleranzen und Beispiele für die Zeichnungseintragung

| Art der Toleranz | | tolerierte Eigenschaft | Symbol | Anwendungsbeispiele: Toleranz-Zone | Zeichnungseintragung | Erklärung |
|---|---|---|---|---|---|---|
| Lagetoleranzen | Formtoleranzen | Geradheit | — | 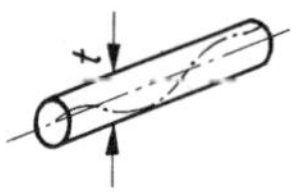 | 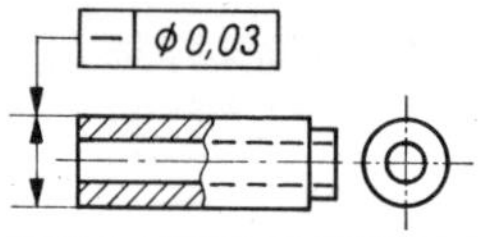  | Die tolerierte Achse des (äußeren) Zylinders muß innerhalb eines Zylinders mit ⌀ 0,03 mm liegen. |
| | | | | 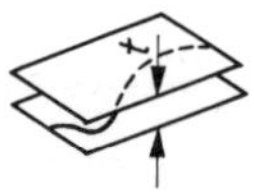 | 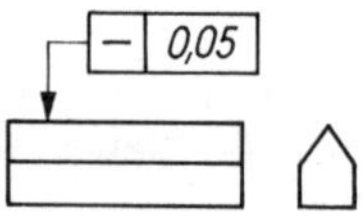  | Die tolerierte Kante des Werkstückes muß zwischen zwei senkrecht zur tolerierten Richtung (Pfeilrichtung) liegenden parallelen Ebenen mit 0,05 mm Abstand liegen. |

| Art der Toleranz | tolerierte Eigenschaft | Symbol | Anwendungsbeispiele: Toleranz-Zone | Zeichnungseintragung | Erklärung |
|---|---|---|---|---|---|
| Lagetoleranzen – Formtoleranzen | Ebenheit | ▱ | 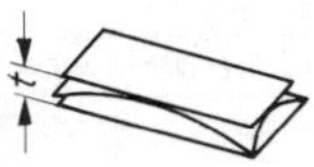 | 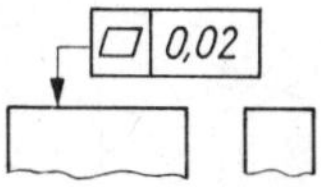 | Die tolerierte Fläche muß zwischen zwei parallelen Ebenen mit 0,02 mm Abstand liegen. |
| | Rundheit (Kreisform) | ○ | 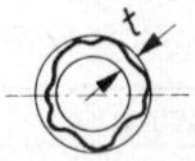 | 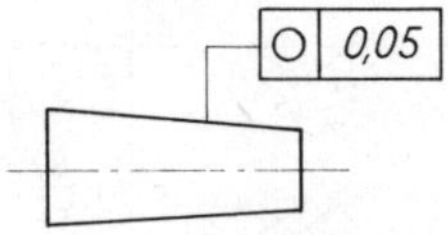 | In jeder achssenkrechten Schnittebene muß die tolerierte Umfangslinie zwischen zwei konzentrischen Kreisen mit 0,05 mm Abstand liegen. |
| | Zylinderform | ⌭ | 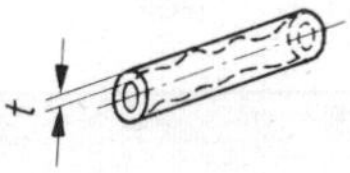 | 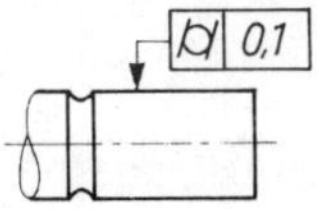 | Die tolerierte Mantelfläche muß zwischen zwei koaxialen Zylindern liegen, die einen Abstand von 0,1 mm haben. |
| | Linienform | ⌒ |  | 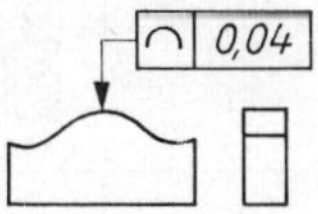 | In jedem Schnitt parallel zur Zeichenebene muß das tolerierte Profil zwischen Hüllinien an Kreise mit ⌀0,04 mm liegen, deren Mittelpunkte auf der geometrisch idealen Linie liegen. |
| | Flächenform | ⌓ | 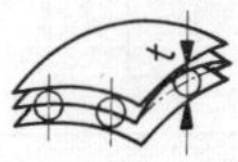 | 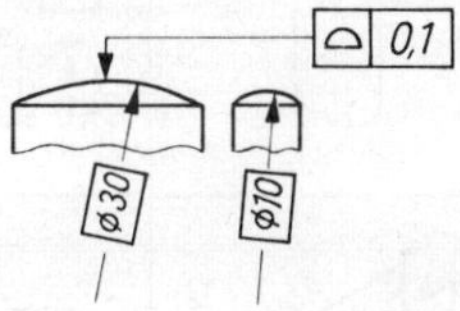 | Die tolerierte Fläche muß zwischen zwei Hüllflächen an Kugeln mit ⌀ 0,1 mm liegen, deren Mittelpunkte auf der geometrisch idealen Fläche liegen. |
| Richtungstoleranzen | Parallelität | // | 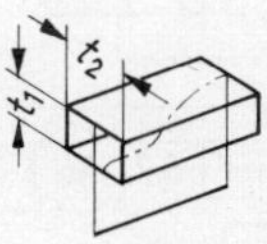 | 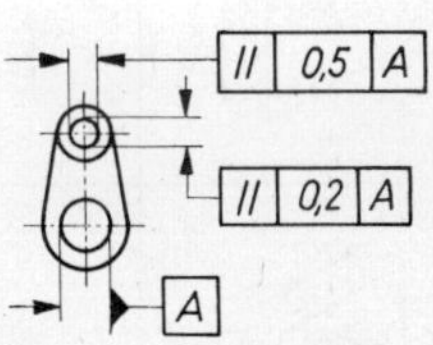 | Die tolerierte Achse der oberen Bohrung muß innerhalb eines Quaders mit dem Querschnitt $t_1 \cdot t_2 =$ 0,2 mm · 0,5 mm liegen, der parallel zur Bezugsachse *A* ist. $t_1$ und $t_2$ erstrecken sich in der zugehörigen Pfeilrichtung. |
| | | | 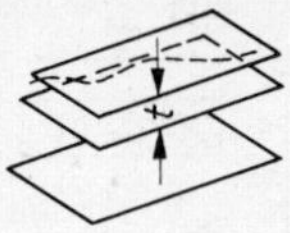 | 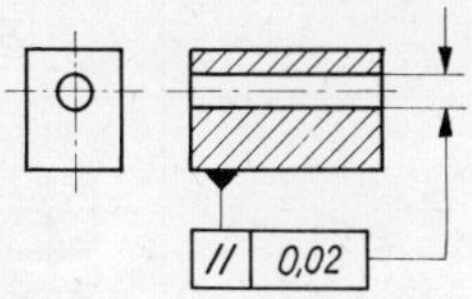 | Die tolerierte Achse der Bohrung muß zwischen zwei zur Bezugsfläche parallelen Ebenen mit 0,02 mm Abstand liegen. |

(Fortsetzung s. nächste Seite)

| Art der Toleranz | | tolerierte Eigenschaft | Symbol | Anwendungsbespiele: Toleranz-Zone | Zeichnungseintragung | Erklärung |
|---|---|---|---|---|---|---|
| Lagetoleranzen | Richtungstoleranzen | Rechtwinkligkeit | ⊥ | 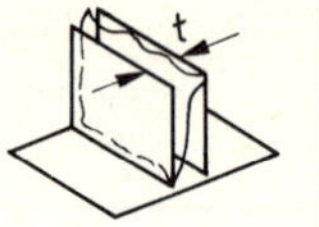  | 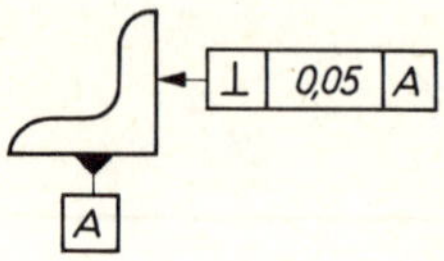  | Die tolerierte Fläche muß zwischen zwei parallelen und zur Bezugsfläche *A* senkrechten Ebenen mit 0,05 mm Abstand liegen. |
| | | Neigung (Winkligkeit) | ∠ | 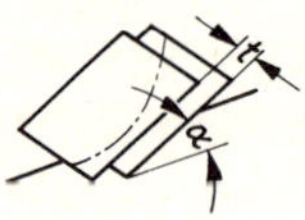  | 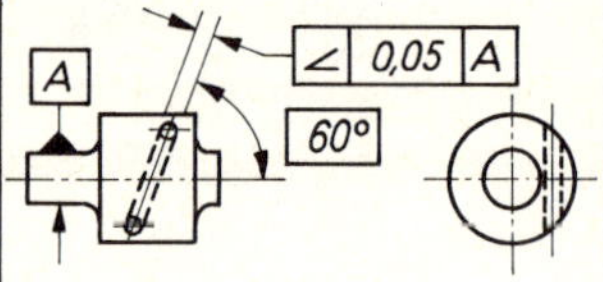  | Die tolerierte Achse der Bohrung muß zwischen zwei parallelen und im geometrisch idealen Winkel 60° zur Bezugsachse geneigten Ebenen mit 0,05 mm Abstand liegen. |
| | Ortstoleranzen | Position | ⌖ | 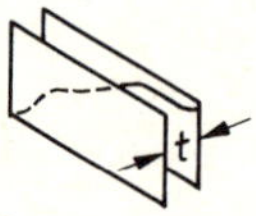  | 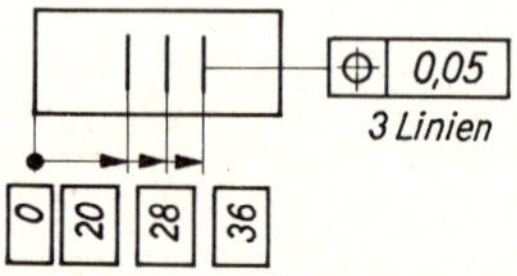  | Jede der tolerierten Markierungslinien muß zwischen zwei parallelen und vom geometrisch idealen Ort gleich weit entfernten Ebenen mit 0,05 mm Abstand liegen. |
| | | Konzentrizität und Koaxialität | ◎ | 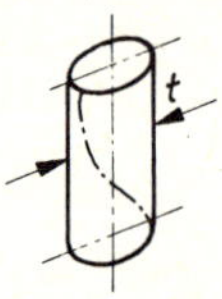  | 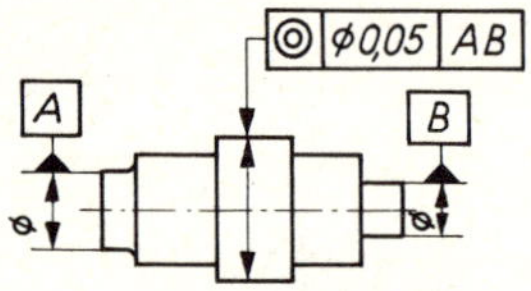  | Die tolerierte Achse des mittleren Zylinders muß innerhalb eines zur Bezugsachse *AB* koaxialen Zylinders mit ⌀ 0,05 mm liegen. |
| | | Symmetrie | ⌯ | 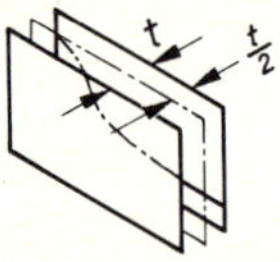  | 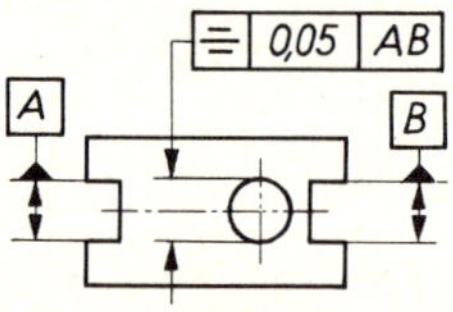  | Die tolerierte Achse der Bohrung muß zwischen zwei parallelen Ebenen mit 0,05 mm Abstand liegen, die symmetr. zur Mittelebene der Schlitze *A* und *B* angeordnet sind. |
| | Lauftoleranzen | Rundlauf | ↗ | 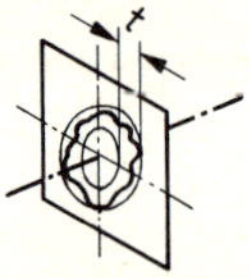  | 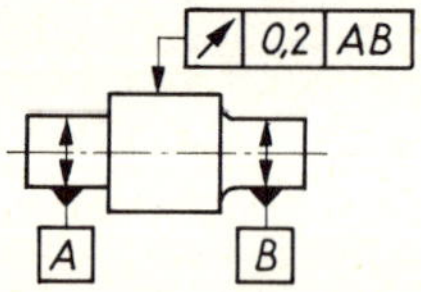  | Bei Drehung um die Bezugsachse *AB* darf die Rundlauf abweichung in jeder achssenkrechten Meßebene 0,2 mm nicht überschreiten. |
| | | Planlauf | ↗ | 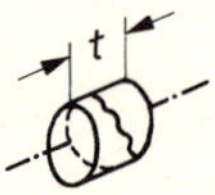  | 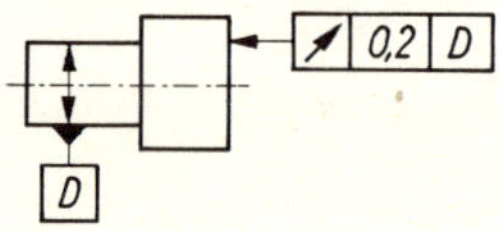  | Bei Drehung um die Bezugsachse *D* darf die Planlaufabweichung in jedem Meßzylinder 0,2 mm nicht überschreiten. |

## 7.3. Passungen

### 7.3.1 Bedeutung und Entstehen

Einheitliche Bauformen und Massenherstellung in Spezialbetrieben erleichtern die Deckung des Bedarfs und wirken preisverbilligend. Die Einzelteile müssen aber einbaufertig und untereinander willkürlich austauschbar sein, sollen also ohne Nacharbeit so passen, wie es der verlangte Zweck erfordert. Hierzu dienen Passungen. Sie entstehen meist bei Bohrungen und Wellen, und zwar infolge verschiedener Durchmesser.

### 7.3.2 Grundbegriffe (DIN 7182)

**Paßteile** sind Werkstücke, für die eine Passung vorgesehen ist. Bohrungen und Wellen haben zylindrische Paßflächen und ergeben Rundpassungen. Flachpassungen werden von ebenen Paßflächenpaaren gebildet. Zusammengehörige Paßteile haben je nach Lage des Maßunterschiedes Spiel oder Übermaß.

**Spiel** $S$ ist der Unterschied zwischen dem Innenmaß des Außenteils und dem Außenmaß des Innenteils, wenn das Innenmaß größer ist (**105.1**).

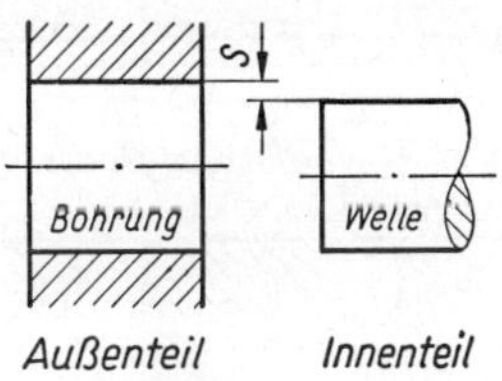


**105.1** Spiel $S$

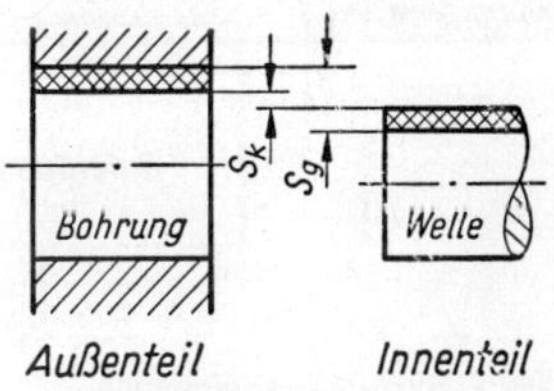


**105.2** Größtspiel $S_g$ und Kleinstspiel $S_k$

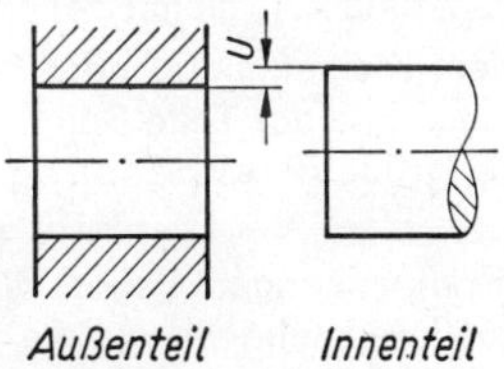


**105.3** Übermaß $U$

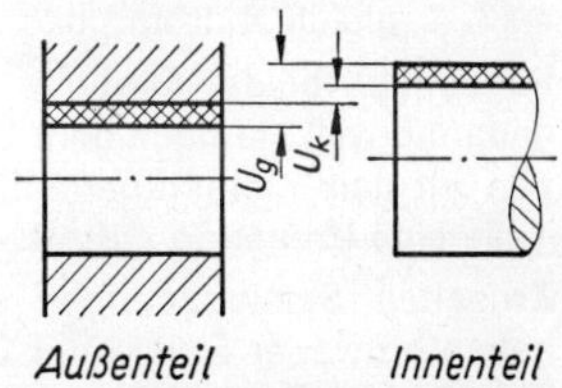


**105.4** Größtübermaß $U_g$ und Kleinstübermaß $U_k$

Größtspiel $S_g$ ist der Unterschied zwischen dem Größtmaß des Außenteils und dem Kleinstmaß des Innenteils (**105.2**).

Kleinstspiel $S_k$ ist der Unterschied zwischen dem Kleinstmaß des Außenteils und dem Größtmaß des Innenteils. Der Unterschied zwischen den Istmaßen beider Teile heißt Istspiel $S_i$.

**Übermaß** $U$ ist der Unterschied zwischen dem Innenmaß des Außenteils und dem Außenmaß des Innenteils, wenn das Innenmaß kleiner ist (**105.3**).

Größtübermaß $U_g$ ist der Unterschied zwischen dem Größtmaß des Innenteils und dem Kleinstmaß des Außenteils und Kleinstübermaß $U_k$ der zwischen dem Kleinstmaß des Innenteils und dem Größtmaß des Außenteils (**105.4**). Der Unterschied zwischen den Istmaßen beider Teile heißt Istübermaß $U_i$.

### 7.3.3 Paßsysteme

Unterschiede in den Größen der Spiele und Übermaße ergeben verschiedene Passungen. Eine sinnvoll aufgebaute Reihe Passungen heißt Paßsystem. Es bestehen gleichberechtigt nebeneinander die Paßsysteme Einheitsbohrung und Einheitswelle; mit jedem ist der gleiche Zweck erreichbar.

Im System **Einheitsbohrung** ist die Bohrung für die Passungen desselben Nenndurchmessers gleich groß (**106.1**). Die für die verschiedenen Passungen erforderlichen Spiele und Übermaße entstehen durch kleinere und größere Wellendurchmesser.

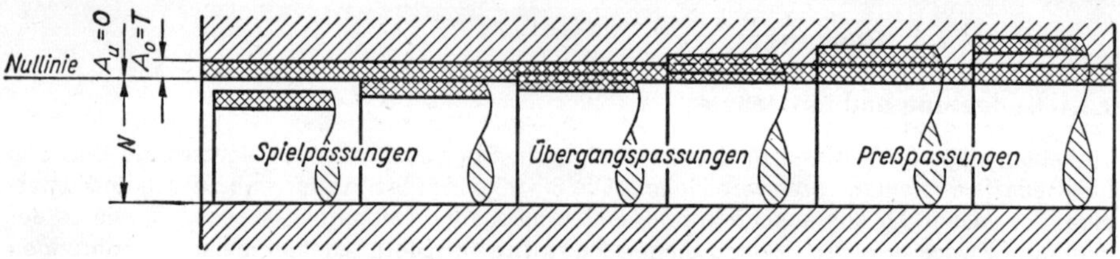


**106.1** System Einheitsbohrung

Bei der Einheitsbohrung fällt die Nullinie mit dem Kleinstmaß der Bohrung zusammen. Demgemäß ist deren unteres Abmaß $A_u$ gleich Null und das obere Abmaß $A_o$ gleich der Maßtoleranz $T$ der Bohrung.

Im System **Einheitswelle** ist die Welle für alle Passungen desselben Nenndurchmessers gleich groß (**106.2**). Die für die verschiedenen Passungen erforderlichen Spiele und Übermaße entstehen durch größere und kleinere Bohrungsdurchmesser.

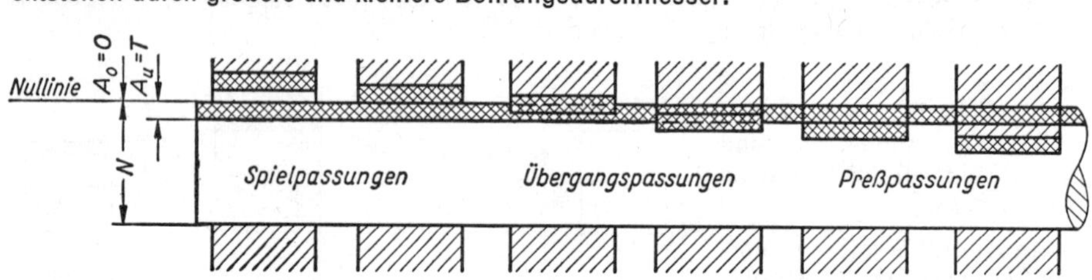


**106.2** System Einheitswelle

Bei der Einheitswelle liegt die Nullinie im Größtmaß der Welle. Mithin ist deren oberes Abmaß $A_o$ gleich Null und das untere Abmaß $A_u$ gleich der Maßtoleranz $T_m$ der Welle.

Passungen beider Systeme mit dem Kleinstspiel 0 oder größer werden Spielpassungen genannt, weil sie nach dem Zusammenbau der Teile Spiel haben. Dagegen sind alle Passungen mit dem Kleinstübermaß 0 oder größer Preßpassungen, weil beim Zusammenbau der Teile eine Pressung auftritt.

Zwischen Spielpassungen und Preßpassungen liegen die Übergangspassungen. Sie haben entweder Spiel oder Übermaß, je nachdem, wie die Istmaße der zusammengehörigen Teile in der Fertigung ausgefallen sind. Es entsteht entweder eine Spiel- oder eine Preßpassung.

**Paßtoleranz** $T_p$ ist die Summe der Maßtoleranzen von Außenteil und Innenteil und damit der mögliche Schwankungsbereich des Spiels oder des Übermaßes.

Sie ist bei Spielpassungen gleich dem Unterschied zwischen Größtspiel und Kleinstspiel, bei Preßpassungen gleich dem Unterschied zwischen Größtübermaß und Kleinstübermaß und bei Übergangspassungen gleich der Summe von Größtspiel und Größtübermaß.

### 7.3.4 Aufbau des ISO-Toleranzsystems (DIN 7150)

ISO-Toleranzen sind vorerst für die Abmessungen von 1 bis 500 mm festgelegt. Diese sind in 13 Nennmaßbereiche gegliedert, und zwar

| | | | |
|---|---|---|---|
| 1··· 3 mm | > 18··· 30 mm | > 80···120 mm | > 250···315 mm |
| > 3··· 6 mm | > 30··· 50 mm | > 120···180 mm | > 315···400 mm |
| > 6···10 mm | > 50··· 80 mm | > 180···250 mm | > 400···500 mm |
| > 10···18 mm | | | |

Einige Bereiche sind für große Spiele und große Übermaße unterteilt (s. S. 110).

Für jeden Nennmaßbereich gibt es 20 verschieden große Toleranzen. Diese Toleranzstufen werden mit den Zahlen 01, 0, 1, 2 bis 18 benannt und heißen Qualitäten. Zur Qualität 01 gehören die kleinsten und zur Qualität 18 die größten Toleranzen. Mit Qualität ist der Gütewert der Toleranz, die Größe des Unterschieds zwischen Größt- und Kleinstmaß, also die Maßgenauigkeit am Werkstück, gemeint. Nun kann aber mit derselben Toleranzgröße für eine größere Abmessung am Werkstück nicht der gleiche Zweck erreicht werden wie bei einer kleineren. Für größere Werkstücke müssen also für gleiche Zwecke größere Toleranzen vorgesehen sein. Jeder einzelnen Qualität sind daher mit der Stufung der Nennmaßbereiche steigend, größere Toleranzen zugeordnet. Die Gesamtheit der Toleranzen innerhalb einer Qualität heißt Grundtoleranzenreihe (DIN 7151).

Die Größen aller Toleranzen werden in µm ausgedrückt (1 µm = 1 Mikrometer = 0,001 mm) und sind aus der Internationalen Toleranzeinheit *i* entstanden.

Sie wird nach der Gleichung berechnet:

$$i = 0{,}45 \cdot \sqrt[3]{D} + 0{,}001 \cdot D \quad \text{mit } i \text{ in µm und } D \text{ in mm}$$

Der Wert *D* wird als geometrisches Mittel der beiden Grenzwerte eines Nennmaßbereichs eingesetzt. Liegen diese z.B. bei 80 mm und 120 mm, dann wird

$$D = \sqrt{80\,\text{mm} \cdot 120\,\text{mm}} = \sqrt{9600\,\text{mm}^2} \approx 98\,\text{mm}$$

Die den Toleranzen dieses Nennmaßbereichs zugrunde liegende Toleranzeinheit ist demnach

$$i = 0{,}45 \cdot \sqrt[3]{D} + 0{,}001\,D = 0{,}45 \cdot \sqrt[3]{98} + 0{,}001 \cdot 98 \approx 0{,}45 \cdot 4{,}61 + 0{,}098 \approx 2{,}173\,\text{µm}$$

Die Toleranzeinheit ist mithin eine veränderliche Größe und von den Grenzwerten eines Nennmaßbereichs abhängig.

In Anlehnung an die Qualitätszahlen tragen die Grundtoleranzenreihen die Bezeichnungen IT 01 bis IT 18 (IT = ISO-Toleranzenreihe). Die Grundtoleranzenreihen sind ab IT 5 ein Vielfaches der Toleranzeinheit *i*.

| Grundtoleranzenreihe | IT 5 | IT 6 | IT 7 | IT 8 | IT 9 | IT 10 | IT 11 | IT 12 | IT 13 | IT 14 | IT 15 | IT 16 | IT 17 | IT 18 |
|---|---|---|---|---|---|---|---|---|---|---|---|---|---|---|
| Anzahl der Toleranzeinheiten | ≈ 7 | 10 | 16 | 25 | 40 | 64 | 100 | 160 | 250 | 400 | 640 | 1000 | 1600 | 2500 |

Die Toleranz z.B. für die Qualität 9 und für den Nennmaßbereich 80 mm bis 120 mm wird durch Malnehmen der für diesen Bereich berechneten Toleranzeinheit $i \approx 2{,}173$ µm mit der für IT 9 geltenden Anzahl Toleranzeinheiten (= 40) ermittelt: 2,173 µm · 40 ≈ 87 µm. Nach diesem Beispiel sind die Toleranzen von IT 6 bis IT 18 aufgestellt worden; für die übrigen gelten andere Regeln.

Die Grundtoleranzenreihen IT 01 bis IT 7 sind überwiegend für die Lehrenherstellung vorgesehen. IT 5 bis IT 13 gelten besonders für Toleranzen an spanbearbeiteten Werkstücken und IT 14 bis IT 18 für die spanlose Formung (Walzen, Ziehen, Pressen, Schmieden, Stanzen u.a.).

### 7.3.5 Bezeichnung der ISO-Toleranzen (DIN 7150)

Die Lage der Toleranzfelder zur Nullinie wird durch Buchstaben angegeben.

Für Außenteile (Bohrungen) werden die Großbuchstaben A bis Z (**108.1**) und für Innenteile (Wellen) die Kleinbuchstaben a bis z (**108.2**) verwendet. Sie gelten für den kürzesten Abstand der Toleranzfelder von der Nullinie, gleichgültig ob sie darüber oder darunter liegen.

I, L, O, Q, W, i, l, o, q und w scheiden jedoch zur Kennzeichnung aus, weil sie anfangs nicht gebraucht wurden.

Für später angefügte Toleranzen sind dann die Bezeichnungen ZA, ZB, ZC, za, zb und zc hinzugekommen.

Die Größe eines Toleranzfeldes wird entsprechend der Reihe, in die es gehört, mit einer der Qualitätszahlen von 01 bis 18 gekennzeichnet.

Der Buchstabe und die dahinterstehende Zahl bilden das ISO-Toleranz-Kurzzeichen, z. B. „H7" oder „m6". Es legt somit Lage und Größe des Toleranzfeldes eindeutig fest.

Unter Voraussetzung bestimmter Qualitäten entstehen:

a) Spielpassungen durch die Bohrung H (**108.**1) mit den Wellen a bis h (**108.**2) und durch die Welle h (**108.**2) mit Bohrungen A bis H (**108.**1).

b) Übergangspassungen, von kleinen Nennmaßen in Grenzfällen abgesehen, durch die Bohrung H mit den Wellen j bis p (**108.**2) und durch die Welle h mit den Bohrungen J bis P (**108.**1).

c) Preßpassungen durch die Bohrung H mit den Wellen r bis zc (**108.**2) und durch die Welle h mit den Bohrungen R bis ZC (**108.**1).

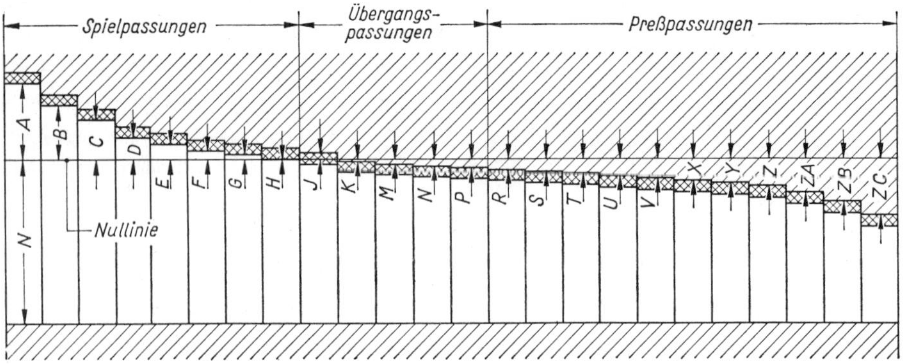


**108.**1 Toleranzfelder für Außenteile (Bohrungen)

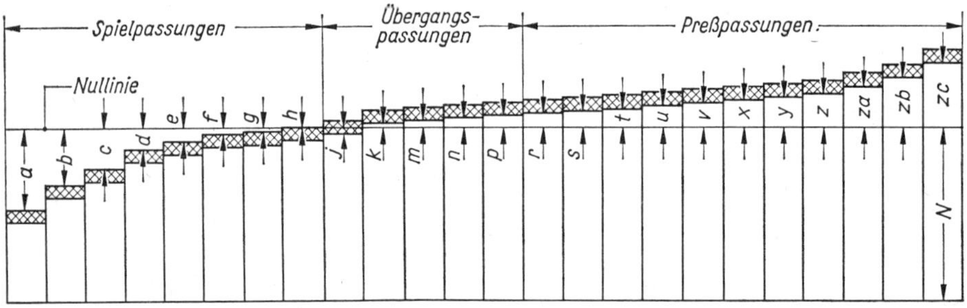


**108.**2 Toleranzfelder für Innenteile (Wellen)

### 7.3.6 Passungsauswahl nach DIN 7154 und 7155

Alle Toleranzfelder für Außen- und für Innenteile können beliebig miteinander gepaart werden. Damit ergeben sich zahlreiche, unterschiedliche Passungen. Mit Rücksicht auf geringe Kosten für Werkzeuge und Meßgeräte muß jedoch eine Auswahl getroffen werden.

Für das Paßsystem Einheitsbohrung sind die acht Bohrungen (Außenteile) H6 bis H13 ausgewählt worden (DIN 7154). Zu jeder Einheitsbohrung gehören mehrere Wellen (Innenteile) mit größeren und kleineren Durchmessern. Alle Passungen mit der gleichen Einheitsbohrung bilden eine Passungsfamilie.

Für das System Einheitswelle sind entsprechend die acht Wellen (Innenteile) h5, h6 und h8 bis h13 ausgewählt worden (DIN 7155). Auch sie bilden mit je einer Reihe unterschiedlicher Bohrungen (Außenteile) Passungsfamilien.

### 7.3.7 Auswahlsystem nach DIN 7157

Zur weiteren Verbesserung der Wirtschaftlichkeit in Konstruktion und Fertigung ist eine noch engere Auswahl von Passungen aus beiden Systemen, Einheitsbohrung und Einheitswelle, zusammengestellt worden (**109.1**). Sie reicht für die meisten Zwecke aus. Andere Passungen sollen nur in Ausnahmefällen benutzt werden.

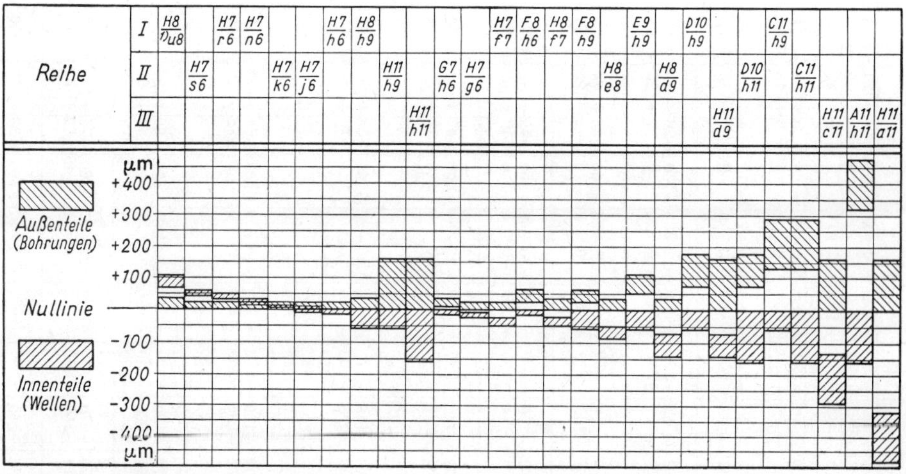


1) x8 bis 24mm, u8 über 24mm Nennmaß

**109.1** Ausgewählte Passungen nach DIN 7157, dargestellt für Nennmaß 50 mm

Diese Passungen sind wie folgt zusammengestellt: Reihe I aus Toleranzfeldern der Reihe 1 (s. S. 110), Reihe II aus Toleranzfeldern der Reihen 1 und 2 und Reihe III nur aus Toleranzfeldern der Reihe 2. Es ist aber auch jede beliebige Paarung innerhalb der Reihen möglich. Für besondere Zwecke können auch andere Toleranzfelder gebildet werden (DIN 7152). Das Istmaß einer mit dem Spiralbohrer hergestellten Bohrung liegt gewöhnlich innerhalb der Toleranz H11. Sie ist nur für Spielpassungen zu gebrauchen.

Die Tafel auf S.110 enthält Abmaße für Toleranzfelder zum Errechnen der Toleranzen und Passungsmaße.

**Beispiel**
(In Bild **109.2** sind die errechneten Werte dargestellt)

| Rundpassung $\phi$ 60 $\frac{F8}{h9}$ | Bohrung $\phi$ 60 F8 | Welle $\phi$ 60 h9 |
|---|---|---|
| oberes Abmaß $A_o$ | (+ 76 µm =) + 0,076 | (0 µm =) 0 |
| unteres Abmaß $A_u$ | (+ 30 µm =) + 0,03 | (− 74 µm =) − 0,074 |
| Größtmaß $D_g$ | 60 + 0,076 = 60,076 | 60 ± 0 = 60 |
| Kleinstmaß $D_k$ | 60 + 0,03 = 60,03 | 60 − 0,074 = 59,926 |
| Maß-toleranz $T_m$ | 60,076 − 60,03 = 0,046 | 60 − 59,926 = 0,074 |
| | Passung | |
| Größtspiel $S_g$ | 60,076 − 59,926 = 0,15 | |
| Kleinstspiel $S_k$ | 60,03 − 60 = 0,03 | |
| Paßtoleranz $T_p$ | 0,15 − 0,03 = 0,12 | |

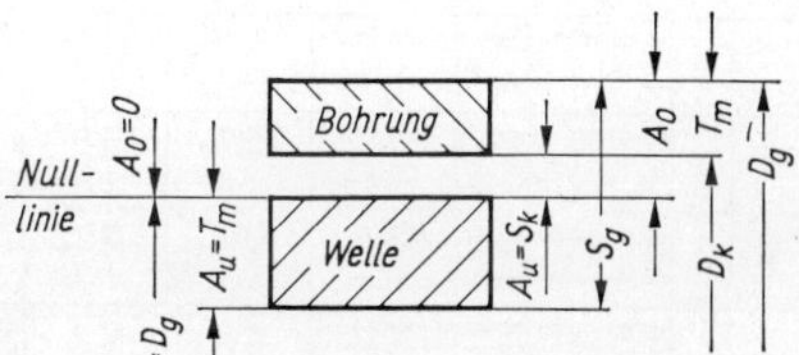


**109.2** Toleranzfelder der Spielpassung $\phi 60 \frac{F8}{h9}$ im Maßstab 100:1

**Abmaße in µm (1 µm = 0,001 mm) für ausgewählte Toleranzfelder (DIN 7157). Reihe 1 ist die Vorzugsreihe und Reihe 2 die Ergänzungsreihe**

| Kurzzeichen / Nennmaßbereich mm | x 8 / u 8[1] | s6 | r6 | n6 | k6 | j6 | h6 | h9 | h11 | g6 | f7 | e8 | d9 | c11 | a11 | H7 | H8 | H11 | G7 | F8 | E9 | D10 | C11 | A11 |
|---|---|---|---|---|---|---|---|---|---|---|---|---|---|---|---|---|---|---|---|---|---|---|---|---|
| Reihe | 1 | 2 | 1 | 1 | 2 | 2 | 1 | 1 | 2 | 2 | 1 | 2 | 2 | 2 | 2 | 1 | 1 | 2 | 2 | 1 | 1 | 1 | 1 | 2 |
| 1 … 3 | + 34<br>+ 20 | + 20<br>+ 14 | + 16<br>+ 10 | +10<br>+ 4 | + 6<br>0 | + 4<br>− 2 | 0<br>− 6 | 0<br>− 25 | 0<br>− 60 | − 2<br>− 8 | − 6<br>− 16 | − 14<br>− 28 | − 20<br>− 45 | − 60<br>−120 | − 270<br>− 330 | +10<br>0 | +14<br>0 | + 60<br>0 | +12<br>+ 2 | + 20<br>+ 6 | + 39<br>+ 14 | + 60<br>+ 20 | +120<br>+ 60 | + 330<br>+ 270 |
| > 3 … 6 | + 46<br>+ 28 | + 27<br>+ 19 | + 23<br>+ 15 | +16<br>+ 8 | + 9<br>+ 1 | + 6<br>− 2 | 0<br>− 8 | 0<br>− 30 | 0<br>− 75 | − 4<br>−12 | − 10<br>− 22 | − 20<br>− 38 | − 30<br>− 60 | − 70<br>−145 | − 270<br>− 345 | +12<br>0 | +18<br>0 | + 75<br>0 | +16<br>+ 4 | + 28<br>+ 10 | + 50<br>+ 20 | + 78<br>+ 30 | +145<br>+ 70 | + 345<br>+ 270 |
| > 6 … 10 | + 56<br>+ 34 | + 32<br>+ 23 | + 28<br>+ 19 | +19<br>+10 | +10<br>+ 1 | + 7<br>− 2 | 0<br>− 9 | 0<br>− 36 | 0<br>− 90 | − 5<br>−14 | − 13<br>− 28 | − 25<br>− 47 | − 40<br>− 76 | − 80<br>−170 | − 280<br>− 370 | +15<br>0 | +22<br>0 | + 90<br>0 | +20<br>+ 5 | + 35<br>+ 13 | + 61<br>+ 25 | + 98<br>+ 40 | +170<br>+ 80 | + 370<br>+ 280 |
| > 10 … 14 | + 67<br>+ 40 | + 39<br>+ 28 | + 34<br>+ 23 | +23<br>+12 | +12<br>+ 1 | + 8<br>− 3 | 0<br>−11 | 0<br>− 43 | 0<br>−110 | − 6<br>−17 | − 16<br>− 34 | − 32<br>− 59 | − 50<br>− 93 | − 95<br>−205 | − 290<br>− 400 | +18<br>0 | +27<br>0 | +110<br>0 | +24<br>+ 6 | + 43<br>+ 16 | + 75<br>+ 32 | +120<br>+ 50 | +205<br>+ 95 | + 400<br>+ 290 |
| > 14 … 18 | + 72<br>+ 45 | | | | | | | | | | | | | | | | | | | | | | | |
| > 18 … 24 | + 87<br>+ 54 | + 48<br>+ 35 | + 41<br>+ 28 | +28<br>+15 | +15<br>+ 2 | + 9<br>− 4 | 0<br>−13 | 0<br>− 52 | 0<br>−130 | − 7<br>−20 | − 20<br>− 41 | − 40<br>− 73 | − 65<br>−117 | −110<br>−240 | − 300<br>− 430 | +21<br>0 | +33<br>0 | +130<br>0 | +28<br>+ 7 | + 53<br>+ 20 | + 92<br>+ 40 | +149<br>+ 65 | +240<br>+110 | + 430<br>+ 300 |
| > 24 … 30 | + 81<br>+ 48 | | | | | | | | | | | | | | | | | | | | | | | |
| > 30 … 40 | + 99<br>+ 60 | + 59<br>+ 43 | + 50<br>+ 34 | +33<br>+17 | +18<br>+ 2 | +11<br>− 5 | 0<br>−16 | 0<br>− 62 | 0<br>−160 | − 9<br>−25 | − 25<br>− 50 | − 50<br>− 89 | − 80<br>−142 | −120<br>−280 | − 310<br>− 470 | +25<br>0 | +39<br>0 | +160<br>0 | +34<br>+ 9 | + 64<br>+ 25 | +112<br>+ 50 | +180<br>+ 80 | +280<br>+120 | + 470<br>+ 310 |
| > 40 … 50 | +109<br>+ 70 | | | | | | | | | | | | | −130<br>−290 | − 320<br>− 480 | | | | | | | | +290<br>+130 | + 480<br>+ 320 |
| > 50 … 65 | +133<br>+ 87 | + 72<br>+ 53 | + 60<br>+ 41 | +39<br>+20 | +21<br>+ 2 | +12<br>− 7 | 0<br>−19 | 0<br>− 74 | 0<br>−190 | −10<br>−29 | − 30<br>− 60 | − 60<br>−106 | −100<br>−174 | −140<br>−330 | − 340<br>− 530 | +30<br>0 | +46<br>0 | +190<br>0 | +40<br>+10 | + 76<br>+ 30 | +134<br>+ 60 | +220<br>+100 | +330<br>+140 | + 530<br>+ 340 |
| > 65 … 80 | +148<br>+102 | + 78<br>+ 59 | + 62<br>+ 43 | | | | | | | | | | | −150<br>−340 | − 360<br>− 550 | | | | | | | | +340<br>+150 | + 550<br>+ 360 |
| > 80 … 100 | +178<br>+124 | + 93<br>+ 71 | + 73<br>+ 51 | +45<br>+23 | +25<br>+ 3 | +13<br>− 9 | 0<br>−22 | 0<br>− 87 | 0<br>−220 | −12<br>−34 | − 36<br>− 71 | − 72<br>−126 | −120<br>−207 | −170<br>−390 | − 380<br>− 600 | +35<br>0 | +54<br>0 | +220<br>0 | +47<br>+12 | + 90<br>+ 36 | +159<br>+ 72 | +260<br>+120 | +390<br>+170 | + 600<br>+ 380 |
| > 100 … 120 | +198<br>+144 | +101<br>+ 79 | + 76<br>+ 54 | | | | | | | | | | | −180<br>−400 | − 410<br>− 630 | | | | | | | | +400<br>+180 | + 630<br>+ 410 |
| > 120 … 140 | +233<br>+170 | +117<br>+ 92 | + 88<br>+ 63 | +52<br>+27 | +28<br>+ 3 | +14<br>−11 | 0<br>−25 | 0<br>−100 | 0<br>−250 | −14<br>−39 | − 43<br>− 83 | − 85<br>−148 | −145<br>−245 | −200<br>−450 | − 460<br>− 710 | +40<br>0 | +63<br>0 | +250<br>0 | +54<br>+14 | +106<br>+ 43 | +185<br>+ 85 | +305<br>+145 | +450<br>+200 | + 710<br>+ 460 |
| > 140 … 160 | +253<br>+190 | +125<br>+100 | + 90<br>+ 65 | | | | | | | | | | | −210<br>−460 | − 520<br>− 770 | | | | | | | | +460<br>+210 | + 770<br>+ 520 |
| > 160 … 180 | +273<br>+210 | +133<br>+108 | + 93<br>+ 68 | | | | | | | | | | | −230<br>−480 | − 580<br>− 830 | | | | | | | | +480<br>+230 | + 830<br>+ 580 |
| > 180 … 200 | +308<br>+236 | +151<br>+122 | +106<br>+ 77 | +60<br>+31 | +33<br>+ 4 | +16<br>−13 | 0<br>−29 | 0<br>−115 | 0<br>−290 | −15<br>−44 | − 50<br>− 96 | −100<br>−172 | −170<br>−285 | −240<br>−530 | − 660<br>− 950 | +46<br>0 | +72<br>0 | +290<br>0 | +61<br>+15 | +122<br>+ 50 | +215<br>+100 | +355<br>+170 | +530<br>+240 | + 950<br>+ 660 |
| > 200 … 225 | +330<br>+258 | +159<br>+130 | +109<br>+ 80 | | | | | | | | | | | −260<br>−550 | − 740<br>−1030 | | | | | | | | +550<br>+260 | +1030<br>+ 740 |
| > 225 … 250 | +356<br>+284 | +169<br>+140 | +113<br>+ 84 | | | | | | | | | | | −280<br>−570 | − 820<br>−1110 | | | | | | | | +570<br>+280 | +1110<br>+ 820 |
| > 250 … 280 | +396<br>+315 | +190<br>+158 | +126<br>+ 94 | +66<br>+34 | +36<br>+ 4 | +16<br>−16 | 0<br>−32 | 0<br>−130 | 0<br>−320 | −17<br>−49 | − 56<br>−108 | −110<br>−191 | −190<br>−320 | −300<br>−620 | − 920<br>−1240 | +52<br>0 | +81<br>0 | +320<br>0 | +69<br>+17 | +137<br>+ 56 | +240<br>+110 | +400<br>+190 | +620<br>+300 | +1240<br>+ 920 |
| > 280 … 315 | +431<br>+350 | +202<br>+170 | +130<br>+ 98 | | | | | | | | | | | −330<br>−650 | −1050<br>−1370 | | | | | | | | +650<br>+330 | +1370<br>+1050 |
| > 315 … 355 | +479<br>+390 | +226<br>+190 | +144<br>+108 | +73<br>+37 | +40<br>+ 4 | +18<br>−18 | 0<br>−36 | 0<br>−140 | 0<br>−360 | −18<br>−54 | − 62<br>−119 | −125<br>−214 | −210<br>−350 | −360<br>−720 | −1200<br>−1560 | +57<br>0 | +89<br>0 | +360<br>0 | +75<br>+18 | +151<br>+ 62 | +265<br>+125 | +440<br>+210 | +720<br>+360 | +1560<br>+1200 |
| > 355 … 400 | +524<br>+435 | +244<br>+208 | +150<br>+114 | | | | | | | | | | | −400<br>−760 | −1350<br>−1710 | | | | | | | | +760<br>+400 | +1710<br>+1350 |
| > 400 … 450 | +587<br>+490 | +272<br>+232 | +166<br>+126 | +80<br>+40 | +45<br>+ 5 | +20<br>−20 | 0<br>−40 | 0<br>−155 | 0<br>−400 | −20<br>−60 | − 68<br>−131 | −135<br>−232 | −230<br>−385 | −440<br>−840 | −1500<br>−1900 | +63<br>0 | +97<br>0 | +400<br>0 | +83<br>+20 | +165<br>+ 68 | +290<br>+135 | +480<br>+230 | +840<br>+440 | +1900<br>+1500 |
| > 450 … 500 | +637<br>+540 | +292<br>+252 | +172<br>+132 | | | | | | | | | | | −480<br>−880 | −1650<br>−2050 | | | | | | | | +880<br>+480 | +2050<br>+1650 |

1) Toleranzfeld x8 für Nennmaße ≦ 24, u8 für Nennmaße > 24

### 7.3.8 Eintragen der Kurzzeichen für ISO-Toleranzfelder

Bei Absatzmaßen (**97**.2) und Lochmittenabständen (**97**.4) (**98**.1, 2 und 4) sind Kurzzeichen nicht anwendbar. Die Toleranzen hierfür werden durch Abmaße in Zahlen bestimmt.

Das Kurzzeichen wird stets hinter das Nennmaß geschrieben. Beide zusammen bilden das Paßmaß. Kurzzeichen sind etwa 0,7mal so hoch wie die Maßzahl, doch nicht kleiner als 2,5 mm. Kurzzeichen für Innenmaße (mit Großbuchstaben) stehen höher (**111**.1) und die für Außenmaße (mit Kleinbuchstaben) tiefer als Maßzahl und Maßlinie (**111**.2).

Innenmaß und Außenmaß bei ineinandergesteckt gezeichneten Paßteilen haben eine gemeinsame Maßlinie (**111**.3). Hierbei werden die Kurzzeichen für die Innenmaße über den Kurzzeichen für die Außenmaße angeordnet.

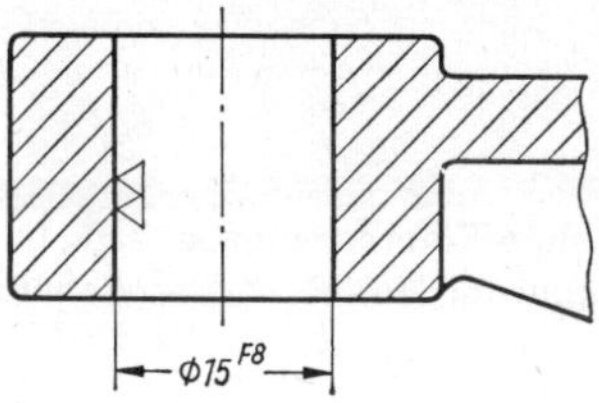


**111**.1 Paßmaß für Innenmaß

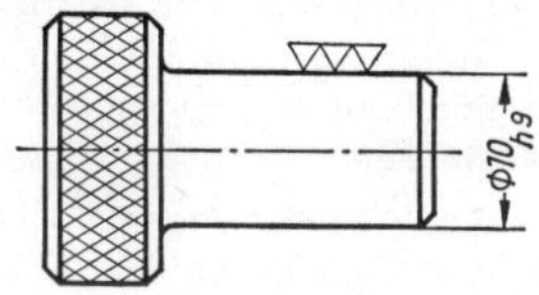


**111**.2 Paßmaß für Außenmaß

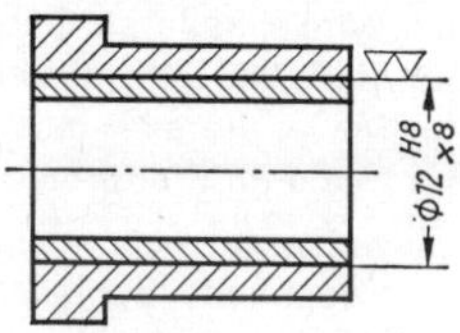


**111**.3 Kurzzeichen für Innenmaße stehen über denen für Außenmaße

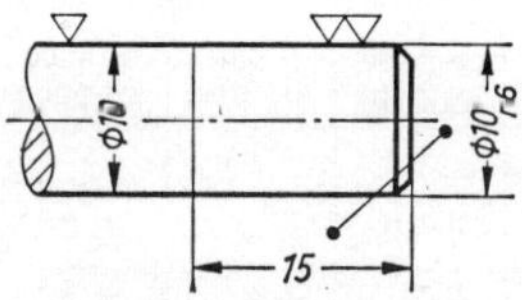


**111**.4 Bemaßter Toleranzbereich

Erstreckt sich die Toleranzangabe nur auf einen Teil einer Oberfläche, so ist dieser Teil nach Bild **111**.4 zu bemaßen.

Die Kurzzeichen beziehen sich nur auf die Maßgenauigkeit der Werkstücke, nicht aber auf die Oberflächenbeschaffenheit. Für diese sind zusätzlich Oberflächenangaben erforderlich. Einer feinen Toleranz kann zwar eine grobe Oberfläche nicht zugeordnet werden, wohl aber einer groben Toleranz eine feine Oberfläche. Es kann daher sinnvoll sein, zu einer vorgesehenen Toleranz angemessene Rauheitsmaße (S. 69) festzulegen.

Sind Abmaße für die Toleranzen erwünscht, dann sind sie in mm in Klammern den Kurzzeichen beizufügen (**111**.5). Die Abmaße für alle in der Zeichnung enthaltenen Paßmaße können auch in einer besonderen Tafel (**111**.6) neben oder über dem Schriftfeld oder an anderer Stelle, als Stempeldruck oder auf Klebe- und Reibfolien eingetragen werden. Statt der Abmaße können Größtmaße und Kleinstmaße angegeben werden (s. Schriftfeld in Bild **211**.1).

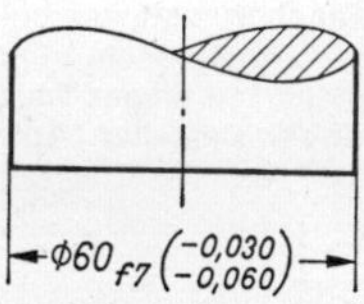


**111**.5 Zusätzliche Angabe der Abmaße

| Paßmaße | Abmaße |
|---|---|
| $\phi$ 32 $_{h6}$ | 0<br>−0,016 |
| $\phi$ 18 $_{D10}$ | +0,120<br>+0,050 |

**111**.6 Passungstafel

Da Paßmaße auch bei galvanisierten Teilen (s. S. 86) den Endzustand angeben, sind in der vorangehenden Fertigung bei Innenteilen Untermaße und bei Außenteilen Übermaße einzuhalten.

Zulässige Abweichungen für Maße ohne Toleranzangabe sind nach DIN 7168 Bl. 1 gleichmäßig nach + und nach — im Rahmen der üblichen Fertigungsgenauigkeit festgelegt, wegen betrieblich bedingter Unterschiede in vier Grade unterteilt und einzuhalten, wenn ein Vermerk, z.B. „Maße ohne Toleranzangabe nach DIN 7168 mittel" in die Zeichnung eingetragen ist, oder in sonstigen Unterlagen, z.B. Lieferbedingungen, auf DIN 7168 verwiesen ist. Für die Eintragung in der Zeichnung ist im Schriftfeld ein Fach vorgesehen (**59**.1).

Die zulässigen Abweichungen gelten für Maße ohne Toleranzangabe am Nennmaß von Teilen aus allen Werkstoffen, die durch Spanen oder spanlos durch Umformen (z.B. Ziehen, Treiben, Sicken, Stanzen) gefertigt sind. Sie gelten

für Längenmaße (Außenmaße, Innenmaße, Absatzmaße, Durchmesser, Breiten, Höhen, Dicken, Lochmittenabstände; Tafel **112.**1)
für Rundungshalbmesser und Schrägungen (Fasen; Tafel **112.**2)
für Winkelmaße (Tafel **112.**3).

Sie gelten nicht

für Maße, für die zulässige Abweichungen in anderen Normen festgelegt sind
für Winkelmaße einer Kreisteilung
für Winkelmaße an Genauigkeitskegeln sowie an Rohrbogen
für Maße an Schweißgruppen, sofern es sich nicht um Bearbeitungsmaße handelt
für Maße, die sich beim Zusammenbau von Teilen ergeben
für Maße an Freiformschmiedestücken.

Hinweise auf besondere zulässige Abweichungen für Maße ohne Toleranzangabe, z.B. für Feinmechanik, Schienenfahrzeuge, Gesenkschmiedestücke, sind im Normblatt-Verzeichnis (s.S. 2) angegeben.

Tafel **112.**1 Zulässige Abweichungen in mm für Längenmaße (Auszug aus DIN 7168 Bl. 1)

| Genauig-keitsgrad | Nennmaßbereich in mm<br>0,5 bis 3 | > 3 bis 6 | > 6 bis 30 | > 30 bis 120 | > 120 bis 315 | > 315 bis 1000 | > 1000 bis 2000 | > 2000 bis 4000 | > 4000 bis 8000 |
|---|---|---|---|---|---|---|---|---|---|
| fein | ± 0,05 | ± 0,05 | ± 0,1 | ± 0,15 | ± 0,2 | ± 0,3 | ± 0,5 | ± 0,8 | - |
| mittel | ± 0,1 | ± 0,1 | ± 0,2 | ± 0,3 | ± 0,5 | ± 0,8 | ± 1,2 | ± 2 | ± 3 |
| grob | ± 0,15 | ± 0,2 | ± 0,5 | ± 0,8 | ± 1,2 | ± 2 | ± 3 | ± 4 | ± 5 |
| sehr grob | - | ± 0,5 | ± 1 | ± 1,5 | ± 2 | ± 3 | ± 4 | ± 6 | ± 8 |

Tafel **112.**2 Zulässige Abweichungen in mm für Rundungshalbmesser und Schrägungen (Fasen) nach DIN 7168 Bl. 1

| Genauig-keitsgrad | Nennmaßbereich in mm<br>0,5 bis 3 | > 3 bis 6 | > 6 bis 30 | > 30 bis 120 | > 120 bis 315 |
|---|---|---|---|---|---|
| fein und mittel | ± 0,2 | ± 0,5 | ± 1 | ± 2 | ± 4 |
| grob und sehr grob | | ± 1 | ± 2 | ± 4 | ± 8 |

Die Tafeln **112.**1 bis 3 können gegebenenfalls als Stempelabdruck oder Klebefolie auf den Zeichenbogen aufgebracht werden. Ob und inwieweit die zulässigen Abweichungen zu prüfen und die Werkstücke, die dieser Norm nicht entsprechen, noch verwendbar sind, ist betriebsseitig zu bestimmen. Über die Verwendbarkeit dieser Teile entscheidet der Besteller (Auftraggeber).

Tafel **112.**3 Zulässige Abweichungen nach DIN 7168 Bl. 1 für Winkelmaße

| Genauigkeitsgrad | Nennmaßbereich in mm (Länge des kürzeren Schenkels)<br>≦ 10 | | > 10 bis 50 | | > 50 bis 120 | | > 120 | |
|---|---|---|---|---|---|---|---|---|
| | Grad | mm je 100 mm | Grad | mm je 100 mm | Grad | mm je 100 mm | Grad | mm je 100 mm |
| fein und mittel | ± 1° | 1,8 | ± 30′ | 0,9 | ± 20′ | 0,6 | ± 10′ | 0,3 |
| grob | ± 1°30′ | 2,6 | ± 50′ | 1,5 | ± 25′ | 0,7 | ± 15′ | 0,4 |
| sehr grob | ± 3° | 5,2 | ± 2° | 3,5 | ± 1° | 1,8 | ± 30′ | 0,9 |

# 8 Bauelemente

## 8.1 Schraubverbindungen

### 8.1.1 Gewinde

#### Allgemeines und Abmessungen

Es gibt Außengewinde (Bolzengewinde, **113.1**) und Innengewinde (Muttergewinde, **113.2**). Beide werden miteinander verschraubt. Hierfür sind übereinstimmende Gewindeabmessungen notwendig.

Das Hauptmaß ist der Gewinde-Nenndurchmesser. Er wird beim Innengewinde mit $D$ und beim Außengewinde mit $d$ bezeichnet (**114.1**).

Wird hiervon der Kerndurchmesser $d_3$ abgezogen und das Ergebnis halbiert, dann ergibt sich die Gewindetiefe $h_3$ (**113.1**). Das Maß $P$ bezeichnet die Steigung des Gewindes. Gewinde verläuft nach einer Schraubenlinie (s. S. 166). Es ist eingängig, wenn die Windungen einer einzigen Schraubenlinie angehören. Sind aber mehrere Schraubenlinien vorhanden, wie an der zweigängigen Schnecke (**113.3**), dann handelt es sich um mehrgängiges Gewinde.

Die Steigung $P$ ist das Maß, um das sich Außen- und Innengewinde in Richtung der Mittelachse gegeneinander verschieben, wenn eines davon eine ganze Umdrehung macht. Sie reicht bei eingängigem Gewinde von einer Windung bis zur nächsten, bei zweigängigem bis zur übernächsten usw.

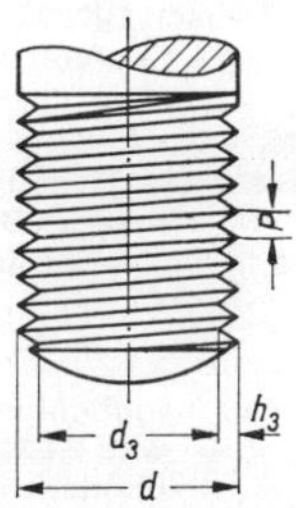


**113.1** Hauptabmessungen

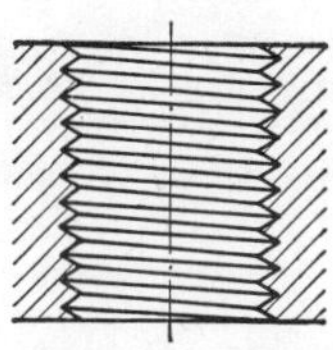

**113.2** Innengewinde

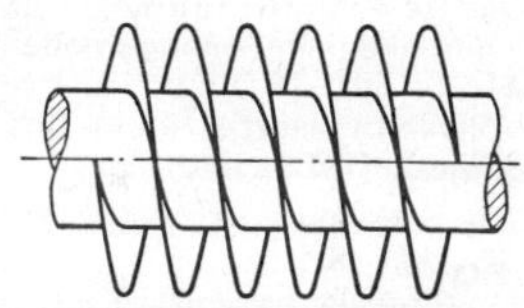

**113.3** Zweigängige Schnecke

Rechtsgewinde ist das übliche Gewinde. Hierbei steigen die Windungen am aufrechtstehenden Bolzen nach rechts an (**113.1**), im aufgeschnittenen Innengewinde jedoch nach links (**113.2**). Beim Linksgewinde laufen die Steigungen entgegengesetzt.

**Gewindequerschnitte.** Die Form des Gewindequerschnitts richtet sich nach dem Verwendungszweck des Schraubteils. Genormt sind Spitz-, Trapez-, Sägen- und Rundgewinde.

Spitzgewinde (**113.4**) findet überwiegend Verwendung für Befestigungsschrauben und -muttern. Trapezgewinde (**113.5**) wird hauptsächlich auf Bewegungs- und Verstellspindeln geschnitten. Sägengewinde (**113.6**) kommt für Spindeln mit einseitig starker Druckbeanspruchung in Achsrichtung in Betracht und Rundgewinde (**113.7**) für Spindeln, die merklicher Abnutzung durch Schmutz und der Gefahr der Beschädigung durch Stöße unterliegen, und für in Blech gedrückte Gewinde (Edison-Gewinde). Zum Spitzgewinde zählen die Metrischen Gewinde, alle Whitworth-Gewinde und andere. Die einzelnen Arten unterscheiden sich besonders in den Abmessungen für Gewindetiefen und Steigungen.

**113.4** Spitzgewinde

**113.5** Trapezgewinde

**113.6** Sägengewinde

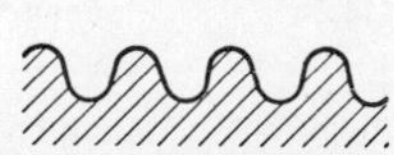

**113.7** Rundgewinde

Metrische Gewinde von 1 bis 68 mm Gewindedurchmesser erhalten jetzt das ISO-Gewindeprofil (**114.1**). Damit ist das Profil der Mutter am Innendurchmesser $D_1$ stärker abgeflacht und das Profil des Bolzengewindes im Kern mit größerem Halbmesser mehr gerundet als bisher. Die Form des Gewindegrundes im Außendurchmesser der Mutter ist beliebig, doch muß die Flanke bis zum Durchmesser $D$ gerade sein (s. DIN 13 Bl. 30 und 34).

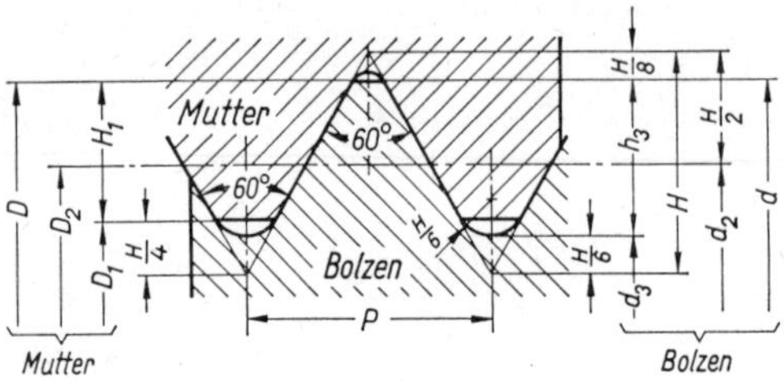


$D = d$ = Gewindedurchmesser
$P$ = Steigung des eingängigen Gewindes
$H$ = Höhe des Profildreiecks $= 0{,}86603\,P$
$D_2 = d_2$ = Flankendurchmesser $= d - 0{,}75\,H$
$D_1$ = Kerndurchmesser (Mutter) $= d_2 - 0{,}5\,H$
$d_3$ = Kerndurchmesser (Bolzen) $= d_2 - \frac{2}{3}H$
$h_3$ = Gewindetiefe am Bolzen $= 0{,}5\,(d - d_3)$
$H_1$ = Flankenüberdeckung $= 0{,}5\,(D - D_1)$

**114.1** Nullprofile des Metrischen ISO-Gewindes (ohne Flankenspiel) nach DIN 13 Bl. 30

Für Neukonstruktionen, ausgenommen Auslandsaufträge und Schiffmaschinen, kommt Whitworth-Gewinde nicht in Betracht. Das für Fittings und Rohrleitungsarmaturen international festgelegte Whitworth-Rohrgewinde macht jedoch eine Ausnahme.

**Gewindedarstellung** (DIN 27). Die Andeutung des Gewindes in Zeichnungen durch Strichlinien ist weiterhin zulässig. Es soll aber zunehmend und besonders in Zeichnungen für das Ausland durch schmale Vollinien (s. S. 57) gemäß Empfehlung der ISO angedeutet werden.

Beide Möglichkeiten sind nachstehend aufgeführt, links die nach DIN 27 zu bevorzugende Darstellung nach ISO und rechts die früher nach DIN allein üblich gewesene Darstellung.

Die Gewindelinien liegen stets nach der Werkstoffseite, beim Außengewinde (**114.2**a u.b) also nach innen und beim Innengewinde (**114.3**a u. b) nach außen. Sie geben Tiefe und Länge des Gewindes an und werden nach ISO durch eine breite Vollinie (**114.2**a) und in der anderen Darstellung durch eine schmale Vollinie begrenzt (**114.2**b). Das gilt auch für Innengewinde in einem Sackloch (**115.1**a u. b) und für Rohrgewinde (**115.3**a u. b).

**ISO** **DIN**

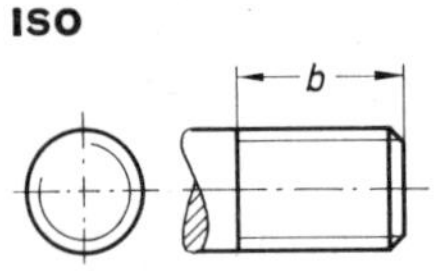


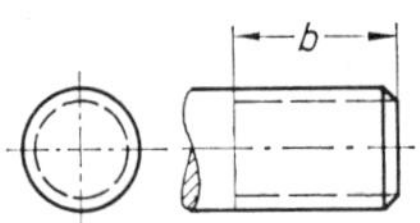


**114.2**a Außengewinde (Kegelkuppe) **114.2**b

In Richtung auf das Schaftende gesehen, wird Gewinde nach ISO durch einen beliebig liegenden, in schmalen Vollinien gezogenen Dreiviertelkreis angegeben (**114.2**a u. **115.2**a). In der anderen Darstellung wird es durch einen gestrichelten vollen Kreis angedeutet (**114.2**b u. **115.2**b). Das Schaftende ist unter 45° bis auf den Kerndurchmesser abgefast.

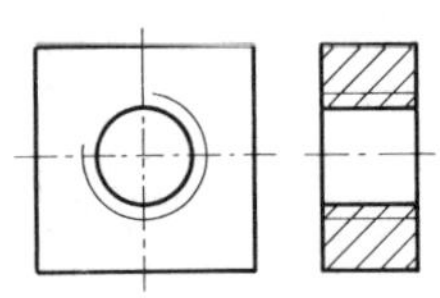

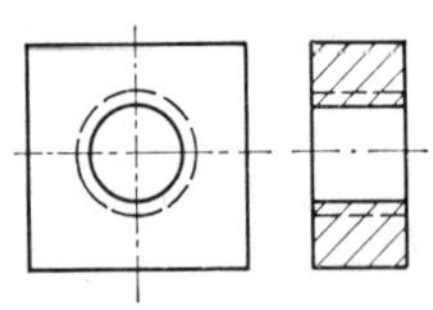

**114.3**a Innengewinde (durchgehend) **114.3**b

Die Kennzeichnung des Gewindes durch Kreise ist auch für Innengewinde vorgesehen, doch liegen dann die Kreise außen, während die Gewindekernkreise als breite Vollinien zu ziehen sind (**114.3**a und b).

Beim Innengewinde im Schnitt reicht die Schraffur bis an die Kernlinien heran. Die übliche Aussenkung unter 120° bis auf den Außendurchmesser des Gewindes wird gewöhnlich nicht gezeichnet (**114.3**a u. b). Andere Senkungen hingegen müssen dargestellt und bemaßt werden.

Die **Tiefe** *t* **eines Sackloches** ist größer als die nutzbare Gewindelänge *l* (**115.1**a u. b), die wiederum größer sein muß als die Einschraublänge des Bolzengewindes (s. S. 122). Die **Zugabe** zur Länge *l* bis zur Kernlochtiefe *t* ist für den Gewindeauslauf und für etwa herunterfallende Späne beim Schneiden des Gewindes vorgesehen.

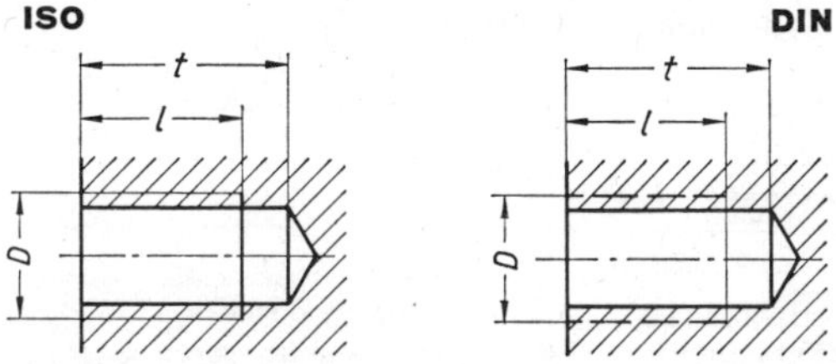


**115.1a** Gewindesackloch **115.1b**

Die Zugabe kann aus DIN 76 Bl. 1 entnommen werden und beträgt in der Regel

| für Gewinde | M3 | M4 | M5 | M6 | M8 | M10 | M12 | M16 | M20 | M24 | M30 | M36 | M42 | M48 |
|---|---|---|---|---|---|---|---|---|---|---|---|---|---|---|
| ≧ mm | 2,8 | 3,4 | 3,6 | 4,5 | 5,0 | 5,5 | 6,0 | 6,5 | 7,5 | 8,5 | 10 | 11 | 12 | 13 |

Das **Gewindekurzzeichen** (s. Eintragungsbeispiele auf S. 116) steht immer im Maß *D* oder *d* für den Gewindeaußendurchmesser (**114.1**).

Grundsätzlich wird nur die **nutzbare** Gewindelänge gezeichnet und bemaßt. Der **Gewindeauslauf** ist in der Länge mithin nicht enthalten, wohl aber die Kegel- und die Linsenkuppe (**114.2**a u. b; **115.2**a und b).

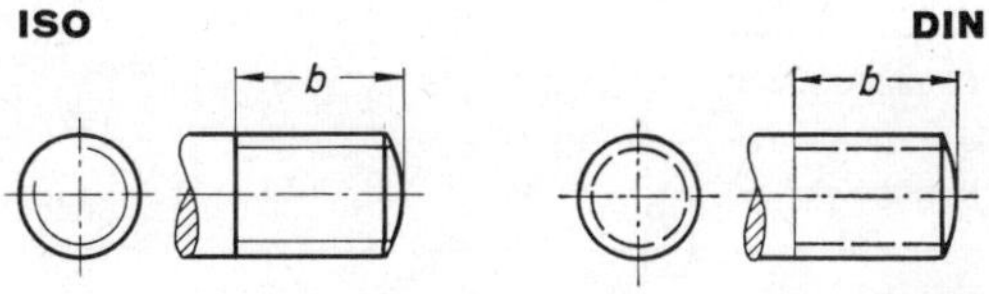


**115.2a** Außengewinde (Linsenkuppe) **115.2b**

**Rohrgewinde** (**115.3**a u. b) und Außengewinde an anderen hohlen Werkstücken erhalten in Schnittdarstellungen keine durchgehenden Gewindebegrenzungslinien.

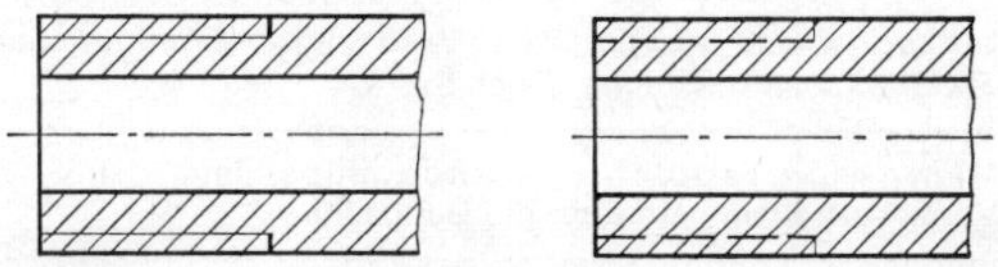

**115.3a** Rohrgewinde **115.3b**

**Verdecktes Gewinde** wird in beiden Fällen durch Strichlinien angegeben (**115.4**a u. b).

Günstiger ist aber die Darstellung im Schnitt oder im Ausbruch und in Achsrichtung gesehen durch ein Mittellinienkreuz.

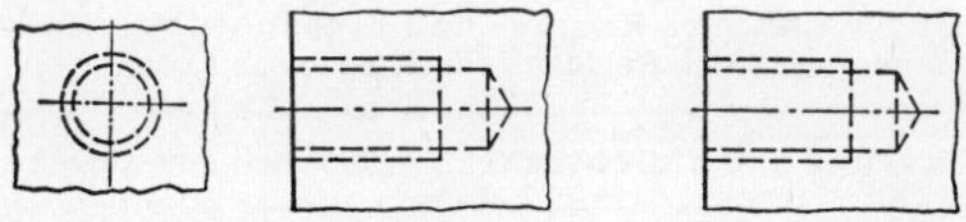

**115.4a** verdecktes Gewinde **115.4b**

**Durchdringungskurven** für Gewindelöcher sind nur für das Kernloch und nicht für die Gewindelinien zu zeichnen. Bei kleinen Bohrungen ergeben sich kleine Kurven; es ist daher zugelassen, die Körperkante geradlinig durchzuziehen (**115.5**a und b).

**115.5a** Durchdringungslinien **115.5b**

**Gewindebezeichnungen.** Gewinde wird durch Kurzzeichen näher bezeichnet.

**Abgekürzte Gewindebezeichnungen** (Auszug aus DIN 202 und erweitert)

eingängiges Rechtsgewinde

| Gewindeart | | nach DIN | Gewindebezeichnung | | |
|---|---|---|---|---|---|
| | | | Zeichen vor Maßangabe | Maßangabe | Eintragungsbeispiele |
| Spitzgewinde | Metrisches ISO-Gewinde | 13 Bl. 1 | M | Gewindeaußendurchmesser in mm | *M20* |
| | Metr. ISO-Feingewinde | 13 Bl. 2 bis 10 | M | Gewindeaußendurchmesser in mm × Steigung in mm | *M 50×1,5* |
| | Metr. kegeliges Gewinde (Kegel 1:16) | 158 | M | Gewindeaußendurchmesser in mm × Steigung in mm und Kegel | *M 10×1 keg* |
| | Whitworth-Rohrgewinde | 259 | R | Nennweite (≈ Innendurchm.) des Rohres in Zoll | *R $\frac{1}{2}$"* |
| Trapezgewinde | | 103<br>378, 379 | Tr | Gewindeaußendurchmesser in mm × Steigung in mm | *Tr 50×8* |
| Sägengewinde | | 513 bis 515 | S | Gewindeaußendurchmesser in mm × Steigung in mm | *S 100×12* |
| Rundgewinde | | 405 | Rd | Gewindeaußendurchmesser in mm × Steigung in Zoll | *Rd 20×$\frac{1}{8}$"* |

**Besondere Angaben** (Gewindetoleranzen s. S. 117)

| | |
|---|---|
| Linksgewinde wird durch das Wort „links" gekennzeichnet, das hinter oder unter die Gewindebezeichnung gesetzt wird. | *M 50×1,5*<br>*links* |
| Mehrgängiges Rechtsgewinde erhält hinter der Gewindebezeichnung einen Vermerk in Klammern über die Gangzahl. | *M 20*<br>*(2gäng)* |
| Bei mehrgängigem Linksgewinde werden das Wort „links" und der Hinweis auf die Gangzahl angehängt. Als Steigung gilt stets das Maß der Verschiebung in Richtung der Achse bei einer Umdrehung des Gewindes. | *Tr 50×6*<br>*links (2gäng)* |
| Hat ein Werkstück Rechts- und Linksgewinde, so wird nicht nur das Links-, sondern auch das Rechtsgewinde gekennzeichnet. | *Rd 20×$\frac{1}{8}$"*<br>*rechts* |
| Gas- und dampfdichtes Gewinde erhält den Zusatz „dicht". | *M 20 dicht* |
| Für Sondergewinde und solche, an die bestimmte Anforderungen gestellt werden, ist die Normblattnummer hinzuzufügen.<br>DIN 2999 z.B. betrifft zylindrisches Innen- und kegeliges Außengewinde | *R $\frac{1}{2}$" DIN 2999* |

Bei Metrischem Gewinde (DIN 13 Bl. 1) ist der Kerndurchmesser mit ≈ 80% des Gewindedurchmessers zu zeichnen.

Für Metrische Feingewinde wird zum Einzeichnen der Gewindekernlinien die Gewindetiefe $h_3$ benutzt. Sie beträgt ≈ 65% der in der Gewindebezeichnung angegebenen Steigung $P$ des eingängigen Gewindes. Werden die Abmessungen für $h_3$ bei geringen Steigungen zu klein, dann sind sie des besseren Erkennens wegen etwas größer zu wählen. Zum Zeichnen anderer Gewinde müssen die Normtabellen zu Hilfe genommen werden.

**Gewindetoleranzen.** Für den Außendurchmesser $d$ des Bolzengewindes (**117**.1) und für den Kerndurchmesser $D_1$ des Muttergewindes sind Toleranzen ($T_d$ und $T_{D1}$), abhängig von der Steigung $P$, vorgesehen, ebenso für beide Flankendurchmesser $d_2$ und $D_2$ ($T_{d2}$ und $T_{D2}$), hier aber abhängig von der Einschraublänge des Gewindes (DIN 13 Bl. 32 Vornorm).

Wie bisher können in Deutschland hinter die Gewindebezeichnungen die Anfangsbuchstaben der Toleranzklassen „fein", „mittel" und „grob" eingetragen werden (DIN 13 Bl. 15), z.B. M 12 g, M 12 × 1,5 f u.a., doch beziehen sie sich auf die in der Tafel **117**.2 angegebenen Toleranzen.

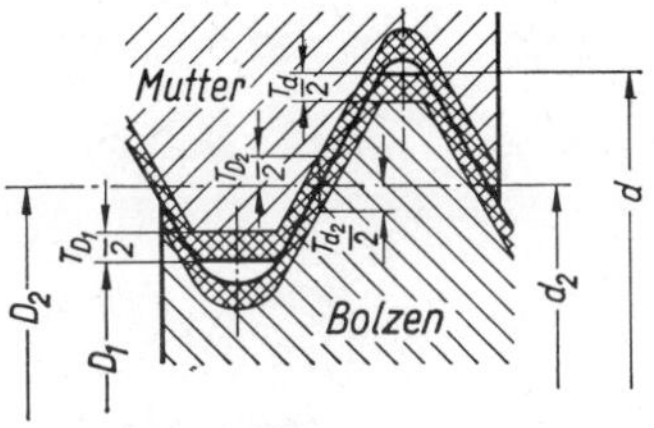


**117**.1 Gewindetoleranzen

Tafel **117**.2 Empfohlene Toleranzen für Flankendurchmesser des Metrischen ISO-Gewindes (Regelgewinde) bei normalen Einschraublängen (0,5 bis 1,5 $d$)

| Toleranzklasse | | |
|---|---|---|
| fein (f) | mittel (m) | grob (g) |
| blank oder dünn phosphatiert | blank, phosphatiert oder mit dünner Schutzschicht | blank (mit großem Spiel) oder mit dicker galvanischer Schutzschicht |
| 4 h<br>4 H 5 H | 6 g<br>6 H | 8 e<br>7 G |

Da Lage und Größe der Toleranzen für Gewinde von denen der Flach- und der Rundpassungen (s. S. 107) abweichen, stehen die Zahlen hier vor den Buchstaben. Obendrein sind die mit Kleinbuchstaben bezeichneten Toleranzfelder dem Bolzengewinde und die mit Großbuchstaben bezeichneten Toleranzfelder dem Muttergewinde zugeordnet.

Ferner gelten die Toleranzfelder für Gewinde ohne Oberflächenschutz und bei Oberflächenschutz vor dem Aufbringen der Schutzschicht. Im Endzustand jedoch darf das Nullprofil des Gewindes (**114**.1) nicht überschritten worden sein. Ist eine Toleranz nicht angegeben, dann gilt die Toleranzklasse „mittel".

Für andere als die in der Tafel genannten Toleranzen aber müssen, wie das in ausländischen Zeichnungen der Fall ist, Toleranzkurzzeichen eingeschrieben werden (DIN 13 Bl. 32 Vornorm). Bei gleichen Toleranzen für den Flankendurchmesser $d_2$ und den Außendurchmesser $d$ des Bolzengewindes bzw. für den Flankendurchmesser $D_2$ und den Kerndurchmesser $D_1$ des Muttergewindes wird das jeweils gemeinsame Kurzzeichen angegeben, z.B. M10—4g für das Bolzengewinde bzw. M10—6G für das Muttergewinde.

Sind die Toleranzen des Gewindes aber verschieden, müssen beide Kurzzeichen eingesetzt werden, wobei das Kurzzeichen für den Flankendurchmesser dem anderen voransteht, z.B. M 10 — 6g 5g für den Bolzen bzw. M10—4G 5G für die Mutter.

Eine Gewindepassung wird durch die Toleranzfelder des Mutter- und des Bolzengewindes, getrennt durch einen Schrägstrich, angegeben, z.B. M 10 — 8 G/6e oder wenn ein Kurzzeichen unter dem anderen steht ohne Strich dazwischen, z.B.: M 10 – $\frac{\text{G 8}}{\text{6 e}}$

## 8.1.2 Schrauben und Muttern

Schlüsselweiten sind für alle zwei-, vier-, sechs- und achtkantigen Formen vorgesehen und für Schrauben, Armaturen und Fittings in DIN 475 Bl. 1, die Bezeichnungen eingeschlossen, genormt (**117**.3).

Vierkante und Vierkantlöcher für Spindeln und Bedienteile werden nach DIN 79 und Vierkante für Werkzeuge nach DIN 10 gewählt.

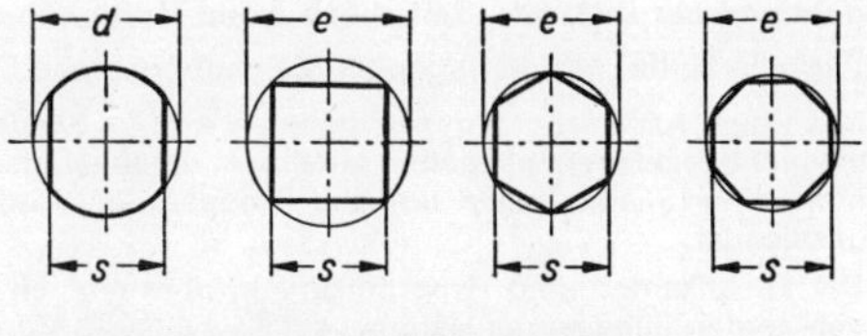


**117**.3 Schraubenkopf- und Mutterformen (DIN 475 Bl. 1; Auszug)

Schraubenenden werden verschieden ausgeführt (DIN 78 Bl. 1). Sie erhalten gewöhnlich eine Linsenkuppe (**118.1**) oder eine Kegelkuppe (**118.2**), die stets in den Längenmaßen enthalten sind.

Für Spann- und Druckschrauben werden Kernansatz (**118.3**), Zapfen (**118.4**), der auch zur Aufnahme eines Splintes durchbohrt sein kann, und Ansatzkuppe (**118.5**) vorgesehen. Sie schränken eine Beschädigung des Gewindes ein. Ringschneiden (**118.6**) kommen für Stellschrauben an Stellringen in Betracht. Die Spitze (**118.7**) und die Ansatzspitze (**118.8**) treten an Sicherungsschrauben auf und werden in kegelige Senkungen eingelassen.

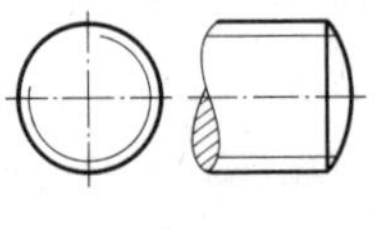

**118.1** Linsenkuppe (L)

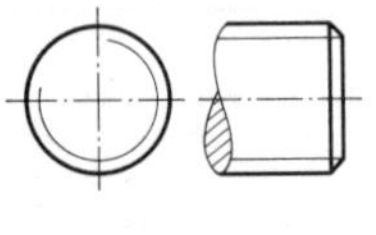

**118.2** Kegelkuppe (K)

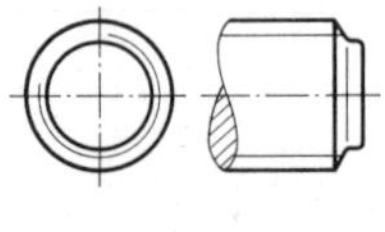

**118.3** Kernansatz (Ka)

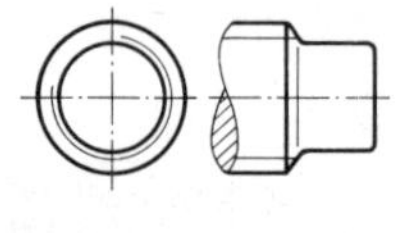

**118.4** Zapfen (Z)

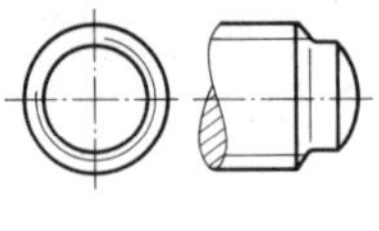

**118.5** Ansatzkuppe (Ak)

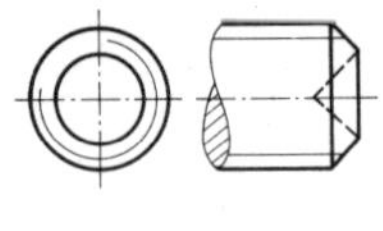

**118.6** Ringschneide (Rs)

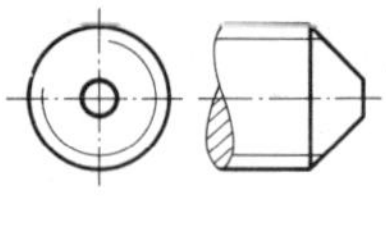

**118.7** Spitze (Sp)

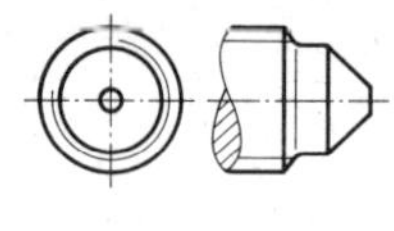

**118.8** Ansatzspitze (Asp)

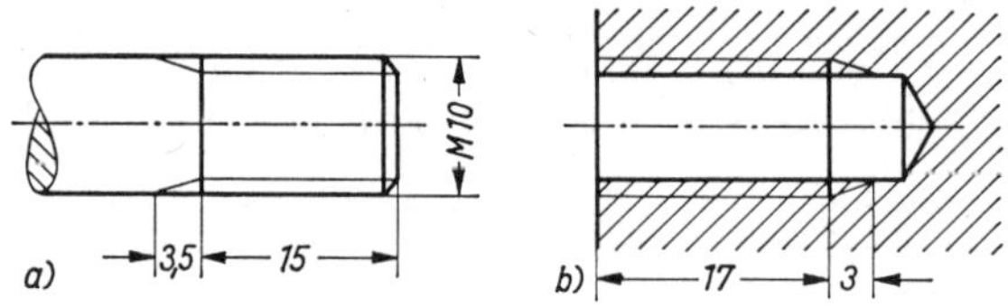


**118.9** Gewindeauslauf (Regelfälle für M10)

Der Gewindeauslauf (DIN 76 Bl. 1) kann je nach dem Herstellungsverfahren bei Außengewinden unterschiedlich sein. Er liegt allermeist außerhalb der bemaßten Gewindelänge (**118.9**) und wird gewöhnlich nicht gezeichnet. Bild a zeigt den Regelfall am Außengewinde und b den Regelfall am Innengewinde.

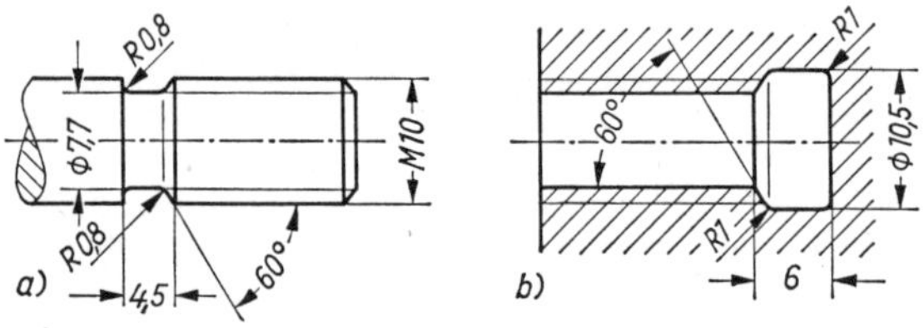


**118.10** Gewinderillen (Regelfälle für M10)

Gewinderillen (DIN 76 Bl. 1) sind in **118.10** ausführlich dargestellt und bemaßt.

Gewinderillen für Verschlußschrauben s. DIN 3852 Bl. 1.

Freistiche an Drehkörpern s. S. 80.

**Aufzeichnen einer Sechskantmutter (DIN 27).** Hierzu müssen der Norm entnommen werden: Gewindedurchmesser $D$ (**114.1**), Seitenmaß $s$ und Mutterhöhe $m$.

Für eine Mutter M16 betragen die Zeichnungsmaße $D = 16$, $D_1 = 80\%$ von $16 = 12{,}8$, $s = 24$ und $m = 13$.

Nach dem Aufzeichnen der Mittellinien wird im Kreuzungspunkt der Draufsicht ein Kreis mit $s = 24$ Durchmesser geschlagen und außen mit einem regelmäßigen Sechseck versehen (**119.1**). Dann werden die Mutterhöhe $m = 13$ abgetragen und die Umrisse der Vorderansicht und der Seitenansicht in schmalen Linien gezeichnet.

Die Fasenkanten sind Hyperbelkurven, aber einfach als Kreisbogen zu schlagen. Für den großen Bogen der Vorderfläche ist der Halbmesser $^3/_4\, e$ aus der Vorderansicht abzugreifen. Der Zirkelschlag wird bis zum Schnitt mit einer senkrechten Außenkante geführt. In der Mitte der von hier durch das schmale Feld gezogenen Waagerechten befindet sich der Zirkeleinsatzpunkt für den kleinen Bogen. Die Mittelpunkte de-

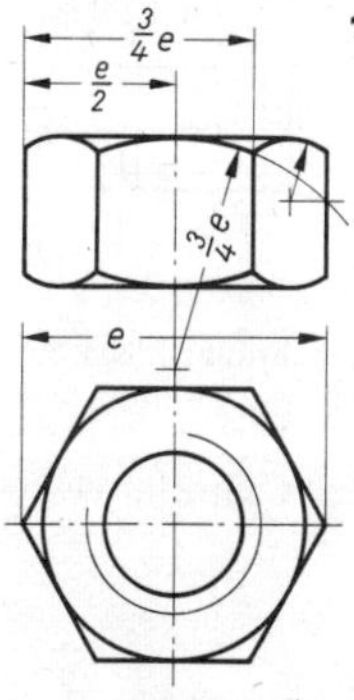
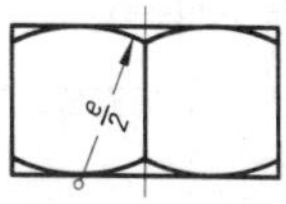


119.1 Konstruktion der Fasenbogen

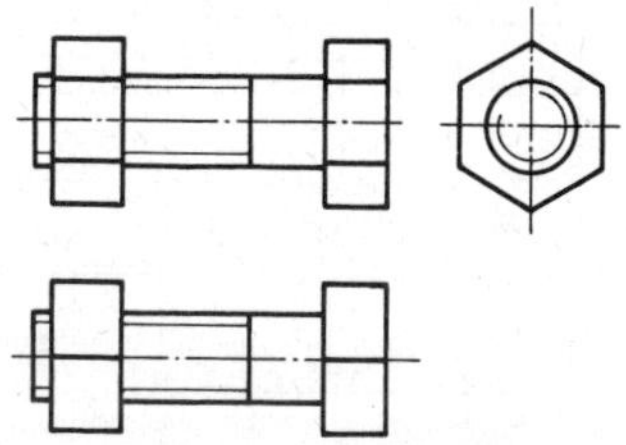

119.2 Vereinfachte Darstellung

Kreisbogen in der Seitenansicht liegen auf den senkrechten Halbierungslinien der Felder. Als Halbmesser dient $e/2$. Nun werden die Gewindekreise in der Draufsicht mit $D/2$ und $D_1/2$ als Zirkelöffnung geschlagen, die überflüssigen Linien abradiert und die verbleibenden nachgezogen. In der Ansicht, die drei Seitenflächen der Mutter zeigt, fallen die Ecken weg. In der Vorderansicht und in der Seitenansicht wird das Gewinde nicht gezeichnet.

Die Köpfe der Sechskantschrauben sind niedriger als die Muttern und nur an einer Stelle abgefast. Bei der vereinfachten Darstellung der Sechskantschrauben und -muttern werden die Fasenbogen weggelassen und die üblichen Formen des Schraubenendes nicht dargestellt (**119.2**).

**Normung.** Schrauben, Muttern und ähnliche Gewindeteile sind weitgehend genormt[1]). Nachstehend sind davon einige Teile dargestellt.

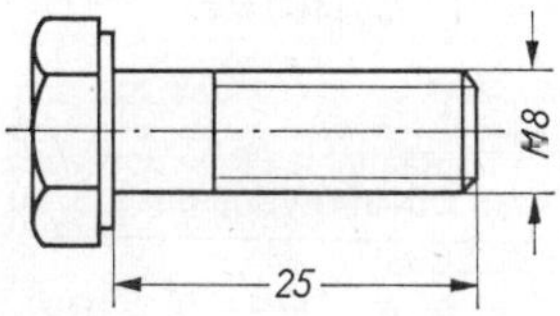


**119.3** Sechskantschraube
M8 × 25 DIN 931 — 8.8

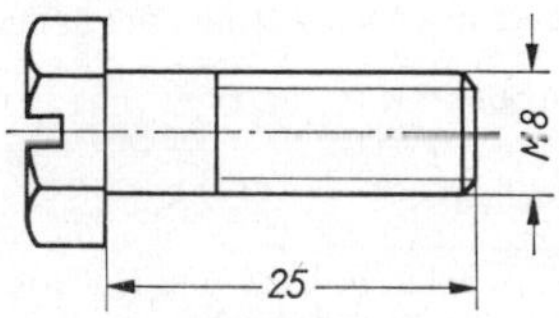


**119.4** Sechskantschraube
M8 × 25 Sz[2]) To[5])
DIN 931 — 8.8

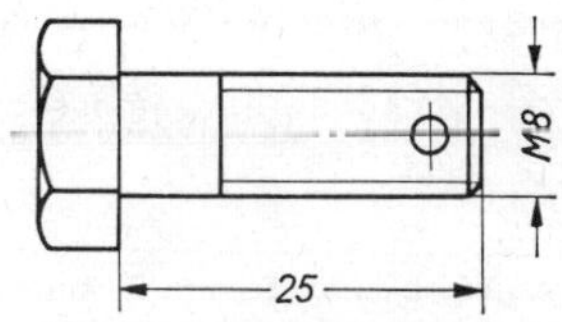


**119.5** Sechskantschraube
M8 × 25 S[3]) To[5])
DIN 931 – 8.8

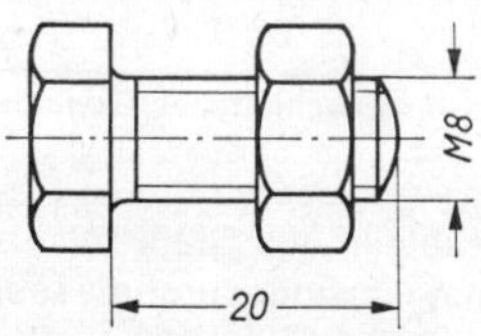


**119.6** Sechskantschraube
M8 × 20 Mu[4]) DIN 601

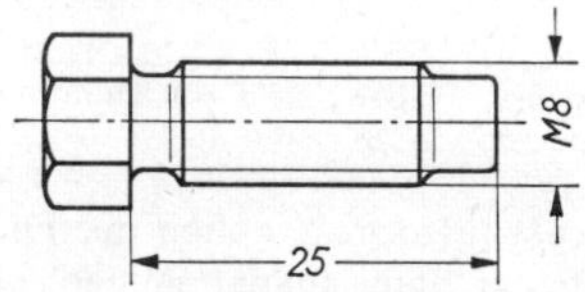


**119.7** Sechskantschraube A[6])
M8 × 25 DIN 561 — 5.8

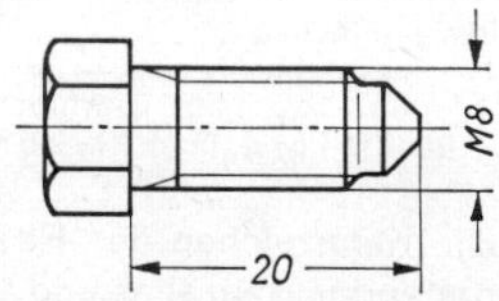


**119.8** Sechskantschraube B[6])
M8 × 20 DIN 564 – 5.6

Der Kopf der Sechskantschraube gehört nicht zur Schraubenlänge. Sechskantschrauben nach DIN 931 u.a. haben in der Regel einen Telleransatz (**119.3**), der aber nicht immer mitgezeichnet zu werden braucht (**124.2**). Sie werden meist als Befestigungsschrauben verwendet und hierbei in Schaftrichtung auf Zug beansprucht (**119.3** bis 6). Ist das Schraubenende als Zapfen oder Spitze ausgeführt (**119.7** und 8), dann erfahren sie bei Verwendung als Stell-, Halte- oder Abdrückschraube Druckbeanspruchung.

Zylinderschrauben mit Innensechskant (**120.1**) werden vorwiegend im Werkzeugmaschinenbau verwendet und mit einem Sechskantstiftschlüssel bedient. Die Köpfe sind in zylindrische Senkungen (s. S. 126) einzulassen.

Paßschrauben (**120.2**) haben einen nach einer ISO-Toleranz, gewöhnlich k6, hergestellten Schaftteil, der mit einer Bohrung H7 eine Passung bildet.

---

[1]) Siehe DIN-Taschenbuch 10: Schrauben, Muttern und Zubehör für metrische Gewinde, Beuth-Vertrieb GmbH, Berlin, Frankfurt und Köln

[2]) Sz: mit Schlitz [3]) S: mit Splintloch [4]) Mu: mit Sechskantmutter [5]) To: ohne Telleransatz

[6]) Ausführung A mit Gewinderille, B mit Gewindeauslauf

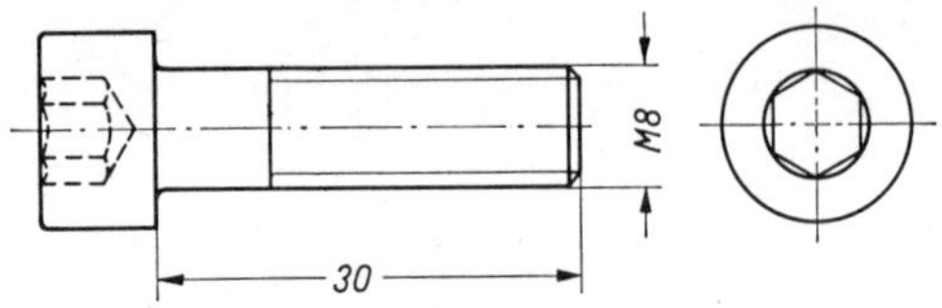


**120.1** Zylinderschraube mit Innensechskant
M8 × 30 DIN 912—8.8

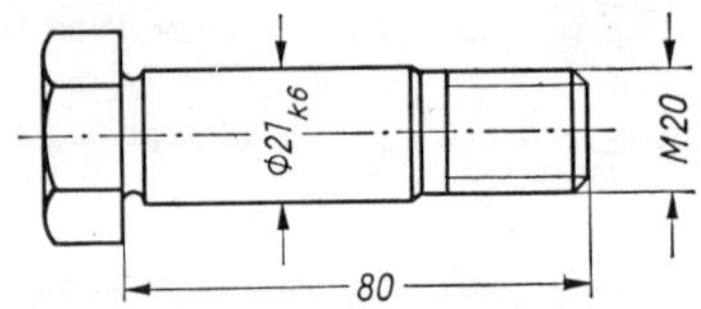


**120.2** Sechskant-Paßschraube M20×80
DIN 610—m 5.6

Die genormten Bezeichnungen für Schrauben, Muttern und ähnliche Gewindeteile legen alle Merkmale fest.

**Beispiel:** **Sechskantschraube M16 × 1,5 × 40 To DIN 960 — mg 6.9**

Sechskantschraube = Benennung des Werkstücks
M 16 × 1,5 = Metrisches Feingewinde, Gewindedurchmesser 16 mm, Steigung 1,5 mm
40 = Länge des Schaftes in mm einschließlich des Kegelansatzes oder der Linsenkuppe
To = ohne Telleransatz
DIN 960 = Bezeichnung des Normblattes, das die Schraubenform und -maße angibt
mg = Kennzeichen für die Ausführung der Schraube (mg = mittelgrob)
6.9 = Kennzeichen der Festigkeitsklasse für Stahl

Die Ausführung bezieht sich nach DIN 267 Bl. 2 auf die Oberflächenbeschaffenheit, auf Maßgenauigkeit (Toleranzen), auf zulässige Gewindetoleranzen, Mittigkeitsabweichungen und Unwinkligkeiten, z.B. des Schraubenkopfes zum Schaft. Es sind drei Ausführungsgrade vorgesehen, „mittel" (m), „mittelgrob" (mg) und „grob"(g). Was für die Oberflächen der Ausführung mittel gilt, zeigt folgende Tafel:

Tafel **120.3** Ausführung m (Auszug aus DIN 267 Bl. 2)

| Oberflächen | Rauhtiefen $R_t$ in µm nach DIN 3141 Vornorm (s. S. 68) |
|---|---|
| Auflageflächen, Schaft, Gewindeflanken bei Schrauben und Muttern, Gewindekern bei Schrauben (außer bei Blechschrauben) | 25[1]) |
| Kuppen und Schlüsselflächen | 100 |
| Gewindekern bei Muttern, Gewindeaußendurchmesser bei Schrauben | beliebig |
| übrige Flächen | 25 |

[1]) jedoch 16 µm für Gewindeflanken bis M5 bzw. bis $P = 0{,}5$ mm und 40 µm für geschnittenes Gewinde über M5 bzw. über $P = 0{,}5$ mm

Die Kennzeichen der Festigkeitsklassen gelten nur für Schraubteile aus Stahl (nichtrostender, kaltzäher und warmfester Stahl ausgenommen) bis 39 mm Gewindedurchmesser und bestehen jetzt aus zwei durch einen Punkt getrennte Zahlen, z.B. 3.6 (Tafel **120.4**). Die erste Zahl gibt etwa 1/10 der Mindestzugfestigkeit: $34/10 \approx 3$ und die zweite Zahl das ungefähr verzehnfachte Verhältnis der Mindeststreckgrenze zur Mindestzugfestigkeit an: $10 \frac{20}{34} \approx 6$

Tafel **120.4** Festigkeitsklassen für Schraubteile aus Stahl (Auszug aus DIN 267 Bl. 3)

| Festigkeitsklasse | bisher | 4 A | 4 D | 4 S | 5 D | 5 S | 6 D | 6 S | 6 G | 8 G | 10 K | 12 K |
|---|---|---|---|---|---|---|---|---|---|---|---|---|
| | neu | **3.6** | **4.6** | **4.8** | **5.6** | **5.8** | **6.6** | **6.8** | **6.9** | **8.8** | **10.9** | **12.9** |
| Zugfestigkeit $\sigma_B$ in kp/mm² | mindestens | 34 | 40 | | 50 | | 60 | | | 80 | 100 | 120 |
| | höchstens | 49 | 55 | | 70 | | 80 | | | 100 | 120 | 140 |
| Mindeststreckgrenze $\sigma_S$ in kp/mm² | | 20 | 24 | 32 | 30 | 40 | 36 | 48 | — | — | — | — |
| Mindestbruchdehnung $\delta_5$ % | | 25 | 25 | 14 | 20 | 10 | 16 | 8 | 12 | 12 | 9 | 8 |

Bei Muttern entfällt die Angabe des Streckgrenzenverhältnisses (**123.3**).

Die Festigkeitseigenschaften einer Klasse können durch mehrere Werkstoffe erreicht werden.

Bei Teilen, die nicht aus Stahl bestehen, tritt das betreffende Werkstoffkurzzeichen an die Stelle des Werkstoffkennzeichens

Sechskantschraube M10 × 0,75 × 20 DIN 960 — m NiCr 15 Fe

Ein galvanischer Überzug (s. S. 86) wird am Schluß angegeben

Sechskantschraube M16 × 50 DIN 931 — m 8.8 gal Zn 5 bk

oder dafür das in DIN 267 Bl. 9 festgelegte und nach einem Trennstrich zu setzende Kennzeichen -A2E.

Das Kennzeichen für die Ausführung wird weggelassen, wenn für das Schraubteil normgemäß nur eine Ausführung besteht oder sie dem Hersteller überlassen bleiben soll. Sind aber Schraubteile in nur einer Ausführung und in nur einer Festigkeitseigenschaft festgelegt oder sind diese der Wahl des Herstellers überlassen, so sind weder Ausführung noch Festigkeitseigenschaften anzugeben (**119**.6).

Zusätzliche Bestellangaben für Formen und Ausführungen der Sechskant- und der Stiftschrauben sind in DIN 962 enthalten (s. auch Bild **119**.4 bis 8).

So bedeutet z.B. **Sk** in der Bezeichnung „Sechskantschraube M16 × 50 Sk DIN 931 — 4.6", daß sich ein **S**plintloch im Schrauben**k**opf befinden soll.

## Schraubensonderformen

Vierkantschrauben werden als Spannschraube im Werkzeugmaschinenbau verwendet, wobei der Bund das Abgleiten des Schraubenschlüssels vermeidet (**121**.1).

Halbrundschrauben nach DIN 607 sind rohe Schrauben und haben eine Nase, die ein Mitdrehen beim Anziehen und Lösen der Mutter verhindert (**121**.2). Für die Nasen sind Nuten vorzusehen.

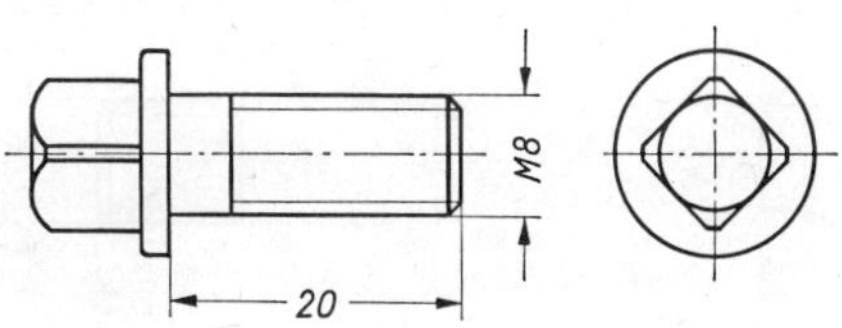


**121**.1 Vierkantschraube M8 × 20 DIN 478—5.8

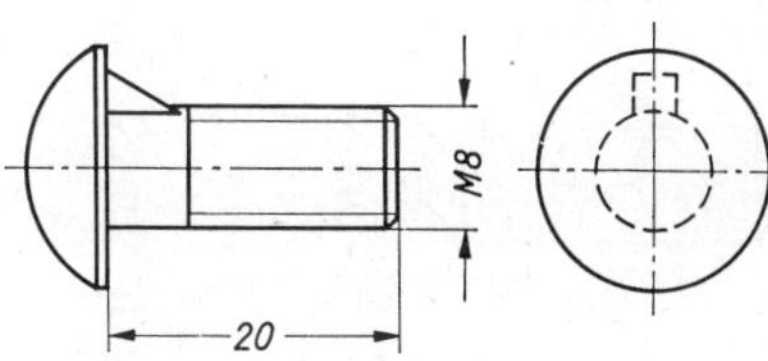


**121**.2 Halbrundschraube M8 × 20 DIN 607

Hammerschrauben (**121**.3) haben schmale Köpfe, die seitlich in Vertiefungen anliegen, um Mitdrehen zu vermeiden, oder in Nuten eingelassen werden.

Kegelsenkschrauben (**121**.4) deren Kegelwinkel 30° beträgt, werden dort verwendet, wo für vorstehende Köpfe Raum nicht zur Verfügung steht.

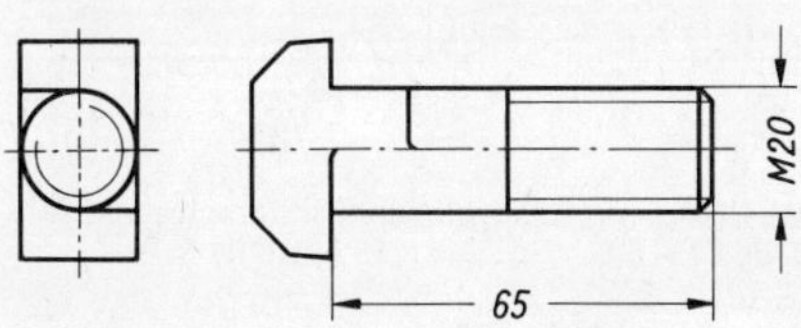


**121**.3 Hammerschraube M20 × 65 DIN 188

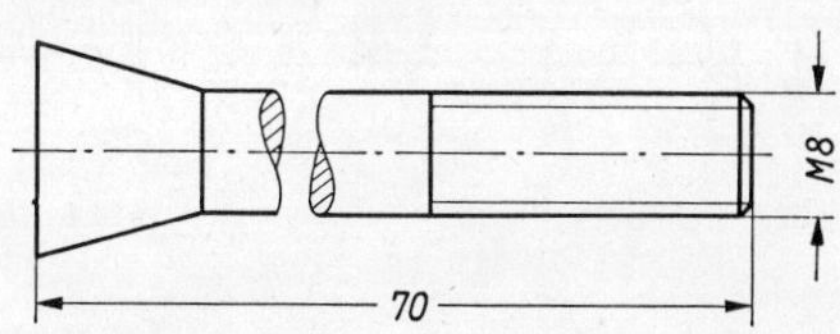


**121**.4 Kegelsenkschraube M8 × 70 DIN 606

Stiftschrauben haben am Einschraubende eine Kegelkuppe und zur Unterscheidung am anderen Ende eine Linsenkuppe (**122**.1). Als Nennlänge der Stiftschraube gilt die Länge des nach dem Einschrauben aus dem Werkstück herausragenden Teils.

Die Einschraublänge schließt ausnahmsweise den Gewindeauslauf ein (vgl. S.118) und richtet sich nach dem Werkstoff, in den die Schraube geschraubt wird.

| Sie ist bei | Stahl | 1 × Gewindedurchmesser | Aluminiumlegierung | 2 × Gewindedurchmesser |
|---|---|---|---|---|
| | Grauguß | 1,25 × Gewindedurchmesser | Weichmetall | 2,5 × Gewindedurchmesser |

Einschraubende und Schaftende haben nicht immer das gleiche Gewinde, wie Bild **122.2** zeigt. Es stellt eine Stiftschraube dar, deren Schaftdurchmesser etwa gleich dem Gewindeflankendurchmesser ist; sie wird nach DIN 962 als Ausführung B bezeichnet. Sonst ist der Schaftdurchmesser gleich dem Gewindedurchmesser (**122.1**). Es gibt auch Stiftschrauben mit Gewinderille (**122.3**); die abgebildete hat beiderseits gleiches metrisches Feingewinde.

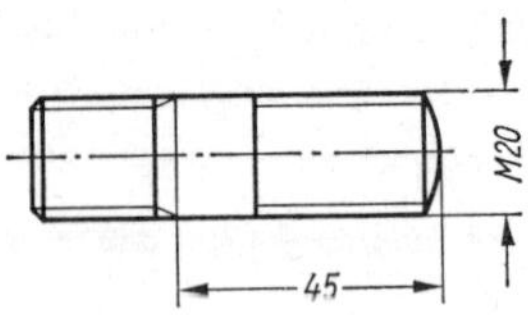


**122.1** Stiftschraube
M20 × 45 DIN 939—5.6

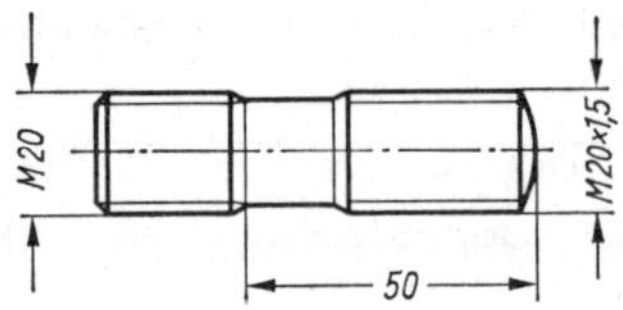


**122.2** Stiftschraube B
M20 × 1,5 × 50 DIN 833—5.6

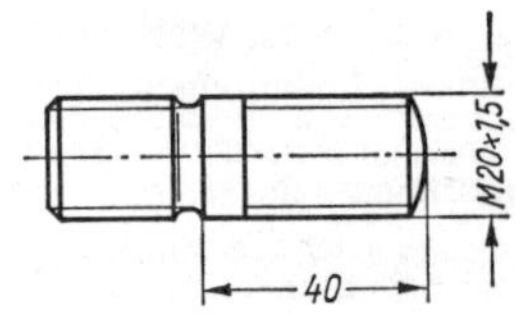


**122.3** Stiftschraube
M20 × 1,5 × 40 DIN 834—5.6

Toleranzen der Durchmesser am Gewinde des Einschraubendes und deren Bezeichnungen für nicht dichte Verbindungen s. DIN 13 und 14, Bbl. 14, für dichte Verbindungen s. Bbl. 15.

Gewindestifte mit Spitze (**122.4**) oder mit Zapfen (**122.5**) haben Gewinde über die ganze Länge, weil sie vollständig in den Werkstoff eingeschraubt werden, Schaftschrauben (**122.6**) nur über einen Teil der Länge.

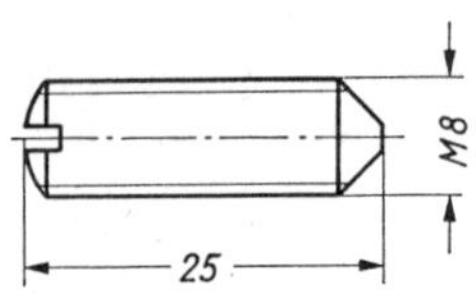


**122.4** Gewindestift
M8 × 25 DIN 553—4.6

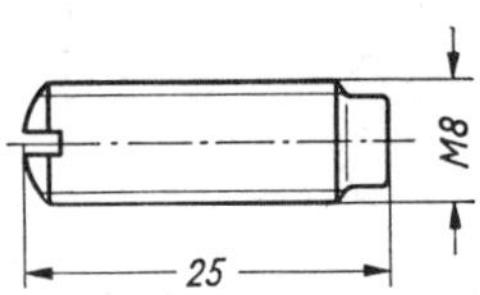


**122.5** Gewindestift
M8 × 25 DIN 417

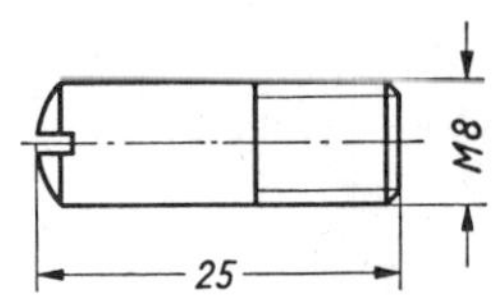


**122.6** Schaftschraube
M8 × 25 DIN 427

Schlitzschrauben. Die Köpfe der Zylinderschraube (**122.7**), der Linsenzylinderschraube (**122.9**) und der Rändelschraube (**122.10**) gehören nicht zur Schraubenlänge (Nennlänge), dagegen wird der Kopf der Senkschraube (**122.8**) einbezogen.

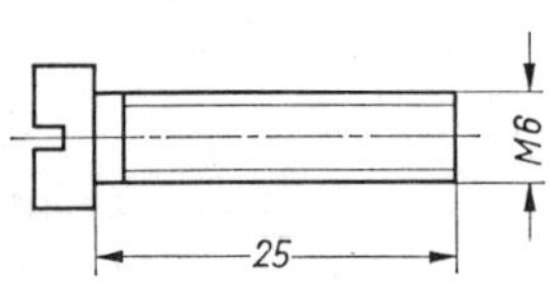


**122.7** Zylinderschraube
M6 × 25 DIN 84—4.8

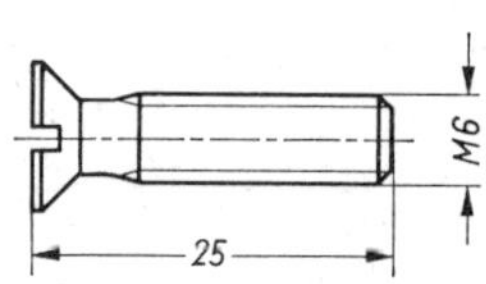


**122.8** Senkschraube B[1])
M6 × 25 K[2]) DIN 87—5.8

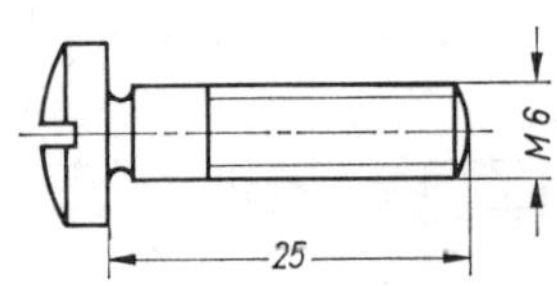


**122.9** Linsenzylinderschraube Ri[2])
M6 × 25 L[2]) DIN 85—4.8

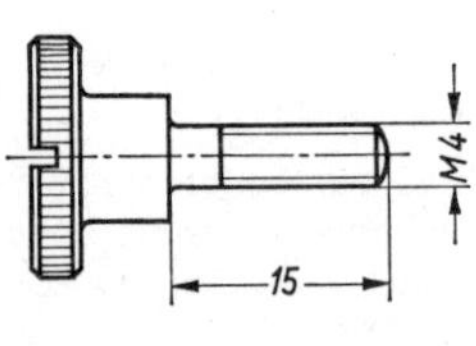


**122.10** Rändelschraube M4 × 15 DIN 465—Ms 58

[1]) B: Schaftdurchmesser ≈ Flankendurchmesser
[2]) K: Kegelkuppe L: Linsenkuppe Ri: Rille

Die Schlitzkanten der Schrauben werden beim Blick auf den Kopf in Richtung der Schraubenachse unter 45°, bei Sechskantköpfen unter 60/30°, gezogen (**123.1**). Ist eine dritte Ansicht erforderlich, dann wird auch dort der Schlitzquerschnitt gezeichnet.

Bild **123.2** zeigt vereinfacht dargestellte Schlitze.

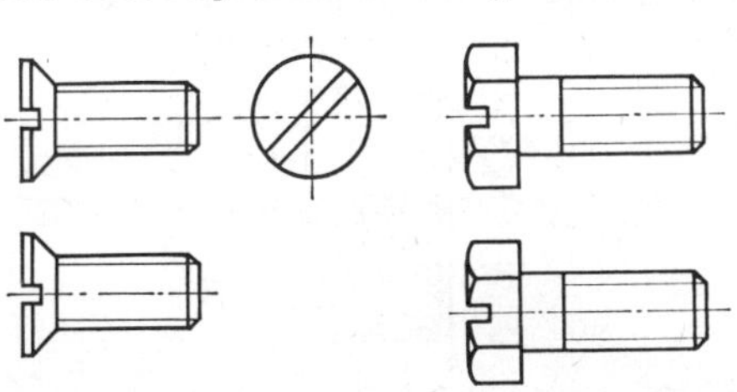

**123.1** Schlitzlage in Übersichtszeichnungen

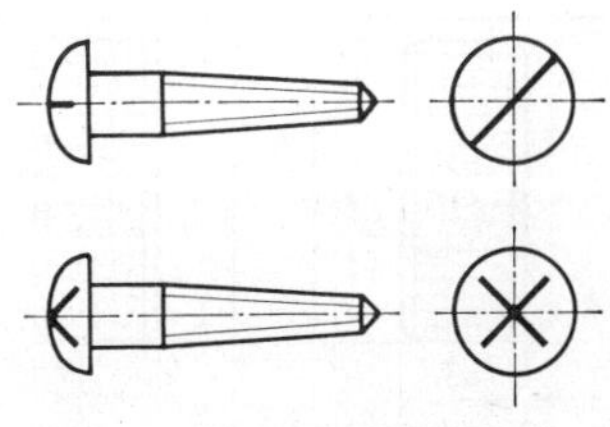

**123.2** Halbrundholzschraube mit Längs- und Kreuzschlitz

Muttern und Scheiben. Das Kernloch der Muttern ist beiderseits unter 120° bis auf den Gewindedurchmesser ausgesenkt (**123.3**). Sechskantmuttern sind meist an beiden Stirnflächen abgefast. Kronenmuttern dienen zur Aufnahme eines Splintes als Sicherung gegen Lockern (**123.4**). Vierkantmuttern haben nur eine oder keine Fase und kommen seltener zur Anwendung (**123.5**). Ist der Werkstoff der zu verbindenden Teile weicher als der der Mutter oder ist die Auflagefläche nicht eben, dann sind Scheiben unterzulegen (**123.6**). Vierkantunterlegscheiben (**91.3**) mit passender Neigung werden an den Flanschen der [- und I-Stähle gebraucht.

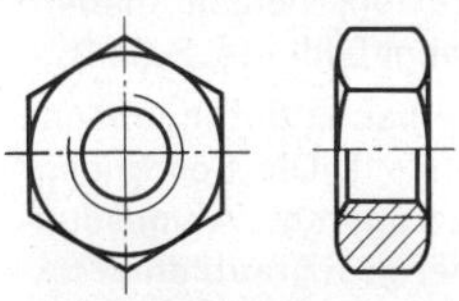

**123.3** Sechskantmutter M8 DIN 934—mg 8

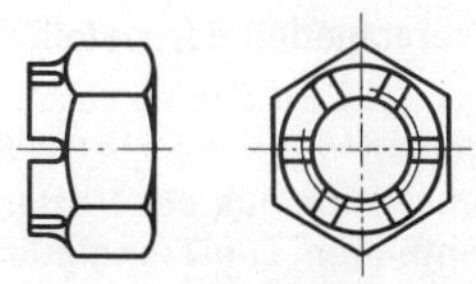

**123.4** Kronenmutter M20 DIN 935—8

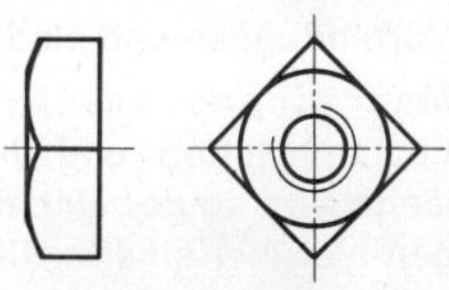

**123.5** Vierkantmutter M6 DIN 557

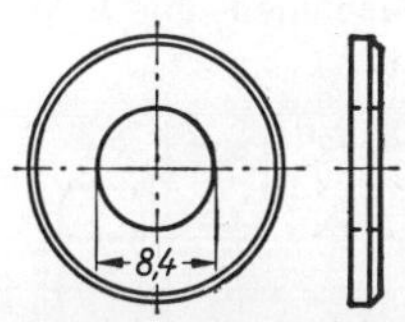


**123.6** Scheibe B[1]) 8,4 DIN 125 — St 37

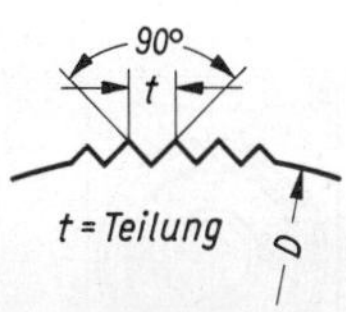


**123.7** Aufwerfen des Werkstoffs

Rändel (DIN 82) erhöhen die Griffsicherheit und entstehen durch Eindrücken spitzgezahnter, gehärteter Stahlräder in den Mantel des sich drehenden Teils. Durch Herausquetschen des Werkstoffs wird der Außendurchmesser bis 0,5 $t$ größer als der Drehdurchmesser $D$ (**123.7**). In Zeichnungen wird aber nur der Drehdurchmesser angegeben.

Rändel werden mit Vollinien in der Breite der Maßlinien angedeutet und haben keine seitlichen Begrenzungslinien, wenn sie auf einer Wölbung auslaufen oder auf einem Teil des Mantels liegen (**123.8**). Die Rändelstriche liegen unter 30° zur Mittelachse.

Eine Rändelung mit der Teilung $t = 0{,}6$ mm wird bezeichnet: Rändel 0,6 (**123.9**)

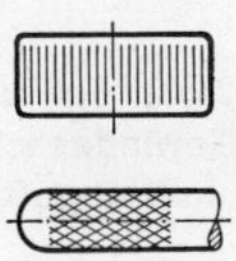

**123.8** Fortfall der Begrenzungslinien

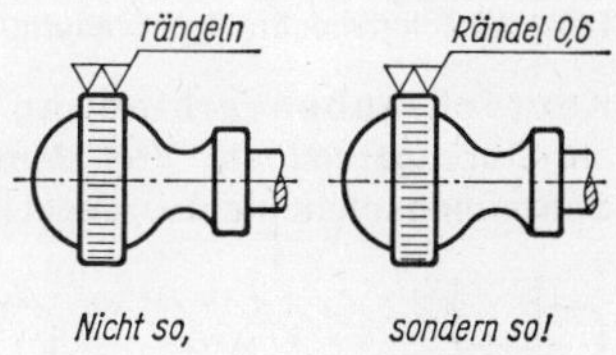


**123.9** Kennzeichnung einer Rändelung

[1]) B bedeutet mit Fase

Es werden unterschieden

| Rändel<br>(Kanten erhöht)<br>für alle Werkstoffe | Kreuzrändel<br>(Spitzen erhöht)<br>für Hartgummi u.a. | Rändel<br>(Spitzen erhöht)<br>für Leichtmetall, Messing, Fiber u.a. | Negativrändel<br>(Spitzen vertieft)<br>für Stahl |
|---|---|---|---|
| 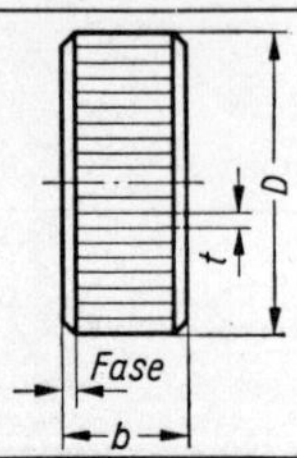 | 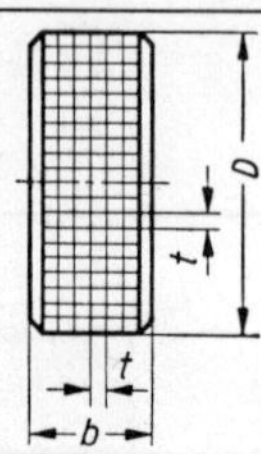 | 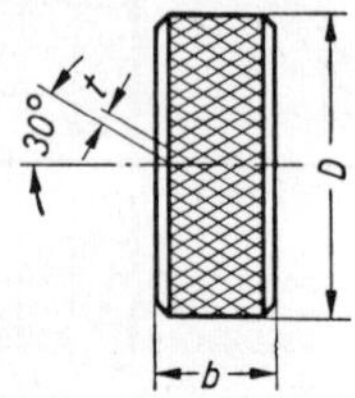 | |

Die Größe der Teilung $t$ ist abhängig von dem Durchmesser $D$ und der Breite $b$. Bei Breiten über 6 mm ist die Fasenhöhe gleich der Teilung $t$, sonst ist sie geringer. An Stelle der Fase kann eine Rundung treten. Kreuzrändel wird bisweilen nur angedeutet (**124.1**).

Bei gezogenen Werkstoffen für Schraubteile ist die Kennzeichnung durch Oberflächendreiecke nicht nötig. Dann wird ein Bezugsstrich mit Hinweispfeil gewählt (Bild **210.1**, lfd. Nr 6).

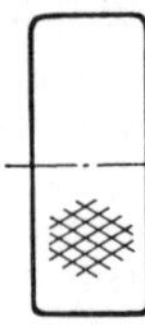

**124.1** Andeutung eines Rändels

### 8.1.3 Verbindungen mit Schrauben und Muttern

Sie lassen sich beliebig oft auseinandernehmen und zusammensetzen, heißen lösbare Verbindungen und sind hier mit verschieden dargestelltem Gewinde abgebildet (s. S. 114).

Maschinenschraubverbindung (**124.2**). Die zu verbindenden Teile haben durchgehende Löcher; Muttern und Unterlegscheiben werden nicht im Schnitt dargestellt. Die Schraubenlänge wird so gewählt, daß das Schaftende aus der Mutter nur wenig herausragt. Abmessungen hierüber sind in DIN 78 Bl. 1 enthalten. Die Trennlinie der zusammengeschraubten Werkstücke wird bis an den Schraubenschaft herangeführt.

Durchgangslöcher sind etwas größer als die Schraubendurchmesser und in DIN 69 festgelegt. Sinnbilder für Durchgangs- und für Gewindelöcher vorzugsweise für Maschinen- und Lokomotivbau s. DIN 407 Bl. 2.

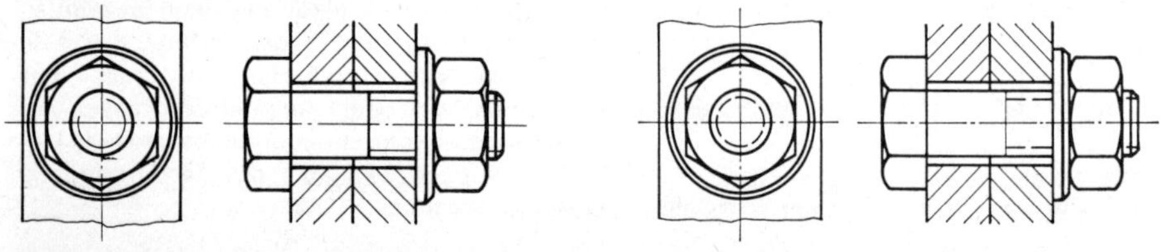

**124.2** Maschinenschraubverbindung

Kopfschraubenverbindung (**124.3**). Ein Werkstück hat ein Gewindesackloch, das andere ein Durchgangsloch. Von dem Gewindesackloch ist nur der Teil zu zeichnen, der vom Schraubenschaft nicht verdeckt ist. In Grauguß, in Weich- und in Leichtmetall können die ersten Gewindegänge durch häufiges Ein- und Ausschrauben beschädigt werden. Bei Verwendung von Stiftschrauben besteht diese Gefahr nicht.

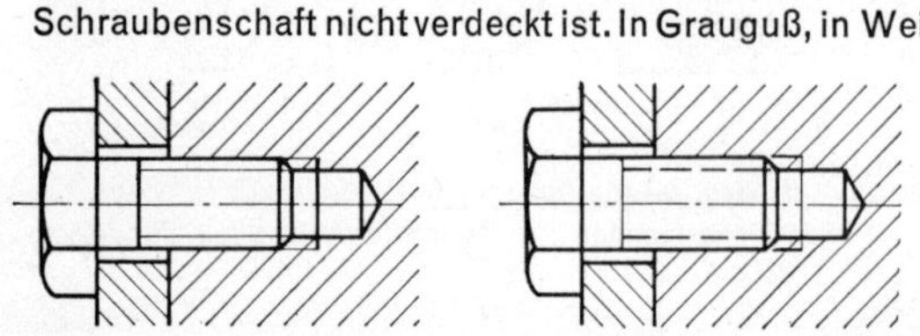

**124.3** Kopfschraubenverbindung

Stiftschraubenverbindung (**125.1**). Stiftschrauben werden in der ganzen Länge des Einschraubgewindes einschließlich des Gewindeauslaufs fest eingedreht.

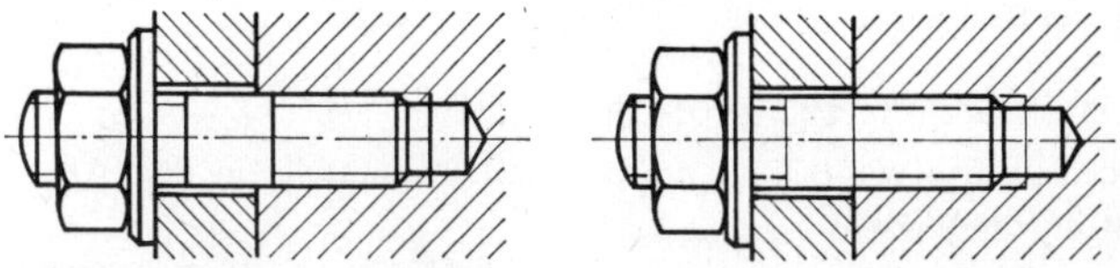

**125.1** Stiftschraubenverbindung

Die breite Gewindebegrenzungslinie gemäß ISO-Darstellung kennzeichnet stets das Ende der vollausgeschnittenen Gewindegänge. Sie wird daher am Einschraubende gegenüber der Oberkante des Gewindelochs um die Größe des Gewindeauslaufs (s. S. 118) versetzt, die DIN 76 Bl. 1 entnommen werden kann.

Für Stiftschrauben ohne Gewinderille am Einschraubende sind Aussenkungen der Gewindelöcher unter einem Senkwinkel von 60° und für Stiftschrauben in Leichtmetall zylindrische Aussenkungen, die allerdings zu zeichnen und zu bemaßen sind, empfehlenswert.

Rohrverschraubung (**125.2**). Bei der im Schnitt dargestellten Rohrverschraubung wird das Innengewinde des äußeren Rohres durch das Außengewinde des inneren Rohres verdeckt.

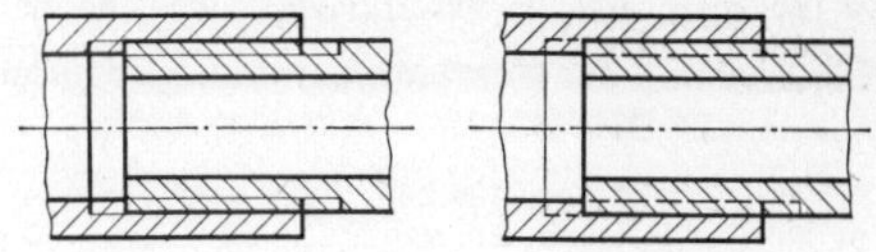

**125.2** Rohrverschraubung

## Senkungen (DIN 74 und 75)

Senkungen nach DIN 75 Bl. 1 (**125.3** und 4) dienen zur Aufnahme kegeliger Schraubenköpfe und bestehen infolge unterschiedlicher Größen in den Formen A, B, B 1, C und D.

Für die Formen A, B und B 1 gibt es zwei Ausführungen, nämlich mittel (m) und fein (f). Die Senkungen „fein" haben zylindrische Vertiefungen, kleinere Bohrungen und kleinere Toleranzen und liegen daher enger an (**125.4**).

Es werden verwendet die Senkungen

**A** vorwiegend für Senkschrauben nach DIN 63 und Linsensenkschrauben nach DIN 91

**B** vorwiegend für Senkschrauben nach DIN 87, DIN 7987, DIN 7991 und Linsensenkschrauben nach DIN 88 und DIN 7988

**B 1** für die unter B genannten Schrauben bei Verwendung von Zahn- und von Fächerscheiben (S. 128)

**C** für Senkblechschrauben nach DIN 7972 und DIN 7982 und Linsensenkblechschrauben nach DIN 7973 und DIN 7983

**D** für Senkholzschrauben nach DIN 97 und DIN 7997 und für Linsensenkholzschrauben nach DIN 95 und DIN 7995

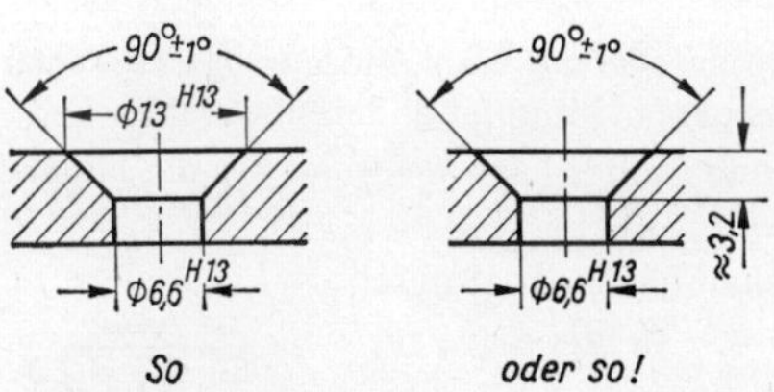


**125.3** Senkung B „mittel"

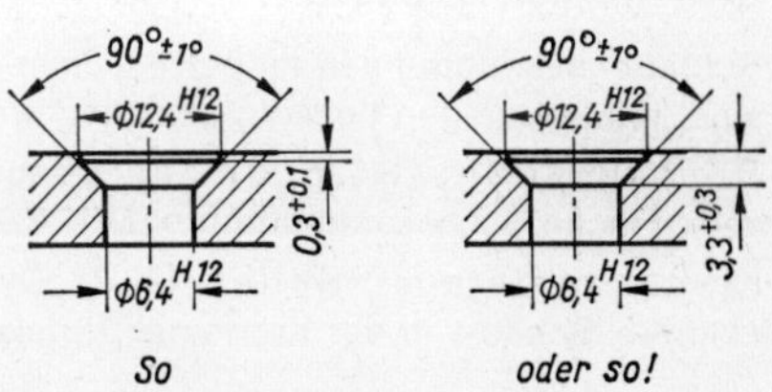


**125.4** Senkung B „fein"

Senkungen können verschieden bemaßt werden (**125.3** und 4). Der Mittelpunkt für das Winkelmaß liegt im Schnittpunkt der verlängerten Kegelseiten. Ist die Senktiefe größer als die Dicke des Werkstoffs, dann wird auch das Anschlußteil ausgesenkt, und zwar etwas weiter, da die Schraube sonst nicht anzieht (**125.5**).

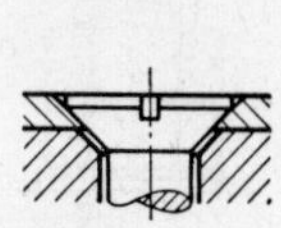

**125.5** Angesenktes Anschlußteil

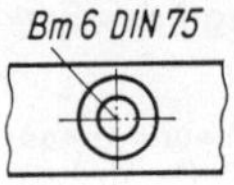


Besonders in Kleindarstellungen können anstelle der Maße Kurzzeichen treten (**126.1**).

**126.1** Kurzzeichen für Senkung

**Bm6 DIN 75** bedeutet Senkung B mittel, für 6 mm Gewindedurchmesser, nach DIN 75.

Senkungen für Zylinderschrauben werden nach DIN 74 Bl. 2 ebenfalls in den Ausführungen fein (f) und mittel (m) hergestellt.

Kennbuchstaben der Senkungen:

**H** für Zylinderschrauben nach DIN 84 und DIN 7984 und Zylinderschneidschrauben nach DIN 7513

**J** für Zylinderschrauben mit Innensechskant nach DIN 6912

**K** für solche nach DIN 912

Für Schrauben von 24 mm Gewindedurchmesser und größer werden die Durchgangslöcher mit einer 90°-Senkung versehen (**126.2**) oder gerundet, sonst nur entgratet (**126.3**).

Die Senkung der Ausführung mittel wird für eine Zylinderschraube M 24 nach DIN 84 bezeichnet: Hm 24 DIN 74

Senkungen sind nach **126.2** und 3 zu bemaßen oder vereinfacht mit Kurzzeichen zu versehen (Taf. **128.8**). Ist eine andere als die genormte Senktiefe einzuhalten, dann wird das Kurzzeichen erweitert, z.B. Hm 24 × 16 DIN 74.

DIN 74 Bl. 3 enthält Senkungen für Sechskantschrauben und -muttern mit normalen Schlüsselweiten, und zwar als Ansenkungen zur besseren Anlage der Schraubteile (**126.4**), ferner als Aussenkungen zum Einlassen der Teile einschließlich Scheiben und Schraubensicherungen und mit Raum zum Aufstecken und Betätigen der Werkzeuge (**126.5**).

Übersicht und Anwendung zylindrischer Senkungen s. DIN 974.

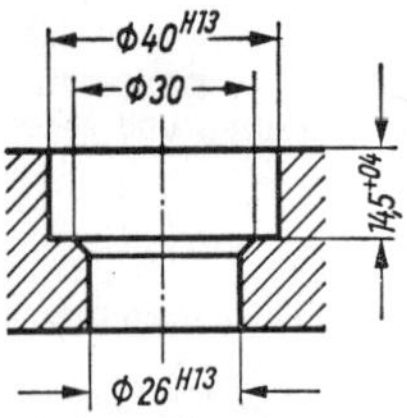


**126.2** Senkung Hm 24 DIN 74

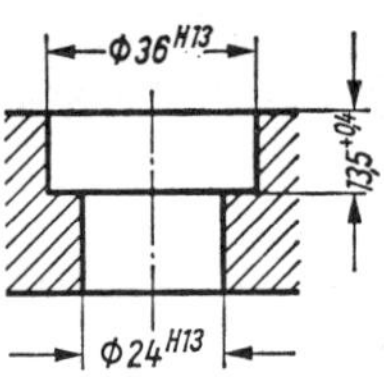


**126.3** Senkung Hm 22 DIN 74

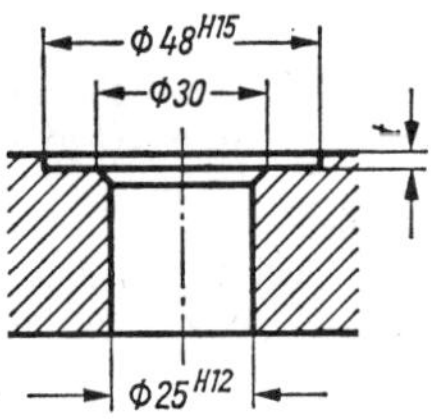


**126.4** Senkung Rf 24 DIN 74 ($t$ so klein wie möglich)

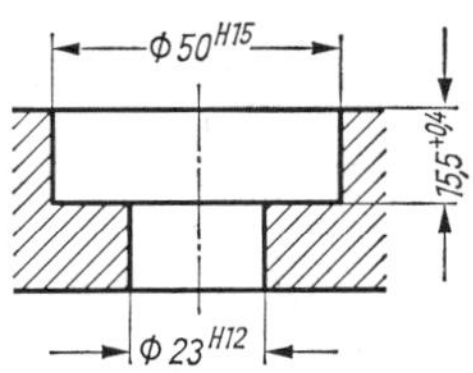


**126.5** Senkung SAf 22 DIN 74

## Schraubensicherungen

Schraubenverbindungen an beweglichen Teilen und solche, die Erschütterungen ausgesetzt sind, müssen gegen Lockern gesichert werden. Das geschieht unter anderem durch:

Doppelmuttern (**126.6**); die zuerst aufgeschraubte Mutter kann niedriger als die andere sein. Flache Sechskantmuttern s. DIN 439.

Kronenmuttern mit Splint (**126.7**). Die Nachstellmöglichkeit ist durch mehrere Schlitze in der Krone gewährleistet. Splinte s. S. 137.

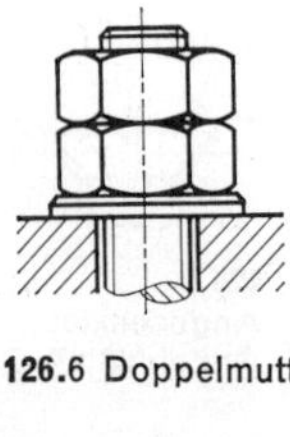

**126.6** Doppelmutter

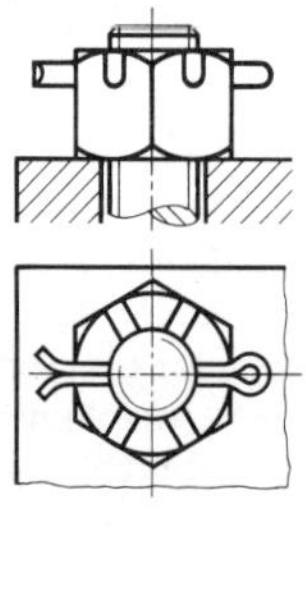

**126.7** Kronenmutter mit Splint

Sicherungsbleche mit Lappen (**127.1**); dieser wird nach dem Festziehen der Mutter umgebogen (**127.2**). Es müssen immer beide Teile, Schraube und Mutter, gesichert sein.

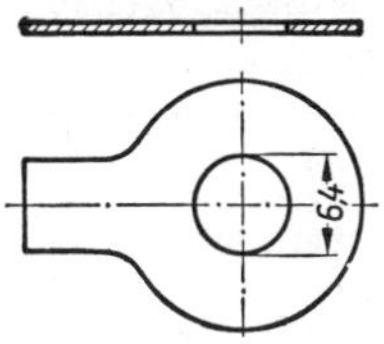


**127.1** Sicherungsblech 6,4 DIN 93

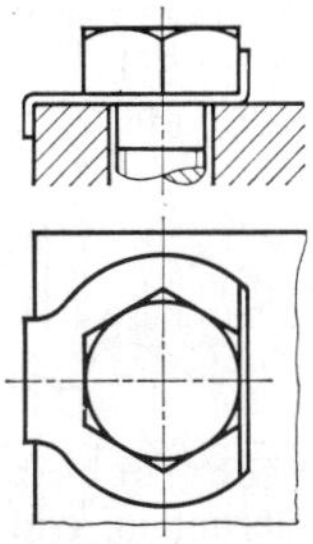

**127.2** Gesicherte Schraube

Sicherungsbleche mit Nase (**127.3**). Sie wird vor dem Festziehen und Umbiegen in eine Bohrung eingelassen (**127.4**). Auch hier sind beide Teile, Schraube und Mutter, zu sichern.

Federringe nach DIN 127 (**127.5**) haben meißelförmig angeschärfte Enden, die als Form A aufgebogen und als Form B glatt sind. Sie dringen beim Festschrauben in den Werkstoff ein (**127.6**).

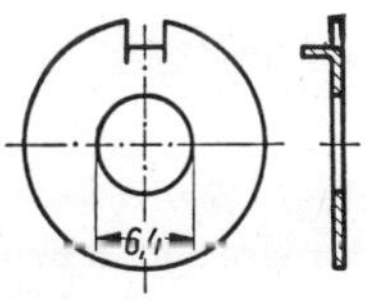


**127.3**
Sicherungsblech 6,4
DIN 432

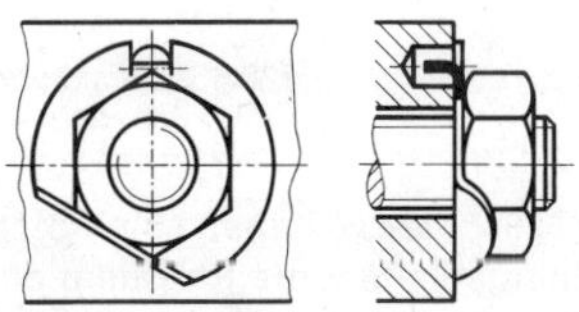

**127.4**
Gesicherte Mutter

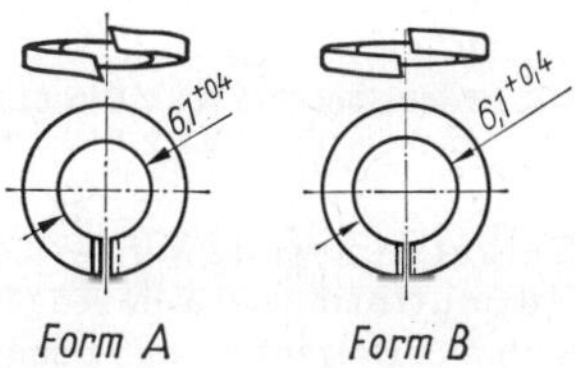


**127.5**
Federring A 6 DIN 127
Federring B 6 DIN 127

Federscheiben nach DIN 137 sind als Form A gewölbt oder als Form B gewellt (**127.7**). Die gewölbten Scheiben werden meist für Verbindungen durch Zylinder- und Halbrundschrauben und die gewellten Scheiben für Verbindungen durch Sechskantschrauben verwendet.

Federringe für Zylinderschrauben s. DIN 7980 (**127.8**).

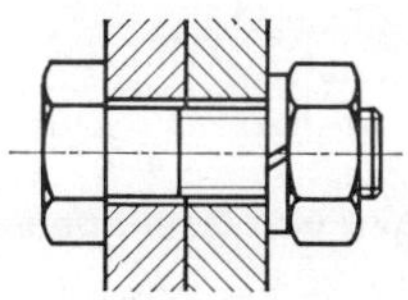

**127.6** Sicherung durch Federring

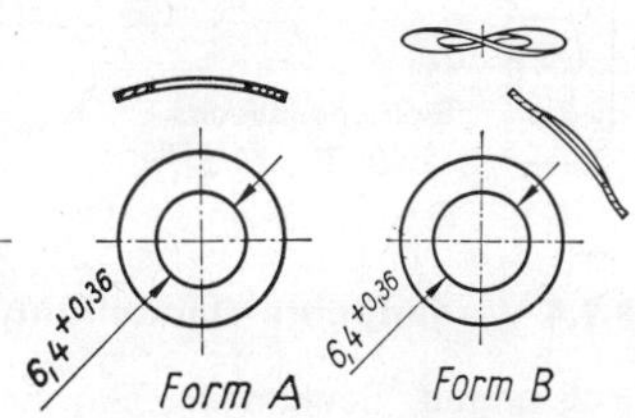


**127.7** Federscheibe A 6 DIN 137
Federscheibe B 6 DIN 137

Sicherungsnäpfe nach DIN 526 für versenkte Zylinderschrauben nach DIN 84 (**127.9**). Die Sicherung erfolgt durch in eine Nut gelegte Lasche und den in den Schraubenschlitz eingedrückten Rand (**127.10**).

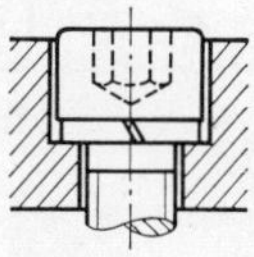

**127.8**
Sicherung
durch
Federring

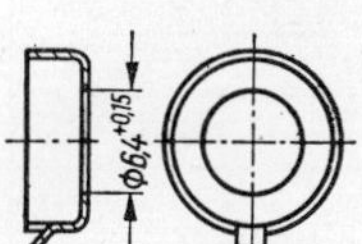


**127.9**
Sicherungsnapf 6
DIN 526

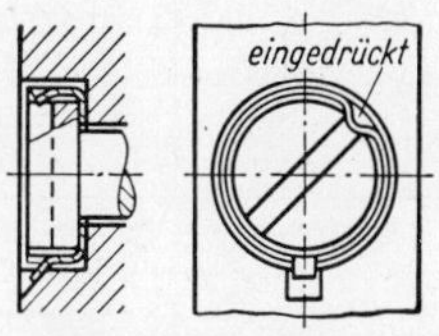


**127.10**
Sicherung der Zylinderschraube

Sicherungsmuttern aus Blech (**128.**1) werden nach dem Aufschrauben von Hand mit einem Schraubenschlüssel angezogen (**128.**2). Vor dem Lösen wird die gesicherte Sechskantmutter kräftig angezogen, damit die Federwirkung der Sperrzähne aufgehoben wird.

**128.**1 Sicherungsmutter M6 DIN 7967

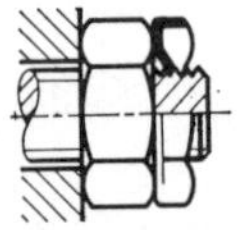

**128.**2 Sicherung der Sechskantmutter

Fächerscheiben (**128.**3) und federnde Zahnscheiben (**128.**4) gibt es in je 3 Ausführungen, und zwar mit Außenverzahnung als Form A, mit Innenverzahnung als Form J und für kegelige Senkungen als Form V.

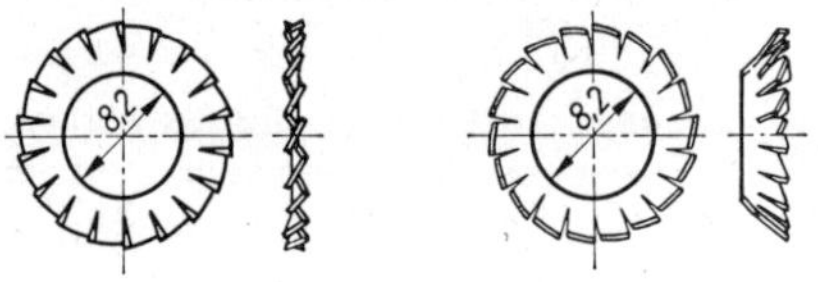


**128.**3 Fächerscheibe A 8,2 DIN 6798
Fächerscheibe V 8,2 DIN 6798

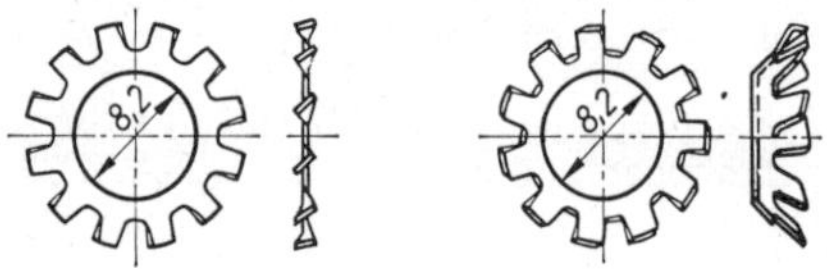


**128.**4 Zahnscheibe A 8,2 DIN 6797
Zahnscheibe V 8,2 DIN 6797

Selbstsichernde Muttern nach DIN 985 (**128.**5) haben einen Sicherungsring aus Polyamid, Hutmuttern nach DIN 986 (**128.**6) einen solchen aus Polyamid oder aus Vulkanfiber, in den sich das Bolzengewinde beim Aufschrauben eindrückt.

Hemmfedern (**128.**7) erschweren das Verdrehen nicht festgezogener Stellschrauben.

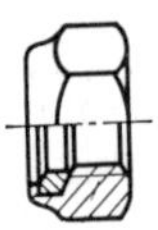

**128.**5 Sicherheitssechskantmutter DIN 985

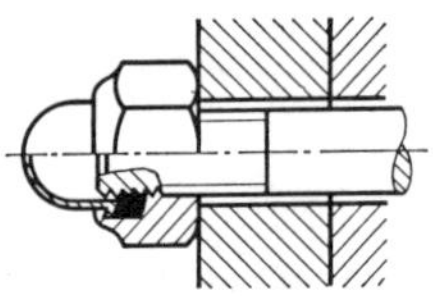

**128.**6 Hutmutter mit Vulkanfiberring DIN 986

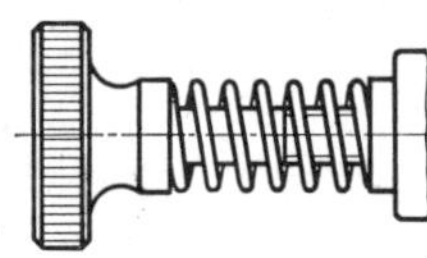

**128.**7 Hemmfeder

### 8.1.4 Vereinfachte Darstellungen von Gewinden und Gewindeteilen

Bohrungen, Senkungen, Gewinde und Schrauben können vereinfacht gezeichnet werden.

Maß- und Maßhilfslinien werden hierbei durch Bezugslinien ersetzt, die von den Darstellungen zu den Maßbezeichnungen führen.

Tafel **128.**8 Beispiele von Kleindarstellungen (DIN 30)

| | Vorderansichten | | Draufsichten | |
|---|---|---|---|---|
| | vereinfacht | weiter vereinfacht | vereinfacht | weiter vereinfacht |
| Bohrungen | 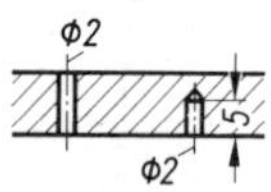  | 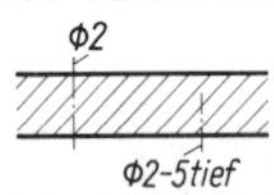  | 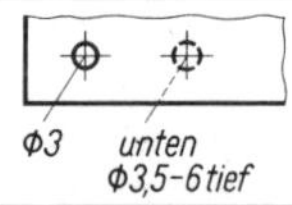  | 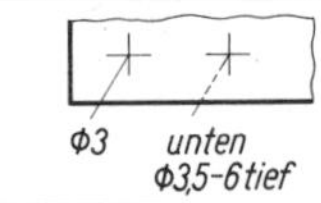  |
| Senkungen | 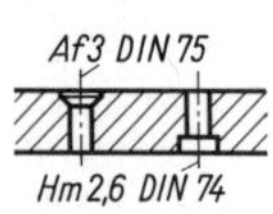  | 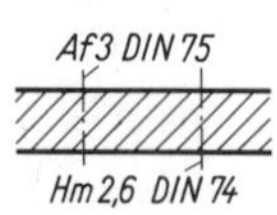  | 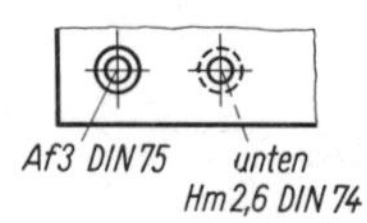  | 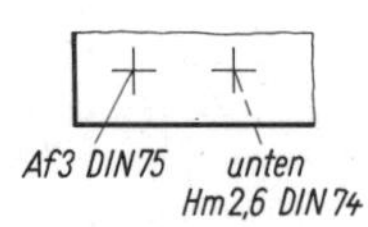  |

Fortsetzung Tafel 128.8

| | | |
|---|---|---|
| Gewinde | 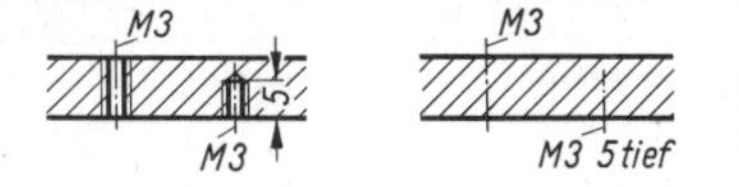  | 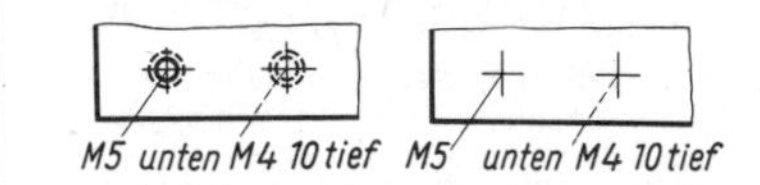  |
| Schraubverbindungen | 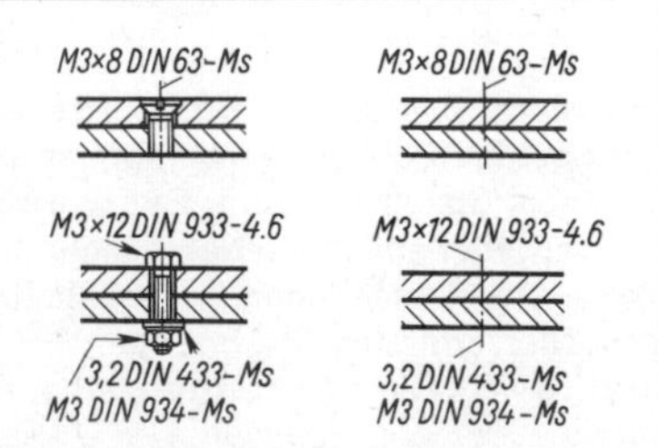  | 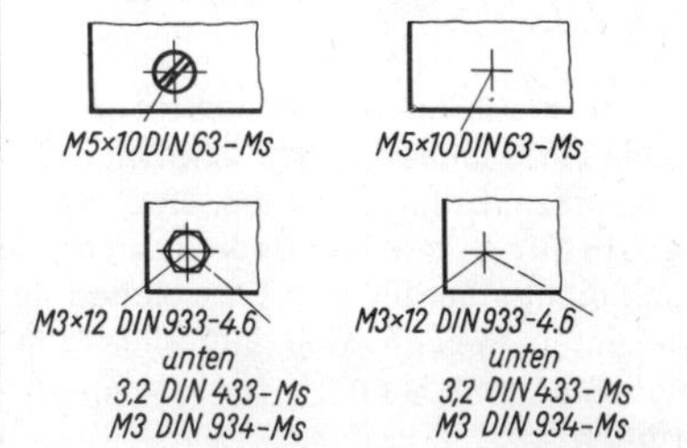  |

Kleinste Darstellungen werden allein durch Mittellinien angedeutet. Die Bezugslinien liegen hierbei stets auf der Seite, auf der die Bohrungen, Senkungen und Gewinde beginnen oder die Schrauben eingesteckt werden. Sind diese verdeckt, so wird eine sinngemäße Bezeichnung hinzugefügt, z.B. „untenliegend", „von unten einführen", und die Bezugslinie teilweise gestrichelt.

Sinnbilder für Schrauben in Stahlbauzeichnungen s. S. 216.

Besonderheiten. Bei gedrückten Gewinden muß hinter dem Gewindekurzzeichen die Angabe „gedrückt" stehen (**129**.1). Blechdurchzüge mit Innengewinde, s. DIN 7952, sind nach Bild **129**.2 zu bemaßen, dabei bedeuten: V = vertieft, A = aufwärts. Wird Gewinde in eine Buchse erst nach dem Einnieten geschnitten, so ist in der Darstellung der Buchse nur das Kernloch vorzusehen (**129**.3) und das Gewinde in der Gesamtzeichnung anzugeben (**129**.4).

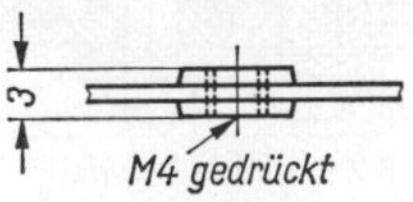


**129**.1 Gedrücktes Gewinde

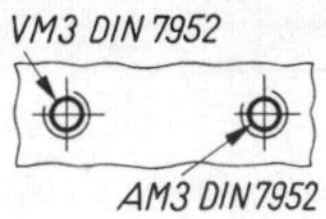


**129**.2 Blechdurchzüge

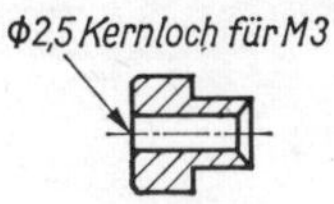


**129**.3 Buchse ohne Gewinde

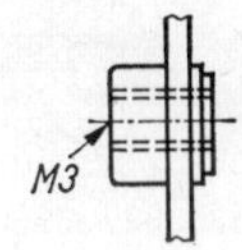


**129**.4 Eingebaute Buchse mit Gewinde

## 8.2 Nietverbindungen

### 8.2.1 Allgemeines

Nietverbindungen sind unlösbar, ein Auseinandernehmen ohne Zerstörung der Niete oder der verbundenen Teile ist nicht möglich. Der geschlagene Niet besteht aus Setzkopf, Schaft und Schließkopf (**129**.5). Nietstähle sind in DIN 17111 genormt.

Der Setzkopf befindet sich am Schaft des Rohnietes, während der Schließkopf erst bei der Nietarbeit am anderen Schaftende entsteht. Die Gesamtdicke der zu verbindenden Teile heißt Klemmlänge. Zum bequemen Einstecken der Niete werden die Nietlöcher etwas größer ausgeführt als die Rohnietdurchmesser. Durch Hämmern oder Pressen wird der Nietschaft auf den Nietlochdurchmesser gestaucht und zugleich der Schließkopf gebildet.

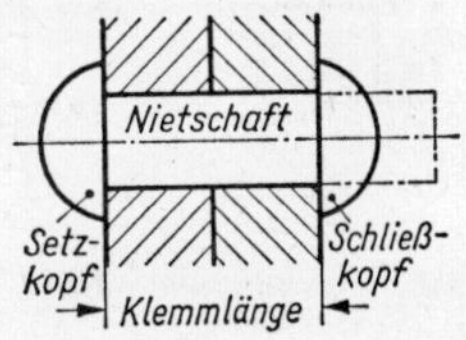


**129**.5 Nietverbindung

Es gibt Halbrundniete (**130**.4), Senkniete (**130**.5), Linsenniete (**130**.6), Flachrundniete (**130**.7) und andere. Der Schließkopf kann eine vom Setzkopf abweichende Form haben.

Der Durchmesser des geschlagenen Nietes, der Nietlochdurchmesser $d_1$ (**131**.4), richtet sich nach der kleinsten zur Verbindung gehörenden Plattendicke und ist für die Berechnung ausschlaggebend.

### 8.2.2 Arten

Es gibt feste, feste und dichte und dichte Nietverbindungen. Feste Nietverbindungen sollen vornehmlich Kräfte übertragen. Hierzu gehören die Nietverbindungen des Stahlbaues, für Stützen, Brücken, Krane, Dachkonstruktionen, Blechträger u.a. Feste und dichte Nietverbindungen haben Bedeutung im Kesselbau. Hier sollen die Nähte nicht nur fest, sondern auch dicht sein, um das Entweichen des unter Druck stehenden Kesselinhaltes zu verhüten. Sie unterscheiden sich äußerlich von den Nietverbindungen im Stahlbau durch größere Nietköpfe und kleinere Nietabstände. Dichte Nietverbindungen sind im Behälterbau erforderlich.

Übereinandergeschobene und vernietete Bleche ergeben eine Überlappungsnietung (**130**.1). Wird über stumpf aneinanderstoßende Bleche eine Lasche gelegt, dann handelt es sich um eine Laschennietung (**130**.2). Bei der Doppellaschennietung (**130**.3) liegen auf beiden Seiten der Bleche Laschen. Es gibt ferner einschnittige (**130**.1 und **130**.2) und mehrschnittige (**130**.3) Vernietungen, je nachdem, ob die Klemmlänge aus den Dicken zweier oder mehrerer Bleche besteht, der Nietschaft also ein- oder mehrmals auf Abscheren beansprucht wird. Überlappungsnietungen und einfache Laschennietungen sind demnach einschnittig, Doppellaschennietungen hingegen zweischnittig und demgemäß haltbarer.

Die Abmessungen für Nietverbindungen ergeben sich aus Festigkeitsberechnungen und Erfahrungswerten. Sie können Zahlentafeln, die in technischen Handbüchern enthalten sind, entnommen werden. Nietverbindungen verlieren jedoch an Bedeutung; sie werden mehr und mehr durch Schweißverbindungen ersetzt.

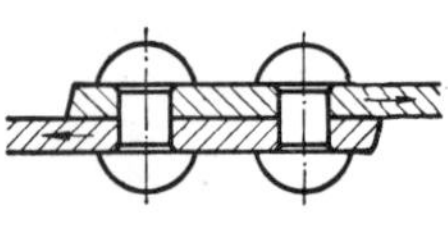

**130**.1 Zweireihige Überlappungsnietung

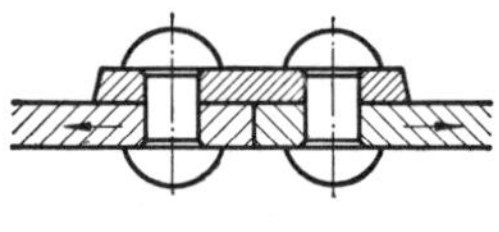

**130**.2 Einreihige Laschennietung

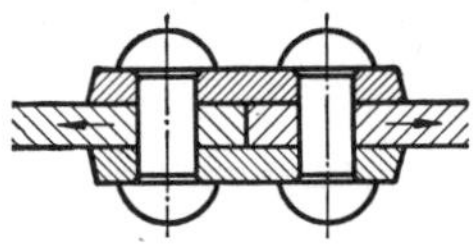

**130**.3 Einreihige Doppellaschennietung

### 8.2.3 Niete unter 10 mm Durchmesser (130.4 bis 8)

Sie werden kalt genietet. Solche Verbindungen sind nicht sehr dicht und halten nur geringen Kräften stand. Der Schaftdurchmesser $d$ wird im Abstande $e$ vom Kopf gemessen. Der Nietbezeichnung werden Durchmesser und Länge des Rohnietes, DIN-Nummer und Werkstoffangabe beigefügt, z.B.

Halbrundniet 5 × 20 DIN 660 — Ms

Als Nietlänge gilt bei Halbrund-, Flachrund- und bei Linsennieten die Schaftlänge allein und bei Senknieten die Schaftlänge mit Setzkopf.

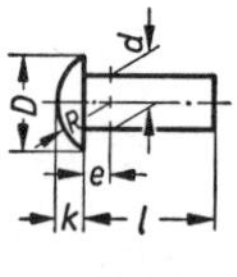

**130**.4 Halbrundniet DIN 660

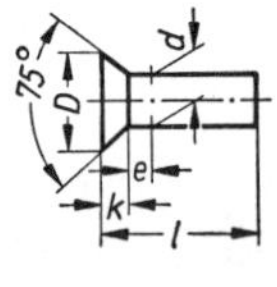

**130**.5 Senkniet DIN 661

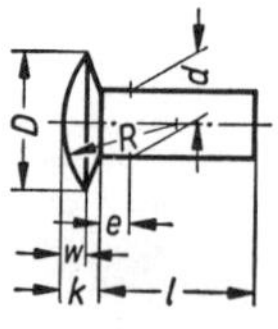

**130**.6 Linsenniet DIN 662

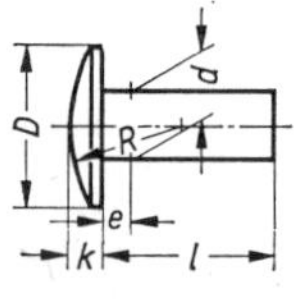

**130**.7 Flachrundniet DIN 674

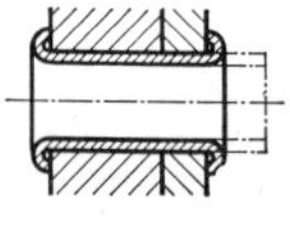

**130**.8 Geschlagener Rohrniet DIN 7340 (Form B)

Weitere Niete sind: Riemenniete DIN 675, Nietstifte DIN 7341, ferner Hohlniete DIN 7331 und 7339 Flachsenkniete DIN 7342, Niete für Brems- und Kupplungsbeläge DIN 7338 u.a.

Sinnbilder für Niete und Schrauben, Durchgangs- und Gewindelöcher s. DIN 407 Bl. 2.

### 8.2.4 Stahlbau- und Kesselbauniete (131.1 bis 3)

Sie haben Durchmesser von 10 bis 36 mm, werden vor dem Einführen in die Nietlöcher am Schaftende hochgradig erhitzt und dann warm genietet.

| Rohnietdurchmesser in mm | **10** | **12** | 14 | **16** | 18 | **20** | **22** | **24** | **27** | **30** | 33 | **36** |
|---|---|---|---|---|---|---|---|---|---|---|---|---|
| Nietlochdurchmesser in mm | **11** | **13** | 15 | **17** | 19 | **21** | **23** | **25** | **28** | **31** | 34 | **37** |

Die fettgedruckten Größen werden bevorzugt.

Der Durchmesser $d_1$ des geschlagenen Niets ist gleich dem Lochdurchmesser und 1 mm größer als der Rohnietdurchmesser $d$, der in 5 mm Abstand vom Kopf gemessen wird. Auf $\approx$ 50 mm Länge darf der Schaft kegelig auf den Durchmesser des Ausgangswerkstoffs abfallen.

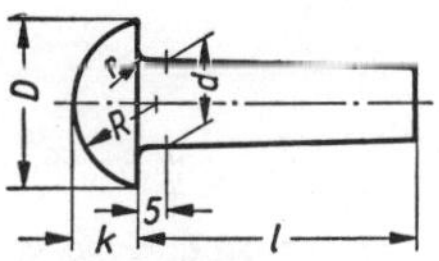

**131.1** Halbrundniet DIN 123 (für Kesselbau)

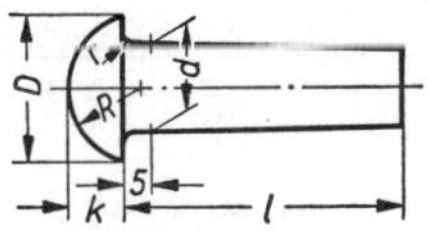

**131.2** Halbrundniet DIN 124 (für Stahlbau)

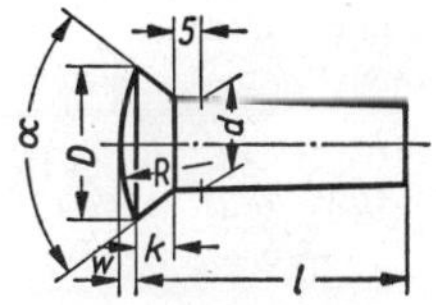

**131.3** Senkniet DIN 302 (für Stahlbau und Kesselbau)

Die Klemmlänge soll nicht größer sein als der 4- bis 5fache Nietlochdurchmesser, da sonst das Stauchen über die ganze Schaftlänge und das Ausfüllen des Nietloches nicht mehr möglich sind. Bei Senknieten soll die Klemmlänge 6,5 $d_1$ nicht überschreiten. Für die Wahl der Nietlängen sind die Normblätter nach folgender Übersicht heranzuziehen:

| Nietlängen in Abhängigkeit von den Klemmlängen für | Stahlbauniete | Kesselbauniete |
|---|---|---|
| Halbrundsetzkopf und Halbrundschließkopf | DIN 124 Bl. 2 | DIN 123 Bl. 2 |
| Halbrundsetzkopf und Senkschließkopf | DIN 124 Bl. 3 | DIN 123 Bl. 3 |
| Senksetzkopf und Senkschließkopf | DIN 302 Bl. 2 | DIN 302 Bl. 3 |
| Senksetzkopf und Halbrundschließkopf | DIN 302 Bl. 4 | DIN 302 Bl. 5 |

Die vollständige Bezeichnung eines Senknietes von $d = 16$ mm und $l = 30$ mm lautet

Senkniet 16 × 30 DIN 302 — MUSt 34

MUSt 34 ist **u**nberuhigter Siemens-**M**artin-**St**ahl mit einer Zugfestigkeit von **34** bis 42 kp/mm² nach DIN 17111.

Kesselniete sind zwischen Nietschaft und Setzkopf mit $r = 0{,}1\,d$ gerundet (**131**.1). Hierfür wird das Nietloch unter 90° ausgesenkt (**131**.4). Die Senktiefe $a$ ist gleich dem Halbmesser $r$.

Stahlbauniete haben eine wesentlich kleinere Ausrundung, so daß die Nietlöcher nur zu entgraten sind (**131**.5).

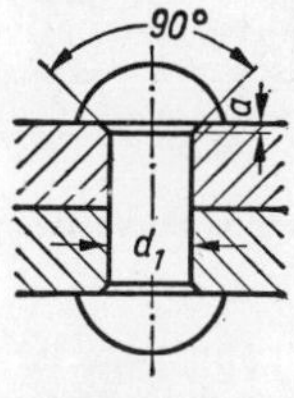

**131**.4 Kesselnietung

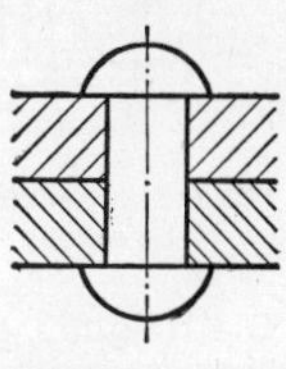

**131**.5 Stahlbaunietung

### 8.2.5 Nietdarstellungen

Niete werden in der Längsachse nicht geschnitten gezeichnet (**132.1**). Beim Blick auf die Nietung in Richtung der Nietachsen (Seitenansicht) werden die Niete meist so dargestellt, als seien die Köpfe abgebrochen. Ein Niet wird somit durch einen schraffierten Lochkreis dargestellt, auch wenn es sich um einen Senkniet handelt. Sind die Kreise bei kleinen Zeichnungsmaßstäben jedoch so klein, daß das Zeichnen Schwierigkeiten bereitet, dann werden die Kreise der Köpfe gezeichnet. Die Schraffur fällt dann fort.

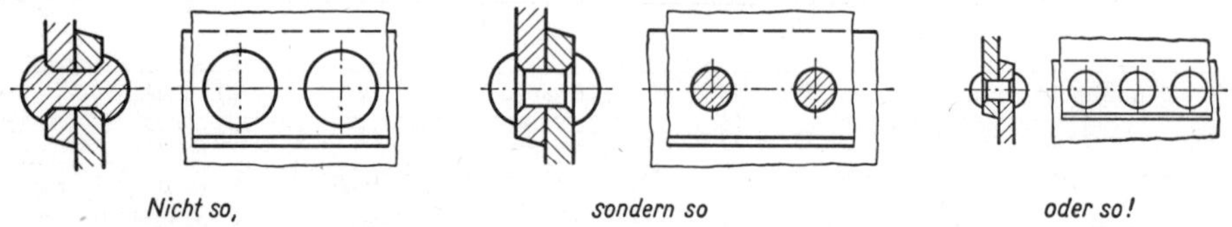


**132.1** Darstellung einer Kesselnietverbindung

Nietverbindungen können wie nachstehend vereinfacht dargestellt werden.

Tafel **132.2** Kleindarstellungen (DIN 30)

| Vorderansicht vereinfacht | weiter vereinfacht | Draufsicht vereinfacht | weiter vereinfacht |
|---|---|---|---|
|   |   |   |   |

Sinnbilder für Niete in Zeichnungen des Stahlbaues s. S. 216.

## 8.3 Keile, Federn, Bolzen und Stifte

### 8.3.1 Keile

Es werden unterschieden je nach der Richtung des Eintreibens zur Achse: Querkeile und Längskeile, und nach dem Verwendungszweck: Befestigungs-, Spann- und Nachstellkeile.

Keile erzeugen durch ihren Anzug Pressungen. Keilverbindungen sind mithin Spannungsverbindungen und halten die Werkstücke meist durch Selbsthemmung zusammen. Die Keilneigung ist 1:15 bis 1:25, wenn die Verbindung oft gelöst werden muß, sonst 1:30 oder 1:40 und für Dauerverbindungen bis 1:100.

**132.3** Stangenverbindung durch Querkeile

Querkeile dienen gewöhnlich zur Verbindung von Stangen (**132.3**) und werden rechtwinklig zu den Achsen der Werkstücke eingeschlagen, eingedrückt oder eingezogen.

Längskeile dienen vorwiegend zur Befestigung von Zahnrädern und Riemenscheiben auf Wellen, damit Drehbewegungen übertragen werden können. Sie erfordern einen strammen Sitz der zu verbindenden Teile und liegen in der Regel in der Wellen- und in der Nabennut (**133.1**). Die Neigung der Längskeile ist 1:100, desgleichen die der Nabennuten. Durch die Neigung entstehen beim Eintreiben Pressungen zwischen den Rückenflächen des Keils und den Nutgründen in Nabe und Welle. Das festgekeilte Rad kann dadurch Schlag bekommen.

Keile bestehen gewöhnlich aus gezogenem Stahl St 50–1 K oder für Dicken > 25 mm St 60–2 K nach DIN 1652. Die Abmessungen am Querschnitt des Keilstahls sind toleriert.

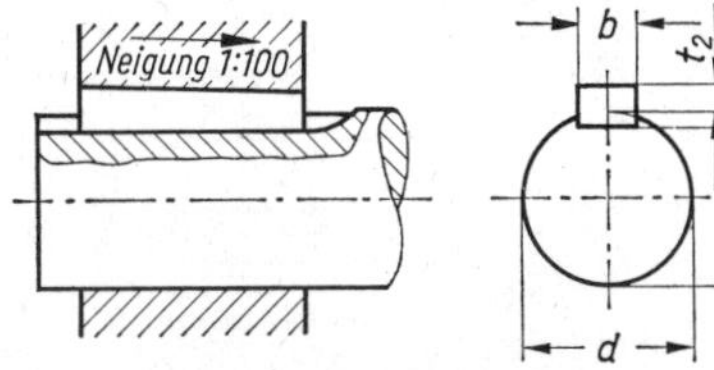


**133.1** Verbindung durch Längskeil

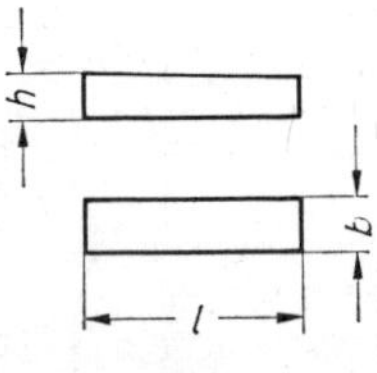

**133.2** Treibkeil (Keil B DIN 6886)

Treibkeile haben gerade Stirnflächen (**133.2**). Nasenkeile sind wegen der Unfallgefahr lediglich an geschützten Stellen zu verwenden, wenn nur von einer Seite ein- und ausgetrieben werden kann (**133.3**). Treibkeile und Nasenkeile können große Kräfte übertragen. Flachkeile sind nicht so tief in die Nut eingelassen (**133.4** und 5) und können auch auf einer Abflachung der Welle liegen.

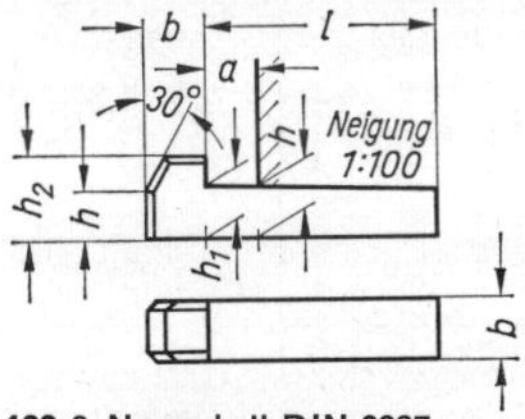


**133.3** Nasenkeil DIN 6887

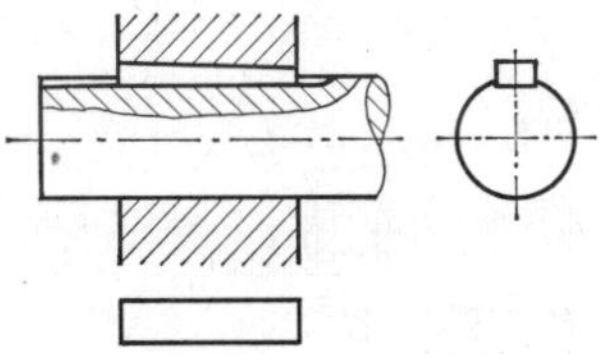

**133.4** Flachkeil DIN 6883

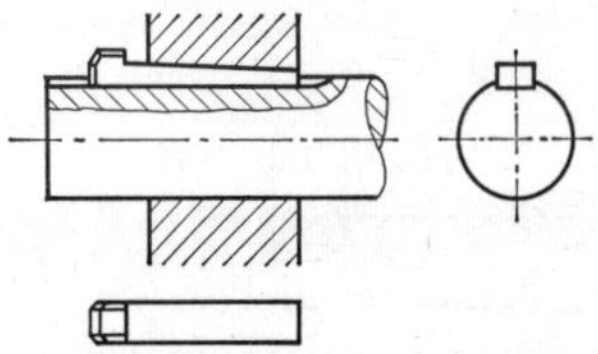

**133.5** Nasenflachkeil DIN 6884

Hohlkeile (**133.6** und 7) sitzen lediglich durch Reibung auf der Welle fest und übertragen nur geringe Kräfte. Einlegekeile (**133.8**) haben runde Stirnflächen und werden an Stelle der Treibkeile und Nasenkeile gebraucht, wenn der Platz zum Aus- und zum Eintreiben fehlt. Der Einlegekeil wird vor dem Aufschieben des Rades eingelegt.

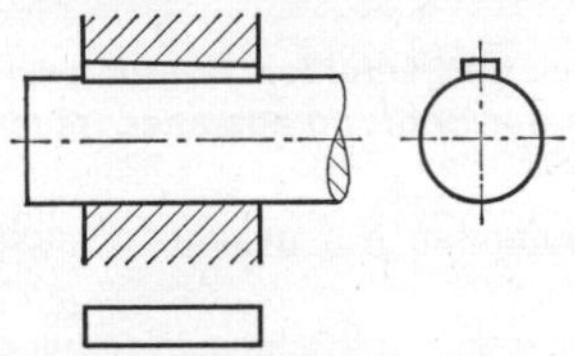

**133.6** Hohlkeil DIN 6881

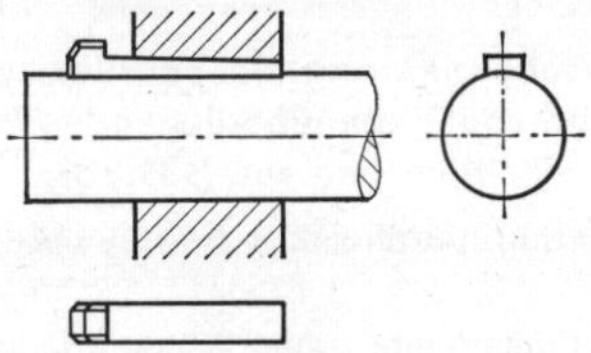

**133.7** Nasenhohlkeil DIN 6889

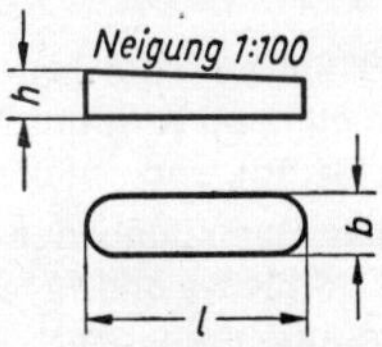


**133.8** Einlegekeil (Keil A) DIN 6886

Beim Treib-, Flach- und Einlegekeil (**133.2**, **133.4** und **133.8**) wird die Keilhöhe $h$ am dicken Ende, beim Nasenkeil (**133.3**) in der Entfernung $a$ von der Nase gemessen.

Keile haben genormte Bezeichnungen. Ein Treibkeil von 12 mm Breite, 8 mm Höhe und 70 mm Länge aus St 50–1K wird bezeichnet

Keil B 12 × 8 × 70 DIN 6886 – St 50–1 K

Zweckgemäße Bemaßung einer Naben- und einer Wellennut zeigen die Bilder **134.1** und 2.

Die Richtung der Neigung wird durch einen Pfeil angegeben. Sie ist, abgesehen von Einlegekeilen, zugleich die Richtung, in der die Keile eingetrieben werden.

Abmessungen für Keile und Nuten enthalten die Normblätter. Für Nutbreiten ist die Toleranz D 10, bzw. für Keile nach DIN 6886 hingegen D 11 vorgesehen und für Keilbreiten h9. Somit entsteht eine Spielpassung. An die Anzugsfläche der Keile wird ein Bezugshaken mit der Bemerkung „eingepaßt in lfd. Nr . . ." gesetzt (s. S. 68).

Meist werden Bohrungsdurchmesser und Nuttiefe zu einem Maß zusammengefaßt ($63{,}4^{+0{,}5}$ in Bild **134.1**). Als Tiefe der Nabennut gilt stets die größte Tiefe.

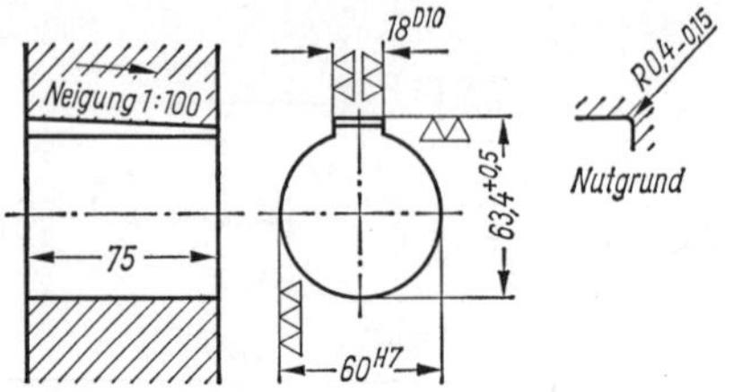


**134.1** Keilnut in der Nabe

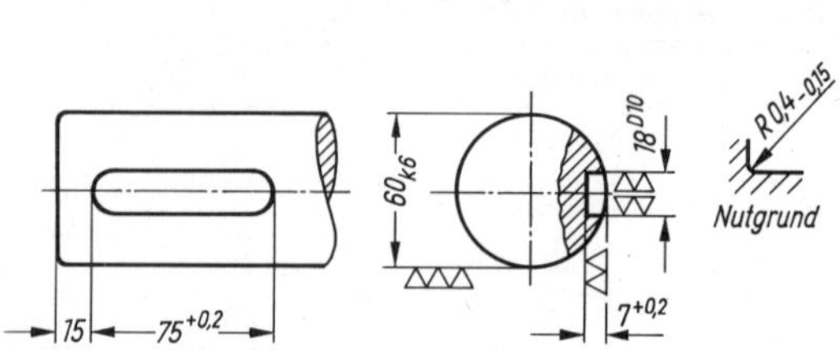


**134.2** Keilnut in der Welle

Die Tiefe eines parallel zur Kegelachse liegenden Nutgrundes wird unter Berücksichtigung der Toleranzen möglichst von der Mantelfläche einer benachbarten Zylinderform aus bemaßt (**134.**3a), sonst von der Kegelachse aus (**134.**3b).

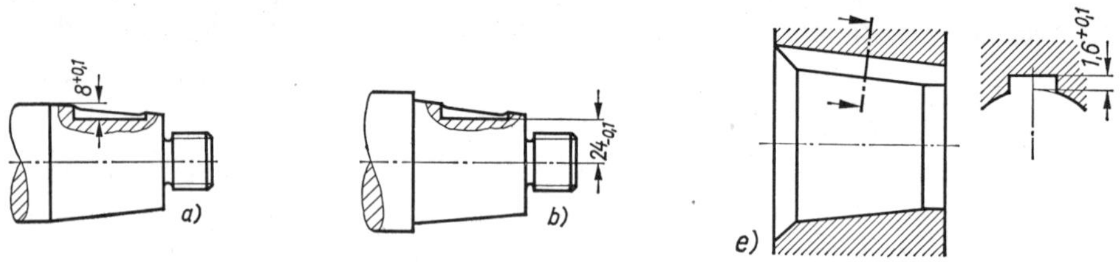


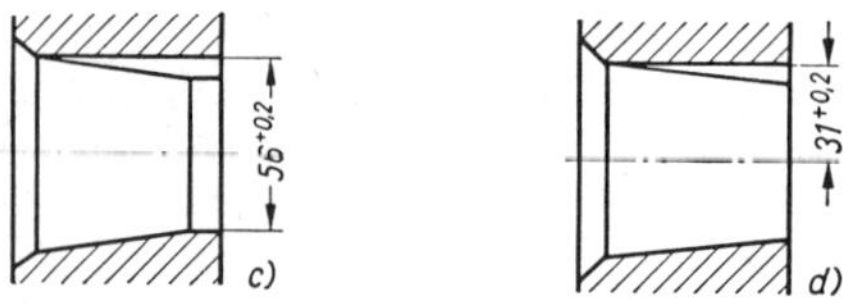


**134.**3 Besondere Bemaßung der Nuttiefen

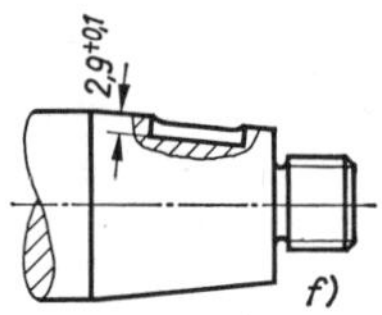


Bleibt an einer kegeligen Nabenbohrung ein Teil der zylindrisch vorgedrehten Bohrung erhalten, so wird der Nutgrund vom gegenüberliegenden Scheitel der Bohrung aus angegeben (**134.**3c), andernfalls von der Mittelachse aus (**134.**3d).

Die Bemaßung der Tiefe einer parallel zur Kegelseitenlinie laufenden Nut geschieht nach Bild **134.**3e und f.

Tangentkeile (DIN 271) übertragen sehr große Kräfte, z.B. von Kurbelwellen auf Schwungräder, und werden paarweise verwendet (**134.**4). Tritt wie in Walzwerken stoßartiger Wechseldruck auf, dann werden Tangentkeile mit größeren Abmessungen gewählt (DIN 268).

Spann- und Nachstellkeile haben größere Neigungen (1:10 oder 1:5) und damit keine Selbsthemmung (**134.**5). Der Keil wird durch eine Schraube angezogen und kann durch eine Gegenschraube gelöst werden; beide sind gegen Lockern zu sichern.

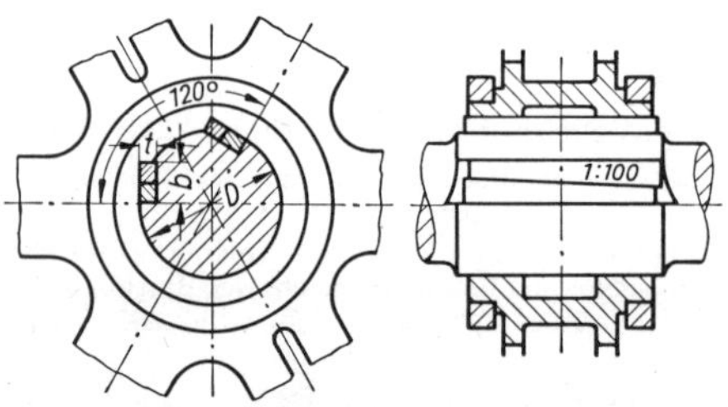


**134.**4 Tangentkeilnuten DIN 271

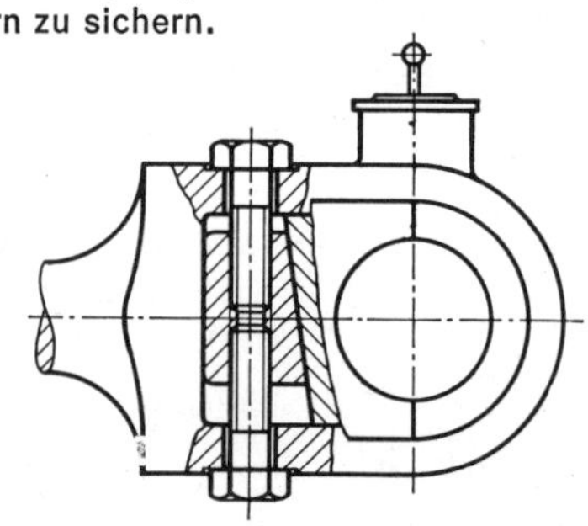

**134.**5 Stangenkopflager mit Spann- und Nachstellkeil

### 8.3.2 Paßfedern, Scheibenfedern, Keilwellenverbindungen und Kerbverzahnungen

Paßfedern haben keine Neigung, also keinen Anzug, und tragen nur mit den schmalen Längsseitenflächen, den Flanken (**135.1**). Sie übertragen Drehbewegungen und erlauben die Verschiebung von Bohrung oder Welle in Achsrichtung. Diese Verbindungen sind frei von Spannungen und heißen Mitnehmerverbindungen.

Es gibt drei Ausführungen:
1. hohe Paßfedern, DIN 6885 Bl. 1 (**135.4**)
2. hohe Paßfedern für Werkzeugmaschinen, DIN 6885 Bl.2
3. niedrige Paßfedern, DIN 6885 Bl. 3

Paßfedern sind rund- oder geradstirnig, je nachdem, ob sie in eine mit dem Schaft- oder mit dem Scheibenfräser gefertigte Nut gelegt werden (**135.**4 Form A und B).

Alle geradstirnigen Federn und die rundstirnigen, sofern sie zur Führung hin- und hergleitender Teile dienen, sind mit Zylinderschrauben (DIN 84) zu befestigen (**135.**2). Federn unter 8 × 7 Querschnitt werden verstiftet, verstemmt oder fest eingepaßt. Zum bequemen Lösen aus der Nut dienen Abdrückschrauben oder Schrägungen (Form E und G). Die Befestigungsschrauben sollen so bemessen sein, daß sie auch als Abdrückschrauben benutzt werden können (**135.**3).

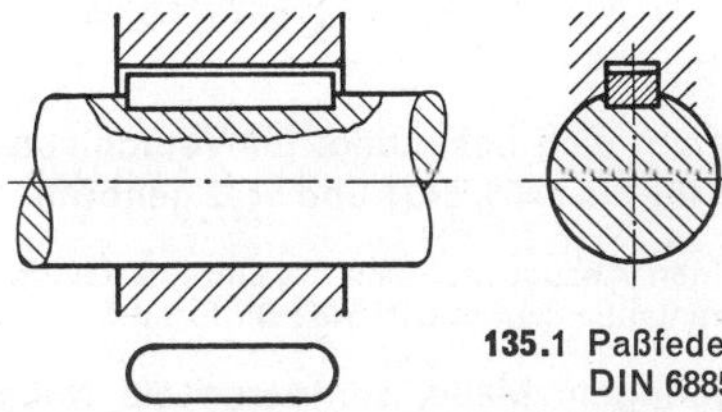

**135.**1 Paßfeder A DIN 6885

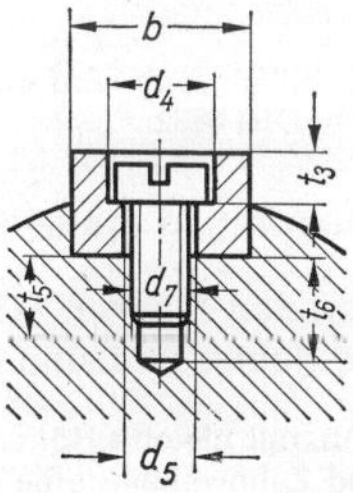

**135.**2 Festgeschraubte Paßfeder

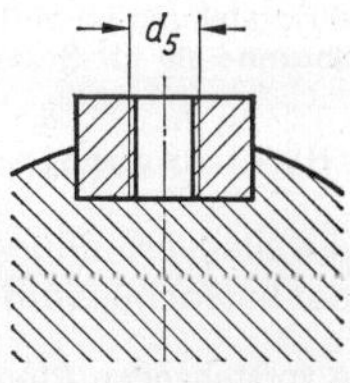

**135.**3 Gewindeloch für Abdrückschraube

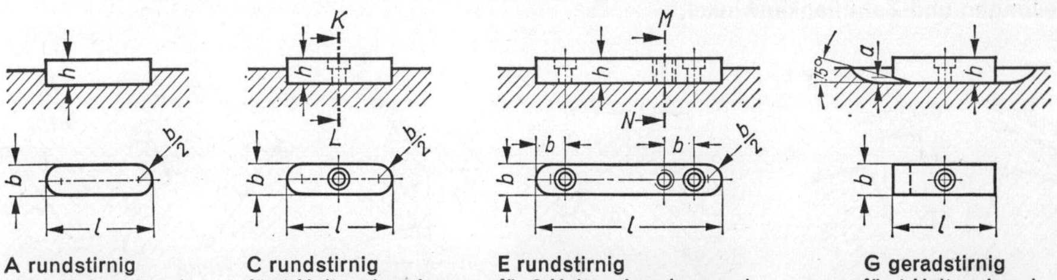

A rundstirnig ohne Halteschraube

C rundstirnig für 1 Halteschraube Schnitt K—L s. Bild **135.**2

E rundstirnig für 2 Halteschrauben und 1 oder 2 Abdrückschrauben Schnitt M—N s. Bild **135.**3

G geradstirnig für 1 Halteschraube und Schrägung

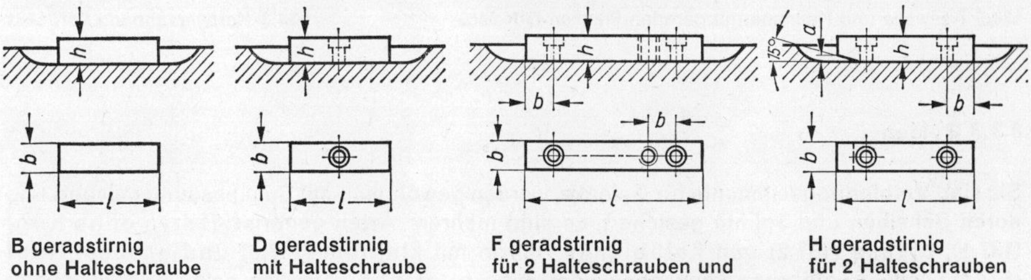

B geradstirnig ohne Halteschraube

D geradstirnig mit Halteschraube

F geradstirnig für 2 Halteschrauben und 1 oder 2 Abdrückschrauben

H geradstirnig für 2 Halteschrauben und Schrägung

Die Paßfeder der Form J ist geradstirnig, mit Schrägung und Bohrung für eine Spannhülse.

**135.**4 Paßfedern DIN 6885 Bl. 1 (Auszug)

Auch Paßfedern haben genormte Bezeichnungen. Für eine Feder der Form A von 20 mm Breite, 12 mm Höhe und 100 mm Länge aus St 50–1 K lautet die Benennung

Paßfeder A 20 × 12 × 100 DIN 6885 – St 50–1 K DIN 1652

Paßfedernuten werden wie Keilnuten bemaßt (**134.1** und 2), jedoch ohne Angabe der Neigung (1:100) und ohne den Richtungspfeil, da sie Neigungen nicht haben. Für die Nutbreiten in Bohrung und Welle sind geeignete Toleranzen aus den Normen für Paßfedern zu entnehmen.

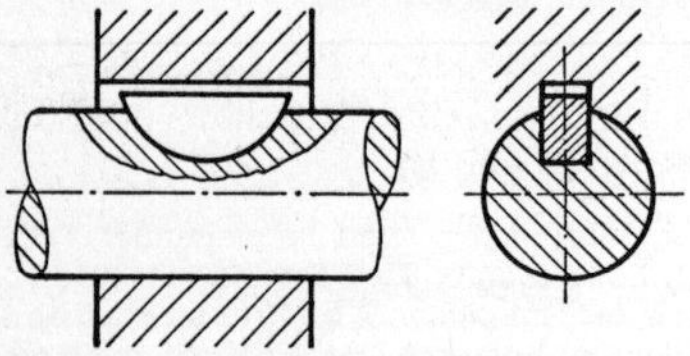

**136.1** Scheibenfeder DIN 6888

Weitere Normenhinweise:

DIN 748 Zylindrische Wellenenden
DIN 749 Kegelige Wellenenden
DIN 750 Kurze kegelige Wellenenden

Scheibenfedern haben Seitenflächen in Form von Kreisabschnitten und sind besonders an Werkzeugmaschinen üblich (**136.1**).

Die Herstellung ist verhältnismäßig billig, doch wird die Welle durch die tiefere Nut merklich geschwächt. Halbrundstahl für Scheibenfedern s. DIN 6882.

Keilwellenverbindungen übertragen große Kräfte.

Keilwellenverbindungen mit geraden Flanken (**136.2**) eignen sich besonders für Verschieberäder in Hochleistungsschaltgetrieben und sind in DIN 5461 bis 5465, 5471 und 5472 genormt.

Die vorstehenden Rippen haben überall gleiche Höhe, also keinen Anzug, und sind als einzelne Längsfedern anzusehen. Zahnnaben- und Zahnwellenprofile mit Evolventenflanken s. DIN 5482 Bl. 1 und 3.

Kerbverzahnungen schwächen die Welle in nur geringem Maße, zentrieren die Nabe zwangsläufig und übertragen große Kräfte (**136.3**). Voraussetzungen sind genaue Zahnteilungen und Zahnflankenwinkel.

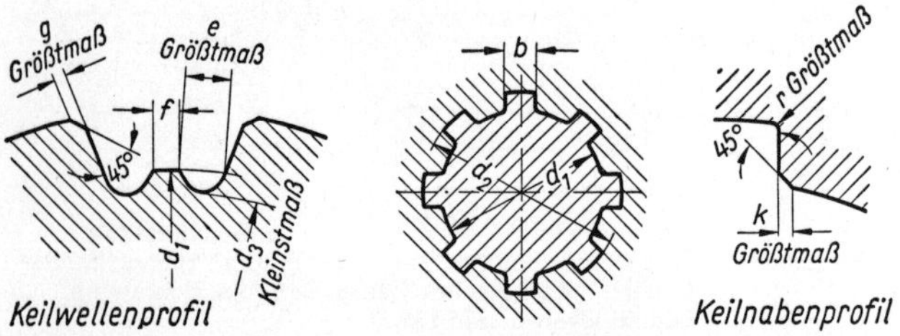


**136.2** Keilwelle und Keilnabe mit geraden Flanken DIN 5463

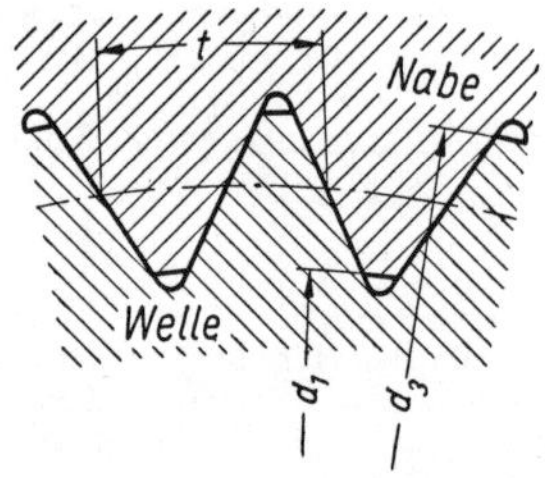


**136.3** Kerbverzahnung DIN 5481

### 8.3.3 Bolzen

Sie sind Verbindungselemente für Gelenke, werden gewöhnlich mit Spielpassung gelagert und durch Scheiben und Splinte gesichert. Es sind mehrere Arten genormt: Bolzen ohne Kopf (**137.1**), blanke (**137.2**) und halbblanke Bolzen mit kleinem (**137.3**) und großem Kopf (**137.4**). Jede Ausführung kann ohne oder mit Splintloch versehen sein. Außerdem gibt es halbblanke Bolzen mit Gewindezapfen (**137.5**) und halbblanke Senkbolzen mit Nase (**137.6**), für die in dem ausgesenkten Loch eine Nut vorgesehen werden muß.

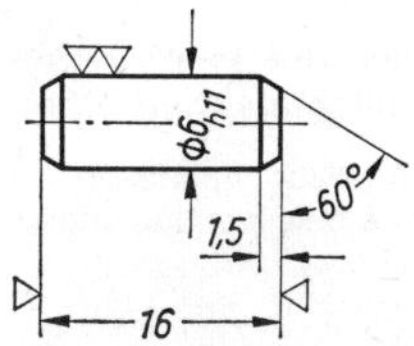

137.1 Bolzen 6 h11 × 16 DIN 1433

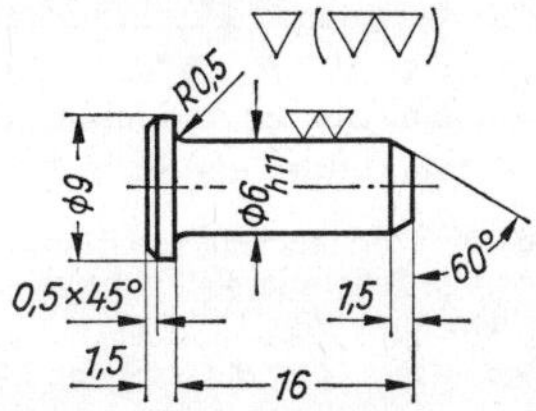

137.2 Bolzen 6 h11 × 16 DIN 1434

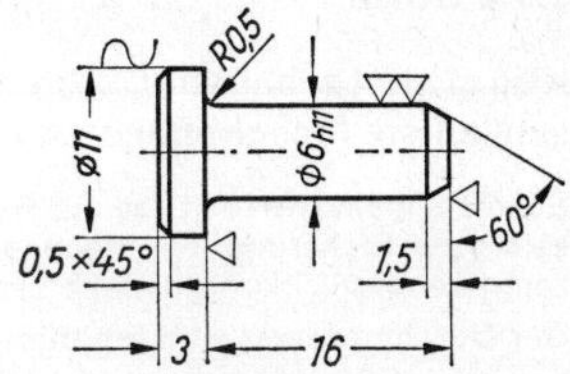

137.3 Bolzen 6 h11 × 16 DIN 1435

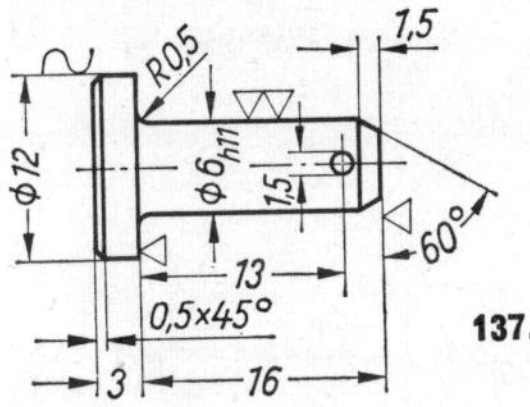

137.4 Bolzen 6 h11 × 16 DIN 1436

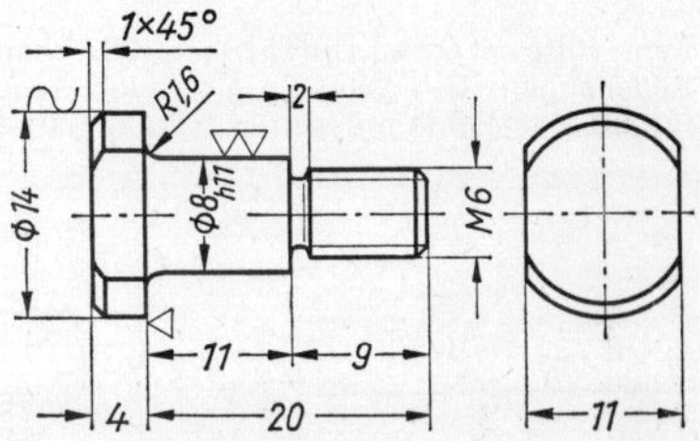

137.5 Bolzen 8 h11 M6 × 11 × 20 DIN 1438 (Gewinderille nach DIN 76 Bl. 1)

Für Bolzen können blanke (**137.7**) oder rohe Scheiben (**137.8**) genommen werden.

Der Splint (**137.9**) hat einen kleineren Durchmesser als das Splintloch. Er ist abhängig von dem Bolzen- bzw. Schraubendurchmesser. Angaben hierüber und über die Verteilung der Splinte an Bolzen- und Schraubenenden (**137.10**) enthält DIN 94.

Baumaße für Schmierlöcher in Bolzen s. DIN 1442.

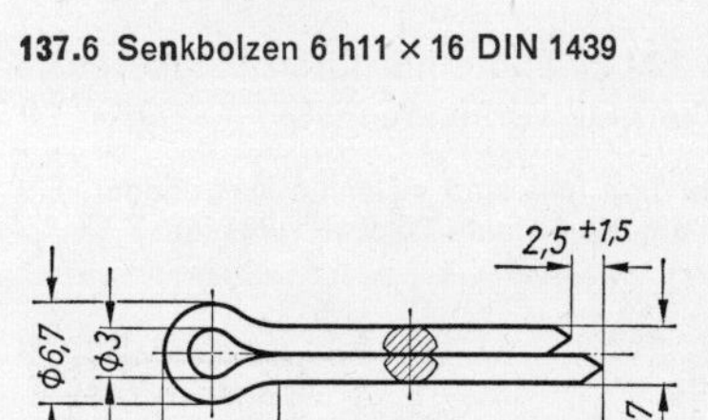

137.6 Senkbolzen 6 h11 × 16 DIN 1439

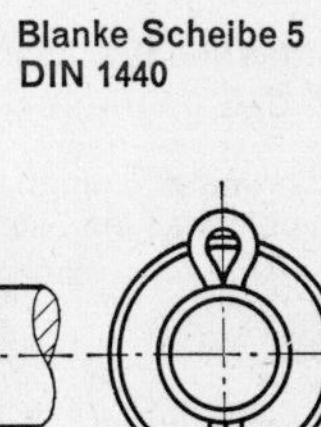

137.7 Blanke Scheibe 5 DIN 1440

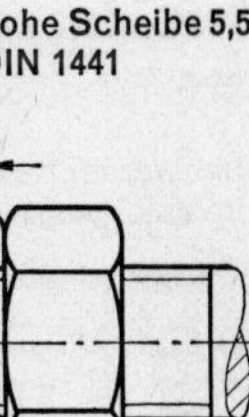

137.8 Rohe Scheibe 5,5 DIN 1441

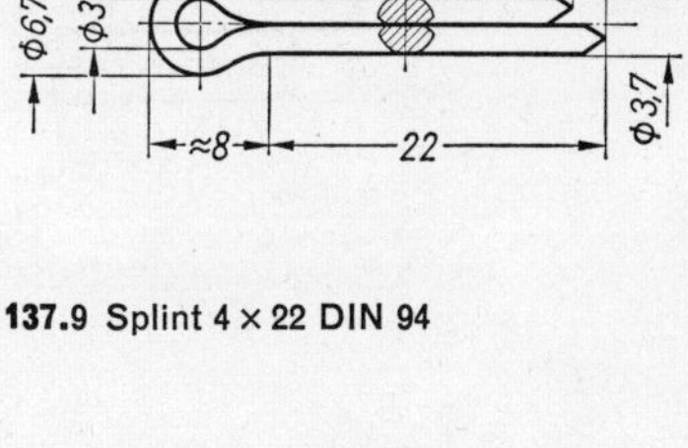

137.9 Splint 4 × 22 DIN 94

137.10 Splinte an Bolzen und Schraubenenden

### 8.3.4 Stifte

Kegelstifte haben Durchmesser von 0,6 bis 50 mm, den Kegel 1:50 und eine feingeschlichtete (geschliffene) Mantelfläche (**138**.1) oder als Form B eine geschlichtete (gedrehte).

Sie dienen als Haltestifte zur Befestigung von Werkstücken, wie Ringe auf Wellen (**138**.2), oder als Paßstifte zur Sicherung der gegenseitigen Lage der Teile und stellen bei wiederholtem Zusammenbau infolge zentrierender Wirkung die alte Lage wieder her.

Der Durchmesser *d* wird am dünnen Ende gemessen; *l* ist die tragende Länge.

Die Bezeichnung eines Kegelstiftes, Form B, von $d = 4$ mm Durchmesser und $l = 26$ mm Länge aus gezogenem Stahl mit 50 kp/mm² Mindestzugfestigkeit lautet

Kegelstift B 4 × 26 DIN 1 — St 50 K

Kegelstifte mit Gewindezapfen (**138**.3) haben entweder konstante Zapfenlängen (DIN 7977) oder konstante Kegellängen (DIN 258). Es gibt auch Kegelstifte mit Innengewinde (DIN 7978). Die Befestigungslöcher für alle Kegelstifte müssen kegelig aufgerieben werden.

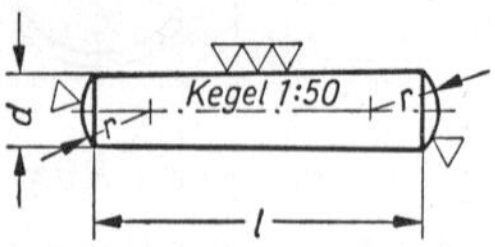


**138**.1 Kegelstift DIN 1

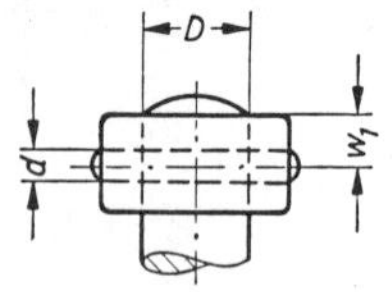

**138**.2 Befestigung mit Kegelstift DIN 1

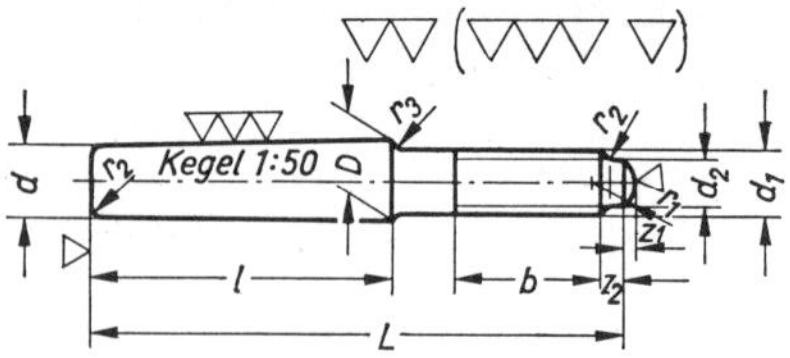


**138**.3 Kegelstift mit Gewindezapfen DIN 258

Zylinderstifte haben Durchmesser von 0,8 bis 50 mm und unterscheiden sich in der Form und in den Toleranzen. Werkstoff ist St 50 K oder 9 S 20 K.

Stifte mit der Toleranz m6 (**138**.4) haben Rundkuppen und sind hauptsächlich Paßstifte. Stifte mit der Toleranz h8 (**138**.5) haben Kegelansätze und werden meist als Verbindungs- und Befestigungsstifte gebraucht. Stifte mit der Toleranz h11 (**138**.6) haben ebene Stirnflächen und werden vorwiegend als Nietstifte verwendet. Bild **138**.7 zeigt eine Zylinderstiftverbindung. Gehärtete Zylinderstifte, Toleranzfeld m6, s. DIN 6325, Zylinderstifte mit Innengewinde s. DIN 7979.

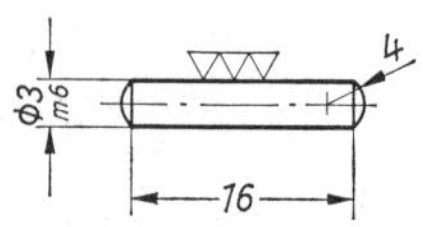

**138**.4 Zylinderstift 3 m6 × 16 DIN 7

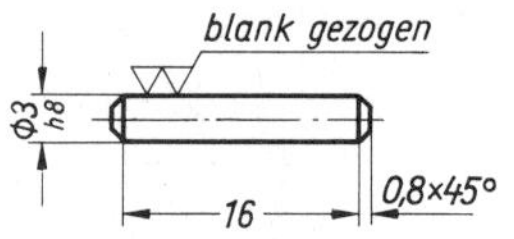


**138**.5 Zylinderstift 3 h8 × 16 DIN 7

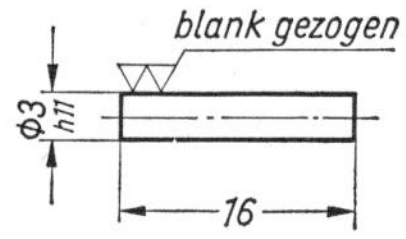


**138**.6 Zylinderstift 3 h11 × 16 DIN 7

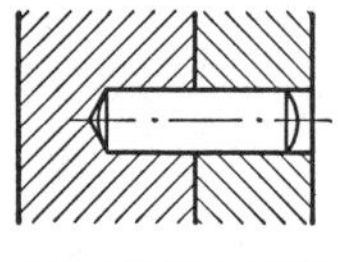

**138**.7 Zylinderstiftverbindung

Kerbstifte haben Durchmesser bis 25 mm (**138**.8 bis **139**.2) und sind durch eingedrückte Schlitze so weit aufgekeilt, daß gegenüber dem Loch Übermaß vorhanden ist.

Sie werden in ungeriebene Bohrungen eingetrieben, sitzen sehr fest und sind vielseitig verwendbar. Ein Beispiel zeigt Bild **139**.3. In Leichtmetall sind sie jedoch nur für untergeordnete Zwecke zulässig.

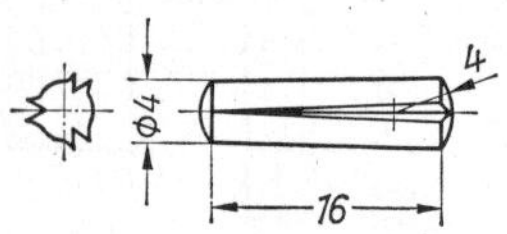

**138**.8 Kegelkerbstift 4 × 16 DIN 1471

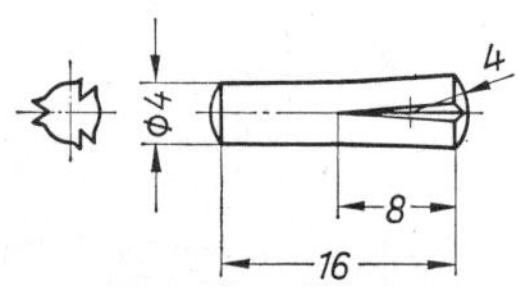

**138**.9 Paßkerbstift 4 × 16 DIN 1472

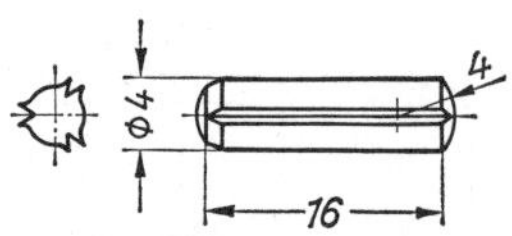

**138**.10 Zylinderkerbstift 4 × 16 DIN 1473

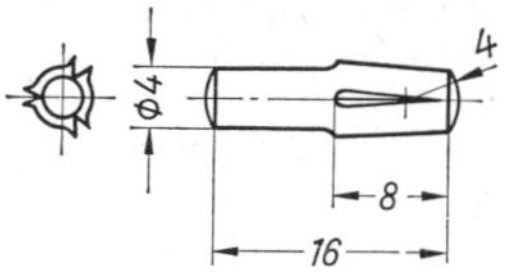

139.1 Steckkerbstift 4 × 16 DIN 1474

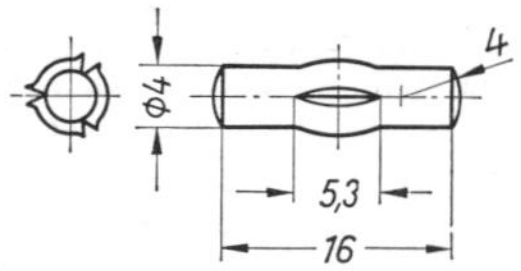

139.2 Knebelkerbstift 4 × 16 DIN 1475

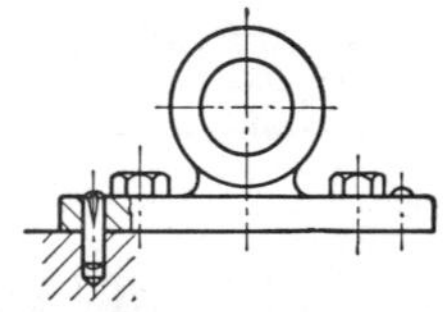

139.3 Sicherung der Lage durch Paßkerbstift

Zylinderkerbstifte mit Einführende s. DIN 1470, Paßkerbstifte mit Hals s. DIN 1469.

Kerbnägel (139.4 und 5) werden nicht bei Holz und nur zu solchen Verbindungen gebraucht, die nicht belastet und nicht gelöst werden, z.B. zur Befestigung von Schildern.

Spannhülsen (139.6) sind durchgehend geschlitzte Hohlzylinder, bestehen aus Federstahl und sind in schwerer und in leichter Ausführung in DIN 1481 bzw. 7346 genormt.

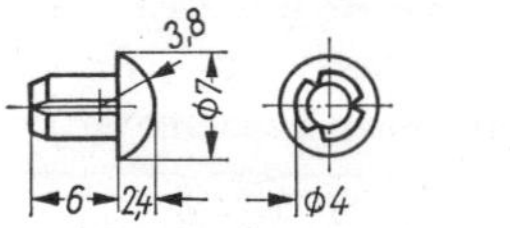

139.4 Halbrundkerbnagel 4 × 6 DIN 1476

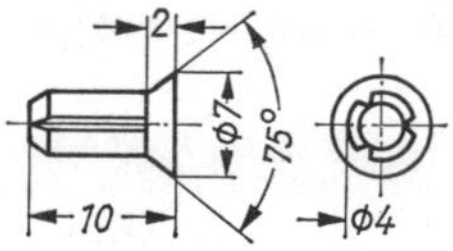

139.5 Senkkerbnagel 4 × 10 DIN 1477

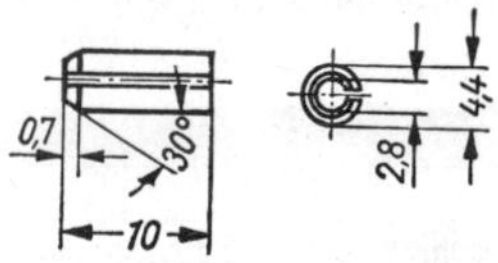

139.6 Spannhülse 4 × 10 DIN 1481

## 8.4 Schweißverbindungen

Durch Schweißen werden Werkstoffe unter Aufwand von Wärme und Druck oder einem davon unlösbar miteinander verbunden. Das geschieht mit oder ohne Beigabe von Zusatzwerkstoffen.

Die Schweißverfahren werden unterschieden (DIN 1910) nach

1. der Art der Grundwerkstoffe in Schweißen von Metallen, Kunststoffen, anderen Werkstoffen und von Werkstoffkombinationen,
2. dem Zweck des Schweißens in Verbindungsschweißen, bei dem die Teile zusammengefügt werden, und Auftragsschweißen, das im stellenweisen Beschichten der Werkstücke besteht,
3. dem Ablauf des Schweißens in Preßschweißen, wenn die hoch zu erhitzenden Verbindungsstellen unter Druck vereinigt werden, und Schmelzschweißen, bei dem die Verbindung der bis zum flüssigen Zustand erhitzten Stellen meist unter gleichzeitigem Schmelzen des Zusatzwerkstoffes geschieht und
4. der Art der Fertigung in Schweißen von Hand, in teilmechanisiertem, vollmechanisiertem und automatischem Schweißen.

Zum Preßschweißen zählen Feuerschweißen, Widerstandsschweißen und andere. Beim Feuerschweißen werden die Teile im Schmiedefeuer, im Glühofen oder mit einer Brennerflamme bis zum teigigen Zustand erhitzt und dann durch Hämmern, Walzen oder Pressen verbunden. Beim Widerstandsschweißen wird an den Berührungsstellen der Werkstücke durch elektrischen Strom infolge des Übergangswiderstandes und des Ohmschen Widerstandes der Teile erhitzt. Hierzu zählen das Preßstumpfschweißen, bei dem die Stücke mit den Stirnflächen verbunden werden, das Punkt- und das Rollennahtschweißen.

Zum Schmelzschweißen gehören das Gasschweißen, bei dem die Werkstücke an den Schweißstellen und gegebenenfalls der Schweißstab als Zusatzwerkstoff durch eine Azetylen-Sauerstoff- oder eine Wasserstoff-Sauerstoffflamme bis zum Schmelzfluß erhitzt werden, und das Lichtbogenschweißen. Die Hitze wird hierbei durch einen elektrischen Lichtbogen zwischen Schweißstab und Werkstück oder zwischen zwei Elektroden erzeugt.

Kunststoffe werden durch warme Luft, durch Heizelemente, durch Reiben, durch hochfrequente Ströme oder durch Ultraschall erwärmt.

**Darstellung.** Schweißstöße heißen die Stellen, an denen die Teile durch Schweißen verbunden sind. Je nach Lage und Anordnung der Teile, werden u.a. unterschieden

Stumpfstoß Überlappstoß Parallelstoß T-Stoß Kreuzstoß Eckstoß

Die Nahtformen sind vom Stoß, von der Art und der Dicke des Werkstoffs, der Beanspruchung der Schweißstelle und vom Schweißverfahren abhängig. Die wichtigsten Nähte zeigen die folgenden Tafeln.

Tafel **140.1** Nahtformen für Preßschweißen und ihre Darstellung (Auszug aus DIN 1911)

<table>
<tr><th colspan="2">bildlich</th><th colspan="2">sinnbildlich</th><th colspan="2">bildlich</th><th colspan="2">sinnbildlich</th></tr>
<tr><th>Schnitt</th><th>Ansicht</th><th>Schnitt</th><th>Ansicht</th><th>Schnitt</th><th>Ansicht</th><th>Schnitt</th><th>Ansicht</th></tr>
<tr><td colspan="4">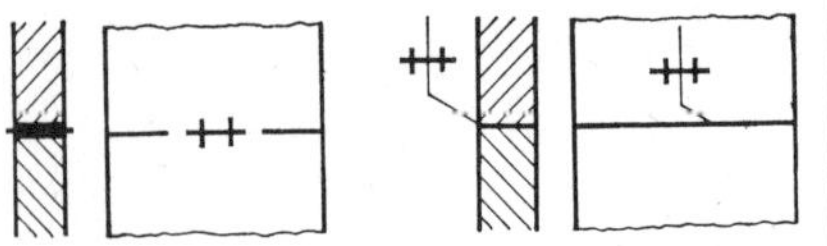<br>Gratnaht</td><td colspan="4">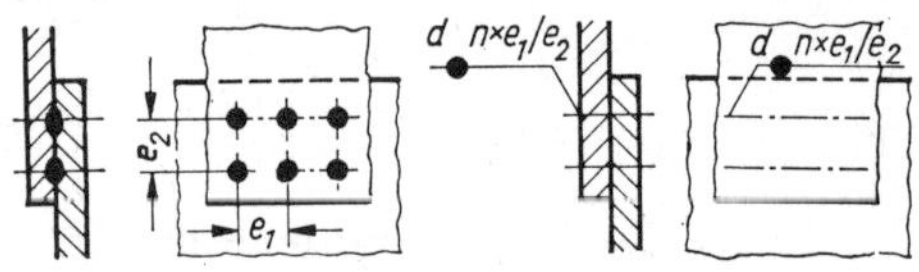<br>Zweireihige Punktnaht. $d$ = Durchmesser der Schweißlinse in mm, $n$ = Anzahl der Schweißpunkte einer Reihe, $e_1$ = Punktabstand in mm, $e_2$ = Reihenabstand in mm</td></tr>
<tr><td colspan="4">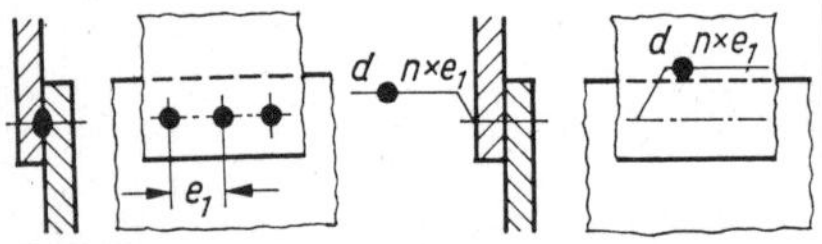<br>Einreihige Punktnaht. $d$ = Durchmesser der Schweißlinse in mm, $n$ = Anzahl der Schweißpunkte einer Reihe, $e_1$ = Punktabstand in mm</td><td colspan="4">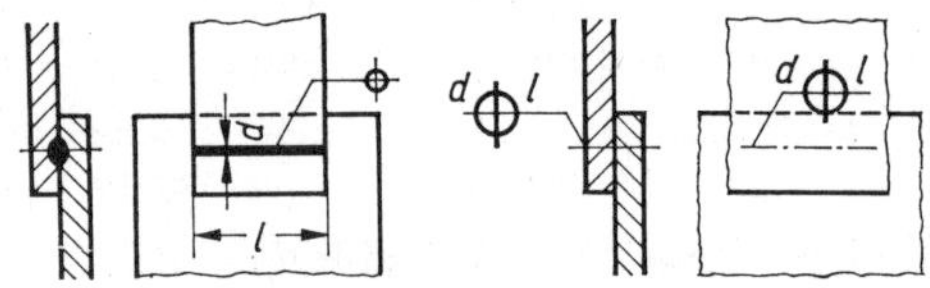<br>Durchgehende Rollennaht. $d$ = Durchmesser der Schweißlinse in mm, $l$ = Länge der Schweißnaht in mm</td></tr>
</table>

Die Kennzeichnung einer Schweißung geschieht durch Sinnbilder und Maßangaben und nach Bedarf durch zusätzliche Zeichen und Fertigungshinweise (s. S. 141). Im Schnitt sind die bildliche, in der Ansicht die sinnbildliche Darstellung zu bevorzugen (**145**.2). Für unverdeckte Schweißnähte und für Sinnbilder werden breite Vollinien, für verdeckt liegende Schweißnähte Strichlinien verwendet.

Die Schnittflächen in Schweißteilzeichnungen haben unterschiedliche Schraffur; sind sie aber geschwärzt, dann wird sinnbildlich dargestellt.

Eine Kennzeichnung soll sich in der Zeichnung nicht wiederholen. In den Tafeln jedoch sind die Schweißstellen im Schnitt sowohl als auch in der Ansicht gekennzeichnet, um zu zeigen, wie verfahren wird, wenn nur ein Bild, der Schnitt oder die Ansicht, nötig ist.

Tafel **141.1** Nahtformen für Schmelzschweißen und ihre Darstellung (Auszug aus DIN 1912 Bl. 1)

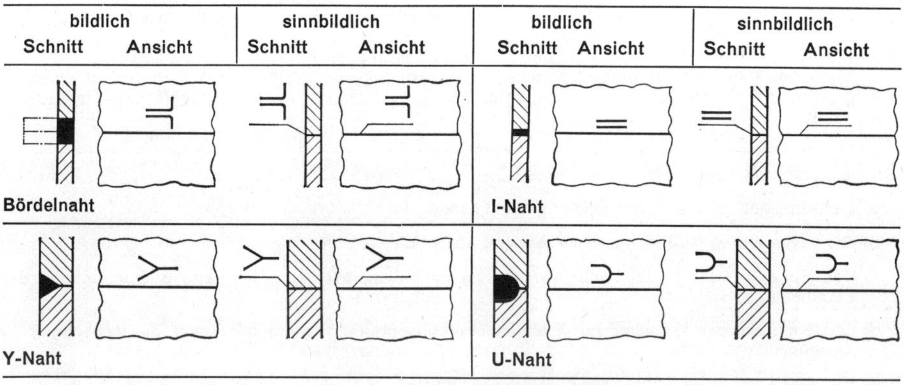

**141.2** Wölbnaht

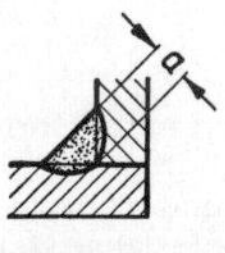


**141.3** Flachnaht

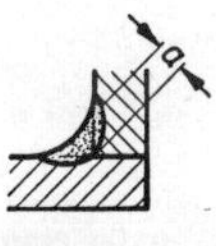


**141.4** Hohlnaht

Das Schweißsinnbild kann auch in die dafür unterbrochene Nahtlinie gesetzt werden. Die Lage der Sinnbilder in der Zeichnung ist der Darstellung der Nähte anzupassen, ausgenommen sind Kehlnähte (s. S. 144).

Kehlnähte können je nach dem Nahtquerschnitt Wölb-, Flach- oder Hohlnähte sein (**141**.2 bis 4).

$a$ bedeutet Schweißnahtdicke, sie entspricht der Höhe des einbeschriebenen Dreiecks.

**Zusatzzeichen.** Den Sinnbildern sind nach Bedarf besondere Zeichen in breiten Vollinien beizugeben. Es bedeuten

 Flachnaht

 Hohlnaht

 eingeebnete Naht

 bearbeitete Übergänge

 Wölbnaht

 durchlaufende flache Kehlnaht

 ausgekreuzte Wurzel, gegengeschweißte Kapplage

 Fortsetzungszeichen

Für die Angabe der Nahtfolge sind in Quadrate eingeschriebene Zahlen vorgesehen (**141.5**).

Schweißrichtungen können durch Pfeile mit Begrenzungsstrich, der auch den Anfang einer Naht anzeigen kann, bezeichnet werden (**141.6**).

Werden Nahtfolge und Schweißrichtung angegeben, wird das Quadrat in den Pfeilstrich gesetzt (**141.7**).

Eine erst bei der Montage auf dem Bau zu schweißende Naht wird durch Anhängen eines Fähnchens an das betreffende Schweißzeichen angedeutet (**141.8**).

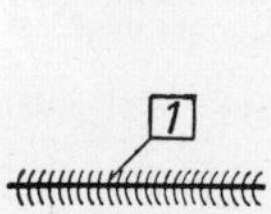


**141.5** Nahtfolge

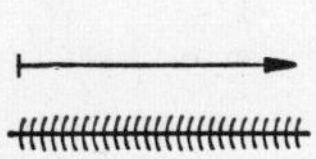

**141.6** Schweißrichtung

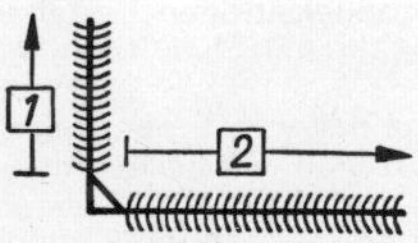


**141.7** Nahtfolge und Schweißrichtung

**141.8** Montagezeichen

Kurze Bogenlinien deuten Schweißraupen (Schuppung) an (**141**.5 bis 7) und sollen nur zum Hervorheben einer Naht eingetragen werden. In einer langen Naht wird die Schuppung weitgehend unterbrochen und durch das Fortsetzungszeichen ersetzt (s. V-Naht auf S. 143 unten).

## Fertigungsangaben

Die Fertigungsangaben für eine Schweißverbindung umfassen alle erforderlichen Einzelheiten über Ausführung, Nachbehandlung und Prüfung. Sie sind nach Bedarf als Kurzzeichen oder in Worten, soweit es angängig ist, hinter das Schweißzeichen zu setzen (**145.1**).

Die Eintragung geschieht in nachstehender Reihenfolge:

1. **Schweißsinnbild**, gegebenenfalls mit Zusatzzeichen, und **Maßangaben** s. S. 143 ff.

2. **Schweißverfahren** (DIN 1910) werden durch Buchstaben gekennzeichnet. Es bedeuten: G Gasschweißen, E Lichtbogenschweißen, UP Unterpulverschweißen, SG Schutzgaslichtbogenschweißen, m maschinelles Schweißen u. a. So kennzeichnet z. B. Em maschinelles Lichtbogenschweißen.

3. **Gütewert.** Es bestehen die Güteklassen I bis III. Sie werden durch den Fertigungsaufwand und gewisse Voraussetzungen bestimmt:

   a) Der Werkstoff muß zum Schweißen geeignet sein.

   b) Die Vorbereitung muß fachgerecht sein und überwacht werden.

   c) Das Schweißverfahren ist nach Werkstoffeigenschaften, Werkstoffdicke und Beanspruchung der Verbindung zu wählen.

   d) Es ist ein auf den Grundwerkstoff abgestimmter, geprüfter bzw. zugelassener Zusatzwerkstoff zu verwenden.

   e) Die Arbeit ist von geprüften Schweißern auszuführen und zu überwachen.

   f) Es ist der Nachweis fehlerfreier Ausführung durch geeignete Prüfverfahren zu führen.

   Die Güteklasse I umfaßt alle Voraussetzungen und II nur die unter a bis e aufgeführten. In der Güteklasse III sind geprüfte Schweißer nicht notwendig und besondere Vorschriften für Überwachung und Prüfung nicht festgelegt. Die Arbeit muß aber fachgerecht sein. Dem Verwendungszweck entsprechend, können auch einzelne Voraussetzungen, natürlich ohne Angabe einer Güteklasse, festgelegt werden. Besondere Anforderungen, wie „öldicht", „vakuumdicht" u. a., sind möglichst an den Darstellungen der betreffenden Schweißnähte zu vermerken.

4. **Schweißpositionen** werden mit Kleinbuchstaben angegeben. Hierbei bedeuten:

   w waagerechtes Schweißen der Stumpf- und der Kehlnähte

   h horizontales Schweißen der Kehlnähte

   s Schweißen einer Steignaht (von unten nach oben)

   f Schweißen einer Fallnaht (von oben nach unten)

   q Schweißen einer Quernaht (waagerecht an einer senkrechten Wand)

   ü Überkopfschweißen

5. **Zusatzwerkstoffe. Lichtbogen-Schweißelektroden** für das Verbindungsschweißen von unlegiertem und niedriglegiertem Stahl sind in DIN 1913 Bl. 1 genormt. Es gibt hiernach nichtumhüllte und umhüllte Elektroden. Zu den nichtumhüllten Elektroden gehören die nackten Elektroden (Kurzzeichen: 0) und die Seelenelektroden (Kurzzeichen: 00). Jene haben als Lichtbogenstabilisatoren feinverteilte Schlackeneinschlüsse und diese für den gleichen Zweck eine Füllung (Seele) in Richtung der Achse.

   Die Mäntel umhüllter Schweißelektroden bestehen aus verschiedenen Stoffen. Sie haben Einfluß auf Verwendbarkeit, auf schweißtechnisches Verhalten, auf Güte und Aussehen der Schweißnaht u. a.

   Ummantelte Elektroden sind daher in Typen eingeteilt, die mit einem aus zwei Buchstaben bestehenden Kurzzeichen gekennzeichnet sind. So bedeuten:

   Ti Titandioxyd-Typ, Es Erzsaurer Typ, Ox Oxydischer Typ, Kb Kalkbasischer Typ, Ze Zellulose-Typ.

   Tiefeinbrand-Elektroden (Tf) und Eisenpulver-Elektroden (Fe) sind durchweg überdick umhüllt, meist Abarten der vorgenannten Typen und werden mit je zwei Buchstabenpaaren gekennzeichnet, z.B. Tf Ti. Sind sie aber nicht artverwandt, erhalten sie das Gruppenkurzzeichen So (Sondertyp), z.B. Fe So.

   Für das Schweißen der verschiedenen Stahlsorten sind die Elektroden in Verwendungsklassen unterteilt, die mit römischen Zahlen I bis XIV, ausgenommen IV und VI, bezeichnet werden. Die Klassen I bis III und V erfassen hauptsächlich Nackt-, dünn umhüllte und Seelenelektroden, zu VII, VIIIa und VIIIb bis XIV gehören mitteldick und sehr dick umhüllte Elektroden.

   Die Dicke der Umhüllung einer Elektrode wird durch einen der Kleinbuchstaben d (dünn), m (mitteldick) oder s (sehr dick) angegeben. Überdicke Umhüllungen werden nicht besonders kenntlich gemacht.

   Somit lautet das Kurzzeichen einer Schweißelektrode z.B.: Es VII s und bedeutet: **Erz**saurer Typ, Anwendungsklasse **VII**, **s**ehr dicke Umhüllung

Elektrodenkurzzeichen können durch Anhängen dreier arabischer Ziffern erweitert werden. Diese kennzeichnen nach DIN 1913 Bl. 1 den mechanischen Gütewert des reinen Schweißgutes, die Schweißpositionen und die Stromkreis-Charakteristik.

Drähte, die mit dem Schweißbrenner niedergeschmolzen werden, heißen **Gasschweißdrähte** (DIN 8554). Es bestehen je nach der Verwendbarkeit 7 Klassen, die mit 0 bis VI bezeichnet werden. Für das Verbindungsschweißen der üblichen Baustähle sind Drähte der Klassen I bis III geeignet. Das genormte Kurzzeichen der Drähte setzt sich aus dem Kennzeichen für das Schweißverfahren (G), der Klassenbezeichnung und der Angabe des Normblattes zusammen, z.B. G III DIN 8554. Neben der deutschen Bezeichnung gibt es auch eine ISO-Kennzeichnung.

Zusatzwerkstoffe für Lichtbogen- und Gasschweißen von Grauguß s. DIN 2301, für Aluminium-Werkstoffe s. DIN 1732 Bl. 1, für Kupfer und Kupferlegierungen s. DIN 1733 Bl. 1, für Nickel und Nickellegierungen s. DIN 1736 Bl. 1, für Verbindungsschweißen von Stählen s. DIN 8554 Bl. 1, für Auftragsschweißen s. DIN 8555 und für daß Schweißen nicht rostender und hitzebeständiger Stähle s. DIN 8556 (Vornorm). Zusatzwerkstoffe und Schweißpulver für das Unterpulverschweißen s. DIN 8557, Schweißzusatzwerkstoffe, Schutzgase für das Schutzgas-Lichtbogenschweißen s. DIN 8559 und Zusatzwerkstoffe zum Schmelzschweißen s. DIN 8571.

6. **Nachbehandlung** und **Prüfung** werden durch Angaben, wie „spannungsfrei geglüht", „Dichtheitsprüfung mit 10 bar", „Durchschallung" u.a., und besondere Abnahmevorschriften unter Hinweis auf diese, z.B. „DIN 4100", „Germanischer Lloyd" usw., festgelegt. Sind Wortangaben zu umfangreich oder gelten sie ebenso wie manche Kurzzeichen für einen größeren Bereich, dann sind solche Fertigungshinweise zusammenzufassen und an eine geeignete Stelle, etwa über das Schriftfeld des Zeichenbogens, zu setzen (**145.1**).

Tafel **143.1** **Darstellung einiger Stumpfnähte**

| bildlich<br>Schnitt Ansicht | sinnbildlich<br>Schnitt Ansicht | bildlich<br>Schnitt Ansicht | sinnbildlich<br>Schnitt Ansicht |
|---|---|---|---|

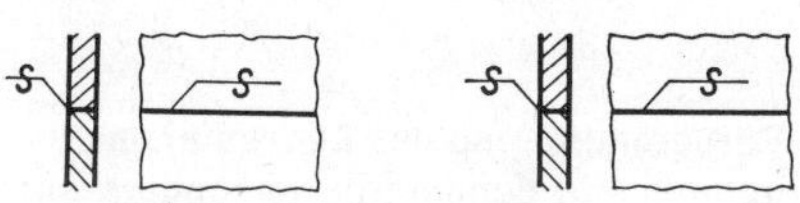

**Stumpfnaht.** Allgemeines Zeichen zur Andeutung einer Schweißnaht, z.B. auf Angebotszeichnungen

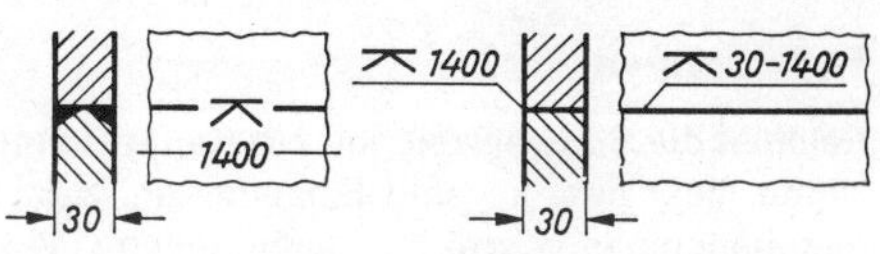


**K-Naht.** Nahtdicke $a = 30$, Nahtlänge $l = 1400$

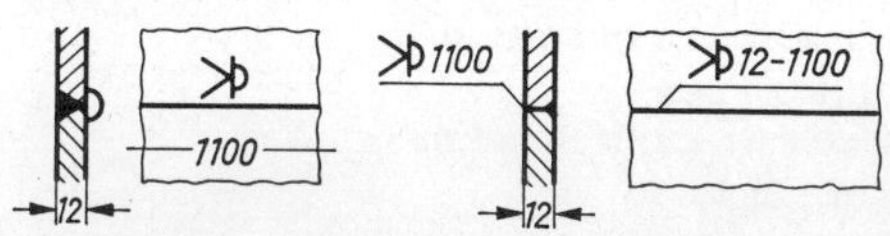


**V-Naht.** Nahtoberfläche sichtbar, Nahtdicke $a = 12$, Nahtlänge $l = 1100$, Wurzel ausgekreuzt, Kapplage gegengeschweißt

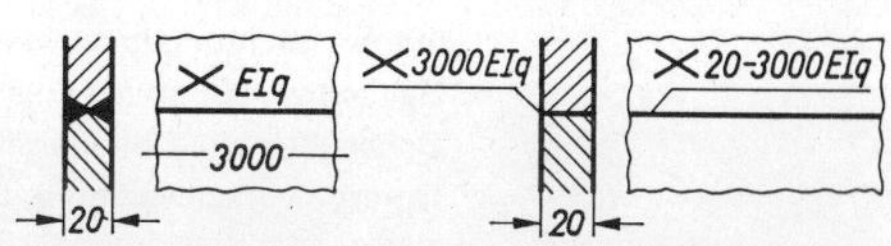


**X-Naht.** Nahtdicke $a = 20$, Nahtlänge $l = 3000$, Lichtbogenschweißen Güte I, Schweißposition $q$ (siehe S. 142)

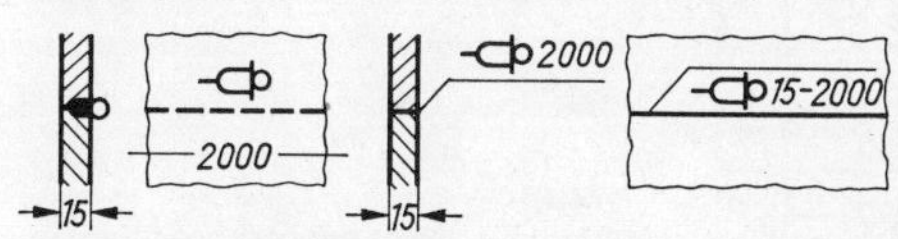


**U-Naht.** Nahtdicke $a = 15$, Nahtlänge $l = 2000$, Naht eingeebnet. Liegt bei einseitig geschweißten Stumpfnähten die Nahtwurzel vorn, dann ist die Nahtlinie zu stricheln.

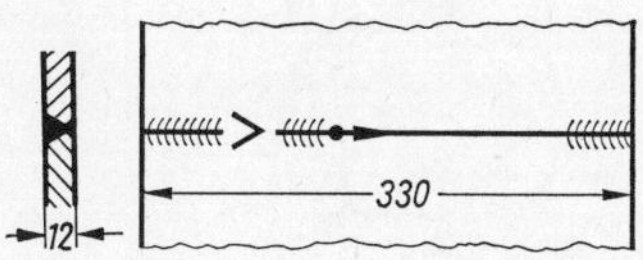


**V-Naht** (bildlich). Fertigungszeichen für die Schuppung durch Fortsetzungszeichen vereinfacht

Tafel **144.1** Darstellung einiger Kehlnähte

| bildlich (Schnitt, Ansicht) – sinnbildlich (Schnitt, Ansicht) | bildlich (Schnitt, Ansicht) – sinnbildlich (Schnitt, Ansicht) |
|---|---|
| 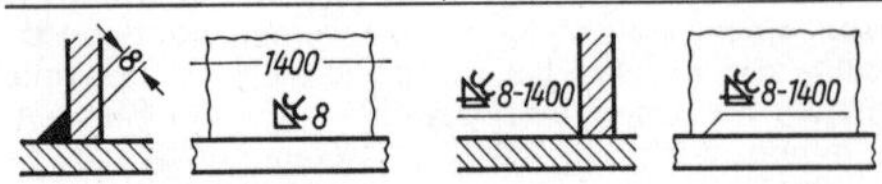  | 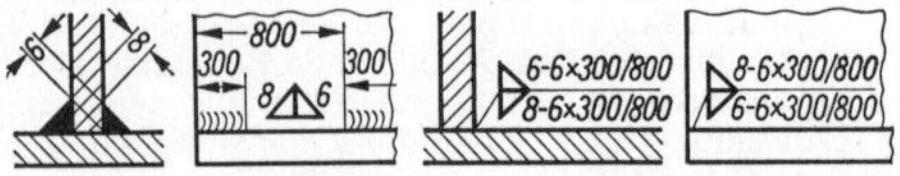  |
| Durchlaufende, sichtbare Kehlnaht. Nahtdicke $a=8$, Nahtlänge $l=1400$, bearbeitete Übergänge | Unterbrochene, gegenüberliegende Doppelkehlnaht. Dicke $a$ der sichtbaren Naht $=8$, Dicke $a$ der verdeckten Naht $=6$, Anzahl der Teilungen $n=6$, Nahtlänge $l=300$, Teilung $e=800$ |
| 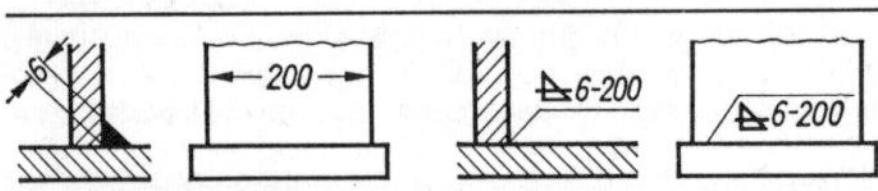  | 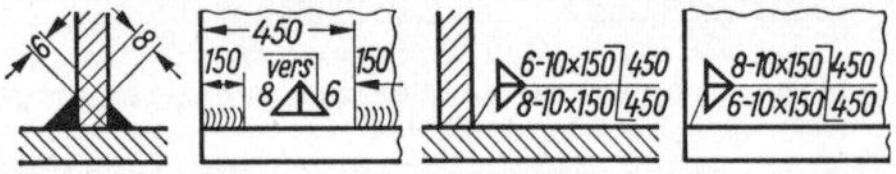  |
| Durchlaufende, verdeckte Kehlnaht. Nahtdicke $a=6$, Nahtlänge $l=200$. Das Sinnbild in der bildlichen Ansicht entfällt, da die Kennzeichnung eindeutig ist. | Unterbrochene, versetzte Doppelkehlnaht. Sichtbare Flachnaht $a=8$, verdeckte Flachnaht $a=6$, Anzahl der Teilungen $n=10$, Nahtlänge $l=150$, Teilung $e=450$ |
| 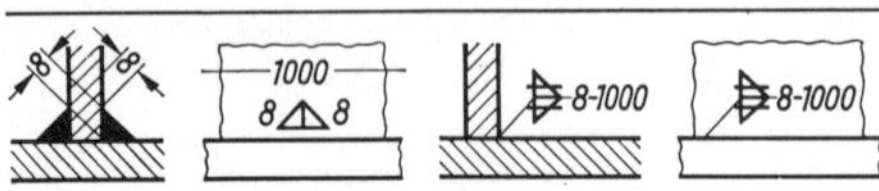  | 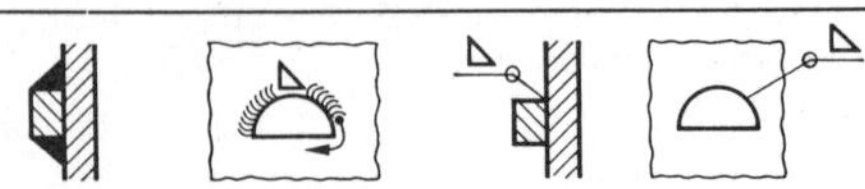 |
| Durchlaufende Doppelkehlnaht. Dicke $a$ der Nähte $=8$, Nahtlänge $l=1000$ | Umlaufende, flache Kehlnaht (Ringsumzeichen) |

Über Auftragsschweißen s. DIN 1912 Bl. 3, Schweißen plattierter Stähle s. DIN 8553 und über Schweißverbindungen an Dampfkesseln, Behältern und Rohrleitungen s. DIN 8558 Bl. 1.

## Fugenformen

Reichen die Schweißzeichen zur Kennzeichnung der Vorbereitung und des Endzustandes der Nähte nicht aus, so sind Einzelheiten, z.B. die vorzubereitende Fugenform, besonders und gegebenenfalls vergrößert darzustellen (**144.2**).

Die Form der Schweißfugen ist abhängig von der Dicke des Werkstoffs und der Art der Verbindung.

Fugenformen an Stählen für

- offenes Lichtbogenschweißen von Hand s. DIN 8551 Bl. 1
- Gasschweißen an Stählen s. DIN 8551 Bl. 2
- Schweißen mit Tiefeinbrand-Elektroden s. DIN 8551 Bl. 3
- Unterpulverschweißen s. DIN 8551 Bl. 4

Fugenformen für Stumpfstoßverbindungen an Stahlrohren s. DIN 2559.

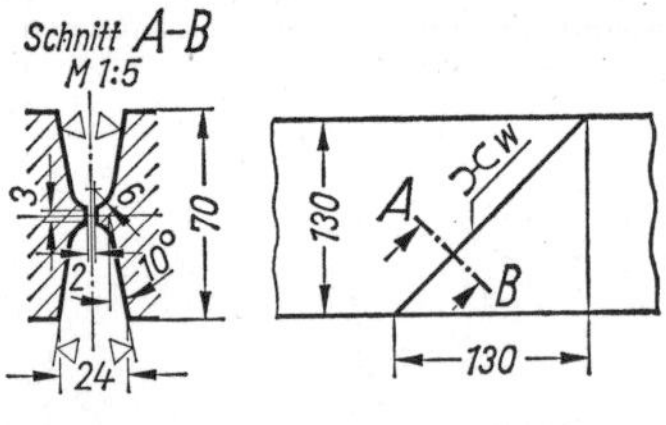


**144.2**
Doppel-U-Naht mit vorbereiteter Fuge

**Zeichnungsbeispiele**

für bildliche Darstellung s. Bild **145.1** sowie

für bildliche und sinnbildliche Darstellung s. Bild **145.2**.

Konstruktionsmaße, Oberflächenangaben u.a. sind der Übersichtlichkeit wegen fortgelassen worden.

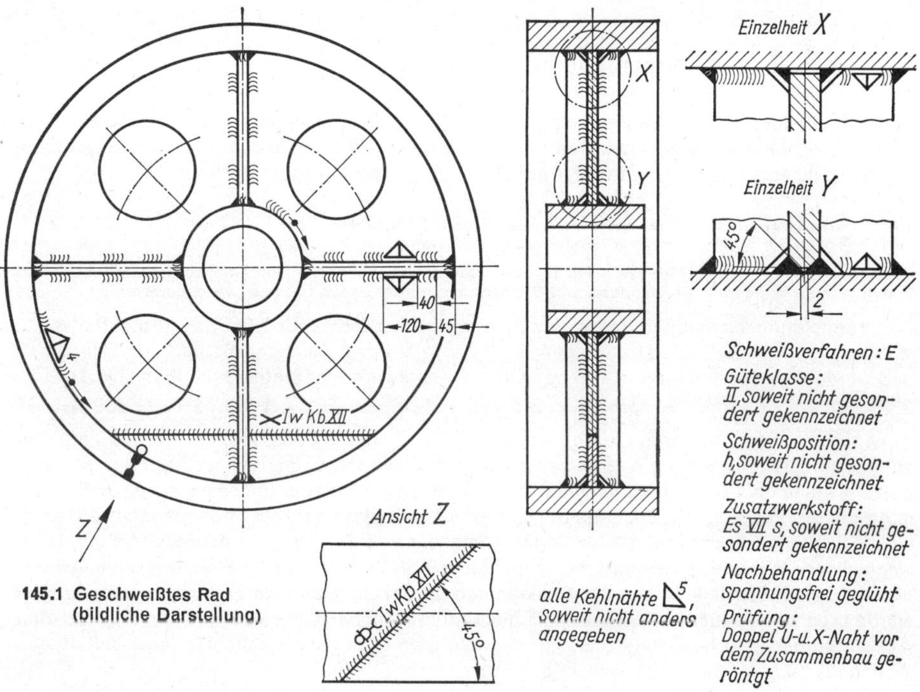


**145.1** Geschweißtes Rad (bildliche Darstellung)

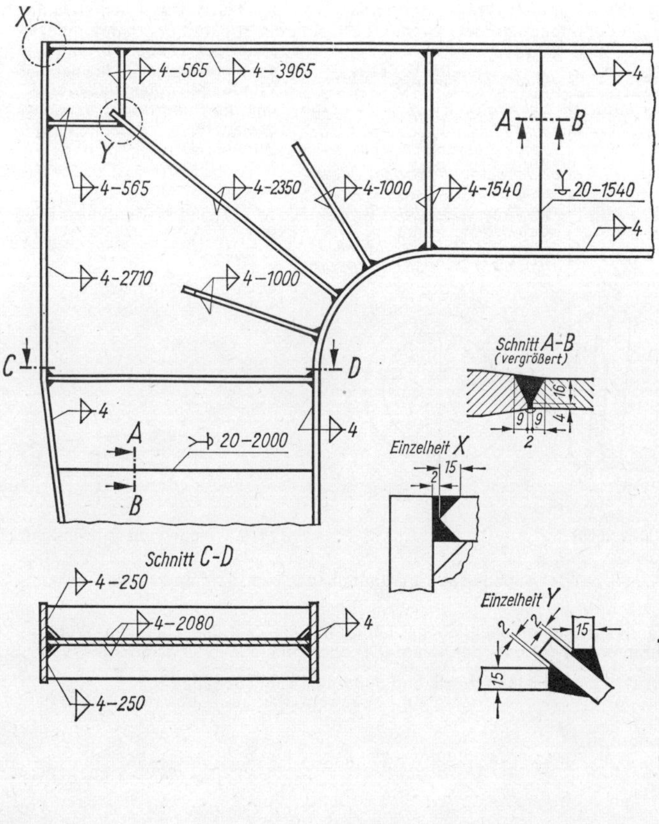


**145.2** Rahmenecke (bildliche und sinnbildliche Darstellung)

## 8.5 Schraubenfedern

Schraubenfedern sind schraubenlinig, gewöhnlich rechtsgewundene federnde Metalldrähte mit rundem, seltener viereckigem Querschnitt. Sie werden als elastische Werkstücke zwischen andere Teile eingebaut und entweder auf Druck, Zug oder Drehung beansprucht.

### 8.5.1 Zylindrische kaltgeformte Druckfedern (DIN 2095)

Druckfedern mit Drahtdurchmessern bis 10 mm werden kalt, solche mit Durchmessern zwischen 10 und 17 mm je nach Werkstoff, Verwendung und Beanspruchung der Feder kalt oder warm geformt.

Zur Vermeidung einseitiger Beanspruchung wird an jedem Ende eine ganze nichtfedernde Windung angebogen. Die Drahtenden liegen auf entgegengesetzten Seiten der Federachse und werden bis auf den vierten Teil des Drahtdurchmessers heruntergeschliffen (**146**.1).

Bei Federn unter 0,5 mm Drahtdurchmesser ist ein Planschliff meist nicht erforderlich (**146.2**). Es wird der äußere Windungsdurchmesser bemaßt, wenn die Feder in einer Bohrung arbeitet oder der innere ($D$i), wenn sie über einem Dorn sitzt. Der Durchmesser der Bohrung oder des Bolzens sollte im Text angegeben sein. Der mittlere Windungsdurchmesser dient zur Berechnung der Drahtlänge. Die Federlänge ($L_0$) bezieht sich stets auf den ungespannten Zustand. Linksgewundene Federn erhalten zum Durchmesser den Zusatz „linksgewickelt" auch dann, wenn dieser Windungssinn aus der Darstellung bereits hervorgeht. Eine zulässige Abweichung ($e_1$) der Mantellinie von der Senkrechten an der unbelasteten Feder kann eingetragen werden, wenn sie für die Wirksamkeit bedeutungsvoll ist. Dasselbe gilt für eine auf den Außendurchmesser bezogene zulässige Abweichung ($e_2$) in der Parallelität der geschliffenen Auflageflächen.

Wird die Belastung der Feder geprüft, ist ein Kraft-Weg-Diagramm zu zeichnen (**146**.1). Darin werden in der Regel angegeben: die im Gebrauch auftretende größte Federkraft ($P_1$) und die Prüfkraft ($P_n$) mit den dazugehörigen Längen ($L_1$ und $L_n$), die Blocklänge ($L_B$), bei der alle Windungen aneinanderliegen, und die Summe ($S_a$) der Mindestabstände zwischen den Windungen.

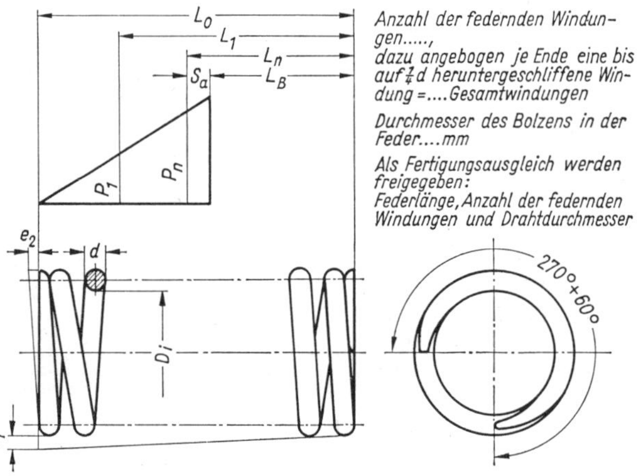


**146**.1 Zylindrische Druckfeder (DIN 2095)

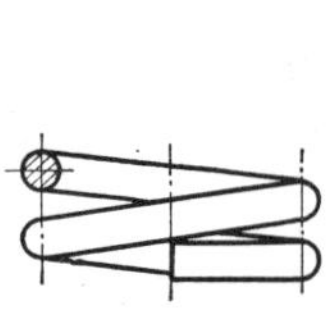

**146**.2 Angelegte Endwindung

Zur Herstellung der Feder müssen einige Angaben als Fertigungsausgleich freigegeben und gekennzeichnet werden, und zwar

bei e i n e r vorgeschriebenen Federkraft und vorgeschriebener Länge ($L_0$) die Zahl der federnden Windungen und entweder der Drahtdurchmesser ($d$) oder der innere ($D_i$) oder äußere Windungsdurchmesser,

bei z w e i vorgeschriebenen Federkräften dieselben Werte und außerdem die Federlänge ($L_0$).

Runder Federdraht ist in DIN 2076 (Maßnorm) und in DIN 17223 Bl. 1 und 2 (Gütevorschriften) genormt. Die Bezeichnung eines 360 mm langen Drahtes von 2,5 mm Durchmesser der Maßgenauigkeitsklasse C nach DIN 2076 aus vergütetem Federdraht nach DIN 17223 Bl. 2 (Stahlsorte FD) lautet:

Dr 2,5 × 360 C DIN 2076 — FD

Federn werden auch aus Kupferknetlegierungen u.a. hergestellt.

In DIN 29 sind die bildliche und die sinnbildliche Darstellung der bekanntesten Federn genormt (**147.1**).

Die Windungen im Mittelteil fallen sowohl in Ansichts- als auch in Schnittzeichnungen weg. Häufig ist die Darstellung einer Feder durch eine breite Zickzacklinie ausreichend.

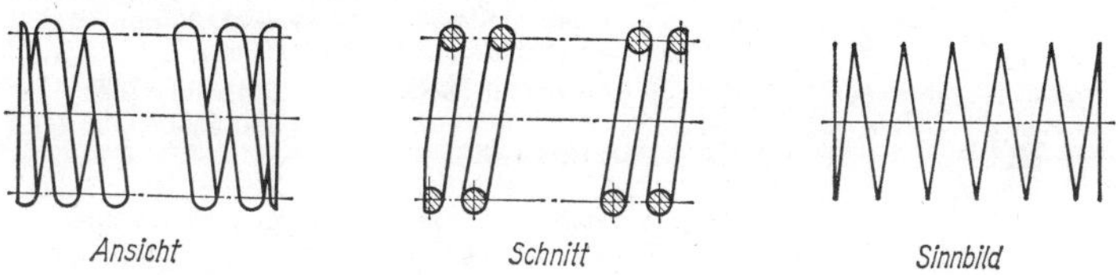


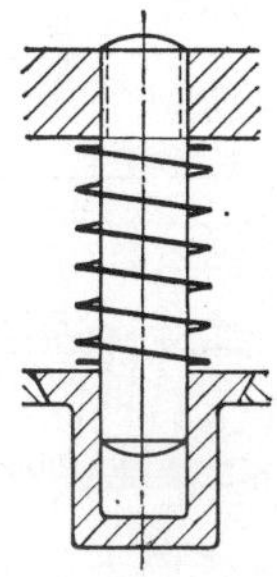


**147.1** Darstellungen einer Druckfeder

Berechnung und Konstruktion der zylindrischen Druckfedern aus rundem Werkstoff s. DIN 2089 Bl. 1 (Vornorm), aus Vierkantstahl s. DIN 2090; Angaben und Vordruck für Druckfedern s. DIN 2099 Bl. 1.

In DIN 2098 Bl. 1 sind kaltgeformte zylindrische Druckfedern verschiedener Größen angegeben.

Eine Druckfeder mit dem Drahtdurchmesser 2,5, mittlerem Windungsdurchmesser 20 und der Baulänge 54 wird bezeichnet:

Druckfeder 2,5 × 20 × 54 DIN 2098

## 8.5.2 Zylindrische warmgeformte Druckfedern (DIN 2096)

Federn über 17 mm Drahtdurchmesser werden warmgeformt, unter bestimmten Voraussetzungen auch solche zwischen 10 und 17 mm Durchmesser. Die Enden der Federn haben je $^3/_4$ angebogene Windung und sind bei Werkstoffdurchmessern über 12,5 mm vor dem Abschleifen vierkantig ausgeschmiedet (**147.2**).

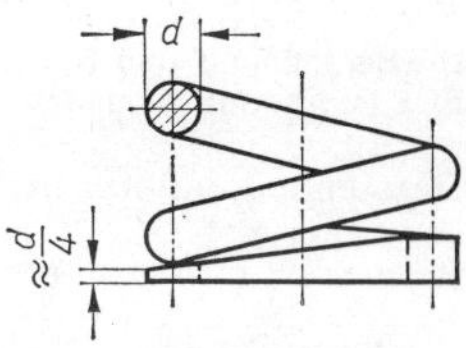


**147.2** Ausgeschmiedetes und geschliffenes Federende

Als Fertigungsausgleich müssen freigegeben werden

bei e i n e r vorgeschriebenen Federkraft und vorgeschriebener Federlänge ($L_0$) die Zahl der federnden Windungen und entweder der Drahtdurchmesser ($d$) oder der mittlere Windungsdurchmesser,

bei z w e i vorgeschriebenen Federkräften die Federlänge ($L_0$), die Windungszahl und entweder der Drahtdurchmesser ($d$) oder der mittlere Windungsdurchmesser.

## 8.5.3 Zylindrische Zugfedern (DIN 2097)

Zugfedern bis 17 mm Werkstoffdurchmesser werden gewöhnlich aus federhartem Werkstoff und mit Vorspannung kaltgeformt. Federn mit größeren Werkstoffdurchmessern und für hohe Beanspruchung schon ab 10 mm Durchmesser werden schlußvergütet. Sie haben dann keine Vorspannung, aneinanderliegende Windungen sind mithin nicht nötig.

Statt des äußeren Windungsdurchmessers ($D_a$) kann der innere bemaßt werden (**148.1**). Die Länge ($L_0$) der unbelasteten Feder reicht von Innenkante zu Innenkante der Ösen und setzt sich aus der Länge ($L_K$) des Federkörpers und den zwei Abständen ($L_H$) bis zu den Öseninnenkanten zusammen. Ferner ist die Weite ($m$) der Ösenöffnung anzugeben. Im Prüfdiagramm sind gewöhnlich erforderlich: die Vorspannkraft ($P_0$), die größere Betriebskraft ($P_1$), die Prüfkraft ($P_n$) und die dazugehörigen Längen ($L_0$, $L_1$ und $L_n$).

Die Ausführung der Ösen ist sehr verschieden; Näheres darüber s. DIN 2097. Zu bevorzugen ist die ganze deutsche Öse (**148.1**), bei der $L_H = 80\%$ des inneren Durchmessers ist. Die Ösen einer Feder stehen in der Regel parallel zueinander oder um 90° gegenseitig versetzt.

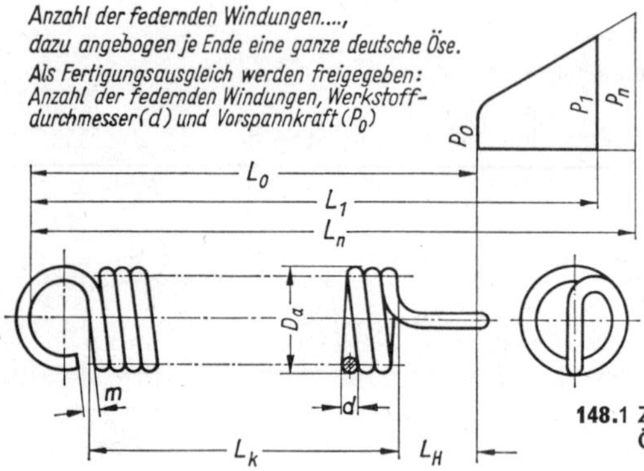


Als Fertigungsausgleich müssen freigegeben und gekennzeichnet werden,

wenn eine Federkraft, Länge ($L_0$) und Vorspannkraft ($P_0$) vorgeschrieben sind: die Anzahl der federnden Windungen und entweder der Werkstoffdurchmesser (*d*) oder der äußere oder der innere Windungsdurchmesser,

bei zwei vorgeschriebenen Federkräften die gleichen Größen und außerdem die Vorspannkraft ($P_0$).

Ansicht, Schnitt und Sinnbild einer Zugfeder mit einer ganzen deutschen Öse zeigt Bild **148**.2.

**148**.1 Zylindrische Zugfeder mit einer ganzen deutschen Öse (DIN 2097)

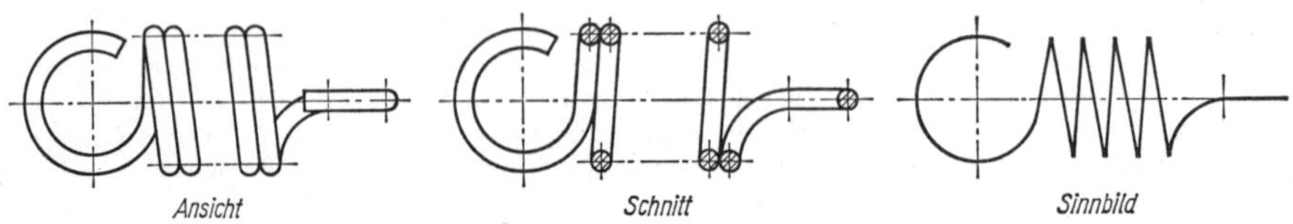


**148**.2 Darstellungen einer Zugfeder nach DIN 29

Die Berechnung und Konstruktion zylindrischer Zugfedern aus rundem Werkstoff erfolgt nach DIN 2089 Bl. 2 (Vornorm). Angaben und Vordruck für zylindrische Zugfedern s. DIN 2099 Bl. 2.

Darstellung anderer Federn nach DIN 29

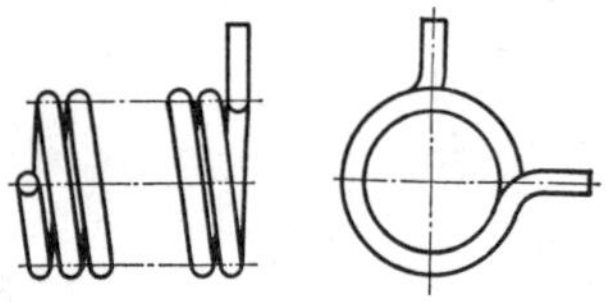

**148**.3 Gewundene Biegefeder (DIN 2088)

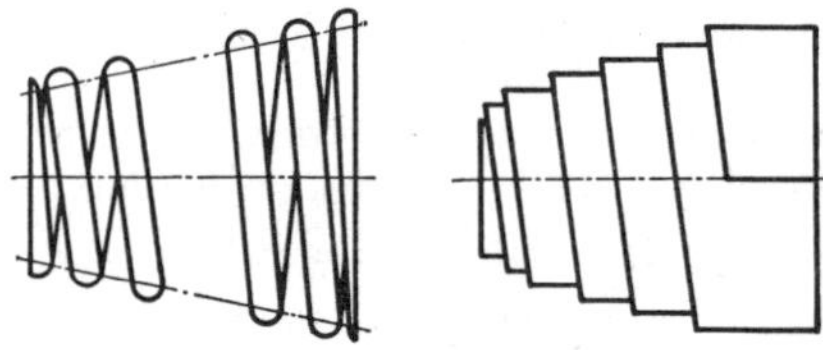

**148**.4 Kegelige Druckfedern mit rundem und mit rechteckigem Querschnitt

Tellerfedern sind in DIN 2093 angegeben; ihre Berechnung erfolgt nach DIN 2092. Für Drehstabfedern besteht DIN 2091.

## 8.6 Zahnräder

Zahnräder dienen zur Übertragung von Kräften von Welle auf Welle und vielfach zur Änderung von Drehzahlen und Drehrichtungen.

### 8.6.1 Abmessungen

Zur Einteilung der Zähne dient der Teilkreis (**149.1**). Die Teilung *t* ist der Abstand von Mitte zu Mitte Zahn, als Bogenmaß in mm auf dem Teilkreis gemessen. Wird sie durch $\pi$ geteilt, ergibt sich der Modul *m* in mm als Kenngröße der betreffenden Verzahnung. Er wird auch

Durchmesserteilung genannt. Die Moduln sind in einer Reihe, der Modulreihe, nach DIN 780 genormt.

Der Modul ist also $m = \frac{t}{\pi}$ und die Teilung $t = \pi \cdot m$.

**Beispiele**

1. Bei einer Teilung $t = 15{,}7$ mm ist der Modul

$$m = \frac{t}{\pi} = \frac{15{,}7 \text{ mm}}{3{,}14} = 5 \text{ mm}$$

2. Bei einem Modul $m = 4$ mm ist die Teilung

$$t = \pi \cdot m = 3{,}14 \cdot 4 \text{ mm} = 12{,}56 \text{ mm}$$

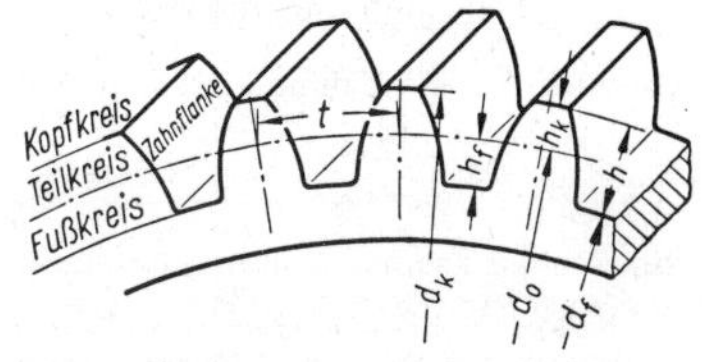


149.1 Bezeichnungen am Zahnrad

Der Umfang des Teilkreises wird durch Malnehmen des Teilkreisdurchmessers $d_0$ mit $\pi$ oder durch Malnehmen der Zähnezahl $z$ mit der Teilung $t$ berechnet:

$$U = \pi \cdot d_0 = z \cdot t$$

Mit $\pi \cdot m$ für $t$ wird $\pi \cdot d_0 = z \cdot \pi \cdot m$ und daraus $d_0 = z \cdot m$ und $m = \frac{d_0}{z}$

**Beispiele**

1. Der Teilkreisdurchmesser eines Zahnrades mit $z = 48$ Zähnen und dem Modul $m = 3$ mm ist

$$d_0 = z \cdot m = 48 \cdot 3 \text{ mm} = 144 \text{ mm}$$

2. Der Modul eines Zahnrades mit $z = 25$ Zähnen und einem Teilkreisdurchmesser $d_0 = 87{,}5$ mm ist

$$m = \frac{d_0}{z} = \frac{87{,}5 \text{ mm}}{25} = 3{,}5 \text{ mm}$$

Es sind allgemein die

| | | |
|---|---|---|
| Höhe $h_k$ des Zahnkopfes | $= \frac{6}{6} \cdot$ Modul | $h_k = m$ |
| Höhe $h_f$ des Zahnfußes | $= \frac{7}{6} \cdot$ Modul | $h_f \approx 1{,}167 \cdot m$ |
| Zahnhöhe $h$ | $= \frac{13}{6} \cdot$ Modul | $h \approx 2{,}167 \cdot m$ |

**Beispiel:** Für Modul $m = 12$ mm sind die

| | | |
|---|---|---|
| Zahnkopfhöhe | $h_k = m$ | $= 12$ mm |
| Zahnfußhöhe | $h_f \approx 1{,}167 \cdot m \approx 1{,}167 \cdot 12 \text{ mm} = 14$ mm | |
| Zahnhöhe | $h = h_k + h_f = 12 \text{ mm} + 14 \text{ mm} = 26$ mm | |

Der Kopfkreisdurchmesser $d_k$ ergibt sich durch Hinzuzählen der doppelten Kopfhöhe ($2\,h_k = 2$ m) zum Teilkreisdurchmesser $d_0$:

$$d_k = d_0 + 2\,m$$

Eine Ausnahme hiervon besteht bei korrigierten Zahnrädern (s. DIN 3992).

Der Fußkreisdurchmesser $d_f$ wird gefunden, indem die doppelte Fußhöhe $h_f$ vom Teilkreisdurchmesser $d_0$ abgezogen wird:

$$d_f = d_0 - 2\,h_f$$

**Beispiel:** An einem Zahnrad mit dem Teilkreisdurchmesser $d_0 = 600$ mm sind die Kopfhöhe $h_k = 12$ mm und die Fußhöhe $h_f = 14$ mm. Es sind dann der

Kopfkreisdurchmesser $d_k = d_0 + 2\,m = 600 \text{ mm} + 2 \cdot 12 \text{ mm} = 624$ mm

Fußkreisdurchmesser $d_f = d_0 - 2\,h_f = 600 \text{ mm} - 2 \cdot 14 \text{ mm} = 572$ mm

Berechnung des Moduls aus Kopfkreisdurchmesser und Zähnezahl

Aus $d_k = d_0 + 2\,m$ ist $d_0 = d_k - 2\,m$

Es ist aber auch $d_0 = z \cdot m$

$$z \cdot m = d_k - 2\,m$$

$$z \cdot m + 2\,m = d_k$$

$$m\,(z + 2) = d_k$$

$$m = \frac{d_k}{z + 2}$$

Der Modul wird also gefunden, indem der Kopfkreisdurchmesser durch die um 2 vermehrte Zähnezahl geteilt wird. Diese Berechnung des Moduls ist sehr wichtig, da Kopfkreisdurchmesser und Zähnezahl sich an einem vorhandenen Zahnrad leicht feststellen lassen.

**Beispiel:** Für ein Zahnrad mit $d_k = 75$ mm und $z = 23$ ist

$$m = \frac{d_k}{z+2} = \frac{75\text{ mm}}{23+2} = \frac{75\text{ mm}}{25} = 3\text{ mm}$$

Nun können Teilung, Teilkreisdurchmesser usw. berechnet werden.

Zwei miteinander arbeitende Zahnräder bilden ein Zahnradpaar (**150.1**).

Ein einwandfreies Arbeiten der Zahnräder miteinander (Kämmen) ist nur dann möglich, wenn die gleiche Teilung, also gleichen Modul haben.

Die zu übertragende Kraft geht von dem treibenden Zahnrad auf das getriebene über. Wird ein größeres Zahnrad angetrieben, so ist das eine Übersetzng ins Langsame, umgekehrt ins Schnelle.

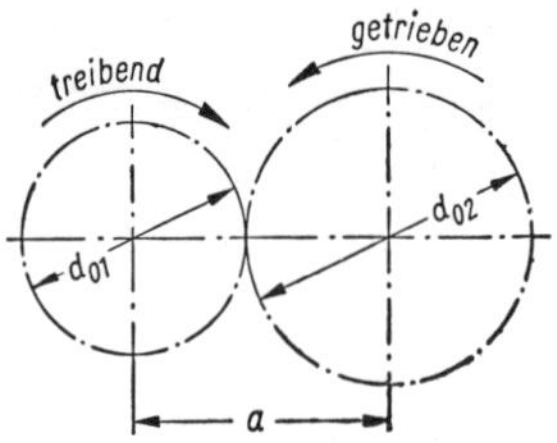


**150.1** Zahnradpaar

Den Bezeichnungen für das treibende Rad wird eine 1 und denen für das getriebene Rad eine 2 angehängt, z.B. $d_{01}$ und $d_{02}$. Der Abstand von Mitte zu Mitte Zahnrad ist so zu bemessen, daß sich die Teilkreise beider Zahnräder berühren. Demgemäß ist der Abstand $a$ = der halben Summe der beiden Teilkreisdurchmesser $d_{01}$ und $d_{02}$:

$$a = \frac{d_{01} + d_{02}}{2}$$

Maße für Achsenabstände s. DIN 3964.

**Übung:** Ein Zahnrad mit dem Kopfkreisdurchmesser $d_k = 162$ mm und 25 Zähnen treibt ein anderes mit 48 Zähnen. Bestimme den Modul, die Teilung, die Teilkreisdurchmesser, die Kopfhöhe, die Fußhöhe, den zweiten Kopfkreisdurchmesser, beide Fußkreisdurchmesser und den Mittenabstand der Räder.

**150.2** Evolventenform

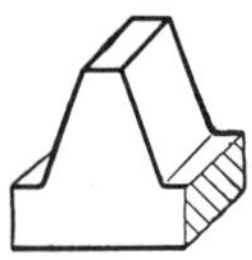

**150.3** Gerade Zahnflanken

### 8.6.2 Zahnformen

Die Zahnflanken sollen sich mit möglichst geringer Reibung aufeinander abwälzen. Sie haben deshalb meist Evolventenform (**150.2**). Zahnflanken an Zahnstangen sind gerade (**150.3**).

Bei der **Evolventenverzahnung** (DIN 867) ist die Zahnflanke ein Teil der Evolvente (s. S. 165). Zwei in Eingriff stehende Zahnflanken berühren sich an einer Stelle, die sich durch die Drehung beider Zahnräder geradlinig fortbewegt und die Eingriffslinie bildet (**150.4**). Sie ist die die Evolvente erzeugende Gerade und wird vom Punkte $P$ auf dem Teilkreise unter einem Winkel von 20°, dem Eingriffswinkel, gezogen. Der kürzeste Abstand der Geraden vom Mittelpunkt des Teilkreises ist der Halbmesser des Grundkreises. Das Bogenstück von 0 bis zur senkrechten Mittellinie wird gleichmäßig unterteilt, ebenso der Bogen nach der anderen Seite. Durch eine vom Teilpunkt 1 auf der Tangente $T_1$ angetragene Strecke wird der Evolventenpunkt $P_1$ gefunden. Sie setzt sich aus der von 0 bis 1 reichenden Bogenlänge und dem Stück von 0 bis $P$ zusammen.

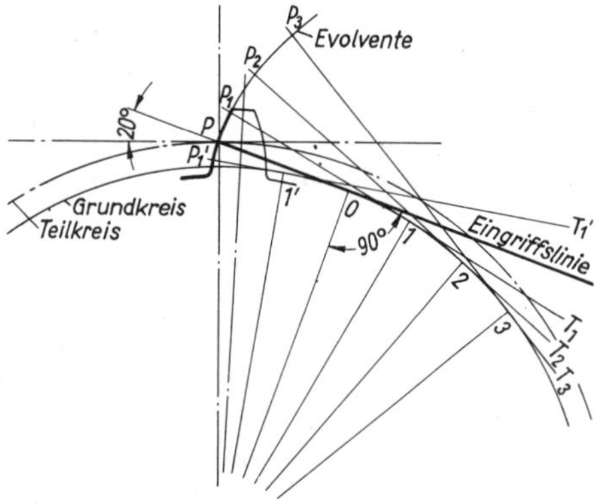


**150.4** Entstehung der Evolventenform

Für den Punkt $P_1'$ ist die Strecke von 0 bis $P$, vermindert um die Bogenlänge 0 bis 1', auf $T_1$ von 1' aus abzutragen. Evolventenpunkt $P_2$ wird durch Abtragen der Bogenlänge von 2 bis 0 und der Strecke 0 bis $P$ auf $T_2$ von 2 aus ermittelt usw. Der zwischen dem Grundkreis und dem Fußkreis liegende Teil der Zahnflanke wird von $P_1'$ aus als Tangente weitergeführt und mit einer Rundung versehen. Die Punkte 1', 0, 1, 2, 3... auf dem Grundkreis können als Mittelpunkte für Kreisbögen mit den Halbmessern $1'P'$, $0P$, $1P_1$... dienen. Die Bogen gehen ineinander über und sind Teile der gesuchten Evolvente. Zahnflanken an Zahnstangen bilden miteinander einen Winkel von 40° (**151**.1).

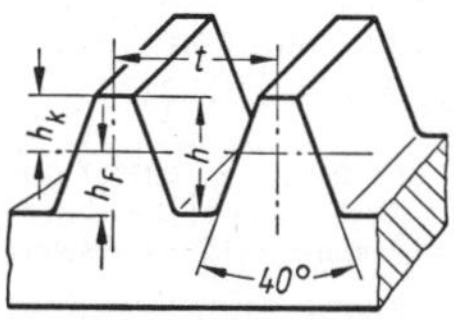


**151**.1 Zahnstange

## 8.6.3 Zahngetriebe

**Stirnräder** übertragen Kräfte zwischen parallelen Wellen, haben zylindrische Grundform und sind meist außenverzahnt (**151**.2).

Angaben für die Zeichnung nach DIN 3966:

1. Kopfkreisdurchmesser $d$
2. Teilkreisdurchmesser $d_0$
3. Fußkreisdurchmesser $d_f$ nur dann, wenn er toleriert werden muß oder das Zahnprofil von DIN 867 abweicht
4. Zahnbreite $b$
5. Oberflächenkennzeichnung nach Bedarf
6. zulässiger Rundlauffehler
7. zulässiger Stirnlauffehler

ferner Maßtoleranzen und Härtewerte nach den Erfordernissen und dem Werkstoff.

Die Darstellung und vereinfachte Darstellung der Zahnräder geschieht nach DIN 37.

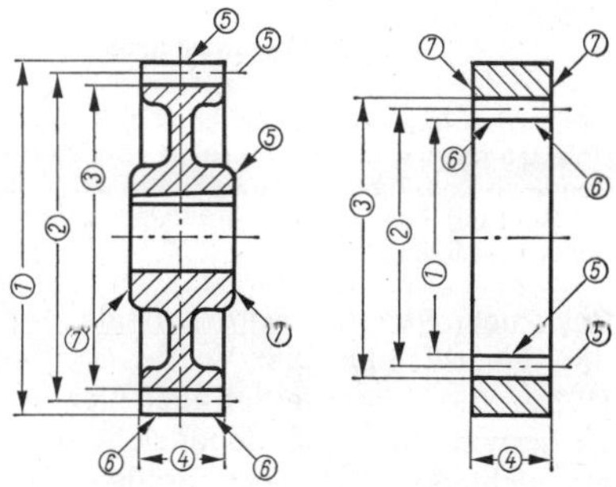

außen innen

**151**.2 Verzahnungen

Teilkreise sind als Mittellinien und Kopfkreise als breite Vollinien in richtigem Abstande voneinander zu zeichnen (**151**.3 und 4). Auf die Kennzeichnung der Fußkreise durch eine Strichlinie wird in der Regel verzichtet. Die Zähne werden nicht mitgeschnitten (s. S. 50).

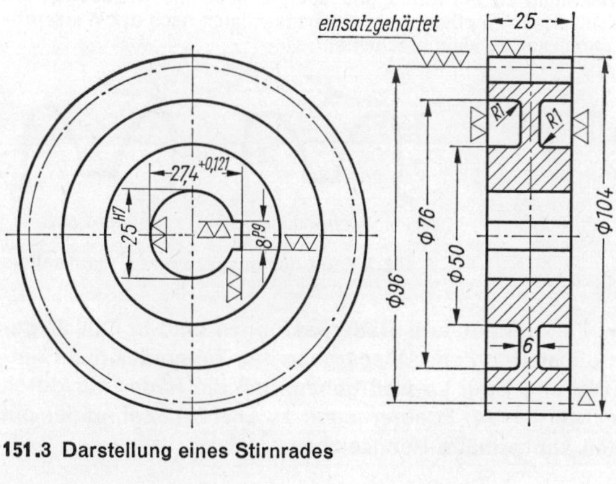


**151**.3 Darstellung eines Stirnrades

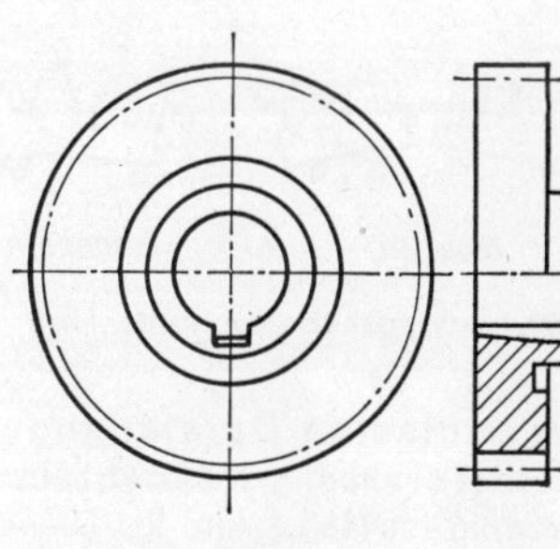

**151**.4 Stirnrad, Seitenansicht im Halbschnitt gezeichnet

Außerdem sind in eine Tabelle neben der Darstellung des Stirnrades einzutragen:

Zähnezahl, Modul, Bezugsprofil, Profilverschiebungsfaktor, Zahnhöhe, Angaben für schrägverzahnte Räder, Toleranzen für die Verzahnung, größte Drehzahl oder größte Umfangsgeschwindigkeit des Rades und Drehrichtung, Nummer, Qualität und Zähnezahl des Gegenrades und Achsenabstand beider Räder voneinander. Einzelheiten hierüber s. DIN 3966.

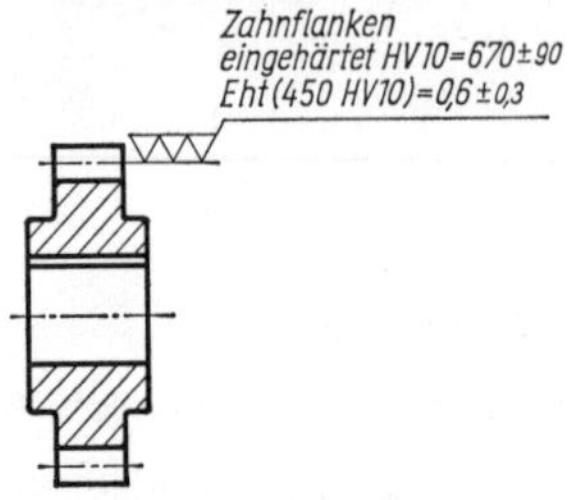


152.1 Härtungsangabe

Ein allgemeiner Härtevermerk, wie „einsatzgehärtet", der sich in Bild 151.3 nur auf die Zahnflanken bezieht, genügt, wenn ein Härtewert (s. S. 70) nicht eingetragen zu werden braucht. Sonst wird gemäß Bild 152.1 oder 72.2 verfahren.

Zum Aufspannen des Rades für die Bearbeitung, zum Ansetzen von Meß- und Prüfgeräten und aus anderen Gründen kann eine Tolerierung von Maßen des Radkörpers nötig sein. So kann z.B. die zulässige Rundlauf- und Planlauf-Abweichung des Außenzylinders zur Bohrung durch Form- und Lagetoleranzen eingeengt werden (s. S. 98 ff.).

Bei einem Radpaar werden beide Kopfkreise an der Eingriffstelle als Vollinien weitergeführt (152.2). Die Zähne werden auch hier ungeschnitten dargestellt. In der Seitenansicht verdeckt daher ein sichtbarer Zahn den größten Teil des zum anderen Rad gehörigen Zahnes. Der Fußkreis fällt fort. Die ungeschnittene Seitenansicht zeigt Bild 152.3.

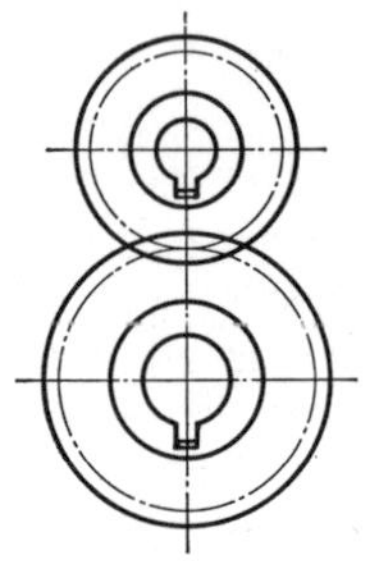

152.2 Stirnräderpaar

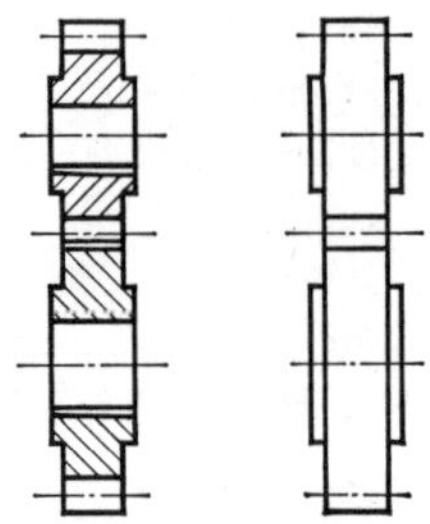

152.3 Ungeschnittene Seitenansicht

Sind aus irgendeinem Grunde einige Zähne des Rades darzustellen, so wird empfohlen, die Flankenlinien unter Einhaltung der Zahnabmessungen freihändig zu entwerfen und dann einfach als Kreisbogen mit angenommenem Halbmesser nachzuziehen (152.4). Es empfiehlt sich, die Flankenlinien nach der Werkstoffseite zu versetzen (152.5), weil sonst die Zahnlücken zu klein erscheinen.

152.4 Angenäherte Evolventenform

152.5 Lage der ausgezogenen Flankenlinie

Vereinfachte Darstellungen von Zahnrädern und Räderpaarungen sind in DIN 27 genormt; sie kommen in Betracht, wenn die ausführliche Wiedergabe des Zahnrades nicht notwendig ist (153.1 und 2). Die Vereinfachung kann so weit gehen, daß die Räder nur durch Mittellinien und Teilkreise angedeutet werden (s. Erläuterungen zu DIN 27). Zahnräder mit schrägen oder mit Pfeilzähnen erhalten sinngemäße Kennzeichen.

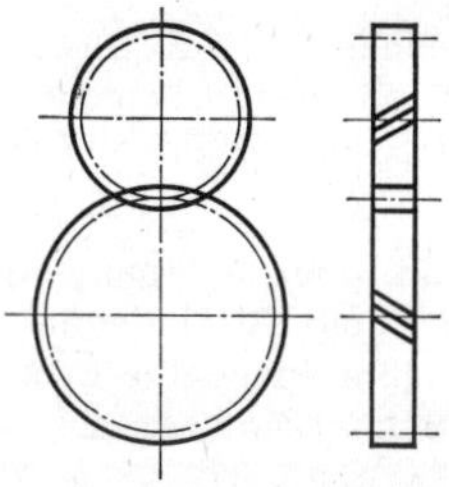

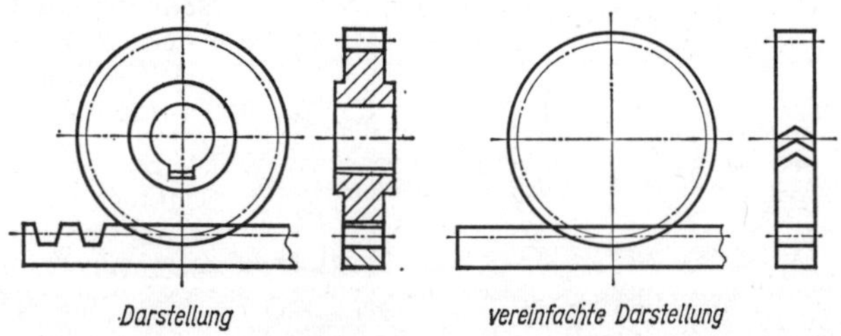


**153.1** Vereinfachte Darstellung eines Stirnrädergetriebes

**153.2** Stirnrad mit Zahnstange

**Kegelräder** übertragen Kräfte zwischen sich in **einer** Ebene schneidenden Wellen (**153.3**). Für die Herstellung eines Kegelrades mit genormter Verzahnung sind neben den Maßen für den Radkörper (**153.4**) von Wichtigkeit:

| | |
|---|---|
| Zahnbreite $b$ | Zahnform |
| Spitzenentfernung $R_a$ | Teilkreisdurchmesser $d_0$ |
| Teilkegelwinkel $\delta_1$ | Kopfkreisdurchmesser $d_k$ |
| Kopfkegelwinkel $\delta_k$ | Kopfwinkel $K$ |
| Modul $m$ | Fußwinkel $F$ |
| Zähnezahl $z$ | |

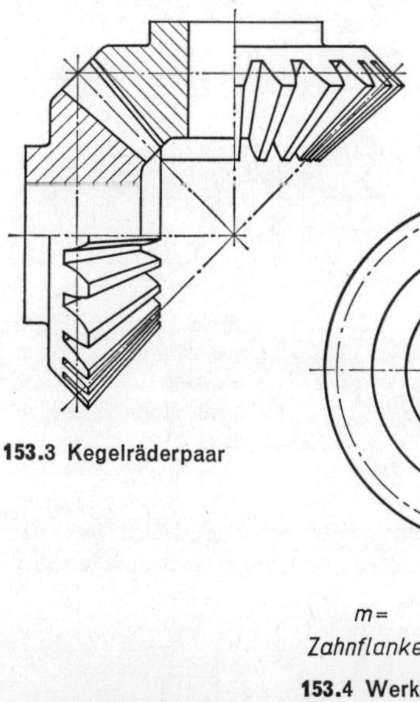

**153.3** Kegelräderpaar

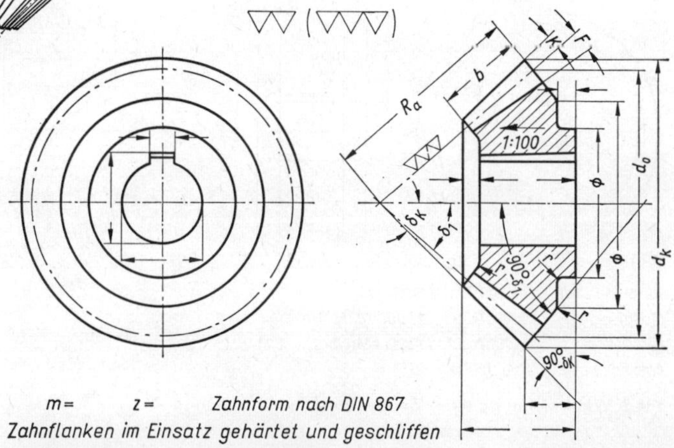


**153.4** Werkzeichnung eines Kegelrades

Auch Kegelräder können vereinfacht dargestellt werden (**153.5**).

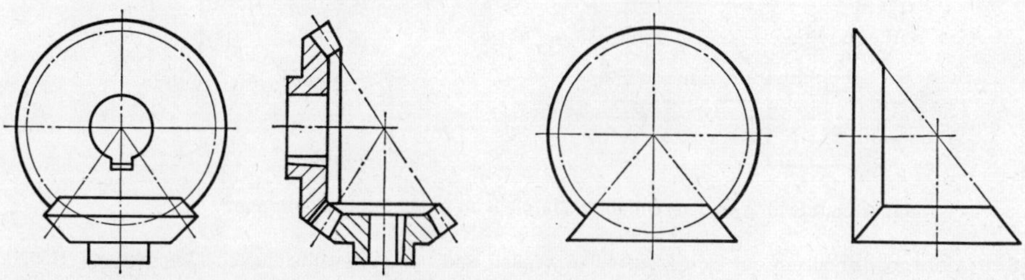

**153.5** Darstellung und vereinfachte Darstellung eines Kegelradpaares

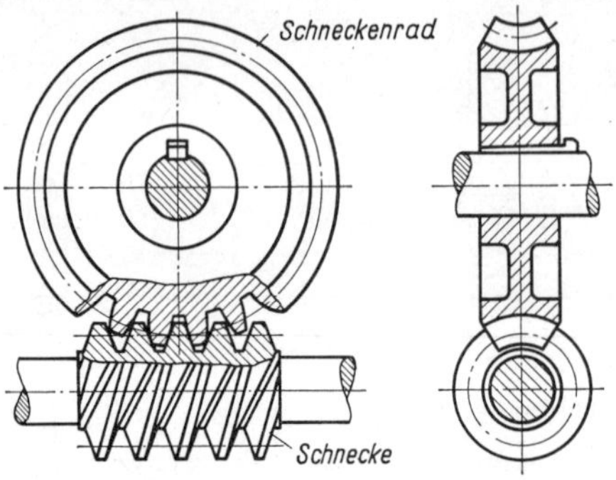


**Schneckengetriebe** bestehen aus Schnekke und Schneckenrad. Sie liegen zwischen sich in verschiedenen Ebenen kreuzenden Wellen (**154**.1 bis 4).

Die Schnecke ist eine ein- oder mehrgängige Schraube mit trapezförmigem Gewindequerschnitt und greift in die ihm angepaßte Evolventenverzahnung des Schneckenrades ein.

**154**.1 Zylinderschneckentrieb

In den meisten Fällen treibt die Schnecke das Schneckenrad an, und zwar mit großer Übersetzung ins Langsame. Soll aber das Schneckenrad die Schnecke antreiben, so muß sie eine sehr große Steigung haben, was durch die Wahl mehrerer Gänge erreicht wird. Schneckengetriebe sind „selbsthemmend", wenn sie sich vom Schneckenrad aus nicht in Drehbewegung versetzen lassen.

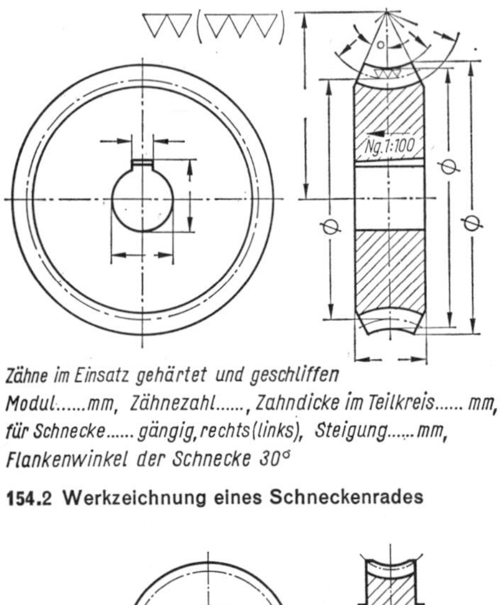


**154**.2 Werkzeichnung eines Schneckenrades

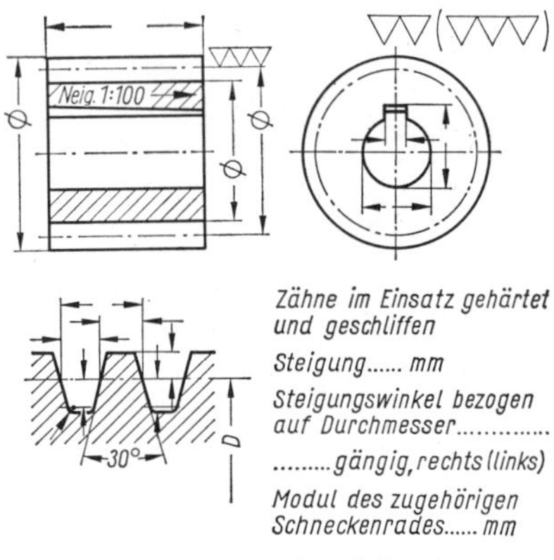


**154**.3 Werkzeichnung einer Schnecke

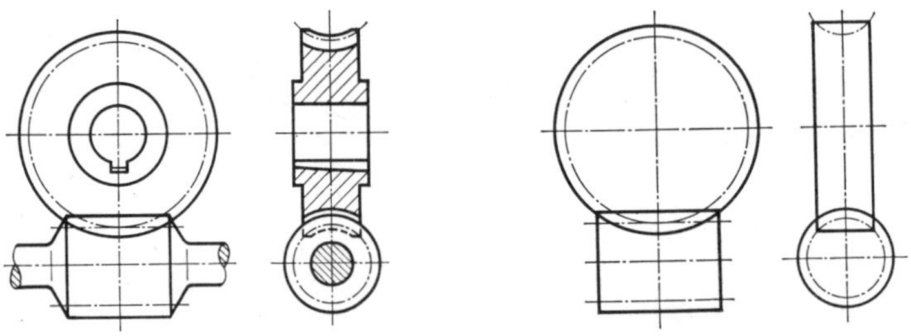

**154**.4 Darstellung und vereinfachte Darstellung eines Schneckentriebes

Schraubenräder sitzen auf sich kreuzenden Wellen und haben gewindeähnliche Verzahnung (**155**.1). In Schnittzeichnungen wird der verdeckte Teil eines Zahnes gestrichelt wiedergegeben (**154**.4 und **155**.1).

Die Drehrichtung der Räder kann in allen Darstellungen durch Pfeile gekennzeichnet werden (**155.1**).

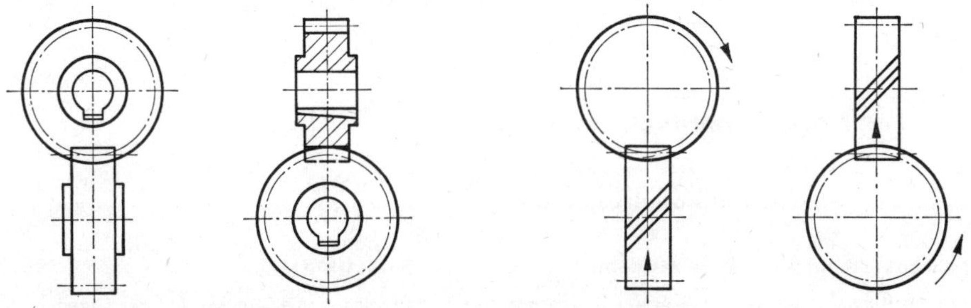

**155.1** Darstellung und vereinfachte Darstellung eines Schraubenradtriebes

Es ist zweckmäßig, bei Kettenrädern, Sperrädern und ähnlichen einige Zähne anzudeuten (**155.2**) oder die Zahnform als Einzelheit vergrößert neben die Darstellung zu setzen.

Weitere Normenhinweise sind im Normblattverzeichnis enthalten.

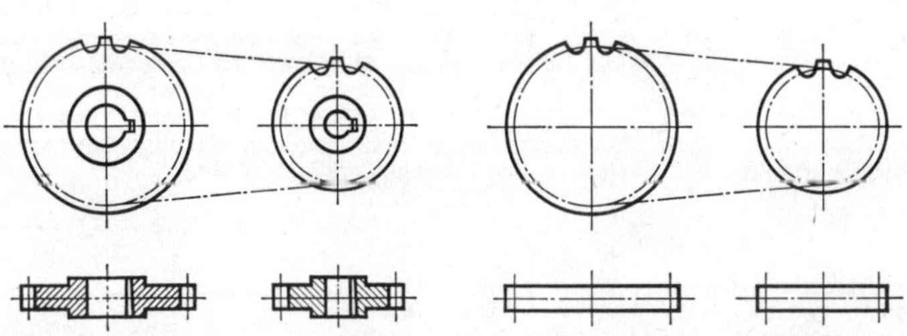

**155.2** Darstellung und vereinfachte Darstellung eines Kettenrädertriebes

# 9 Geometrische Übungen

## 9.1 Grundkonstruktionen

Im Punkte *P* einer Geraden wird eine Senkrechte errichtet (**156.1**).

a) Vom Punkte *P* werden nach beiden Seiten mit dem Zirkel gleich große Strecken auf der Geraden *AB* abgetragen und von den beiden Teilpunkten mit einer größeren Zirkelöffnung Kreisbogen geschlagen. Die Verbindungslinie von deren Schnittpunkt nach *P* bildet mit der Geraden Winkel von 90°.

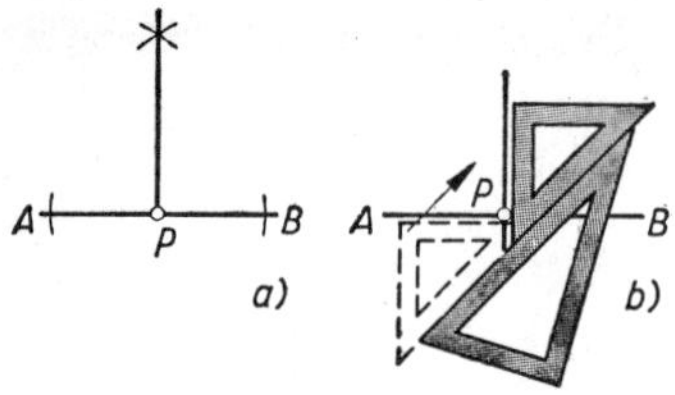


**156.1** Senkrechte errichten

b) An die Gerade *AB* wird eine Kathete des Zeichendreiecks gelegt und an die Hypotenuse eine beliebige Kante des anderen, festzuhaltenden Dreiecks. Nach dem Verschieben des ersten Dreiecks bis zum Punkt *P* kann die Senkrechte gezogen werden.

Von einem Punkte *P* wird ein Lot auf eine Gerade gefällt (**156.2**). Mit einer möglichst großen Zirkelöffnung sind von *P* aus gleiche Stücke auf der Geraden *AB* abzutragen. Von den Teilpunkten werden, ohne daß der Zirkel dabei verstellt zu werden braucht, weitere Bogen nach der anderen Seite der Geraden geschlagen. Die vom Schnittpunkte nach *P* gezogene Gerade schneidet *AB* rechtwinklig.

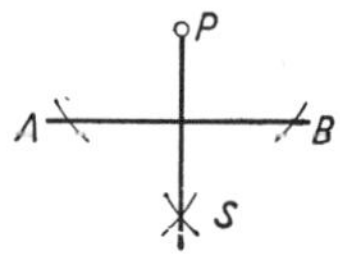


**156.2** Lot fällen

Auf einer Strecke wird eine Mittelsenkrechte errichtet (**156.3**). Von den Endpunkten *A* und *B* aus werden Kreisbogen geschlagen, die sich in *S* und *S'* schneiden. Eine Zirkelspanne, die etwa der Strecke *AB* entspricht, ergibt gut erkennbare Schnittpunkte. Die Verbindungslinie zwischen *S* und *S'* halbiert die Gerade *AB* und steht senkrecht darauf.

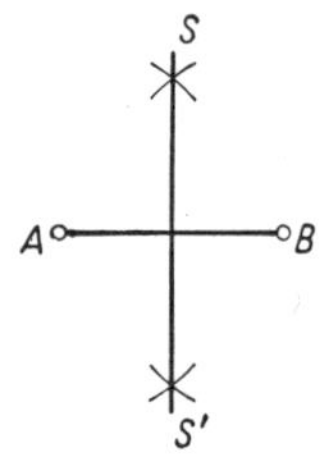


**156.3** Mittelsenkrechte errichten

Im Endpunkt *P* der Geraden wird eine Senkrechte errichtet (**156.4**).

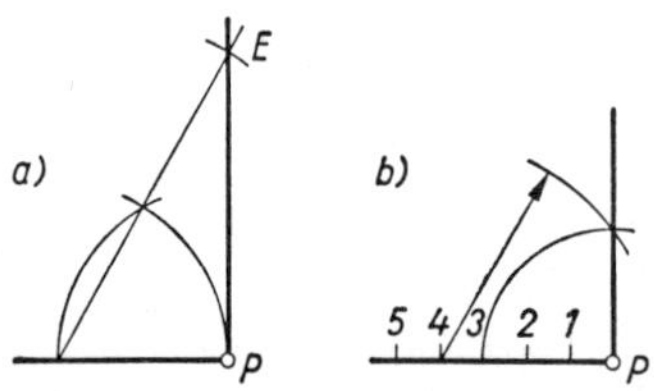


**156.4** Senkrechte im Endpunkt *P* errichten

a) Im Endpunkt *P* der Geraden wird mit beliebigem Halbmesser ein Kreisbogen geschlagen und die Zirkelöffnung als Sehne von der Geraden aus abgetragen. Dann wird die Sehne um den Halbmesser verlängert. Die Linie vom Endpunkt *E* der Verlängerung nach dem Endpunkt *P* der Geraden bildet mit dieser einen Winkel von 90°.

b) Vom Punkt *P* auf der Geraden werden fünf beliebig große, unter sich gleiche Teile abgetragen. Mit fünf Teilen als Halbmesser wird um den vierten Teilpunkt ein Bogen und um *P* mit drei Teilen ein weiterer Bogen geschlagen. Die Linie vom Schnittpunkt der Bogen nach *P* ist die gesuchte Senkrechte.

Ein Winkel wird halbiert (**156.5**). Vom Scheitelpunkt *S* wird auf jedem Schenkel ein gleichlanges Stück mit dem Zirkel abgetragen. Mit unverstellter Öffnung werden von den Teilpunkten Kreisbogen geschlagen und zum Schnitt gebracht. Die Verbindungslinie vom Schnittpunkt zum Scheitel halbiert den Winkel.

Ein rechter Winkel wird in drei gleiche Teile geteilt (**156.6**). Ein Kreisbogen, mit beliebigem Halbmesser um den Scheitelpunkt geschlagen, schneidet die Schenkel des Winkels.

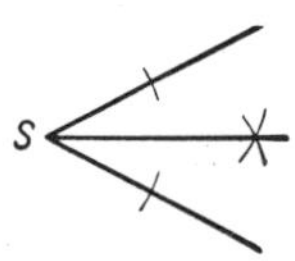


**156.5** Winkel halbieren

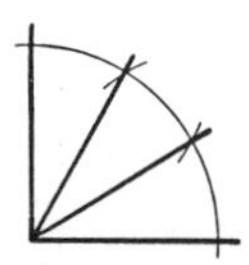

**156.6** 90°-Winkel dreiteilen

Von hier aus wird der Halbmesser als Sehne je einmal abgetragen. Die Verbindungslinien von diesen Schnittpunkten auf den Kreisbogen nach dem Scheitel teilen den rechten Winkel in drei gleiche Teile.

Ein Winkel wird übertragen (**157**.1). Um den Scheitelpunkt des gegebenen (a) und des gesuchten Winkels (b) werden mit beliebigem Halbmesser Kreisbogen geschlagen. Die Sehne des Bogens am gegebenen Winkel wird mit dem Zirkel abgegriffen und auf den anderen Bogen übertragen. Nun kann der zweite Schenkel des gesuchten Winkels gezogen werden.

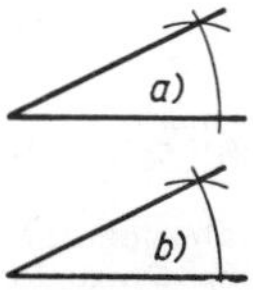


**157**.1 Winkel übertragen

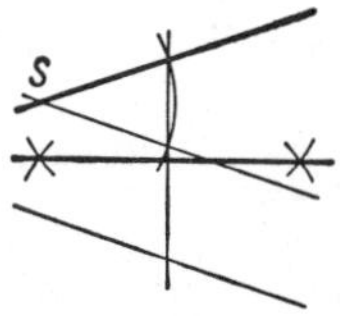


**157**.2 Winkel ohne Scheitel halbieren

Ein Winkel ohne Scheitel wird halbiert (**157**.2). Zu einem Schenkel wird in beliebigem Abstand eine Parallele gezogen, die den anderen Schenkel schneidet. Dadurch entsteht ein neuer Winkel mit dem Scheitelpunkt *S*, um den mit beliebigem Halbmesser ein Kreisbogen auf die Schenkel dieses Winkels geschlagen wird. Durch die Schnittpunkte wird zwischen den Schenkeln des gegebenen Winkels eine Gerade gezogen.

Die Mittelsenkrechte auf der Geraden halbiert den Winkel.

Eine Parallele im Abstand *r* wird gezeichnet (**157**.3).

a) Nachdem der Abstand *r* durch einen Zirkelschlag festgelegt ist, entsteht die Parallele zu *AB* durch Parallelverschiebung eines Zeichendreiecks längs der Kante eines anderen.

b) Parallelen zu Bogenlinien werden durch viele Zirkelschläge gefunden. Die Mittelpunkte liegen auf der gegebenen Linie.

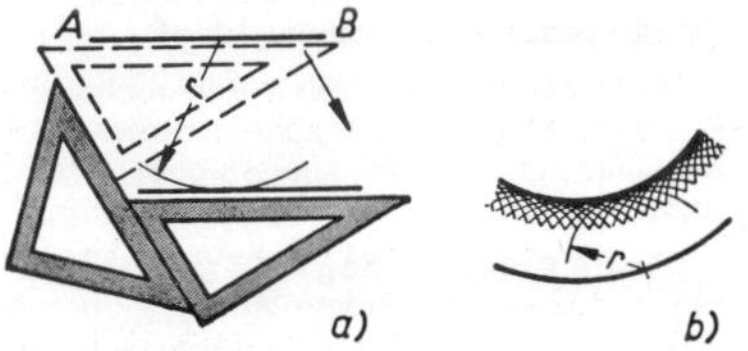


**157**.3 Parallele ziehen

Eine Strecke wird in gleiche Teile geteilt (**157**.4). Durch den Anfangspunkt der Strecke *AB* wird unter beliebigem Winkel eine Gerade gezogen. Soll die Strecke gedrittelt werden, dann sind auf der Geraden drei beliebig große, unter sich gleiche Teile abzutragen. Der Teilpunkt 3 wird mit dem Endpunkt *B* der Strecke verbunden. Parallelen zu dieser Linie durch die anderen Teilpunkte teilen die Strecke in drei gleiche Teile.

Der Außenkreis eines Dreiecks wird gezeichnet (**157**.5). Auf zwei beliebigen Dreieckseiten werden Mittelsenkrechte errichtet, in deren Schnittpunkt der Mittelpunkt *M* des Außenkreises liegt.

Der Mittelpunkt eines Kreisbogens wird gesucht (**157**.6). Der Mittelpunkt *M* liegt im Schnittpunkt zweier Mittelsenkrechten auf beliebigen Sehnen.

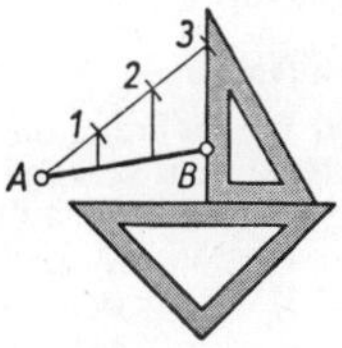


**157**.4 Strecke teilen

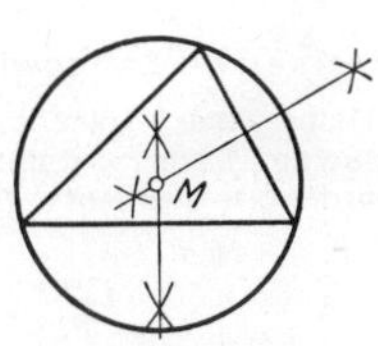


**157**.5 Außenkreis zeichnen

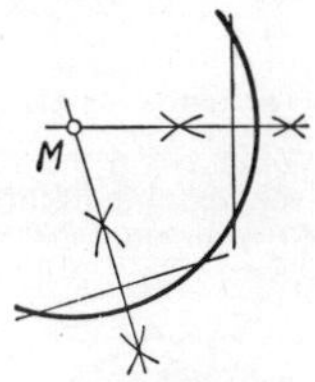


**157**.6 Mittelpunkt suchen

Der Innenkreis eines Dreiecks wird gezeichnet (**157**.7). Der Mittelpunkt *M* liegt im Schnittpunkt zweier Winkelhalbierenden.

Die Tangente durch einen Punkt des Kreises wird gezeichnet (**157**.8). Im Punkte *P* wird nach Bild **156**.4a eine Senkrechte errichtet. Sie ist die gesuchte Tangente.

An zwei Kreise werden äußere Tangenten gelegt (**157**.9). Um *O* wird mit dem Halbmesser $R-r$ ein Hilfskreis geschlagen, dann der Mittenabstand *OO'* der gegebenen Kreise halbiert und in *M* mit *OM* ein weiterer Hilfskreis geschlagen. Durch Geraden von *O* über die Schnittpunkte der Hilfskreise hinaus entstehen die Tangentenpunkte *T* und durch Parallelen zu den Geraden *OT* am anderen Kreise die Tangentenpunkte *T'*.

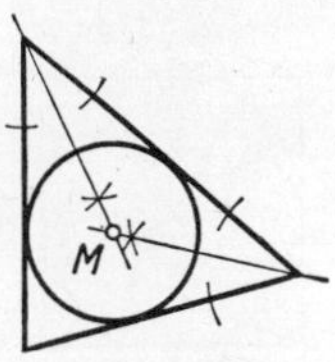


**157**.7 Innenkreis zeichnen

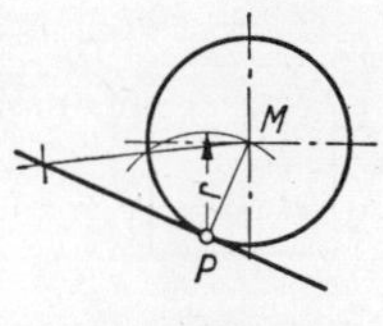


**157**.8 Tangente durch Punkt *P* ziehen

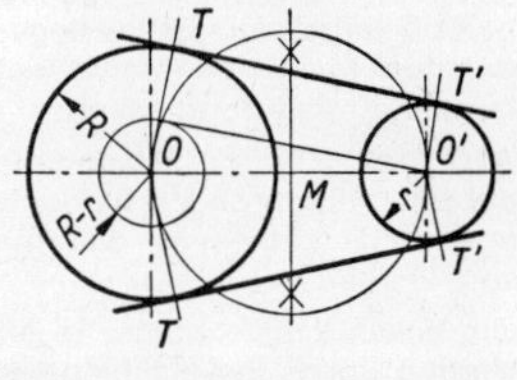


**157**.9 Äußere Tangenten ziehen

An zwei Kreise werden innere Tangenten gelegt (**158.1**). Um $O$ wird ein Hilfskreis mit dem Halbmesser $R+r$ und um $M$ ein weiterer Hilfskreis mit $OM$ geschlagen. Die Geraden von $O$ nach den Schnittpunkten beider Hilfskreise liefern die Tangentenpunkte $T$ und Parallelen zu den Geraden $OT$ die Tangentenpunkte $T'$.

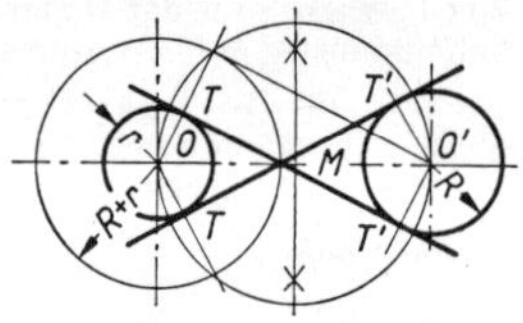


**158.1** Innere Tangenten ziehen

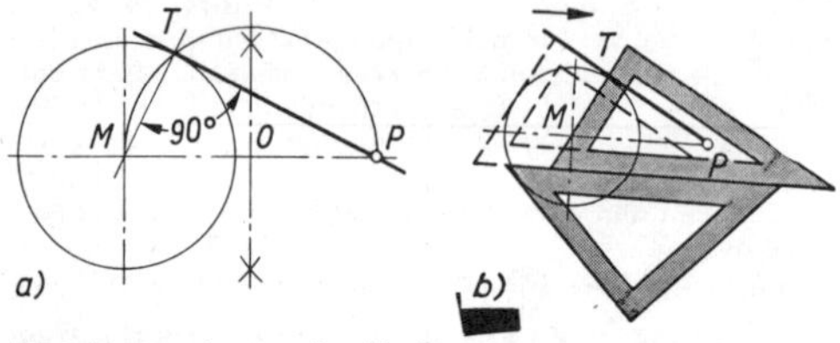


**158.2** Tangente vom Punkte $P$ ziehen

Von einem Punkte $P$ wird eine Tangente an den Kreis gelegt (**158.2**).

a) Die Strecke von $P$ bis zum Mittelpunkt $M$ wird halbiert. Ein Kreis um Punkt $O$ mit $OM$ als Halbmesser schneidet den gegebenen Kreis im Tangentenpunkte $T$. Die Verbindungslinie von $P$ nach $T$ ist die gesuchte Tangente und bildet mit $MT$ einen 90°-Winkel.

b) Der Tangentenpunkt kann auch durch Parallelverschiebung gefunden werden.

Eine Strecke $AB$ wird im Goldenen Schnitt geteilt (**158.3**). Im Endpunkt $B$ wird eine Senkrechte errichtet, auf der der Mittelpunkt $M$ eines Kreises liegt, dessen Halbmesser gleich der halben Strecke $AB$ ist. Von $M$ nach $A$ wird eine Gerade gezogen und mit $AS$ als Halbmesser um $A$ ein Kreisbogen geschlagen. Er teilt die Strecke $AB$ im Goldenen Schnitt. Es ist $CB:AC = AC:AB$.

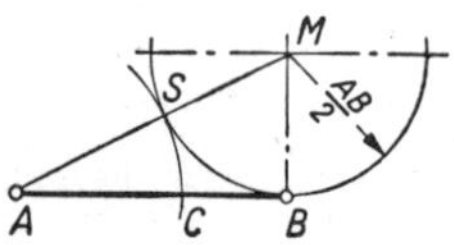


**158.3** Goldener Schnitt

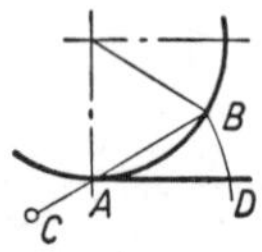


**158.4** Bogen abwickeln

Die Länge eines Bogens $AB$ wird abgewickelt (**158.4**). Die Sehne $AB$ wird über $A$ hinaus um die Hälfte bis $C$ verlängert, durch $A$ eine Tangente gezogen und mit $CB$ um $C$ ein Kreisbogen auf die Tangente geschlagen. $AD$ ist dann ausreichend genau die Länge des Bogens $AB$, wenn der zugehörige Zentriwinkel kleiner als 45° ist. Liegt der Bogen zwischen 45° und 90° dann wird $AC$ gleich der Sehne des halben Bogens $AB$ gewählt.

Der Umfang eines Kreises wird abgewickelt (**158.5**).

a) Ein um $A$ mit dem Halbmesser $r$ geschlagener Bogen ergibt den Punkt $B$. Auf der Verlängerung der waagerechten Mittellinie von $M$ aus wird der Durchmesser $d$ abgetragen. Die Verlängerung der Geraden $CB$ schneidet die in $D$ errichtete Tangente. $DE$ ist ein Zwölftel des Kreisumfanges.

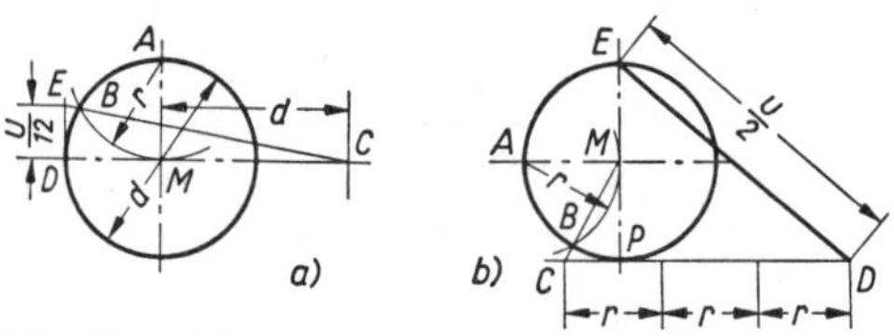


**158.5** Kreisabwicklungen

b) Nach dem Ziehen der Tangente durch Punkt $P$ wird ein Bogen mit dem Halbmesser $r$ von $A$ aus geschlagen und mit dem Kreise zum Schnitt gebracht. Die Verlängerung der Verbindungslinie $MB$ schneidet die durch $P$ gezogene Tangente in $C$. Von hier aus wird nun der Halbmesser $r$ auf der Tangente dreimal abgetragen. $ED$ ist der halbe Kreisumfang.

## 9.2 Regelmäßige Vielecke

Ein regelmäßiges Vieleck hat gleichlange Seiten und gleichgroße Winkel.

Viereck (**158.6**). Das regelmäßige Viereck heißt Quadrat. Die Ecken liegen in den Endpunkten zweier senkrecht aufeinanderstehenden Kreisdurchmesser.

Achteck (**158.7**). Das regelmäßige Achteck entsteht durch Verbinden der Endpunkte aller Durchmesser, die einander Winkel von 45° bilden.

Die Ecken des Achtecks in einem Quadrat werden durch Zirkelschläge um die Ecken des Quadrats gefunden (**158.8**). Als Halbmesser dient die halbe Diagonale.

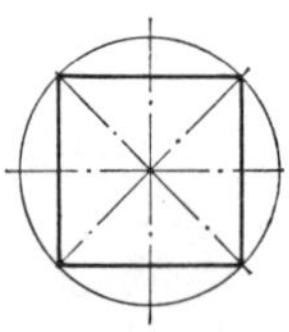

**158.6** Quadrat

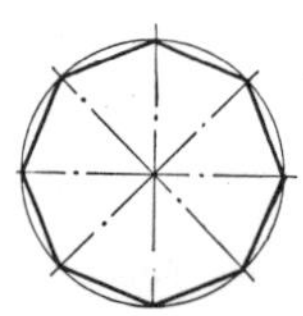

**158.7** Achteck

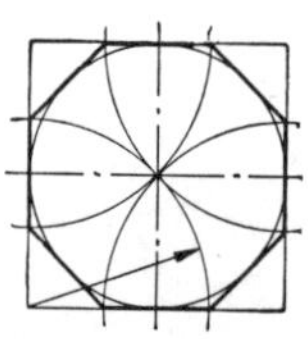

**158.8** Achteck im Quadrat

Sechseck (**159.1**). In den beiden Schnittpunkten einer Mittellinie mit dem Kreise wird der Zirkel eingesetzt und mit dem Halbmesser *r* je ein Bogen geschlagen. Die Zirkeleinsatzpunkte und die Schnittstellen der Bogen mit dem Kreise sind die Ecken des regelmäßigen Sechsecks.

Zwölfeck (**159.2**). Der Zirkel wird mit dem Halbmesser *r* als Spanne in allen vier Schnittpunkten der Mittellinien mit dem Kreise eingesetzt. Durch Zirkelschläge jeweils nach beiden Seiten wird der Kreisumfang in zwölf gleiche Teile geteilt.

Dreieck (**159.2**). Das regelmäßige Dreieck entsteht durch Verbinden jeder zweiten Ecke des regelmäßigen Sechsecks.

Siebeneck (**159.3**). Um den Punkt *A* wird mit dem Halbmesser *r* ein Bogen geschlagen und durch die Schnittpunkte auf dem Kreisbogen eine Gerade gezogen. Die Hälfte *s* dieser Geraden ist eine Seite des Siebenecks.

Fünfeck (**159.4**). Um den Punkt *A* wird mit dem Halbmesser *r* ein Bogen geschlagen und durch die Schnittpunkte auf dem Kreisbogen eine Gerade gezogen. Sie ergibt den Punkt *O*. Dort wird der Zirkel eingesetzt. Ein mit dem Halbmesser *OB* geschlagener Kreisbogen trifft in *C* auf die waagerechte Mittellinie. *BC* (= *s*) ist eine Fünfeckseite.

Für ein regelmäßiges Fünfeck mit bestimmter Seitenlänge, z. B. 85 mm, wird diese Abmessung auf einer Seite *AB* eines beliebig großen Fünfecks abgetragen (**159.5**) und durch den Teilpunkt *P* eine Parallele zu *MA* gezogen. Sie schneidet *MB* und liefert damit eine Ecke des gesuchten Fünfecks.

Zehneck (**159.6**). Die Konstruktion des regelmäßigen Fünfecks liefert zugleich die Strecke *MC* (= *s*) als Seite eines regelmäßigen Zehnecks.

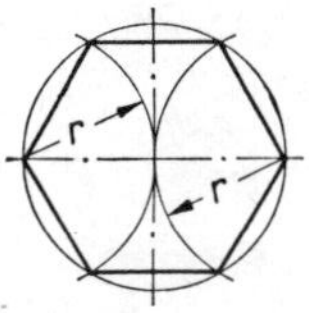


**159.1** Sechseck

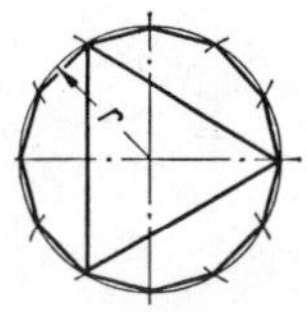


**159.2** Zwölfeck und Dreieck

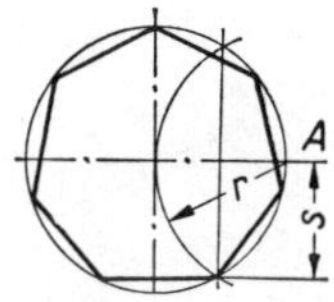


**159.3** Siebeneck

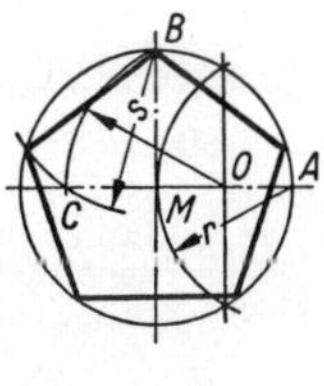


**159.4** Fünfeck

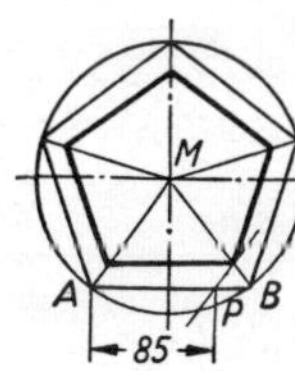


**159.5** Fünfeck bestimmter Seitenlänge

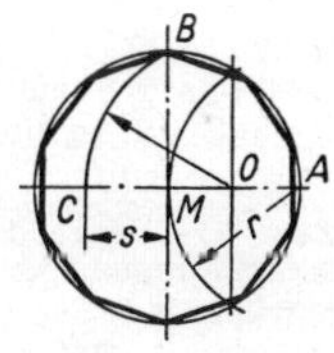


**159.6** Zehneck

Universalkonstruktionen für alle regelmäßigen Vielecke (**159.7**)

a) Siebeneck mit bestimmter Seitenlänge. Ein Halbkreis mit der Seitenlänge des Siebenecks als Halbmesser wird in 7 gleiche Teile geteilt. Durch die Teilpunkte 1 bis 4 werden von *M* aus Strahlen gezogen und darauf, von den Teilpunkten 0 und 5 ausgehend, die Seitenlängen von einem Strahl zum anderen abgetragen.

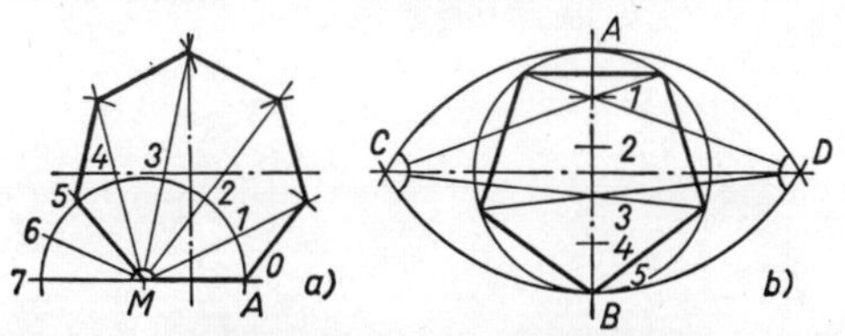


**159.7** Universalkonstruktionen der Vielecke

b) Fünfeck. Der senkrechte Durchmesser *AB* wird in fünf gleiche Teile geteilt. Dann werden mit dem Durchmesser als Zirkelöffnung in *A* und *B* Kreisbogen geschlagen. Sie schneiden sich in *C* und *D*. Von *C* und *D* aus sind entweder durch die mit geraden oder durch die mit ungeraden Zahlen versehenen Teilpunkte auf dem senkrechten Durchmesser Linien zu ziehen. Wo sie im Innern des Kreisumfangs auftreffen, liegen Ecken des Fünfecks.

## 9.3 Anschlußbogen

Werkstücke haben häufig Abrundungen, die von einer Linie in eine andere übergehen, von einer Linie zu einem Punkte führen oder auch zwischen zwei Punkten liegen. Zum Zeichnen der Bogen müssen Zirkeleinsatzpunkte und Übergangsstellen gesucht werden.

Die Schenkel eines Winkels werden durch Kreisbogen verbunden (**160.1**). Innerhalb des Winkels, gleichgültig, ob es sich um einen rechten (**160.1** a), einen spitzen (**160.1** b) oder um einen stumpfen Winkel

(**160.1** c) handelt, werden im Abstande des Halbmessers zu den Schenkeln Parallelen gezogen, in deren Schnittpunkt der Zirkeleinsatzpunkt *M* liegt. Lote von *M* auf die Schenkel ergeben die Übergangsstellen *A* und *B*. Der Bogen im rechten Winkel ist ein Viertelkreis, im spitzen Winkel ist er größer und im stumpfen Winkel kleiner.

Beim rechten Winkel wird der Mittelpunkt *M* auch dadurch gefunden, daß der Halbmesser *r* auf beiden Schenkeln vom Scheitelpunkt aus abgetragen wird. Von hier aus werden mit derselben Zirkelöffnung weitere Bogen geschlagen und zum Schnitt gebracht (**160.1** d).

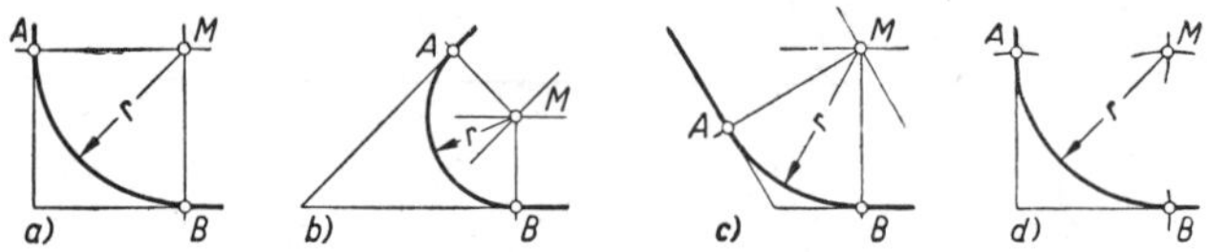


**160.1**
Übergangsbogen an Winkeln

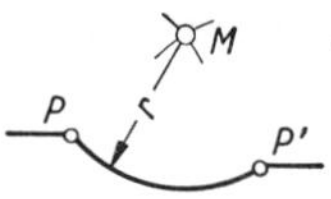


**160.2**
Zwei Punkte *P* und *P'* durch Bogen verbinden

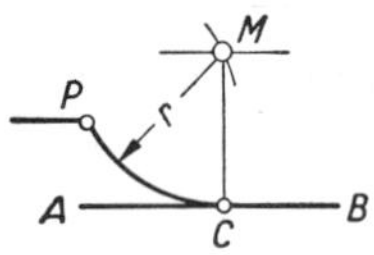


**160.3**
Gerade *AB* und Punkt *P* durch Bogen verbinden

Zwei Punkte *P* und *P'* werden durch Kreisbogen verbunden (**160.2**). Der Mittelpunkt *M* liegt im Schnittpunkt zweier Kreisbogen, die mit dem Halbmesser *r* von den Punkten *P* und *P'* geschlagen werden.

Eine Gerade *AB* und ein Punkt *P* werden durch einen Kreisbogen verbunden (**160.3**). Im Abstande des Halbmessers *r* wird eine Parallele zu *AB* gezogen und mit *r* ein Kreisbogen von *P* aus geschlagen; im Schnittpunkt liegt *M*. Der Übergangspunkt *C* wird durch eine Senkrechte von *M* auf *AB* gefunden.

Zwei Kreise werden durch einen hohlen Kreisbogen verbunden (**160.4**). Mit $R_2+r$ als Halbmesser wird ein Kreisbogen um $O_2$ geschlagen und ein zweiter Kreisbogen mit $R_1+r$ als Halbmesser um $O_1$. Der Mittelpunkt *M* liegt im Schnittpunkt der beiden Kreise. Durch Zentralen von *M* nach $O_1$ und $O_2$ ergeben sich die Übergangsstellen *A* und *B*.

Zwei Kreise werden durch einen überwölbten Kreisbogen verbunden (**160.5**). Der Mittelpunkt *M* liegt im Schnittpunkt zweier Kreise, die mit $r-R_1$ um $O_1$ und mit $r-R_2$ um $O_2$ geschlagen werden.

Ein Kreis und ein Punkt *P* werden durch Kreisbogen verbunden (**160.6**). Um *O* wird ein Kreisbogen mit dem Halbmesser $R+r$ und ein weiterer mit *r* um *P* geschlagen. Im Schnittpunkt der Kreisbogen liegt *M* und auf der Zentralen von *M* nach *O* der Übergangspunkt *A*.

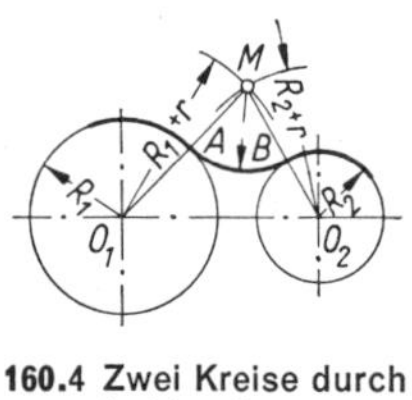


**160.4** Zwei Kreise durch hohlen Bogen verbinden

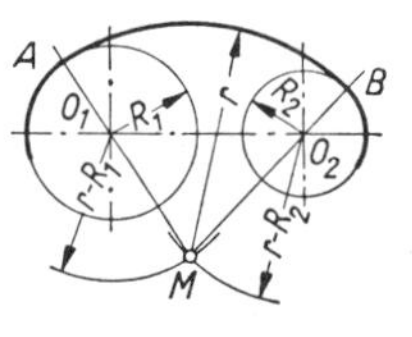


**160.5** Zwei Kreise durch überwölbten Kreisbogen verbinden

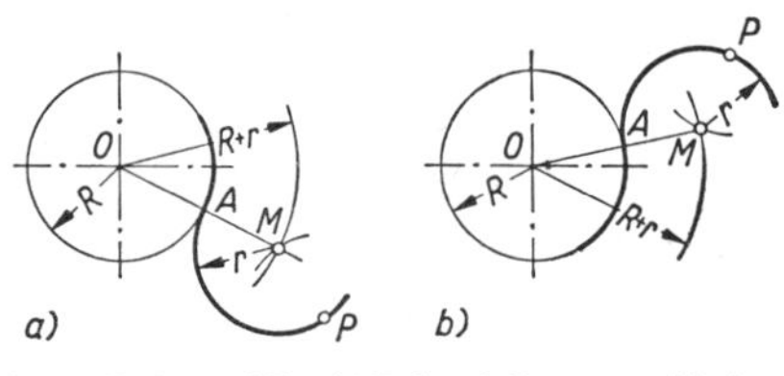


**160.6** Kreis und Punkt *P* durch Bogen verbinden

Ein Kreis und eine Gerade *AB* werden durch einen Kreisbogen verbunden (**160.7**). Um den Kreismittelpunkt *O* wird ein Bogen mit dem Halbmesser $R+r$ geschlagen und dann eine Parallele zu *AB* im Abstande *r* gezogen. Im Schnittpunkt des Bogens mit der Parallelen liegt *M*. Der Übergangspunkt *D* wird durch das Lot von *M* auf *AB* festgelegt.

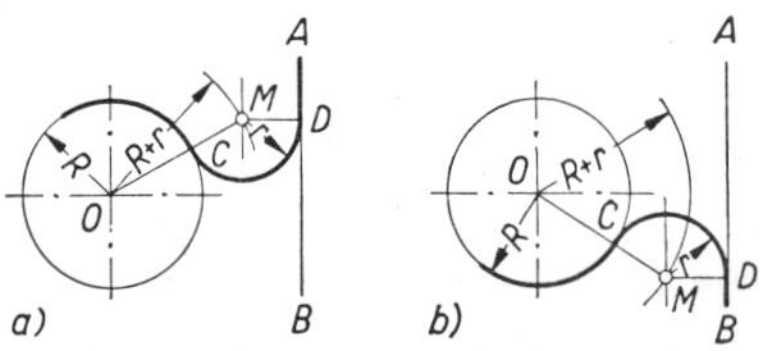


**160.7** Kreis und Gerade *AB* durch Bogen verbinden

Die Schenkel eines Winkels *BAC* werden durch einen Kreisbogen verbunden (**161.1**). Der Mittelpunkt soll auf einer bestimmten Senkrechten zu *BA* liegen. Die Senkrechte in *D* wird von der Halbierungslinie des Winkels *BAC* geschnitten. Damit ergibt sich der Zirkeleinsatzpunkt *M*. Das Lot von *M* auf *AC* kennzeichnet den Übergangspunkt *E*. Die Größe des Halbmessers *r* ergibt sich von selbst.

Ein Punkt *P* auf einer Kreislinie und eine Gerade *AB* werden durch einen Kreisbogen verbunden (**161**.2). Durch den Punkt *P* wird eine Tangente gelegt. Sie schneidet *AB* in *C*. Von hier aus wird auf *AB* die Strecke *CP* abgetragen und in dem Teilpunkte *D* ein Lot errichtet. Es schneidet die von *O* durch *P* gezogene Gerade in *M*. Der Halbmesser ergibt sich hier durch Konstruktion.

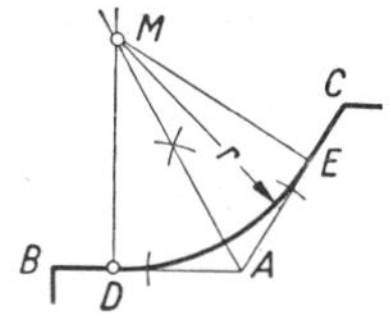


**161**.1 Zwei Winkelschenkel durch Bogen verbinden

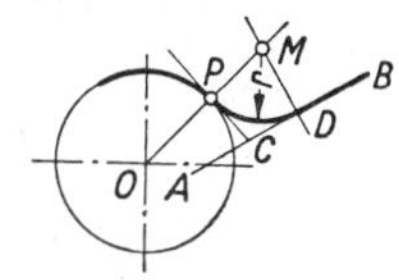


**161**.2 Punkt *P* und Gerade *AB* durch Bogen verbinden

**Übung:** Zeichne den Stellhebel (**161**.3), die Kurvenscheibe (**161**.4) und den Nocken (**161**.5) und bestimme die Übergangsstellen für die Rundungen.

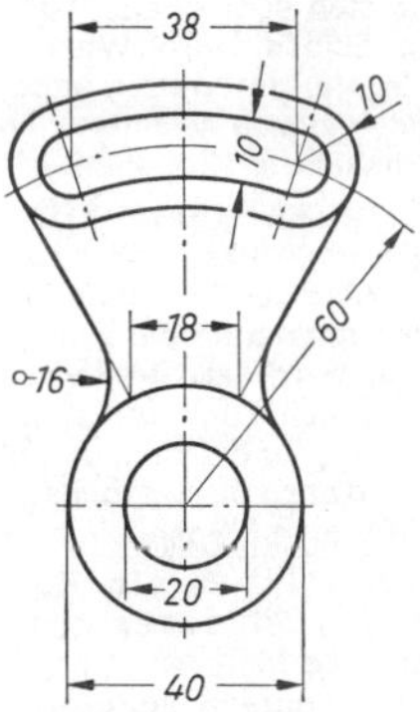


**161**.3 Stellhebel

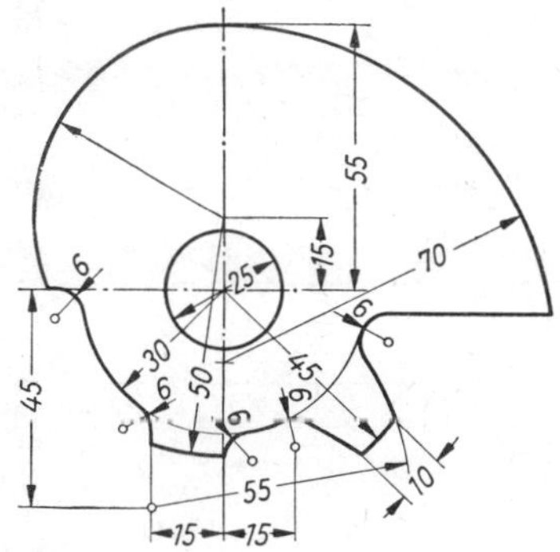


**161**.4 Kurvenscheibe

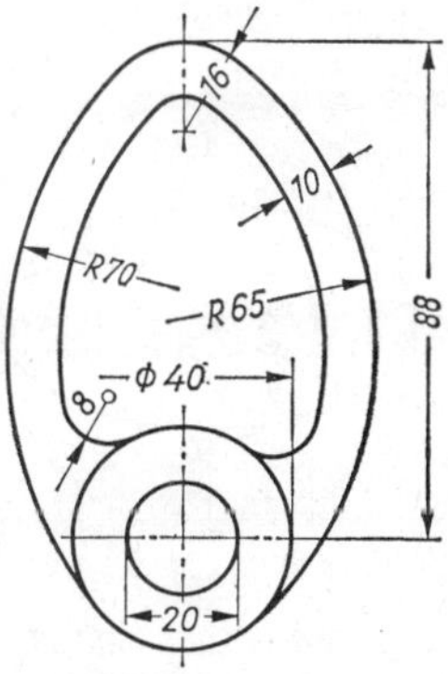


**161**.5 Nocken

## 9.4 Technische Kurven

### 9.4.1 Ellipse

Aufbau (**161**.6). Alle von einer Ellipsenhälfte zur anderen gezogenen Geraden, die durch den Mittelpunkt *M* gehen, heißen Durchmesser. Der größte und der kleinste Durchmesser sind die Achsen *AB* und *CD*. Sie halbieren sich und stehen senkrecht aufeinander. Jede Ellipse hat zwei Brennpunkte (*F* und *F'*). Sie liegen auf der großen Achse und werden durch Zirkelschlag um einen Endpunkt der kleinen Achse mit der halben großen Achse als Halbmesser gefunden. Verbindungslinien von einem beliebigen Punkte *P* der Ellipse nach den Brennpunkten heißen Brennstrahlen. Jeder Brennstrahl wird von einem Brennpunkt durch die Innenwand der Ellipse nach dem anderen Brennpunkt gespiegelt. Die Winkel zwischen der Tangente in Punkt *P* und den beiden Brennstrahlen sind gleich.

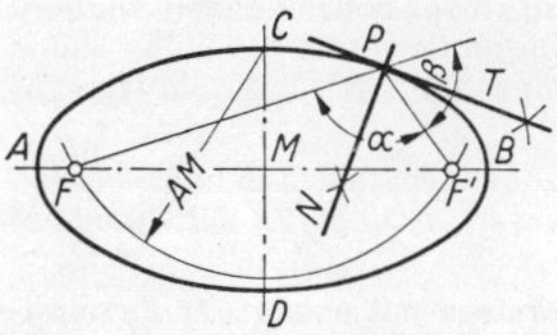


**161**.6 Ellipse

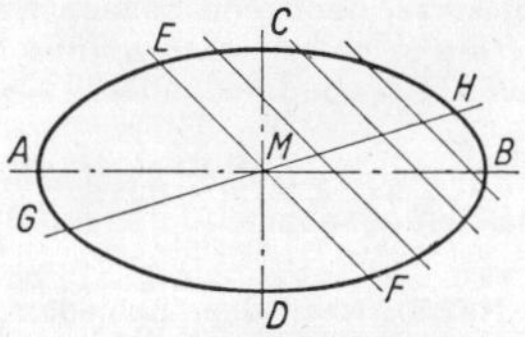


**161**.7 Konjugierte Durchmesser

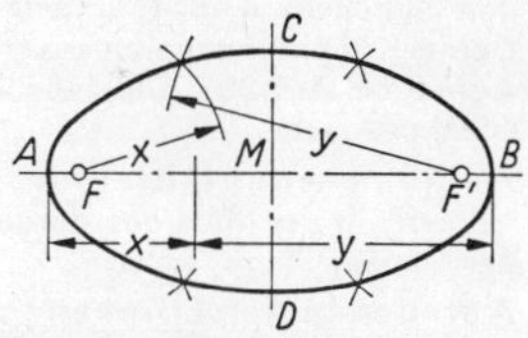


**161**.8 Fadenkonstruktion

Für jeden Punkt der Ellipse ist die Summe seiner Brennstrahlen so groß wie die große Achse. Die Halbierungslinie des Winkels $\alpha$, der durch zwei zusammengehörige Brennstrahlen gebildet wird, heißt Normale $N$. Senkrecht dazu läuft die Tangente $T$, sie wird durch Halbieren des Winkels $\beta$ gefunden.

Halbiert ein Durchmesser ($GH$) alle Sehnen, die zu einem anderen Durchmesser ($EF$) parallel sind, dann sind diese beiden Durchmesser zugeordnet oder konjugiert (**161**.7).

**Konstruktionen aus beiden Achsen**

Fadenkonstruktion (**161**.8). Um beide Brennpunkte $F$ und $F'$ werden mit einem beliebigen Stück $x$ der großen Achse Kreisbogen geschlagen. Mit dem restlichen Stück $y$ wird ebenso verfahren. In den Schnittpunkten der Kreisbogen liegen Punkte der Ellipse. Mit anderen Werten für $x$ und $y$ werden weitere Punkte gefunden. Sie werden dann miteinander verbunden.

Konstruktion mit Hilfe konzentrischer Kreise (**162**.1). Mit den halben Achsen als Halbmesser werden um den Mittelpunkt Kreise geschlagen. Eine durch $M$ beliebig gelegte Gerade schneidet die Kreise. Von den Schnittpunkten sind parallel zu beiden Achsen Linien zu ziehen. Wo sie sich schneiden, liegen Punkte der Ellipse. Durch Wiederholung des Verfahrens mit anderen Geraden durch $M$ entstehen weitere Punkte der Kurve.

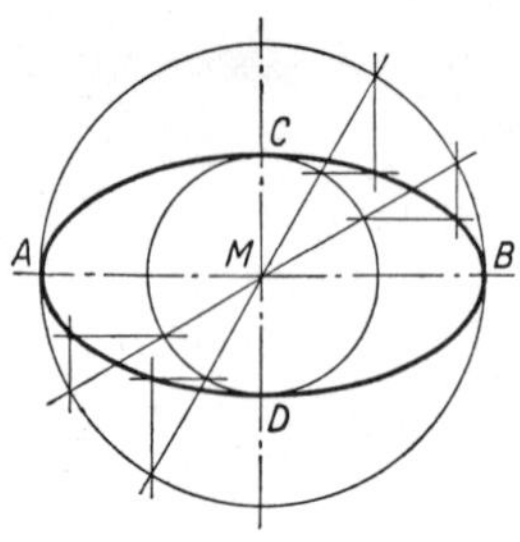


**162**.1 Konstruktion mit Hilfe konzentrischer Kreise

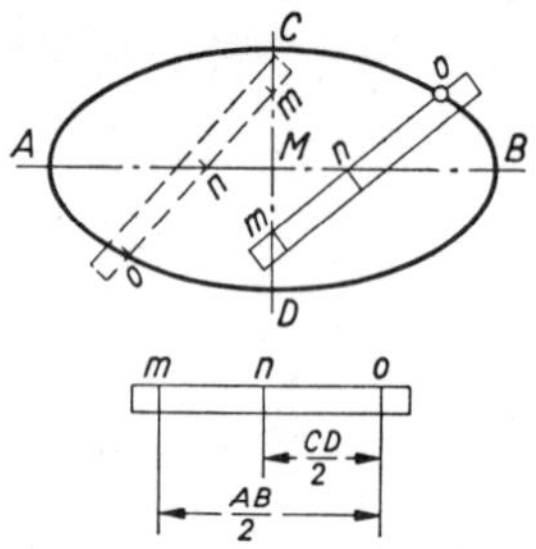


**162**.2 Papierstreifenkonstruktion

Papierstreifenkonstruktion (**162**.2). Durch Abtragen der beiden halben Achsen auf einen Papierstreifen entstehen die Punkte $m$, $n$ und $o$. Wird der Streifen so bewegt, daß sich Punkt $m$ auf der kleinen Achse und Punkt $n$ auf der großen Achse bewegen, dann beschreibt $o$ eine Ellipse.

Eine Ellipse ist in ein Parallelogramm einzuzeichnen (**162**.3). Um die Mitte einer beliebigen Parallelogrammseite wird ein Halbkreis geschlagen, dessen Durchmesser gleich der Länge dieser Seite ist. Nun werden die halben Achsen $AM$ und $BM$ und der senkrecht auf der Seite des Parallelogramms stehende Halbmesser $AE$ halbiert, geviertelt und geachtelt. Dadurch entstehen die Teilpunkte 1, 2 und 3, durch die dann Parallelen zu der geneigten Parallelogrammseite gezogen werden. Parallelen durch die Teilpunkte auf dem Halbmesser $AE$ schneiden den Halbkreis. Von hier aus werden Parallelen zu $AE$ und verlängert zu $AB$ gezogen. In den Schnittpunkten mit den geneigten Parallelen liegen die Ellipsenpunkte. Nach diesem Verfahren entstehen auch in Rechtecken Ellipsen.

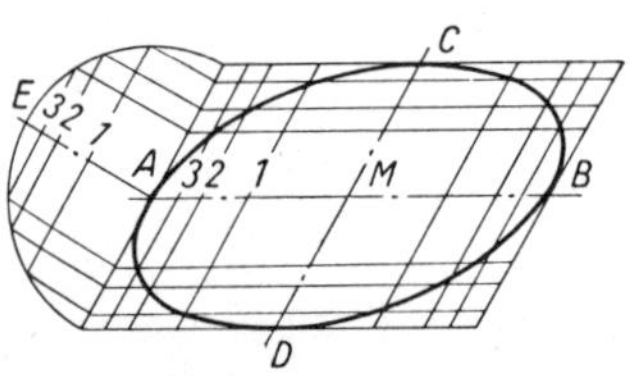


**162**.3 Einzeichnen der Ellipse in ein Parallelogramm

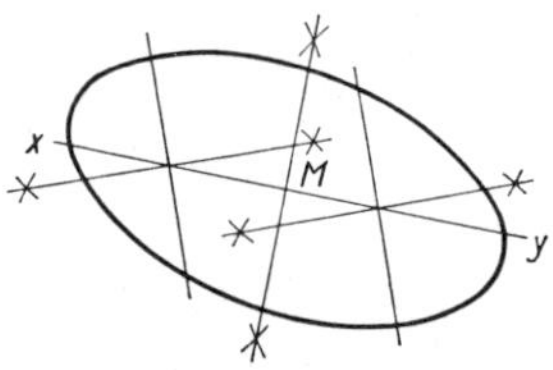


**162**.4 Aufsuchen des Mittelpunktes

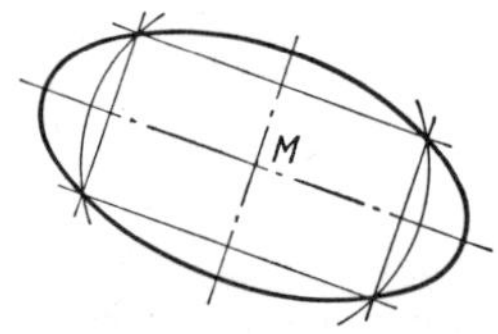


**162**.5 Aufsuchen der Ellipsenachse

Mit einem gewöhnlichen Zirkel lassen sich mathematisch genaue Ellipsen nicht zeichnen. Doch können in den Scheiteln $A$, $B$, $C$ und $D$ (**161**.6) kurze, genügend genaue Näherungsbogen geschlagen werden. Deren Krümmungshalbmesser sind $R = a^2/b$ und $r = b^2/a$, worin $a$ die halbe große und $b$ die halbe kleine Achse ist (**195**.2a). Die zwischen den Kreisbogen liegenden Teile der Ellipsen werden mit dem Kurvenlineal gezogen.

Aufsuchen des Mittelpunktes einer Ellipse (**162**.4). Zwei beliebig gezogene, parallele Sehnen werden halbiert. In der Mitte des durch die Halbierungspunkte führenden Durchmessers $xy$ liegt der Mittelpunkt $M$ der Ellipse.

Aufsuchen der Ellipsenachsen (**162**.5). Nach dem Schlagen eines Kreises mit geeigneter Zirkelöffnung um den Mittelpunkt $M$ werden durch die Schnittpunkte mit der Ellipse vier Sehnen gezogen. Ihre Halbierungslinien sind Achsen der Ellipse.

Fünfteiliger Korbbogen (**163.1**). *MC* ist die Bogenhöhe und zugleich Halbmesser eines Kreisbogens um *M*, der auf der Spannweite *AB* die Strecke *a* abteilt. Sie ist die Seitenlänge eines mit der Spitze an *M* hängenden Quadrats. Auf der Verlängerung von *CM* wird die Diagonale *b* noch einmal abgetragen. Durch diese Konstruktion entstehen die Zirkeleinsatzpunkte $O_1$, $O_2$ und $O_3$ und durch die Verlängerung der Verbindungslinien $O_1 O_2$ und $O_2 O_3$ die Übergangspunkte der Bogenteile.

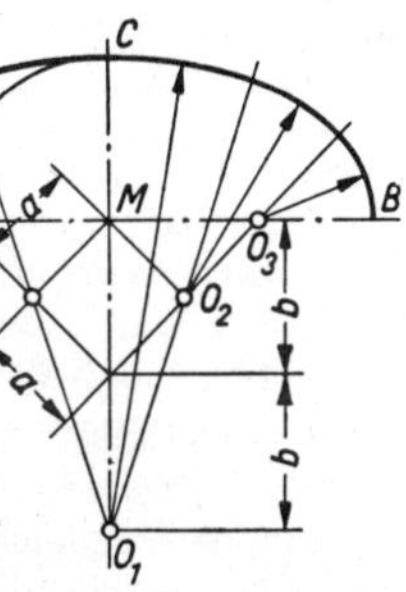


**163.1** Fünfteiliger Korbbogen

## 9.4.2 Parabel

Aufbau. Jeder Punkt der Parabel hat von einem festen Punkte, dem Brennpunkte *F*, und einer festen Linie, der Leitlinie *L*, gleich großen Abstand (**163.2**).

Es ist mithin *FP* = *PQ*. Die Halbierungslinie des von diesen beiden Geraden gebildeten Winkels ist zugleich die Tangente *T* im Punkte *P*. Senkrecht dazu steht die Normale *N*. Alle geraden Linien vom Brennpunkt nach beliebigen Punkten der Parabel, z.B. *FP*, heißen Brennstrahlen; sie gehen parallel zur Parabelachse *AB* aus der Parabel heraus. Parallelen zur Parabelachse heißen Durchmesser. Die durch den Brennpunkt parallel zur Leitlinie gezogene Sehne *CD* ist der Parameter, das Grundmaß der Parabel, und doppelt so groß wie die Entfernung des Brennpunktes *F* von der Leitlinie. In der Mitte zwischen *F* und *A* liegt der Scheitelpunkt *S*. Der Krümmungshalbmesser *r* für das Bogenstück im Scheitel ist gleich dem halben Parameter.

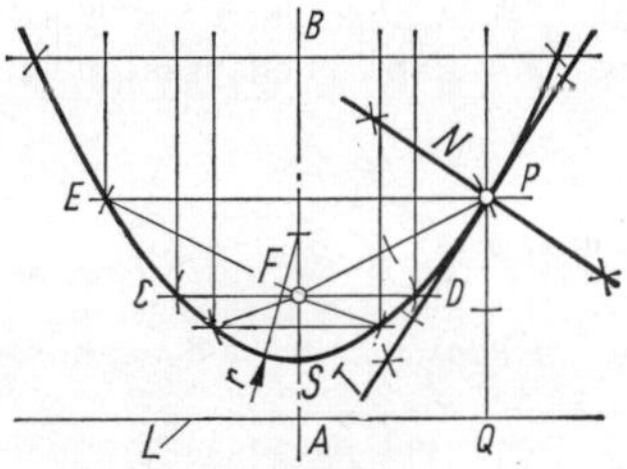


**163.2** Fadenkonstruktion

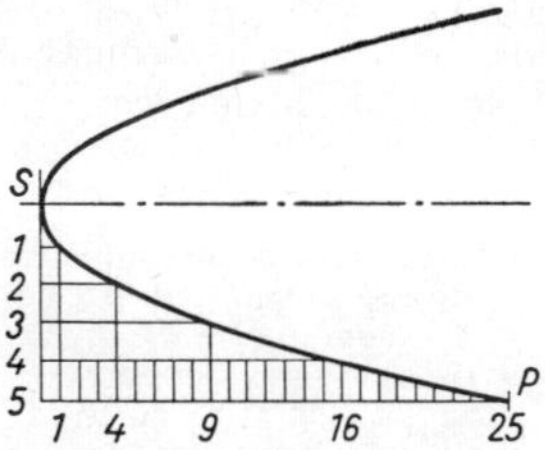


**163.3** Verlauf der Parabelkurve

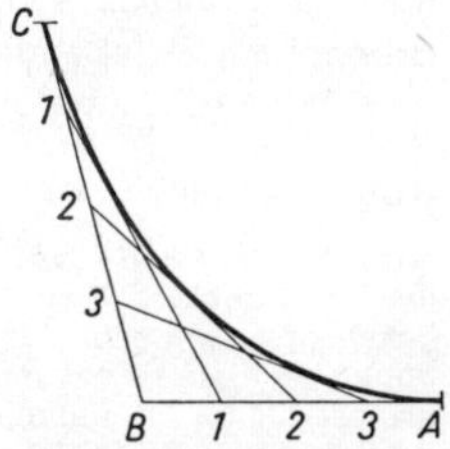


**163.4** Hüllkonstruktion

### Konstruktionen

Fadenkonstruktion (**163.2**). Gegeben: Scheitelpunkt *S* und Brennpunkt *F*. Durch Scheitel und Brennpunkt wird die Achse *AB* und senkrecht dazu die Leitlinie gezogen, deren Abstand vom Scheitelpunkt *S* so groß ist wie dessen Entfernung vom Brennpunkt *F*. In beliebigem Abstande von der Leitlinie wird eine Parallele *EP* gelegt. Mit demselben Abstande werden vom Brennpunkt *F* aus Kreisbogen auf der Parallelen geschlagen. Sie ergeben Punkte der Parabel. Für weitere Punkte wird das Verfahren wiederholt.

Der gesetzmäßige Verlauf der Parabelkurve ist in Bild **163.3** zu erkennen. Die gekennzeichneten Punkte liegen von der Achse in senkrechten Abständen, die um das gleiche Stück zunehmen (1, 2, 3 usw.). Die Abstände der Punkte von der Scheiteltangente vergrößern sich dagegen im Quadrat der hierfür gewählten Teilungsstrecke (1, 4, 9 usw.).

Hüllkonstruktion (**163.4**). Gegeben: Tangenten *BA* und *BC*. Jede der beiden Tangenten wird in dieselbe Anzahl gleicher Teile geteilt. Die Teilpunkte mit gleichen Zahlen werden durch Gerade miteinander verbunden. Sie sind Tangenten der gesuchten Parabel.

Die Achse einer Parabel wird ermittelt (**163.5**). Zwei parallele Sehnen *AB* und *CD* werden halbiert. Auf der Halbierungslinie, einem Durchmesser der Parabel, wird in einem beliebigen Punkte *O* eine Senkrechte *EF* und auf dieser die Mittelsenkrechte errichtet. Sie ist die gesuchte Parabelachse.

Der Brennpunkt einer Parabel wird ermittelt (**163.6**). Auf einer in beliebigem Punkte *O* der Parabelachse errichteten Senkrechten wird die Strecke *OS* zweimal abgetragen. Die Verbindungslinie *AS* schneidet die Parabel in einem Punkte *B*, von dem aus eine Parallele zu *OA* zum Brennpunkt *F* führt.

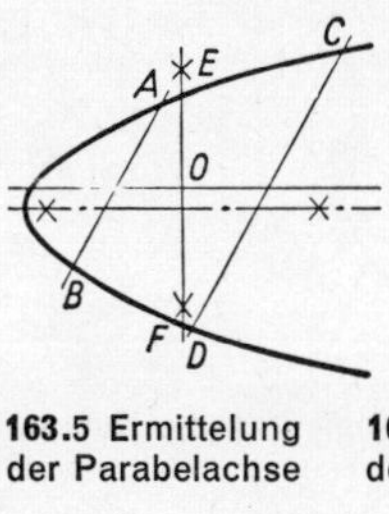


**163.5** Ermittelung der Parabelachse

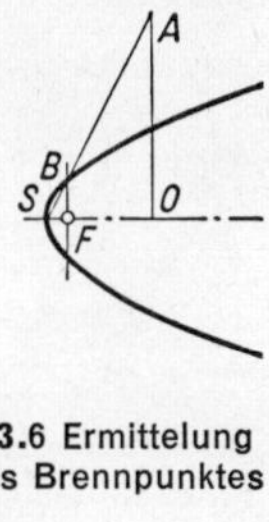


**163.6** Ermittelung des Brennpunktes

### 9.4.3 Hyperbel

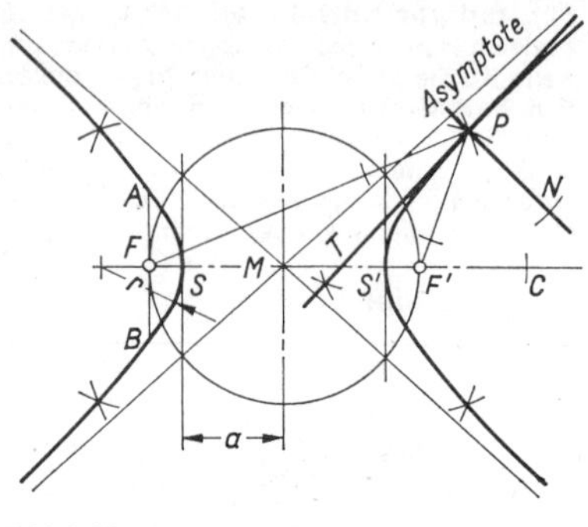

**164.1** Hyperbelkonstruktion

Aufbau. $F$ und $F'$ sind die Brennpunkte der Hyperbel (**164.1**). Die Abstände $PF$ und $PF'$ eines Punktes $P$ der Kurve von den Brennpunkten heißen Brennstrahlen. Wird $PF'$ von $PF$ abgezogen, ergibt sich der Abstand der beiden Hyperbelscheitel $S$ und $S'$.

Für jeden Punkt der Hyperbel ist der Unterschied seiner Abstände von zwei festen Punkten, den Brennpunkten, gleich groß.

Senkrechte durch $S$ und $S'$ und ein um $M$ mit dem Halbmesser $MF$ gezogener Kreis ergeben vier Schnittpunkte. Die durch gegenüberliegende Schnittpunkte gezogenen Geraden heißen Asymptoten. Das sind Linien, denen sich die Hyperbeläste um so mehr nähern, je weiter sie vom Mittelpunkt $M$ entfernt sind. In unendlicher Entfernung würden Asymptoten und Hyperbelbogen ineinanderlaufen. Bilden die Asymptoten im Mittelpunkt $M$ rechte Winkel, dann sind die dazugehörigen Hyperbeln gleichseitig. Alle Sehnen durch den Mittelpunkt $M$ sind Durchmesser der Hyperbel und werden in $M$ halbiert. Die Tangente $T$ entsteht durch Halbieren des Winkels zwischen den zugehörigen Brennstrahlen. Senkrecht auf der Tangente steht die Normale $N$. Als Parameter bezeichnet man die rechtwinklig zur Hauptachse durch den Brennpunkt $F$ gehende Sehne $AB$. Der Krümmungshalbmesser $r$ in den Scheiteln ist gleich dem halben Parameter. Bei der gleichseitigen Hyperbel ist $r = a$.

**Konstruktionen**

Gegeben sind die Scheitelpunkte $S$ und $S'$ und die Brennpunkte $F$ und $F'$ (**164.1**). Mit einer beliebigen Strecke $SC$ werden um $F$ ein Kreisbogen und mit der Strecke $S'C$ ein zweiter Kreisbogen um $F'$ geschlagen. Sie schneiden sich in $P$, einem Punkte der Hyperbel. Weitere Punkte entstehen durch Kreisbogen um $F'$ und $F$ mit veränderten Halbmessern. Der Halbmesser für den Kreisbogen um $F'$ ergibt sich stets durch Abziehen der Strecke $SS'$ von der Zirkelöffnung, mit der der Kreisbogen um $F$ geschlagen wurde.

Gegeben sind die Asymptoten und ein Punkt $P$ der gleichseitigen Hyperbel (**164.2**). Durch Punkt $P$ wird je eine Parallele zu den Asymptoten gezogen. Beliebige Strahlen von $M$ aus schneiden die Parallelen. Von den Schnittpunkten $A$ und $B$ eines Strahls sind Parallelen zu den Asymptoten zu ziehen, die den Punkt $P'$ der Hyperbel ergeben. Der Mittelpunkt für die Krümmung der Kurve liegt auf der Halbierungslinie des Winkels, den die Asymptoten bilden. Krümmungshalbmesser ist die kürzeste Entfernung von $M$ bis zur Hyperbel.

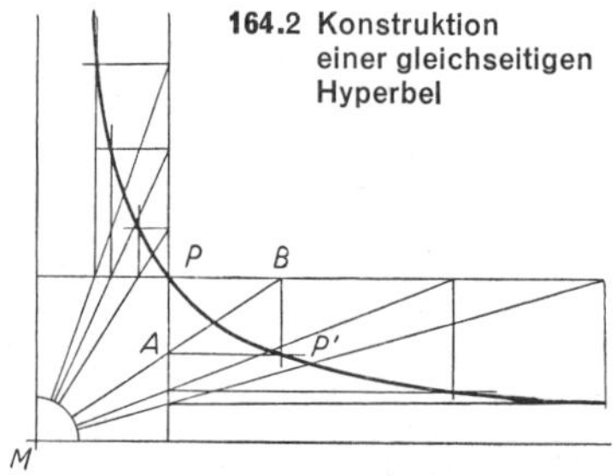

**164.2** Konstruktion einer gleichseitigen Hyperbel

### 9.4.4 Archimedische Spirale

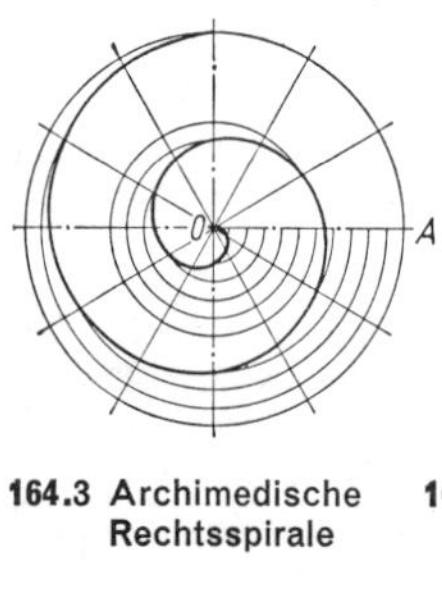

**164.3** Archimedische Rechtsspirale

**164.4** Näherungskonstruktion der Spirale

Aufbau. Die Archimedische Spirale entsteht durch gleichförmige Fortbewegung eines Punktes auf einem Strahl $OA$, der sich mit gleichbleibender Geschwindigkeit um einen festen Punkt, den Pol $O$, dreht (**164.3**).

Die von dem Punkt bei einer Umdrehung des Strahls zurückgelegte Strecke ist so groß wie der Abstand zwischen den Windungen und heißt Steigung oder Ganghöhe der Spirale.

Konstruktion (164.3). Werden eine Steigung von 24 mm und ein Kreuz von 12 Strahlen angenommen, so betragen die Abstände zwischen den konzentrischen Hilfskreisen 24 mm/12 = 2 mm. Der Schnittpunkt eines Strahls mit einem Kreise wird dann mit dem Schnittpunkt des nächsten Strahls mit dem nächsten Kreise usf. bogenförmig verbunden.

Näherungskonstruktion (164.4). Die Archimedische Spirale wird häufig durch Kreisbogen ersetzt, die um die Ecken einer regelmäßigen Fläche geschlagen werden. Sie ist in der dargestellten linksgewundenen Spirale ein Quadrat, dessen Umfang gleich der Steigung der Spirale ist. Die Bogen sind Viertelkreise und gehen an den verlängerten Quadratseiten ineinander über. An Stelle des Quadrats kann auch ein regelmäßiges Sechseck treten. Je mehr Ecken die Ausgangsfläche hat, um so mehr nähert sich die Konstruktion der mathematisch genauen Spirale.

### 9.4.5 Evolvente

Aufbau. Ein Punkt einer auf dem Umfange eines Kreises abrollenden Geraden beschreibt eine Evolvente (165.1).

Auch das Ende eines straffgezogenen Fadens, der von einer feststehenden Rolle abgewickelt wird, beschreibt eine Evolvente.

Konstruktion (165.1). Nach dem Teilen des Grundkreisumfanges in zwölf gleiche Teile werden durch die Teilpunkte Tangenten gelegt. Der zwölfte Teil des Umfanges wird auf der ersten Tangente von dem Berührungspunkte aus einmal, auf der folgenden zweimal, auf der dritten dreimal und so fort abgetragen. Die zwölfte Tangente hat demnach die Länge des Grundkreisumfanges, der mithin der Abstand der Windungen voneinander ist. Durch die Verbindung der Endpunkte aller Tangenten entsteht die Evolvente.

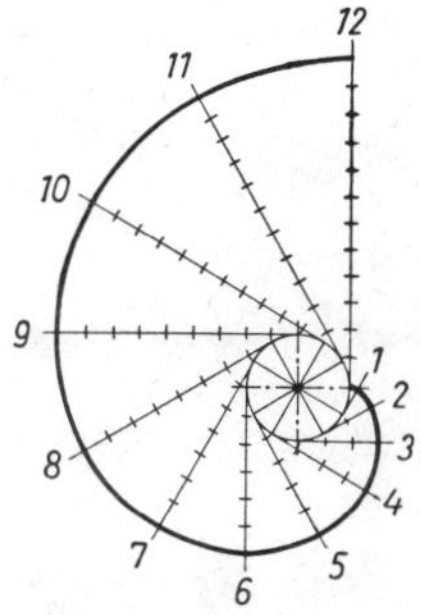

165.1 Evolventenkonstruktion

### 9.4.6 Zykloide

Gewöhnliche oder gespitzte Zykloide (Orthozykloide) (165.2). Ein Punkt $P$ am Umfang eines auf einer Geraden abrollenden Kreises erzeugt eine gewöhnliche Zykloide.

Der Kreis heißt Roll- oder Erzeugungskreis, die feststehende Rollbahn wird Leitlinie genannt.

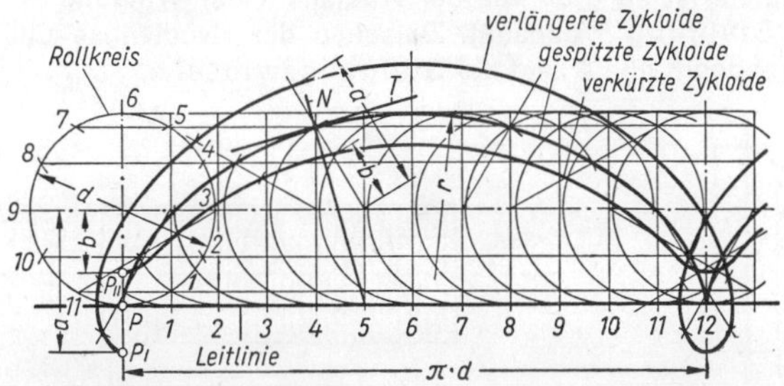

165.2 Zykloidenkonstruktionen

Konstruktion. Auf der Leitlinie werden Anfangs- und Endstellung des Rollkreises im Abstande seines Umfanges ($= \pi \cdot d$) eingezeichnet. Nachdem Abstand und Rollkreisumfang beispielsweise in zwölf gleiche Teile geteilt sind, werden von den Teilpunkten Parallelen zur Leitlinie und durch die Teilpunkte auf der Leitlinie Senkrechte gezogen. Die Senkrechten geben an, um wieviel Zwölftel des Kreisumfanges sich der Kreismittelpunkt beim Abrollen weiterbewegt hat. Die Parallelen geben an, um wieviel sich der Punkt $P$ dabei gehoben oder gesenkt hat. Wo sich die um die einzelnen Teilpunkte der auf der mittleren Parallelen geschlagenen Kreisbogen mit den zugehörigen Parallelen schneiden, liegen Punkte der Kurve. Der Halbmesser $r$ für die Krümmung im Scheitel ist $2d$. Durch die Verbindung eines Kurvenpunktes mit dem entsprechenden Punkt auf der Leitlinie entsteht die Normale $N$. Senkrecht dazu liegt die Tangente $T$.

Verlängerte (oder verschlungene) Zykloide (165.2). Ein Punkt $P_I$ außerhalb des Kreises erzeugt eine verlängerte Zykloide.

Konstruktion. Der Abstand des Punktes $P_I$ vom Mittelpunkt des Rollkreises ist mit $a$ gekennzeichnet. Von den Mittelpunkten der einzelnen Rollkreisstellungen werden über die Schnittpunkte der Kreise mit den Parallelen hinaus Gerade gezogen und darauf der Abstand $a$ vom Mittelpunkt aus abgetragen (Beispiel: Rollkreisstellung 5).

Verkürzte (oder geschweifte) Zykloide (165.2). Ein Punkt $P_{II}$ innerhalb des Kreises erzeugt eine verkürzte Zykloide.

Konstruktion. Der mit $b$ bezeichnete Abstand des Punktes $P_{II}$ vom Mittelpunkt des Rollkreises wird auf der Geraden wie der Abstand $a$ für die verlängerte Zykloide abgetragen (Rollkreisstellung 5).

Epizykloide (Aufradlinie) (**166.1**). Ein Punkt $P$ am Umfange eines Kreises, der auf einer Kreisbahn abrollt, erzeugt eine Epizykloide.

Konstruktion. Die Epizykloide wird nach dem gleichen Verfahren entwickelt wie die gespitzte Zykloide, doch tritt an die Stelle der Leitlinie der Leitkreis. Der Umfang des Rollkreises I und die Länge der Rollbahn für eine Umdrehung auf dem Leitkreis sind in dem Beispiel in je acht gleiche Teile geteilt.

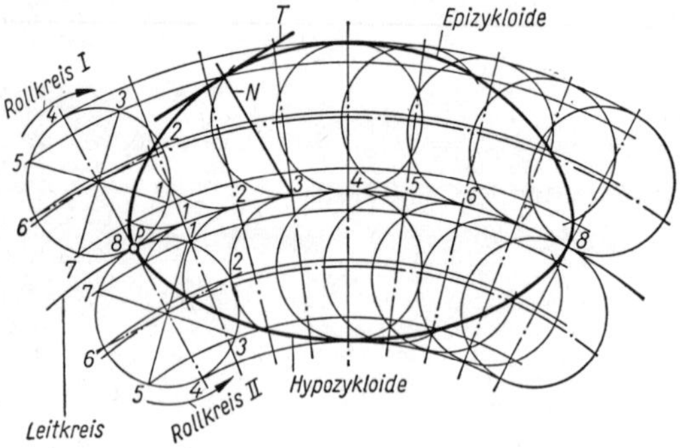


**166.1** Epizykloide und Hypozykloide

Hypozykloide (Inradlinie). Ein Punkt $P$ eines in einer Kreislinie abrollenden Kreises erzeugt eine Hypozykloide (**166.1**).

Konstruktion. Sie ist die gleiche wie die für die Epizykloide.

Ist der Durchmesser des Rollkreises II halb so groß wie der Durchmesser des Leitkreises, so ist die Hypozykloide eine gerade Linie von der Länge des Leitkreisdurchmessers.

### 9.4.7 Schraubenlinie (Wendel)

Die Schraubenlinie wird von der Hypotenuse eines um den Mantel einer Rundsäule gelegten rechtwinkligen Dreiecks gebildet, wobei eine Kathete mit dem Umfang der Grundfläche zusammenfällt (**166.2**). Die andere Kathete ist so groß wie der Abstand einer Windung zur anderen; er wird Ganghöhe oder Steigung $P$ genannt. Zwischen der Hypotenuse und der am Umfang der Grundfläche liegenden Kathete liegt der Steigungswinkel $\alpha$.

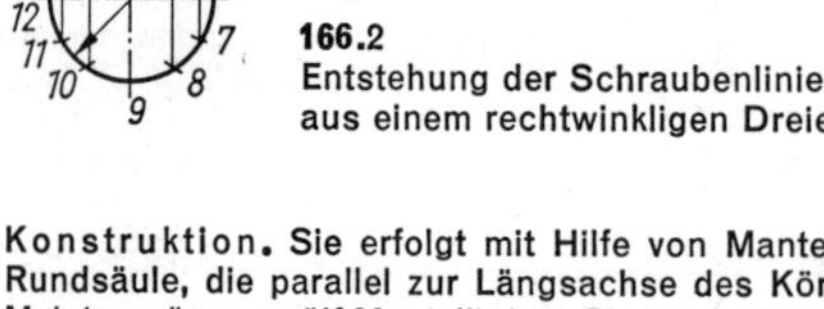


**166.2** Entstehung der Schraubenlinie aus einem rechtwinkligen Dreieck

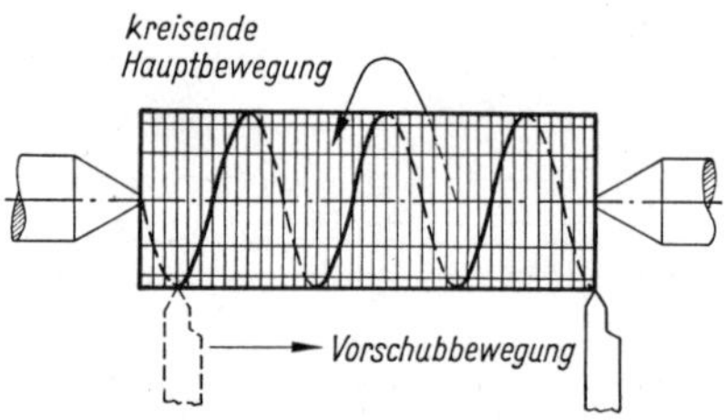


**166.3** Entstehung einer Schraubenlinie aus zwei Bewegungen

Konstruktion. Sie erfolgt mit Hilfe von Mantellinien (**166.2**). Das sind gedachte Linien am Mantel der Rundsäule, die parallel zur Längsachse des Körpers laufen und gleiche Abstände untereinander haben. Meist genügen zwölf Mantellinien. Sie sind mit 1 bis 12 bezeichnet. Die Abstände entstehen durch die Aufteilung der Kreislinie in der Draufsicht. Die Mantellinien werden in die Vorderansicht übertragen und in das Hilfsdreieck eingezeichnet. Von hier aus werden die verschiedenen Längen der Mantellinien in die Vorderansicht übernommen. Die Linie, die dort die oberen Enden aller Mantellinien miteinander verbindet, ist die Projektion der Schraubenlinie oder Wendel auf die Zeichenebene und zugleich eine Sinuslinie.

Die Schraubenlinie entsteht aber auch durch Zusammensetzen zweier gleichförmiger Bewegungen, der kreisenden Hauptbewegung eines zylindrischen Werkstückes und der geradlinigen Vorschubbewegung des Schneidstahls beim Gewindeschneiden auf der Drehbank (**166.3**).

# 10 Projektionszeichnen

## 10.1 Rechtwinklige Parallelprojektion

### 10.1.1 Wesen

**Die Darstellung eines Körpers geht auf die Projektion zurück. Es wird darunter ein mit dem Sehen vergleichbares Abbildungsverfahren verstanden, im weiteren Sinne aber auch das erzeugte Bild.**

Die Strahlen vom Auge nach markanten Punkten des Gegenstandes heißen Projektionsstrahlen (**167.1**) und treffen auf einer hinter dem Gegenstande stehenden ebenen Fläche, der Projektionsebene, auf. Bei unendlichem Abstande vom Gegenstand sind die Projektionsstrahlen parallel (**167.2**) und bilden mit der Projektionsebene rechte Winkel. Werden die auftreffenden Punkte wie am Gegenstand miteinander verbunden, entsteht das projizierte Bild. Dieses Darstellungsverfahren heißt: Rechtwinklige (orthogonale oder orthographische) Parallelprojektion. Die Gegenstände werden gewöhnlich aus drei rechtwinklig zueinander liegenden Richtungen betrachtet und auf Ebenen projiziert, die zusammen eine Raumecke bilden (**167.3**). Das von vorn projizierte Bild ist die Vorderansicht (Aufriß), das von links projizierte Bild ist die Seitenansicht (Seitenriß) und das von oben projizierte die Draufsicht (Grundriß). Die Bilder lassen sich durch Projektionslinien miteinander verbinden.

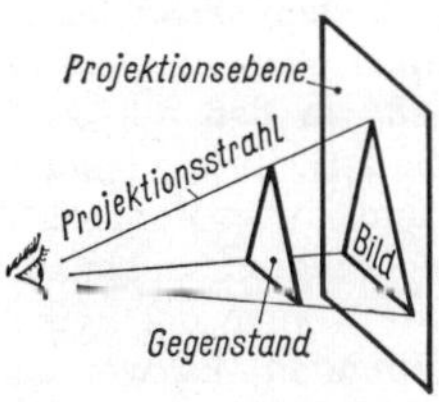


**167.1** Zentralprojektion

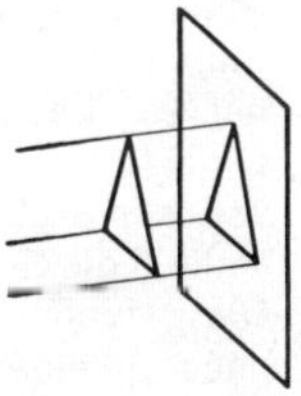

**167.2** Rechtwinklige Parallelprojektion

Nun werden die Projektionsebene der Draufsicht um die Kante *XO* nach unten und die Projektionsebene der Seitenansicht um die Kante *OZ* nach hinten geklappt, so daß alle drei Projektionsflächen in einer Ebene liegen (**167.4**). Die Innenkanten der Raumecke sind dann in der Zeichnung senkrecht zueinander stehende Linien geworden und heißen als solche Projektionsachsen. Die von einem Bild zum anderen führenden Projektionslinien liegen parallel zu den Achsen. Als Verbindung zwischen den waagerechten Projektionslinien der Draufsicht und den senkrechten der Seitenansicht werden Viertelkreisbogen (**167.4**) oder Linien unter 45° (**168.1**) gezogen, oder es wird nach Bild **168.2** verfahren. Der Einfachheit halber werden die Projektionsflächen außen nicht umrissen, das Achsenkreuz allein genügt.

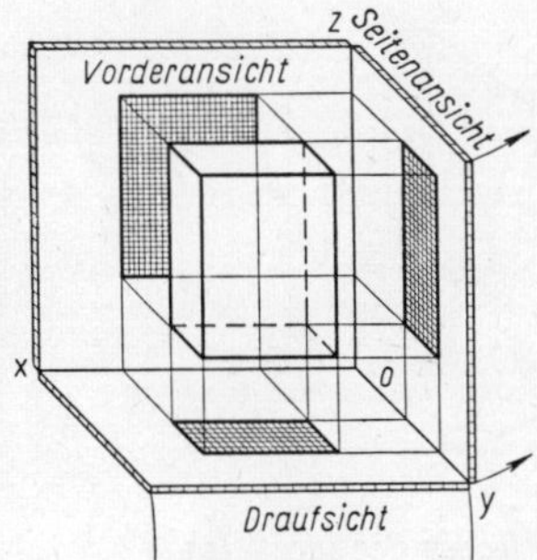


**167.3** Rechtecksäule in der Raumecke

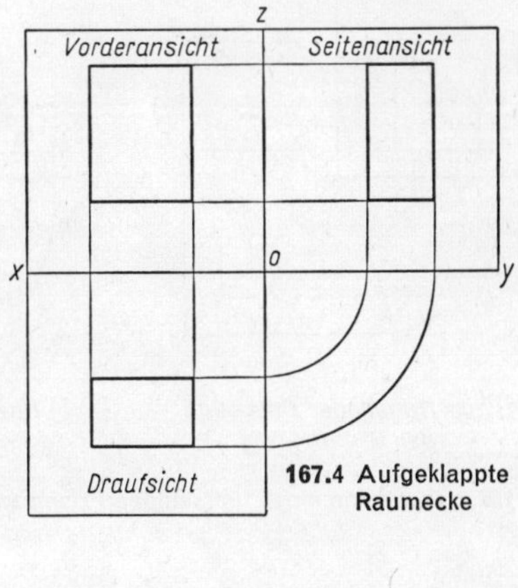


**167.4** Aufgeklappte Raumecke

**Das technische Zeichnen beruht auf der rechtwinkligen Parallelprojektion. Es ist dadurch möglich, aus zwei beliebigen Ansichten des Gegenstandes die dritte zu entwickeln.**

## 10.1.2 Projektion der Linien, Flächen und Körper

Projektion gerader Linien. Sind Vorderansicht und Draufsicht einer geraden Linie gegeben (**168.**1), so werden vom Anfangs- und Endpunkt der Linie je ein Projektionslinienpaar (1 und 2) in die Seitenansicht gezogen. Anfangs- und Endpunkt der Linie liegen dort in den Schnittpunkten der zueinander gehörigen Projektionslinien. Die Übertragung eines Winkels zeigt Bild **168.2**, sie gilt zugleich für eine Dreieckfläche.

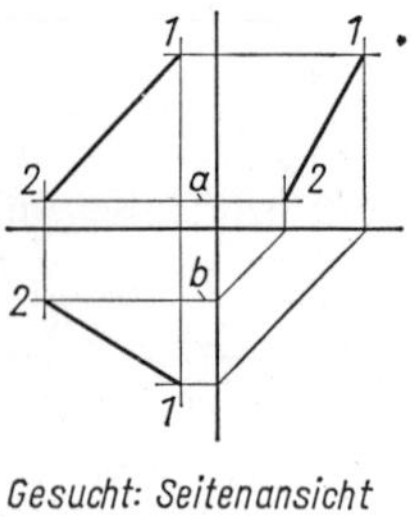


**168.**1 Projektion einer geraden Linie

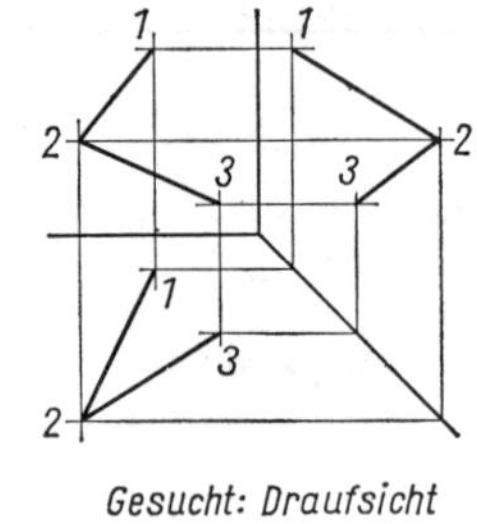


**168.**2 Projektion eines Winkels

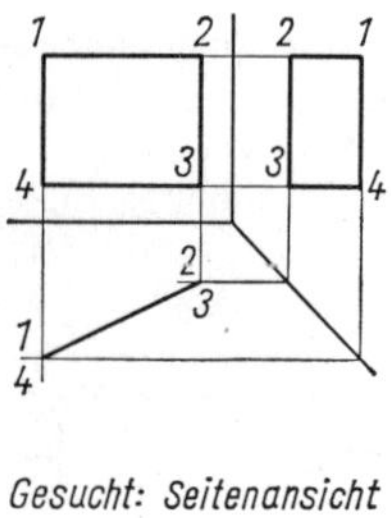


**168.**3 Projektion einer Rechteckfläche

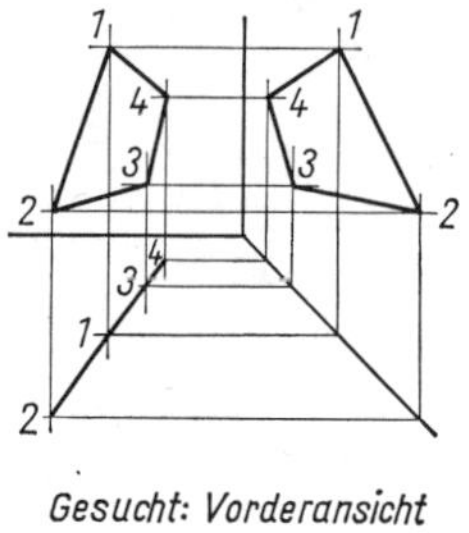


**168.**4 Projektion eines Vierecks

Projektion ebener Flächen (**168.3**). Sind Vorderansicht und Draufsicht einer Fläche gegeben, so werden deren Ecken als Punkte einzeln in die Seitenansicht übertragen. Projektionslinien können sich in der Zeichnung decken, so daß nur eine Linie zu ziehen ist, wie z.B. für die beiden von den Punkten 3 und 4 der Vorderansicht in die Seitenansicht führenden Linien. Die gefundenen Punkte werden der Reihe nach miteinander verbunden. Es werden also Linien von 1 nach 2, von 2 nach 3, von 3 nach 4 und von 4 nach 1 gezogen.

In Bild **168.**4 wird die Vorderansicht eines Vierecks aus Seitenansicht und Draufsicht entwickelt.

Projektion prismatischer Körper. Auch die Bilder prismatischer Körper werden punktweise ermittelt (**168.**5). Ob dabei zunächst die Grund- und die Deckfläche übertragen (**168.**5a) und dann die parallelen Seitenkanten gezogen werden oder ob umgekehrt verfahren wird (**168.**5b), ist gleichgültig.

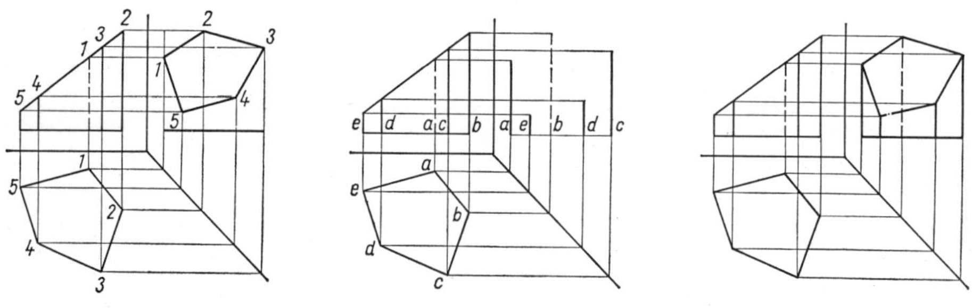

a) Übertragen der Deck- und der Grundfläche  b) Übertragen der parallelen Prismenkanten  c) vollständige Darstellung

**168.**5 Projektion eines fünfseitigen Prismas

**Übungen:** Zeichne die fehlenden Kanten und Ansichten der schräg abgeschnittenen vierseitigen Prismen (**169.1**) und die der fünfseitigen Prismen (**169.2**).

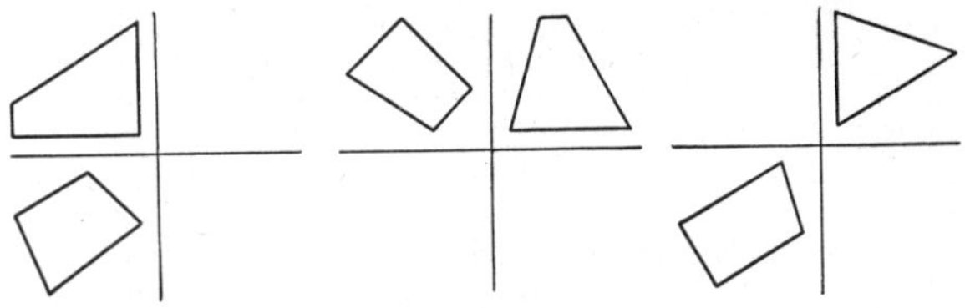

**169.1** Vierseitige Prismen

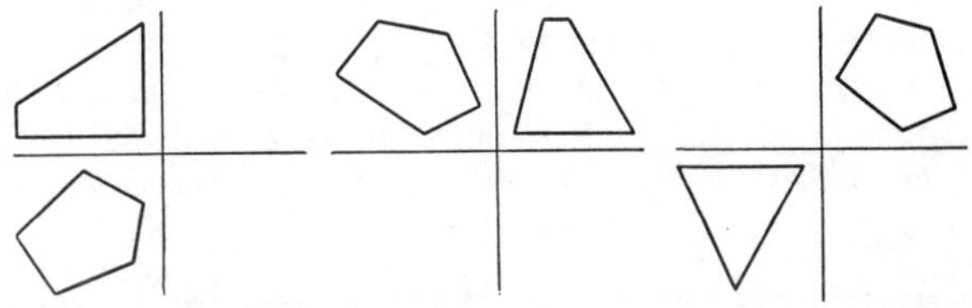

**169.2** Fünfseitige Prismen

## 10.1.3 Einführung einer neuen Projektionsebene

Soll eine Projektionsrichtung zur Vermeidung unangenehmer Verkürzungen (s. S. 76) oder aus einem anderen Grunde von der üblichen Richtung abweichen, dann wird eine neue Projektionsebene eingeführt (**169.3**). Die markanten Punkte des Körpers werden wie sonst durch Projektionslinien festgelegt und dann miteinander verbunden. Anwendungsbeispiel s. Bild **77.3**.

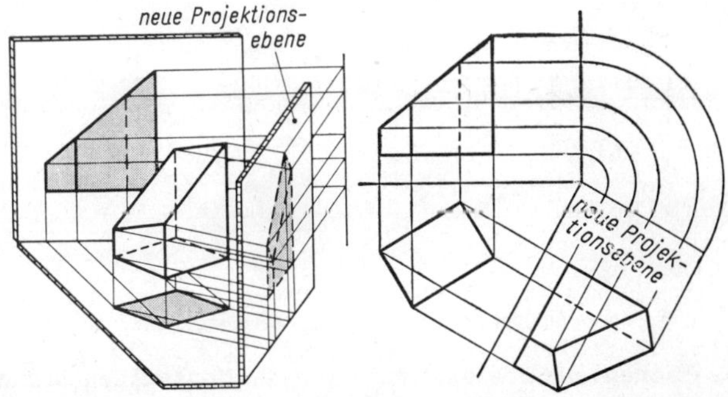


**169.3** Neue Projektionsebene

## 10.1.4 Ermittlung wahrer Größen

**Kanten.** Auf einer Projektionsebene erscheint die w a h r e  G r ö ß e einer Kante (s. S. 35) nur dann, wenn sie parallel zu dieser Ebene liegt. Die Maße *b* und *b′* in Bild **169.4** zeigen, daß diese Kante nicht parallel zur Projektionsebene der Seitenansicht liegt, dort also nicht in wahrer Größe zu sehen ist. Ebenso ergibt sich aus den Maßen *c* und *c′* eine verkürzte Darstellung in der Draufsicht. In der Vorderansicht hingegen ist die wirkliche Größe der Kante zu sehen, wie aus dem Maß *a* in der Seitenansicht hervorgeht. In Bild **169.5** erscheint die wahre Größe der Kante in der Seitenansicht und in Bild **169.6** in der Draufsicht.

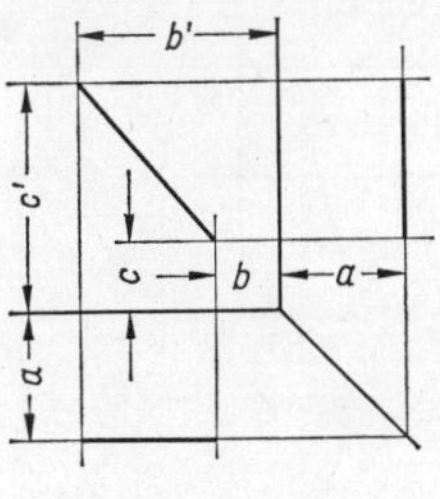


**169.4** Wahre Länge in der Vorderansicht

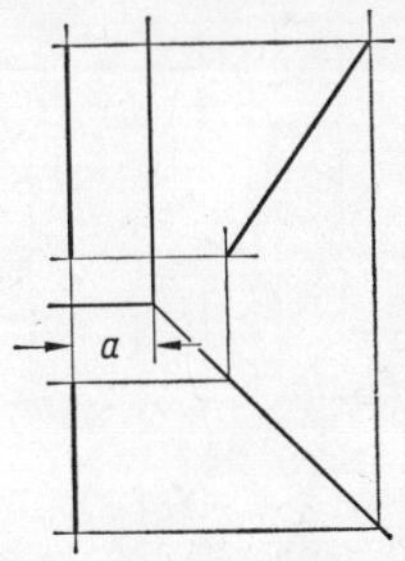


**169.5** Wahre Länge in der Seitenansicht

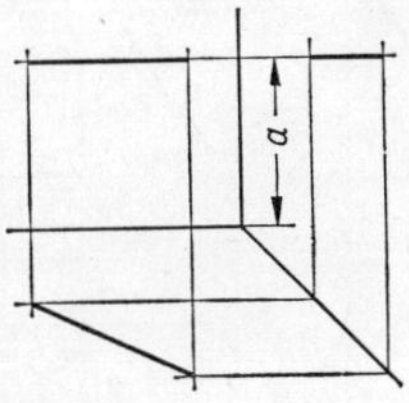


**169.6** Wahre Länge in der Draufsicht

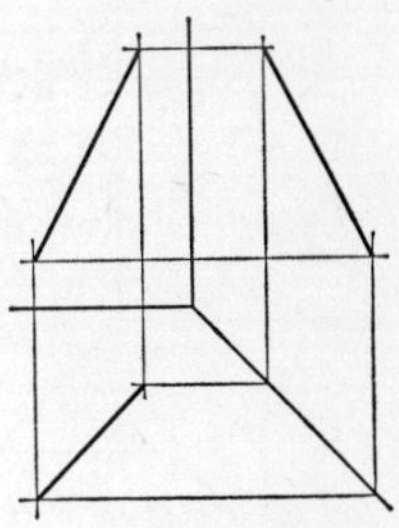

**169.7** Die wahre Länge ist nicht erkennbar

Erscheint eine Kante jedoch in allen drei Ansichten verkürzt (**169.7**), dann kann die wahre Größe unter Benutzung zweier Ansichten konstruiert werden.

Soll die wahre Länge in der Vorderansicht entstehen (**170.1**), dann wird bei feststehendem Punkt *A* der Endpunkt *E* in der Draufsicht auf einem Kreisbogen waagerecht nach *E'* geschwenkt. Die Kante ist dann parallel zur waagerechten Projektionsachse und damit auch parallel zur Projektionsebene der Vorderansicht. Dort wird die neue Lage *E'* durch den Schnittpunkt einer von *E* ausgehenden waagerechten Linie mit einer von *E'* aus der Draufsicht hochgezogenen Senkrechten bestimmt. Die Verbindungslinie von *E'* nach *A* in der Vorderansicht ist die wahre Länge.

In der Draufsicht ergibt sich die wahre Länge, wenn die Kante um *A* so lange gedreht wird, bis sie parallel zur Projektionsebene der Draufsicht liegt (**170.2**). Punkt *E* wird dabei nach *E'* gedreht. Ähnlich kann die wahre Länge auch in der Seitenansicht konstruiert werden (**170.3**).

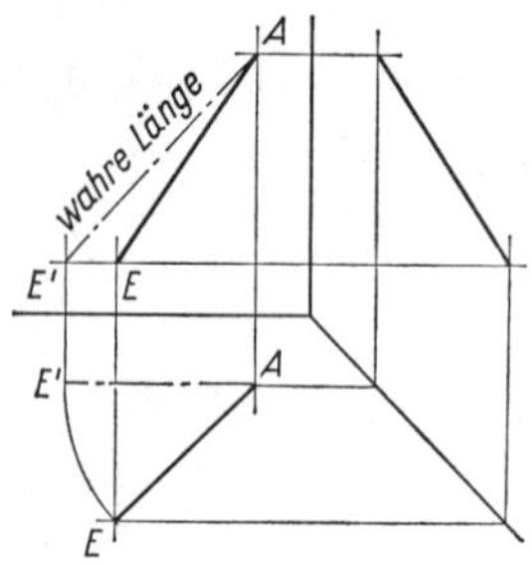


**170.1**
Wahre Länge
in der Vorderansicht

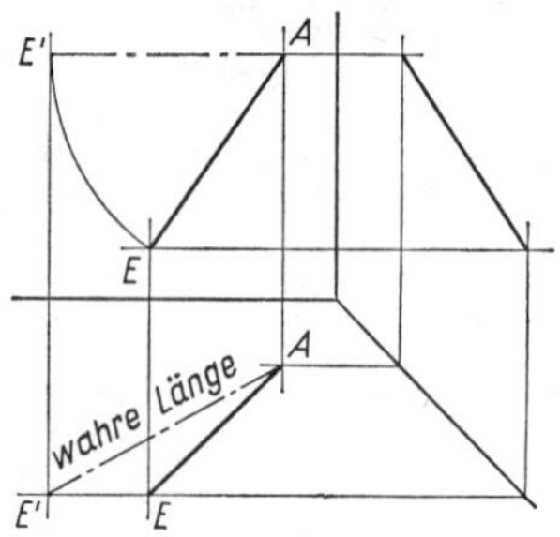


**170.2**
Wahre Länge
in der Draufsicht

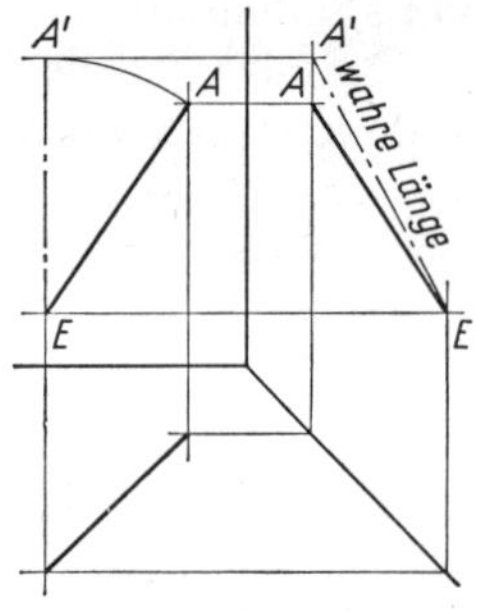


**170.3**
Wahre Länge
in der Seitenansicht

**Flächen.** Die Dreieckfläche wird zur Konstruktion ihrer wahren Größe um eine Ecke *A* gedreht, bis sie parallel zu einer Projektionsebene steht (**170.4**). Dann haben alle Seiten des Dreiecks parallelen Abstand von dieser Projektionsebene und erscheinen in der Vorderansicht in wahrer Größe. Damit sind auch die wahren Größen der Dreieckswinkel bestimmt.

Würde auch in der Seitenansicht die Dreieckfläche nicht als Linie, sondern ebenfalls als Dreieck erscheinen, dann wird die wahre Länge jeder Dreieckseite zweckmäßig einzeln ermittelt und daraus die Fläche konstruiert. Die wahre Größe einer Fläche mit 4 und mehr Ecken wird nach Bild **170.5** festgestellt. Notfalls muß eine solche Fläche in Dreiecke zerlegt, die wahre Größe jeder Dreieckseite ermittelt und aus den einzelnen Dreiecken die Gesamtfläche aufgebaut werden.

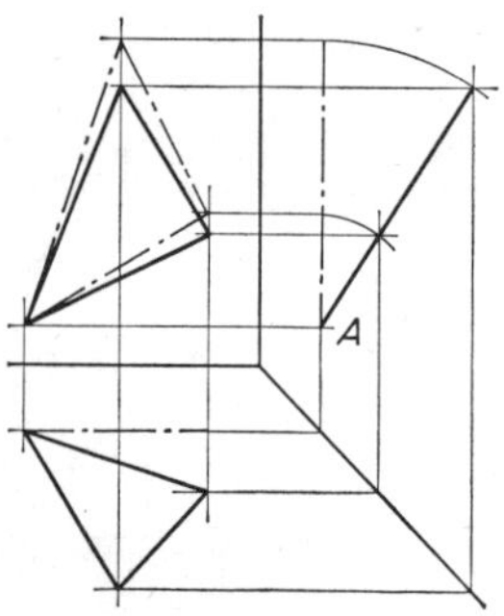


**170.4** Wahre Größe einer Dreieckfläche

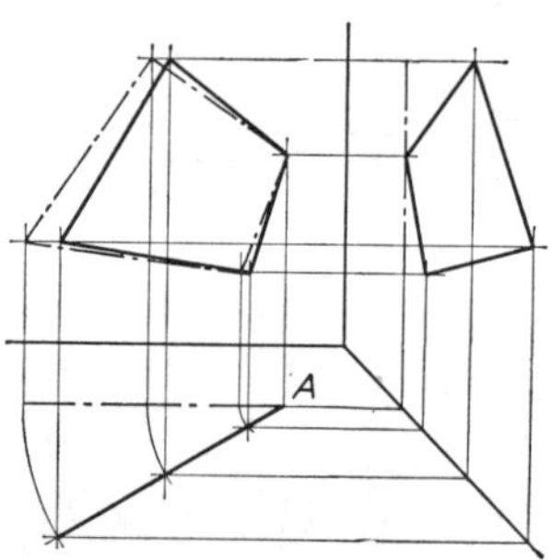


**170.5** Wahre Größe einer Viereckfläche

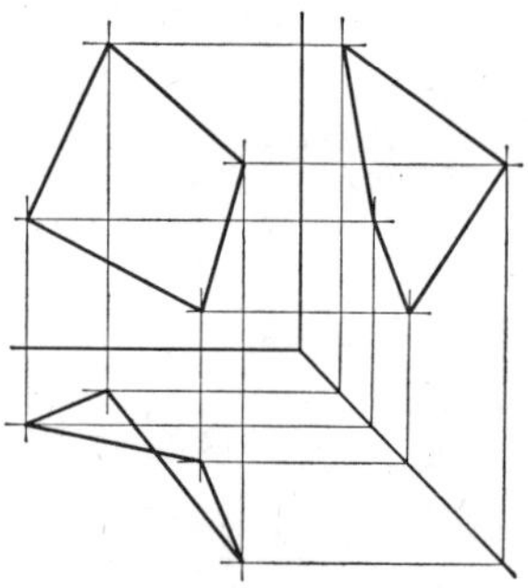

**170.6** Unebene Viereckfläche

Eine Fläche mit mehr als drei Ecken braucht nicht immer eben zu sein, wenn sie nur durch zwei Flächen dargestellt ist. In Bild **170.6** zeigt die aus Vorderansicht und Seitenansicht entstandene Draufsicht, daß das Viereck windschief ist.

Ist eine ausreichende Sicherheit in diesem Zeichenverfahren erreicht, dann können die Projektionsachsen und Projektionslinien fortgelassen werden.

## 10.2 Körperschnitte und Abwicklungen

Einen Körper abwickeln heißt, seine gesamte Oberfläche in einer Ebene ausbreiten.

Unter Abwicklung wird aber nicht nur das Verfahren, sondern auch das gezeichnete Bild verstanden. Werden Grund- und Deckfläche nicht mitgezeichnet, dann handelt es sich um die Abwicklung des Körpermantels. Von großer Bedeutung sind Abwicklungen als Unterlagen für das Zuschneiden der Bleche im Behälter- und Rohrleitungsbau.

### 10.2.1 Prismatische Körper

Schräggeschnittene Rechtecksäule. Zum Aufzeichnen der Abwicklung sind die mit Buchstaben versehenen Abmessungen aus Vorderansicht und Draufsicht abzugreifen und zu übertragen (**171.1**). Die Umrißlinien der Abwicklung können schmaler gezogen werden als die Vollinien für Körperkanten.

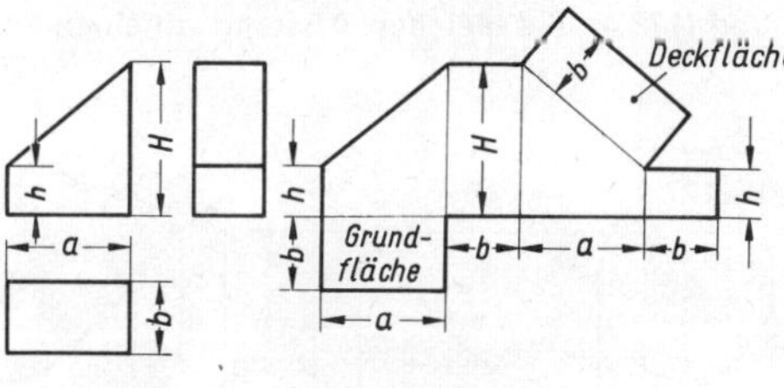


**171.1** Darstellung und Abwicklung einer schräggeschnittenen Rechtecksäule

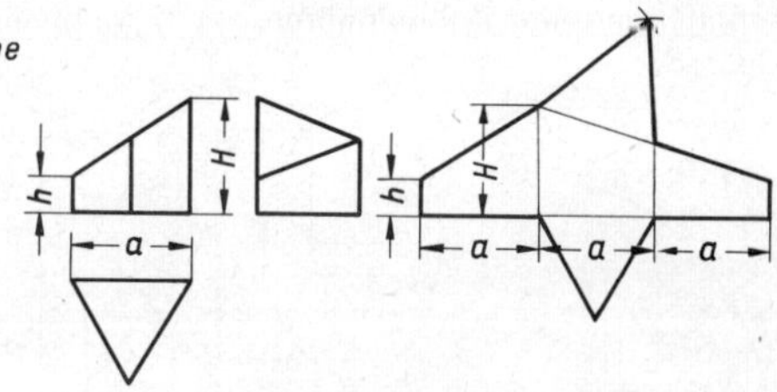

**171.2** Darstellung und Abwicklung einer schräggeschnittenen Dreiecksäule

Schräggeschnittene Dreiecksäule. Aus der Draufsicht werden die Breiten der Seitenflächen (Maß $a$) und aus der Vorderansicht die Höhen in die Abwicklung übernommen (**171.2**). Die wirklichen Kantenlängen der in der Draufsicht verkürzt dargestellten Deckfläche ergeben sich zwangsläufig in den schrägen Kanten der abgewickelten Seitenflächen. Diese können als Zirkelöffnung zur Konstruktion der Deckfläche dienen.

Schräggeschnittene Sechsecksäule

Die Länge einer Sechseckseite wird in der Abwicklung auf der Waagerechten sechsmal abgetragen (Maß $a$); die Höhen werden aus der Vorderansicht übernommen (**171.3**).

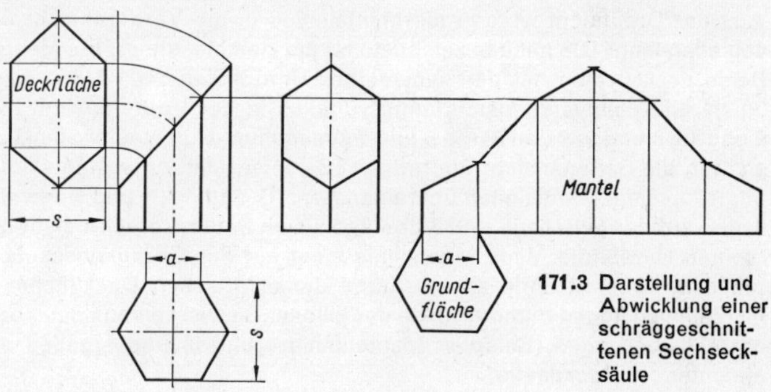


**171.3** Darstellung und Abwicklung einer schräggeschnittenen Sechsecksäule

Die **Deckfläche** ist nirgends in wirklicher Größe enthalten, wohl aber die Deckflächenlänge in der Vorderansicht als schräge Linie. Diese Länge wird mit ihren Unterteilungen durch Zirkelschläge übertragen. Die wahre Breite liefert die Draufsicht mit dem Seitenmaß *s*.

**Übungen:** Zeichne die Abwicklung des Blechkanals (**172.**1), des Rauchfangs (**172.**2) und des Schubkarrenkastens (**172.**3) mit den erforderlichen Maßen.

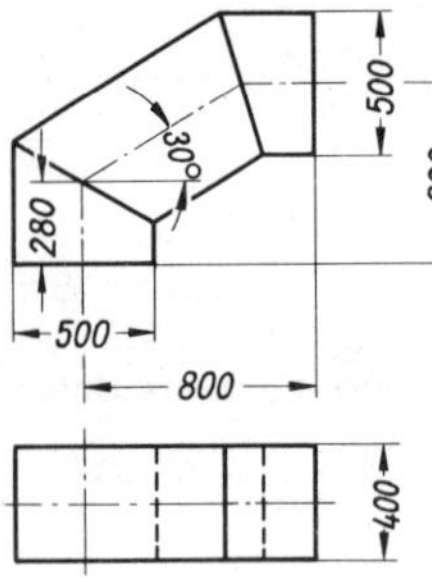


**172.**1 Blechkanal

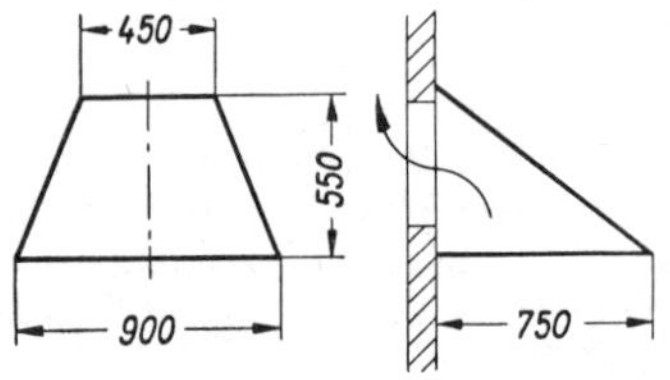


**172.**2 Rauchfang

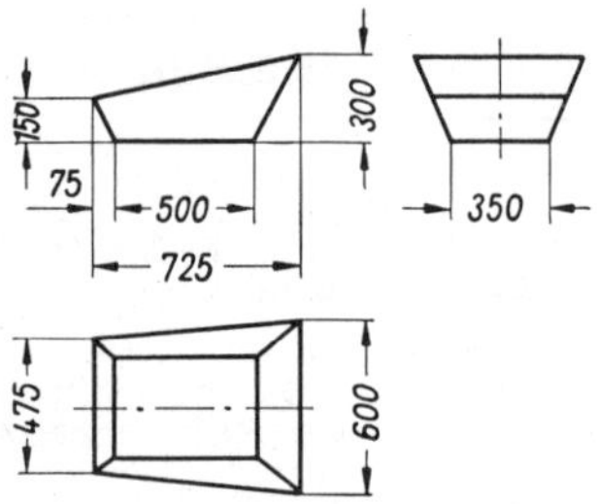


**172.**3 Schubkarrenkasten

### 10.2.2 Zylindrische Körper (Rundsäulen)

**Schräggeschnittene Rundsäule.** Die Deckfläche und die Abwicklung der Oberfläche entstehen unter Zuhilfenahme von 12 Mantellinien (**172.**4), die gleichen Abstand voneinander haben.

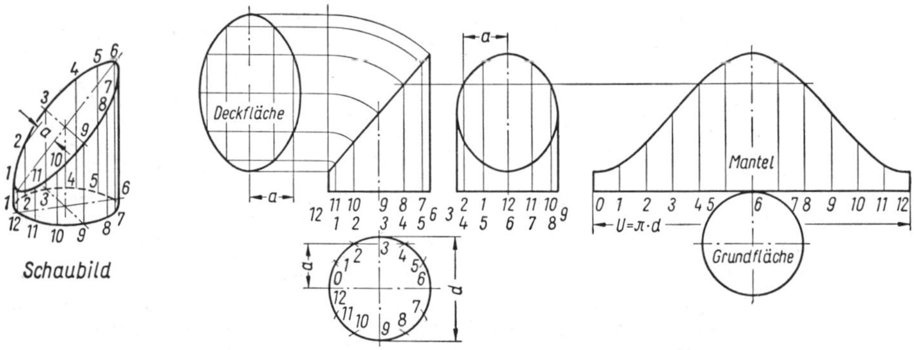


**172.**4 Darstellung und Abwicklung einer schräggeschnittenen Rundsäule

Aus der Draufsicht werden die Mantellinien in die Vorderansicht übertragen. Sie sind verschieden lang. Die mit 0 bezeichnete ist die kleinste, die größte Mantellinie hat die Nummer 6. Beide decken sich mit den senkrechten Umrißlinien der Vorderansicht. Die übrigen Mantellinien sind paarweise gleich lang. So fallen in der Vorderansicht die Mantellinien 1 und 11, 2 und 10, 3 und 9, 4 und 8 und 5 und 7 zusammen. Nun werden die Mantellinien aus der Draufsicht in die Seitenansicht übertragen (Beispiel: Maß *a* für Mantellinien 2 und 4). Dort liegen ungleich lange Mantellinien übereinander, z. B. 2 und 4, 1 und 5 usw. Die Mantellinien 12 und 6 liegen auf der Mittellinie und 3 und 9, die sich in der Vorderansicht decken, auf je einer senkrechten Umrißlinie. Jede Mantellinie steht auf der Grundkreiskante des Körpers und reicht mit dem anderen Ende an die Kante der elliptischen Deckfläche. In den Endpunkten der Mantellinien liegen mithin Punkte der Ellipse. Sie werden aus der Vorderansicht in die Seitenansicht übertragen (Beispiel: Mantellinien 4 und 8) und ergeben durch Verbindung untereinander die Deckfläche.

Die Gesamtbreite $U$ der Mantelabwicklung ist gleich dem Umfange des Grundkreises.

Er wird berechnet ($U = \pi \cdot d$), aufgezeichnet und in 12 gleiche Teile geteilt. Der 12. Teil des Umfangs kann auch nach Bild **158**.5 festgestellt und 12mal auf die Waagerechte übertragen werden. Nachdem durch die Teilpunkte senkrechte Mantellinien gezogen und deren Längen durch Übertragen aus der Vorderansicht festgelegt sind (Beispiel: Mantellinien 4 und 8), wird die geschwungene Begrenzungslinie gezeichnet; sie ist eine Sinuskurve.

Zum Zeichnen der wahren Größe der Deckfläche wird zunächst die Länge der großen Achse mit ihren Unterteilungen durch Zirkelschläge aus der Vorderansicht abgenommen. Wie das Schaubild zeigt, sind die verschiedenen Breiten der Ellipse die Abstände gleich langer Mantellinien voneinander. Sie werden aus der Draufsicht abgegriffen (Beispiel: Maß $a$).

Ist die Abwicklung nicht erforderlich, dann kann die Ellipse durch Hilfsschnitte konstruiert werden (**173**.1).

Ein Hilfsschnitt parallel zur Längsachse der Rundsäule erzeugt eine Rechteckfläche, deren Breite $B$ in der Seitenansicht als Sehne $ab$ dargestellt ist und in die Draufsicht übertragen wird. Sie liefert dort zwei Ellipsenpunkte ($a$ und $b$). Durch Schnitte mit anderen Abständen von der Körperachse findet man weitere Ellipsenpunkte.

Es können aber auch Hilfsschnitte rechtwinklig zur Längsachse der Rundsäule gewählt werden (**173**.2). Die Fläche eines solchen Schnitts ist eine Kreisfläche, an der ein Abschnitt fehlt. In den Ecken dieser Fläche liegen die Kurvenpunkte $a$ und $b$.

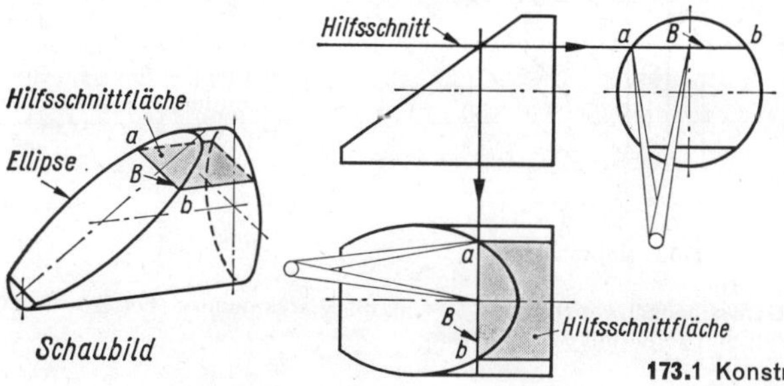


**173**.1 Konstruktion der Kurve durch Hilfsschnitte parallel zur Körperachse

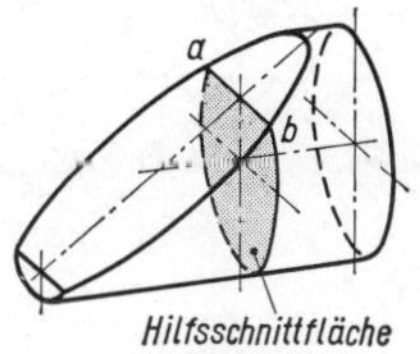


**173**.2 Hilfsschnitt rechtwinklig zur Körperachse

Schiefer Kreiszylinder. Grund- und Deckfläche eines schiefen Kreiszylinders sind gleichgroße Kreise in parallelem Abstande voneinander (**173**.3). Jeder Schnitt parallel zur Grundfläche ergibt einen gleichen Kreis, jeder nichtparallele Schnitt dagegen eine Ellipse oder einen Ellipsenabschnitt.

Nach dem Aufteilen des Grundkreises in der Draufsicht werden die Mantellinien in der Vorderansicht gezogen. Dann wird im rechten Winkel zur Körperachse an beliebiger Stelle ein Hilfsschnitt $S$ gelegt, er erzeugt eine Ellipse. Sie ist in die Bildebene der Vorderansicht eingedreht dargestellt. Die einzelnen Ellipsenpunkte werden aus der Draufsicht abgenommen (Beispiel: Maß $a$). Der Ellipsenumfang $U$ ist zugleich die Breite der Mantelabwicklung. Er wird mit enggespanntem Teilzirkel in kleinen Teilen in der Vorderansicht abgegriffen, auf einer Geraden abgetragen und dann in zwölf verschieden große Teile geteilt. Dazu dienen die Unterteilungen

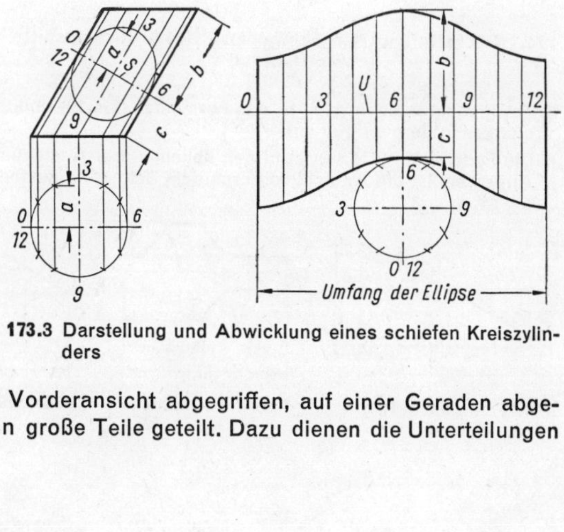


**173**.3 Darstellung und Abwicklung eines schiefen Kreiszylinders

von den Punkten 0 bis 3, 3 bis 6 usw. der Ellipse in der Vorderansicht. Beiderseits des gestreckten Ellipsenumfanges werden nun Mantellinien gezogen und die Längen aus der Vorderansicht darauf übertragen (Beispiel: Maße *b* und *c*).

**Übungen**

1. Zeichne die Abwicklungen des Rohrknies (**174.1**), des Rohrkrümmers (**174.2**), der Rohrverzweigung (**174.3**) und des Zwischenstücks der Rohrverbindung (**174.4**).

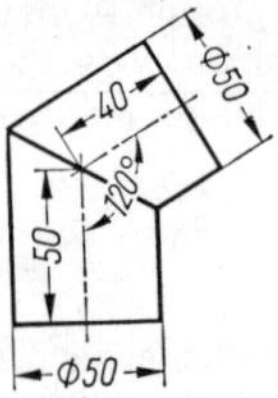


**174.1** Rohrknie

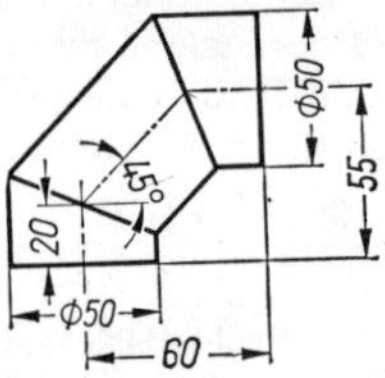


**174.2** Rohrkrümmer

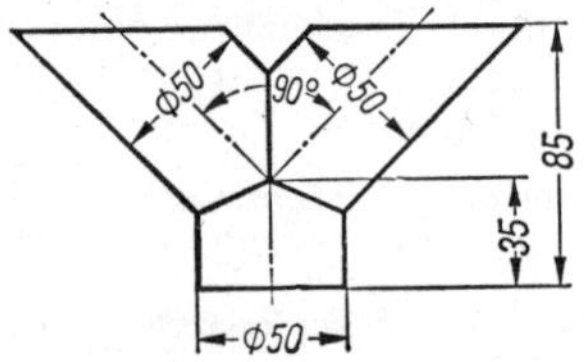


**174.3** Rohrverzweigung

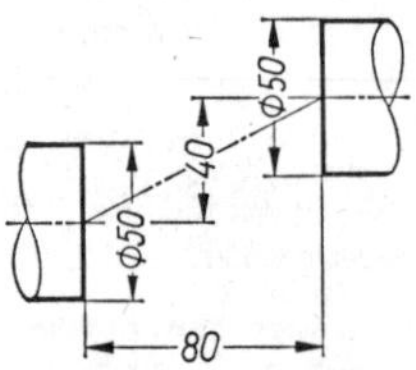


**174.4** Rohrverbindung

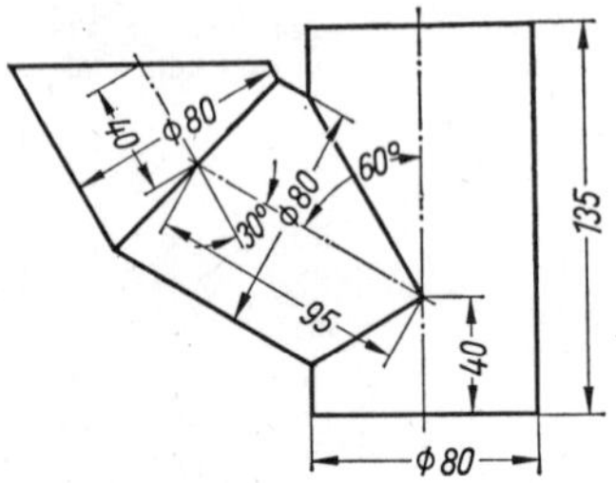


**174.5** Rohrabzweig

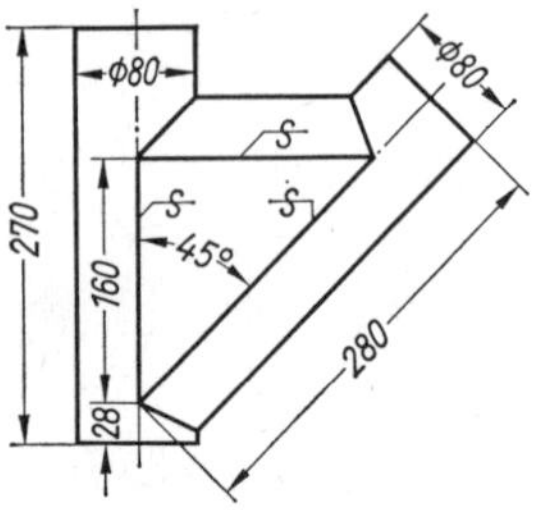


**174.6** Rohrabzweig

2. Der Rohrabzweig (**174.5**) ist in drei Ansichten zu zeichnen und abzuwickeln.
3. Zeichne die Vorderansicht und die Abwicklung des aus fünf Blechen zusammengeschweißten Rohrabzweigs (**174.6**).
4. Zeichne den Dachstift (**174.7**), die Schwalbenschwanzführung (**174.8**), die Vierkantspitze (**174.9**) und den Stempel (**174.10**) in je drei Ansichten und konstruiere die Kurven.

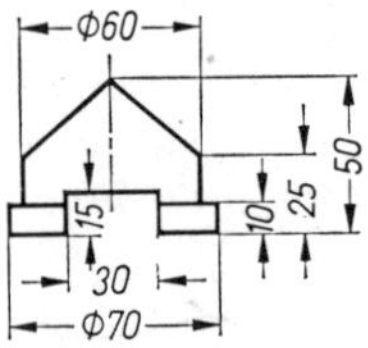


**174.7** Dachstift

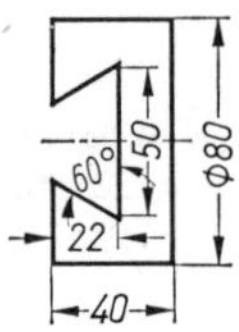


**174.8** Schwalbenschwanzführung

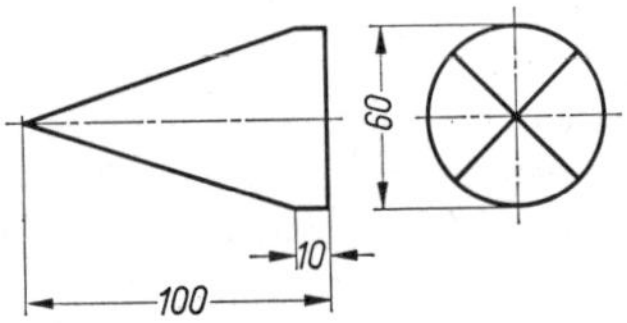


**174.9** Vierkantspitze

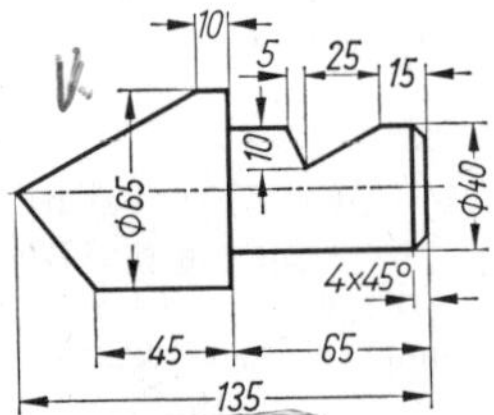


**174.10** Stempel

5. Zeichne die Buchse (**174.11**), das Formstück (**174.12**) und die Dreikantspitze (**174.13**) in je drei Ansichten und konstruiere die Kurven.
6. Die Federplatte (**174.14**) ist in den üblichen drei Ansichten zu zeichnen und die Kurve zu konstruieren. Außerdem ist die Ansicht von rechts im Schnitt darzustellen.

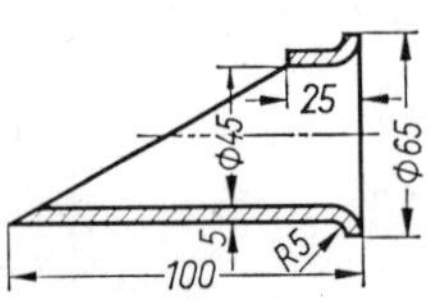


**174.11** Abgeschrägte Buchse

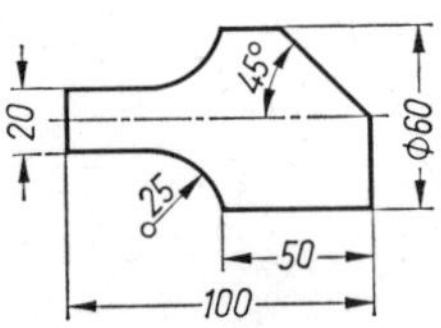


**174.12** Formstück

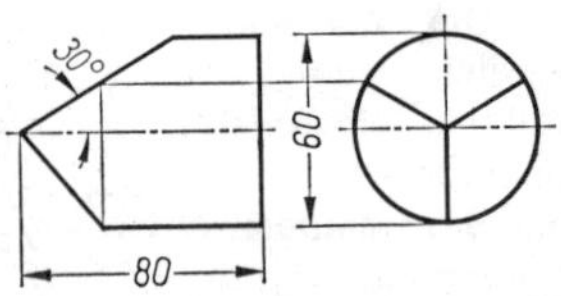


**174.13** Dreikantspitze

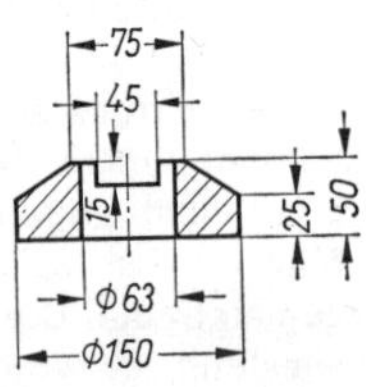


**174.14** Federplatte

7. Zeichne den abgeschrägten Rundstahl (**175.1**), den Keil (**175.2**) und die Hülse (**175.3**) in je drei Ansichten und konstruiere die Kurven.

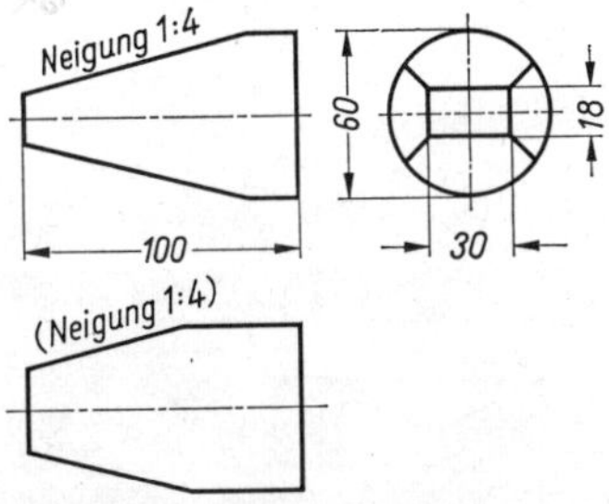

**175.1** Abgeschrägter Rundstahl

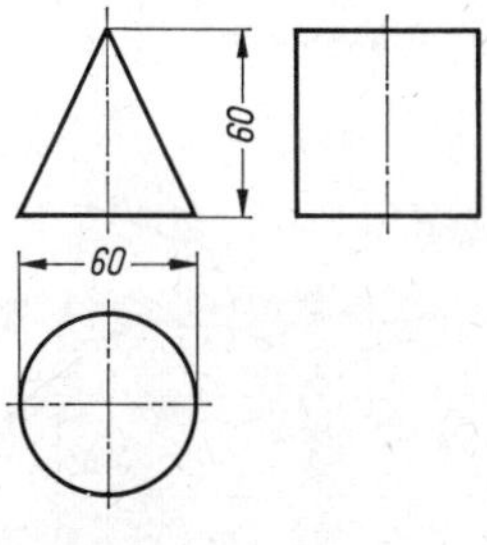

**175.2** Keil

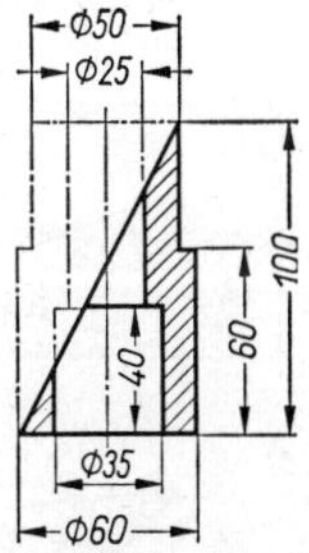

**175.3** Hülse

### 10.2.3 Pyramidische Körper

Pyramidenstümpfe lassen sich durch Umklappen der Seitenflächen um die Kanten der Grundfläche abwickeln (**175.4**). Die Abwicklung kann aber auch unter Benutzung der wahren Länge der Seitenkanten erfolgen (**175.5**).

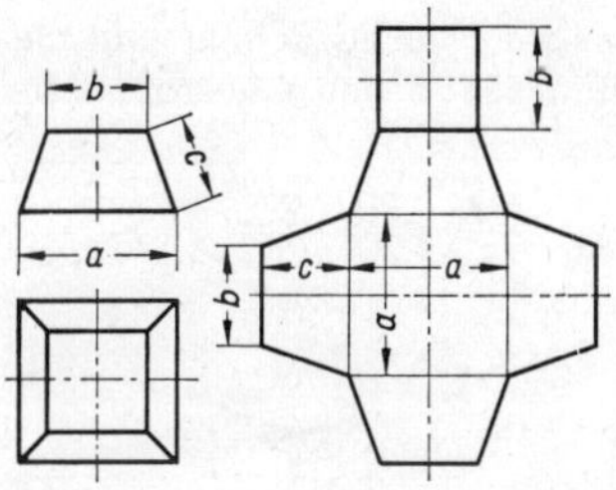

**175.4** Abwickeln durch Umklappen der Seitenflächen

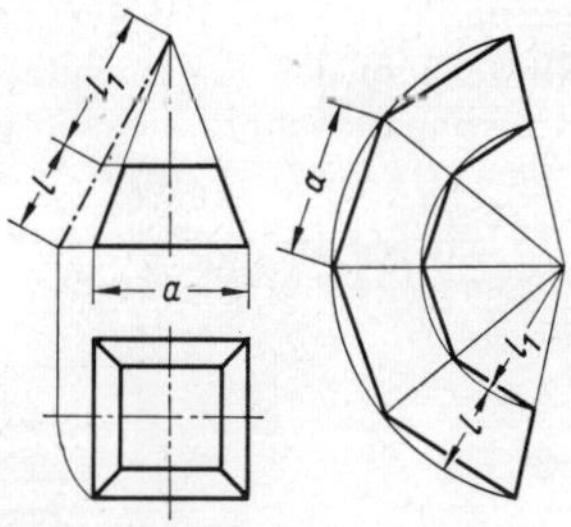

**175.5** Abwickeln des Mantels mit Hilfe der wahren Kantenlänge

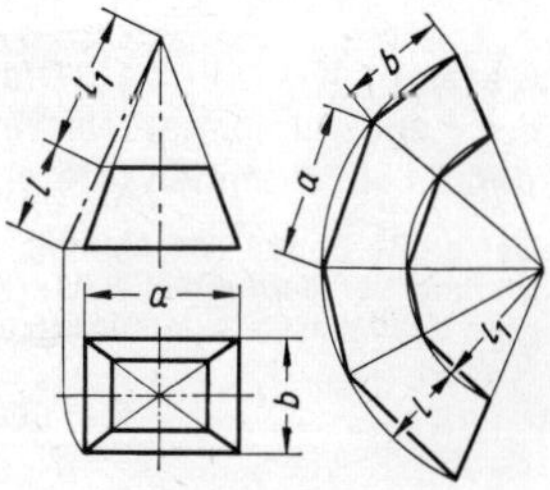

**175.6** Abwickeln des Mantels mit Hilfe der wahren Kantenlänge

Nach dem Verfahren in Bild **170.1** wird die wahre Kantenlänge festgestellt. Eine von der Deckfläche des Pyramidenstumpfes waagerecht gezogene Linie schneidet die wahre Länge der Seitenkanten. Der untere Teil $l$ (**175.5**) ist gleich der Seitenkante des Pyramidenstumpfes, der obere ($l_1$) gleich der der Pyramidenspitze. Mit der wahren Kantenlänge ($l + l_1$) der ganzen Pyramide als Halbmesser wird dann ein Kreisbogen geschlagen und die Seitenlänge $a$ der Grundfläche viermal darauf abgetragen. Durch Verbinden der Teilpunkte mit dem Zirkeleinsatzpunkt entsteht die Mantelabwicklung der ganzen Pyramide. Dann wird die wahre Länge $l_1$ der Pyramidenspitze aus der Vorderansicht in den Zirkel genommen und auf den Dreieckseiten der Abwicklung abgetragen. Durch Verbinden dieser Zwischenpunkte entsteht die Mantelabwicklung des Pyramidenstumpfes, an die noch Grund- und Deckfläche angesetzt werden können.

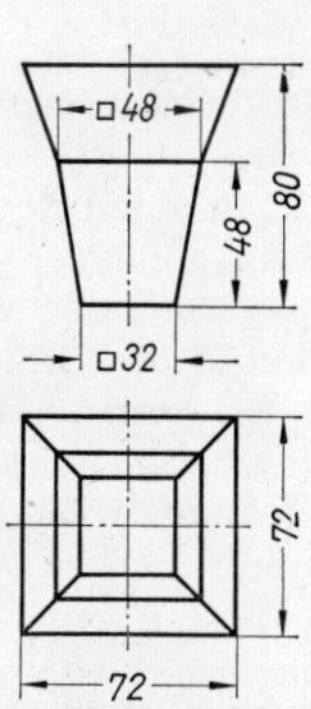

**175.7** Trichter

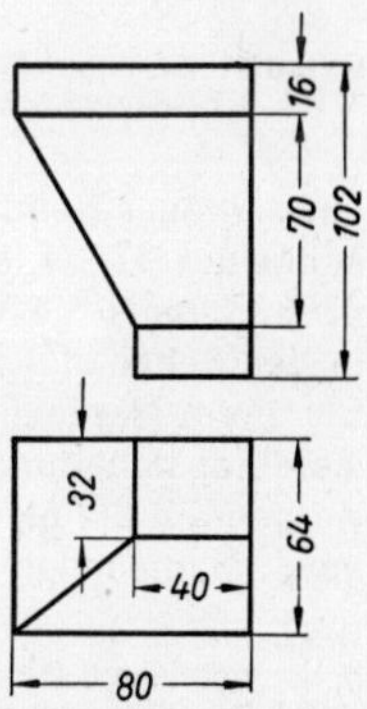

**175.8** Schiefer Trichter

Bei Pyramidenstümpfen mit rechtwinkliger Grundfläche wechseln die verschieden langen Grundkanten $a$ und $b$ auf dem Kreisbogen ab (**175.6**).

**Übungen:** Zeichne die Abwicklungen der Trichter (**175.7** und **175.8**), der Pyramidenstümpfe (**176.1** und **176.2**) und der Schurre (**176.3**) in geeigneten Maßstäben.

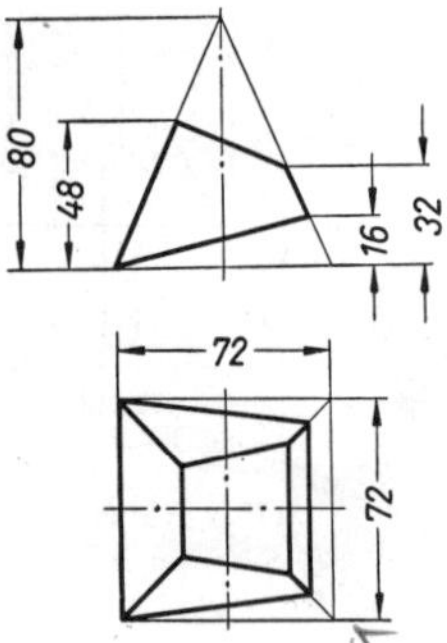


**176.1** Pyramidenstumpf

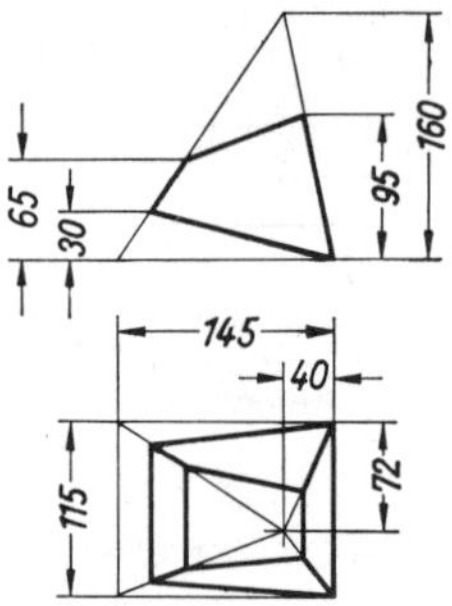


**176.2** Schiefer Pyramidenstumpf

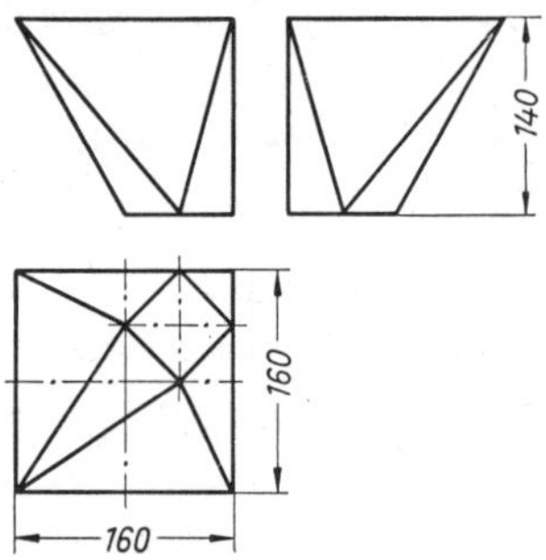


**176.3** Schurre

## 10.2.4 Kegelige Körper

Gerader Kreiskegel. Die Abwicklung des Kegelmantels ist ein Kreisausschnitt und die des Kegelstumpfmantels ein Kreisringausschnitt, dessen Halbmesser $S$ und $s$ aus der Vorderansicht stammen (**176.4**).

Der große Bogen des Mantels ist so lang wie der Umfang der Grundfläche ($U = \pi \cdot D$) und wird mit Hilfe des Winkels $\alpha$ bestimmt:

$$\alpha = \frac{180° \cdot D}{S}$$

Es bedeuten:

$D$ = Durchmesser der großen Grundfläche
$S$ = Seitenlänge des Kegels

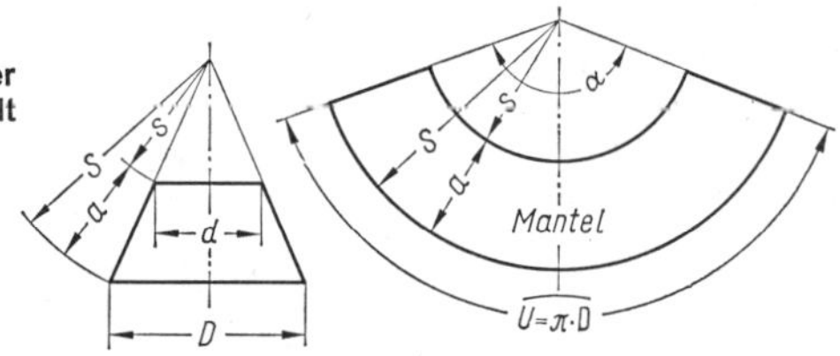


**176.4** Darstellung und Mantelabwicklung eines Kegelstumpfes

Die Formel ist aus der Gleichheit der Verhältnisse zwischen dem Mittelpunktswinkel $\alpha$ und der Bogenlänge $\pi \cdot D$ bzw. dem Vollwinkel 360° und dem dazugehörigen Kreisumfang $\pi \cdot 2S$ entstanden:

$$\frac{\alpha}{\pi \cdot D} = \frac{360°}{\pi \cdot 2S}$$

**Beispiel:** Bei einem Durchmesser $D = 200$ mm und einer Seitenlänge $S = 250$ mm beträgt der Winkel: $\alpha = \frac{180° \cdot D}{S} = \frac{180° \cdot 200\text{ mm}}{250\text{ mm}} = 144°$

Ein schräger Schnitt durch einen Kegel erzeugt eine Ellipse, sofern er beide Seitenlinien schneidet (**177.1**), oder einen Ellipsenabschnitt, wenn er eine Seitenlinie und über die Grundfläche hinaus die Verlängerung der anderen schneidet. Zur Konstruktion der Deckfläche in der Seitenansicht und in der Draufsicht und zum Aufzeichnen der Abwicklung dienen wiederum Mantellinien. Sie führen von der Grundkante zur Kegelspitze. Dort, wo sie in der Vorderansicht durch die schräge Schnittlinie unterbrochen sind, liegen Punkte der Ellipse. Sie werden auf die gleichen Mantellinien der Seitenansicht und der Draufsicht übertragen (Beispiel: Mantellinien 2 und 10).

Die Ellipse in der Draufsicht wird jedoch genauer, wenn sich jede Mantellinie mit dem zugehörigen Kreisbogen schneidet. Das ist derjenige Kreisbogen, der parallel zur Kegelgrundkante durch den zu übertragenden Ellipsenpunkt um den Kegelmantel herumläuft. Die Vorderansicht zeigt den Halbmesser $r$ für den Kreisbogen, der in der Draufsicht die Mantellinien 2 und 10 schneidet.

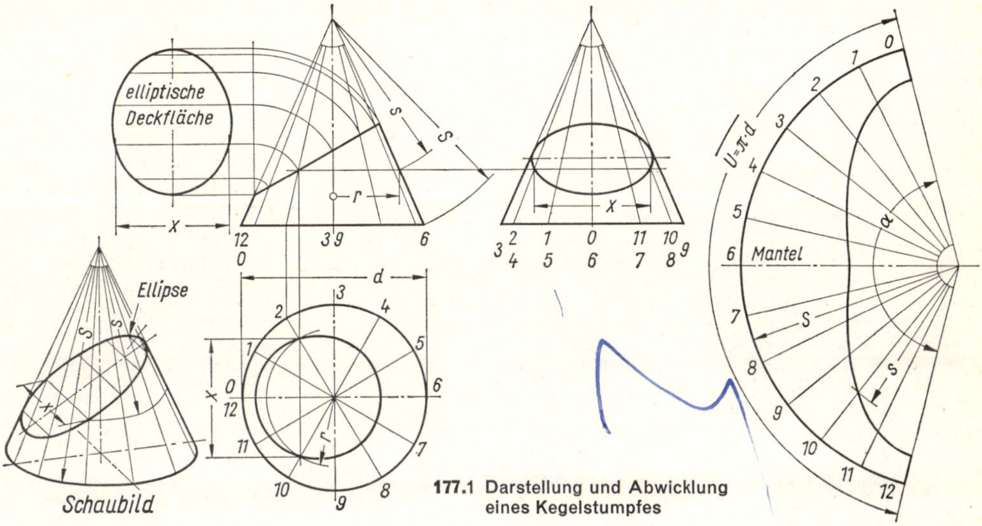


**177.1** Darstellung und Abwicklung eines Kegelstumpfes

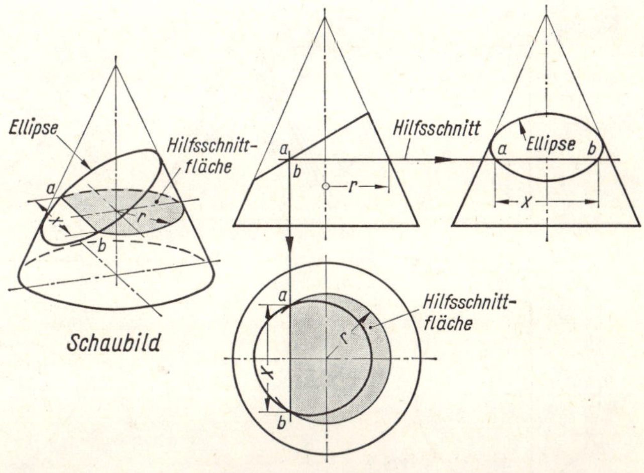


**177.2** Konstruktion der elliptischen Deckfläche durch Hilfsschnitte

Für die Abwicklung des K e g e l s t u m p f m a n t e l s wird zuerst ein Kreisbogen mit der aus der Vorderansicht entnommenen Seitenlänge *S* geschlagen, der Winkel $\alpha$ berechnet (s. S. 176) und abgetragen. Nach der Einteilung des Bogens in 12 gleiche Teile sind Mantellinien zu ziehen und die Längen aus der Vorderansicht abzugreifen. Dort erscheinen sie verkürzt, 0 bzw. 12 und 6 ausgenommen. Um die wirkliche Länge zu erhalten, dreht man den Kegel um seine Längsachse, bis die betreffende Mantellinie, z. B. 10, mit einer Seitenlinie zusammenfällt. Nun kann die wahre Länge als Maß *s* aus der Vorderansicht in die Abwicklung übertragen werden.

Für das Aufzeichnen der wahren Größe der Deckfläche wird zuerst die Länge der schrägen Schnittlinie einschließlich der Unterteilungen als große Achse der Ellipse aus der Vorderansicht durch Zirkelschläge übertragen. Die Abstände der Ellipsenpunkte in den Enden zweier gleichlanger Mantellinien werden aus der Draufsicht übernommen (Beispiel: Maß *x*).

Die Deckfläche in der Draufsicht und in der Seitenansicht kann aber auch durch H i l f s s c h n i t t e konstruiert werden (**177.2**). Sie liegen parallel zur Grundfläche und erzeugen Kreisflächen, von denen ein Stück abgetrennt ist. Aus der Vorderansicht wird der Halbmesser *r* abgegriffen, in der Draufsicht damit ein Kreis geschlagen und dann die Sehne durch Herunterloten gezogen. Sie schneidet den Kreis in den Ellipsenpunkten *a* und *b*. Diese werden in der Seitenansicht mit Hilfe des Maßes *x* festgelegt. Weitere Kurvenpunkte werden in der gleichen Weise durch höher und tiefer liegende Hilfsschnitte bestimmt.

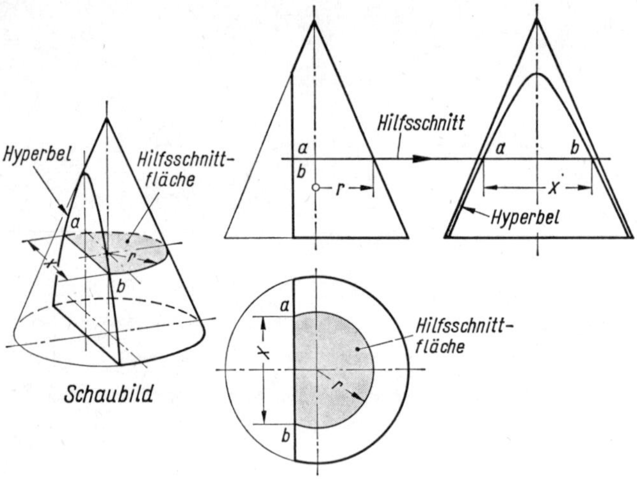


**178.1** Konstruktion der Hyperbel durch Hilfsschnitte

Durch einen **Schnitt parallel zur Mittelachse** des Kegels entsteht eine von einer **Hyperbel** und einer Geraden begrenzte Fläche. Die Hyperbel tritt in der Seitenansicht in wahrer Größe auf. Die Sehnen der verschieden großen Hilfsschnittflächen liegen in der Draufsicht übereinander (**178.1**).

Für die Abwicklung des **Mantels** werden wieder Mantellinien verwendet, die dort, wo die Kurve liegt, zwecks größerer Genauigkeit vermehrt und an anderen Stellen fortgelassen werden können (**178.2**).

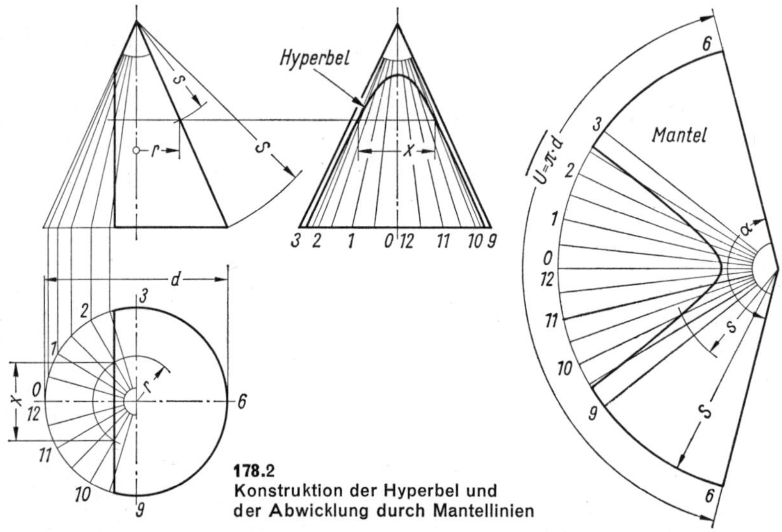


**178.2**
Konstruktion der Hyperbel und der Abwicklung durch Mantellinien

Durch einen schrägen **Schnitt parallel zur Seitenlinie** entsteht eine von einer Parabel und einer Geraden begrenzte Fläche (**179.1**). Die in der Seitenansicht und in der Draufsicht liegende Kurve und die Abwicklungen werden nach bereits bekanntem Verfahren konstruiert.

Nicht nur der Schnitt parallel zur Körperachse erzeugt eine Hyperbel (**178.1**), sondern auch jeder andere in dem Raume zwischen jenem Schnitt und dem Parabelschnitt.

**Schiefer Kreiskegel.** Die Mantellinien des schiefen Kreiskegels sind verschieden lang (**179.2**) und erscheinen bis auf die beiden 0 bzw. 12 und 6, die sich mit den Seitenlinien in der Vorderansicht decken, verkürzt.

Die **Mantelabwicklung** beginnt mit der längsten Mantellinie 6. Sie teilt die Abwicklung in Hälften. Die wahre Länge *WL* der Mantellinien 5 und 7 wird ermittelt und damit ein Kreisbogen um den Punkt $M$ geschlagen. Mit dem zwölften Teile des Umfanges der Grundfläche wird dann um den Endpunkt $P$ ein zweiter Kreisbogen gezogen und mit dem anderen zum Schnitt gebracht. Damit liegen die Punkte 5 und 7 der geschwungenen Begrenzungslinie fest. Nun werden zwei Kreisbogen um die Punkte 5 und 7 der Abwicklung geschlagen, einer mit der wahren Länge der nächsten Mantellinien 4 und 8 und der andere mit dem zwölften Teile des Umfangs der Grundfläche. In den Schnittpunkten befinden sich weitere zwei Punkte (4 und 8) der geschwungenen Begrenzungslinie. Das Verfahren wird so lange fortgesetzt, bis alle Punkte gefunden sind.

Schnitte durch schiefe Kreiskegel sind wie bei geraden Kreiskegeln je nach der Lage Kreise, Ellipsen, Parabeln oder Hyperbeln.

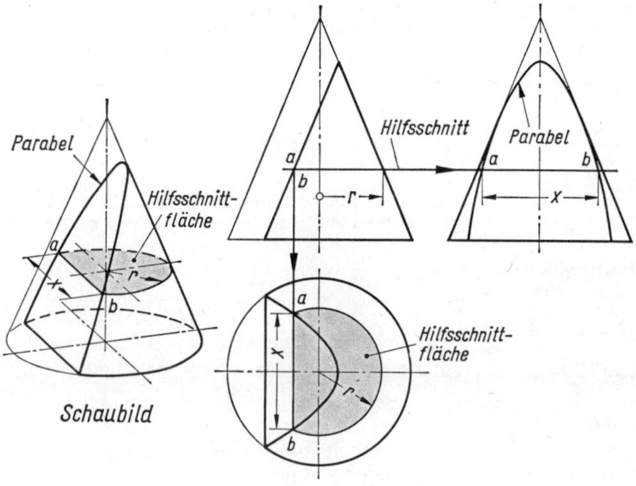

**179.1** Konstruktion der Parabel durch Hilfsschnitte

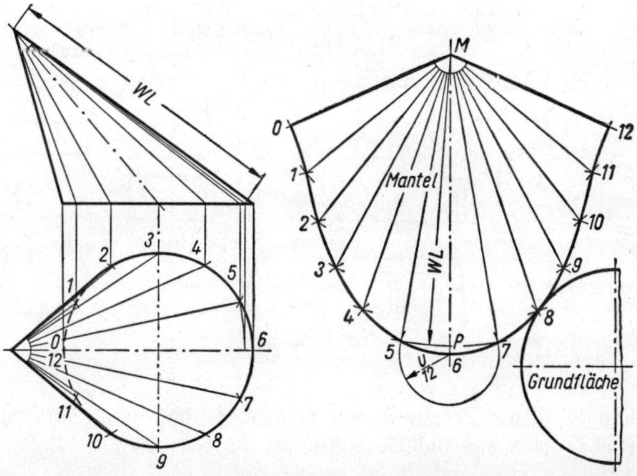

**179.2** Schiefer Kreiskegel

**Übungen**

1. Zeichne Ansichten und Abwicklung des Trichters (**179.3**), des Rohrabzweigs (**179.4**), der Haube (**179.5**) der Rohrverbindung (**180.1**) und des Hosenrohres (**180.2**).
2. Zeichne die Kloben (**179.6** und **180.3**), den Vierkant (**180.4**) und den Sechskant (**180.5**) in drei Ansichten und konstruiere die Schnittkurven.

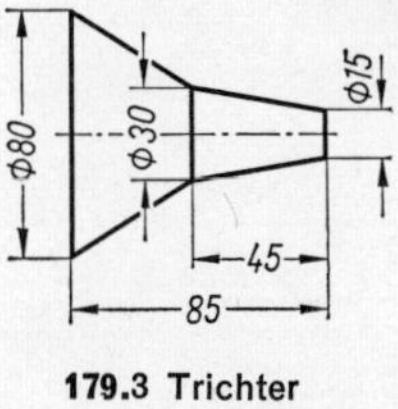

**179.3** Trichter

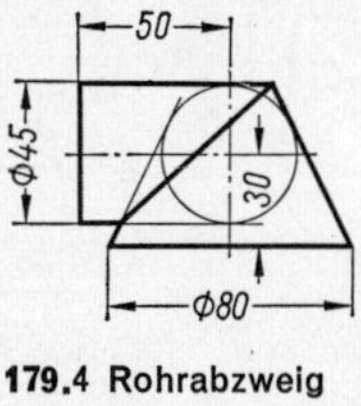

**179.4** Rohrabzweig

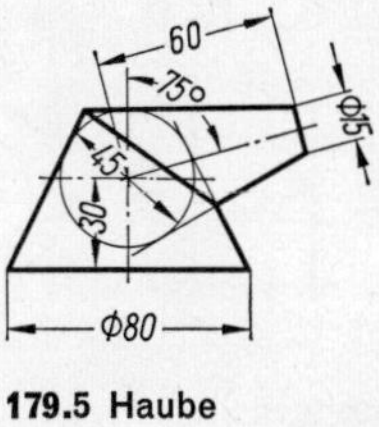

**179.5** Haube

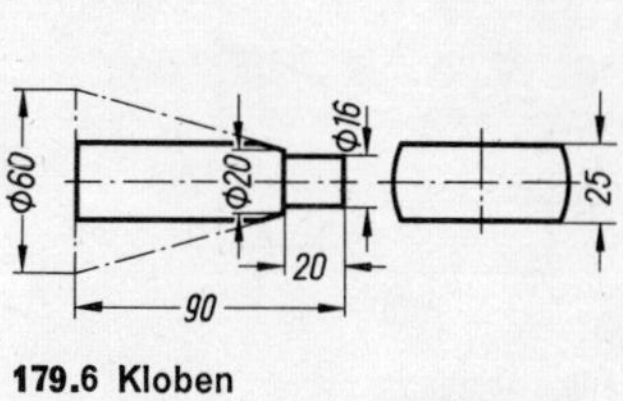

**179.6** Kloben

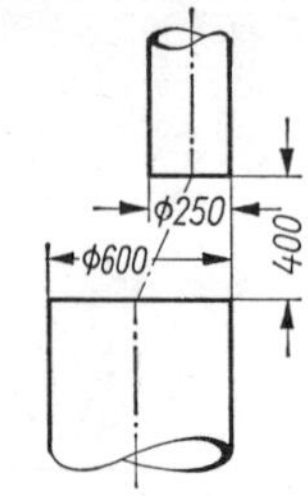


180.1 Rohrverbindung

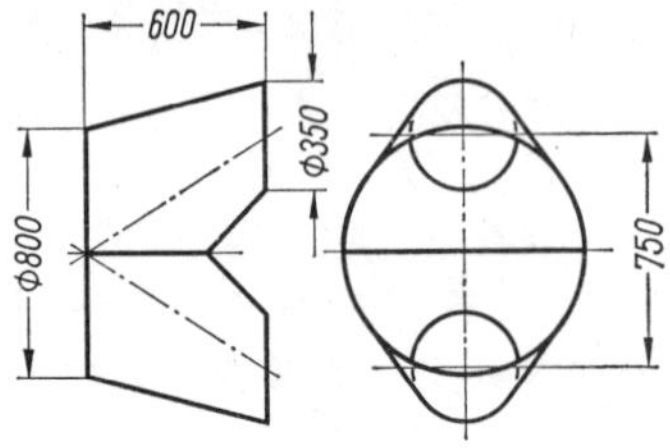


180.2 Hosenrohr

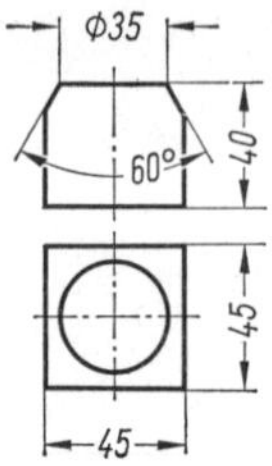


180.3 Kloben

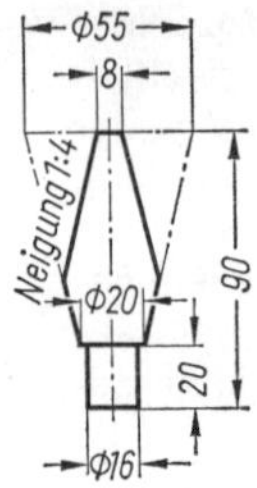


180.4 Vierkant

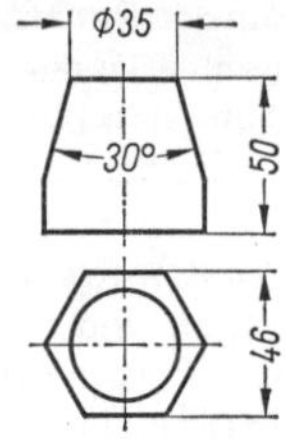


180.5 Sechskant

## 10.2.5 Andere Drehkörper

Die Hilfsschnitte zur Konstruktion der Kurven an einem Stangenende (**180.6**) liegen rechtwinklig zur Körperachse und ergeben Kreisflächen, an denen zwei gegenüberliegende Stücke fehlen.

Mit dem in der Vorderansicht abzugreifenden Halbmesser *r* wird die Hilfsschnittfläche in der Draufsicht umrissen. In den Schnittpunkten der Bogen mit den waagerechten Körperkanten liegen die Kurvenpunkte *a* und *b*. Sie werden in die Vorderansicht übernommen. In der Seitenansicht erscheint die Kurve als gerade Linie wie in der Draufsicht.

**Sind Stangendurchmesser und Kopfbreite gleich groß, sind mithin die waagerechten Körperkanten der Draufsicht Tangenten am Kreise des Schaftes, dann läuft die Kurve in eine Spitze aus.**

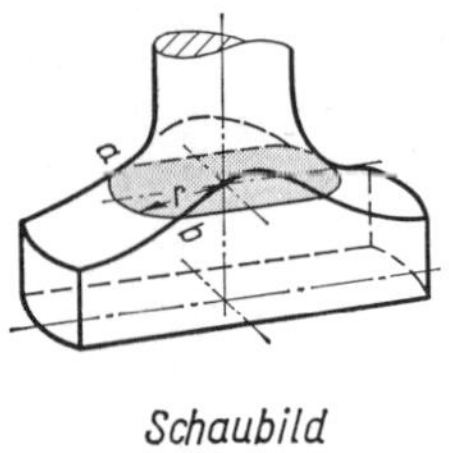


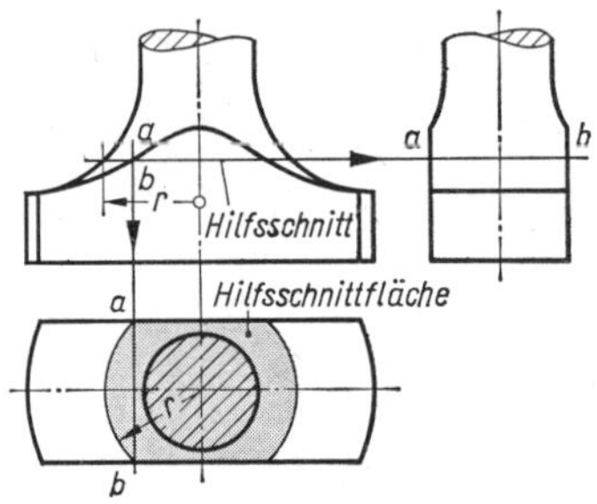


**180.6**
Schnittkurven an einem Stangenende

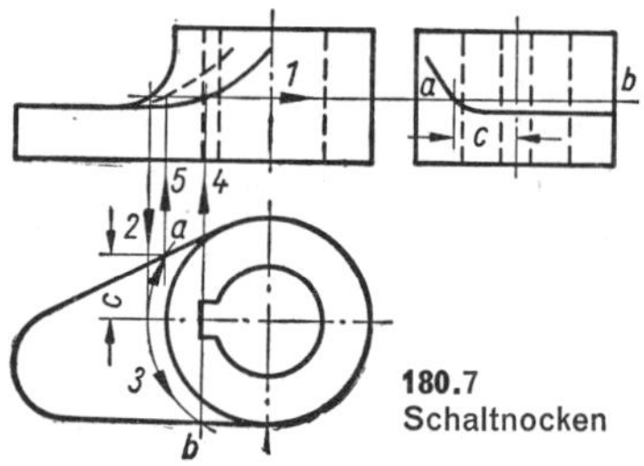

**180.7**
Schaltnocken

Die Reihenfolge der Zeichenarbeit beim Aufsuchen von Kurvenpunkten an einem Nockenhebel (**180.7**) geht aus der Bezeichnung der Konstruktionslinien 1 bis 4 hervor. Die Linie, die den Hilfsschnitt darstellt, ist mit 1 bezeichnet.

**Übungen:** Zeichne die in den Bildern **180.9** und **180.10** dargestellten Werkstücke in zwei Ansichten, die in den Bildern **180.8** und **181.1** bis 3 dargestellten Teile in drei Ansichten und konstruiere die Kurven.

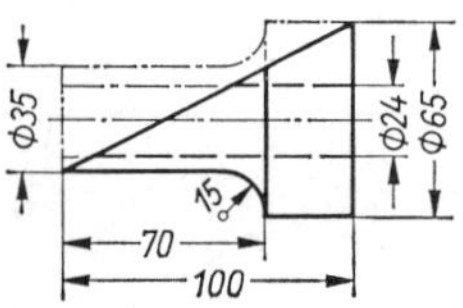


**180.8** Hülse

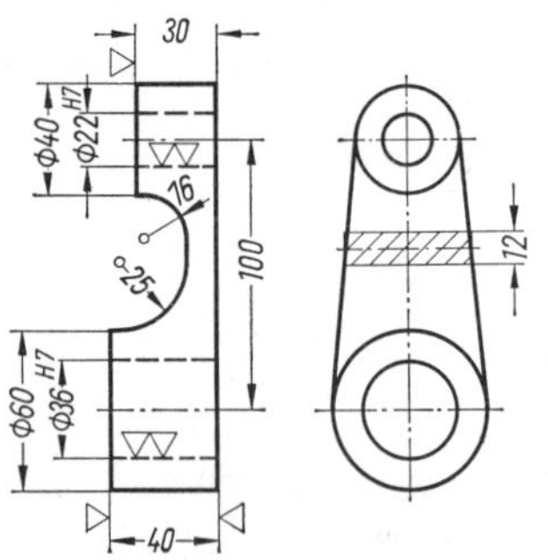


**180.9** Hebel

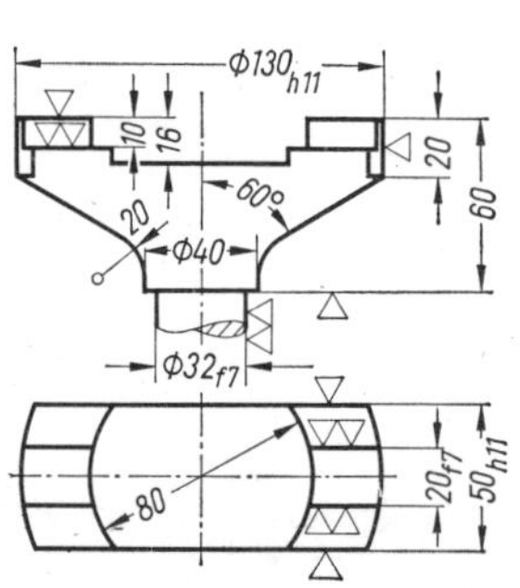


**180.10** Kupplungshälfte

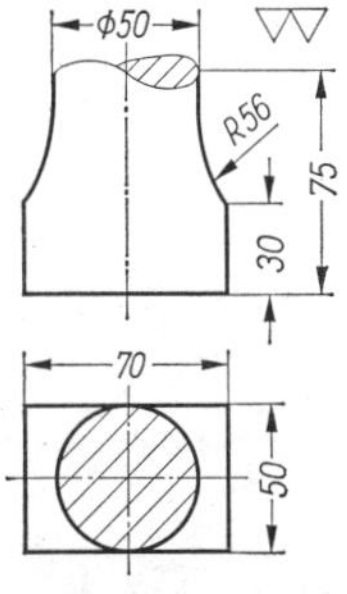


181.1 Stempel

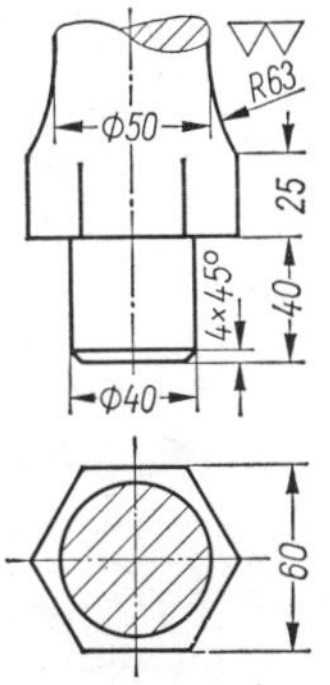


181.2 Sechskantfuß

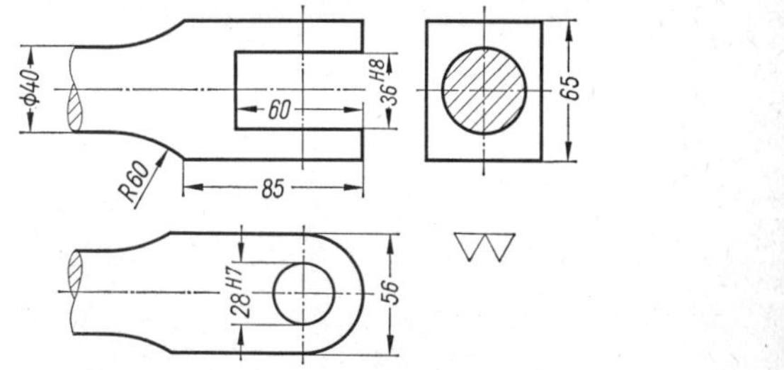


181.3 Gabelkopf

## 10.2.6 Kugel

Ein ebener Schnitt durch eine Kugel erzeugt stets einen Kreis. Sein Durchmesser ist um so größer, je mehr er sich dem Durchmesser der Kugel nähert. Liegt der Schnitt schräg, dann erscheint die kreisförmige Schnittfläche in den anderen Ansichten als Ellipse, deren Konstruktion aus Bild **181**.4 hervorgeht. Die großen Achsen beider Ellipsen und der Durchmesser der Schnittfläche sind einander gleich.

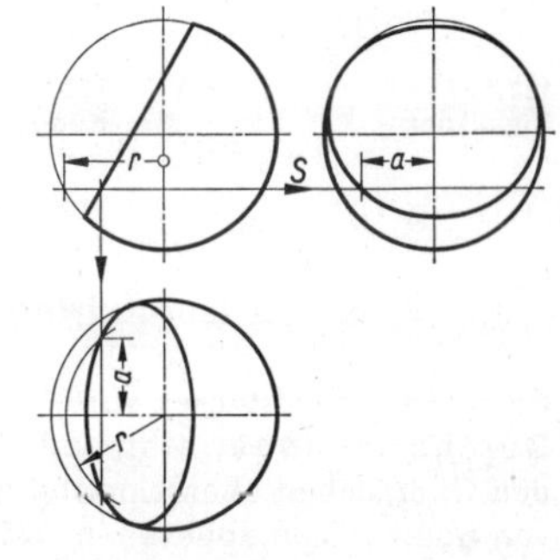


181.4 Schräggeschnittene Kugel

Die Oberfläche einer Kugel läßt sich nicht als Ebene ausbreiten. Die Abwicklung ist daher nur annähernd genau möglich.

Die Kugel wird wie die auf dem Globus dargestellte Erdoberfläche mit einem Liniennetz versehen (**181**.5). Dadurch kann die Oberfläche zerlegt werden. Sie besteht bei der dargestellten Kugel aus 12 Teilen, sphärische Zweiecke genannt, deren Längen gleich dem halben Kugelumfang $U/2$ und wie dieser in 6 gleiche Teile geteilt sind. Die einzelnen Breiten $a$, $b$ usw. werden der Draufsicht entnommen.

Die Kugel läßt sich auch in Zonen einteilen. Die Oberflächen der unteren Zonen werden als Kegelstumpfmäntel und die der Kuppe als Kegelmantel angesehen und aufgezeichnet (**181**.6).

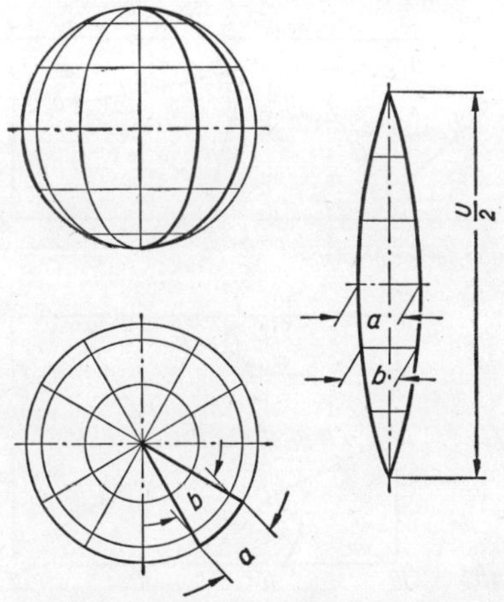


181.5 Abwicklung des sphärischen Zweiecks

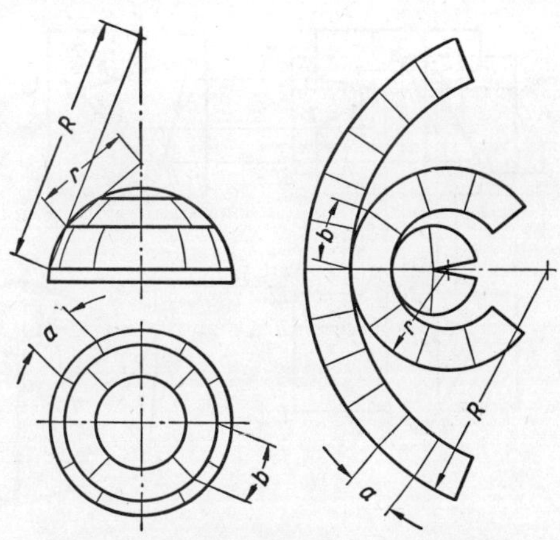


181.6 Abwicklung der Kugelzonen

**Übungen:** Zeichne die Werkstücke **182.1** bis 4 in je drei Ansichten und konstruiere die Kurven.

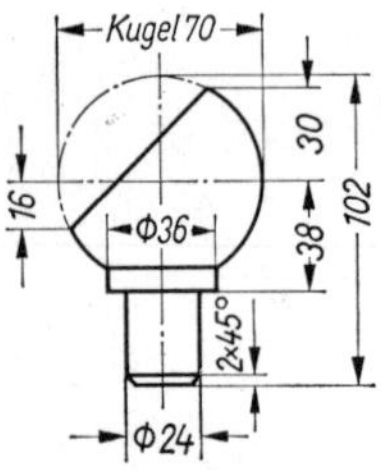


**182.1**
Kugelkopf

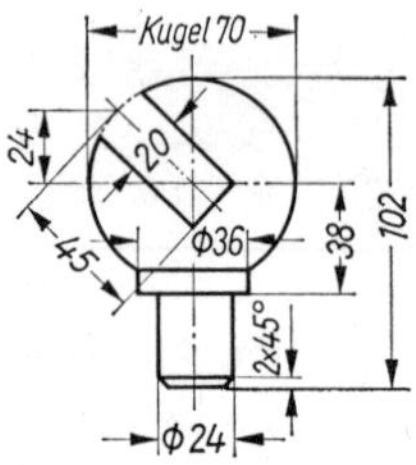


**182.2**
Kugelkopf

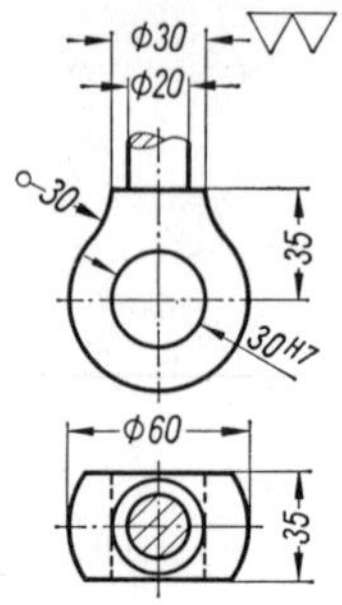


**182.3**
Stangenende

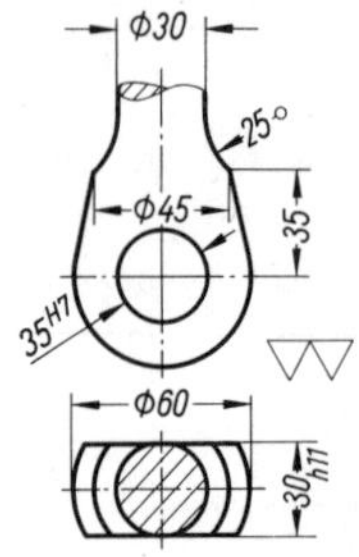


**182.4**
Stangenkopf

## 10.3 Durchdringungen und Abwicklungen

Beim Ineinanderstecken von Körpern entstehen an den Stoßstellen neue Kanten. Sie heißen Durchdringungslinien und sind in der Zeichnung geradlinig, wenn die zusammenstoßenden Oberflächen eben sind. Ist aber mindestens eine der Oberflächen gewölbt, dann treten, von Sonderfällen abgesehen (**185.2**), Durchdringungskurven auf.

### 10.3.1 Prismen

Rechtwinklige Durchdringung einer Rechtecksäule mit einer Dreiecksäule. Die Achsen der Körper stehen rechtwinklig zueinander (**182.5**). Die Durchdringungslinien erscheinen in dem Beispiel in der Vorderansicht und werden aus der Seitenansicht und der Draufsicht übernommen. Zur Erleichterung der Arbeit sind die Seitenkanten der Rechtecksäule mit 1 bis 4 und die der Dreiecksäule mit I bis III bezeichnet. Die Draufsicht zeigt die Punkte *a*, *b* usw. bis *f*, in denen die Rechtecksäule von den Kanten I bis III durchstoßen wird.

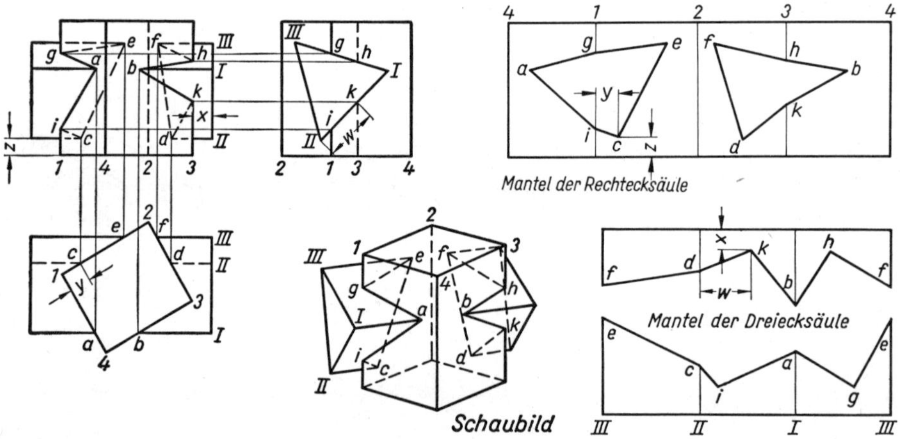


**182.5** Rechtwinklige Durchdringung einer Rechtecksäule mit einer Dreiecksäule

Sie werden in die Vorderansicht übertragen. Die Seitenansicht zeigt die Punkte *g* bis *k*, in denen die Dreiecksäule von den Kanten 1 und 3 durchstoßen wird. Die Punkte werden in die Vorderansicht herübergeholt.

Nun werden die in der Vorderansicht gefundenen Punkte *a* bis *k* wie folgt verbunden: Vom Punkt *a* in der Draufsicht führt eine Rechteckseite zur Kante 1. Auf dieser Kante liegt, wie die Seitenansicht zeigt, der Punkt *g*. Er muß mit *a* verbunden werden. Punkt *g* ist mit *e* zu verbinden, weil beim Umfahren des Rechtecks in der Draufsicht der Punkt *e* folgt. Punkt *e* wird dann mit *c* verbunden. Mit welchem Punkt der auf der Kante II liegende Punkt *c* zu verbinden ist, zeigt die Seitenansicht. Dort führt eine Dreieckseite von II nach I, auf der Punkt *i* liegt. Folglich wird von *c* nach *i* gezogen. In dieser Weise wird die Arbeit fortgesetzt. Die Durchdringungslinien sind zum Teil verdeckt, wie Draufsicht und Seitenansicht zeigen.

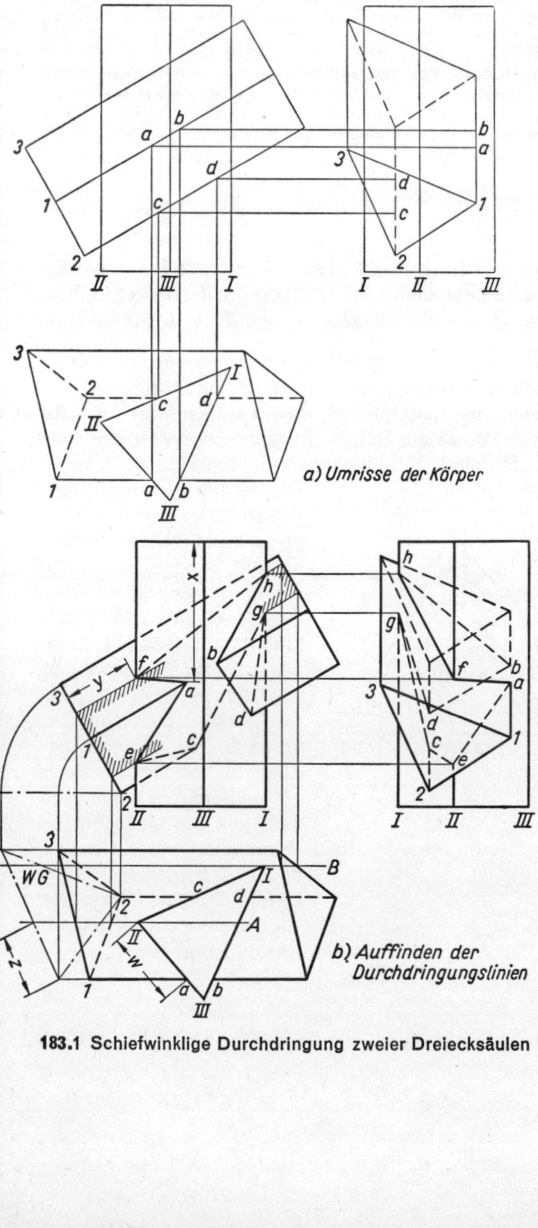

a) Umrisse der Körper

b) Auffinden der Durchdringungslinien

Zum Festlegen der Ausschnitte aus dem Mantel der Rechtecksäule werden zuerst die Punkte *g* bis *k* auf den Seitenlinien 1 und 3 der Abwicklung abgetragen. Die Abmessungen hierfür liefert die Seitenansicht. Dann werden die Punkte *a* bis *f* bestimmt, deren Abstände von den Seitenkanten am Umfange der Rechteckfläche in der Draufsicht und deren Höhen aus der Vorderansicht abgegriffen werden (Beispiel: Maße *y* und *z* für Punkt *c*). Ebenso wird der Ausschnitt aus dem abgewickelten Mantel der Dreiecksäule festgelegt. Die Punkte *a* bis *f* auf den Kanten I bis III liefert die Draufsicht. Die Abstände für die Punkte *g* bis *k* werden in der Seitenansicht und in der Draufsicht abgegriffen (Beispiel: Maße *w* und *x* für Punkt *k*).

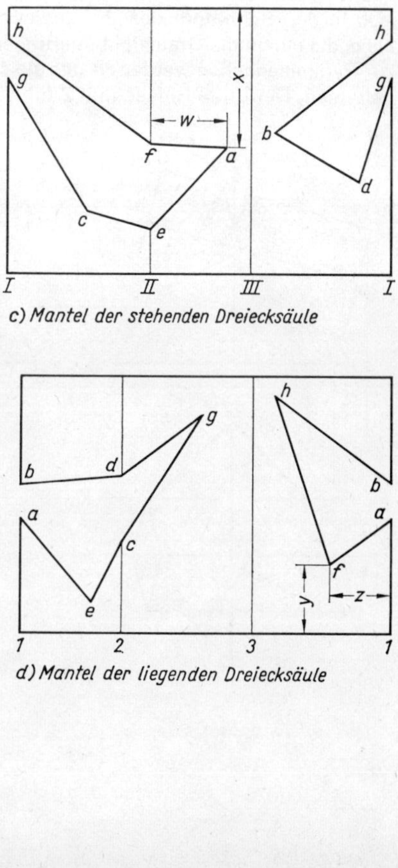

c) Mantel der stehenden Dreiecksäule

d) Mantel der liegenden Dreiecksäule

**183.1** Schiefwinklige Durchdringung zweier Dreiecksäulen

Schiefwinklige Durchdringung zweier Dreiecksäulen. Zuerst werden die Umrisse der Körper in schmalen Linien aufgezeichnet (**183.**1 a). Die Draufsicht zeigt, daß die Kanten 1 und 2 auf die stehende Dreiecksäule auftreffen, und zwar in den Punkten *a* bis *d*. Sie werden von hier in die Vorderansicht und in die Seitenansicht übertragen. Für die Ermittlung der Punkte *e* und *f* wird ein Hilfsschnitt *A* parallel zur Projektionsfläche der Vorderansicht durch die Kante II gelegt (**183.**1 b). Er erzeugt an der schiefliegenden Dreiecksäule in der Vorderansicht eine Hilfsschnittfläche, deren Breite aus der Draufsicht ermittelt wird. Damit werden die Punkte *e* und *f* gefunden. Durch einen weiteren Hilfsschnitt *B* entlang der Kante I werden in der Vorderansicht *g* und *h* ermittelt. Nachdem nun die Punkte *e* bis *h* in die Seitenansicht übertragen worden sind, wird die Zeichnung vervollständigt.

Für den Ausschnitt des abgewickelten Mantels der stehenden Dreiecksäule (**183.**1 c) werden die Punkte *e* bis *h* von den Seitenkanten I und II der Vorderansicht übernommen. Die Abstände der Punkte *a* bis *d* von den Seitenkanten stammen aus Draufsicht und Vorderansicht (Beispiel: Maße *w* und *x* für Punkt *a*).

Zum Aufzeichnen des Mantels der schiefliegenden Dreiecksäule (**183.**1 d) wird zuvor die wahre Größe *WG* der Grundfläche in der Draufsicht ermittelt (**183.**1 b). Die wahren Längen der Dreieckseiten sind die Breiten der Mantelabwicklung. Die Punkte *a* bis *d* der Abwicklung gehen aus der Vorderansicht hervor. Die übrigen Punkte *e* bis *h* werden durch die Höhen aus der Vorderansicht (Beispiel: Maß *y* für Punkt *f*) und durch die Abstände von den Seitenkanten festgelegt. Diese sind aber an den wahren Längen der Dreieckseiten in der Draufsicht abzugreifen (Beispiel: Maß *z* für Punkt *f*).

### 10.3.2 Prisma und Pyramide

Schiefwinklige Durchdringung einer Pyramide mit einer Quadratsäule. Zur Ermittlung der Punkte *a* bis *d* in der Vorderansicht dient der Hilfsschnitt *X* (**184.1**). Er liegt parallel zur Längsachse der Pyramide und in den Seitenkanten 1 und 3 der Quadratsäule.

Als Hilfsschnittfläche entsteht in der Vorderansicht das große, am Rande schraffierte Dreieck. In den Schnittpunkten der Dreieckseiten mit den Kanten 1 und 3 liegen die Punkte *a* bis *d*, die nun in die Draufsicht übertragen werden. Durch einen zweiten Hilfsschnitt *Y* parallel zur Pyramidenachse werden in der gleichen Weise die Punkte *e* und *f* in der Vorderansicht gefunden. Der dritte Hilfsschnitt *Z* führt durch die Pyramidenachse und liefert in der Vorderansicht die Punkte *g* bis *k*. Die Punkte *l* und *m* entstehen zuerst in der Seitenansicht, und zwar durch einen Hilfsschnitt entlang der senkrechten Mittellinie in der Vorderansicht. Er erzeugt in der Seitenansicht, von der Pyramide herrührend, eine Dreieckfläche, deren Seiten mit den Umrißlinien der Seitenansicht zusammenfallen, und außerdem, von der Quadratsäule stammend, eine Viereckfläche. Die rechte Dreieckseite schneidet dort zwei Viereckseiten und gibt die Punkte *l* und *m* an.

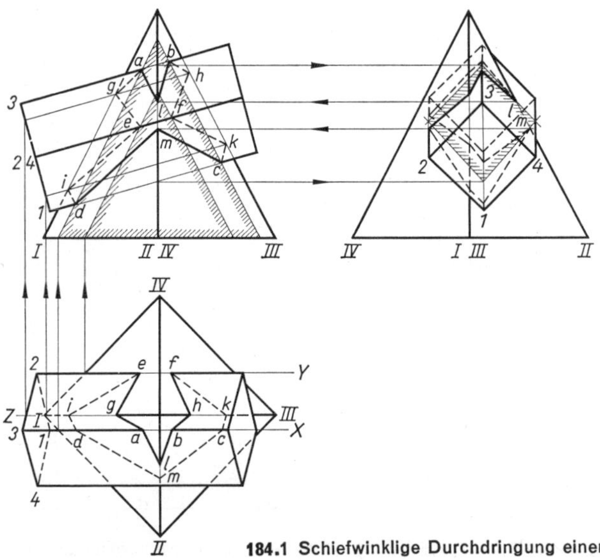


**184.1** Schiefwinklige Durchdringung einer Pyramide und einer Quadratsäule

### 10.3.3 Zylinder

Rechtwinklige Durchdringung zweier Rundsäulen. Der Hilfsschnitt $S$ führt durch beide Rundsäulen (**185.1**). An der stehenden erzeugt er eine kreisförmige und an der anderen eine rechteckige Schnittfläche. Die Breite der rechteckigen Schnittfläche wird als Maß $x$ aus der Seitenansicht in die Draufsicht übertragen. Wo die Umrißlinien beider Schnittflächen zusammenstoßen, liegen die Punkte $a$ bis $d$; sie werden in die Vorderansicht hochgelotet. Weitere Kurvenpunkte entstehen durch höher und tiefer liegende Hilfsschnitte in gleicher Weise.

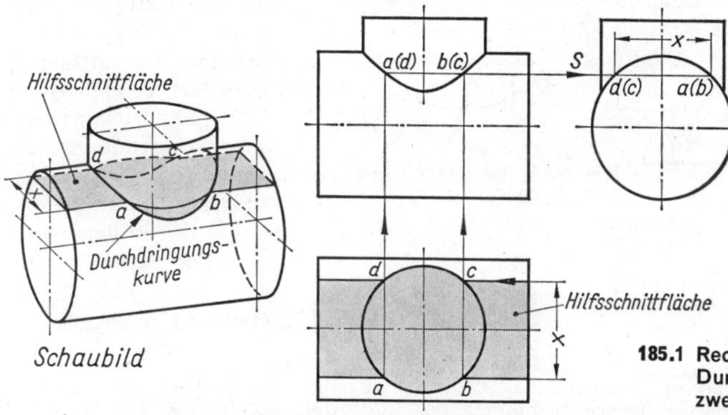


**185.1** Rechtwinklige Durchdringung zweier Rundsäulen

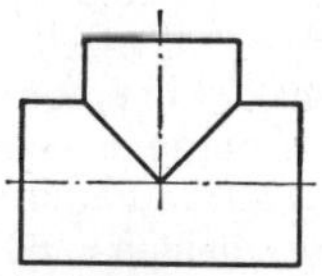

Die Durchdringungskurve ist eine Hyperbel, deren Scheitelbogen genügend genau mit dem Zirkel geschlagen werden kann. Als Halbmesser dient die Entfernung vom Scheitelpunkt bis zur Mittelachse der großen Rundsäule. Sind die Durchmesser gleich groß, dann entstehen gerade Durchdringungslinien (**185.2**). Gerade Durchdringungslinien zeigen auch die Bilder **189.4** und **5**.

**185.2** Durchdringung zweier Rundsäulen gleichen Durchmessers

Die Durchdringungskurven können aber auch mit Hilfe von Mantellinien konstruiert werden (**185.3**). Dieses Verfahren ist am Platze, wenn auch die Mantelabwicklung verlangt wird.

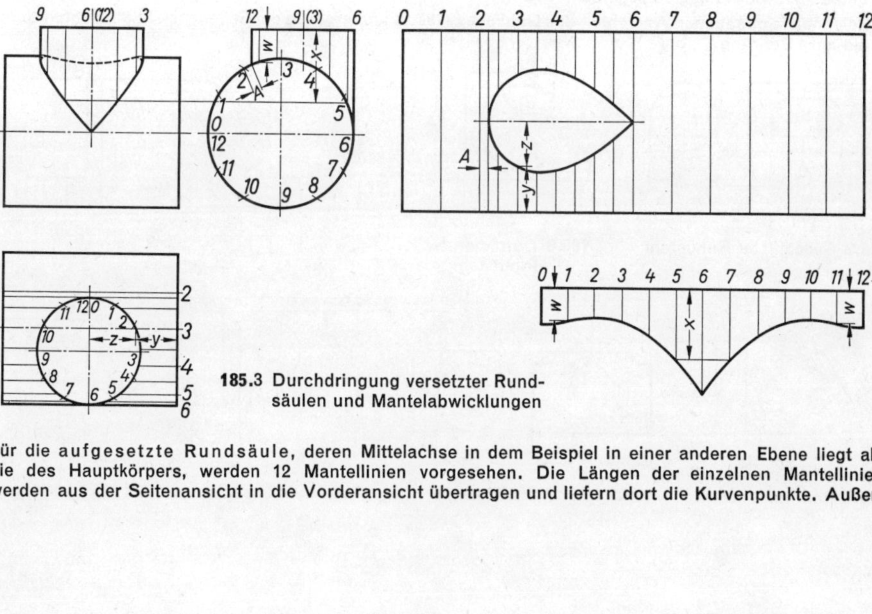

**185.3** Durchdringung versetzter Rundsäulen und Mantelabwicklungen

Für die aufgesetzte Rundsäule, deren Mittelachse in dem Beispiel in einer anderen Ebene liegt als die des Hauptkörpers, werden 12 Mantellinien vorgesehen. Die Längen der einzelnen Mantellinien werden aus der Seitenansicht in die Vorderansicht übertragen und liefern dort die Kurvenpunkte. Außer-

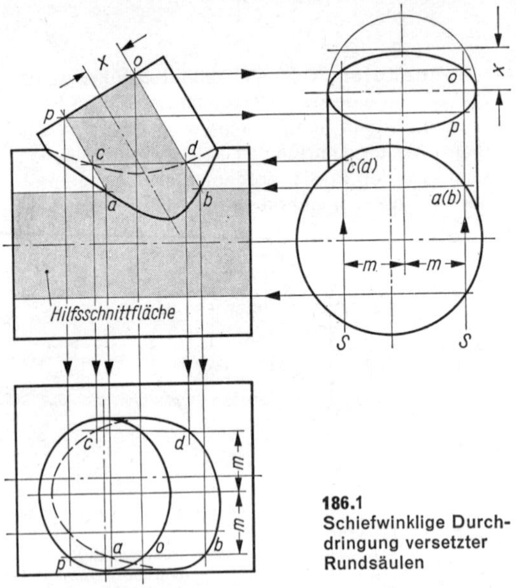


**186.1** Schiefwinklige Durchdringung versetzter Rundsäulen

dem geben sie die einzelnen Punkte der geschwungenen Begrenzungslinie der Mantelabwicklung an (Beispiel: Maße *w* und *x*). Der Umfang der großen Rundsäule wird in der Seitenansicht aufgeteilt. Nun werden die Mantellinien in die Draufsicht übertragen, wo die Längen zum Aufzeichnen der Öffnungen in der Mantelabwicklung entstehen (Beispiele: Maße *y* und *z*). Maß *A* in der Abwicklung liefert die Seitenansicht.

Schiefwinklige Durchdringung zweier Rundsäulen. Die Achsen der beiden Körper liegen in verschiedenen Ebenen (**186.1**).

In der Seitenansicht werden in beliebigem Abstande *m* von der Mittelachse des Abzweigs zwei Hilfsschnitte *S* durch beide Rundsäulen gelegt. Um in der Vorderansicht die Breite der Hilfsschnittfläche des Abzweigs zu ermitteln, wird in der Seitenansicht über der waagerechten Mittelachse der Deckfläche ein halber Hilfskreis geschlagen. Er stellt die in die Zeichenebene eingedrehte halbe Deckfläche dar. Das Maß *x* ist mithin die halbe Breite der Hilfsschnittfläche des Abzweigs und in der Vorderansicht beiderseits der Mittelachse abzutragen, wo sich die Punkte *o* und *p* ergeben. Sie werden in die Seitenansicht übernommen. In den Schnittpunkten der Umrißlinien beider Hilfsschnittflächen in der Vorderansicht werden aber zugleich die Punkte *a* und *b* gefunden, dann auch *c* und *d*. Die Übertragung dieser Kurvenpunkte in die Draufsicht geschieht in der üblichen Weise aus den beiden anderen Ansichten.

**Übungen**

1. Zeichne die Werkstücke (**186.2** und 3) in drei Ansichten und konstruiere die Kurven.
2. Es sind die Rohre mit Abzweig (**186.4** und 5) in drei Ansichten darzustellen, die Kurven zu konstruieren und die Abwicklungen zu zeichnen.
3. Zeichne die gegebenen Ansichten des Gehäuses (**186.6**) und ergänze die Seitenansicht als Schnitt durch die linke Bohrung.

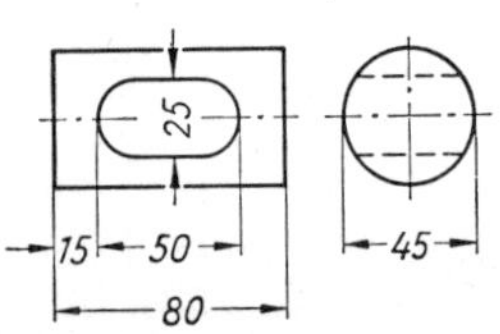


**186.2** Geschlitzter Rundstahl

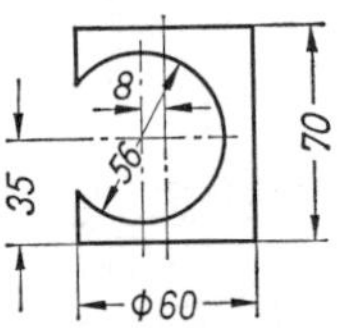


**186.3** Durchbohrter Rundstahl

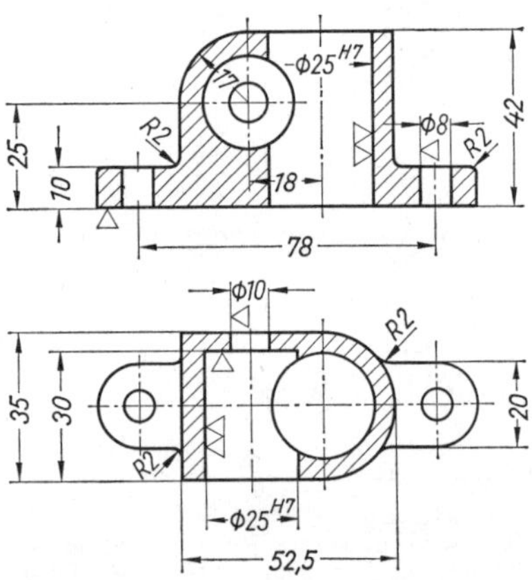


**186.6** Gehäuse

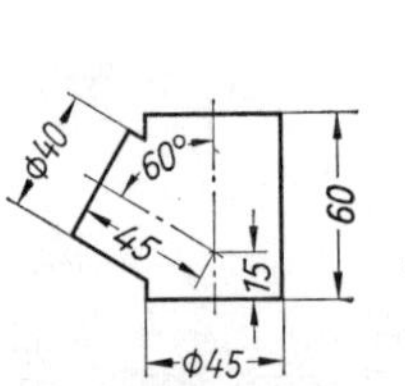


**186.4** Rohr mit Abzweig

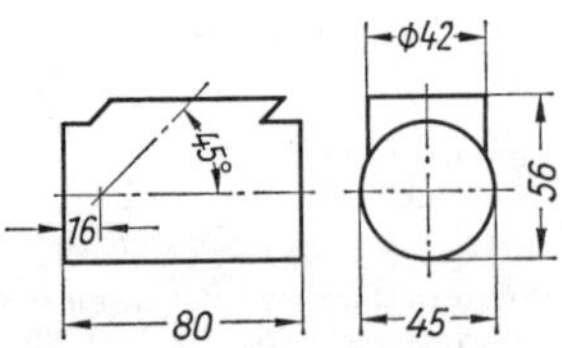


**186.5** Rohr mit Abzweig

### 10.3.4 Zylinder und Prisma

Rechtwinklige Durchdringung einer Rundsäule mit einem Prisma. Jede Durchdringungskurve in den Darstellungen (**187.1**) ist ein Teil einer Ellipse. Die Hilfsschnitte *S* gehen wie immer durch beide Körper und liefern die einzelnen Kurvenpunkte.

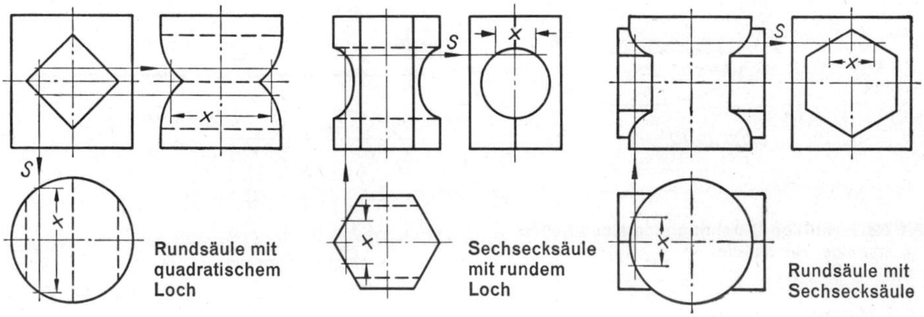


**187.1** Rechtwinklige Durchdringungen

### 10.3.5 Zylinder und Pyramide

Durchdringung einer Pyramide mit einer Rundsäule in Achsrichtung (**187.2**). Die Durchstoßpunkte der Pyramidenseitenkanten am Mantel der Rundsäule werden aus der Draufsicht in die Vorderansicht übernommen und von hier in die Seitenansicht übertragen. Der Hilfsschnitt *S* liegt unter den Durchstoßpunkten und parallel zur Pyramidengrundfläche. Aus der Draufsicht werden die Kurvenpunkte sowohl in die Vorderansicht hochgelotet als auch in die Seitenansicht übertragen (Beispiel: Maß *x*). Die Kurven sind elliptisch.

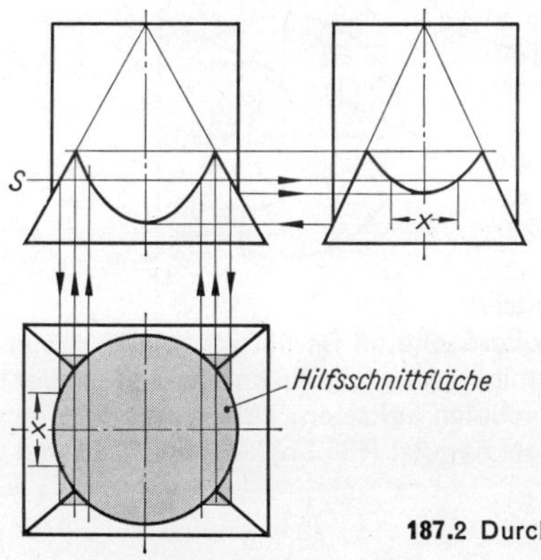


**187.2** Durchdringung einer Pyramide mit einer Rundsäule

### 10.3.6 Zylinder und Kegel

Rechtwinklige Durchdringung eines Kegels mit einer Rundsäule (**188.1**). Der Hilfsschnitt *S* liegt parallel zur Kegelgrundfläche und zur Achse der Rundsäule. Der Halbmesser *r* für die Hilfsschnittfläche wird in der Vorderansicht und die Breite *a* in der Seitenansicht abgegriffen. Die Kurven sind Hyperbeln. Gerade, sich kreuzende Durchdringungslinien entstehen, wenn die Seitenlinien des Kegels in der Seitenansicht Tangenten am Umfang der Rundsäule sind.

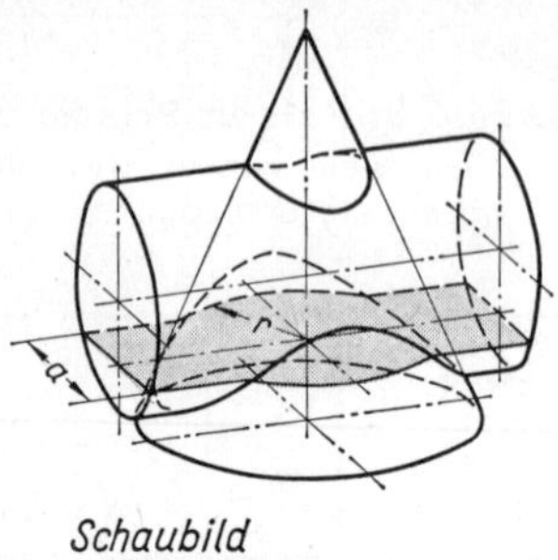


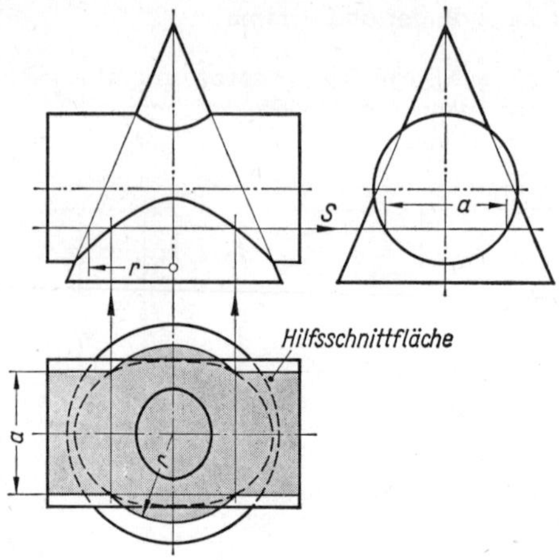


**188.1** Rechtwinklige Durchdringung eines Kegels mit einer Rundsäule

### 10.3.7 Kegel und Kegel

Rechtwinklige Durchdringung zweier Kegel. Die Kurven lassen sich durch Hilfsschnitte parallel zur Achse des stehenden und parallel zur Grundfläche des liegenden Kegels konstruieren (**188**.2). Als Hilfsschnittfläche treten demnach am liegenden Kegel eine Kreis- und am stehenden Kegel eine Hyperbelfläche auf. In den Schnittpunkten ihrer Umrißlinien liegen dann Punkte der Durchdringungskurve. Das Aufsuchen der Punkte mit Hilfe von Hyperbelflächen ist jedoch zeitraubend und ungenau, weil die Hyperbeln auch erst punktweise gefunden werden müßten.

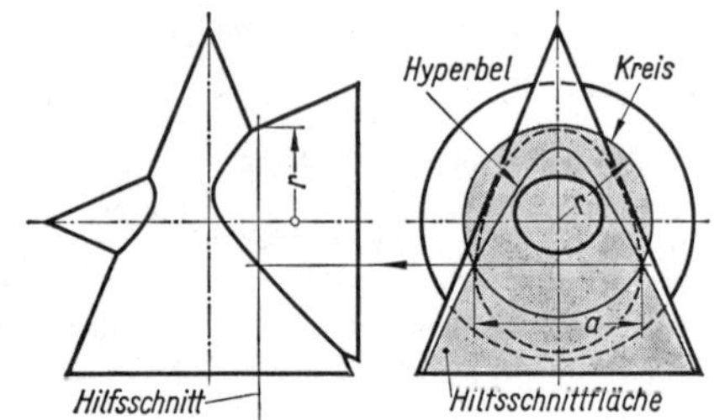


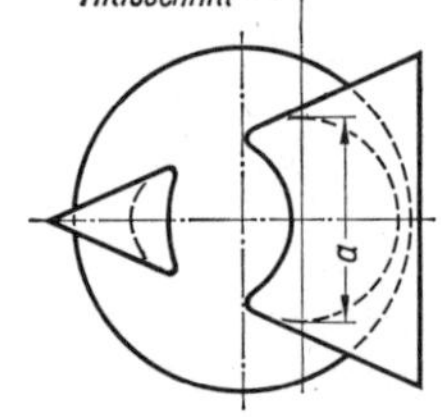


**188.2** Rechtwinklige Durchdringung zweier Kegel

Eine einfache Konstruktion der Kurven ist durch das Hilfskugelverfahren möglich (**188**.3). Wird ein Kegel in eine Kugel gesteckt, dann berühren sich die Oberflächen beider Körper auf Kreislinien. Nun wird davon ausgegangen, daß die sich durchdringenden Kegel in eine Hilfskugel eingedrückt sind (**188**.3a). Es wird zunächst der Punkt *n* betrachtet. Es ist ein Berührungspunkt der beiden Kegelmantelflächen und liegt auf der Hilfskugeloberfläche im Berührungspunkt zweier Kreise, die als Durchdringungslinien der beiden Kegel mit der Hilfskugel entstehen und in der Darstellung als gerade Linien parallel zu den Kegelgrundlinien auftreten. Zum Aufsuchen eines weiteren Kurvenpunktes *o* wird eine kleinere Hilfskugel benutzt (**188**.3b). Die beiden Kegel liegen auch

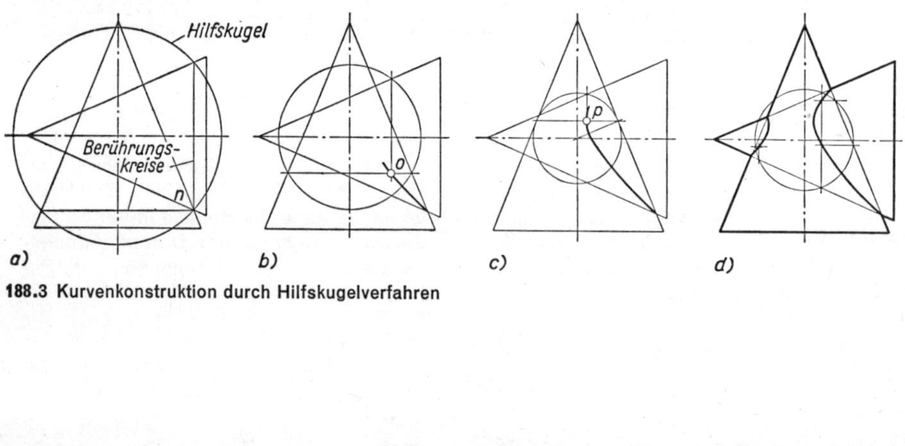


**188.3** Kurvenkonstruktion durch Hilfskugelverfahren

an dieser mit Kreisen an, die wieder gerade Linien parallel zu den Kegelgrundflächen sind. Im Schnittpunkt beider Geraden liegt der Kurvenpunkt *o*. Punkt *p* ist der Scheitel der Kurve (**188.**3c). Dafür ist eine Hilfskugel notwendig, deren Umfang die Seitenlinie des einen Kegels schneidet und die des anderen berührt. Bild **188.**3d zeigt die vollständigen Kurven. Sie sind Hyperbeln.

**Die Anwendung des Hilfskugelverfahrens ist möglich, wenn die sich durchdringenden Körper Drehkörper sind, deren Achsen sich in derselben Ebene schneiden. Es hat den Vorteil, daß die Kurven ohne Benutzung einer weiteren Ansicht entstehen (189.1 und 2). Der Mittelpunkt der Hilfskugeln liegt stets im Schnittpunkt der Körperachsen.**

Bei der Konstruktion der Kurven, die bei einem auf einen Rohrkrümmer aufgesetzten kegeligen Abzweig entstehen (**189.**3), ist die Lage der Kugelmitten wegen der Krümmung verschieden. Im Schnittpunkt einer beliebig liegenden Hilfslinie (1) mit der Achse des Krümmers wird eine Tangente (2) gezogen. Wo sie auf die Mittelachse des Kegelstumpfes auftrifft, liegt der Mittelpunkt einer Hilfskugel (3). Der Halbmesser reicht bis zu den Schnittpunkten der Hilfslinie (1) mit den Seitenlinien des Krümmers. Dio nun durch die Schnittpunkte des Hilfskugelkreises mit den Seiten des Kegelstumpfes zu ziehende Linie (4) trifft mit der Hilfslinie (1) in einem Kurvenpunkte zusammen.

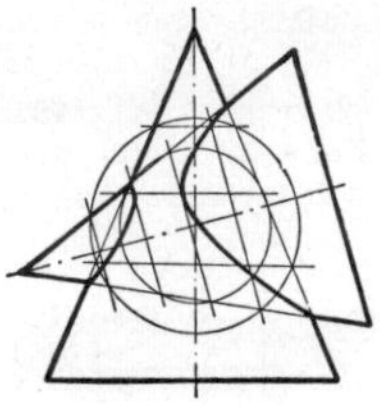

**189.**1 Zwei Kegel

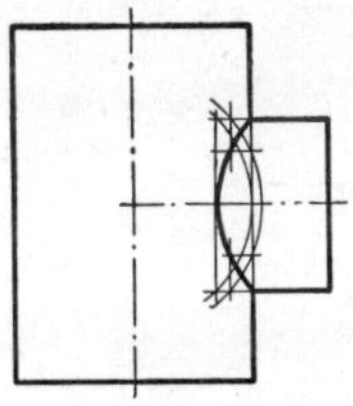

**189.**2 Zwei Rundsäulen

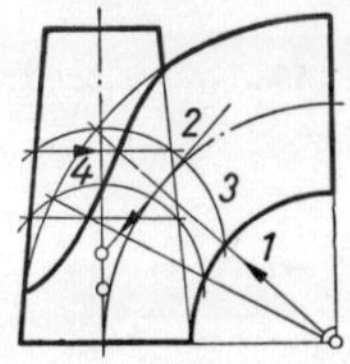


**189.**3 Rohrkrümmer mit Kegelstumpf

Sind die Seitenlinien beider Drehkörper zugleich Tangenten an einem Hilfskugelkreis, dann entstehen gerade Durchdringungslinien (**189.**4 und 5).

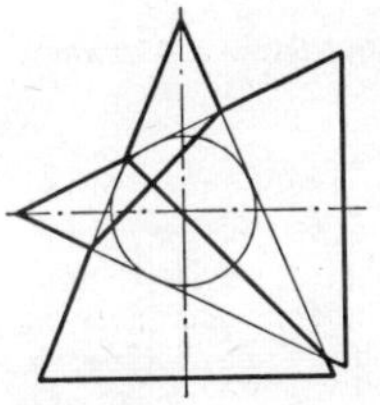

**189.**4 Zwei Kegel

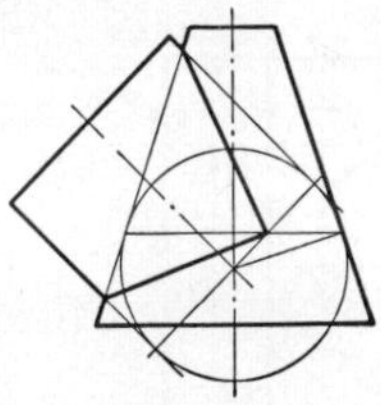

**189.**5 Kegelstumpf mit Rundsäule

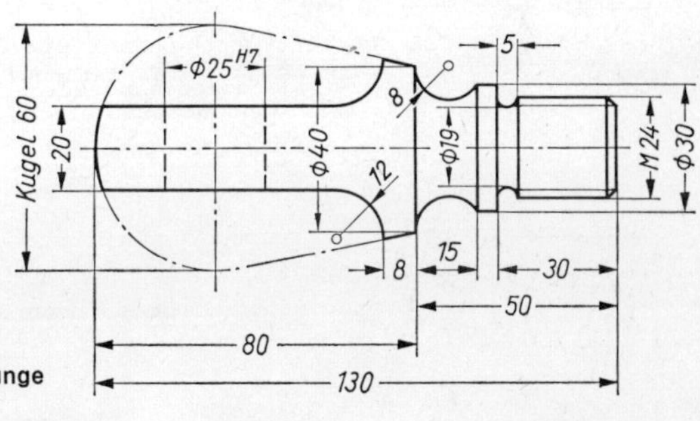


**189.**6 Zunge

## Übungen

1. Zeichne die sich durchdringenden Kegel (**190.**8) in einer Ansicht und konstruiere die Kurven.
2. Zeichne die drei Ansichten der Zunge (**189.**6) und der durchbohrten Kegelstümpfe (**189.**7) und konstruiere die Kurven.

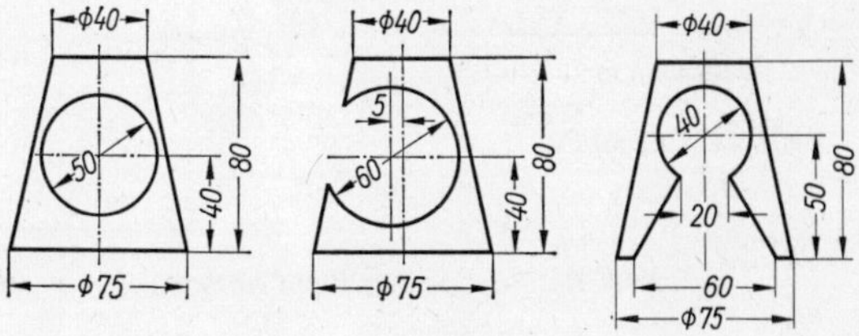


**189.**7 Durchbohrte Kegelstümpfe

3. Konstruiere die Durchdringungslinien des in zwei Ansichten dargestellten Hebels (**190.4**).
4. Zeichne den Aufsatz (**190.5**) in drei Ansichten und konstruiere die Kurven.
5. Die kegeligen Rohre mit Abzweigen (**190.1** u. **189.5**) sind in je drei Ansichten darzustellen und die Mantelabwicklungen zu zeichnen. Die Abmessungen für den Abzweig (**189.5**) sind selbst zu wählen.
6. Zeichne die Teile **190.2**, **190.3**, **190.6**, **190.7**, **190.9** und **190.10** in je drei Ansichten und konstruiere die Kurven.

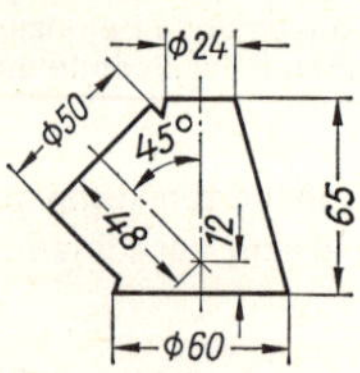


**190.1** Kegeliges Rohr mit zylindrischem Abzweig

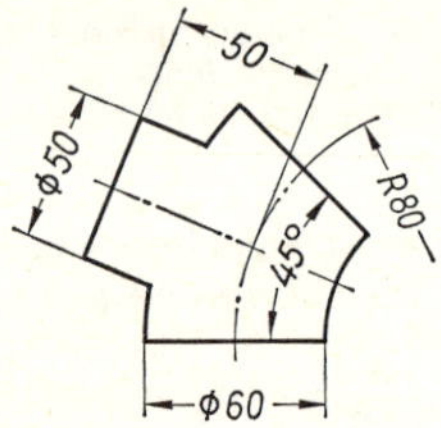


**190.2** Krümmer mit zylindrischem Abzweig

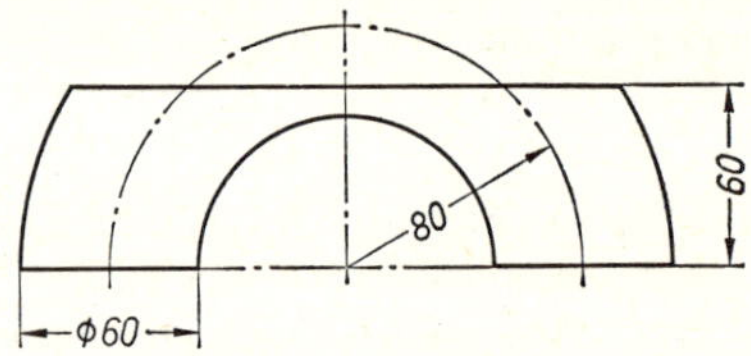


**190.3** Abgeflachter halber Ring

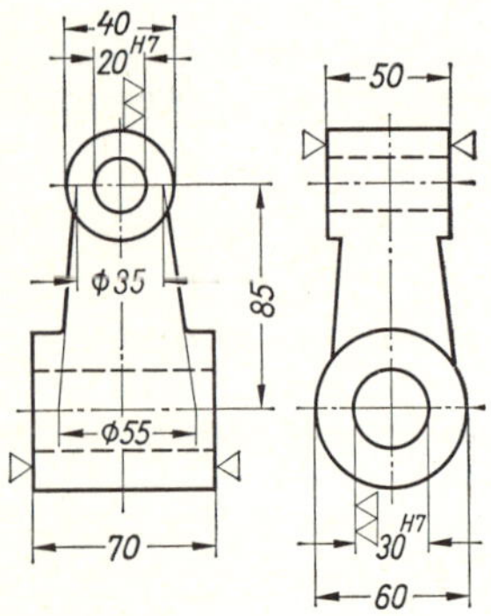


**190.4** Hebel

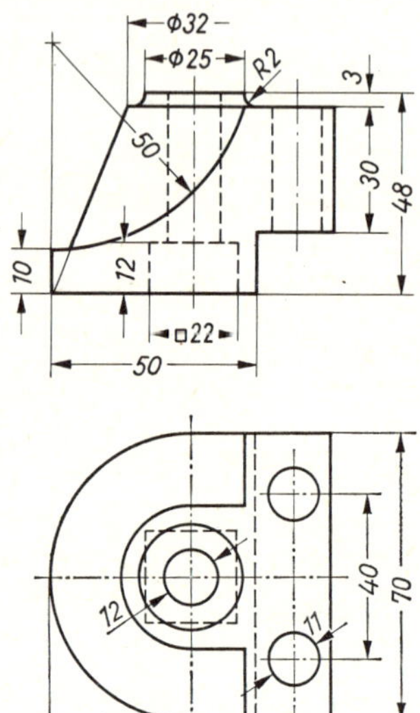


**190.5** Aufsatz

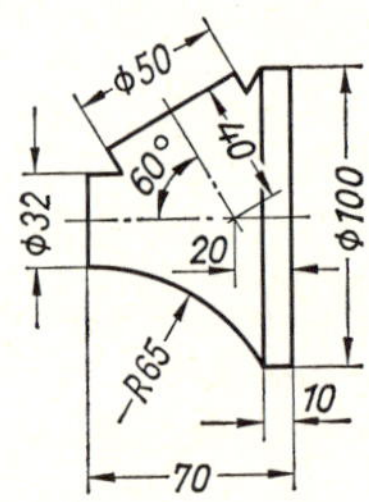


**190.6** Drehkörper mit zylindrischem Abzweig

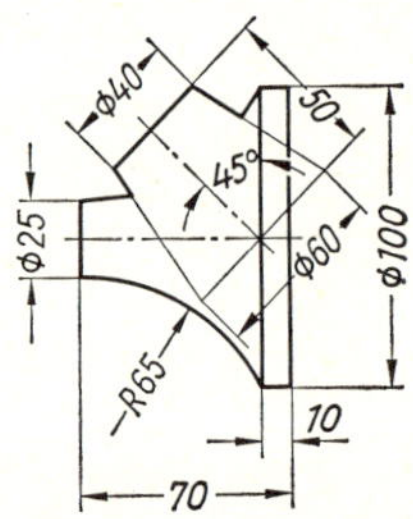


**190.7** Drehkörper mit kegeligem Abzweig

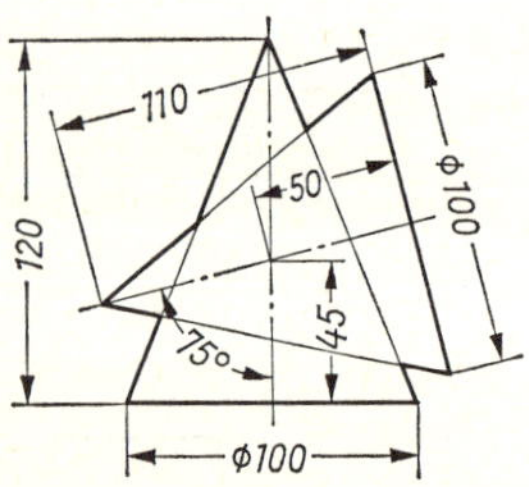


**190.8** Zwei Kegel

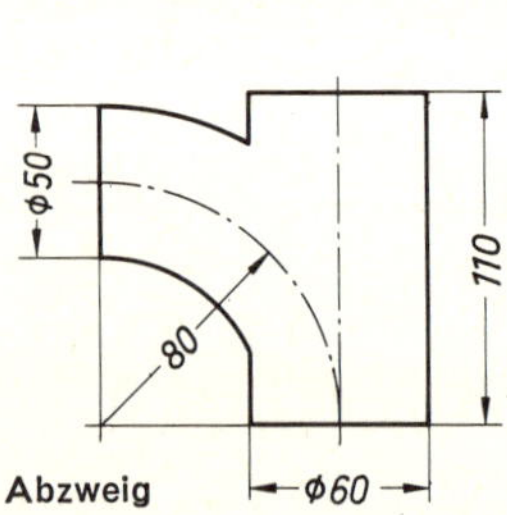


**190.9** Rohr mit gekrümmtem Abzweig

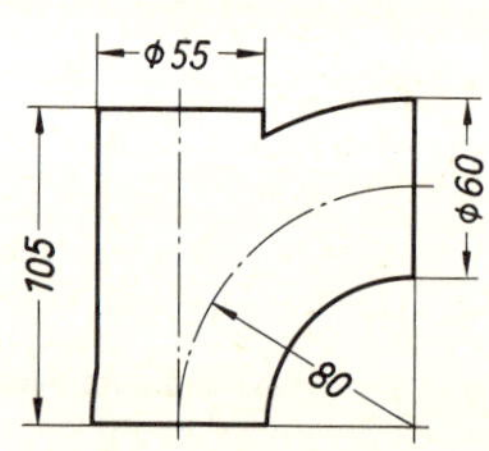


**190.10** Krümmer mit zylindrischem Abzweig

### 10.3.8 Zylinder und Kugel

**Durchdringung einer Kugel mit zwei Rundsäulen (191.1).** Führt die Achse der durchdringenden Rundsäule durch die Kugelmitte, so entsteht als Durchdringungslinie ein Kreis. Er ist in der Vorderansicht und in der Draufsicht als senkrechte Gerade dargestellt. Führt aber die Achse der Rundsäule an der Kugelmitte vorbei, dann tritt eine Durchdringungskurve auf.

Der Hilfsschnitt *S* schneidet Kugel und Rundsäule. Die Hilfsschnittfläche an der Kugel ist ein Kreis, die an der Rundsäule ein Rechteck, die sich in Kurvenpunkten schneiden. Diese Punkte werden aus der Draufsicht in die Vorderansicht übertragen.

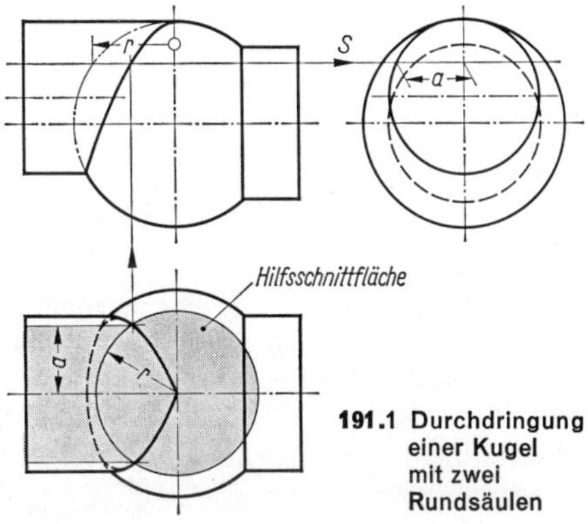


**191.1** Durchdringung einer Kugel mit zwei Rundsäulen

**Übungen**

1. Untersuche, durch welchen anderen Hilfsschnitt die Konstruktion der Kurven in Bild **191.1** möglich ist.
2. Zeichne die Kugelköpfe (**191.2** und 3) in je drei Ansichten und konstruiere die Kurven. Der Kreis ⌀ 40 in Bild **191.3** stellt ein durchgehendes Loch dar.
3. Zeichne die Vorder- und die Seitenansicht der Fässer mit Abzweig (**191.4** und 5), von Bild **191.5** auch die untere Hälfte der Draufsicht, und konstruiere die Kurven.
4. Zeichne die Pfanne (**191.6**) und konstruiere die Durchdringungskurve im Hohlraum des Werkstücks.
5. Zeichne die Kugel mit den beiden Abzweigen (**191.7**) und konstruiere die Kurven.

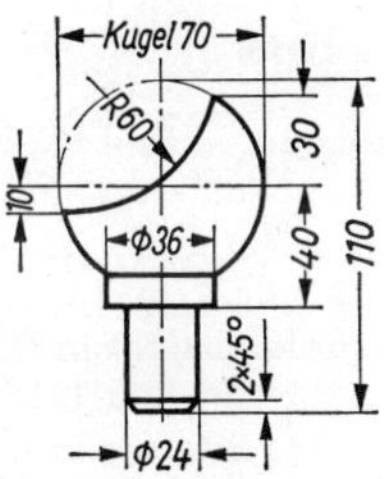


**191.2** Kugelkopf

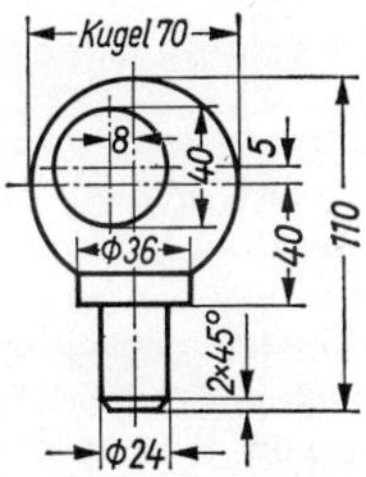


**191.3** Kugelkopf

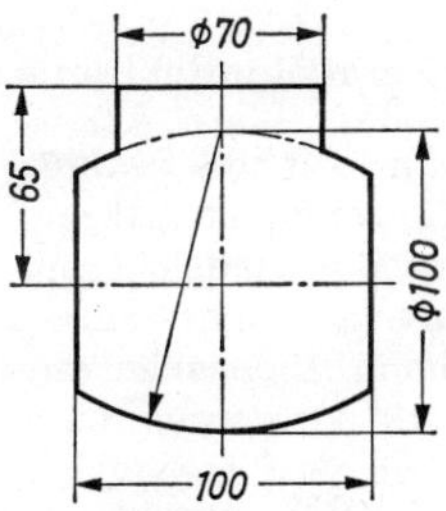


**191.4** Faß mit zylindrischem Abzweig

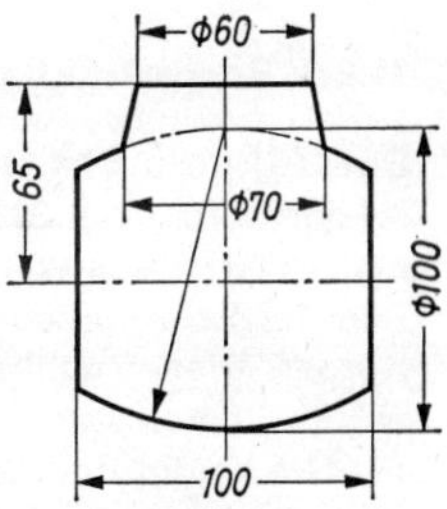


**191.5** Faß mit kegeligem Abzweig

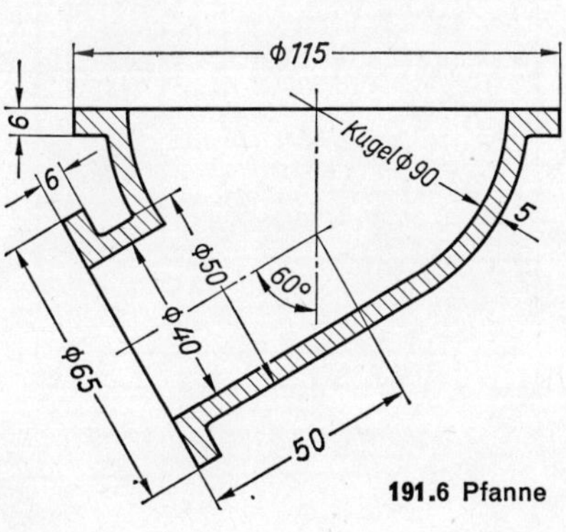


**191.6** Pfanne

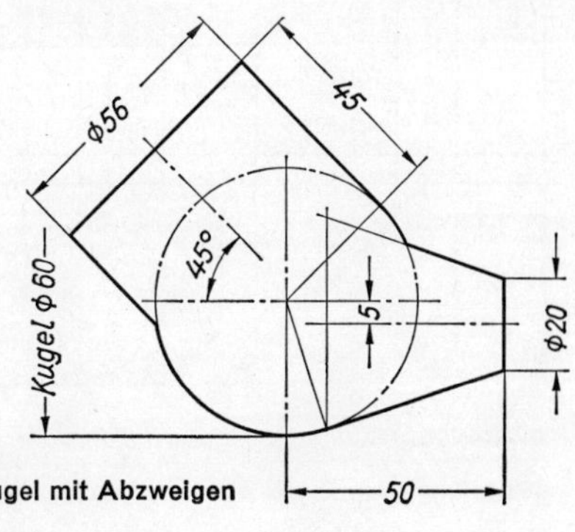


**191.7** Kugel mit Abzweigen

# 11 Parallelperspektiven

Eine Streichholzschachtel wird so vor die Augen gehalten, daß die Schriftfläche als stehendes Rechteck zu sehen ist. Dann wird die Schachtel gedreht und außerdem nach vorn gekippt, damit auch eine Streichfläche und die Deckfläche sichtbar werden (**192.1**). Das Bild, das drei Begrenzungsflächen zeigt, ist ein perspektives Bild.

Perspektive Darstellungen sind sehr anschaulich. Sie bieten dem im Lesen technischer Zeichnungen Ungeübten ein sofort verständliches Bild des Gegenstandes. Deshalb wird auch in Preislisten, Ersatzteilkatalogen usw. weitgehend von ihnen Gebrauch gemacht. Perspektive Darstellungen sind auch für den Konstrukteur von Nutzen. Denn häufig entwirft er das Werkstück freihändig in Perspektive, wägt ab, ändert bis zur endgültigen Gestalt und zeichnet erst dann in den üblichen Ansichten auf.

**192.1** Gedrehte und gekippte Streichholzschachtel

## 11.1 Dimetrische Darstellungen

Werden beim Aufzeichnen des perspektiven Bildes zwei verschiedene Maßstäbe für Vorderansicht und Tiefe benutzt, dann handelt es sich um eine dimetrische Darstellung (**193.1**).

### 11.1.1 Rechtwinklige Parallelprojektion auf eine schiefe Bildebene (DIN 5)

Entstehung. Bild **192.2**a zeigt eine Rechtecksäule in der gewöhnlichen Lage. In Bild **192.2**b ist der Körper um 20° 40′ um die Längskante *A* gedreht, wie aus der Draufsicht zu entnehmen ist. Hieraus werden Vorderansicht und Seitenansicht entwickelt. Die Vorderansicht in Bild **192.2**c zeigt den um die untere Ecke der Längskante *A* um 19° 26′ noch gekippten Körper. Dieses Bild stimmt, abgesehen von der Kippstellung, mit der Vorderansicht in Bild **192.2**b überein. In Bild **192.2**c werden nun in Anlehnung an die Draufsicht von Bild **192.2**b die Draufsicht und danach die Seitenansicht konstruiert, die das perspektive Bild ergibt.

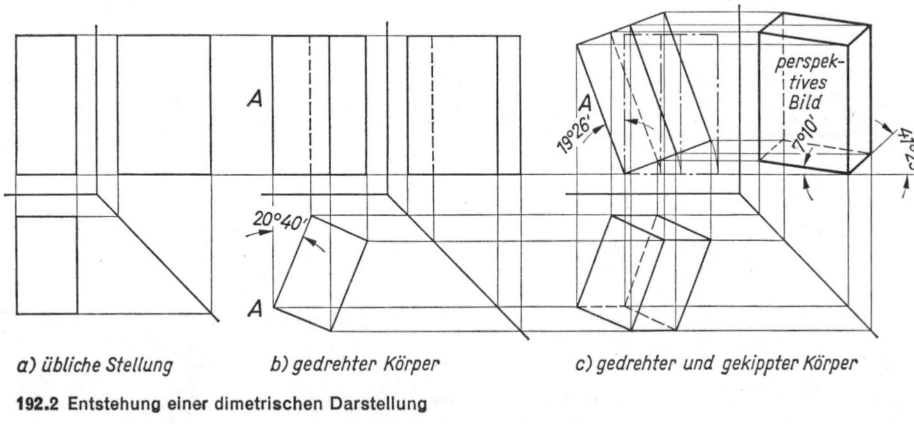


**192.2** Entstehung einer dimetrischen Darstellung

Das perspektive Bild kann auch auf andere Weise entstehen:

Der Körper verbleibt in der Anfangsstellung, dafür ändert der Beschauer die Blickrichtung. Er verlegt seinen Standort, von dem er nur die Vorderfläche sah, um 20° 40′ nach rechts und um 19° 26′ nach oben. Auf eine ebene Fläche hinter dem Körper, deren Ecken vom Auge des Beschauers gleichen Abstand haben und die somit schief zur Vorderfläche des betrachteten Körpers liegt, wird nun mit vom Beschauer ausgehenden parallelen Strahlen das Bild des Körpers projiziert. Es ist also durch rechtwinklige Parallelprojektion auf eine schiefe Bildebene entstanden. Durch die Wahl der Winkel 20° 40′ und 19° 26′ entsteht ein Bild, das gut aussieht und bequem gezeichnet werden kann.

Eigentümlichkeiten. In dieser Perspektive bleiben alle parallelen Kanten des Körpers parallel (**192.2**c). Senkrechte Körperkanten erscheinen auch in dem Bilde senkrecht. Die in die Tiefe laufenden Kanten bilden mit der Waagerechten Winkel von 41° 25′ und die Kanten in der Breite Winkel von 7° 10′.

Die Kanten des Körpers erscheinen aber verkürzt, weil sie schräg im Raume liegen. So sind die senkrechten und die unter 7° 10′ laufenden Kanten eines Würfels von $s = 100$ mm Seitenlänge nur 94,28 mm und die in der dritten Richtung nur halb so lang, nämlich 47,14 mm.

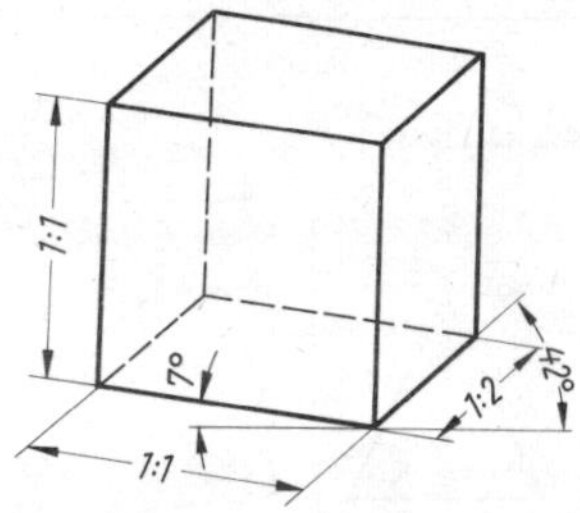


**193.1** Würfel in dimetrischer Darstellung

Beim Aufzeichnen der perspektiven Bilder werden aber die Kanten in Richtung der Höhe und der Breite in ganzer Größe und die in die Tiefe laufenden Kanten in halber Größe der Körperabmessungen abgetragen und außerdem die Winkel auf 42° und 7° gerundet (**193.1**).

Das so gezeichnete Bild ist mithin in allen Ausdehnungen größer als eine nach Bild **192.2** entwickelte Darstellung. Die Abweichung ist aber unbedeutend gegenüber dem Vorteil der einfacheren Zeichenarbeit in den Maßstäben 1:1 und 1:2.

Mit Perspektivwinkeln werden Linien unter 42° und 7° und auch Senkrechte gezogen (**193.2**).

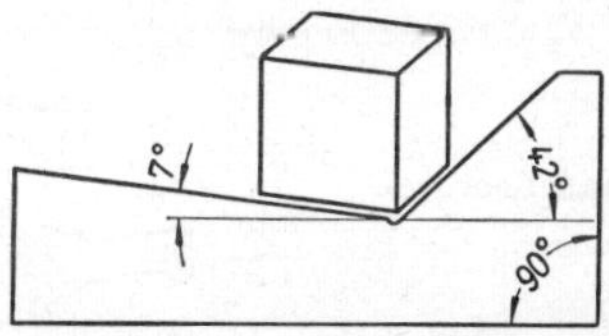


**193.2** Gebrauch des Perspektivwinkels

Papiere, die diese drei Achsen als Netzaufdruck tragen (**193.3**), sind für das freihändige Skizzieren perspektiver Bilder sehr geeignet.

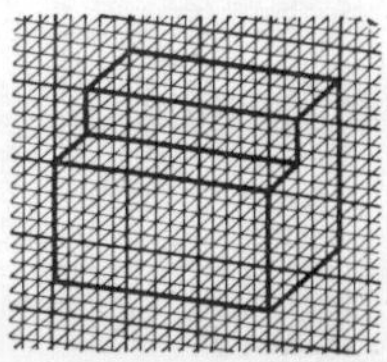

**193.3** Gebrauch des Schrägbildpapiers

Jedes Werkstück kann von links oben, rechts oben, links unten und rechts unten betrachtet werden (**193.4**).

Es wird nun das Bild gewählt, in dem die meisten Körperkanten in der Vorderfläche auftreten. Es gibt die Gestalt des Körpers am vollkommensten wieder.

**Darstellung geradlinig begrenzter Flächen.** Es werden Mittellinien in den erforderlichen Richtungen gezogen und die Abmessungen nach beiden Seiten abgetragen. Die Bilder **194.1** bis 4 zeigen solche Flächen in je drei verschiedenen Stellungen.

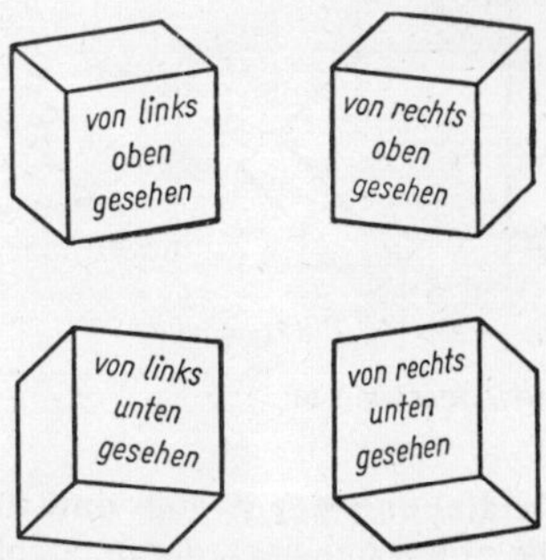


**193.4** Verschiedene Blickrichtungen

Das Sechseck wird in ein Rechteck eingezeichnet (**194.5**).

Die Seiten des Rechtecks sind Eckenmaß $e$ und Seitenabstand $s$. Eine Größe ist von der anderen abhängig (s. S. 36). Durch Vierteilung (0 bis 4) der langen Rechteckseiten werden die fehlenden Ecken des Sechsecks gefunden.

Das Achteck wird von einem Quadrat eingeschlossen, das zum Aufzeichnen des perspektiven Bildes nötig ist (**194.6**).

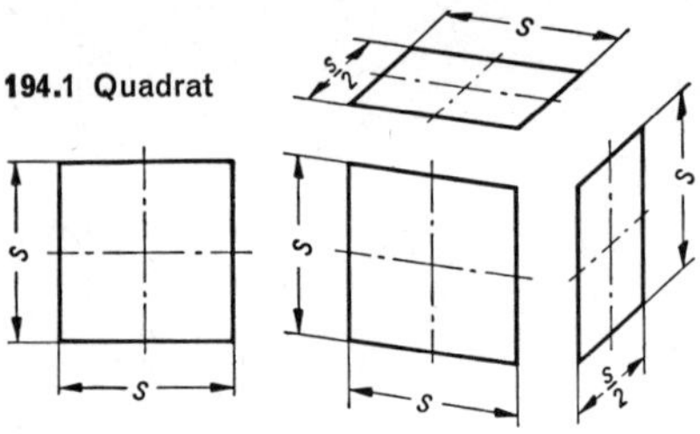

**194.1** Quadrat

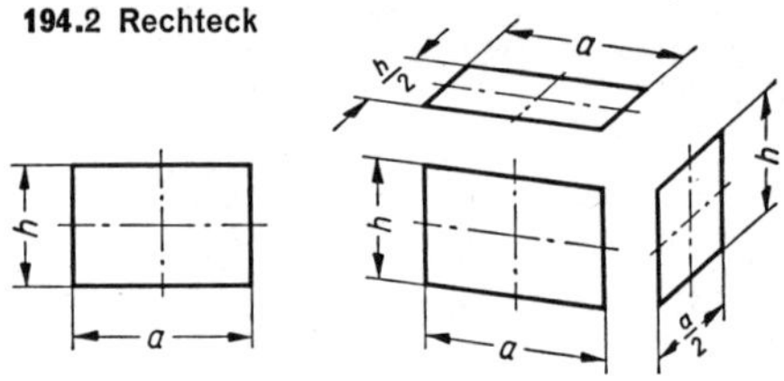

**194.2** Rechteck

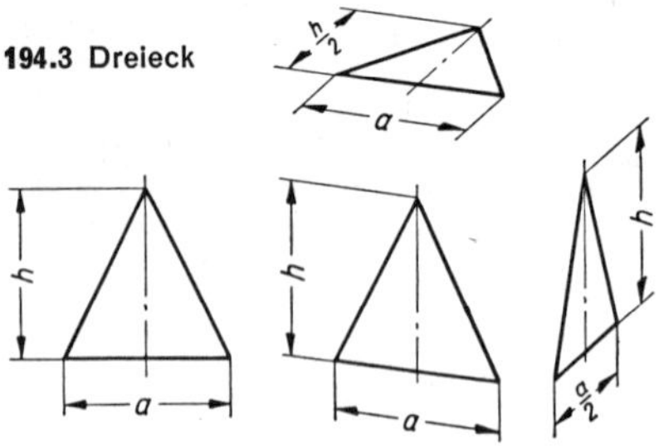

**194.3** Dreieck

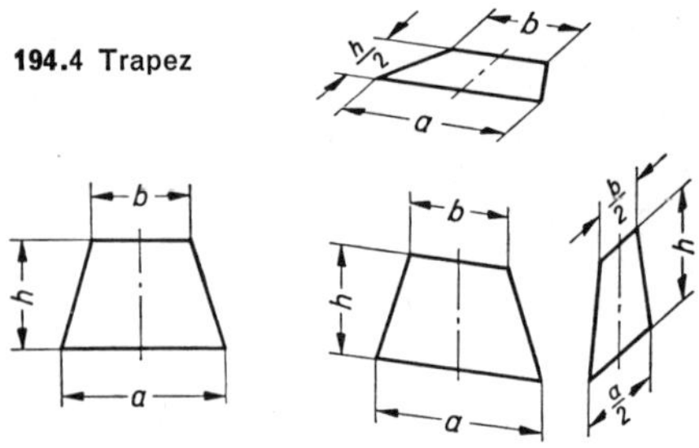

**194.4** Trapez

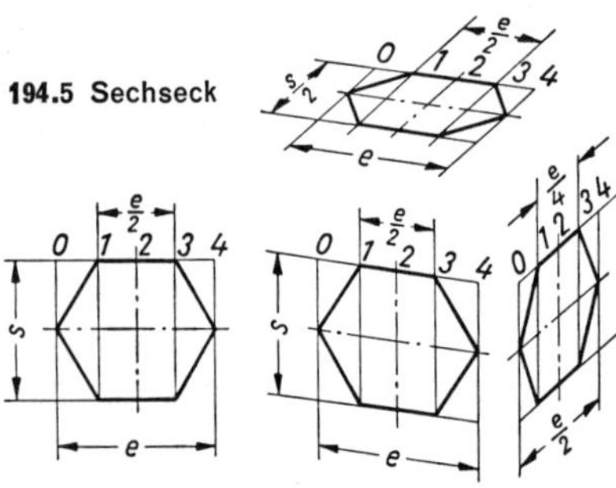

**194.5** Sechseck

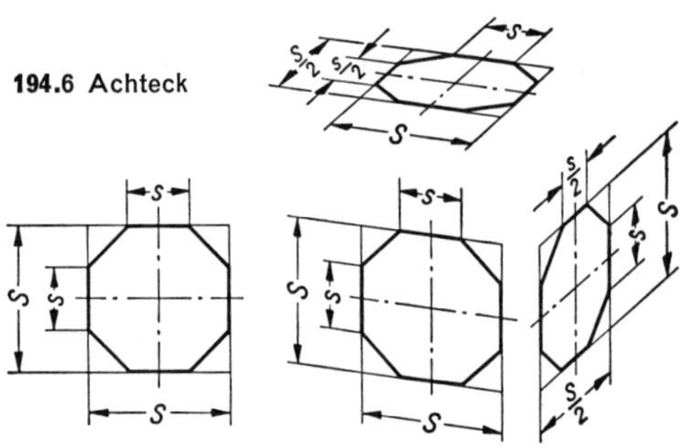

**194.6** Achteck

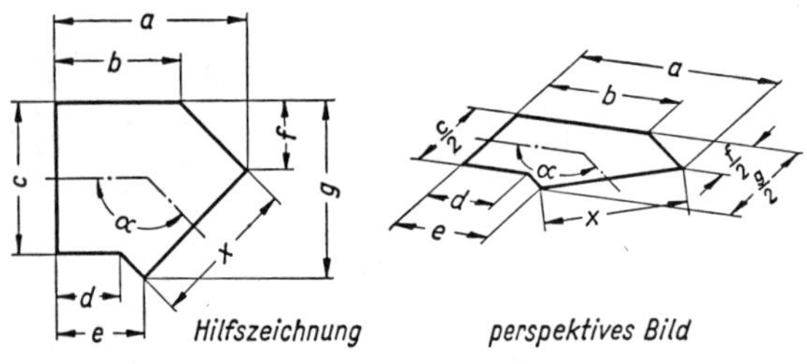


**194.7** Blechwinkel

Winkel erfordern ebenfalls eine Hilfszeichnung (**194.7**). Darin werden mit rechtwinkligen Größen im Winkel liegende Linien festgelegt (z. B. $a$, $f$, $g$ und $e$ für $x$) und sinngemäß in das perspektive Bild übertragen. Der Winkel $\alpha$ ergibt sich beim Aufzeichnen in der Perspektive von selbst.

**Darstellung der Kreise und Ellipsen.** Kreise erscheinen in der Perspektive als Ellipsen. Die große Achse $D_1$ der in die obere Fläche eingezeichneten Ellipse $E_1$ liegt waagerecht und ist $\approx$ 1,06mal so lang wie die Würfelkante $s$ oder der wirkliche Kreisdurchmesser $d$ (**195.1**).

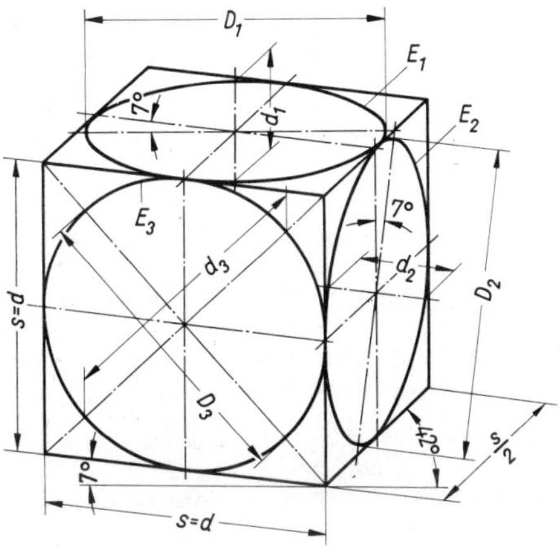

**195.1** Kreise in verschiedenen Ebenen

Die kleine Ellipsenachse $d_1$ steht senkrecht zur großen und ist $^1/_3$ so lang wie diese. Für die Abmessungen der in der Seitenfläche liegenden Ellipse $E_2$ gilt das gleiche, sie ist jedoch um etwa 7° nach hinten geneigt.

Die Scheitel der Ellipsen $E_1$ und $E_2$ lassen sich annähernd genau mit dem Zirkel schlagen, während die dazwischenliegenden Teile erst freihändig und dann mit dem Kurvenlineal gezogen werden (**195**.2a und b). Die Bogen sollten nach jeder Seite aber nicht länger gezogen werden, als durch $R_1 \approx 0{,}2\,d$ und $r_1 \approx 0{,}05\,d$ festgelegt ist (**195**.2a).

Für diese angenäherte Form der Ellipse, die einen Kreis von $d = 100$ mm Durchmesser darstellen soll, betragen

| | | |
|---|---|---|
| die halbe große Achse | $a \approx$ | 53,0 mm |
| die halbe kleine Achse | $b \approx$ | 17,7 mm |
| der große Halbmesser | $R \approx$ | 159,0 mm |
| der kleine Halbmesser | $r \approx$ | 5,9 mm |
| der Halbmesser | $R_1 \approx$ | 20 mm |
| der Halbmesser | $r_1 \approx$ | 5 mm |

Mit diesen Zahlen lassen sich die Abmessungen der Ellipsen für andere Kreisdurchmesser berechnen.

**Beispiel:** Für einen Kreis von $d = 60$ mm Durchmesser sind

$$a \approx \frac{60 \cdot 53{,}0}{100} \approx 31{,}8 \text{ mm}$$

$$b \approx \frac{60 \cdot 17{,}7}{100} \approx 10{,}6 \text{ mm}$$

$$R \approx \frac{60 \cdot 159{,}0}{100} \approx 95{,}4 \text{ mm}$$

$$r \approx \frac{60 \cdot 5{,}9}{100} \approx 3{,}5 \text{ mm}$$

$$R_1 \approx \frac{60 \cdot 20}{100} \approx 12 \text{ mm}$$

$$r_1 \approx \frac{60 \cdot 5}{100} \approx 3 \text{ mm}$$

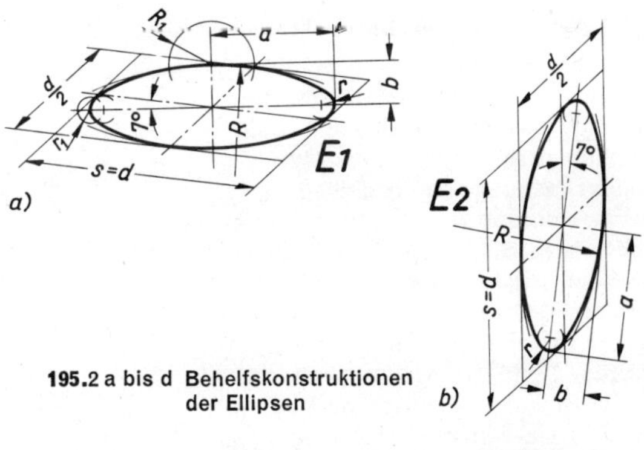

**195**.2 a bis d Behelfskonstruktionen der Ellipsen

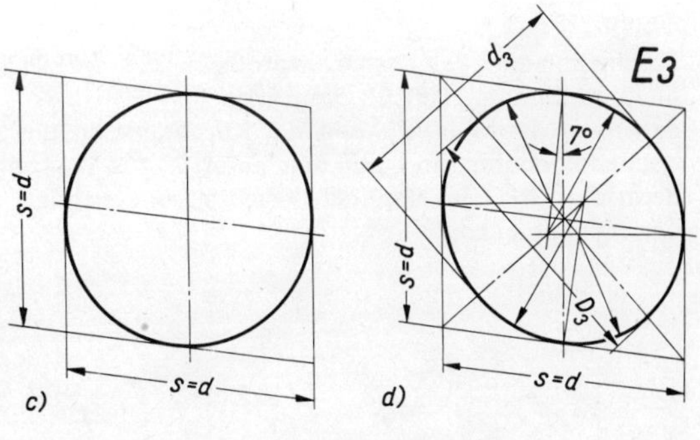

Die Achsen der in der Vorderfläche liegenden Ellipse $E_3$ fallen mit den Diagonalen des einschließenden Vierecks zusammen (**195**.1). Die große Achse $D_3$ ist ebenfalls $\approx$ 1,06mal so lang wie die Würfelkante $s$ oder der wirkliche Kreisdurchmesser $d$, während die Länge der kleinen Ellipsenachse $d_3 \approx {}^9/_{10}$ der großen beträgt.

Die Ellipse wird, wie die Norm es vorsieht, einfach als Kreis gezeichnet (**195**.2c), kann aber auch aus vier Kreisbogen bestehen (**195**.2d). Die Zirkeleinsatzpunkte liegen in den Schnittpunkten der Diagonalen mit Geraden, die von den Mitten zweier Viereckseiten unter 7° zu den Mittellinien des Vierecks gezogen werden.

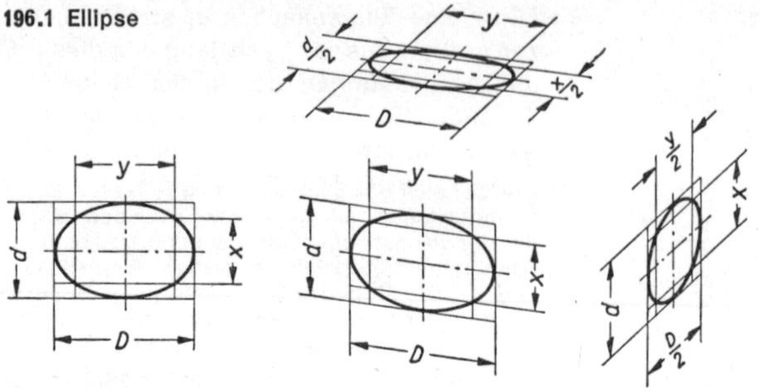


**196.1** Ellipse

Zum Aufzeichnen von perspektiv darzustellenden Ellipsen werden Hilfslinien benutzt. Sie liefern die Abmessungen zur punktweisen Konstruktion der Kurve (**196.1**).

## Darstellung der Körper

Perspektive Abbildungen von Körpern entstehen durch Zusammenfügen der Oberflächen.

Prismen und Pyramiden. Zuerst werden die Achsen festgelegt, dann Grund- und Deckfläche aufgezeichnet und schließlich die Ecken verbunden (**196.2** und 3).

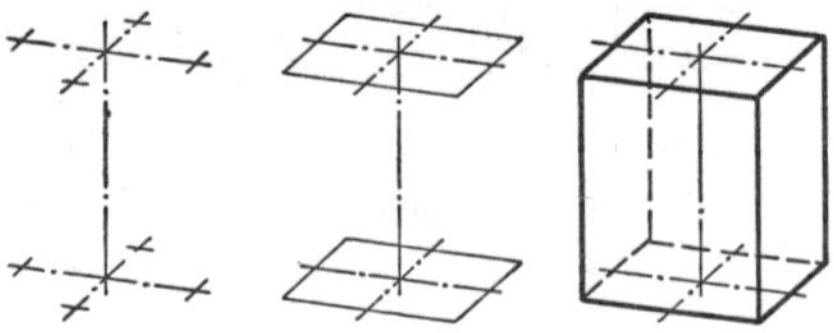

**196.2** Aufzeichnen einer Rechtecksäule

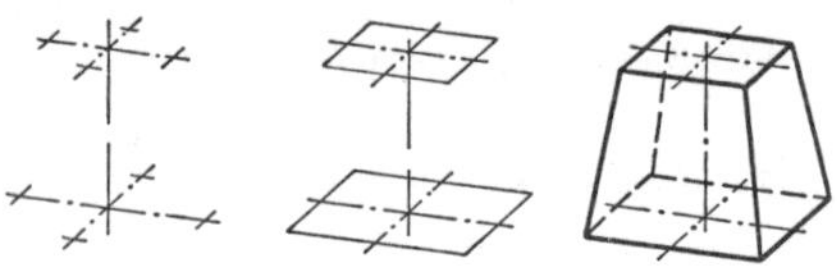

**196.3** Aufzeichnen eines Pyramidenstumpfes

Rundsäule und Kegel (**196.4** und 5). Sind Kreisflächen als flache Ellipsen darzustellen, dann werden die Ellipsenachsen aufgezeichnet, die Abmessungen $a$, $b$, $R$, $r$, $R_1$ und $r_1$ berechnet (s.S.195), $a$ und $b$ auf den Achsen abgetragen, mit $R$ und $r$ Kreisbogen geschlagen, deren Längen zuvor mit $R_1$ und $r_1$ festgelegt wurden, und die Ellipsen mit dem Kurvenlineal vervollständigt. Zum Schluß werden die Seitenlinien gezogen.

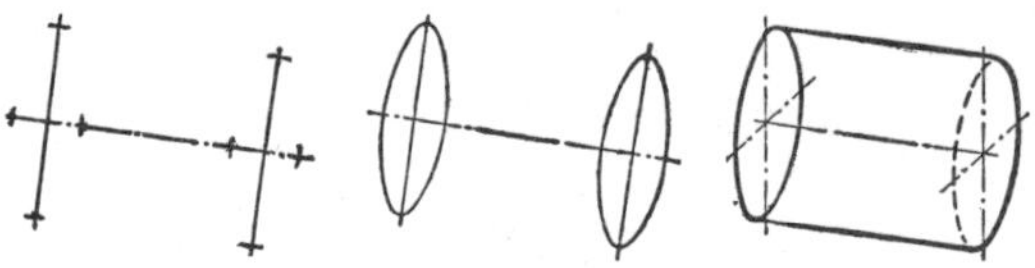

**196.4** Aufzeichnen einer Rundsäule

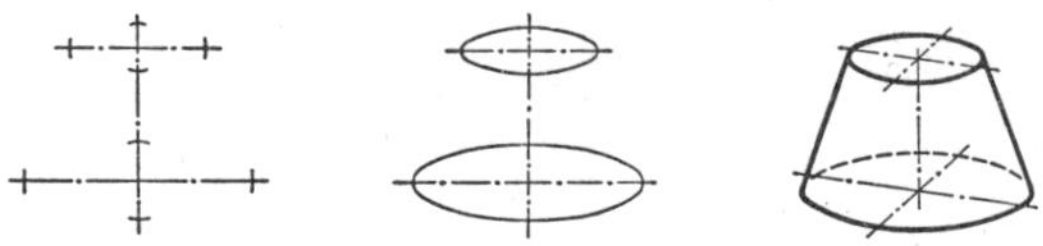

**196.5** Aufzeichnen eines Kegelstumpfes

Erscheinen dagegen Kreise als großflächige Ellipsen (**196.6**), dann werden nach dem Aufzeichnen der Körperachsen die wirklichen Durchmesser der Kreise auf den senkrechten und auf den unter 7° zur Waagerechten geneigten Achsen abgetragen, dann die Zirkeleinsatzpunkte ermittelt und schließlich die Kreisbogen und die Umrißlinien des Mantels gezogen.

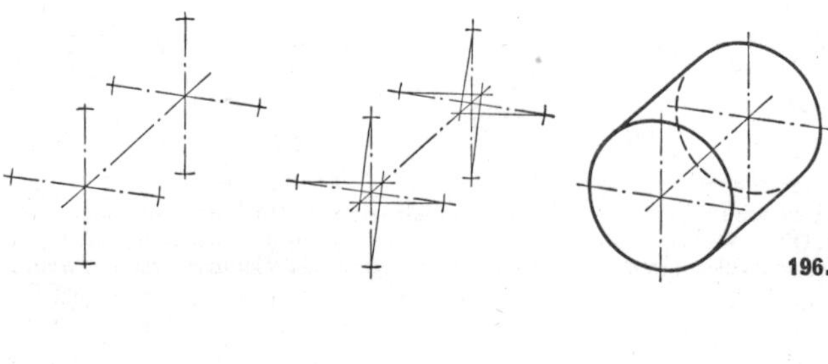

**196.6** Aufzeichnen einer Rundsäule

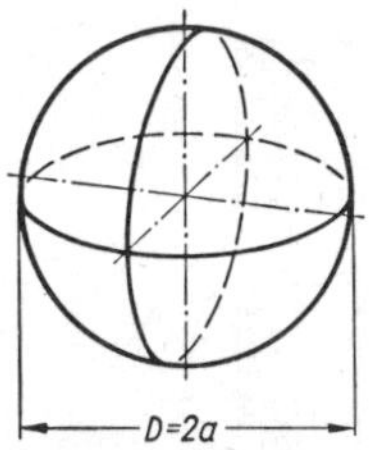

**197.1** Darstellung der Kugel

Kugel. Die Umrißlinie einer perspektiv dargestellten Kugel ist ein Kreis (**197.1**). Sein Durchmesser $D$ ist $\approx$ 1,06mal so groß wie in Wirklichkeit, weil auch die Kugel wie alle anderen Körper größer gezeichnet wird (s. S. 194). Er kann als $2a$ ebenso wie die Abmessungen der in den Mittelebenen der Kugel liegenden Ellipsen berechnet werden (S. 195).

Schnittdarstellung. Gewöhnlich wird ein Viertel des Werkstücks herausgeschnitten, und zwar dasjenige, das dem Auge am nächsten liegt (**197.2**). Dadurch wird der Blick in das Innere des Körpers freigegeben. Es ist zweckmäßig, anfänglich alle Körperkanten als schmale Vollinien zu zeichnen, dann die Schnittflächen zu umreißen und danach die sichtbaren Kanten nachzuziehen.

Es kann aber auch mehr als ein Viertel des Werkstücks herausgeschnitten werden (**197.3**).

Über die Kennzeichnung der Schnittflächen besteht keine Einheitlichkeit. Sie können schraffiert, gepunktet oder geschwärzt werden.

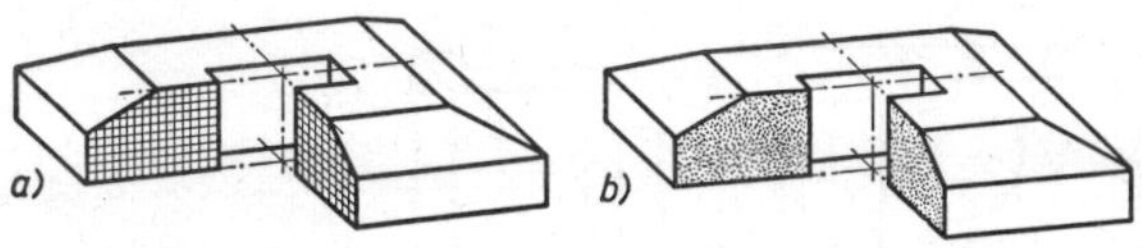

**197.2** Schnittdarstellung

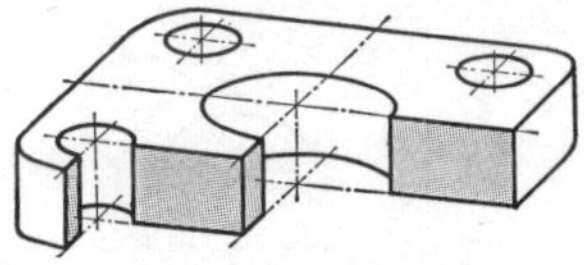
**197.3** Gebrochener Schnitt

Schnitt- und Durchdringungskurven werden punktweise konstruiert. Hierzu ist jeweils eine Hilfszeichnung erforderlich (**197.4**).

Zum Festlegen von Punkten der Ellipse können in der Hilfszeichnung Schnitte $S$ parallel zur senkrechten Mittelachse gelegt werden. Die Kurvenpunkte $P$ und $P_1$ werden in die perspektive Darstellung unter Benutzung der Maße $c$, $d$ und $e/2$ übertragen.

Die Konstruktion der Ellipse in der Hilfszeichnung ist nicht nötig.

**Übungen:** Die ab Seite 45 in den üblichen Ansichten und Schnitten dargestellten Werkstücke sind in selbstzutreffender Auswahl perspektiv darzustellen.

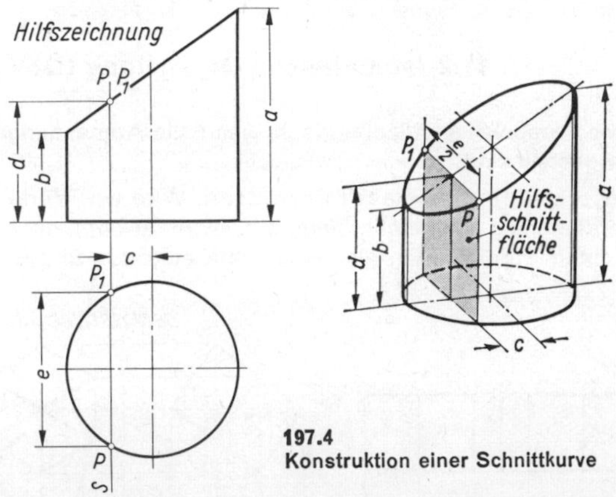

**197.4** Konstruktion einer Schnittkurve

## 11.1.2 Schiefe Parallelprojektion auf eine lotrechte Bildebene

Das perspektive Bild des Körpers entsteht auf einer ebenen Fläche, die senkrecht und in parallelem Abstande hinter dem Körper steht und auf die die parallelen Projektionsstrahlen schief von der Seite und aus der Höhe auftreffen. Es kann mit einem durch Sonnenstrahlen hervorgerufenen Schatten eines Körpers auf der Erdoberfläche verglichen werden. Je nach der Größe der Winkel, unter denen die Projektionsstrahlen liegen, ist eine große Vielfalt von perspektiven Bildern möglich, bei denen aber immer die Höhen senkrecht und die Breiten waagerecht, beide stets in voller Größe, wiedergegeben werden. Es wird nun dem Bilde der Vorzug gegeben, bei dem die in die Tiefe laufenden Kanten unter 45° zur Waagerechten in halber Größe erscheinen (**198.1**), weil es nicht verzerrt aussieht und leicht zu zeichnen ist.

Alle parallel zur Bildebene liegenden Flächen des Körpers zeigen in dieser Perspektive ihre wirkliche Gestalt. So treten die vordere und die hintere Fläche eines Würfels auch in dem perspektiven Bilde als Quadrate und die Kreise darin als Kreise auf. Dagegen erscheinen die in den anderen Würfelflächen liegenden Kreise als unter 7° liegende Ellipsen.

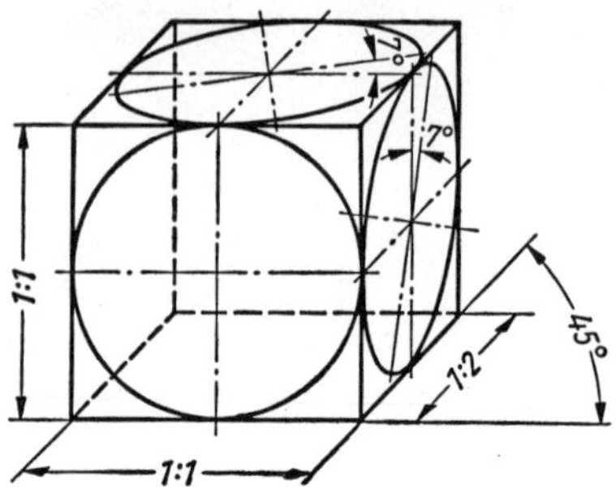


**198.1** Würfel in dimetrischer Darstellung

Diese Perspektive ist zwar nicht mehr genormt, gibt aber die naturgetreue Größe des Körpers wieder und wird vorzugsweise angewandt, wenn Wesentliches in der Vorderfläche gezeigt werden soll und wenn Kreisflächen am Werkstück nur in der Bildebene auftreten, da sie dann als Kreise bequem zu zeichnen sind, oder wenn Kreise nicht vorhanden sind (**198.2**).

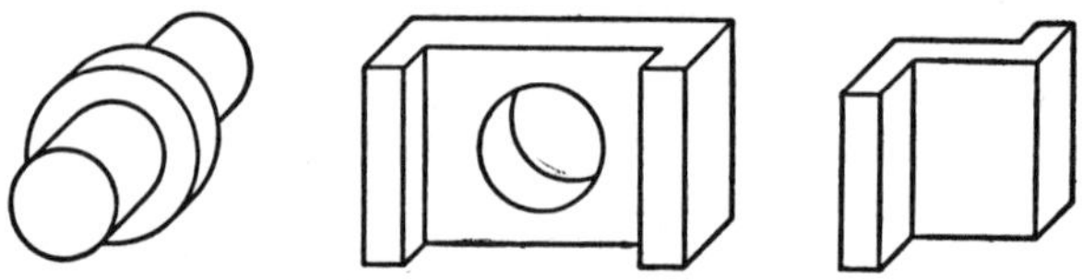

**198.2** Darstellungsbeispiele

## 11.2 Isometrische Darstellung (DIN 5)

Eine Perspektive ist isometrisch, wenn alle Abmessungen im gleichen Zeichnungsmaßstab dargestellt sind.

Entstehung und Besonderheiten. Wird ein Würfel um 45° gedreht und, damit die Körperdiagonale waagerecht liegt, um 35° 16′ gekippt, dann entsteht ein Bild, bei dem alle senkrechten Körperkanten als Senkrechte auftreten und die beiden anderen Ausdehnungen in Winkeln von 30° zur Waagerechten liegen (**198.3**).

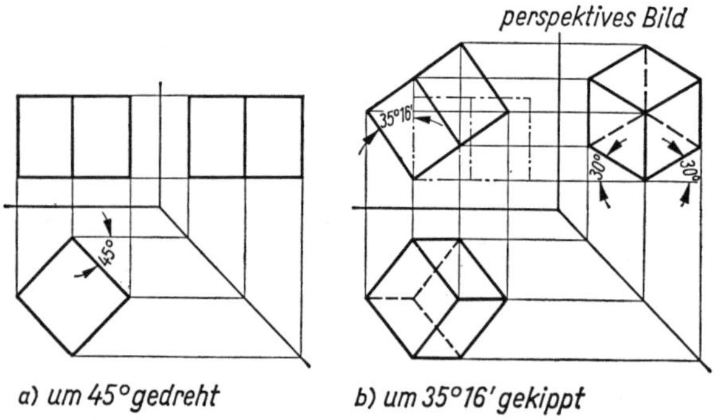


**198.3** Entstehung der isometrischen Darstellung

Das perspektive Bild entsteht also auch durch rechtwinklige Parallelprojektion auf eine schiefe Bildebene (s. S. 192).

Die Quadratflächen des Würfels sind in dieser Perspektive deckungsgleiche Rhomben. Außerdem sind die Ellipsen für alle in den drei Ebenen liegenden Kreise gleichen Durchmessers deckungsgleich (**199.1**).

Die Würfelkanten sind in dem perspektiven Bilde (**198.3**b) infolge der schrägen Lage kürzer als am Körper. Aus z. B. 100 mm wahrer Länge werden in der Perspektive 81,65 mm. Praktisch sind jedoch alle Kanten unverkürzt zu zeichnen (**199.1**).

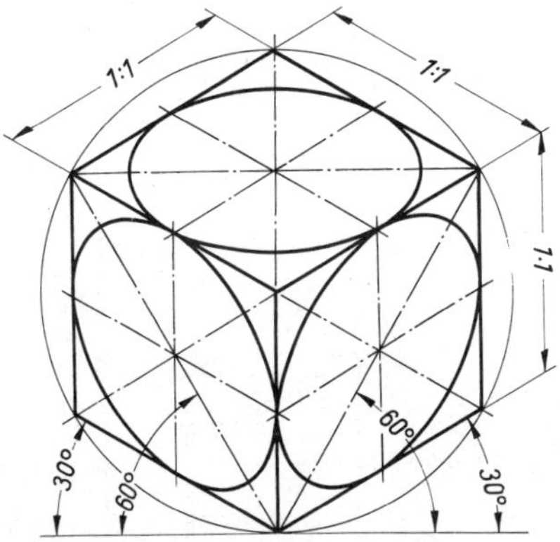


**199.1** Kreise in der isometrischen Darstellung

Die in den Rhomben liegenden Ellipsen haben ein Achsenverhältnis von $1:\sqrt{3}$ ($\sqrt{3} \approx 1{,}732$). Die obere Ellipse liegt waagerecht. Die großen Achsen der beiden anderen liegen unter 60° zur Waagerechten.

Gleichheit der Ellipsen, ihre bequeme Lage und der einheitliche Zeichnungsmaßstab für alle Kanten geben dieser Perspektive einen Vorzug gegenüber dem Nachteil, daß die Körper größer dargestellt werden, als die korrekte Konstruktion nach Bild **198**.3 ergeben würde, weil die Verkürzungen unberücksichtigt bleiben (**199.2**).

**199.2**
Größenvergleich:
Kantenlängen 100:81,65
Rauminhalte 1,814:1

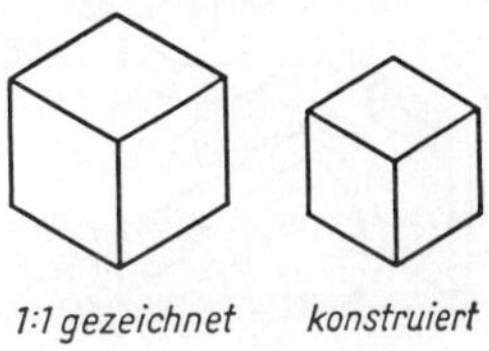


Darstellung der Kreise. Die Hauptabmessungen einer Ellipse (**199.3**), die einen Kreis von $d = 100$ mm Durchmesser darstellt, sind:

die halbe große Achse $a \approx 61{,}2$ mm
die halbe kleine Achse $b \approx 35{,}4$ mm
die große Halbmesser $R \approx 105{,}8$ mm
die kleine Halbmesser $r \approx 20{,}5$ mm

Mit Hilfe dieser Zahlen lassen sich die Abmessungen der Ellipsen für alle in dieser Perspektive auftretenden Kreise errechnen und mit den Halbmessern $R$ und $r$ die Scheitelbogen der Ellipse zeichnen.

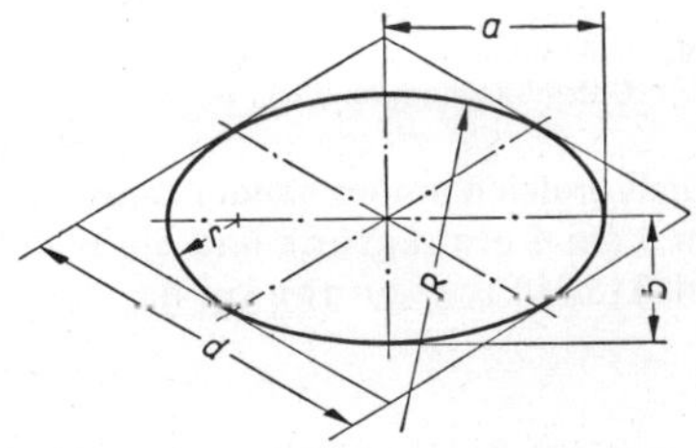


**199.3** Abmessungen einer Ellipse

**Beispiel:** Für einen Kreis von $d = 40$ mm sind:

$$a \approx \frac{61{,}2 \cdot 40}{100} \approx 24{,}48 \text{ mm} \qquad b \approx \frac{35{,}4 \cdot 40}{100} \approx 14{,}16 \text{ mm}$$

$$R \approx \frac{105{,}8 \cdot 40}{100} \approx 42{,}32 \text{ mm} \qquad r \approx \frac{20{,}5 \cdot 40}{100} \approx 8{,}2 \text{ mm}$$

Zur Erleichterung der Zeichenarbeit kann eine Ellipsenschablone verwendet werden. Sie ist ein gleichseitiges Dreieck aus durchsichtigem Kunststoff mit elliptischen Löchern in den häufiger auftretenden Größen. An den Innenkanten der Löcher wird der Zeichenstift entlanggeführt.

Häufig genügt eine der Ellipse angenäherte Form, bestehend aus vier Kreisbogen, die jeweils von Mitte zu Mitte Rhombusseite reichen (**199.4**). Die Einsatzpunkte für den Zirkel liegen in den stumpfwinkligen Rhombusecken und in den Schnittpunkten der großen Diagonale mit den Verbindungslinien von einer stumpfen Ecke zur Mitte der gegenüberliegenden Seite.

Für diese angenäherte Form einer Ellipse, die einen Kreis von $d = 100$ mm Durchmesser wiedergibt, betragen die halben Achsen 57,7 und 36,6 mm und die Halbmesser 86,6 und 28,9 mm. Vergleiche hierzu die oben angegebenen Abmessungen für $a$, $b$, $R$ und $r$.

Die isometrische Perspektive wird gern in den Fällen benutzt, in denen Wesentliches in allen drei Flächen gezeigt werden soll (**199.5**),

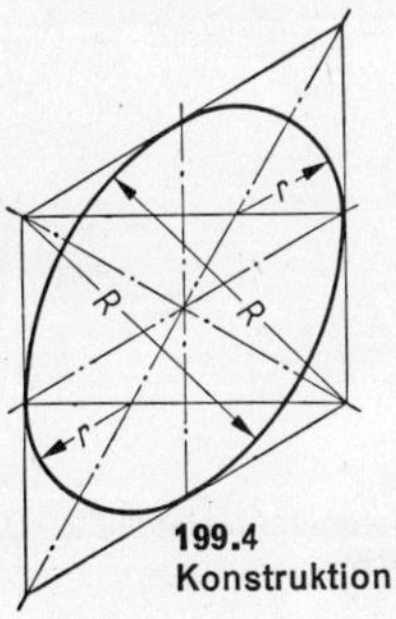


**199.4**
Konstruktion der angenäherten Ellipse

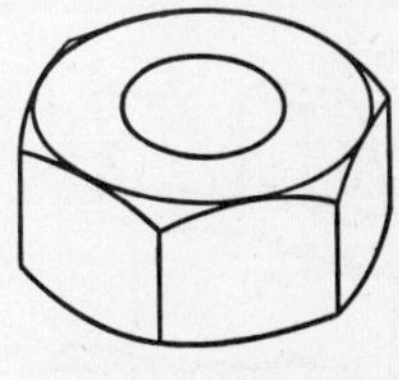

**199.5** Rohling für Sechskantmutter

auch zur Darstellung von Getriebeschemen in der Feinmechanik, im Zählwerkbau (**200.**1) und anderen (**200.**2).

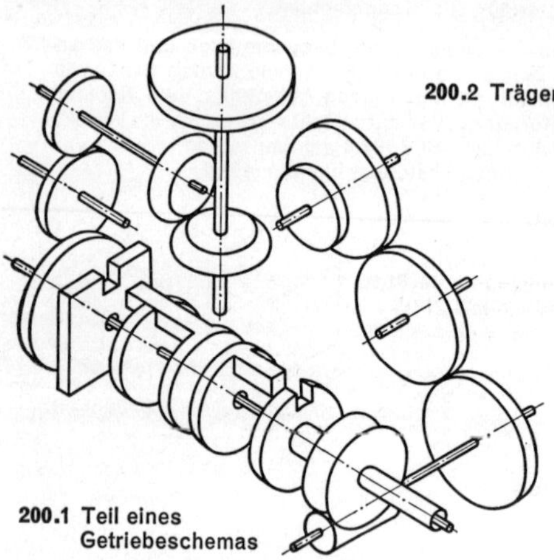

**200.**1 Teil eines Getriebeschemas

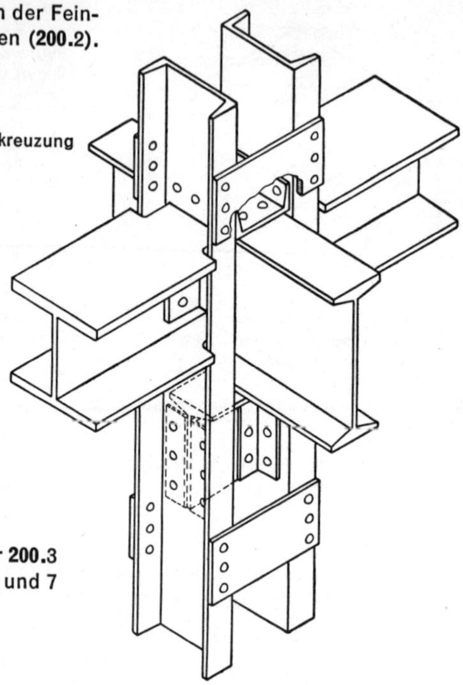

**200.**2 Trägerkreuzung

Zum Vergleich untereinander zeigen die Bilder **200.**3 bis 5 ein Gelenkstück und die Bilder **200.**6 und 7 ein Stopfbüchsengehäuse.

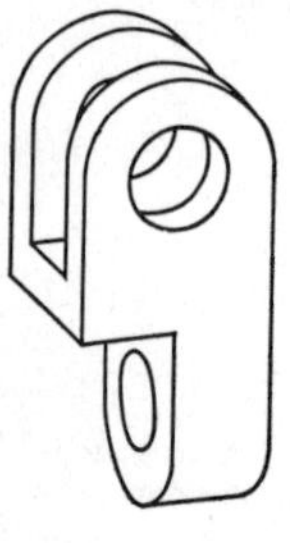

**200.3**
Dimetrische Darstellung (DIN 5)

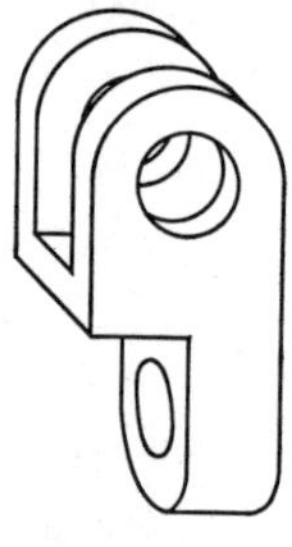

**200.4**
Dimetrische Darstellung (nicht genormt)

**200.5**
Isometrische Darstellung (DIN 5)

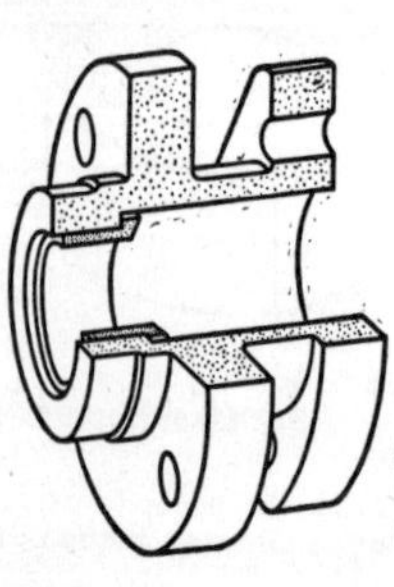

**200.6**
Dimetrische Darstellung (DIN 5)

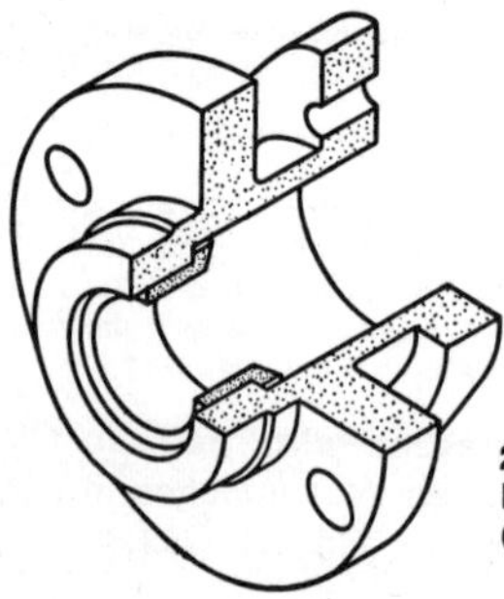

**200.7**
Isometrische Darstellung (DIN 5)

# 12 Zeichnungsarten

## 12.1 Übersicht (Auszug aus DIN 199)

Zeichnungen werden nach Art der Darstellung, nach Art der Anfertigung, nach dem Inhalt und nach dem Zweck verschieden benannt.

Eine nicht unbedingt an Formen und Regeln gebundene, vorwiegend freihändig und zügig gezeichnete Darstellung heißt *Skizze* (**202.1**). Hingegen ist eine *Zeichnung*, allgemein gesehen, eine möglichst maßstäbliche, in den notwendigen Ansichten und Schnitten wiedergegebene und mit allen notwendigen Angaben versehene Darstellung. Die nähere Bezeichnung geschieht durch einen Zusatz, z.B. Fundamentzeichnung. Ein *Plan* dient zur Veranschaulichung der Lage von Gebäuden, Maschinen u.a. oder zur Verdeutlichung der Funktionen zusammengehöriger Teile. Hierzu zählen Lageplan, Gleisplan, Rohrplan (S. 223), Schaltplan (S. 225) u.a. *Graphische Darstellungen* (S. 231) verbildlichen durch Linien, Flächen oder räumlich wirkende Zeichnungen statistische Werte, veränderliche Größen, Betriebs- und Versuchsergebnisse, Kräftepläne und anderes mehr.

Eine erstmalig entstandene, meist transparente Zeichnung, Skizze oder dergleichen heißt *Original*. Eine *Stammzeichnung* ist eine Ausgangszeichnung für die verschiedensten Vervielfältigungsmöglichkeiten. Ein Original kann mithin eine Stammzeichnung sein und umgekehrt eine Stammzeichnung ein Original. *Bleizeichnungen* und *Bleiskizzen* sind mit dem Zeichenstift (S. 204) und *Tuschezeichnungen* (S. 202) und *Tuscheskizzen* in Tusche ausgeführt. Lichtpausen, fotografische Abzüge oder durch Drucken hergestellte Zeichnungen fallen unter den Sammelbegriff *Vervielfältigungen* (S. 236).

Eine *Teilzeichnung* ist die Darstellung eines Teils oder mehrerer Teile auf einem Bogen (**210.1**). Sofern Schmiede-, Guß-, Preßstücke u.a., die noch weiter bearbeitet werden müssen, abgebildet sind, handelt es sich um *Rohteilzeichnungen* (S. 205). Die Bezeichnung *Fertigteilzeichnung* (S. 205) soll nur gebraucht werden, wenn der Unterschied zur Rohteilzeichnung hervorgehoben werden muß. Ist eine Maschine, ein Bauwerk, ein Gerät, eine Anlage o.a. im zusammengebauten Zustande dargestellt, dann handelt es sich um eine *Gesamtzeichnung* (S. 205). Besteht die Abbildung aus nur einer Gruppe des Ganzen, heißt sie *Gruppenzeichnung* oder, wenn unlösbar verbundene Teile dargestellt sind, *Verbundgruppenzeichnung*. Eine *Gruppenteilzeichnung* ist die Darstellung einer Gruppe und deren Einzelteile.

Eine *Fertigungszeichnung* ist eine Zeichnung mit allen verbindlichen Angaben für die Fertigung. Eine unverbindliche Zeichnung, gleichgültig was sie darstellt, kann hingegen als *Entwurfszeichnung* gelten.

*Patentzeichnungen* dienen zur Anmeldung von Patenten und unterliegen in Darstellung und Ausführung amtlichen Vorschriften. Eine Zeichnung zur Anfertigung eines Druckstocks oder einer Druckplatte wird *Druckstockzeichnung* genannt. *Angebotszeichnungen* dienen zur Erläuterung einer Ausschreibung oder Abgabe eines Kostenanschlages. Eine Darstellung als verbindliche Grundlage einer Bestellung ist eine *Bestellzeichnung*. *Genehmigungszeichnungen* werden Anträgen zur Genehmigung einer bestimmten Konstruktion oder einer vorgeschriebenen Bauweise beigegeben. Ferner gibt es *Lieferzeichnungen*, *Abnahmezeichnungen* u. a.

Oft dient eine Zeichnung mehreren Zwecken. So kann z.B. eine Lichtpause (Vervielfältigung) zugleich Entwurfs-, Angebots-, Bestell- oder Genehmigungszeichnung sein.

## 12.2 Skizzen

Ist ein zu Bruch gegangenes Teil einer Maschine zu ersetzen und eine Zeichnung davon nötig, aber nicht vorhanden, so wird zunächst eine Skizze angefertigt.

Es wird festgelegt, wieviel und welche Ansichten und Schnitte erforderlich sind, damit die Gestalt des Werkstücks vollkommen erfaßt ist. Für die Hülse (**202.1**) z.B. ist nur ein Bild nötig.

Die Abmessungen werden geschätzt. Ohne Verwendung des Zirkels, der Zeichendreiecke und anderer Geräte wird das Werkstück freihändig mit einem weichen Zeichenstift meist auf Millimeterpapier übertragen, denn Feldteilungen erleichtern die Arbeit.

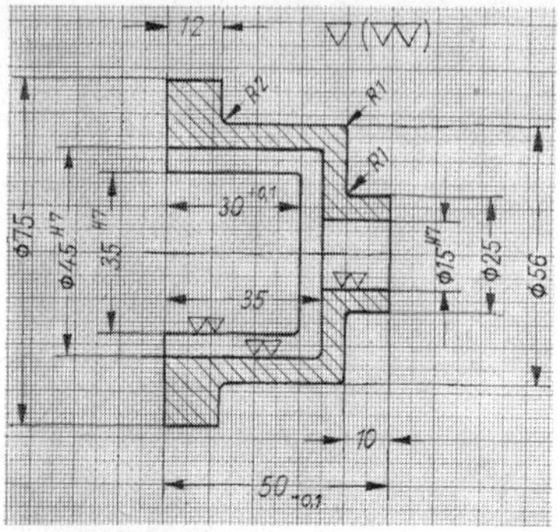

**202.1** Hülse (Skizze)

Skizzen sollen möglichst maßstäblich, wenn auch in beliebigem Maßstab, gezeichnet werden und somit die Abmessungen des Werkstücks einigermaßen verhältnisgleich zeigen.

Immer sind die Mittellinien zuerst zu ziehen und die Formen, und zwar bei hohlen Werkstücken von innen nach außen in schmalen Linien zu entwikkeln. Dann wird nachgezogen und bemaßt. Nachdem wird gemessen. Mit Schieblehre, Stabmaß, Schraublehre, Tiefenmaß u.a. werden die Abmessungen am Werkstück abgenommen und die Maßzahlen in die Skizze übertragen. Schließlich werden Toleranzen und Oberflächenzeichen eingesetzt und Schraffuren gezogen.

Macht das freihändige Zeichnen der Kreise anfänglich Schwierigkeiten, dann wird der Halbmesser auf einem Papierstreifen festgelegt und vom Kreismittelpunkt aus nach mehreren Seiten abgetragen (**202.2**). Durch die Markierungspunkte werden kurze Bogen gezogen und zu dem gewünschten Kreise vereinigt.

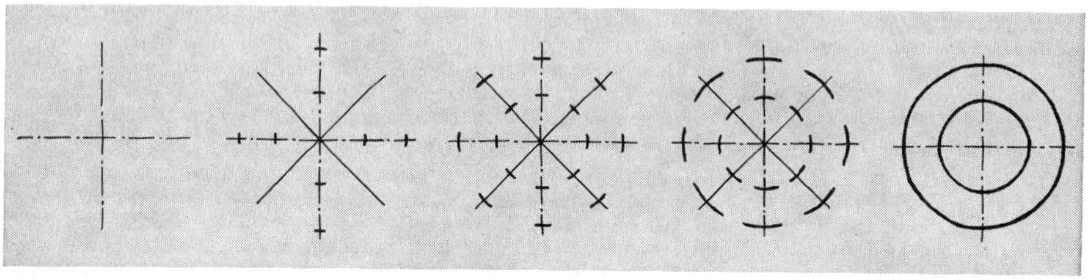

**202.2** Entstehung eines freihändig zu ziehenden Kreises

## 12.3 Tusche- und Bleizeichnungen

Die Skizze wird nach einem der genormten Zeichnungsmaßstäbe auf den Bogen übertragen. Hierbei stellt sich von selbst heraus, ob alle Maße in der Skizze enthalten sind; denn die Zeichenarbeit stockt, wenn auch nur ein Maß fehlt.

### Tuschezeichnungen

Ist auf Klarpapier vorgezeichnet worden, wie es meist geschieht, dann kann die Tuschezeichnung auf demselben Bogen entstehen. Es kann auch ein Bogen transparentes Papier über den Zeichnungsentwurf gespannt und darauf ausgezogen werden.

Zuerst werden die Mittellinien und danach, mit den kleinen beginnend, alle Kreise und Bogen einer Linienbreite nachgezogen (**203.1**). Übergangsstellen von Bogen in andere Bogen oder in gerade Linien werden zweckmäßig mit einem weichen Zeichenstift markiert. Ist der einwandfreie Übergang mehrerer aneinandergereihter Kreisbogen nicht ohne weiteres möglich, so sind die Zirkelschläge kurz vor den Übergangspunkten zu unterbrechen und die Lücken durch gerade Linien auszufüllen (**203.2**). Dann sind alle waagerechten Linien, oben links auf dem Zeichenblatt beginnend, zu ziehen. Nun folgen die senkrechten Linien, die nur an dem auf der Zeichenschiene aufgesetzten Zeichendreieck nachgezogen werden, wenn damit gearbeitet

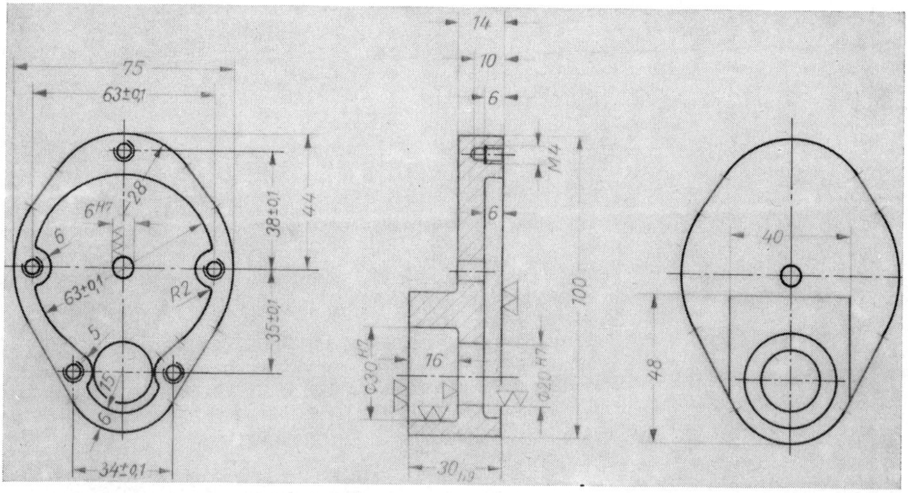


**203.1** Ausgezogene Mittellinien und Kreise

wird. Die Zeichenschiene soll, wo nur immer möglich, verwendet werden. Nun werden die schrägen Linien ausgezogen (**203.3**). Nach den sichtbaren und verdeckten Körperkanten folgen nacheinander Maß- und Maßhilfslinien, Maßpfeile, Maßzahlen, Oberflächenzeichen und sonstige Angaben (**203.1**). Zum Schluß erst wird schraffiert und das Schriftfeld ausgefüllt.

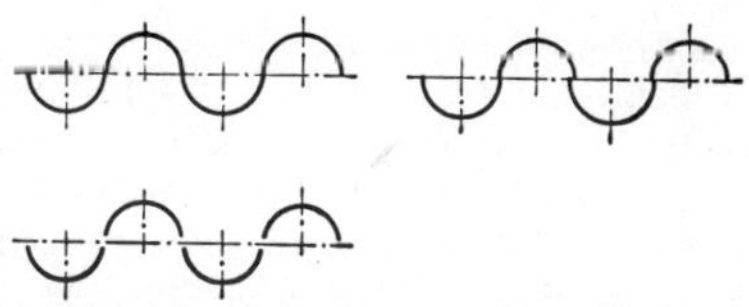

**203.2**
Ausziehen von Kreisbogenübergängen

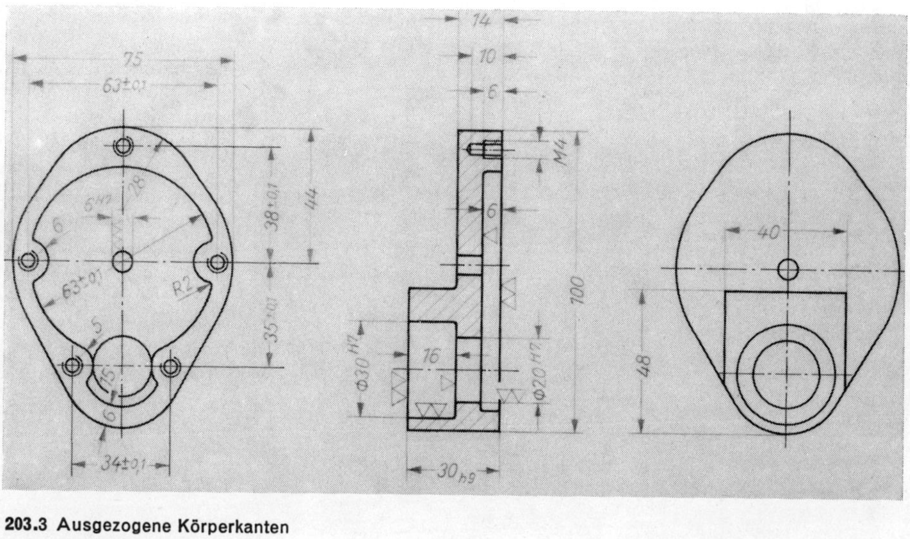


**203.3** Ausgezogene Körperkanten

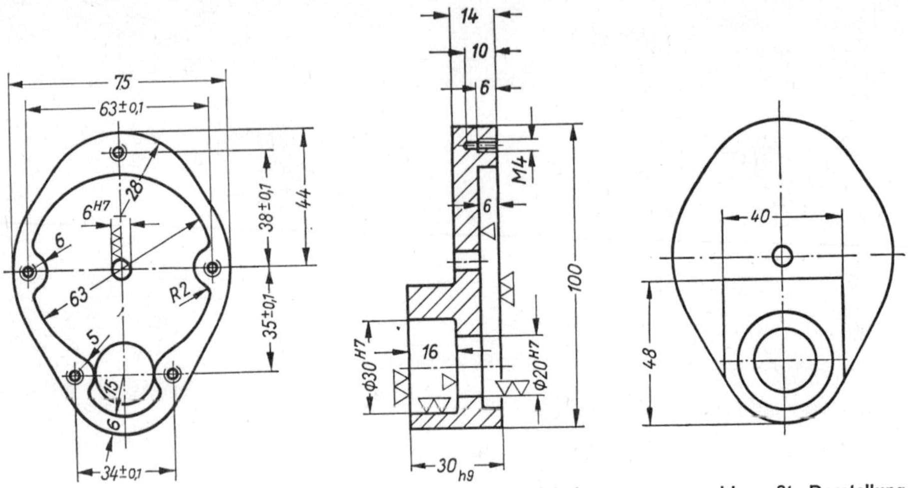


**204.1** Ausgezogene und bemaßte Darstellung

## Bleizeichnungen

Zeichnungen auf Klarpapier werden häufig mit dem Zeichenstift nachgezogen, aber Kreise, Maßpfeile, Maßzahlen und die Beschriftung in Tusche ausgeführt (**204.2**). Bei Zeichnungen für die Mikroverfilmung ist dies Verfahren wegen der unterschiedlichen Kontraste von Tusche und Blei nicht zu empfehlen. Empfohlene Minenhärten s. S. 7. Die Linien müssen scharf umrissen, tiefschwarz, unverwischbar sein und, von der Seite gesehen, glänzen. Sonst ist die Zeichnung nicht lichtpausbar.

Auch in Bleizeichnungen sind die Linienbreiten abzustufen (s. S. 57). Schraffiert wird zweckmäßig auf der Rückseite des Bogens, damit die feinen Linien auf den Lichtpausen recht deutlich erscheinen.

Sind Arbeitsgänge an einem Werkstück in Verbindung mit Arbeitsgängen an einem anderen, dazugehörigen Werkstück empfehlenswert, wie das gemeinsame Bohren der fünf Gewindekernlöcher des Gehäuses (**204.1**) mit den fünf, auf den gleichen Durchmesser zunächst vorzubohrenden Durchgangslöchern im Deckel (**204.2**), so sind Vermerke wie in Bild **210.1**, Teile 4 u. 6, nötig, wenn der gemeinsame Arbeitsgang anderswo, z. B. aus der Arbeitskarte, nicht hervorgeht.

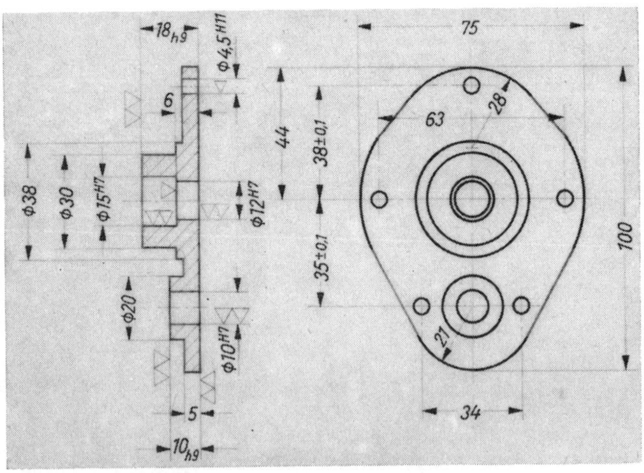


**204.2** Bleizeichnung

## 12.4 Teilzeichnungen

**Rohteilzeichnungen** geben Gestalt, Abmessungen und Werkstoff der unbearbeiteten Guß-, Preß- oder Schmiedestücke an (**205.1**).

Rohteilzeichnungen können unter Umständen auch dem Modelltischler zur Anfertigung der einzuformenden Modelle oder dem Stahlformenbauer zur Herstellung der Formen in die Hand gegeben werden; häufig aber sind hierbei besondere Zeichnungen erforderlich.

**Fertigteilzeichnungen** sind Darstellungen bearbeiteter Werkstücke und geben Aufschluß über die Gestalt der einzelnen Teile, über ihre Abmessungen einschließlich der einzuhaltenden Toleranzen, die Beschaffenheit der Oberflächen und den Werkstoff, aus dem sie herzustellen sind (**208.1**).

Die Rohteilzeichnung trägt gewöhnlich die gleiche Nummer und Benennung wie die Fertigteilzeichnung, außerdem hinter der Werkstückbezeichnung in Klammern einen entsprechenden Vermerk, z.B. „Rohteil", „Preßteil", usw. (**62.2**, lfd. Nr 2).

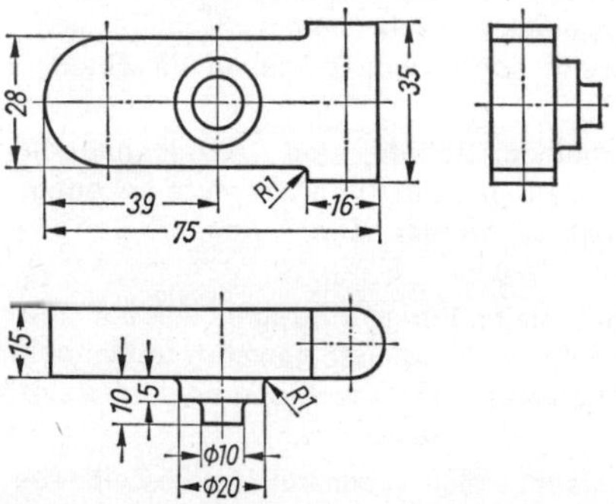


**205.1** Rohteilzeichnung eines Hebels

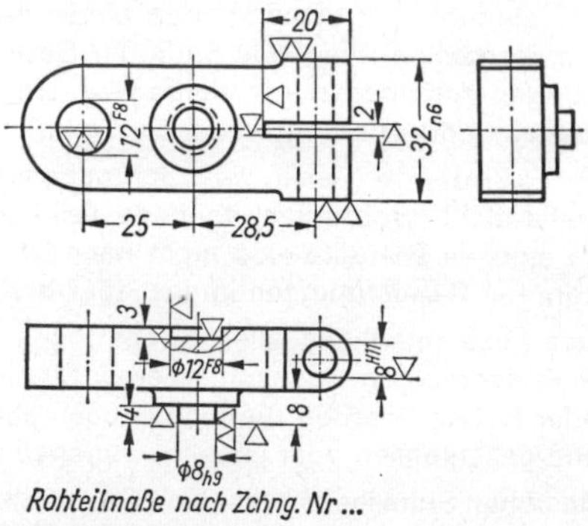


**205.2** Fertigteilzeichnung

In die Fertigteilzeichnung werden, sofern eine Rohteilzeichnung vorhanden ist, bisweilen nur die für die Bearbeitung des Rohteils notwendigen Maße eingesetzt. Empfehlenswert ist dann ein Vermerk, daß die fehlenden Maße in der Rohteilzeichnung enthalten sind (**205.2**).

An Stelle einer Rohteilzeichnung kann die Zugabe des zur Bearbeitung erforderlichen Werkstoffs in einfach gelagerten Fällen durch Strichpunktlinien in der Fertigteilzeichnung angegeben werden (**78.4**).

## 12.5 Gesamtzeichnungen

Der Zusammenbau der Werkstücke zu einem Gerät oder zu einer Maschine wird in Gesamtzeichnungen zum Ausdruck gebracht, und zwar in der Gebrauchslage (s. S. 74). Es kommt besonders auf die Anordnung der Teile, auf ihre Abhängigkeit voneinander und auf das gegenseitige Zusammenwirken an und nicht auf die Wiedergabe aller Einzelheiten der Werkstücke; denn dazu sind die Teilzeichnungen da.

Die Zeichnung der Lochvorrichtung (**207.1**) ist eine Gesamtzeichnung. Sie ist aber so beschaffen, daß Lernende die Formen aller Teile genau erkennen und sich im Herauszeichnen der Einzelteile üben können. In der Praxis jedoch wird zur Konstruktion einer Maschine eine nicht sehr ausführliche Gesamtzeichnung hergestellt, aus der dann die Teile „herausgezogen", d.h. normgerechte Teilzeichnungen angefertigt werden. Gesamtzeichnung und Einzelteile können aber auch auf demselben Bogen untergebracht werden, wie es im Vorrichtungsbau üblich ist.

Bild 210.1 ist eine Zeichnung der Einzelteile eines Geräts. Es sind aus Gründen der Übung auch Normteile dargestellt. Sie sind in der Praxis nicht oder nur dann darzustellen, wenn das Normteil ausnahmsweise eigens anzufertigen wäre. Die Unterbringung aller Teile eines Ganzen auf demselben Zeichenbogen kommt nur selten vor, auch wenn er nach dem Zerschneideverfahren in selbständige Kleinformate aufgeteilt wird.

Gehören aber viele Werkstücke zu einem Ganzen (207.1), wird für jedes Werkstück eine besondere Zeichnung mit Schriftfeld angefertigt (208.1 und S. 209). Eine Stückliste auf besonderem Blatt ist aufzustellen, wenn sie in der Gesamtzeichnung nicht untergebracht werden kann. Lose Stücklisten haben sich in letzter Zeit immer mehr durchgesetzt.

In der Gesamtzeichnung erhält jedes Werkstück eine nicht umrandete laufende Teilnummer in doppelter Größe der Maßzahl, mindestens aber von 5 mm Höhe. Diese Teilnummern, deren Reihenfolge möglichst dem Zusammenbau entsprechen soll, stehen übersichtlich in oder besser neben der Darstellung in Leserichtung waagerecht oder / und senkrecht oder in Richtung der Uhrzeigerbewegung. Sie stehen außerdem in der Spalte „Lfd. Nr" der Stückliste. Die Bezugslinien nach den Teilnummern sind schmal wie Maßlinien und geradlinig so zu ziehen, daß sie nicht mit benachbarten Linien verwechselt werden können und nicht stören. Das in der Darstellung liegende Ende der Bezugslinie erhält einen Punkt in Tusche. Gesamtzeichnungen enthalten meist einige Hauptmaße, und, wenn nötig, auch Angaben für Zusammenbau und Wirkungsweise der Teile.

Für genormte Teile, wie Schrauben, Muttern, Scheiben, Splinte, sind Teilzeichnungen meist nicht erforderlich, da diese Teile sich am Lager befinden oder von auswärts bezogen, im eigenen Betriebe also nicht nach Zeichnung hergestellt werden. Die Aufnahme der genormten Bezeichnungen in die Stückliste genügt.

Der Zusammenhang aller Zeichnungen untereinander bleibt durch Eintragen der auf den Teilzeichnungen eingeschriebenen Werkstücknummern in die Stückliste gewahrt. In Mappen oder Heftern werden die Lichtpausen aller Zeichnungen des Geräts wohlgeordnet vereinigt und geschlossen oder einzeln ausgegeben.

Bestehen Schwierigkeiten, eine Gesamtdarstellung mit sehr vielen Teilen auf einem Zeichenbogen unterzubringen, dann werden die Werkstücke zunächst gruppenweise in sogenannten Gruppenzeichnungen zusammengefaßt, während die Gesamtzeichnung dann nur die Anordnung und Wirksamkeit der einzelnen Gruppen untereinander zu zeigen hat.

Die Aufteilung einer Gesamtzeichnung in Gruppenzeichnungen hat die Reihenfolge der Arbeiten beim Zusammenbau zu berücksichtigen. Eine Gruppenzeichnung stellt eine in sich abgeschlossene Montageeinheit dar und kann daher schon notwendig sein, wenn zwei Teile miteinander zu vernieten sind.

Die Gruppe erhält eine eigene laufende Nummer, die mit der Benennung und der Zeichnungsnummer in die Stückliste der Gesamtzeichnung aufzunehmen ist.

Soll sich in einer Gesamtzeichnung ein Werkstück hervorheben, so wird es mit breiten Vollinien gezeichnet. Teile, die nicht zu der Darstellung unmittelbar gehören, wie der ⊏-Stahl in der Seitenansicht der Lochvorrichtung (207.1), werden mit schmalen Vollinien gezeichnet.

**Übungen**

1. Stelle die Gesamtzeichnung des Dämpfers aus den Einzelteilen (210.1) auf DIN A 4 (Hochlage) in Vorderansicht (Schnitt) und Draufsicht im Maßstab 1:1 her.

   Der Bolzen (4) wird mit dem Federteller (3) genietet und von oben in das Unterteil (1) gesteckt. Dann wird die Schraubenfeder (5) auf den Federteller gesetzt. Nachdem die Rändelschraube (6) von oben in das Gehäuse (2) geschraubt und mit dem anderen Federteller genietet worden ist, werden Unterteil und Gehäuse mit den Sechskantschrauben (7) verbunden.

2. Es ist die Gesamtzeichnung einer Spannvorrichtung aus den Einzelteilen (211.1) im Maßstab 1:1 auf DIN A 3 (Hochlage) in Vorderansicht (Schnitt) und Draufsicht anzufertigen.

   Nachdem die Führungsbacke (2) mit Stiften (3) und Schrauben (4) auf der Grundplatte (1) befestigt und der Stift (7) von oben in die Gleitbacke (5) getrieben worden ist, wird diese in die Führungsbacke (2) geschoben. Dann wird der Hebel (6) auf die Gleitbacke (5) so gelegt, daß der noch vorstehende Stift (7) im Schlitz des Hebels (6) liegt. Schließlich wird die Schraube (8) durch das Loch des Hebels (6) und durch das Langloch der Gleitbacke (5) gesteckt und in der Grundplatte (1) festgeschraubt.

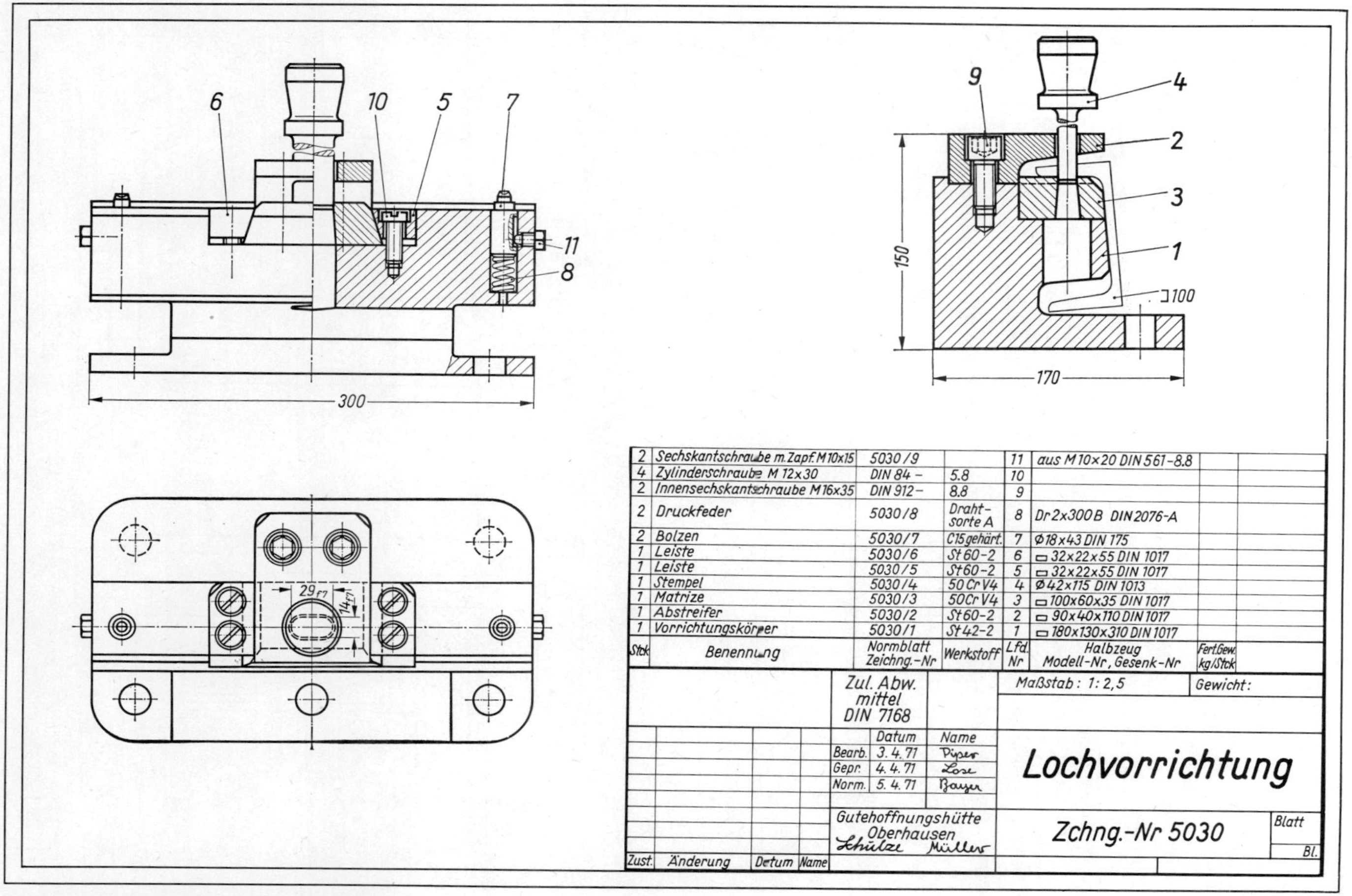


| Stck | Benennung | Normblatt Zeichng.-Nr | Werkstoff | Lfd. Nr | Halbzeug Modell-Nr, Gesenk-Nr | Fert.Gew. kg/Stck |
|---|---|---|---|---|---|---|
| 2 | Sechskantschraube m. Zapf. M10x15 | 5030/9 | | 11 | aus M10×20 DIN 561-8.8 | |
| 4 | Zylinderschraube M 12x30 | DIN 84 – | 5.8 | 10 | | |
| 2 | Innensechskantschraube M16x35 | DIN 912 – | 8.8 | 9 | | |
| 2 | Druckfeder | 5030/8 | Drahtsorte A | 8 | Dr 2x300 B DIN 2076-A | |
| 2 | Bolzen | 5030/7 | C15 gehärt. | 7 | Ø18x43 DIN 175 | |
| 1 | Leiste | 5030/6 | St 60-2 | 6 | ▭ 32x22x55 DIN 1017 | |
| 1 | Leiste | 5030/5 | St 60-2 | 5 | ▭ 32x22x55 DIN 1017 | |
| 1 | Stempel | 5030/4 | 50 Cr V4 | 4 | Ø42x115 DIN 1013 | |
| 1 | Matrize | 5030/3 | 50 Cr V4 | 3 | ▭ 100x60x35 DIN 1017 | |
| 1 | Abstreifer | 5030/2 | St 60-2 | 2 | ▭ 90x40x110 DIN 1017 | |
| 1 | Vorrichtungskörper | 5030/1 | St 42-2 | 1 | ▭ 180x130x310 DIN 1017 | |

**207.1** Gesamtzeichnung einer Lochvorrichtung

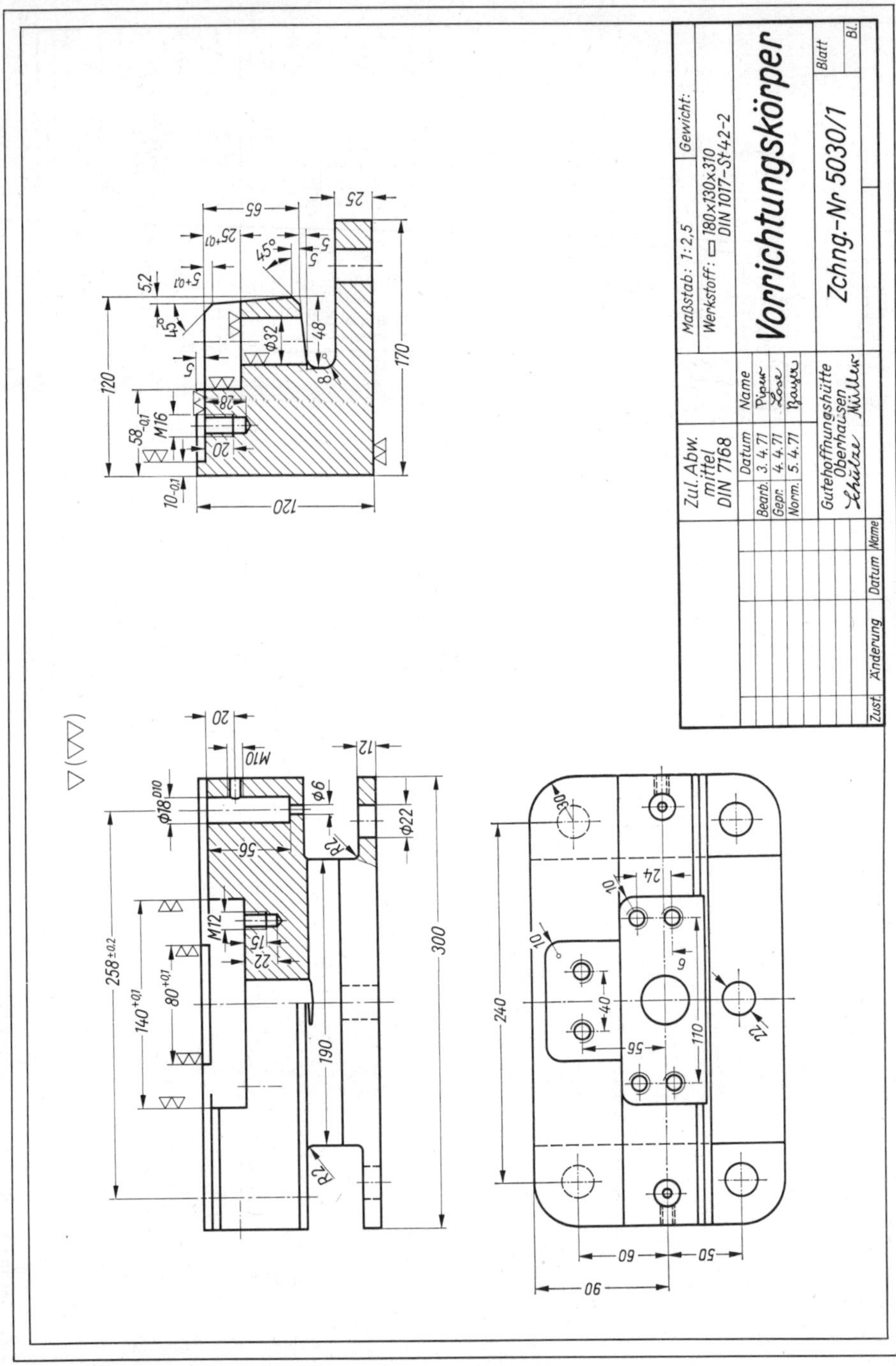


**208.1** Vorrichtungskörper

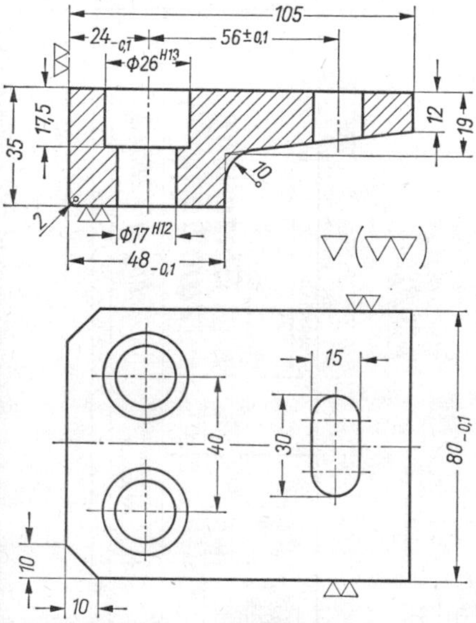

*5030/2 Abstreifer M 1:1*
*Werkstoff ▭ 90 × 40 × 110 DIN 1017-St60-2*

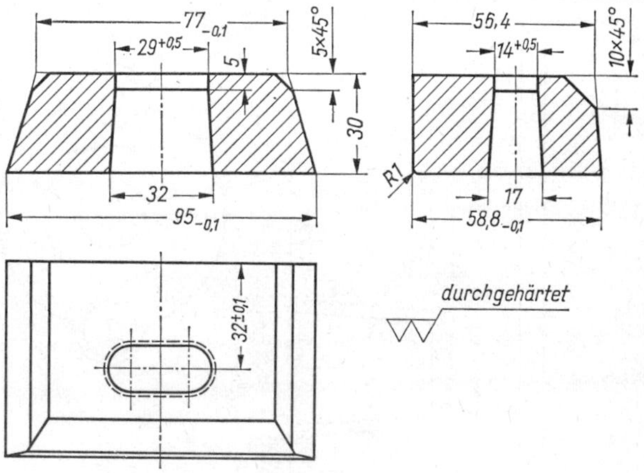


*5030/3 Matrize M 1:1*
*Werkstoff ▭ 100 × 60 × 35 DIN 1017-50 CrV4*

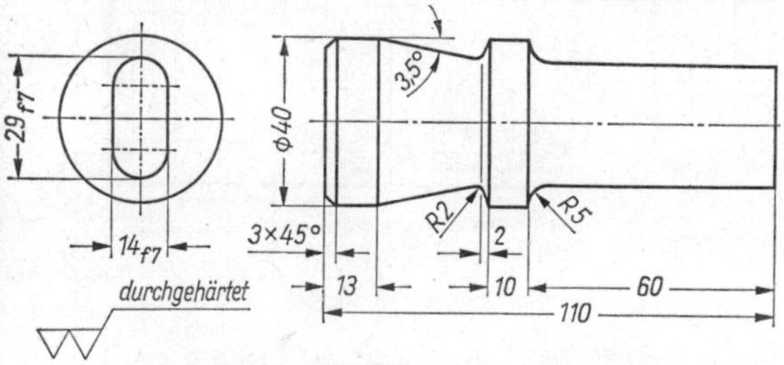


*5030/4 Stempel M 1:1*
*Werkstoff ⌀ 42 × 115 DIN 1013-50 CrV4*

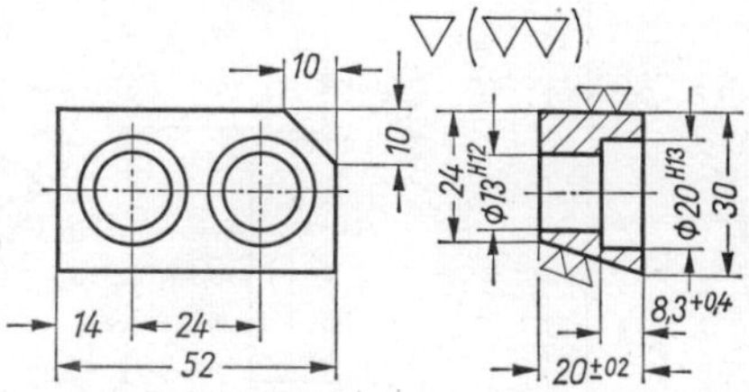

*5030/5 Leiste M 1:1*
*Werkstoff ▭ 32 × 22 × 55 DIN 1017-St 60-2*

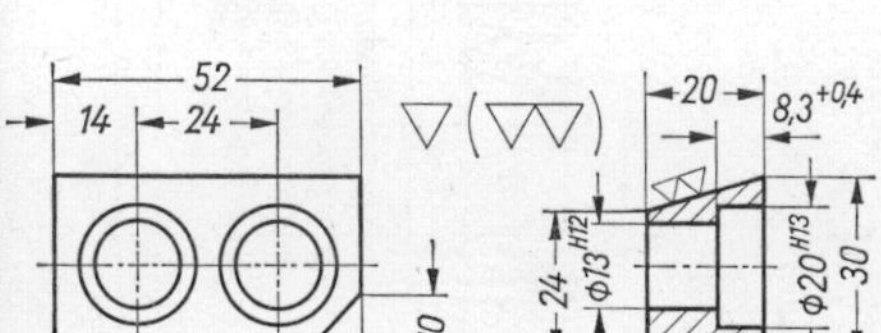

*5030/6 Leiste M 1:1*
*Werkstoff ▭ 32 × 22 × 55 DIN 1017-St60-2*

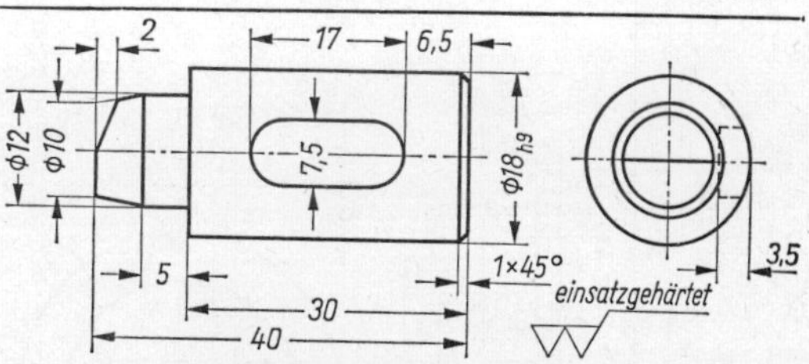


*5030/7 Bolzen M 2:1*
*Werkstoff ⌀ 18 × 43 DIN 175-C 15*

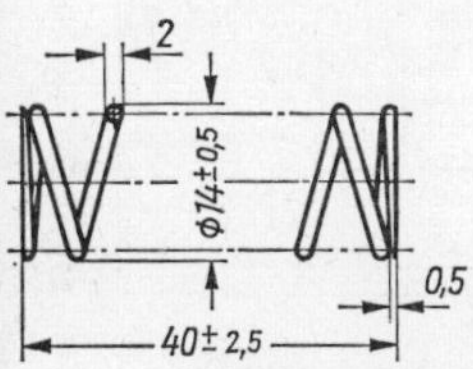

4½ federnde Windungen, dazu angebogen je Ende eine abgeschliffene Windung, insgesamt .............. = 6½ Windungen

Durchmesser der Bohrung zum Einstecken der Feder .............. = 18 mm

gestreckte Drahtlänge einschließlich Zugabe .............. ≈ 300 mm

*5030/8 Druckfeder M 2:1* (s. Bild **146.1**)
*Werkstoff ⌀ 2 × 300 A DIN 2076-A*

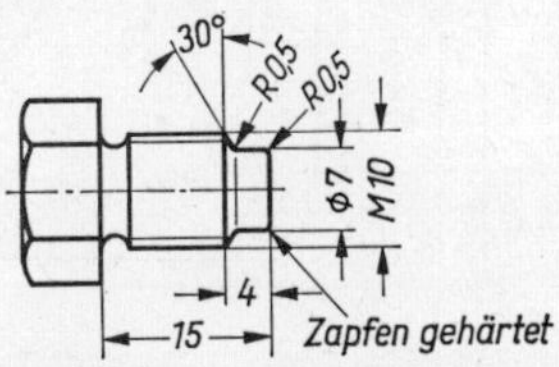


*5030/9 Sechskantschraube M 2:1*
*aus M 10 × 20 DIN 561-8.8*

**209.1** Weitere Einzelteile zur Lochvorrichtung nach Bild **207.1**

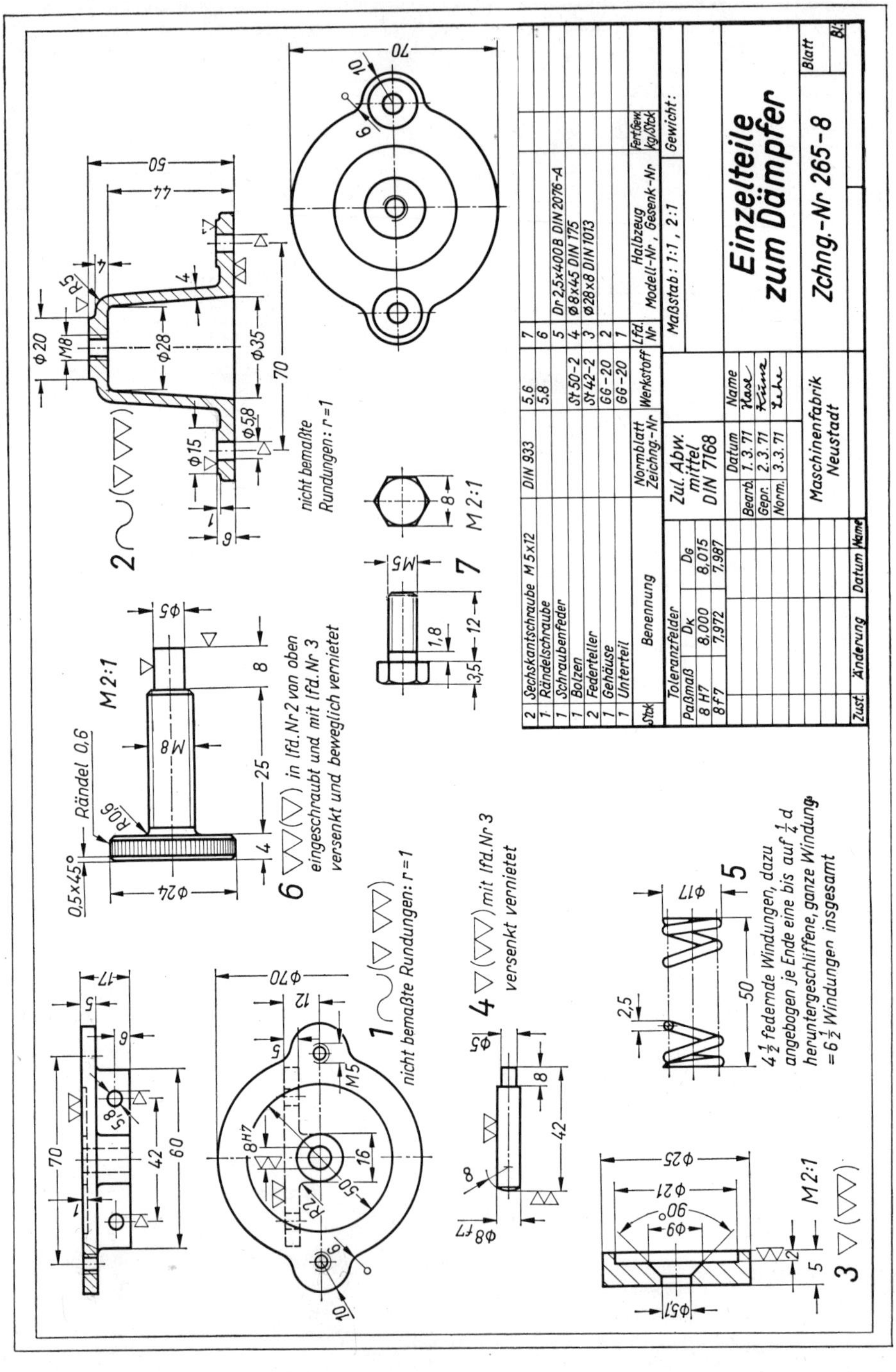


**210.1** Teilzeichnung

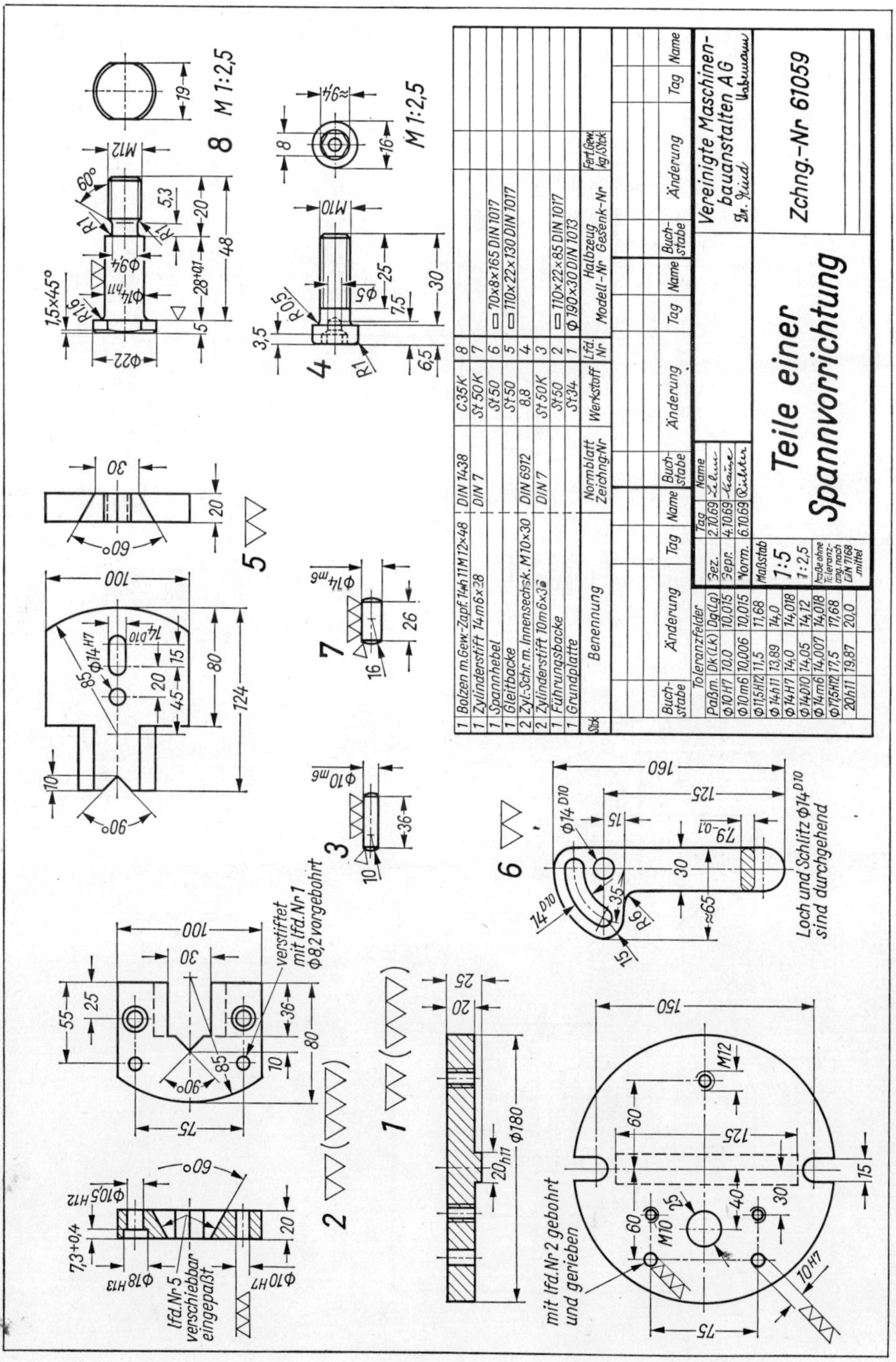


**211.1** Einzelteile zur Herstellung einer Gesamtzeichnung

**Übungen:** Für die zu der Bohrvorrichtung (212.1) und dem Lehrenhalter (212.2) gehörenden Werkstücke, Normteile ausgenommen, sind Fertigteilzeichnungen herzustellen, und für alle Teile jeder Gesamtzeichnung ist eine Stückliste aufzustellen.

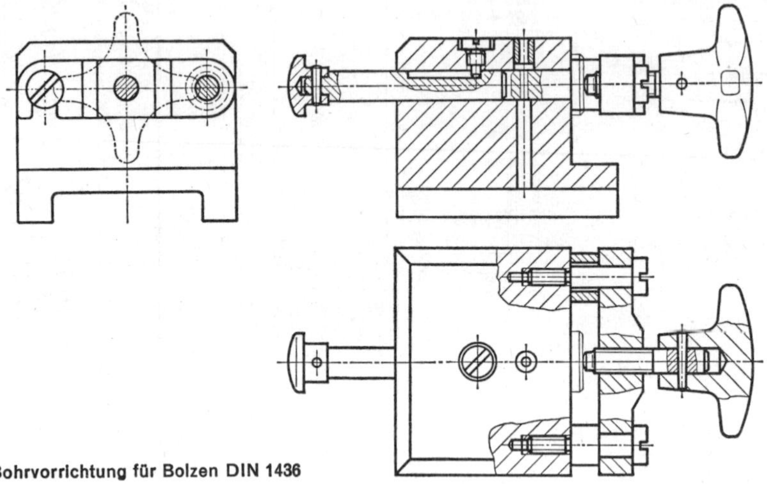

**212.1 Bohrvorrichtung für Bolzen DIN 1436**

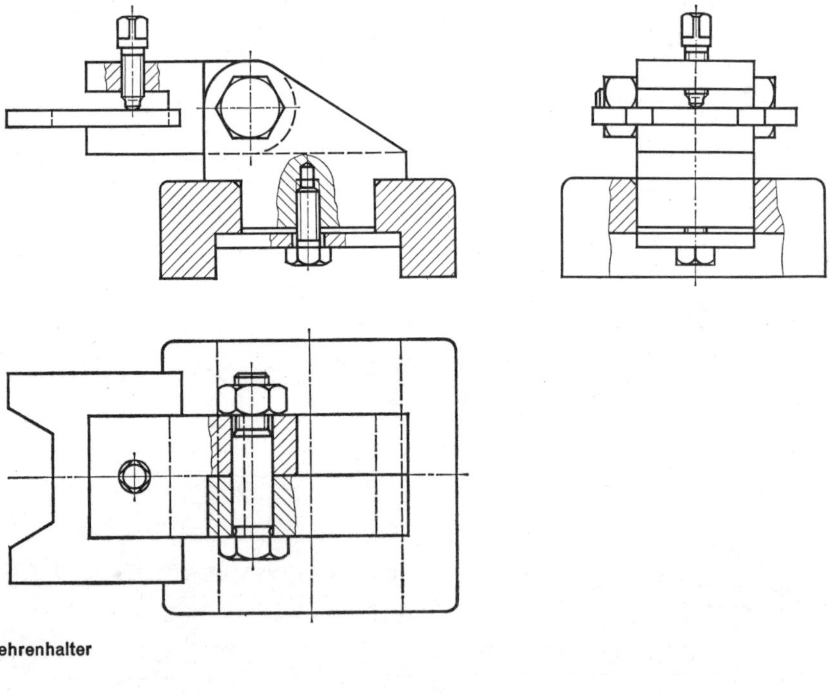

**212.2 Lehrenhalter**

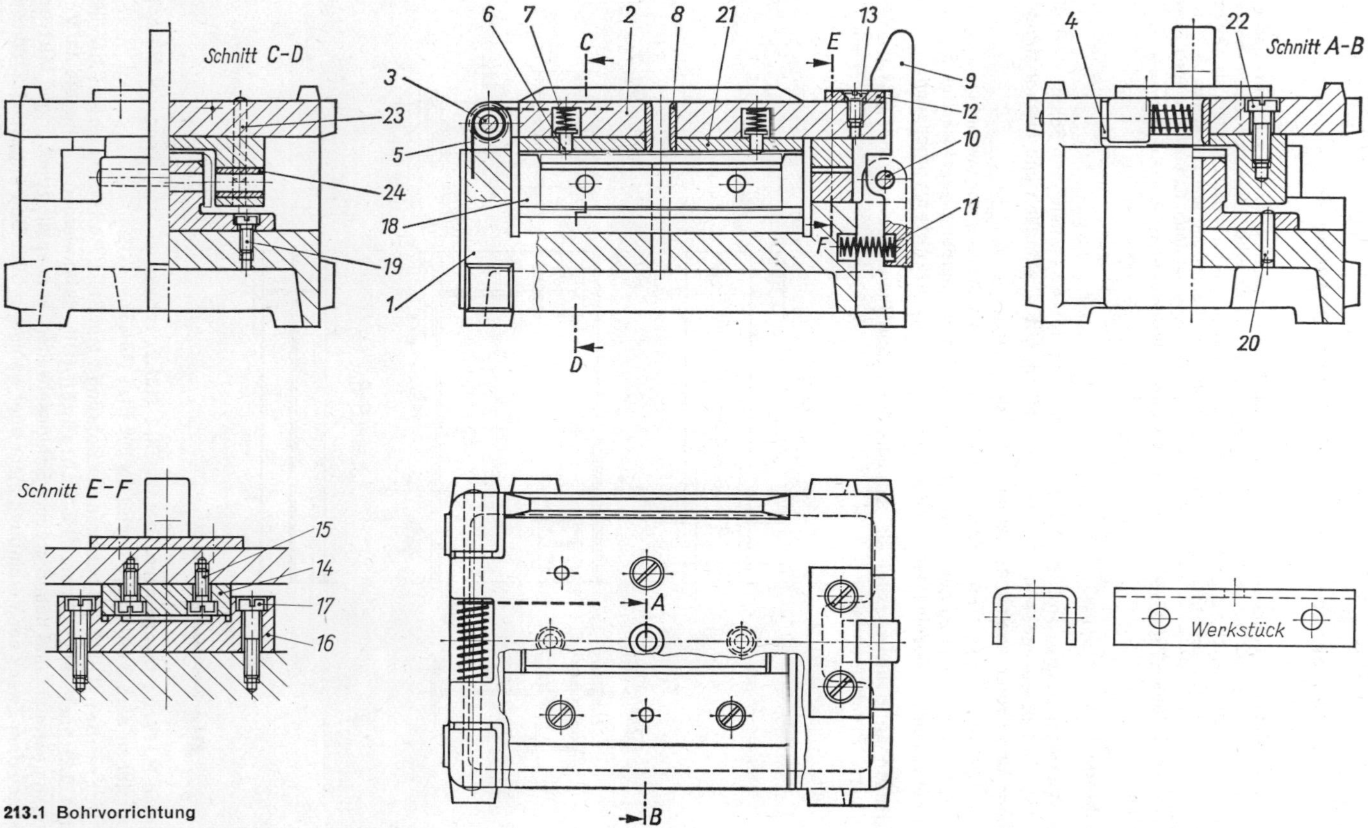


**213.1** Bohrvorrichtung

**Übung:** Für die zu der Bohrvorrichtung (**213.1**) gehörenden Werkstücke, Normteile ausgenommen, sind Fertigteilzeichnungen herzustellen, und für alle Teile ist die Stückliste aufzustellen.

## 12.6 Zeichnungen für den Stahlbau (DIN 1034)

**Diese Zeichnungen haben ein besonderes Aussehen. Die Bauteile bestehen nämlich aus Form- und aus Stabstählen, wie I-, [-, L-, T- und anderen Profilen, aus Blechen und weiteren Teilen, sind verhältnismäßig schlank und haben dünne Querschnitte. Ferner werden die Werkstücke nicht einzeln, sondern als ganzes Bauwerk aufgezeichnet, das meist nur einmal errichtet wird. Zur Darstellung und Bemaßung bis in alle Einzelheiten sind gewöhnlich mehr Ansichten und Schnitte als sonst nötig. Es bestehen auch Eigentümlichkeiten in der Bemaßung, und schließlich ist der Zeichnungsmaßstab 1:15 (s. S. 21) zusätzlich vorgesehen.**

### Darstellung

Für die Auswahl, Anordnung und Bezeichnung der Ansichten und Schnitte ist die Zeichnung **214.1** beispielgebend. Sie ist übersichtlich, gut verständlich und erlaubt zügiges Übertragen und Prüfen aneinandergereihter Maße.

Die Schnittflächen der Profile, Stäbe und Bleche sind schmal und gewöhnlich nicht zu schraffieren, sondern voll zu schwärzen (**214.1**). Zur Unterscheidung geschwärzter Schnittflächen bei zusammengezeichneten Teilen werden aber Lichtkanten vorgesehen.

Bruchlinien an Bauteilen sind als schmale Strichpunktlinien zu zeichnen (**214.1**). Vergleiche hierzu Bruchdarstellungen S. 54.

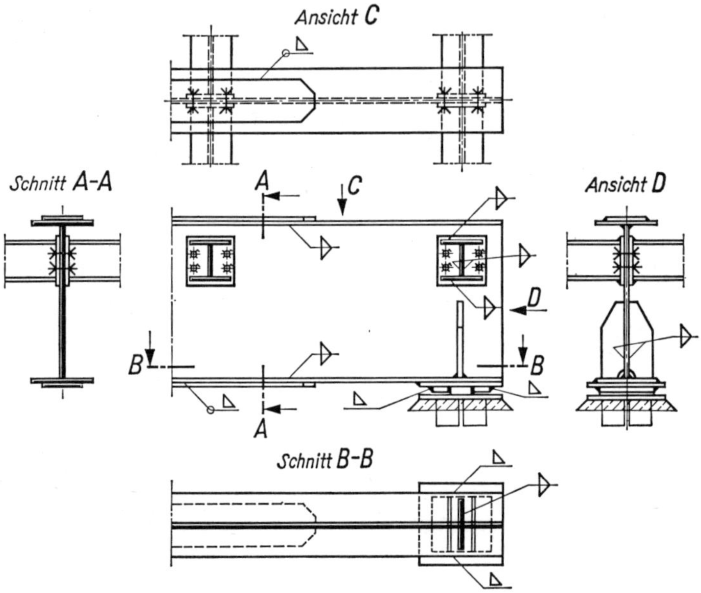


**214.1 Geschweißter Träger**

Es werden Halbrundniete nach DIN 124 Bl. 1 (**131.2**) verwendet, und, wenn der Nietkopf nicht vorstehen darf, Senkniete nach DIN 302 Bl. 1 (**131.3**).

Rohe Schrauben (DIN 7990) haben in der Bohrung 1 mm Spiel, Paßschrauben (DIN 7968, ähnlich **120.2**) höchstens 0,3 mm. HV-Schrauben (DIN 6914) werden für hochfeste Verbindungen gebraucht und haben größere Schlüsselweiten, ebenso die zugehörigen Muttern und je nach dem Zweck der Verbindung mehr oder weniger großes Bohrungsspiel. Zu diesen

Verschraubungen gehören Scheiben nach DIN 6916, zu schrägen Auflageflächen an I-Stählen gehören Vierkantscheiben nach DIN 435 (**91**.3) und für [-Stähle solche nach DIN 434. Schraubverbindungen an nicht vorwiegend ruhend belasteten Bauwerken sind gegen Lockern zu sichern (s. S. 126).

Niete werden beim Blick rechtwinklig zur Nietachse durch kurze Vollinien angedeutet (**215**.1), auch wenn sie verdeckt liegen.

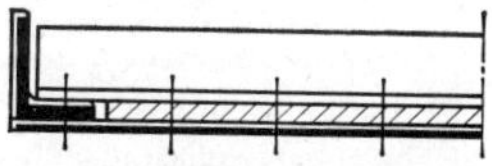

**215**.1 Nicht eingepaßtes Profil

Für Schrauben gilt das gleiche; sie unterscheiden sich aber von den Nieten durch zugesetzte Winkel von 90° (**215**.2).

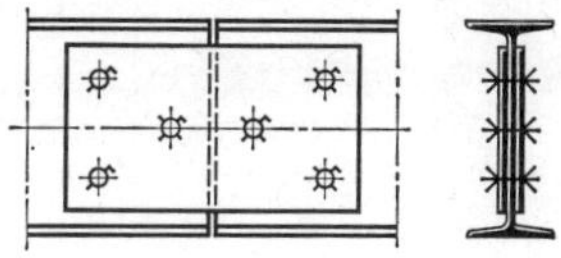

**215**.2 Verbindung durch Schrauben

Sind die Mutterseiten, das sind die Schaftenden, zu kennzeichnen, dann werden Doppelwinkel vorgesehen (**215**.3).

**215**.3 Gekennzeichnete Mutterseite

Diese sind, falls nötig, in der Nähe des Schriftfeldes zu erklären, z.B.

 Mutterseiten sind durch Doppelwinkel gekennzeichnet

Rand- und Lochabstände von Nieten und Schrauben sind in DIN 1050 festgelegt.
Es bedeuten $d$ = Lochdurchmesser und $t$ = Dicke des dünnsten außenliegenden Teils.

<table>
<tr><th colspan="3">Randabstände</th><th colspan="3">Lochabstände</th></tr>
<tr><td rowspan="2">kleinster Randabstand</td><td>in Kraftrichtung</td><td>2 d</td><td>kleinste Loch-abstände</td><td>allgemein</td><td>3 d</td></tr>
<tr><td>senkrecht zur Kraftrichtung</td><td>1,5 d</td><td rowspan="3">größte Loch-abstände</td><td rowspan="2">Kraftniete und -schrauben, auch für belastete Belag-bleche, Heftniete und Schrau-ben in Druckstäben und Stegaussteifungen</td><td rowspan="2">8 d oder 15 t</td></tr>
<tr><td rowspan="2">größter Randabstand</td><td rowspan="2">in beiden Richtungen 1)</td><td rowspan="2">3 d oder 6 t 1)</td></tr>
<tr><td>Heftniete und -schrauben in Zugstäben 2)</td><td>12 d oder 25 t</td></tr>
</table>

1) Bei Stab- und Formstählen darf am versteiften Rand 9 $t$ statt 6 $t$ genommen werden, wie die Bilder zeigen.

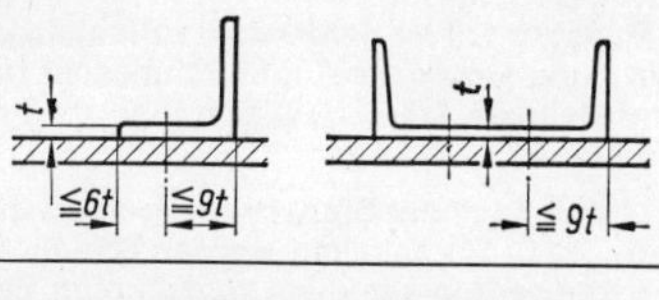


2) Diese Lochabstände sind auch bei Hals- und Kopfnieten und -schrauben in den Gurten der Blechträger außerhalb der Stoßteile und bei gering beanspruchten Kraftnieten und -schrauben maßgebend.

Abgesehen von untergeordneten Bauteilen, wie leichte Vergitterungen, Geländer u.a., sind für jeden Anschluß mindestens 2 Niete oder Schrauben vorzusehen.

Für Niete und Schrauben werden Sinnbilder gezeichnet, wenn der Blick in Richtung der Mittelachsen liegt (**216.1** und 2).

**Tafel 216.1 Sinnbilder nach DIN 407 Bl. 1 für Niete**

| | | | | | | | | | | | | | | |
|---|---|---|---|---|---|---|---|---|---|---|---|---|---|---|
| Rohnietdurchmesser mm | | **8** | **10** | **12** | 14 | **16** | 18 | **20** | **22** | **24** | **27** | **30** | 33 | **36** |
| Lochdurchmesser mm | | **8,4** | **11** | **13** | 15 | **17** | 19 | **21** | **23** | **25** | **28** | **31** | 34 | **37** |
| beiderseits Halbrundköpfe | | 8,4 | | | 15 | | 19 | | | | 28 | 31 | 34 | 37 |
| Sinnbilder für Senkköpfe | oben versenkt | 8,4 | | | 15 | | 19 | | | | 28 | 31 | 34 | 37 |
| | unten versenkt | 8,4 | | | 15 | | 19 | | | | 28 | 31 | 34 | 37 |
| | beiderseits versenkt | 8,4 | | | 15 | | 19 | | | | 28 | 31 | 34 | 37 |
| auf der Baustelle zu schlagende Niete | | 8,4 | | | 15 | | 19 | | | | 28 | 31 | 34 | 37 |
| auf der Baustelle zu bohrende Nietlöcher | | 8,4 | | | 15 | | 19 | | | | 28 | 31 | 34 | 37 |

**Tafel 216.2 Sinnbilder nach DIN 407 Bl. 1 für Schrauben**

| | | | | | | | | | | | | | |
|---|---|---|---|---|---|---|---|---|---|---|---|---|---|
| Gewindedurchmesser | **M8** | **M10** | **M12** | M14 | **M16** | M18 | **M20** | **M22** | **M24** | **M27** | **M30** | M33 | **M36** |
| Schaftdurchmesser mm | 8 | 10 | 12 | 14 | 16 | 18 | 20 | 22 | 24 | 27 | 30 | 33 | 36 |
| Kernquerschnitt mm² | 31,9 | 50,9 | 74,3 | 102 | 141 | 171 | 220 | 276 | 317 | 419 | 509 | 636 | 745 |
| Lochdurchmesser mm | 8,4 | 11 | 13 | 15 | 17 | 19 | 21 | 23 | 25 | 28 | 31 | 34 | 37 |
| Schrauben mit normalem Durchgangsloch | 8,4 | | | 15 | | 19 | | | | 28 | 31 | 34 | 37 |
| Schrauben mit anderen Durchgangslöchern | Kreis mit Angaben für Lochdurchmesser und Schraube z.B. 26 | | | | | | | | | | | | |
| Gewindelöcher | Doppelkreis mit Maßangabe z.B. M24 | | | | | | | | | | | | |
| Schrauben mit versenktem Kopf | *M20 oben versenkt* | | | | | | | *M20 unten versenkt* | | | | | |
| auf der Baustelle einzuziehende Schrauben | 8,4 | | | 15 | | 19 | | | | 28 | 31 | 34 | 37 |
| auf der Baustelle zu bohrende Schraubenlöcher | 8,4 | | | 15 | | 19 | | | | 28 | 31 | 34 | 37 |

Die fettgedruckten Größen sind zu bevorzugen. Bis zum Maßstab 1:5 ist der Kreis im Sinnbild etwa in der Größe der Lochdurchmesser, bei kleineren Maßstäben etwa in der Größe der Kopfdurchmesser zu zeichnen. So hat das Sinnbild eines geschlagenen Nietes von $\phi$21 im Maßstab 1:5 $\phi$21 mm : 5 = $\phi$4,2 mm und im Maßstab 1:10 (Kopfkreis) $\phi$ 35:10 = $\phi$3,5 mm.

Die Lage der Sinnbilder für Niete und Schrauben richtet sich nach der Stabachse (Profilachse) bzw. der Nietrißlinie. Dabei muß der Zeichenbogen in der Hauptlage (s. S. 26) gehalten werden (**218.9**). Bei waagerecht und schräg angeordneten Teilen ist „oben" immer über der Linie und bei senkrechten Teilen immer links davon. Die eingetragenen Sinnbilder sind an einer geeigneten Stelle des Zeichenbogens zu erläutern (**221.1**).

**Sinnbilder für Naturgrößen** (Taf. **217.1**). Zeichnungen im Maßstab 1:1 zum Bestimmen von Einzelmaßen und zum Übertragen auf das Werkstück heißen Naturgrößen.

Sie werden vorwiegend für Bleche und Abwinkelungen meist auf gelbem Zeichenkarton hergestellt, die Umrisse dann ausgeschnitten, wie eine Schablone auf den Werkstoff gelegt und die Maße für den Zuschnitt und die Löcher übertragen. Die Sinnbilder für Lochdurchmesser sind in DIN 407 Bl. 1 genormt und werden mit gelber Kreide auf dem Werkstoff gekennzeichnet.

Tafel **217.1** Sinnbilder für Lochdurchmesser auf Naturgrößen

| Lochdurchm. | 8,4 | 11 | 12 | 13 | 14 | 15 | 16 | 17 | 18 | 19 | 20 | 21 | 22 | 23 |
|---|---|---|---|---|---|---|---|---|---|---|---|---|---|---|
| Sinnbilder | 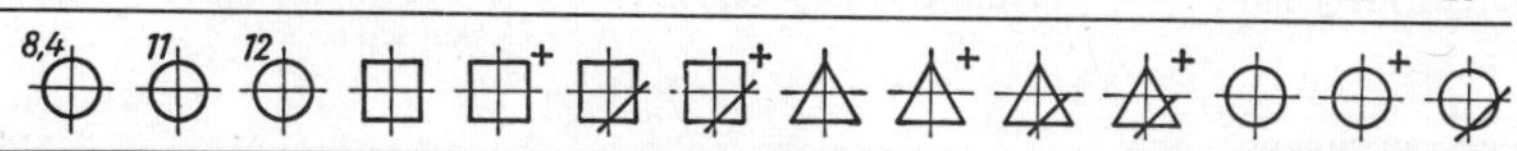 | | | | | | | | | | | | | |



| Lochdurchm. | 24 | 25 | 26 | 27 | 28 | 31 | 34 | 37 |
|---|---|---|---|---|---|---|---|---|
| Sinnbilder | 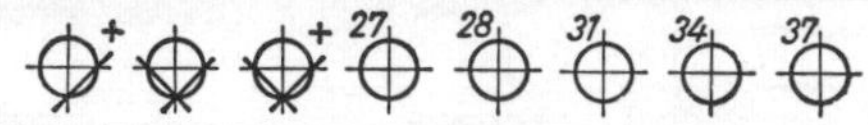 | | | | | | | |



| Senkung | oben | unten |
|---|---|---|
| Sinnbilder | 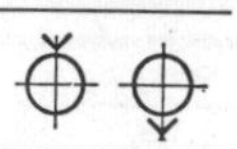 | |

**Eingepaßte Profile** (**217.2**) sind im Vergleich zu den nicht eingepaßten Profilen (**215.1**) bis an das anschließende Bauteil ohne Zwischenraum heranzuführen. An die Paßstelle wird das Wort „eingepaßt" mit Bezugslinie gesetzt.

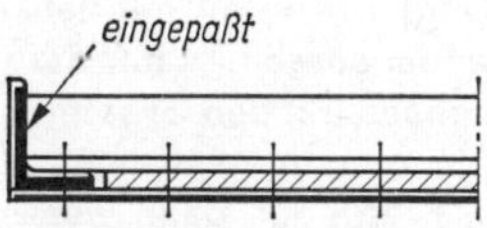


**217.2** Eingepaßtes Profil

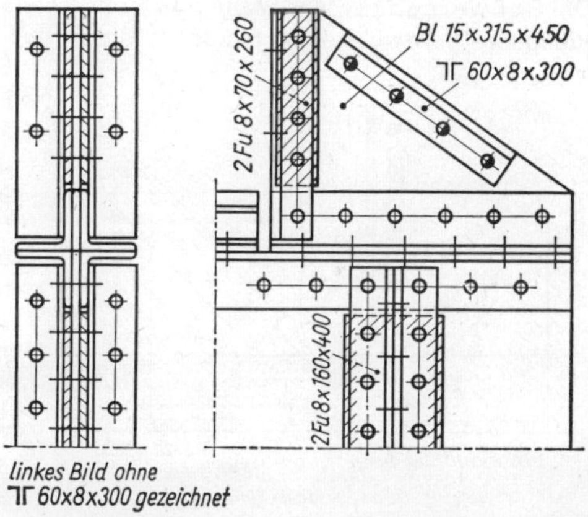


**217.3** Eingebaute Futterbleche

**Futter** sind Bleche zum Ausfüllen von Räumen zwischen Profilen und Blechen und werden durch ein „Fu" und Maßangaben kenntlich gemacht. „2 Fu 8 × 70 × 260" bedeutet 2 Futter aus je 8 dickem, 70 breitem und 260 langem Blech (**217.3**). Der Querschnitt eines Futters wird durch Schraffur hervorgehoben, selbst wenn es ungeschnitten dargestellt ist. Verdeckte Futterflächen erhalten ebenfalls Schraffur, bei großen Flächen nur am Rande.

**Die Darstellung von Flanschen** mit Neigungen, z.B. an T- und [-Profilen, von der Seite gesehen, ist nicht genormt. Eine im Abstande der mittleren Flanschdicke *t*, die aus der Normtafel zu entnehmen ist, gezogene breite Vollinie ist eine durchaus brauchbare Lösung (**217.4**).

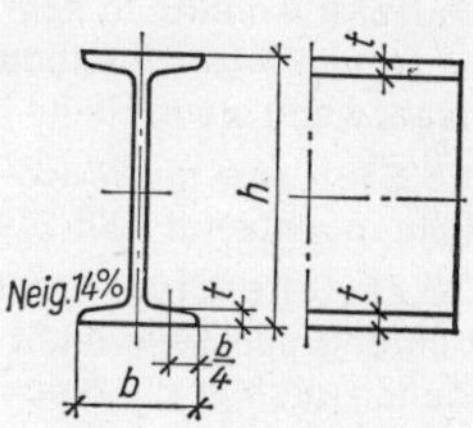


**217.4** I-Stahl

Trägerbearbeitungen. Schnitte, Ab- und Ausflanschungen und Ausklinkungen an Trägern zeigen die Bilder **218.1** bis 8.

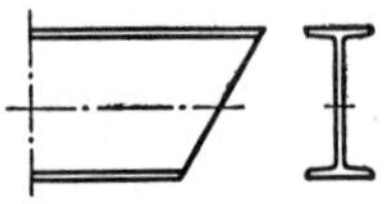

**218.1** Schrägschnitt

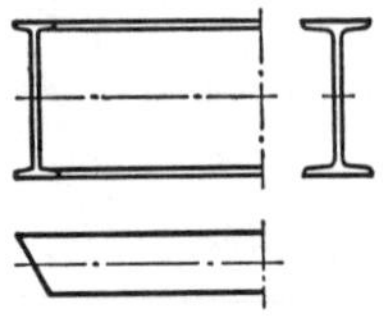

**218.2** Gehrungsschnitt

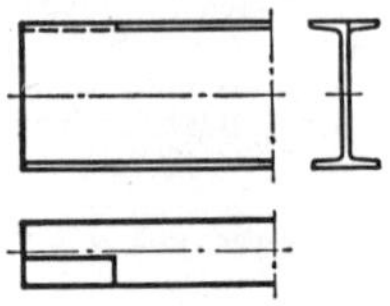

**218.3** Einseitige Trägerabflanschung

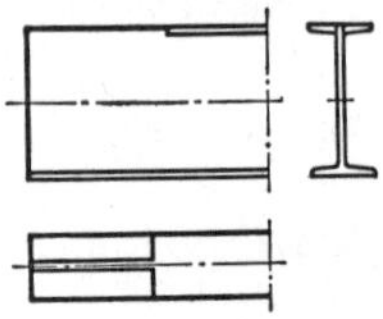

**218.4** Beiderseitige Trägerabflanschung

**218.5** Ausflanschung

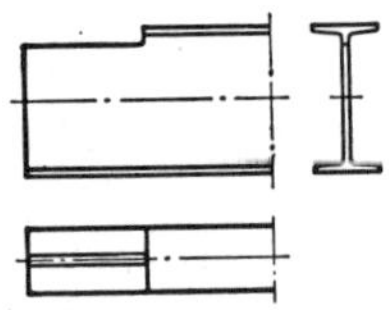

**218.6** Einseitige Ausklinkung

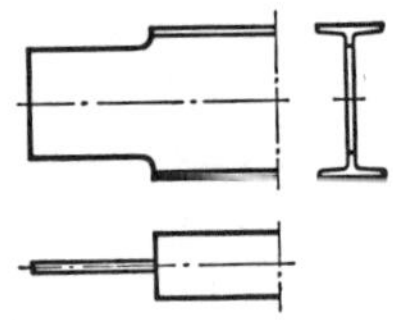

**218.7** Doppelte Ausklinkung

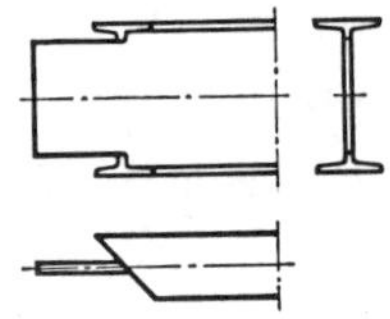

**218.8** Doppelte Schrägklinkung

Rißlinien für Niete und Schrauben werden als schmale Vollinien gezeichnet (**218.9**).

Die Schwerachsen der Stäbe und Profile sollen sich mit den Systemlinien und mit den Rißlinien – bei zwei Reihen mit deren Mitte – decken. Bei Winkelstählen ist allerdings nur die Deckung der Schwerachsen mit den Systemlinien möglich (**218.9**). Treten in Winkelstählen nur unbedeutende Kräfte auf, dann werden Schwerachsen nicht gezeichnet, und die Nietrißlinien decken sich mit den Systemlinien. Die Bezeichnungen Systemlinie (Schwerachse), Systempunkt und Nietlinie werden in die Zeichnung nicht eingeschrieben.

Die hergerichteten Werkstücke werden durch Schweißen, Nieten und Schrauben zu einem Bauwerk vereinigt. Näheres über Schweißverbindungen s. S. 139, über Nietverbindungen S. 129 und Schraubverbindungen S. 113.

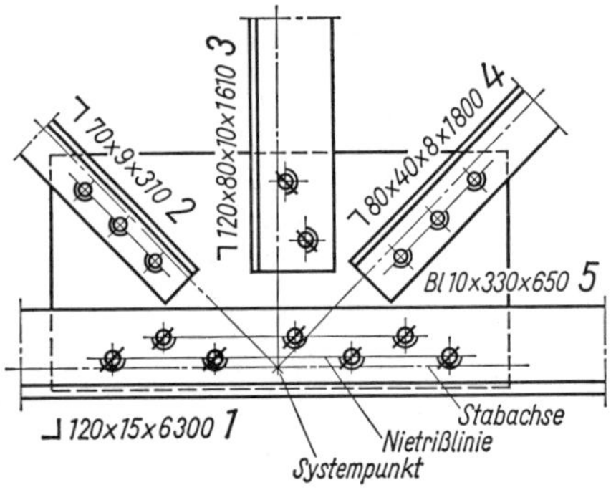


**218.9** Knotenpunkt

## Bemaßung

Maßlinien werden ohne Lücke gezogen und durch Schrägstriche und bei Platzmangel durch Punkte begrenzt. Anstelle der Schrägstriche sind Maßpfeile zugelassen (**222.3**), nicht aber beide gemeinsam in der gleichen Zeichnung.

Maßzahlen sind in schräger Normschrift nach DIN 16 (s. S. 18) in Tusche unmittelbar über die Maßlinie zu schreiben, notfalls auch darunter oder abwechselnd über und unter die Maßlinien, wenn sie in Reihe liegen, oder auch daneben (**219.1**).

Die Stellung der Maßzahlen und die Lage der Schrägstriche für Maße verschiedener Richtungen zeigt Bild **219.2**.

Kurzzeichen für Profile, Stäbe, Bleche u.a. sind in DIN 1353 Bl. 2 genormt und stehen in Richtung der Teile dicht darüber, dicht darunter oder gleich daneben (**218.9**). Blechdicken können auch in die Blechflächen gesetzt werden (**82.8**).

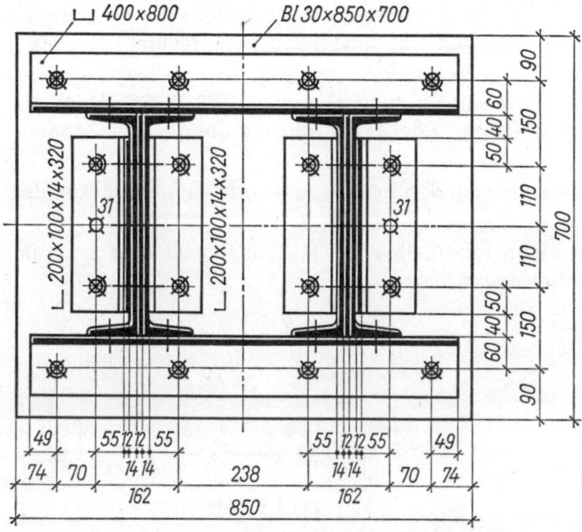


219.1 Säulenfuß

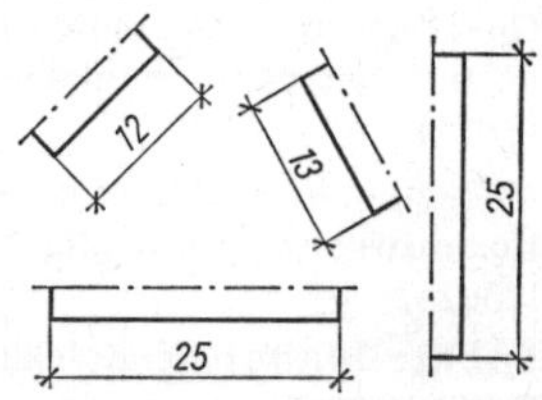


219.2 Anordnung der Maßzahlen und der Schrägstriche

Die Anreißmaße (219.3) sind genormt. Es enthalten außer Angaben über größte Durchmesser für Niete und Schrauben

DIN 997 Wurzelmaße für T-Stähle, I-Stähle, [-Stähle und Z-Stähle

DIN 998 Lochabstände für ungleichschenklige Winkelstähle

DIN 999 Lochabstände für gleichschenklige Winkelstähle

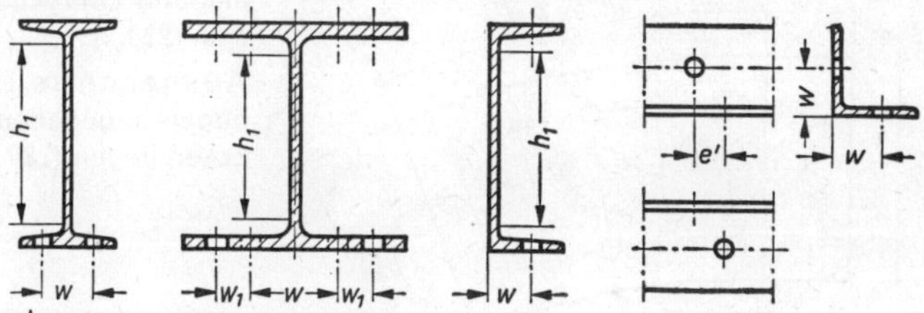


219.3 Beispiele von Anreißmaßen

Laufende Nummern (Teile- oder Positionsnummern) sind möglichst in Richtung der Uhrzeigerbewegung fortschreitend anzuordnen. Sie stehen in größerer Schrift, in mindestens 5 mm Höhe hinter den Werkstoffbezeichnungen in gleicher Richtung (218.9).

Die Maße für Knotenbleche, Profile und Stäbe gehen vom Systempunkt aus (219.4). Das ist der Punkt, in dem die verlängerten Schwerachsen der Werkstücke zusammenlaufen (218.9).

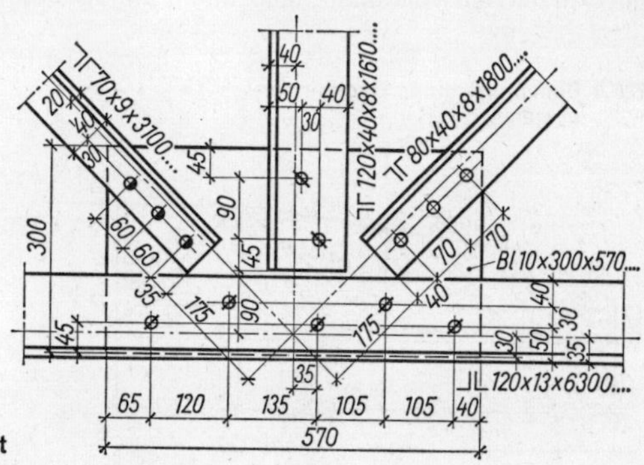


219.4 Knotenpunkt

Die Maße für Abschnitte eines vieleckigen Knotenblechs werden, sofern die Fertigungsgenauigkeit dadurch nicht beeinträchtigt wird, auf das umschließende Rechteck bezogen (**220.1**).

Maßketten für gleiche Lochteilungen sind tunlichst zu vereinfachen (**220.2**). Sind auch die Lochdurchmesser gleich, genügen die äußeren Löcher und für die übrigen die Achsenkreuze.

Lochteilungen bei Knickungen beziehen sich auf den Systempunkt und auf den Rücken der Profile (**220.2**).

Zum Ausgleich der Meßungenauigkeiten innerhalb einer Maßkette dient eine Maßzahl in Klammer für eine hierzu geeignete Abmessung (**220.2**).

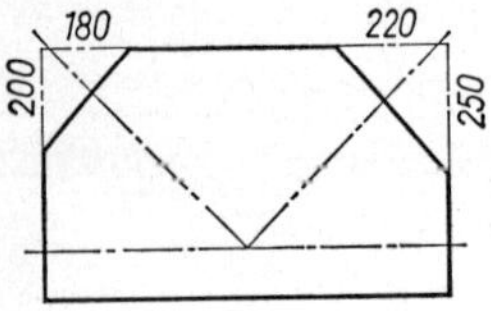


**220.1** Knotenblech

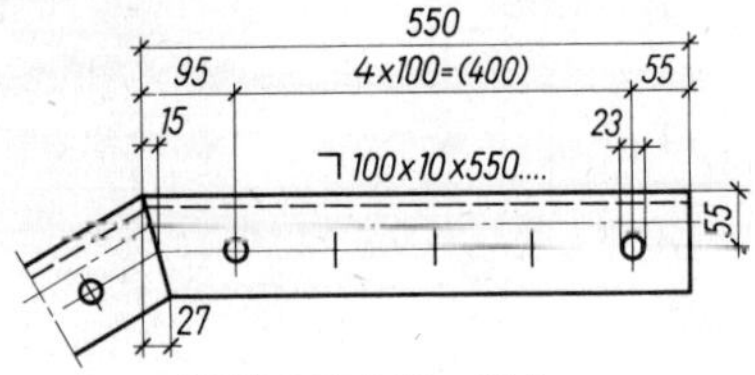


**220.2** Geknickter Stab

Bogenlängen werden mit Rollmeßgeräten auf dem Werkstück abgetragen und sinnentsprechend bemaßt (**220.3**).

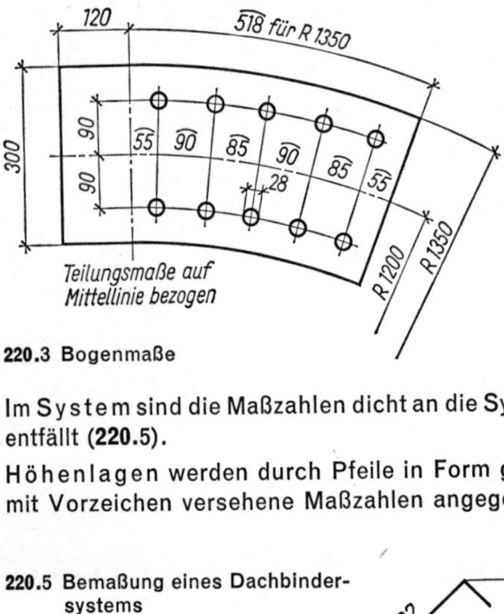


**220.3** Bogenmaße

Wortangaben zur Vereinfachung der Bemaßung sind Ausnahmen und müssen kurz sein (**220.3**).

Ausgebohrte Ecken werden durch Kreisbogen angegeben, deren Mittelpunkte in den Ecken liegen (**220.4**).

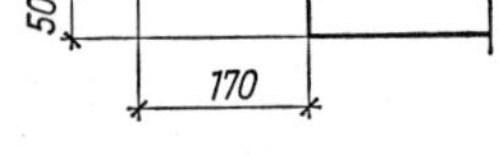


**220.4** Ausgebohrte Ecken

Im System sind die Maßzahlen dicht an die Systemlinien zu setzen, alles übrige der Bemaßung entfällt (**220.5**).

Höhenlagen werden durch Pfeile in Form geschwärzter gleichseitiger Dreiecke und durch mit Vorzeichen versehene Maßzahlen angegeben (**220.6**).

**220.5** Bemaßung eines Dachbindersystems

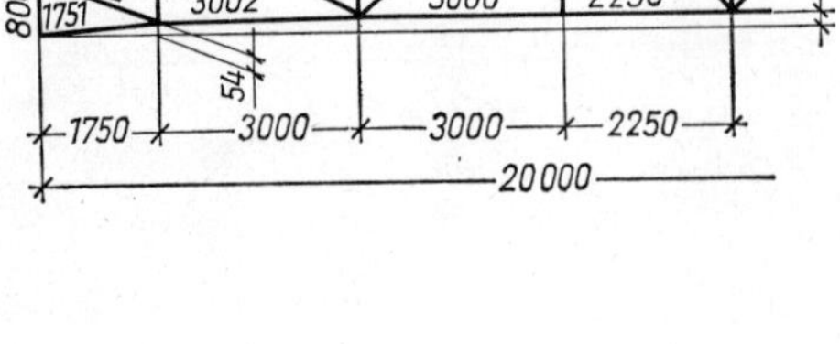


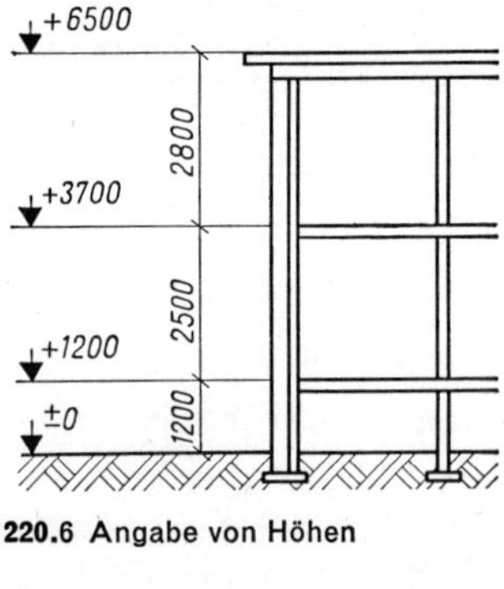


**220.6** Angabe von Höhen

## Zeichnungsbeispiele

Der Träger in Bild **221**.1 ist 800 hoch, 7850 lang und aus Blechen, Stab- und Formstählen zusammengesetzt. Wegen verhältnismäßig großer Belastung ist ein 12 dickes Stegblech gewählt worden, das zur Vermeidung des Ausknickens durch gleichschenkelige Winkelstähle L 80 × 10 und breitfüßige T-Stähle TB 80 unter Verwendung von Futterblechen ausgesteift ist. Der Feldabstand beträgt 1500. Die Gurtwinkel bestehen aus L 100 × 12 und die verschieden langen Platten für Ober- und Untergurt aus Blech 12 × 250. An beiden Trägerenden sind Auflageplatten Bl 15 × 250 × 350 angenietet.

Blechträger können sowohl durch Schweißen als auch durch Nieten zusammengesetzt werden. DIN 4100 enthält Vorschriften über geschweißte Stahlhochbauten.

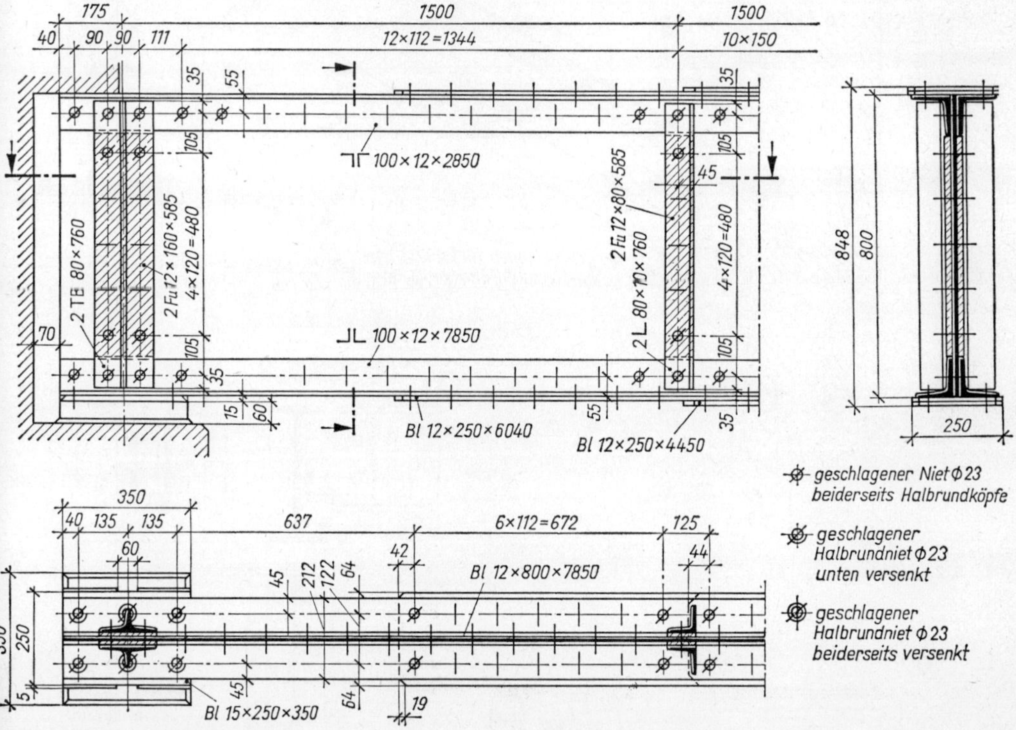


**221**.1 Teil eines Blechträgers

Konsolen wie in Bild **222**.1 dienen zum Tragen von Mauervorsprüngen, z.B. Erkern. Die dargestellte Konstruktion besteht aus je 2 [ 65, die durch gleichschenklige Winkelstähle 60 × 8 und Knotenbleche zusammengesetzt und durch an Bleche genietete Winkel 70 × 9 und 80 × 10 im Mauerwerk verankert sind. Ein mehrere Konsolen verbindender [-Stahl 200 nimmt das vorkragende Mauerwerk auf.

Bild **222**.2 zeigt den Anschluß eines Riegels aus I 140 an I 180, wie er im Stahlskelettbau üblich ist. Beide Träger sind in der Draufsicht ohne oberen Flansch dargestellt. Demgemäß sind die Stegflächen geschwärzt worden.

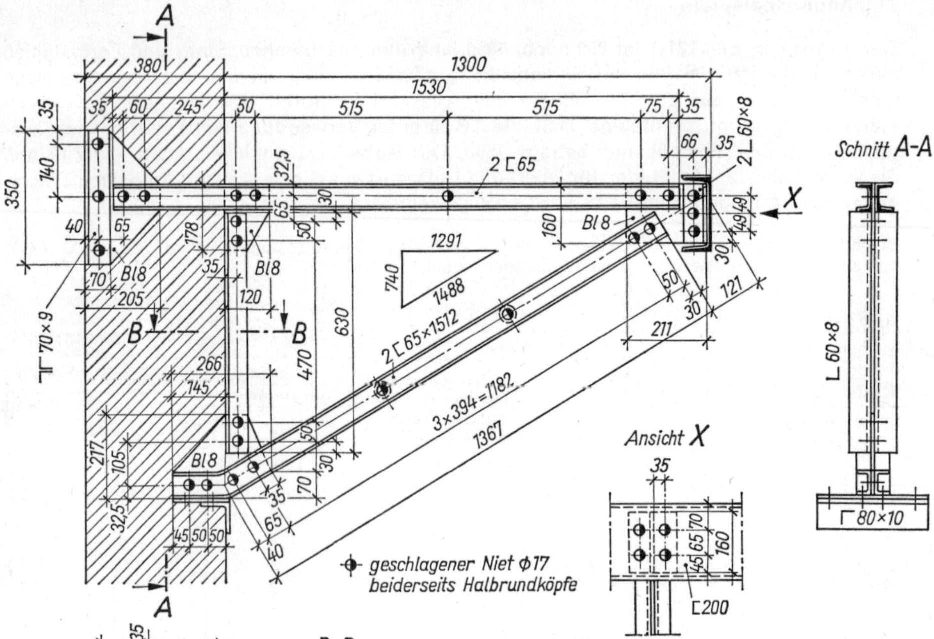


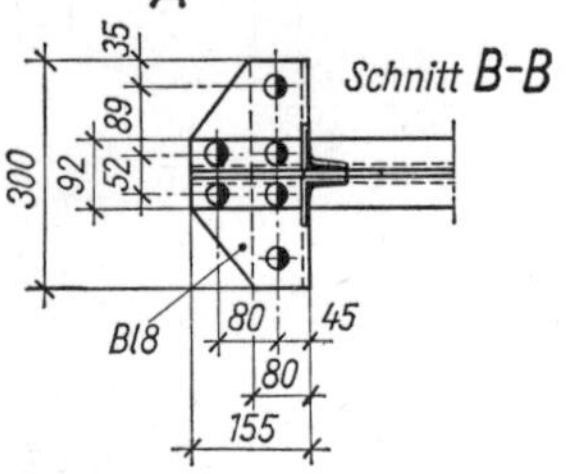


222.1 Konsole

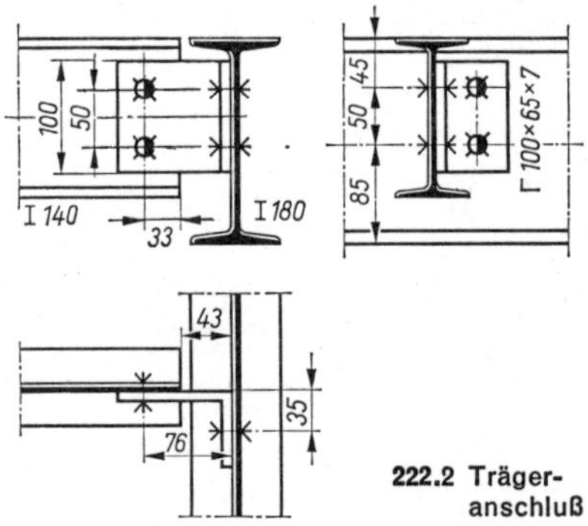


222.2 Träger-anschluß

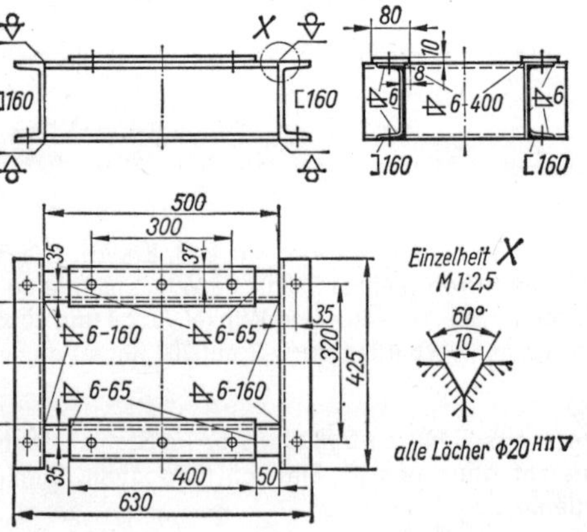


Einen geschweißten Rahmen zeigt Bild 222.3.

222.3 Bockrahmen

**Übung:** Bild 223.1 zeigt die Draufsicht einer Konsole, die mit insgesamt 12 Sechskantschrauben M 24 × 60 Mu DIN 601 an zwei senkrechten ⊏-Stählen (⊏ 260) angeschraubt ist. Dazwischen liegt ein Blech 10 × 500 × 520. An den beiderseits des waagerechten ⊏ 260 × 540 angeordneten Blechen 10 × 500 × 540 ist die linke untere Ecke bis an die Winkelstähle abgeschnitten worden.

Es wurden insgesamt 22 Halbrundniete ⌀ 27 verwendet. Das Wurzelmaß für ⊏ 260 und für die kurzen Schenkel des Winkelstahls beträgt 50. Zeichne die Konsole in den üblichen drei Ansichten und trage alle für die Fertigung nötigen Angaben ein.

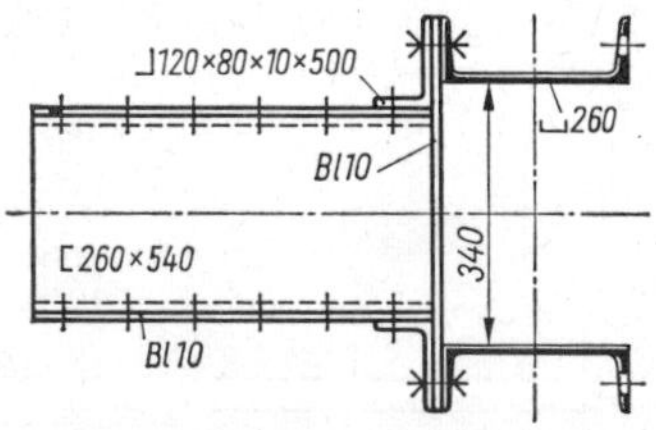


223.1 Draufsicht einer Konsole

## 12.7 Rohrpläne

Rohrpläne veranschaulichen den Verlauf von Gas- und Flüssigkeitsleitungen und die Anordnung der Absperrorgane und anderer Geräte, nicht aber Konstruktionseinzelheiten und untergeordnete Teile.

Größere Betriebsanlagen, die aus Maschinen und Geräten mannigfacher Art bestehen, können auf einem Zeichenbogen nur als übersichtliche Darstellung der Teile und der Zusammenhänge untergebracht werden. Das Ganze ist in den erforderlichen Ansichten und Schnitten unter Benutzung von Katalog- und Montagebildern und Andeutung von Gebäudeteilen maßstäblich und mit erklärenden Zusätzen darzustellen, wie das Gebläse in Bild 224.1, das allerdings nur ein Ausschnitt aus einer Gaserzeugungsanlage ist. Solche Zeichnungen, die gegebenenfalls bemaßt werden können, dienen häufig Angebots- und Montagezwecken.

Eine Anlage, z.B. eine Rohrleitung, kann aber auch unter Verwendung eigens hierfür geschaffener Sinnbilder schematisch dargestellt werden (223.2).

Sinnbilder für Leitungen, Verbindungen, Absperrorgane, Ausgleicher, Zubehör und Rohrhalterungen sind in DIN 2429 und Kennzeichen für Armaturen in DIN 3400 genormt (Taf. 225.1).

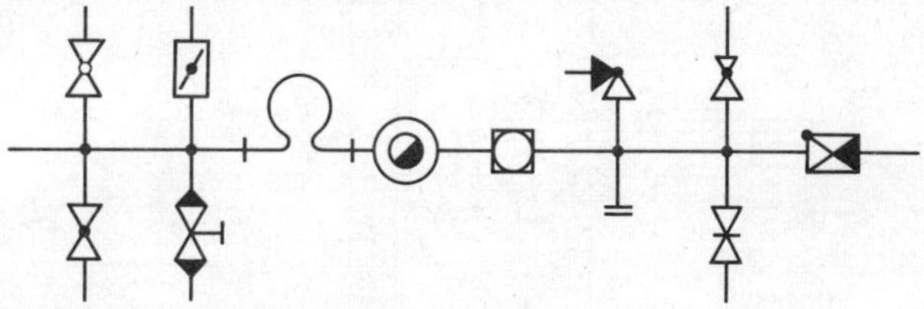

223.2 Schema eines Rohrstrangs (Erläuterungen s. S. 225)

Benennungen und Sinnbilder für Ölhydraulik und Pneumatik sind in DIN 24300 Bl. 1 bis 8 enthalten. Bl. 1 enthält Grundzeichen und Funktionszeichen, Bl. 2 bis 7 enthalten Benennungen und Sinnbilder für Energieumformung, Energiesteuerung und -regelung, Energieübertragung, Betätigung, verschiedene Geräte und Beispiele für Aggregate. In Bl. 8 sind Beispiele für vollständige Anlagen niedergelegt.

Begriffe und Benennungen für Regelungs- und Steuerungstechnik sind aus DIN 19226 zu ersehen.

Fließbilder für verfahrenstechnische Anlagen sind in DIN 28004 Bl. 1 bis 4 genormt. Festgelegt sind u.a. die zeichnerische Ausführung, Bildzeichen und Kurzzeichen.

Schematische Darstellungen sind weder maßstäblich noch geben sie die Anordnung der Teile im Raum an. Sie sind sehr übersichtlich und einprägsam, wenn Kreuzungen und Umlenkungen möglichst vermieden werden.

In DIN 2406 sind Kurzzeichen für Rohrleitungen festgelegt, z.B.

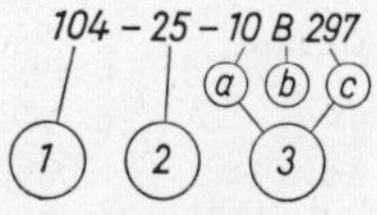


**Ein Kurzzeichen enthält:**

1. die nach betrieblichen Erfordernissen festgelegte Nummer für die zu einer Anlage oder einem System gehörende Leitung
2. die Angabe der Nennweite des Rohres (DIN 2402) und
3. das Kennzeichen der Rohrklasse, bestehend aus:
   a) der Angabe des Nenndrucks (DIN 2401 Bl. 1), dem größten zulässigen Betriebsdruck in atü
   b) dem Kennbuchstaben für die Rohrwerkstoffgruppe (A bedeutet Gußeisen, B unlegierter Stahl usw.)
   c) der Nummer für die Rohrklasse, einer Zählnummer für alle zu derselben Leitung gehörenden Teile wie Rohr- und Formstücke, Schrauben, Dichtungen u.a.

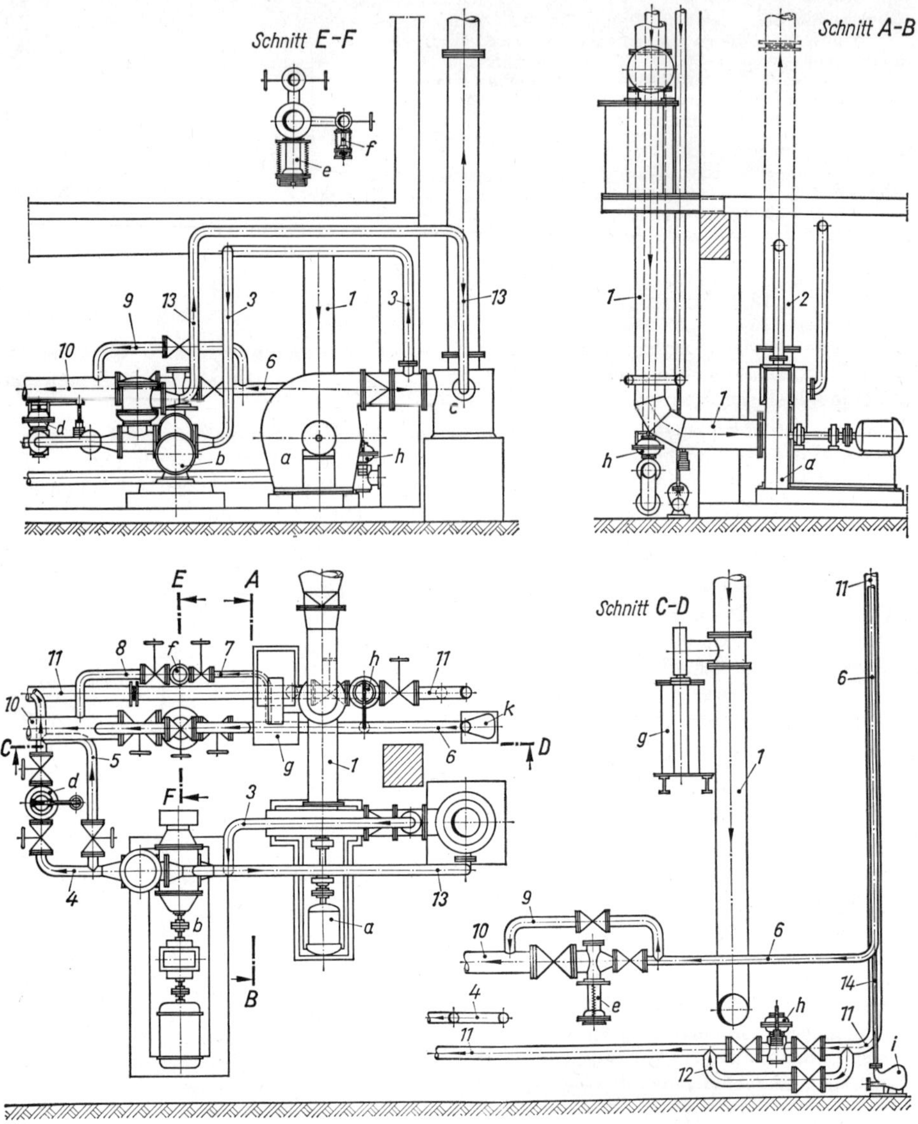


| Geräte | | | |
|---|---|---|---|
| a Rohgasgebläse | d Druckregler für Hilfsgas | g Drosselklappenregler |
| b Hilfsgasgebläse | e Druckregler für Dampf | h Druckregler für Sauerstoff |
| c Rückschlagsicherung | f Druckregler für Dampf | i Kondenstopf NW 25 |

| Rohrleitungen | | | | |
|---|---|---|---|---|
| 1 | Generatorgasleitung | NW 300 | 8 | Frischdampfleitung | NW 65 |
| 2 | Generatorgasleitung | NW 300 | 9 | Umgangsleitung | NW 100 |
| 3 | Hilfsgasleitung | NW 100 | 10 | Frischdampfleitung | NW 200 |
| 4 | Hilfsgasleitung | NW 100 | 11 | Sauerstoffleitung | NW 125 |
| 5 | Umgangsleitung | NW 100 | 12 | Umgangsleitung | NW 125 |
| 6 | Frischdampfleitung | NW 100 | 13 | Hilfsgasrückleitung | NW 100 |
| 7 | Frischdampfleitung | NW 32 | 14 | Kondenswasserleitung | NW 25 |

**224.1** Generatorgebläse mit Rohrleitungen

Tafel 225.1 Sinnbilder für Rohrleitungen (Auszug aus DIN 2429)

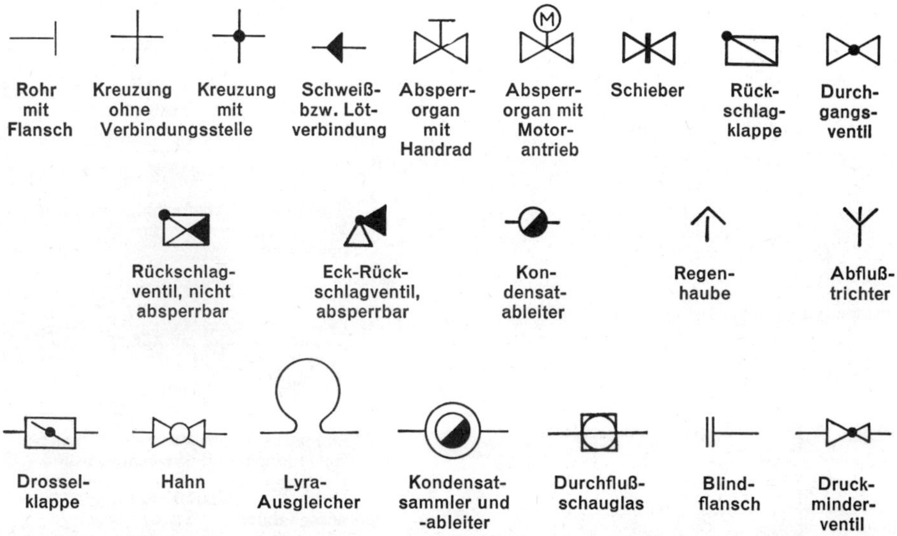


Eine Übersicht über Rohre enthält DIN 2410 Bl. 1 bis 4. Druckstufen, Nenndruck u.a. sind in DIN 2401 Bl. 1 bis 3 und Nennweiten in DIN 2402 angegeben.

Zur besseren Unterscheidung können Rohrstränge für verschiedene Zwecke farbig ausgezogen oder mit Wasserfarben angelegt werden. Es gelten nach DIN 2403

| | | | | | | | |
|---|---|---|---|---|---|---|---|
| grün | für Wasser | blau | für Luft | orange | für Säuren | braun | für Flüssigkeiten |
| rot | für Dampf | gelb | für Gase | violett | für Laugen | grau | für Vacuum |

Dem Verwendungszweck gemäß sind Unterscheidungen durch hellere oder dunklere Tönungen der Farben vorzunehmen und durch eine Farbkarte auf den Zeichnungen zu erläutern. Bei der Erweiterung einer Rohrleitung kann der neue Teil der Anlage in breiteren Strichen dargestellt werden. Durchflußrichtungen sind durch Pfeile anzugeben. Kennfarben für Heizungsrohrleitungen sind in DIN 2404 genormt; Kennzeichnung von Rohrleitungen in Kälteanlagen s. DIN 2405.

## 12.8 Schaltpläne (DIN 40719)

In Schaltplänen werden elektrische Anlagen und Einrichtungen durch Schaltzeichen für Maschinen, Apparate, Geräte, Leitungen u.a. und gegebenenfalls auch durch Zuhilfenahme anderer Abbildungen dargestellt.

Schaltzeichen sind Sinnbilder mit vereinfachter Innenschaltung oder ohne diese. Die folgende Tafel (S. 226) zeigt einige Beispiele.

Normblätter über Schaltzeichen und Schaltpläne sind im DIN-Taschenbuch 7[1]) enthalten.

[1]) Zu beziehen durch den Beuth-Vertrieb GmbH, Berlin, Köln und Frankfurt (M.)

Tafel **226.1** Bedeutung einiger Schaltzeichen (weitere Beispiele s. Bild **230.1**)

| ohne Innenschaltung, nach Bedarf ein- oder mehrpolig | mit vereinfachter Innenschaltung \| wahlweise | Benennung |
|---|---|---|
| 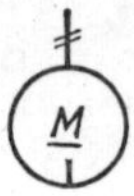 | 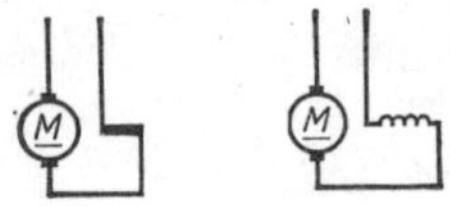 | Gleichstrom-Reihenschlußmotor |
| 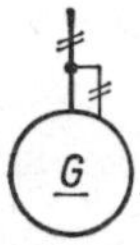 | 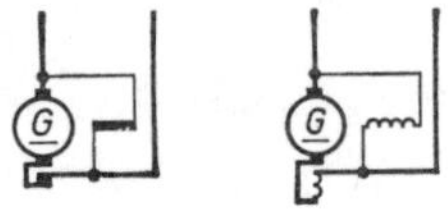 | Gleichstrom-Nebenschlußgenerator, Wendepole einseitig zum Anker geschaltet |
|  | 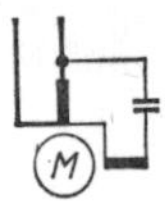 | Einphasen-Motor mit Käfigläufer und Anlaufwicklung im Ständer, mit Kondensator |
|  |  | Drehstrom-Motor mit dreisträngigem Schleifringläufer, Kurzschließer und Bürstenabheber mit Handantrieb und Hilfsschalter, Ständerwicklung in Dreieckschaltung |
| 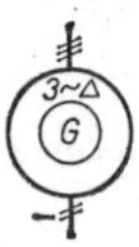 |  | Drehstrom-Synchrongenerator mit ausgeprägten Polen (Innenpolmaschine), Ständerwicklung in Dreieckschaltung |
| 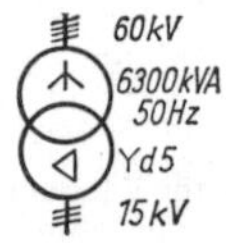 | 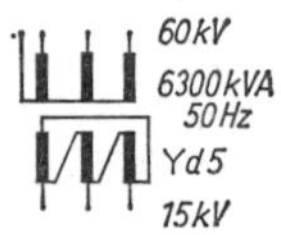 | Drehstrom-Transformator, Schaltung Y d 5 60/15 kV, mit Sternpunktklemme 6300 kVA, 50 Hz |

Schaltpläne zeigen entweder die Wirkungsweise und den Stromverlauf oder die Leitungsverbindungen der Anlage. Zur Darstellung der Wirkungsweise und des Stromverlaufs dienen vorwiegend:

1. Übersichtsschaltpläne (**227.1**)

Darin sind nur die wichtigsten Teile der Anlage gewöhnlich einpolig und meist durch Schaltkurzzeichen ohne Hilfsleitungen angegeben. Das genügt zur Übersicht über die Anlage, den Stromverlauf und die Schaltmöglichkeiten.

Für alle in Schaltplänen enthaltenen Teile sind einheitliche und eindeutige Bezeichnungen vorgesehen. Näheres s. DIN 40719. Sie sind allgemeiner Art oder beziehen sich auf technische Angaben oder auf Maschinen, Geräte und Anlagen.

Die allgemeinen Angaben dienen zur Kennzeichnung der Abzweige, Felder oder Zellen einer Anlage. So sind z.B. im unteren Teil in Bild **227.1** die Abzweige mit Werkstatt, Maschinenhaus usw. bezeichnet.

Die technischen Angaben beziehen sich auf Stromart, Frequenz, Spannung, Stromstärke u.a. für Maschinen, Transformatoren, Geräte, Leitungen und Kabel.

Die Kennzeichnung der Maschinen, Geräte und Anlagen erfolgt durch einen Kleinbuchstaben und einer dahinter stehenden Ordnungszahl, z.B. a 1. Die Zeichnung **230.1** enthält viele solcher Beispiele. Zur Festlegung der Zugehörigkeit zu Obergruppen und Gruppen können Großbuchstaben und Zahlen vorangesetzt werden, z.B. D8 a2.

Die 110 kV-Anlage des Kraft- und Umspannwerks (**227.1**) ist mit **A** und den Feldnummern **1** bis **3** bezeichnet. Die 10 kV-Anlage trägt den Buchstaben **B**, die Felder sind mit **1** bis **5** numeriert. Die 380/220V-Eigenbedarfs- und die 110 V-Gleichstromanlage sind mit dem Buchstaben **C** und die Felder mit den Zahlen **1** bis **5** versehen.

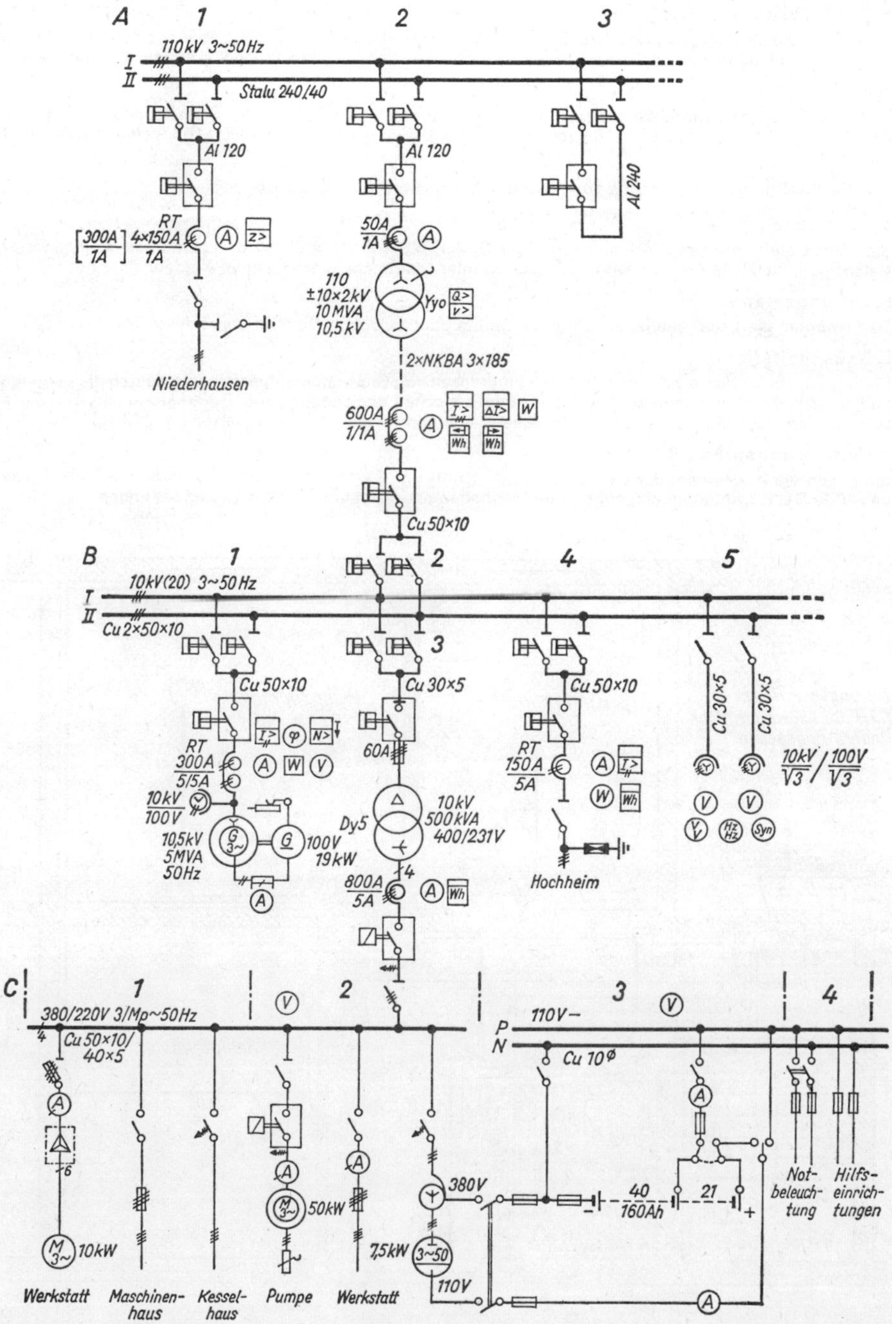


**227.1** Übersichtsschaltplan nach DIN 40719 Bbl. 1 für ein Kraft- und Umspannwerk (Ausschnitt)

**2. Wirkschaltpläne (230.1)**

Sie zeigen alle Einzelheiten und alle Leitungen der Anlage. Die Teile eines Gerätes sind zusammenhängend dargestellt und die Geräte zu Gruppen, Zellen oder Feldern vereinigt (Beispiele **B1**, **E4** und **D5** in Bild **230.1**).

**3. Stromlaufpläne**

Darin sind die nach Stromkreisen und Schaltfolge aufgeteilten Darstellungen komplizierter Anlagen mit allen Leitungen enthalten, wenn nötig, mit Angabe der Klemmen und der Lötstellen (Bildbeispiel s. DIN 40719 Bbl. 1).

Zur Darstellung der Leitungsverbindungen dienen überwiegend

**4. Netzpläne**

Sie zeigen die Leitungen, Verbindungen oder Streckenführungen und die dazugehörigen Anlagen eines Netzes oder Netzteils und können in Landkarten oder Stadtpläne eingezeichnet werden.

**5. Leitungspläne**

Darin werden die Leitungen innerhalb eines Geräts oder zwischen Gerätegruppen festgelegt.

**6. Bauschaltpläne**

Sie werden zur Leitungsverlegung und zum Eingrenzen von Störungen aufgestellt und deuten die Leitungen und Anschlußstellen innerhalb eines Geräts oder zwischen den Geräten einer Gerätegruppe an. Die Einzelteile sind im Gegensatz zu den Leitungsplänen lagerichtig angeordnet (Bildbeispiel s. DIN 40719 Bbl. 1).

**7. Installationspläne (228.1)**

Sie geben die Anordnung der Geräte für Licht-, Kraft- und Fernmeldeanlagen an, werden der Wirklichkeit gemäß in Bauzeichnungen eingetragen und enthalten alle Angaben zum Legen der Leitungen.

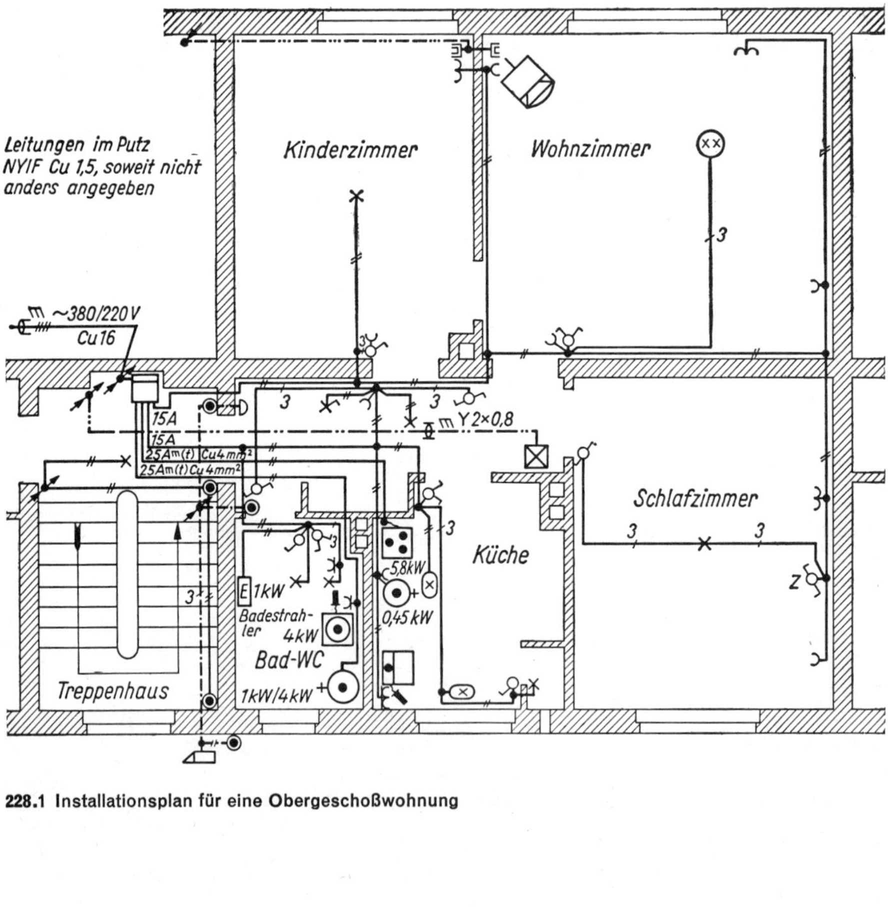


**228.1** Installationsplan für eine Obergeschoßwohnung

Die Bedeutung der Schaltzeichen in dem Installationsplan (**228.1**) ist aus nachstehender Tafel ersichtlich:

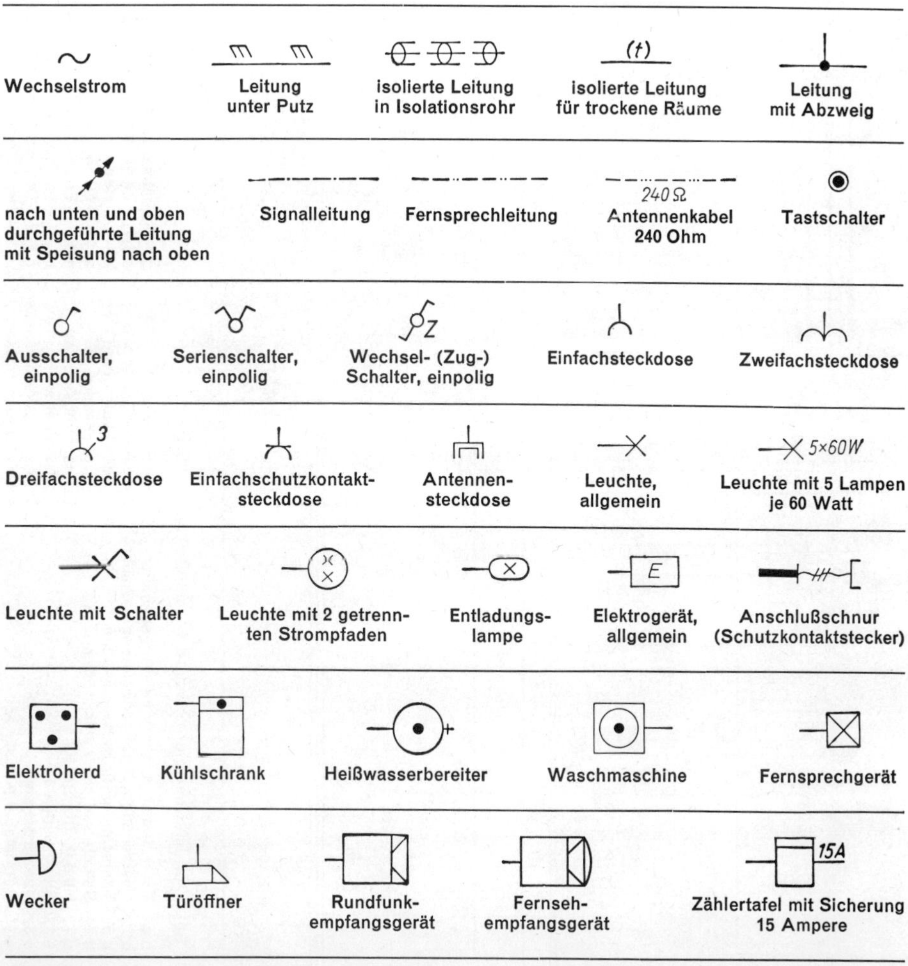


Leitungen verschiedener Art werden durch verschiedene Linienarten, Leitungen verschiedener Spannung oder Polarität durch verschiedene Strichbreiten und Geräte verschiedener Wichtigkeit durch unterschiedliche Größen der Sinnbilder gekennzeichnet. Ferner werden angegeben die Anzahl der Leiter durch schräge und die Anzahl der Stromkreise durch senkrechte, kurze Querstriche in der Leitung, der Leitungsquerschnitt in mm², die Bauart, die Art der Verlegung und erforderlichenfalls der Werkstoff der Leitungen und die Stromart, die Spannung und gegebenenfalls auch die Frequenz.

Welcher Plan für eine elektrische Einrichtung zu wählen ist, muß von Fall zu Fall entschieden werden; bisweilen sind zwei oder mehr Pläne erforderlich, aber auch Kombinationen untereinander möglich.

DIN 40719 Bbl. 2 enthält Schaltpläne für Fernmeldegeräte und -anlagen.

Schaltzeichen und Pläne für Fernsprechanlagen, Gefahr- und Zeitmelder, Telegrafen-, Funksende- und Empfangsanlagen, Fernseh-, Fernmeß- und Fernsteueranlagen und Hochfrequenz-Übertragungseinrichtungen sind in DIN 40700 Bl. 1 bis 21 genormt.

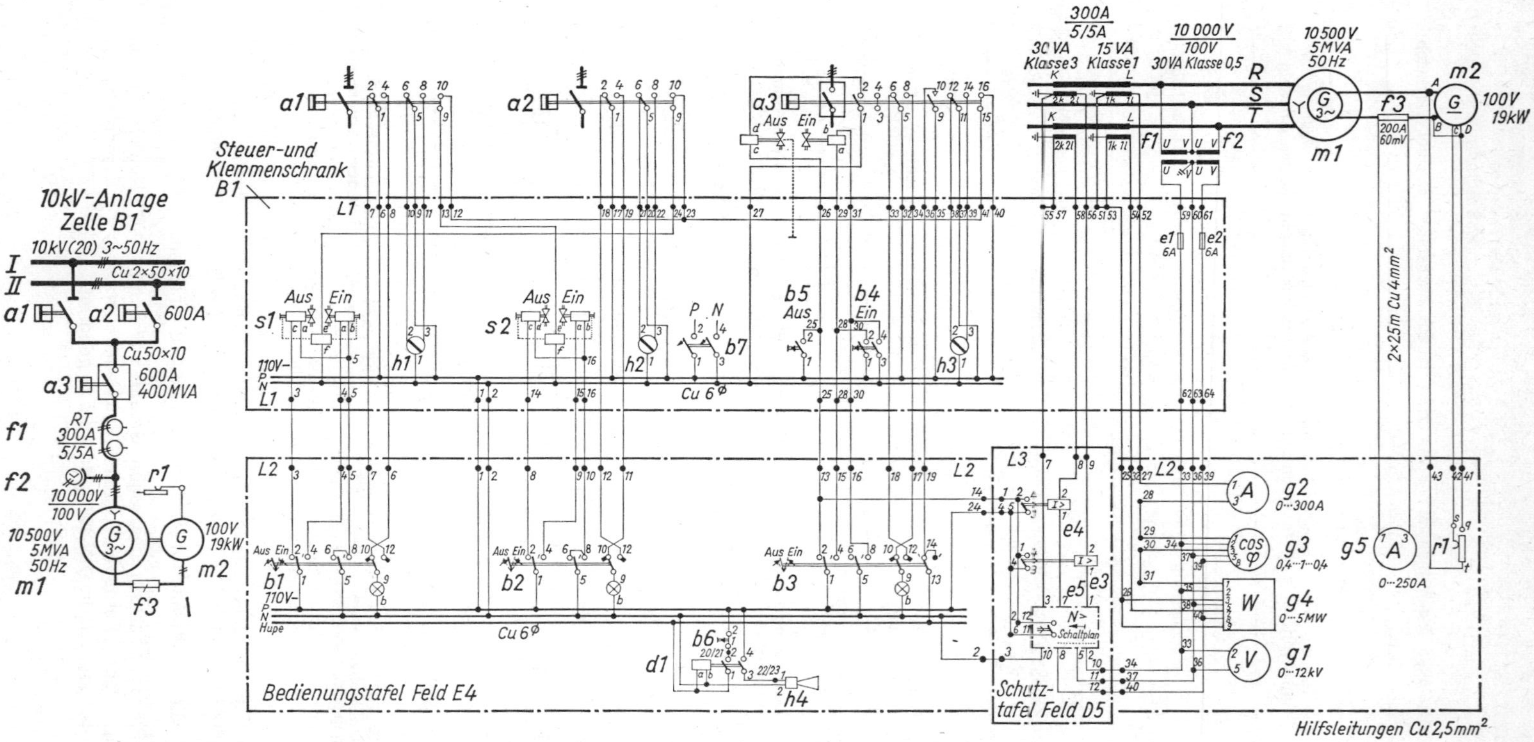


**230.1** Wirkschaltplan nach DIN 40719 Bbl. 1 für den Generatorabzweig B 1 in der Zeichnung **227.1**

| | | | | | | | |
|---|---|---|---|---|---|---|---|
| a 1,2 | Trenner mit Druckluftantrieb | b 4 | Tastschalter „Ein" für Leistungsschalter | f 1 | Stromwandler | g 5 | Strommesser für Erregung |
| a 3 | Leistungsschalter mit Druckluftantrieb und Steuerventilen | b 5 | Tastschalter „Aus" für Leistungsschalter | f 2 | Spannungswandler | h 1,2,3 | Zeigermelder |
| b 1,2 | Steuerquittierschalter für Trenner | b 6 | Tastschalter für Hupenabstellung | f 3 | Nebenwiderstand für Strommesser | H 4 | Hupe |
| b 3 | Steuerquittierschalter für Leistungsschalter | b 7 | Selbstschalter für Hilfsstromkreise | g 1 | Spannungsmesser | m 1 | Generator |
| | | d 1 | Hilfsschütz für Hupe | g 2 | Strommesser | m 2 | Erregermaschine zu m 1 |
| | | e 1,2 | Sicherungen 6 A | g 3 | Leistungsfaktormesser | r 1 | Feldsteller |
| | | e 3,4 | Überstromrelais | g 4 | Leistungsschreiber | s 1, 2 | Druckluft-Steuerventile mit Entriegelungsmagnet für Trenner |
| | | e 5 | Rückleistungsrelais | | | | |

## 12.9 Graphische Darstellungen

Graphische Darstellungen sind Schaubilder zum schnelleren Erkennen und Beurteilen von Zahlenergebnissen aus wissenschaftlichen Untersuchungen, technischen und wirtschaftlichen Vorgängen und von anderen erfahrungsgemäß gefundenen Größen. Die bekanntesten Schaubilder sind Linien- und Flächendiagramme.

Das Liniendiagramm tritt als Punktkoordinaten- oder als Polkoordinatensystem auf und drückt die Veränderung einer Größe in Abhängigkeit von einer zweiten aus.

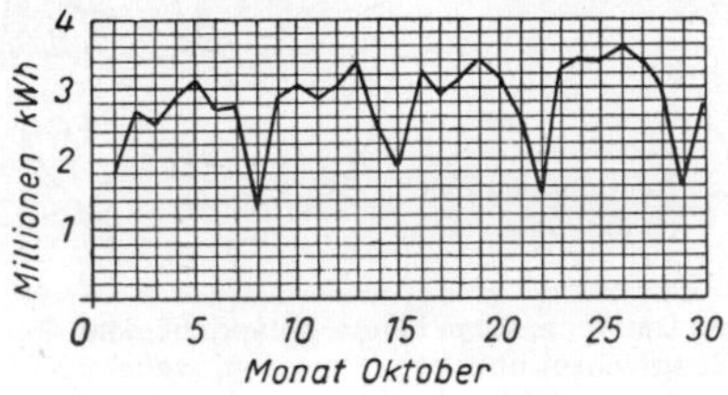


**231.1** Stromerzeugung

Punktkoordinatendiagramm (DIN 461). Es schneiden sich die mit maßstäblichen Einteilungen versehenen Koordinatenachsen im Punkt 0 (**231.1**); die waagerechte heißt Abszissenachse und die senkrechte Ordinatenachse. Gemäß den maßstäblich festgelegten Teilungen werden die Zahlenwerte punktweise eingetragen und dann miteinander verbunden. Dadurch entsteht die Schaulinie.

Bild **231.2** zeigt, wie die Schaulinie zu ziehen ist. Die aus Versuchen, Statistiken usw. gewonnenen Zahlenwerte werden im Liniennetz durch kleine Kreise vermerkt. Diese werden dann durch eine zügige Kurve miteinander verbunden. Je mehr Zahlenwerte vorhanden sind und je genauer sie abgetragen wurden, desto besser legt sich der Kurvenzug an.

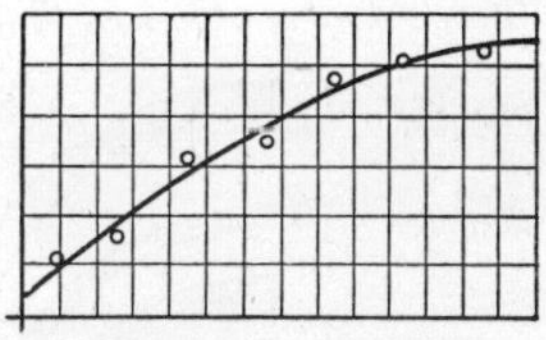

**231.2** Verlauf einer Schaulinie

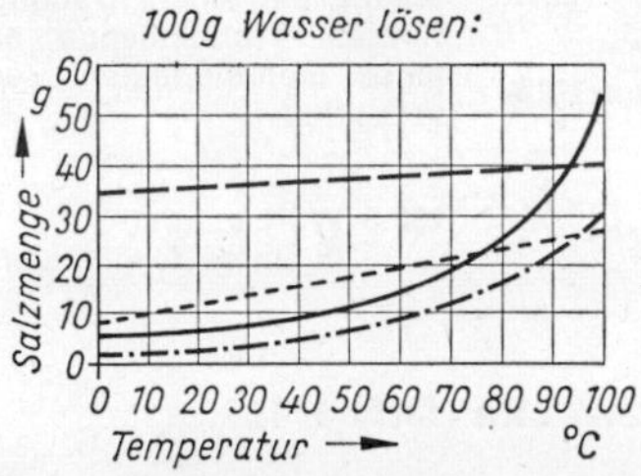


**231.3** Löslichkeit von Salzen in Wasser

| | |
|---|---|
| ——— | $HgCl_2$ = Quecksilberchlorid (Sublimat) |
| — — — | NaCl = Natriumchlorid (Kochsalz) |
| —.— | $H_3BO_3$ = Borsäure |
| - - - - | $K_2SO_4$ = Kaliumsulfat |

Sind mehrere Schaulinien in einem Bilde unterzubringen, dann müssen sie sich durch verschiedene Linienarten, verschiedene Linienfarben oder auch Wortangaben voneinander unterscheiden (**231.3**).

Polkoordinatendiagramm. Hierin wird die Lage der Zahlenwerte durch Polkoordinaten bestimmt (**231.4**). Sie bestehen aus konzentrischen Kreisen und Polstrahlen. Polkoordinatensysteme dienen z. B. zur Veranschaulichung der Ausstrahlungen von Licht- und anderen Wellen.

Flächendiagramme in mannigfaltiger Form sind weitere Mittel zur Veranschaulichung.

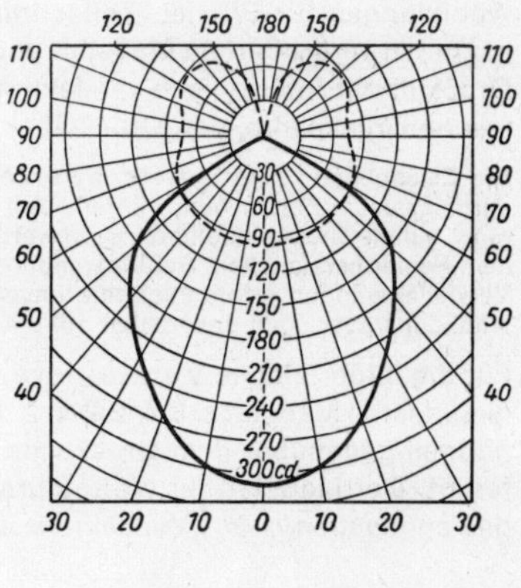


**231.4** Lichtverteilungskurve für eine tiefstrahlende Leuchte

S ä u l e n d i a g r a m m e enthalten die darzustellenden Größen als senkrechte oder waagerechte Balken gleicher Breite (**232.1**). Schraffierte oder gefärbte Balken erhöhen die Anschaulichkeit.

K r e i s f l ä c h e n d i a g r a m m e (**232.2**) werden zur Veranschaulichung von Prozentwerten benutzt.

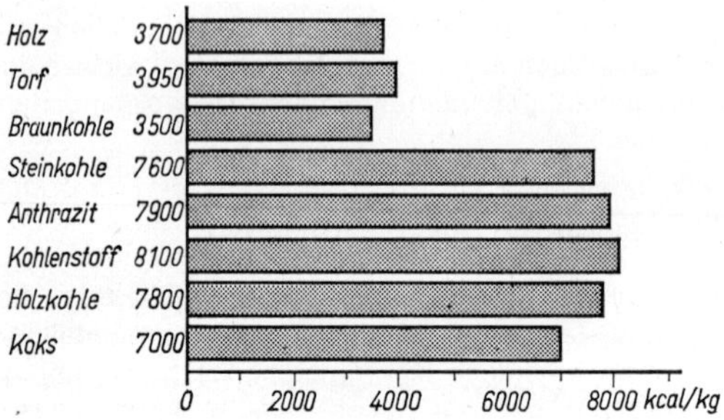


**232.1** Heizwerte einiger Brennstoffe

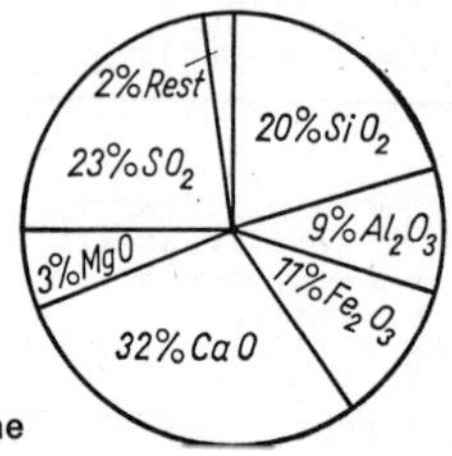


**232.2** Bestandteile der Braunkohlenasche

Die Aufteilung der Kreisfläche in Sektoren geschieht auf dem Umfange, seine Länge entspricht dem Gesamtprozentwert 100. Die Prozentwerte können auch als Zentriwinkel abgetragen werden, wobei 100% dem Winkel von 360° entsprechen. Beispielsweise erfordern 32% einen Winkel von

$$\frac{360° \cdot 32\%}{100\%} = 115{,}2°$$

S a n k e y d i a g r a m m e (**232.3**) dienen z. B. zur Darstellung des Wärmeflusses in Dampfkesseln, Dampfmaschinen, Verbrennungskraftmaschinen u.a.

Das Beispiel zeigt die prozentuale Aufteilung der einem Dampfkessel zugeführten Wärmemenge als Ergebnis eines mehrstündigen Verdampfungsversuchs.

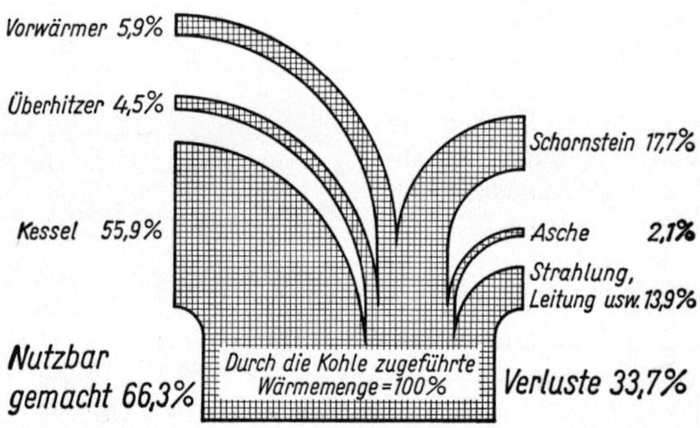


**232.3** Wärmestrom in einem Zweiflammrohrkessel

## 12.10 Zeichnungen für Druckzwecke (DIN 474)

Abbildungen für Bücher, Zeitschriften, Kataloge und andere Druckerzeugnisse werden zunächst in vergrößertem Maßstab angefertigt, dann zur Erzielung besserer Bildschärfe auf das Druckformat fotografisch verkleinert und schließlich durch Ätzen seitenverkehrt auf die metallene Druckplatte, den Druckstock, gebracht.

Die Zeichnungen sind in t i e f s c h w a r z e r T u s c h e auf weißem Zeichenpapier (Zeichenkarton) oder lichtdurchlässigem Papier auszuführen. Soll die Zeichnung jedoch direkt, also ohne fotografische Verkleinerung, auf die Druckplatte übertragen werden, dann ist sie in der Größe des Druckbildes auf durchscheinendem Papier herzustellen. Bei Verwendung lichtundurchlässigen Zeichenpapiers wären sonst umständliche Vervielfältigungen erforderlich, die unscharfe Bilder zur Folge hätten. Mit besonderer Tusche kann eine Abbildung aber auch unmittelbar auf die metallene Druckplatte gezeichnet werden (Zinkflachdruck).

Für die fotografische V e r k l e i n e r u n g der S t a m m b i l d e r auf Druckbildgröße sind möglichst die linearen Maßstäbe 3:4 2:3 1:2 1:3 1:4 und 1:5 einzuhalten. Demgemäß werden die Zeichnungen gegenüber dem Druckbilde in den Maßstäben 4:3 3:2 2:1 3:1 4:1 und 5:1 angefertigt. Der Maßstab für die fotografische Verkleinerung wird außerhalb des Zeichnungsbildes angegeben, z.B. „Verkleinern auf 1/2". Soll aber eine Zeichnung nach einem anderen als einem der vorgesehenen Maßstäbe, also beliebig verkleinert werden, dann ist das Einstellmaß, z. B. |← Einstellmaß 30 mm →| auf der Zeichnung anzugeben.

Die gedruckten Bilder sollten möglichst einem der genormten Zeichnungsmaßstäbe entsprechen. Sind mehrere Bilder in derselben Vergrößerung auf einem Zeichenbogen untergebracht, so muß nach der Verkleinerung zwischen den Bildern ein Abstand von mindestens 5 mm zum Trennen der Druckstöcke vorhanden sein.

Nach Möglichkeit sind Normschriften (DIN 16 oder 17) zu verwenden. Die Schriftgrößen in der folgenden Tafel gelten für leichte Lesbarkeit der zu bevorzugenden senkrechten Normschrift bei mittleren Lichtverhältnissen. Für Schrägschrift, Eng- und Breitschrift, griechische Schrift u.a., für Hervorzuhebendes, Wandtafeln, farbigen Druck usw. müssen den Sichtweiten (DIN 1451) entsprechend größere Schriften gewählt werden. Ebenso kommen für gedruckte Bilder über 50 cm² Größe und bei Verwendung rauhen Zeichenpapiers größere Linienbreiten in Betracht. Der kleinste Abstand von Linie zu Linie, die lichte Weite, in den gedruckten Bildern ist etwa so groß wie die betreffende Linienbreite, jedoch nicht kleiner als 0,3 mm. Linienbreiten in technischen Zeichnungen sind den Tafeln auf S. 57 zu entnehmen. Dabei ist zu beachten, daß Zeichnungen, die z. B. in zweifachem Maßstab des gedruckten Bildes angefertigt werden, die doppelten Linienbreiten, doppelt so große Maßzahlen, Maßpfeile, Schrift usw. erhalten müssen.

Bezugszahlen und -buchstaben beginnen an beliebiger Stelle außerhalb des Bildes und werden möglichst fortlaufend, wie auf dem Zifferblatt der Uhr, um das Bild herumgesetzt. Bezugslinien sind geradlinig und möglichst schräg zu ziehen.

Tafel **233**.1 Linienbreiten und Schriftgrößen der Zeichnungen für Druckstöcke in mm

| für gedruckte Bilder | hervorzuhebende Teile | Hauptteil (Sichtweite 0,5 m) | | Nebenteile, z. B. Netze, Schraffuren, Bezugsstriche (Sichtweite 0,25 m) | |
|---|---|---|---|---|---|
| | Linienbreite<br>0,3 bis 0,6 | Linienbreite<br>0,2 bis 0,3 | Schriftgröße (Kleinstmaße für Mittelschrift)<br>2 | Linienbreite<br>0,15 bis 0,2 | Schriftgröße (Kleinstmaße für Mittelschrift)<br>1,2 |
| bei Verkleinerung auf | ergeben sich für die Zeichnung folgende Werte in mm | | | | |
| $^3/_4$ $^2/_3$ | 0,5 bis 0,9 | 0,3 bis 0,5 | 3 | 0,25 bis 0,3 | 2 |
| $^1/_2$ | 0,5 bis 1,2 | 0,4 bis 0,6 | 4 | 0,3 bis 0,4 | 2,5 |
| $^1/_3$ | 0,9 bis 1,8 | 0,6 bis 0,9 | 6 | 0,5 bis 0,6 | 4 |
| $^1/_4$ | 1,2 bis 2,4 | 0,8 bis 1,2 | 8 | 0,6 bis 0,8 | 5 |
| $^1/_5$ | 1,5 bis 3 | 1,0 bis 1,5 | 10 | 0,8 bis 1 | 6 |

## 12.11 Zeichnungen für Dias (DIN 108)

Unter Diapositiv versteht man ein photographisches Bild auf einem durchsichtigen Schichtträger (Film oder Glasplatte) zu Projektionszwecken. Diapositive werden als Diapositivreihen auf Bildbändern geliefert oder als Einzelbild gesondert eingefaßt. Im Sinne von DIN 108 ist unter Dia das vorführfertige, gerahmte Diapositiv zu verstehen.

Die Dia-Nenngröße ist dimensionslos, entspricht jedoch den Abmessungen in cm. Genormt sind die Nenngrößen (Außenabmessungen $a \times b$) 8,5 × 10; 8,5 × 8,5; 7 × 7; 5 × 5 und 3 × 3, wobei die Nenngrößen 5 × 5 und 7 × 7 vorzugsweise benutzt werden.

Die gezeichneten Bildvorlagen sollten möglichst ein Seitenverhältnis $1 : \sqrt{2}$ (entsprechend den DIN-Formaten) haben. Empfohlen werden die Formate A3 und A4.

Die Bildfeldecken sind zweckmäßig durch ein Linienkreuz zu markieren (**234**.1a bis c). Bei starker Verkleinerung ist die Anordnung von Viertelkreisen an den Bildfeldecken außerhalb des Bildfeldes vorteilhaft (**234**.1b). Die Bildfeldmarkierungen werden beim fertigen Dia von der Abdeckung verdeckt.

Der Bildtitel wird üblicherweise im unteren Teil des Bildfeldes in der Mitte angeordnet, links davon Urheber und gegebenenfalls Ursprungsjahr, rechts die Registriernummer (**234**.1a).

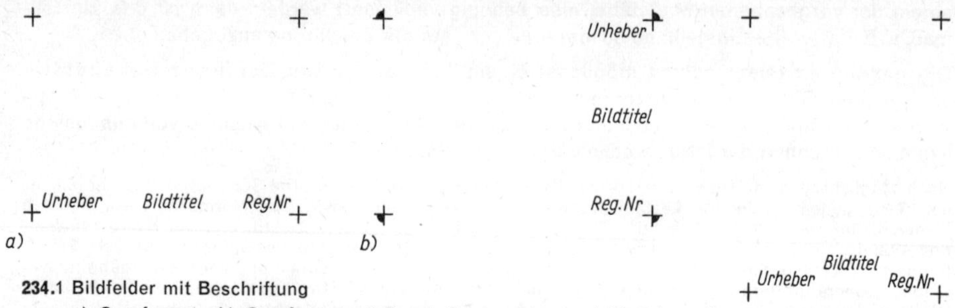


**234.1** Bildfelder mit Beschriftung
a) Querformat b) Querformat mit Beschriftung rechts c) Hochformat

Die Eintragung der Angaben bei Anordnung der Schriftleiste auf der rechten Seite des Dias zeigt Bild **234.1** b), die Beschriftung beim Hochformat Bild **234.1** c.

Nach DIN 1505 sind die Schrifttumsangaben möglichst in die Schriftleiste zu setzen. Bei Platzmangel können sie im Bildfeld über den unteren Bildrand gesetzt werden.

Die bei gezeichneten Bildvorlagen anzuwendenden Linienbreiten und Linienabstände sind aus Tafel **234.2** zu ersehen.

Tafel **234.2** Linienbreiten und Linienabstände bei gezeichneten Bildvorlagen Maße in mm

| Format | | Linienbreiten[1]) A3 | Linienbreiten[1]) A4 |
|---|---|---|---|
| hervorzuhebende Teile | | 1 | 0,7 |
| Hauptteile | | 0,7 | 0,5 |
| Nebenteile | | 0,5 | 0,35 |
| Mittel-, Maß- und Schraffurlinien | | 0,35 | 0,25 |
| kleinster lichter Abstand | zwischen Linien (außer Schraffurlinien) | doppelte Linienbreite | |
| | zwischen Schraffurlinien | 2,8 | 2 |

Für die Beschriftung sind schräge oder senkrechte Normschriften nach DIN 16 Bl. 1 bis 3 oder DIN 17 Bl. 1 bis Bl. 3 anzuwenden. Die Schriftgrößen für Bildtitel und Texte sind aus Tafel **234.3** zu ersehen.

Tafel **234.3** Schriftgrößen für Bildvorlagen, Maße in mm

| Format | | Schriftgröße A3 | Schriftgröße A4 |
|---|---|---|---|
| Bildtitel | | 10 | 7 |
| Text | | 7 | 5 |
| Indizes und Exponenten für | Bildteil | 7 | 5 |
| | Texte | 5 | 3,5 |

Für kurze Texte, einzelne Wörter u.a. können Mittelschriften, für alle anderen Texte sollten Engschriften angewendet werden. Dias können mit oder ohne Dia-Maske hergestellt werden. Um die Blendwirkung zu verhindern, empfiehlt sich jedoch das Verwenden einer Dia-Maske.

[1]) Die Werte gelten für dunkle Linien auf hellem Grund. Bei hellen Linien auf dunklem Grund ist die Linienbreite auf etwa das 1,4fache zu vergrößern.

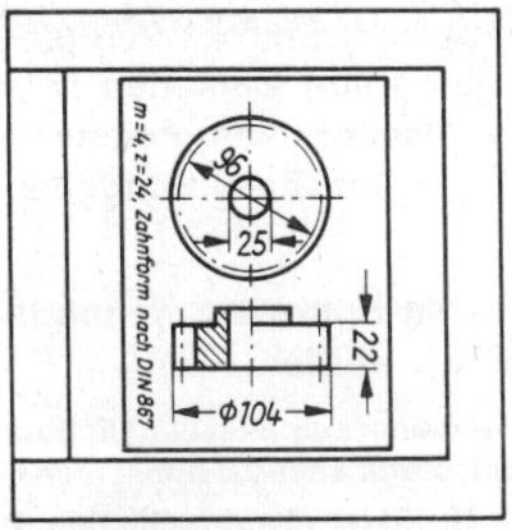


**235.1** Dia 5×5 ohne Schriftleiste mit Maske (z.B. 27×38)

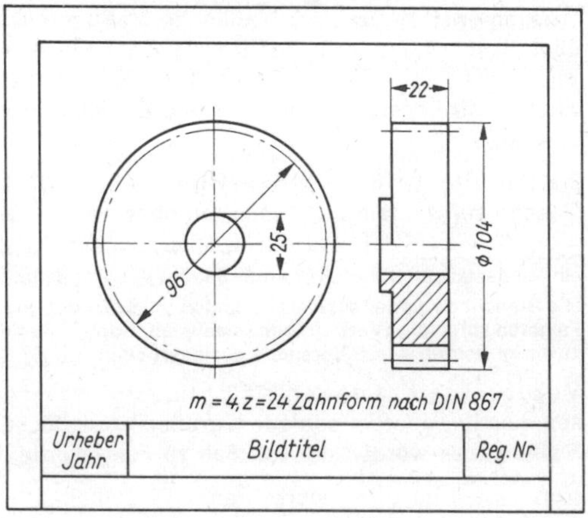


**235.2** Dia 8,5×10 mit Schriftleiste ohne Maske

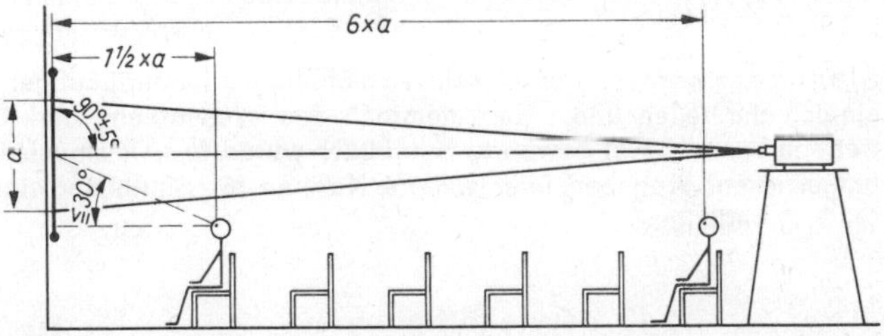


**235.3** Betrachtungsabstände, $a$ = Bildwandhöhe = Bildwandbreite

Bild **235.1** zeigt ein Dia mit der Nenngröße 5 × 5 mit einem Maskenausschnitt 27 mm × 38 mm und Bild **235.2** ein Dia mit der Nenngröße 8,5 × 10 mit Schriftleiste ohne Maske.

Die Bildvorlage ist auf ihre Lesbarkeit zu prüfen. Dabei müssen alle Einzelheiten der gezeichneten Bildvorlage aus einem Betrachtungsabstand von siebenmal der größeren Seite der Bildvorlage noch einwandfrei lesbar sein.

Dias sind auf gute Erkennbarkeit mit Hilfe eines Projektors zu prüfen (**235.3**). Der größte Betrachtungsabstand soll dabei 6 × $a$ und der kleinste 1,5 × $a$ betragen, wobei $a$ die projizierte Bildbreite beim Querformat oder die projizierte Bildhöhe beim Hochformat bedeutet.

Die Abmessungen der ausnutzbaren Zeichnungsfelder und Schriftleisten sowie Verkleinerungsfaktoren gezeichneter Bildvorlagen sind DIN 108 Bl. 2 zu entnehmen.

## 12.12 Sonstige Zeichnungen

**Zeichnungsangaben für Optikteile sind in DIN 3140 und Hinweise für Schmiedestücke in DIN 7523 Bl. 1 bis 3 enthalten. Für die Darstellung von Teilen aus Holz besteht DIN 919.**

**Bauzeichnungen im Hochbau haben in der Vornorm DIN 1356 eine Grundlage. Sie enthält Angaben über normgerechtes Zeichnen im Hochbau, insbesondere über Arten, Maßstäbe und Inhalte der Bauzeichnungen für den Entwurf, die Herstellung und für Besonderheiten, über Blattgrößen, Zeichenflächen, Schriftfeld und Faltung, über Art der Darstellungen (wie Grundrisse, Schnitte, Ansichten) und deren Anordnungen auf dem Zeichenbogen, über Be-**

maßung (wie Maßzahlen, Maßlinien, Maßbegrenzung, Maßanordnung und Maßeintragung), über Beschriftung und ergänzende Angaben und über die Darstellung von Bauteilen (wie Wänden, Pfeilern, Gründungen, Decken, Treppen, Dachstühlen und Dachräumen, Fenstern, Türen, Entwässerungsleitungen und Einrichtungsgegenständen) mit vielen Zeichnungsbeispielen.

Zeichnungen für Mikroverfilmung (DIN 6774) sollen der besseren Kontraste wegen in Tusche auf weißem Zeichenkarton oder weißer Zeichenfolie ausgeführt werden.

Zwischen den Linien ist, um ein „Zusammenlaufen" bei der fotografischen Verkleinerung auszuschließen, ein Mindestabstand einzuhalten. Er beträgt das Doppelte der Linienbreite, mindestens aber 0,5 mm.

Die Brauchbarkeit der schmalsten Linien (s. S. 57) und der kleinsten Schrift (s. S. 18) ist von verschiedenen Faktoren abhängig (Verkleinerungsmaßstab, Korngröße der lichtempfindlichen Filmschicht u.a.) und sollte zuvor im Betrieb durch Versuche gesichert sein.

Vordruckzeichnungen sind gedruckte, seltener lichtgepauste Darstellungen häufig vorkommender, aber verschieden großer Werkstücke ohne Maßzahlen. Durch Nachtragen der Maßangaben werden die von Fall zu Fall erforderlichen Größen bestimmt.

Von Vorteil für oft wiederkehrende Einzelheiten, wie Freistiche (s. S. 80), Zentrierbohrungen (s. S. 79), Tabellen, Sinnbilder u.a., sind auch Gummistempel, deren Abdrücke durch Nachtragen der Maßgrößen, Vermerke u.a. vervollständigt werden. Auch Klebe- und Abreibfolien sind verwendbar. Diese Zeichenhilfen tragen zur Rationalisierung im Konstruktionsbüro bei.

Sinnbilder werden in technischen Zeichnungen immer häufiger verwendet. Sie lassen sich einfach darstellen und geben dennoch das Wesentliche und Typische der Gegenstände treffend wieder. Auf bewährte Sinnbilder wurde in den einschlägigen Abschnitten bereits hingewiesen. Angaben über weitere Normen für Sinnbilder sind im Normblattverzeichnis (s. S. 2) enthalten.

## 12.13 Vervielfältigungen

Stammzeichnungen werden überwiegend im Lichtpausverfahren vervielfältigt. In letzter Zeit haben sich jedoch die Mikroverfilmung und Rückvergrößerung von Zeichnungen immer mehr durchgesetzt. Auch andere Verfahren, z.B. Fotokopieren, sind üblich.

### 12.13.1 Lichtpausen

Belichtung. Die auf lichtdurchlässigem Papier hergestellte Stammzeichnung wird mit der Vorderseite auf eine ebene oder eine gewölbte Glasscheibe gelegt. Auf die Rückseite kommt Lichtpauspapier, dessen lichtempfindliche Schicht auf der Zeichnung liegt. Beide Teile wer-

**236.1** Belichtungsmaschine

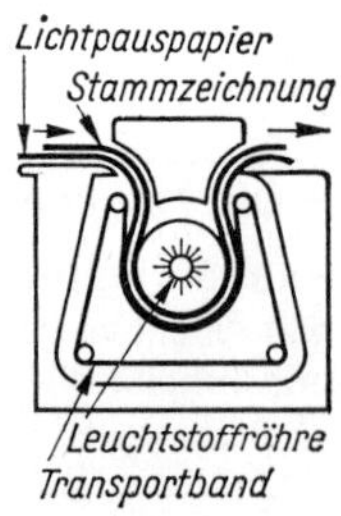


**236.2** Belichtung, schematisch dargestellt

den mit einer Filzplatte, einem Schaumstoffpolster oder einem Spanntuch, bisweilen pneumatisch, fest gegen die Scheibe gepreßt, durch die von der anderen Seite Strahlen einer kräftigen Lichtquelle einfallen.

Belichtungsgeräte sind mit Leuchtstoffröhren oder mit Quecksilberdampflampen ausgestattet. Das Pausgut ruht während der Belichtung.

Für größeren Bedarf dienen Belichtungsmaschinen (**236**.1), in denen das Pausgut durch ein endloses Transporttuch oder einen rotierenden Glaszylinder an den Lichtquellen mit regulierbarer Geschwindigkeit vorbeigeführt wird. Maschinen mit Leuchtstoffröhren (**236**.2) oder mit Hochdruck-Quecksilberdampflampen sind sehr leistungsfähig.

Lichtpauspapiere werden als normal- und als umgekehrtgewickelte Rollen und als fertig zugeschnittene Bogen geliefert.

Wird das Papier vor dem Gebrauch in Stücke geschnitten, dann sind normalgewickelte Rollen vorzuziehen, weil die Schichtseite auch am abgetrennten Papier immer innen liegt und somit geschützt ist. Bei ausgebreiteten Bogen liegt sie oben und damit günstiger im Griff vor dem Einschieben in die Maschine.

In umgekehrtgewickelten Rollen befindet sich die lichtempfindliche Schicht außen. Das ist von Vorteil beim Durchgang ganzer Rollen durch die Maschine. Denn infolge der Wölbung des Papiers nach der schichtlosen Seite sind das Einschieben in die Maschine und das Trennen der Stammzeichnung nach der Belichtung bequemer als sonst.

Bereits zugeschnittene Bogen liegen immer plan auf und haben keinen oder, falls beschnitten werden muß, nur geringen Abfall. Sie lassen sich bei der Herstellung einzelner Lichtpausen gut handhaben, müssen aber mit der Stammzeichnung sorgfältig zusammengelegt in die Maschine eingeschoben werden.

Die Dauer der Belichtung ist abhängig von der Lichtstärke, der Lichtdurchlässigkeit der Stammzeichnung und der Empfindlichkeit des Lichtpauspapiers.

An den Stellen, an denen die lichtempfindliche Schicht nicht von den Bildstellen der Zeichnung abgedeckt ist, wird sie zersetzt und damit ausgebleicht und farbunwirksam. Die lichtempfindliche Schicht besteht aus Diazoverbindungen. Das sind Abkömmlinge des Steinkohlenteers, die sich während der Entwicklung färben. Unmittelbar nach der Belichtung schon ist das Zeichnungsbild schwach erkennbar, und zwar in gelben Strichen. Durch Entwicklung tritt es kräftiger hervor. Die Bildstellen werden schwarz oder farbig je nach Zusammensetzung der lichtempfindlichen Schicht. Es entsteht eine positive Lichtpause. Positive Lichtpausen haben hellen Papiergrund und dunkle Striche, bei negativen Lichtpausen, die kaum noch

**237**.1 Entwicklungsmaschine mit Ständer

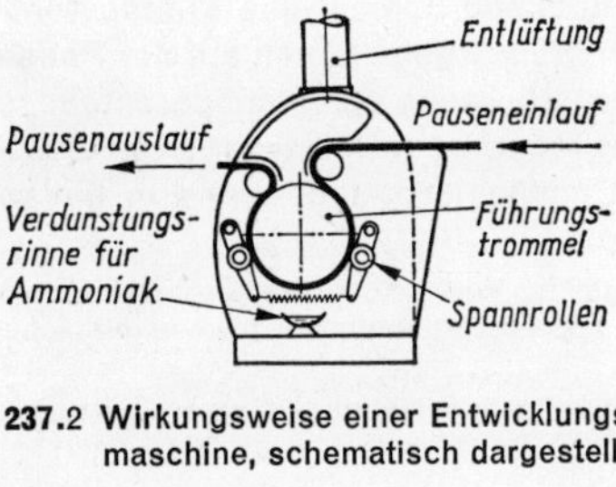


**237**.2 Wirkungsweise einer Entwicklungsmaschine, schematisch dargestellt

**237**.3 Lichtpauskombination

hergestellt werden, ist es umgekehrt. Die Zusammensetzung der lichtempfindlichen Schicht ist auch maßgebend für die Art der Entwicklung. Entweder wird trocken oder feucht entwickelt.

Bei der trockenen Entwicklung wird das belichtete Papier durch eine Entwicklungsmaschine (**237**.1 und 2) gezogen, in der sich Schalen mit möglichst angewärmter 25%iger Ammoniaklösung befinden. Die aufsteigenden Dämpfe umspülen die belichtete Schicht und entwickeln die Pause.

Belichtung und Entwicklung sind meist in einem einzigen Gerät, einer Lichtpauskombination (**237**.3), untergebracht. Sie ist raumsparend und erlaubt eine zügige Arbeit besonders bei längeren Papierbahnen.

Bild **238**.1 zeigt einen Lichtpausautomaten, das ist eine kombinierte Belichtungs- und Entwicklungsmaschine für außerordentlich hohe Leistungen.

**238**.1 Lichtpausautomat

Bei der feuchten Entwicklung wird die belichtete Schichtseite mit einer besonderen Salzlösung gleichmäßig benetzt. Das Salz und die Gebrauchsanweisung werden mit dem Lichtpauspapier geliefert. Zum Anfeuchten wird das Papier durch zwei sich drehende waagerechte Gummiwalzen gezogen, von denen die untere in der ganzen Länge ein wenig in die Lösung taucht und sie auf der Vorderseite der Lichtpause aufträgt. Ein besonderes Trocknen ist nicht erforderlich.

Fehlerquellen. Lichteintritt, feuchte Luft, Wärme und Ammoniakgas setzen die Gebrauchsfähigkeit der Lichtpauspapiere bis zur Unbrauchbarkeit herab. Ist die unbelichtete Schicht umgefärbt, dann hat das Papier gelitten. Sorgfältige Aufbewahrung der angebrochenen Rollen und Stapel in der Originalpackung, lichtdichter Verschluß in geeigneten Behältnissen, Lagerung in trockenen, kühlen und gasfreien Räumen und baldiger Verbrauch bewahren vor Verlusten.

Unterbelichtete Pausen haben zu dunklen Grund, doch dürfen Pausen von Bleizeichnungen nicht bis zum völligen Verschwinden der Grundtönung belichtet werden. Überbelichtung macht sich durch lückenhafte Wiedergabe der Zeichnung auf zu hellem Pausengrund bemerkbar. Flaue Tönungen auf Trockenpausen entstehen durch nicht ausreichendes Einwirken der Ammoniakdämpfe und Mangel an Luftfeuchtigkeit und auf Feuchtpausen durch zu dünn angesetzte Salzlösung. Abhilfe ist durch nochmalige Entwicklung möglich. Ungenügender Andruck des Lichtpauspapiers gegen die Zeichnung, Verziehen und Verrutschen während der Belichtung ergeben verschwommene Bilder. Flecken werden durch Berühren der Schichtseite mit feuchten Händen hervorgerufen. Streifen entstehen durch unbeabsichtigte Vorbelichtung, ungleichmäßiges Belichten, ruckweises Durchziehen des Pausgutes durch den Entwicklungsapparat und durch ungleichmäßige Einwirkung der Ammoniakdämpfe.

Die Originalzeichnung wird geschont, wenn davon eine Transparentpause hergestellt wird. Dazu wird die Vorderseite des Originals auf die lichtempfindliche Schicht des Transparentpapiers gelegt. So wird ein enger Kontakt erreicht, der scharfumrissene Linien auf der Pause ergibt. Es entsteht aber ein Zeichnungsbild, das nur von der Rückseite der Transparentpause gesehen seitenrichtig ist. Die Pause dient nun als Stammzeichnung zur Herstellung von Lichtpausen, muß jedoch mit der Zeichnungsseite auf das Pauspapier gelegt und von hinten durchlichtet werden.

Für Lichtpausen, die mit der Flugpost versandt werden sollen, gibt es sehr leichte Papiere. Besondere Sorten sind auch Papiere mit hinterklebtem Baumwollgewebe und appretiertes Baumwollgewebe mit Lichtpauspräparation.

Farbige Darstellungen werden durch Lichtpausen nicht farbig wiedergegeben. Notfalls müssen die Pausen mit Farbstiften oder durch Anlegen mit farbiger Tusche o.a. ergänzt werden.

Zeichnungsänderungen. Bei der Anfertigung technischer Zeichnungen kann bisweilen von vorhandenen Zeichnungen ausgegangen werden. Nachdem eine solche Unterlage bis auf den abzuändernden Teil von Hand durchgepaust ist, wird die Änderung nachgetragen. Dieses Verfahren ist aber beim Durchpausen umfangreicher Darstellungen recht kostspielig. Es ist billiger, die Pausarbeit von Hand durch Lichtpausen zu ersetzen.

Die Stammzeichnung wird zur Herstellung einer Vervielfältigung lichtgepaust, die Pause aber zunächst noch nicht entwickelt. Auf die nicht abzuändernden Stellen der belichteten Schicht wird dann ein lichtundurchlässiger Zeichenkarton gelegt und der nicht abgedeckte Teil, diesmal ohne Stammzeichnung, abermals belichtet. Er erscheint nach der Entwicklung als freie Fläche und kann nun geändert werden.

Kleinere Stellen auf Transparent- und auf gewöhnlichen Lichtpausen werden mit jeweils besonderem, flüssigem Korrekturmittel betupft, bis die Linien verschwunden sind und dann mit einer anderen Lösung nachbehandelt, damit die Stellen nicht nachgilben und nicht brüchig werden.

### 12.13.2 Mikroverfilmung von Zeichnungen

Die Mikroverfilmung von Zeichnungen war ursprünglich nur zur Sicherungsarchivierung vorgesehen. Man hat dadurch die Möglichkeit, 90 bis 95% des Raumbedarfes für ein herkömmliches Zeichnungsarchiv einzusparen. Der andere Vorteil besteht darin, daß mit einem einfachen Lesegerät eine ausreichend lesbare Vergrößerung des Filmbildes erreicht wird, wodurch das Anfertigen von Rückvergrößerungen eingespart wird. Inzwischen haben sich jedoch auch Mikrofilme als Arbeits-, Organisations- und Rationalisierungsmittel eingeführt. Durch die Verbesserung des Filmmaterials, der Empfindlichkeit und des Auflösungsvermögens konnte man von dem vor Jahren allgemein verwendeten 70 mm-Mikrofilm auf den 35 mm-Mikrofilm mit einem Bildfeld von 28 mm × 40 mm übergehen.

Um eine einheitliche Anwendung der Mikroverfilmung zu gewährleisten, war es erforderlich, die damit zusammenhängenden Normen zu überarbeiten (DIN 15, DIN 16, DIN 17) bzw. neue Normen zu schaffen, und zwar DIN 19 052 Bl. 1 bis 5 „Mikrofilmtechnik, Zeichnungsverfilmung; Allgemeines, Abmessungen auf dem Film".

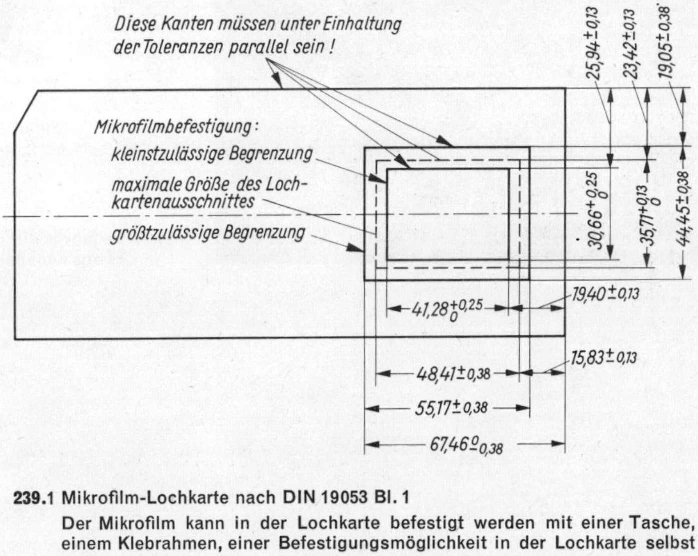


**239.1** Mikrofilm-Lochkarte nach DIN 19053 Bl. 1

Der Mikrofilm kann in der Lochkarte befestigt werden mit einer Tasche, einem Klebrahmen, einer Befestigungsmöglichkeit in der Lochkarte selbst

Die Handhabung der Mikroverfilmung wurde durch die Schaffung einer Mikrofilm-Lochkarte (**239.1**) wesentlich vereinfacht und verbessert (DIN 19 053 Bl. 1).

Die damit erreichten wirtschaftlichen Vorteile sind beachtlich, und zwar schneller Zugriff, durch Anfertigen von Duplikatkarten Möglichkeit der Verwendung im Lesegerät, geringere Material- und Lagerkosten.

Wie bereits erwähnt (s. S. 236) werden an die für die Mikroverfilmung vorgesehenen Zeichnungen jedoch besondere Anforderungen gestellt.

### 12.13.3 Fotokopien

Hierzu werden Chlorbromsilberpapiere verwendet. Sie sind lichtempfindlicher, aber auch teurer als Lichtpauspapiere. Das einfachste Fotokopiergerät ist ein mit einer Glasscheibe abgedeckter Kasten, an dessen Boden sich Lichtquellen befinden. Eine eingebaute Schaltuhr regelt die Belichtungsdauer.

Zusammen mit der Zeichnung wird ein Bogen Negativpapier, Schichtseite und Vorderseite aufeinander, auf die Glasplatte des Belichtungsgeräts gelegt. Liegt dabei die Rückseite der Zeichnung auf der Platte, dann wird die Zeichnung von hinten durchstrahlt und das Negativpapier vom Licht getroffen. Dieses Verfahren heißt Durchlichtverfahren.

Ist aber die Rückseite des Negativpapiers der Lichtquelle zugewandt, dann wird es zunächst durchstrahlt und das Licht dann von den strichfreien Stellen der Zeichnung auf die lichtempfindliche Schicht des Negativpapiers zurückgeworfen. Dieses Ver-

**240.1** Schnitt durch das Entwicklungsgerät

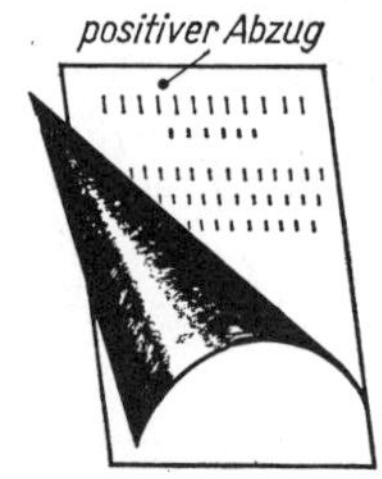


**240.2** Trennen des Positivs vom Negativ

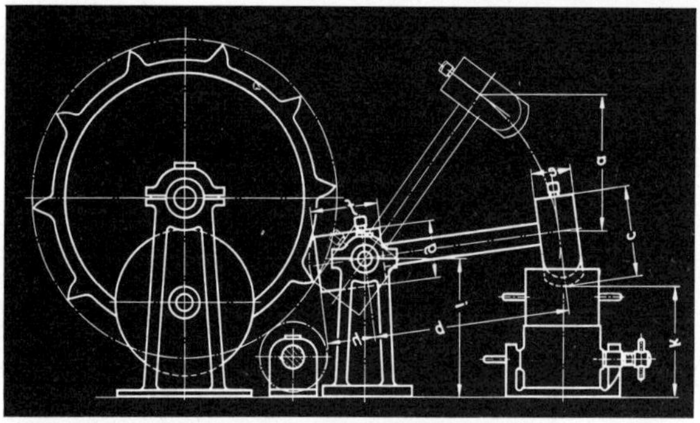

**240.3** Seitenverkehrtes Negativ (Zwischenbild)

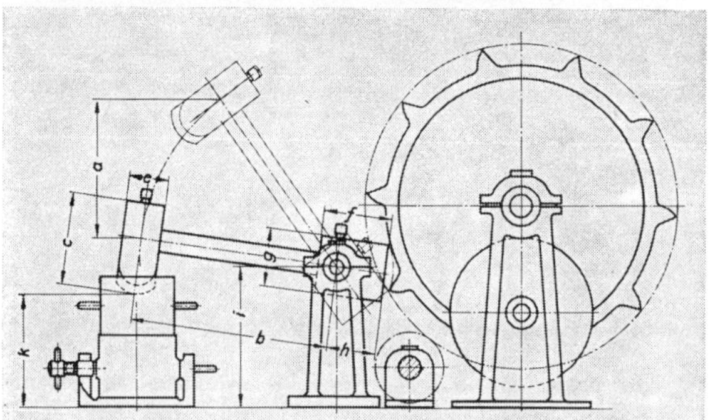

**240.4** Positive Fotokopie

fahren heißt Reflexverfahren und ist vorherrschend, weil es auch zur Vervielfältigung lichtundurchlässiger und auf beiden Seiten benutzter Bogen geeignet ist.

Nach der Belichtung wird das Negativpapier auf beschichtetes, aber lichtunempfindliches Übertragungspapier (Positivpapier) gelegt, so daß die Schichten innen liegen. Nun werden beide Papiere durch eine besondere Flüssigkeit gezogen (**240**.1). Sie schwärzt die belichteten Stellen des Negativpapiers, indem metallisches Silber gebildet wird, und löst die Silbersalze nach dem Zusammenpressen beider Papiere an den nichtbelichteten Stellen auf. Sie wandern dann in die mit besonderen Zusätzen versehene Schicht des Übertragungspapiers und bilden dort auch metallisches Silber. Dieser Vorgang ist bald nach dem Austritt der Papiere aus dem Gerät beendet. Sie werden nun voneinander abgezogen (**240**.2), und zwar das belichtet gewesene Papier als seitenverkehrtes Negativ (**240**.3) und das Übertragungspapier als seitenrichtiges Positiv (**240**.4).

Sollen Zweitoriginale für Lichtpausen entstehen, wird transparentes Übertragungspapier genommen. Sie müssen aber einige Minuten gewässert werden, weil sie dann sehr lange haltbar sind und sich beschriften und bestempeln lassen.

Die Negative werden gewöhnlich aufgehoben, weil das Silber zurückgewonnen werden kann und weitere Abzüge möglich sind.

Ein Negativ allein läßt sich herstellen, indem die Rückseite des Originals auf die Glasplatte des Geräts und das Negativpapier mit der Schicht auf die Zeichnung gelegt und dann belichtet, entwickelt, fixiert und gewässert wird.

Es gibt Fotokopiergeräte und -papiere für Benutzung in der Dunkelkammer oder bei gedämpftem Tageslicht, außerdem Geräte mit Aufnahmekameras, die die Zeichnung verkleinern oder vergrößern und die für die Belichtung der Lichtpausen genommen werden können. Durch Verkleinern auf einheitliche Formate lassen sich Kleinarchive schaffen, aus denen ohne Beeinträchtigung der Deutlichkeit und Bildschärfe die ursprünglichen Größen wieder herstellbar sind.

### 12.13.4 Andere Verfahren

Xerokopieren ist eine Vervielfältigung mit Hilfe eines trockenen Pulvers und beruht auf elektrostatischen Vorgängen.

Die hierzu nötigen Geräte arbeiten ohne Flüssigkeiten und meist vollautomatisch.

Die Kopierplatte ist eben oder gekrümmt und mit einer dünnen Schicht Selen überzogen. Dies ist ein eigentümlicher Grundstoff, dessen Leitfähigkeit für den elektrischen Strom von der Belichtung abhängt. Der Überzug wirkt im Dunkeln als elektrischer Isolator und bei Belichtung als Leiter. Mit Hilfe eines stromführenden Drahtnetzes wird nun die ganze Fläche der Platte positiv aufgeladen. Sie wird mit der Vorderseite des Originals bedeckt und dann von der Rückseite des Originals her belichtet. An den belichteten Stellen verschwindet die Aufladung der Platte, an den unbelichteten aber bleibt sie bestehen und zieht dort ein aufgestäubtes, negativ geladenes Kunstharzpulver an. Nun wird ein Bogen gewöhnliches Papier auf das so entstandene seitenverkehrte Pulverbild gelegt. Nach kurzer Erhitzung verschmilzt es fest mit dem Papier zu einer seitenrichtigen, dauerhaften Kopie. Der Vorgang dauert nur einige Sekunden.

Thermokopieren beruht auf der Eigenschaft gewisser Stoffe, ihre Farbe bei Erwärmung zu verändern.

Das Vervielfältigungspapier trägt eine solche Schicht und wird mit dem Original zusammen einer starken Lichtquelle ausgesetzt. Die dunklen Stellen des Originals nehmen mehr Wärme auf als die hellen und bewirken somit eine Färbung auf dem Vervielfältigungspapier.

Plandruck. Auf eine mit einer lichtempfindlichen Chromgelatineschicht versehene Zink- oder Aluminiumplatte wird ein Negativtransparent der Zeichnung seitenverkehrt aufgelegt. Die vom Licht getroffenen Stellen der Platte werden durch Gerbwirkung unlöslich und nehmen nach dem Abwaschen der übrigen Schicht Druckfarbe an. Auf maschinelle Weise werden dann Abzüge in meist hohen Auflagen gedruckt.

Umdruck. Lichtempfindliches Spezialpapier, auf das die Zeichnung gelegt wurde, wird nach dem Belichten mit der Schichtseite auf eine nach besonderer Vorschrift hergestellte Gelatinemasse kurze Zeit aufgequetscht. Da die mit unbelichteten Stellen in Berührung gewesene Gelatineschicht Druckfarbe annimmt, können im Abziehverfahren ohne maschinelle Hilfsmittel positive Umdrucke in allerdings nur geringen Mengen gewonnen werden.

## 12.14 Beschneiden, Falten und Aufbewahren der Zeichnungen

Zeichnungen, Lichtpausen, Fotokopien u.a. müssen auf das vorgesehene Maß (S.17) gebracht werden. Für größere Mengen und längere Schnitte reicht eine Papierschere aber nicht aus. Je nach Bedarf werden daher Beschneidepulte, Schlagscheren, Beschneidegeräte und Beschneidemaschinen verwendet.

Falten der Zeichnungen (DIN 824). Größere Lichtpausen werden von Hand oder mit Faltgeräten auf das Format A4 zusammengelegt, damit sie in einem Hefter aufbewahrt oder in einem Brief befördert werden können. Nach dem Falten liegen das Schriftfeld oben und der Heftrand frei (**242.1** e). Durch Aufkleben von Verstärkerringen oder eines Kartons im Format A5 auf der Rückseite sind die Heftlöcher gegen Einreißen geschützt. Stammzeichnungen jedoch werden nicht gefaltet, da die Kniffe leicht einreißen oder auf den Lichtpausen unerwünschte Striche hinterlassen.

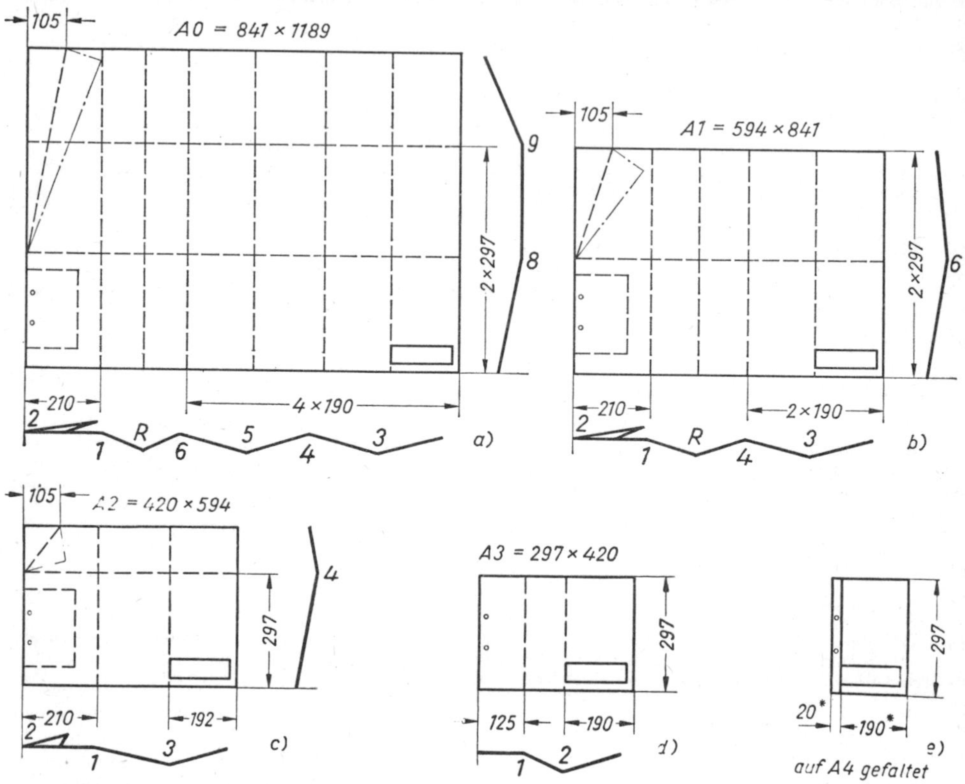


**242.1** Falten der Zeichnungen auf DIN A 4

Bei den Formaten A2 und größer entstehen Längs- und Querfalten (**242.1** a bis c). Das Format A3 hat nur Längsfalten, die in 125 mm Abstand von der linken Blattkante durch Umlegen nach vorn und in 190 mm Abstand von der rechten Blattkante durch Umlegen nach hinten entstehen (**242.1** d). In allen anderen Fällen wird die 1. Falte im Abstand 210 mm von der linken Blattkante nach vorn umgelegt. Die linke obere Ecke des Bogens, die sonst beim Lochen und Einheften stören würde, wird durch die 2. Falte im Abstande von

105 mm nach hinten umgebogen. Nun werden Längsfalten in Abständen von je 190 (bei A2 192) mm von der rechten Blattkante gebildet. Bei den Formaten A 1 und größer entsteht eine Restfalte R in der Mitte des verbleibenden Teils. Die Gesamtzahl aller Längsfalten ist durch 2 teilbar. Dann wird quergefaltet. Die erste Querfalte wird im Abstand 297 mm von der Unterkante nach hinten umgelegt, die nächste ebenso, bis der Bogen schließlich auf das Format A4 gebracht worden ist. Nach dem gleichen Schema lassen sich auch Zeichnungen in der Hochlage und sogar beliebige Blattgrößen auf das Format A4 falten.

Größere Zeichnungen als DIN A1 sollen möglichst nicht auf DIN A4 gefaltet und nicht in Akten eingeheftet werden.

Formate und Inhalt der Zeichnungen sind sehr verschieden. Eine gewisse Ordnung im Ablegen und Aufbewahren ist daher unumgänglich.

Nach welchen Gesichtspunkten die Zeichnungen zu ordnen sind, ob sie in Mappen, Schränken, Regalen oder in modernsten Registraturen abzulegen sind, hängt nicht nur von der Menge, sondern auch von den gegebenen Verhältnissen ab. Es ist am günstigsten, die Zeichnungen in sogenannten Sattelreitern hängend, raumsparend, übersichtlich, bequem zugänglich und staubdicht aufzubewahren.

# HINWEISE AUF EINSCHLÄGIGE DIN-NORMEN UND ISO-EMPFEHLUNGEN (AUSWAHL)

## DIN-Normen

DIN 3 Normmaße
5 Bl. 1 und 2 Axonometrische Projektionen
6 Ansichten, Schnitte, besondere Darstellungen
15 Bl. 1 und 2 Linien und Zeichnungen
16 Bl. 1 bis 3 Schräge Normschrift
17 Bl. 1 bis 3 Senkrechte Normschrift
27 Darstellung von Gewinden, Schrauben und Muttern
29 Darstellung und Sinnbilder für Federn
30 Vereinfachte Darstellungen
37 Darstellung für Zahnräder
69 Durchgangslöcher für Schrauben
74 Bl. 1 Senkungen für Senkschrauben
74 Bl. 2 Senkungen für Zylinderschrauben
76 Bl. 1 Gewindeauslauf, Gewinderillen
78 Bl. 1 Gewindeenden, Schraubenüberstände
82 Rändel- und Kordelteilungen

| | | |
|---|---|---|
| DIN | 107 | Links- und Rechtsbezeichnung im Bauwesen |
| | 108 | Bl. 1 bis 5 Diaprojektion, Dias, Bildbänder |
| | 140 | Bl. 1 bis 7 Oberflächenkennzeichnung |
| | 199 | Zeichnungsarten |
| | 201 | Schraffuren und Farben zur Kennzeichnung von Werkstoffen |
| | 202 | Abgekürzte Gewindebezeichnungen |
| | 250 | Rundungen |
| | 254 | Kegel |
| | 267 | Bl. 1 bis 13 Schrauben, Muttern und ähnliche Gewinde- und Formteile |
| | 332 | Bl. 1, 2 und 4 Zentrierbohrungen |
| | 406 | Bl. 1 und 2 Maßeintragung |
| | 407 | Bl. 1 Sinnbilder für Niete, Schrauben und Lochdurchmesser bei Stahlkonstruktionen |
| | 407 | Bl. 2 Sinnbilder für Niete und Schrauben, Durchgangs- und Gewindelöcher |
| | 461 | Graphische Darstellungen durch Schaulinien |
| | 474 | Zeichnungen für Druckzwecke |
| | 475 | Bl. 1 Schlüsselweiten |
| | 509 | Freistiche |
| | 823 | Blattgrößen, Maßstäbe |
| | 824 | Falten der Zeichnungen |
| | 918 | Bl. 1 bis 5 Schrauben und Muttern; Benennungen |
| | 919 | Bl. 1 Holzerzeugnisse, Holzteile; technische Zeichnungen für die Herstellung |
| | 1034 | Zeichnungen für Stahl- und Leichtmetallbau |
| | 1353 | Bl. 1 und 2 Abkürzungen von Benennungen |
| | 1356 | Bauzeichnungen im Hochbau |
| | 1910 | Bl. 1 bis 5 Schweißen; Begriffe und Verfahren |
| | 1911 | Preßschweißen |
| | 1912 | Bl. 1 Schmelzschweißen, Verbindungsschweißen |
| | | Bl. 3 Auftragsschweißen |
| | 2403 | Kennzeichnung von Rohrleitungen |
| | 2404 | Kennfarben für Heizungsrohrleitungen |
| | 2429 | Sinnbilder für Rohrleitungsanlagen |
| | 3141 | Oberflächenzeichen; Rauhtiefen |
| | 3142 | Kennzeichnung von Oberflächen durch Rauheitsmaße |
| | 3400 | Kennzeichen für Armaturen |
| | 4763 | Stufung der Rauheitsmaße |
| | 6771 | Bl. 1 Schriftfelder für Zeichnungen, Pläne und Listen |
| | | Bl. 2 Schriftfeld mit Stückliste und besondere Stückliste |
| | 6773 | Gehärtete Teile |
| | 6774 | Ausführungsrichtlinien für Technische Zeichnungen |
| | 6781 | Vordrucke für Zeichnungen |
| | 6783 | Stücklisten |
| | 7150 | Bl. 1 und 2 Einführung in die ISO-Passungen |
| | 7157 | Passungsauswahl |
| | 7168 | Bl. 1 Abweichungen für Maße ohne Toleranzangabe |
| | 7190 | Berechnung einfacher Preßpassungen |

## ISO-Empfehlungen

| | |
|---|---|
| ISO/R 128 | Darstellung von Zeichnungen |
| ISO/R 129 | Bemaßung von Zeichnungen |
| ISO/R 216 | Fertigformate für Schreib- und Druckpapier |
| ISO/R 406 | Eintragung von linearen und Winkelabweichungen |
| ISO/R 1101 | Form- und Lagetoleranzen, Teil I, Allgemeines, Symbole, Eintragung in Zeichnungen |
| ISO/R 1219 | Graphische Symbole für Hydraulik und Pneumatik |
| ISO/R 1302 | Eintragung von Oberflächenangaben in Zeichnungen |
| ISO/R 1660 | Form- und Lagetoleranzen, Teil III, Bemaßung und Tolerierung von Profilen |
| ISO/R 1661 | –, Teil IV, Praktische Beispiele für die Eintragung in Zeichnungen |

## SACHWEISER

## BILDQUELLEN

Hansa-Technik GmbH, Hamburg, Walter Hebel, Kirchen (Sieg), Marabuwerke AG, Tamm (Württ.) (**4.4**) – Franz Kuhlmann KG., Wilhelmshaven (**5.1**) – Albert Nestler Verkaufsgesellschaft, Lahr (Schwarzwald) (**5.2** und 3) – Faber-Castell, Stein b. Nürnberg (**8.1**) – Günther Wagner, Hannover (**10.2**, **13.1**) – Riepe-Werk, Hamburg-Altona (**10.3**) – J. S. Staedtler, Nürnberg (**10.4**) – Meteor-Apparatebau, Siegen (**236.1**, **237.3**) – Kalle AG, Wiesbaden-Biebrich (**237.1** und **238.1**)

# Weitere Teubner-Fachbücher

**Klein**

## Einführung in die DIN-Normen

Herausgegeben vom Deutschen Normenausschuß

6., neubearbeitete und erweiterte Auflage. VI, 754 Seiten mit 1555 Bildern und 690 Tabellen. Sichtregister. Geb. DM 45,–. ISBN 3-519-06300-X

Aus dem Inhalt: Grundnormen / Technische Zeichnungen / Werkstoffe, Profile, Bleche, Rohre / Normteile / Transmissionen, Lager, Verzahnungen / Fachnormen / Anhang / Werkstoffübersicht / Nummernverzeichnis der behandelten DIN-Normen

**Köhler / Rögnitz**

## Maschinenteile

**Teil 1.** Herausgegeben von **J. Pokorny.** 4., neubearbeitete Auflage. VIII, 220 Seiten mit 290 Bildern und 100 Tafeln mit weiteren etwa 50 Bildern. Mit Beilage: 77 Seiten Arbeitsblätter. Ln. DM 36,80. ISBN 3-519-16312-8

Aus dem Inhalt: Einführung in das Berechnen / Nietverbindungen / Stoffschlüssige Verbindungen / Reib- und formschlüssige Verbindungen / Schraubverbindungen / Federn / Rohrleitungen und Armaturen / Dichtungen / Berührungsdichtungen / Berührungsfreie Dichtungen

**Teil 2.** Herausgegeben von **G. Köhler** und **H. Rögnitz.** 3., durchgesehene und verbesserte Auflage. VI, 210 Seiten mit 319 Bildern und 64 Tafeln. Mit Beilage: 44 Seiten Arbeitsblätter. Ln. DM 29,80. ISBN 3-519-06313-1

Aus dem Inhalt: Kupplungen und Bremsen / Kurbelgetriebe / Kurvengetriebe / Reibradgetriebe / Zugmittelgetriebe / Zahnrädergetriebe

**Linse**

## Elektrotechnik für Maschinenbauer

4., überarbeitete Auflage. VIII, 346 Seiten mit 357 Bildern und 18 Tafeln. Kart. DM 35,– ISBN 3-519-16315-2

Aus dem Inhalt: Grundlagen der Elektrotechnik / Elektronik / Elektrische Meßtechnik / Elektrische Maschinen / Elektrische Industrieantriebe / Elektrische Anlagen

Preisänderungen vorbehalten